"十三五"普通高等教育本科系列教材

发电厂电气部分

（第四版）

主　编　姚春球

副主编　王　健

编　写　李伯雄

主　审　杨盘兴

中国电力出版社

CHINA ELECTRIC POWER PRESS

内 容 提 要

本书为"十三五"普通高等教育本科系列教材。

全书共分为十一章,主要内容包括导体的发热、电动力及开关电器的灭弧原理,电气设备的结构和工作原理,电气主接线,厂(站)用电,电气设备的选择,配电装置,电力系统中性点接地方式,接地装置,发电厂和变电站电气二次回路,电力变压器的运行等。本书每章末附有思考题和习题,书末附录有供授课、解题及课程设计用的电力变压器、导体及电器技术数据,还给出供参考的课程设计任务书。本书层次分明、重点突出,逻辑性、实用性强,便于自学、记忆和讲授,有关设计计算大多有实例,可增强学生对本课程的全面理解。

本书主要作为普通高等学校电气工程及其自动化专业、电力系统及其自动化方向及相关专业的教材,也可作为高职高专和函授教材,以及电力企业培训教材,同时还可作为工程技术人员的参考用书。

本书配套丰富的数字资源,扫封面二维码,可获取思考题和习题中的计算题参考答案及多媒体课件。

图书在版编目(CIP)数据

发电厂电气部分/姚春球主编 . —4 版 . —北京:中国电力出版社,2020.4(2024.11重印)

"十三五"普通高等教育本科规划教材

ISBN 978 - 7 - 5198 - 3494 - 4

Ⅰ.①发⋯ Ⅱ.①姚⋯ Ⅲ.①发电厂—电气设备—高等学校—教材②电厂电气系统—高等学校—教材 Ⅳ.①TM62

中国版本图书馆 CIP 数据核字(2019)第 173116 号

出版发行:中国电力出版社

地 址:北京市东城区北京站西街 19 号 (邮政编码 100005)

网 址:http://www.cepp.sgcc.com.cn

责任编辑:牛梦洁(mengjie - niu@sgcc.com.cn)

责任校对:黄 蓓 李 楠 马 宁

装帧设计:郝晓燕

责任印制:吴 迪

印 刷:北京雁林吉兆印刷有限公司

版 次:2007 年 11 月第一版 2020 年 4 月第四版

印 次:2024 年 11 月北京第三十二次印刷

开 本:787 毫米×1092 毫米 16 开本

印 张:28.25

字 数:695 千字

定 价:60.00 元

前　言

"发电厂电气部分"课程的目的和任务是通过课堂讲授、多媒体教学、课外作业、课外自学、课程设计及认识实习等教学环节，使学生掌握发电厂和变电站一次设备的结构和工作原理、电气主系统的设计方法及二次回路的构成和动作原理，建立工程理念。

本教材根据应用型本科人才培养的需要，针对我国电力工业发展的实际，在总结教学经验、吸收以往教材长处及有关工程技术人员意见的基础上编写。本教材编写思想是：①采用符合教学规律和实际应用的体系；②在内容上尽量覆盖电气部分相关方面，对学生通过自学就能学懂的内容指定为"以自学为主"，这样既能解决课时限制的矛盾，又能让学生掌握较完整的知识；③考虑到课时限制及有关内容不宜割裂和重复，部分内容不安排在本课程讲授，其中"主接线可靠性的定量分析"宜另开选修课，大电机方面的内容宜在"电机学"中顺带讲授，变压器方面仅讲授在"电机学"中未涉及的部分内容，以便配合课程设计，交流、直流远距离输电已在"电力系统分析"中讲授；④对实际中有重要应用、而其他课程不讲授或极少讲授的内容予以较充分论述或介绍，包括电气设备的结构和工作原理、电力系统中性点接地方式、接地装置及二次回路等；⑤注意到新技术和新设备在电力系统中的应用。

本教材中打"*"章节以学生自学为主，其基本概念属考试范围。每章理论教学建议学时为（章号—学时数）：1—4、2—10、3—4、4—8、5—8、6—8、7—4、8—6、9—4、10—10、11—8，共74学时；课程设计1.5～2周。

本教材第一、二、四、五、六、七、八、九、十一章及全部附录由姚春球教授编写，第三章由王健副教授编写，第十章由李伯雄讲师编写，由姚春球对全书进行统稿。本教材由姚春球教授主编，王健副教授副主编，江苏省电力公司杨盘兴高级工程师主审。

此前，本教材已出版过三个版本：2004年10月版（第一版）为"十五"规划教材，2007年11月版为"十一五"国家级规划教材（也标为第一版，实为第二版），2013年3月版为"十二五"规划教材（标为第二版，实为第三版）。后续版本都是在其前一个版本的基础上进行修订。为方便读者查阅，现将修订情况作简要介绍。

2007年11月版主要修订内容如下：①第一章，对原第一节"我国电力工业发展概况"进行了修改补充，并改为第三节；②第三章，将原第六节"油断路器和压缩空气断路器"删去，在原第四节增加"HPL245—550B2型SF₆断路器"，并在原第七节（现第六节）增加该断路器配套的BLG1002A型弹簧操动机构。在原第九节（现第八节）增加"交流高压接触器"内容，着重介绍高压真空接触器。该章思考题作了相应增删；③第四章，对第二、六节作了少量补充；④第五章，增加第七节"厂用电源的切换"，并增加一题思考题；⑤第八章，增加第六节"厂用电系统中性点接地方式"，并增加一题思考题。

2013年3月版主要修订内容如下：①第一章，在第一、三节，主要是对国内外电力工业发展的信息更新；②第三章，在第六节增加"弹簧储能的液压操动机构（液压弹簧操动机构）"。在第九节增加"电子式互感器"。其余节作了局部修改补充；③第四、十章作了局部修改补充，第二、八、十一章作了个别修改。

2016 年 10 月王健、李伯雄共同完成与教材配套的多媒体课件制作。

本版主要修订内容如下：①前言，增补各版本修订概况；②第一章，更新与时间有关的信息；③第三、六章，删除部分过时内容，更新"表 6-6 断路器的选型参考"；④在有关页末增加必要的名词解释；⑤第三章，第二节增加"电力电容器"内容及思考题；⑥附录以数字资源形式呈现；附录二，更新附表 2-15～附表 2-18"断路器技术数据"；⑦补充思考题和习题中计算题的参考答案。

编　者
2019 年 11 月

目　　录

第一章 概 述

本章简要介绍发电厂和变电站的各种类型和生产过程，以及主要电气设备的作用，同时介绍我国电力工业的发展概况和发展前景展望。

第一节 发电厂和变电站的类型

电力系统由发电厂、变电站、输配电线路及用户组成。发电厂是把各种天然能源（化学能、水能及核能等）转换成电能的工厂。变电站是联系发电厂和用户的中间环节，起着变换电压和分配电能的作用。发电厂生产的电能，一般先由电厂的升压站（升压变电站）升压，经高压输电线路送出，再经变电站若干次降压后，才能供给用户使用。

一、发电厂类型

截至 2018 年底，据不完全统计我国发电装机容量❶为 19 亿 kW，其中火电占 60.2%，水电占 18.5%，核电占 2.4%。

1. 火电厂

火电厂是把化石燃料（煤、油、天然气及油页岩等）的化学能转换成电能的工厂。火电厂的原动机大都为汽轮机，也有用燃气轮机、柴油机等。火电厂又可分为以下几种：

（1）凝汽式火电厂。凝汽式火电厂的生产过程在《发电厂动力部分》中已有详细介绍，在此仅做简介。其生产过程的示意图如图 1-1 所示。煤粉在锅炉炉膛 8 中燃烧，使锅炉中的水加热变成过热蒸汽，

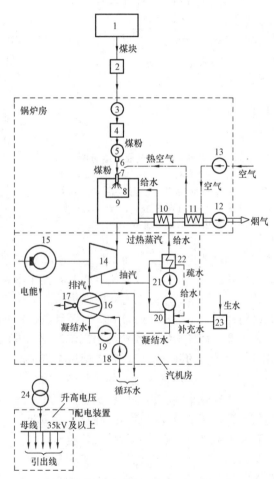

图 1-1 凝汽式火电厂生产过程的示意图

1—煤场；2—碎煤机；3—原煤仓；4—磨煤机；5—煤粉仓；6—给粉机；
7—喷燃器；8—炉膛；9—锅炉；10—省煤器；11—空气预热器；
12—引风机；13—送风机；14—汽轮机；15—发电机；16—凝汽器；
17—抽气器；18—循环水泵；19—凝结水泵；20—除氧器；
21—给水泵；22—加热器；23—水处理设备；24—升压变压器

---

❶ 装机容量：某发电厂（或电力系统）实际安装的发电机组额定有功功率的总和。

经管道送到汽轮机 14，推动汽轮机旋转，将热能变为机械能。汽轮机带动发电机 15 旋转，再将机械能变为电能。在汽轮机中做过功的蒸汽排入凝汽器 16，循环水泵 18 打入的循环水将排汽迅速冷却而凝结，由凝结水泵 19 将凝结水送到除氧器 20 中除氧（清除水中的气体，特别是氧气），而后由给水泵 21 重新送回锅炉。

由于在凝汽器中大量的热量被循环水带走，因此，凝汽式火电厂的效率较低，只有 30%～40%。

（2）热电厂。热电厂生产过程的示意图如图 1-2 所示。由图可见，热电厂与凝汽式火电厂不同之处是：将汽轮机中一部分做过功的蒸汽从中段抽出来直接供给热力用户，或经加热器 12 将水加热后，把热水供给用户。这样，便可减少被循环水带走的热量，提高效率。现代热电厂的效率达 60%～70%。

由于供热网络不能太长，所以热电厂总是建在热力用户附近。此外，为了使热电厂维持较高的效率，一般采用"以热定电"的运行方式，即当热力负荷增加时，热电机组相应地多发电；当热力负荷减少时，热电机组相应地少发电。因而，其运行方式不如凝汽式火电厂灵活。

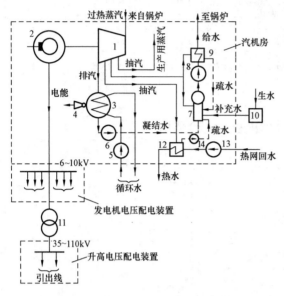

图 1-2　热电厂生产过程的示意图

1—汽轮机；2—发电机；3—凝汽器；4—抽气器；

5—循环水泵；6—凝结水泵；7—除氧器；8—给水泵；

9—加热器；10—水处理设备；11—升压变压器；

12—加热器；13—回水泵；14—泵

（3）燃气轮机发电厂。燃气轮机有多种，其中重型燃气轮机输出功率大、热 - 功转换效率高，主要用于电厂发电。国际上通常根据透平进口燃气温度把重型燃气轮机分为 E、F、H 级。其中，E 级约为 1200℃，F 级约为 1400℃，目前最先进的 H 级达到 1430～1600℃。用燃气轮机或燃气—蒸汽联合循环中的燃气轮机和汽轮机驱动发电机的发电厂，称为燃气轮机发电厂。前者一般用作电力系统的调峰机组，后者则用来带中间负荷和基本负荷。这类发电厂可燃用液体燃料或气体燃料。以天然气为燃料的燃气轮机和联合循环发电，具有效率高、污染物排放低、初投资少、工期短及易于调节负荷等优点，在全球得到迅速发展，百万千瓦级以上的大容量燃气轮机电厂日益增多。目前，H 级重型燃气轮机的单机容量已接近 52 万 kW，联合循环容量可超过 77 万 kW。

燃气轮机的工作原理与汽轮机相似，不同的是其工质不是蒸汽，而是高温高压气体。其基本循环示意图如图 1-3 所示。空气经压气机 1 压缩增压后送入燃烧室 3，燃料经燃料泵 2 打入燃烧室，燃烧产生的高温高压气体进入燃气轮机中膨胀做功，推动燃气轮机旋转，带动发电机发电。做过功后的尾气经烟囱排出，或分流部用于制热、制冷。这种

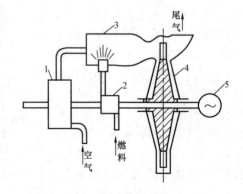

图 1-3　燃气轮机基本循环示意图

1—压气机；2—燃料泵；3—燃烧室；

4—燃气轮机；5—发电机

单纯用燃气轮机驱动发电机的发电厂，热效率只有 35%～40%。

为提高热效率，采用燃气—蒸汽联合循环系统，图 1-4 是其模式之一。燃气轮机的排气进入余热锅炉 10，加热其中的给水并产生高温高压蒸汽，送到汽轮机 5 中去做功，带动发电机再次发电；从汽轮机 5 中抽取低压蒸汽（发电机停止发电时启动备用燃气锅炉 8 提供汽源），通过蒸汽型溴冷机 6（溴化锂作为吸收剂）或汽—水热交换器 7 制取冷、热水。这是电、热、冷三联供模式。联合循环系统的热效率可达 60%以上。

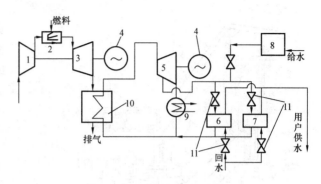

图 1-4　燃气—蒸汽联合循环系统
1—压气机；2—燃烧室；3—燃气轮机；4—发电机；5—汽轮机；
6—蒸汽型溴冷机；7—汽-水热交换器；8—备用燃气锅炉；
9—凝汽器；10—余热锅炉；11—制冷采暖切换阀

从 20 世纪 80 年代开始，我国在上海、广东、浙江等地建设了一批燃气轮机发电厂。截至 2017 年底，我国燃气机组装机容量已达 7629 万 kW，占全国装机容量的 4.3%，发电量 1528 亿 kWh，占全国发电量的 2.4%。预计到 2020 年，天然气发电装机规模将达到 1.1 亿 kW 以上，占发电总装机比例超过 5%。

值得一提的是，一种新型燃煤发电技术——整体煤气化联合循环（Integrated Gasification Combined Cycle，IGCC）也使用到燃气轮机系统。IGCC 发电技术是指将煤炭、生物质、石油焦、重渣油等多种含碳燃料进行气化，将得到的合成气净化后用于燃气——蒸汽联合循环的发电技术。它既提高了发电效率，又提出了解决环境问题的途径，为燃煤发电带来了光明，其发展令人瞩目。从大型化和商业化的发展方向来看，IGCC 把高效、清洁、废物利用、多联产和节水等特点有机地结合起来，被认为是 21 世纪最有发展前途的洁净煤发电技术。2009 年 9 月，国家发改委批准华能集团在滨海新区建设我国首座拥有自主产权的 IGCC 示范电站。2012 年 12 月 12 日，该电站顺利投产发电，正式成为世界第六座 IGCC 电站。该项目的 IGCC 关键技术和开发的煤气化技术已应用于美国宾州 Ember Clear 公司 266MW IGCC、美国 Summit Power 公司德州清洁能源项目（IGCC 多联产），标志着我国能源技术首次进入西方国家。

2. 水电站

水电站是把水的位能和动能转换成电能的电站，也称水电站。水电站的原动机为水轮机，通过水轮机将水能转换为机械能，再由水轮机带动发电机将机械能转换为电能。

水电站的总装机容量 P 的计算式为

$$P = 9.81QH\eta \quad (\text{kW}) \tag{1-1}$$

式中：Q 为通过水轮机的水流量，m^3/s；H 为水电站的水头（上游与下游的落差），m；η 为水电站的总效率，一般为 0.85～0.86。

由式（1-1）可见，总装机容量 P 与水流量 Q 及水头 H 是成正比的，在水流量 Q 一定时，要提高总装机容量 P，必须有较高的水头 H。但多数情况下，水位的落差是沿河流分散的，因此，必须用人工方法造成较大的集中落差。

（1）坝式水电站。在河流上的适当地方建筑拦河坝，形成水库，抬高上游水位，使坝的上、下游形成大的水位差的水电站称为坝式水电站。坝式水电站适宜建在河道坡降较缓且流量较大的河段。这类水电站按厂房与坝的相对位置又可为以下几种：

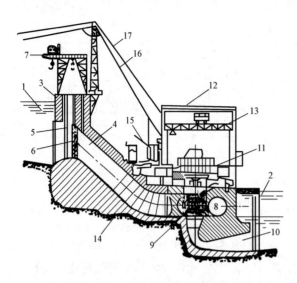

图 1-5　坝后式水电站断面图

1—上游水位；2—下游水位；3—坝；4—压力水管；5—检修闸门；
6—闸门；7—吊车；8—水轮机蜗壳；9—水轮机转子；10—尾水管；
11—发电机；12—发电机间；13—吊车；14—发电机电压配电装置；
15—升压变压器；16—架空线；17—避雷线

1）坝后式水电站。坝后式水电站如图 1-5 所示。其厂房建在拦河坝非溢流坝段的后面（下游侧），不承受水的压力，压力管道通过坝体，适用于高、中水头，如黄河上游的刘家峡水电站（总装机容量122.5万kW，最大水头114m）。

水电站的生产过程较简单，发电机 11 与水轮机转子 9 同轴连接，水由上游沿压力水管 4 进入水轮机蜗壳 8，冲动水轮机转子 9，水轮机带动发电机转动即发出电能；做过功的水通过尾水管 10 流到下游；生产出来的电能经变压器 15 升压并沿架空线 16 至屋外配电装置，而后送入电力系统。

2）溢流式水电站。溢流式水电站的厂房建在溢流坝段后（下游侧），泄洪水流从厂房顶部越过泄入下游河道，适用于河谷狭窄，水库下泄洪水流量大，溢洪与发电分区布置有一定困难的情况。如位于浙江的新安江水电站（总装机容量66.25万kW，最大水头84.3m）及位于贵州的乌江渡水电站（总装机容量63万kW，最大水头134.2m）。

3）岸边式水电站。岸边式水电站的厂房建在拦河坝下游河岸边的地面上，引水道及压力管道明铺于地面或埋设于地下。如位于第二松花江上游的白山水电站（总装机容量150万kW，最大水头126m）二期的厂房为岸边式（一期厂房为地下式）。

4）地下式水电站。地下式水电站的引水道和厂房都建在坝侧地下。如位于四川省境内雅砻江下游的二滩水电站（总装机容量330万kW，最大水头189m）。

5）坝内式水电站。坝内式水电站的压力管道和厂房都建在混凝土坝的空腔内，且常设在溢流坝段内，适用于河谷狭窄，下泄洪水流量大的情况。如湖南沅水支流酉水上的凤滩水电站（总装机容量40万kW，最大水头91m）。

6）河床式水电站。河床式水电站如图 1-6 所示。其厂房与拦河坝相连接，成为坝的一部分，厂房承受水的压力，适用于水头小于50m的水电站。图 1-6 中的溢洪坝、溢洪道是为了宣泄洪水、保证大坝安全的泄水建筑物。如位于红水河上的大化水电站（总装机容量60万kW，最大水头39.2m）。

（2）引水式水电站。由引水系统将天然河道的落差集中进行发电的水电站，称为引水式水电站。引水式水电站适宜建在河道多弯曲或河道坡降较陡的河段，用较短的引水系统可集中较大的水头；也适用于高水头水电站，避免建设过高的挡水建筑物。

引水式水电站如图 1-7 所示。在河流适当地段建低堰 1（挡水低坝），水经引水渠 2 和压力水管 3 引入厂房 4，从而获得较大的水位差。

引水式水电站可根据需要建立在大小不同的河流上。小河流上的引水式水电站如云南省北

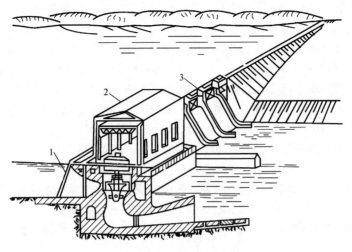

图 1-6　河床式水电站

1—进水口；2—厂房；3—溢流坝

部以礼河上的 4 个梯级水电站（总装机容量 32.15 万 kW，最大水头：一级 77m、二级 79m、三、四级均为 629m），大河流上的引水式水电站如红水河上的天生桥二级水电站（总装机容量 132 万 kW，最大水头 204m）和湖北省清江上的隔河岩水电站（总装机容量 120 万 kW，最大水头 121.5m）。

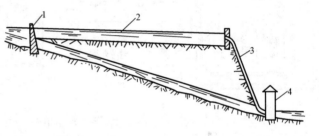

图 1-7　引水式水电站

1—堰；2—引水渠；3—压力水管；4—厂房

（3）抽水蓄能电站。利用电力系统低谷负荷时的剩余电力抽水到高处蓄存，在高峰负荷时放水发电的水电站，称为抽水蓄能电站。它启动迅速运行灵活，不仅是电力系统的调峰填谷电源，还能承担调频、调相、事故备用及黑启动等重要任务。在以火电、核电为主的电力系统中，建设适当比例的抽水蓄能电站可以提高系统运行的经济性、可靠性和安全性。

抽水蓄能电站如图 1-8 所示。当电力系统处于低谷负荷时，其机组以电动机—水泵方式工作，吸收电力系统的有功功率将下游的水抽至上游水库蓄存起来，把电能转换为势能，这时它是用户；当电力系统处于高峰负荷时，其机组按水轮机—发电机方式运行，使所蓄的水用于发电，以满足调峰需要，这时它是发电站。

抽水蓄能电站可能是堤坝式或引水式。

3. 核电站

核电站将原子核的裂变能转换为电能，燃料主要是 ^{235}U。^{235}U 容易在慢中子的撞击下裂变，释放出

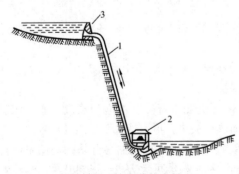

图 1-8　抽水蓄能电站

1—压力水管；2—厂房；3—坝

巨大能量，同时释放出新的中子。按所使用的慢化剂和冷却剂（或称载热剂）的不同，核反应堆可分为以下几种：

（1）轻水堆。轻水堆以轻水（普通水）作慢化剂和冷却剂，又分压水堆和沸水堆，分别以高压欠热轻水及沸腾轻水作慢化剂和冷却剂。

（2）重水堆。重水堆以重水作慢化剂，重水或沸腾轻水作冷却剂。重水的分子式和普通水相同，都是 H_2O，但重水中的氢为重氢，其原子核中多含有一个中子，重水较难获得。

（3）石墨气冷堆及石墨沸水堆。石墨气冷堆及石墨沸水堆均以石墨作慢化剂，分别以二氧化碳（或氦气）及沸腾轻水作冷却剂。以氦气为冷却剂的石墨气冷堆，其堆芯温度可达 1600℃，氦气出口温度高达 900℃，这是其他类型反应堆都达不到的，所以又称为高温气冷堆。

（4）液态金属冷却快中子堆。液态金属冷却快中子堆无慢化剂，通常以液态金属钠作冷却剂。

目前的核电站中，以轻水堆核电站最多，该种堆型约占全球核电总装机容量的 86%，其中压水堆核电站约占总容量的 63%，沸水堆核电站约占总容量的 23%。

轻水堆核电站发电过程示意图如图 1-9 所示。核电站的生产过程与一般火电厂相似。

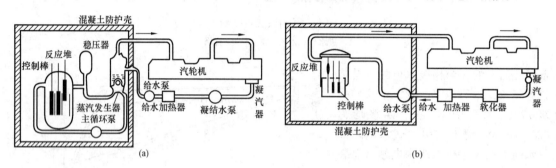

图 1-9　轻水堆核电站发电过程示意图
(a) 压水堆核电站；(b) 沸水堆核电站

压水堆核电站实际上是用核反应堆和蒸汽发生器代替一般火电厂的锅炉。反应堆中通常有100 多个至 200 多个燃料组件。在主循环水泵（又称压水堆冷却剂泵或主泵）的作用下，压力为15.2～15.5MPa、温度 290℃左右的蒸馏水不断在左回路（称一回路，有 2～4 条并联环路）中循环，经过反应堆时被加热到 320℃左右，然后进入蒸汽发生器，并将自身的热量传给右回路（称二回路）的给水，使之变成饱和或微过热蒸汽；蒸汽沿管道进入汽轮机膨胀做功，推动汽轮机转动并带动发电机发电。二回路的工作过程与火电厂相似。

压水堆的快速变化反应性控制，主要是通过改变控制棒（内装银—铟—镉材料的中子吸收体）在堆芯中的位置来实现。

左回路中稳压器（带有安全阀和卸压阀）的作用是在电厂启动时用于系统升压（力），在正常运行时用于自动调节系统压力和水位，并提供超压保护。

沸水堆核电站是以沸腾轻水为慢化剂和冷却剂并在反应堆内直接产生饱和蒸汽，通入汽轮机做功发电；汽轮机的排汽冷凝后，经软化器净化、加热器加热，再由给水泵送入反应堆。

1kg ^{235}U 裂变与 2400t 标准煤燃烧所发出的能量相当。地球上已探明的易开采的铀储量所能提供的能量，已大大超过煤炭、石油和天然气储量之和。利用核能可大大减少燃料开采、运输和储存的困难及费用，发电成本低；核电站不释放 CO_2、SO_2 及 NO_x，有利于环境保护。

4. 新能源发电

（1）风力发电。流动空气所具有的能量，称为风能。全球可利用的风能约为 2×10^6 万 kW。至 2018 年底，世界风电装机容量累计约 5.9 亿 kW，累计装机容量前五位的国家分别为中国、美国、德国、西班牙和印度。其中，我国2018年新增并网风电装机容量2059万kW，累计并网装机容量达到1.84亿kW，占全部发电装机容量的9.7%，稳居世界第一。

风能属于可再生能源，又是一种过程性能源，不能直接储存，而且具有随机性，这给风能的利用增加了技术上的复杂性。

将风能转换为电能的发电方式，称为风力发电。风力发电装置如图1-10所示。

风力机1（属于低速旋转机械）将风能转化为机械能，升速齿轮箱2将风力机轴上的低速旋转变为高速旋转，带动发电机3发出电能；经电缆线路10引至配电装置11，然后送入电网。

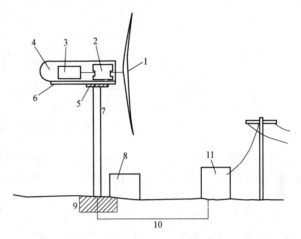

风力机的叶片（2～3叶）多数是由聚酯树脂增强玻璃纤维材料制成；升速齿轮箱一般为3级齿轮传动；风力发电机组的单机容量为几十瓦至几兆瓦，100kW以上的风力发电机为同步发电机或异步发电机；塔架7由钢材制成（锥形筒状式或桁架式）；大、中型风力发电机组皆配有由微机或可编程控制器（PLC）组成的控制系统，以实现控制、自检、显示等功能。

图1-10 风力发电装置

1—风力机；2—升速齿轮箱；3—发电机；4—控制系统；
5—改变方向的驱动装置；6—底板和外罩；7—塔架；
8—控制和保护装置；9—土建基础；10—电缆线路；
11—配电装置

在风能丰富的地区，按一定的排列方式成群安装风力发电机组，组成集群，称为风力发电场。其机组可多达几十台、几百台，甚至数千台，是大规模开发利用风能的有效形式。

（2）太阳能发电。太阳能是从太阳向宇宙空间发射的电磁辐射能，到达地球表面的太阳能为$8.2×10^9$万kW，能量密度为$1kW/m^2$左右。至2018年底，全世界太阳能发电装机容量达到4.8亿kW，其中，我国太阳能发电装机容量就达1.75亿kW，位列世界第一。太阳能发电有热发电和光发电两种方式。

1）太阳能热发电。太阳能热发电是将吸收的太阳辐射热能转换成电能的装置，其基本组成与常规火电设备类似。它又分集中式和分散式两类。

集中式太阳能热发电又称塔式太阳能热发电，其热力系统工作流程如图1-11所示。它是在很大面积的场地上整齐地布设大量的定日镜（反射镜）阵列，且每台都配有跟踪系统，准确地将太阳光反射集中到一个高塔顶部的吸热器（又称接收器）上，把吸收的光能转换成热能，使吸热器内的工质（水）变成蒸汽，经管道送到汽轮机，驱动机组发电。

美国于1982年在加州南部建成的塔式太阳能电站，总功率1万kW，塔高91.5m，接收器直径7m、高13.72m，定日镜1818块，实际运行时所发出的最大功率达1.31万kW。

分散式太阳能热发电，是在大面积的场地上安装许多套结构相同的小型太阳能集热装置，通过管道将各套装置所产生的热能汇集起来，进行热电转换，发出电力。

2）太阳能光发电。太阳能光发电不通过热过程而直接将太阳的光能转变成电能，有多种发电方式，其中光伏发电方式是主流。光伏发电是把照射到太阳能电池（也称光伏电池，是一种半导体器件，受光照射会产生伏打效应）上的光直接变换成电能输出。

2011年，加拿大萨尼亚（Sarnia）光伏电站并网发电。该电站由美国First Solar公司在加拿

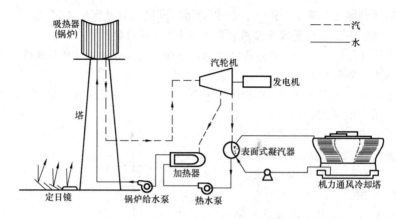

图 1-11 塔式太阳能电站热力系统工作流程

大萨尼亚建设，总容量为 9.7 万 kW，全部采用碲化镉非晶硅太阳电池组件，超过 160 万片，总重量超过 190 万 t（不包括太阳能电池组件方阵的支架和耗材重量），总占地面积达 5.64km² 左右。

（3）生物质能发电。生物质能是绿色植物通过叶绿素将太阳能转化为化学能而储存在生物质内部的能量，属可再生能源。薪柴、农作物秸秆、人畜粪便、有机垃圾及工业有机废水等，是主要的生物质能资源。生物质发电系统是以生物质能为能源的发电工程，如垃圾焚烧发电、沼气发电、蔗渣发电等。至 2018 年底，世界生物质发电装机容量接近 1.2 亿 kW，其中，巴西、中国和美国分列世界前三位。我国的生物质能发电资源丰富，利用潜力巨大。近几年来，生物质能发电占可再生能源的结构不断上升，2018 年底装机容量达 1781 万 kW，同比增长 20.7%，已提前实现国家能源局提出的"十三五"规划目标。根据国家能源局数据，2019 年上半年，我国生物质发电新增装机 214 万 kW，累计装机达到 1955 万 kW，同比增长 22.1%；生物质发电量 529 亿 kWh，同比增长 21.3%，继续保持稳步增长势头。

（4）海洋能发电。海洋能是蕴藏在海水中的可再生能源，如潮汐能、波浪能、海流能、海洋温差能、海洋盐差能等。五种海洋能在全球的技术允许利用功率为 64 亿 kW。至 2018 年底，世界海洋能发电装机容量约为 53.2 万 kW。韩国建成 25.4 万 kW 的潮汐能电站，是目前世界上最大的海洋能发电设施；西班牙建成 300kW 的波浪能电站；其他在运的电站包括法国 24 万 kW 的朗斯潮汐能电站、中国浙江 3900kW 的潮汐能电站，以及英国共计 6800kW 的潮汐能和波浪能发电项目。我国海洋能资源丰富，岛屿众多，具备规模化开发利用海洋能的条件。2017 年初，国家海洋局发布《海洋可再生能源发展"十三五"规划》，计划到 2020 年，实现全国海洋能总装机规模超过 5 万 kW，建设 5 个以上海岛海洋能与风能、太阳能等可再生能源多能互补独立电力系统，拓展海洋能应用领域，扩大各类海洋能装置生产规模，海洋能开发利用水平步入国际先进行列。下面简述潮汐能发电。

由于月球、太阳对地球各处的引力不同，使海洋水面发生周期性（平均周期为 12h25min）升降的现象，在白天称为潮，在夜间称为汐。我国钱塘江最大潮差达 8.39m。潮汐发电就是利用潮汐的位能发电，即在潮差大的海湾入口或河口筑堤构成水库，在坝内或坝侧安装水轮发电机组，利用堤坝两侧的潮差驱动水轮发电机组发电（可单向或双向发电）。

1）单库单向式。单库单向式潮汐电站如图 1-12 所示。电站只建一个水库，安装单向水轮发电机组（发电机安装于密封的灯泡体内），在落潮时发电。当涨潮至库内水位时，开闸向水库充水，至库内外在更高的水位齐平时关闸，等待潮水逐渐下降；当库内外水位差达机组启动水头时开闸发电（这时水库水位逐渐下降），直到库内外水位差小于机组发电所需的最低水头，再次关闸等待，转入下一周期。

2）单库双向式。单库双向式潮汐电站如图 1-13 所示。电站也只建一个水库，安装双向水轮发电机组，在涨落潮时均发电。当涨潮到一定高度时，打开闸 A、B 将潮水引入站内冲动机组发电；当涨潮将结束时，迅速打开闸 E、F，使水库充满水后即关闸；当落潮至一定水位差时，打开闸 C、D 再次冲动机组发电。这样实现了涨落潮双向发电。

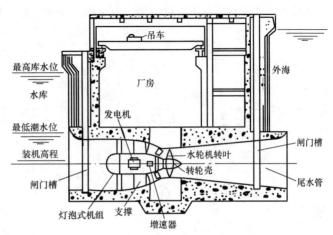

图 1-12　单库单向式潮汐电站

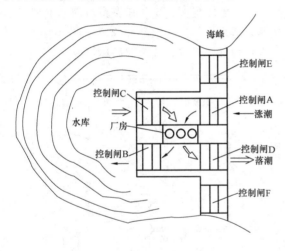

图 1-13　单库双向式潮汐电站

3）双库（高低库）式。建两个毗连的水库，水轮发电机组安装在两水库之间的隔坝内。高库设有进水闸，在潮位较库内水位高时进水（低库不进水），以尽量保持高水位；低库设有泄水闸，在潮位较库内水位低时泄水。这样，两库之间终日有水位差，可连续发电。

(5)地热发电。利用地下蒸汽或热水等地球内部热能资源发电，称为地热发电。至 2018 年底，全世界地热发电总装机容量达 1328 万 kW，其中美国（装机容量 254.1 万 kW）、印度尼西亚（194.6 万 kW）和菲律宾（194.4 万 kW）分别位列世界前三位。还有一些地区的地热发电利用潜力很大，如东非和中美地区、智利、俄罗斯、意大利、冰岛和土耳其等。目前地热发电的单机容量最大为 15 万 kW。我国的地热资源也比较丰富，但总体发展较慢（装机容量尚未超过 3 万 kW）。目前已发现的地热露头有 2700 多处（包括天然和人工露头），还有大量地热埋藏在地下尚待发现。国家发展改革委在《地热能开发利用"十三五"规划》中提出 2020 年地热发电装机容量达到 53 万 kW 的目标。按照规划，在西藏、川西等高温地热资源区建设高温地热发电工程；在华北、江苏、福建、广东等地区建设若干中低温地热发电工程。建立、完善扶持地热发电的机制，建立地热发电并网、调峰、上网电价等方面的政策体系。我国地热发电开发的重点区域是西藏，预计 2020 年西藏地热发电装机容量要达到 37.7 万 kW 的目标。

地热蒸汽发电的原理和设备与火电厂基本相同。利用地下热水发电，有两种基本类型：

1）闪蒸地热发电系统。该系统采用的是减压扩容法。此方法使地下热水变为低压蒸汽供汽轮机做功，如图 1-14 所示。地下热水经除氧器除氧后，进入第一级扩容器进行减压扩容，产生一次蒸汽（约占热水量的 10%），送入汽轮机的高压部分做功；余下的热水进入第二级扩容器，再进行二次减压扩容，产生二次蒸汽，因其压力低于第一级，所以送入汽轮机的低压部分做功。

实际采用的扩容级数一般不超过四级。我国羊八井地热电站采用两级扩容。

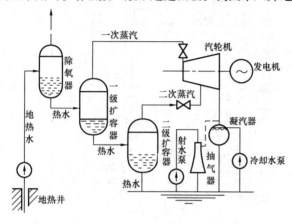

图 1-14　闪蒸地热发电系统

扩容蒸发又称闪蒸。当将具有一定压力及温度的地热水注入到压力较低的容器中时，由于水温高于容器压力的饱和温度，一部分热水急速汽化为蒸汽，并使温度降低，直到水和蒸汽都达到该压力下的饱和状态为止。当地热井口流体为湿蒸汽时，则先进入汽水分离器，分离出的蒸汽送往汽轮机，剩余的水再进入扩容器。

2）双循环地热发电系统。该系统采用的是中间介质法。其流程如图 1-15 所示。地下热水用深井泵抽到电站的蒸发器内，加热某种低沸点工质（如氟利昂、异丁烷、正丁烷等），使其变成低沸点工质蒸气，推动汽轮发电机发电；汽轮机的排气经凝汽器冷凝成液体，用工质泵再打回蒸发器重新加热，循环使用。为充分利用地热水的余热，从蒸发器排出的地热水经预热器先预热来自凝汽器的低沸点工质液体。这种系统的热水和工质各自构成独立系统，故称双循环系统。

（6）磁流体发电。磁流体发电亦称等离子体发电，是使极高温度并高度电离的气体高速（1000m/s）流经强磁场而直接发电。这时气体中的电子受磁力作用与气体中活化金属粒子（钾、铯）相互碰撞，沿着与磁力线成垂直的方位流向电极而发出直流电。

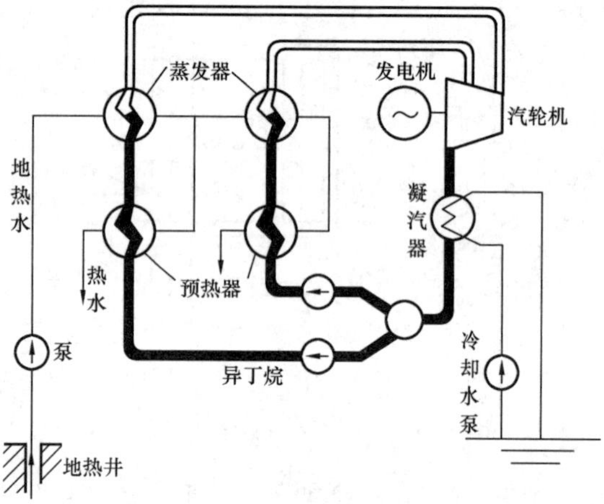

二、变电站类型

变电站有多种分类方法，可以根据电压等级、升压或降压及在电力系统中的地位分类。图 1-16 为某电力系统的原理接线图。该系统中接有大容量的水电站和火电厂，其中水电站发出的电力经过 500kV 超高压输电线路送至枢纽变电站，220kV 电网构成三角环形，可提高供电可靠性。

根据变电站在系统中的地位，可分成四类。

1. 枢纽变电站

图 1-15　双循环地热发电系统

枢纽变电站位于电力系统的枢纽点，连接电力系统高压、中压的几个部分，汇集有多个电源和多回大容量联络线，变电容量大，高压侧电压为 330～500kV。全站停电时，往往不仅造成大面积停电事故，还可能引起系统解列，甚至瘫痪。

2. 中间变电站

中间变电站一般位于系统的主要环路线路中或系统主要干线的接口处，汇集有 2～3 个电源，高压侧以交换潮流为主，同时又降压供给当地用户，主要起中间环节作用，高压侧电压为 220～330kV。全站停电时，将引起区域电网解列。

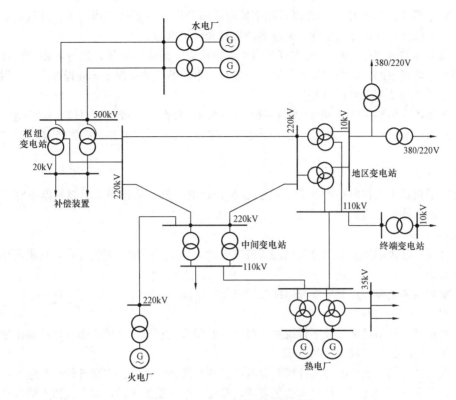

图 1 - 16　电力系统原理接线图

3. 地区变电站

地区变电站以对地区用户供电为主，是一个地区或城市的主要变电站，高压侧电压一般为110～220kV。全站停电时，仅使该地区中断供电。

4. 终端变电站

终端变电站位于输电线路终端，接近负荷点，电能经降压后直接向用户供电，不承担功率转送任务，电压为 110kV 及以下。全站停电时，仅使其站供的用户中断供电。

第二节　发电厂和变电站电气设备简述

为了满足电能的生产、转换、输送和分配的需要，发电厂和变电站中安装有各种电气设备。

一、一次设备

直接生产、转换和输配电能的设备，称为一次设备，主要有九种。

1. 生产和转换电能的设备

生产和转换电能的设备有同步发电机、变压器及电动机，它们都是按电磁感应原理工作的。

（1）同步发电机。同步发电机的作用是将机械能转换成电能。

（2）变压器。变压器的作用是将电压升高或降低，以满足输配电需要。

（3）电动机。电动机的作用是将电能转换成机械能，用于拖动各种机械。发电厂、变电站使用的电动机，绝大多数是异步电动机，或称感应电动机。

2. 开关电器

开关电器的作用是接通或断开电路。高压开关电器主要有以下几种：

（1）断路器（俗称开关）。断路器可用来接通或断开电路的正常工作电流、过负荷电流或短路电流，有灭弧装置，是电力系统中最重要的控制和保护电器。

（2）隔离开关（俗称刀闸）。隔离开关用来在检修设备时隔离电压，进行电路的切换操作及接通或断开小电流电路。它没有灭弧装置，一般只有电路断开的情况下才能操作。在各种电气设备中，隔离开关的使用量是最多的。

（3）熔断器（俗称保险）。熔断器用来断开电路的过负荷电流或短路电流，保护电气设备免受过载和短路电流的危害。熔断器不能用来接通或断开正常工作电流，必须与其他开关电器配合使用。

3. 限流电器

限流电器包括串联在电路中的普通电抗器和分裂电抗器，其作用是限制短路电流，使发电厂或变电站能选择轻型电器。

4. 载流导体

（1）母线。母线用来汇集和分配电能或将发电机、变压器与配电装置连接，有敞露母线和封闭母线之分。

（2）架空线和电缆线。架空线和电缆线用来传输电能。

5. 补偿设备

（1）调相机。调相机是一种不带机械负荷运行的同步电动机，主要用来向系统输出感性无功功率，以调节电压控制点或地区的电压。

（2）电力电容器。电力电容器补偿有并联补偿和串联补偿两类。并联补偿是将电容器与用电设备并联，它发出无功功率，供给本地区需要，避免长距离输送无功，减少线路电能损耗和电压损耗，提高系统供电能力；串联补偿是将电容器与线路串联，抵消系统的部分感抗，提高系统的电压水平，也相应地减少系统的功率损失。

（3）并联电抗器。并联电抗器一般装设在330kV及以上超高压配电装置的某些线路侧。其作用主要是吸收过剩的无功功率，改善沿线电压分布和无功分布，降低有功损耗，提高送电效率。

（4）消弧线圈。消弧线圈用来补偿小接地电流系统的单相接地电容电流，以利于熄灭电弧。

6. 仪用互感器

电流互感器作用是将交流大电流变成小电流（5A或1A），供电给测量仪表和继电保护装置的电流线圈；电压互感器作用是将交流高电压变成低电压（100V或$100/\sqrt{3}$V），供电给测量仪表和继电保护装置的电压线圈。它们使测量仪表和保护装置标准化和小型化，使测量仪表和保护装置等二次设备与高压部分隔离，且互感器二次侧均接地，从而保证设备和人身安全。

7. 防御过电压设备

（1）避雷线（架空地线）。避雷线可将雷电流引入大地，保护输电线路免受雷击。

（2）避雷器。避雷器可防止雷电过电压及内过电压对电气设备的危害。

（3）避雷针。避雷针可防止雷电直接击中配电装置的电气设备或建筑物。

8. 绝缘子

绝缘子用来支持和固定载流导体，并使载流导体与地绝缘，或使装置中不同电位的载流导体间绝缘。

9. 接地装置

接地装置的作用保证电力系统正常工作或保护人身安全。前者称工作接地，后者称保护接地。

常用一次设备名称、图形及文字符号如表1-1所示。

表 1-1　　　　　　　　　　　**常用一次设备名称、图形及文字符号**

名　称	图形符号	文字符号	名　称	图形符号	文字符号
交流发电机	⊗	G	熔断器		FU
双绕组变压器		T	普通电抗器		L
三绕组变压器		T	分裂电抗器*		L
三绕组自耦变压器		T	负荷开关		QL
电动机		M	接触器的主动合、主动断触头		KM
断路器		QF	母线、导线和电缆		W
隔离开关		QS	电缆终端头*		—

名　称	图形符号	文字符号	名　称	图形符号	文字符号
电容器		C	具有两个铁芯和两个次级绕组、一个铁芯两个次级绕组的电流互感器		TA
调相机		G	避雷器		F
消弧线圈		L	火花间隙		F
双绕组、三绕组电压互感器		TV	接地		E

注 交流系统设备端相序文字符号：第一、二、三相分别为 U、V、W（对应于旧符号 A、B、C），中性线为 N。

* 分裂电抗器和电缆终端头的图形符号在 GB/T 4728—2008 新标准中已取消，为便于读者理解现有电路图，一并列出。

二、二次设备

对一次设备进行监察、测量、控制、保护、调节的辅助设备，称为二次设备。

（1）测量表计。测量表计用来监视、测量电路的电流、电压、功率、电量、频率及设备的温度等，如电流表、电压表、功率表、电能表、频率表、温度表等。

（2）绝缘监察装置。绝缘监察装置用来监察交、直流电网的绝缘状况。

（3）控制和信号装置。控制主要是指采用手动（用控制开关或按钮）或自动（继电保护或自动装置）方式通过操作回路实现配电装置中断路器的合闸、跳闸。断路器都有位置信号灯，有些隔离开关有位置指示器。主控制室设有中央信号装置，用来反映电气设备的事故或异常状态。

（4）继电保护及自动装置。继电保护的作用是当发生故障时，作用于断路器跳闸，自动切除故障元件；当出现异常情况时发出信号。自动装置的作用是用来实现发电厂的自动并列、发电机自动调节励磁、电力系统频率自动调节、按频率启动水轮机组，实现发电厂或变电站的备用电源自动投入、输电线路自动重合闸及按事故频率自动减负荷等。

（5）直流电源设备。直流电源设备包括蓄电池组和硅整流装置，用作开关电器的操作、信号、继电保护及自动装置的直流电源，以及事故照明和直流电动机的备用电源。

（6）塞流线圈（又称高频阻波器）。塞流线圈是电力载波通信设备中必不可少的组成部分，它与耦合电容器、结合滤波器、高频电缆、高频通信机等组成电力线路高频通信通道。塞流线圈起到阻止高频电流向变电站或支线泄漏、减小高频能量损耗的作用。

三、电气主接线和配电装置的概念

1. 电气主接线

一次设备按预期的生产流程所连成的电路，称为电气主接线。主接线表明电能的生产、汇集、转换、分配关系和运行方式，是运行操作、切换电路的依据，又称一次接线、一次电路、主系统或主电路。用国家规定的图形和文字符号表示主接线中的各元件，并依次连接起来的单线图，称电气主接线图。

某火电厂的电气主接线图如图1-17所示。该电厂有两个电压等级，即发电机电压 10kV 及升高电压 110kV；发电机电压母线 W1～W3 采用工作母线分段的双母线接线，即工作母线由断路器 QFd（称分段断路器）分为 W1 和 W2 两段，备用母线 W3 不分段，升高电压母线 W4、W5 为双母线接线；断路器 QFc 起到联络两组母线的作用，称母线联络断路器（简称母联断路器）；每回进出线都装有断路器和隔离开关，断路器母线侧的隔离开关称母线隔离开关，断路器线路侧的隔离开关称线路隔离开关；发电机 G1 和 G2 发出的电力送至10kV 母线，一部分电能由电缆线路供给近区负荷，剩余电能则通过升压变压器 T1 和 T2 送到升高电压母线

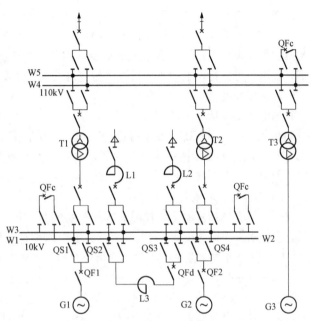

图 1-17　某火电厂的电气主接线图

W4、W5 上；各电缆馈线上均装有电抗器，以限制短路电流；由于 G1 和 G2 已足够供给本地区负荷，所以发电机 G3 不再接在 10kV 母线上，而与变压器 T3 单独接成发电机—变压器单元，以减少发电机电压母线及馈线的短路电流。

发电厂和变电站的主接线，是根据容量、电压等级、负荷等情况设计，并经过技术经济比较，而后选出最佳方案。

2. 配电装置

按主接线图，由母线、开关设备、保护电器、测量表计及必要的辅助设备组建成接受和分配电能的装置，称为配电装置。配电装置是发电厂和变电站的重要组成部分。

配电装置按电气设备的安装地点可分为以下两种：

（1）屋内配电装置。全部设备都安装在屋内。

（2）屋外配电装置。全部设备都安装在屋外（即露天场地）。

按电气设备的组装方式可分为以下两种：

（1）装配式配电装置。电气设备在现场（屋内或屋外）组装。

（2）成套式配电装置。制造厂预先将各单元电路的电气设备装配在封闭或不封闭的金属柜中，构成单元电路的分间。成套配电装置大部分为屋内型，也有屋外型。

配电装置还可按其他方式分类，例如按电压等级分类为 10kV 配电装置、35kV 配电装置、110kV 配电装置、220kV 配电装置、500kV 配电装置等。

第三节　我国电力工业发展概况

电是能量的一种表现形式。电能具有显著优点：可简便地转变为其他形式的能量，如光能、热能、机械能等；输送、分配方便，易于操作和控制；用电进行控制容易实现自动化，提高产品质量和经济效益。

所以，电力自从应用于生产以来，已成为现代化生产、生活的主要能源，在工农业、交通运输业、国防、科学技术和人民生活等方面都得到了广泛的应用。电力工业发展水平和电气化程度是衡量一个国家国民经济发展水平的重要标志。在当前我国国民经济保持良性稳定发展的大背景下，要求电力先行，电力工业继续保持较高的发展速度。

一、发展概况

我国电力工业从 1882 年有电以来，已经走过了 130 多年的历程。新中国成立前，我国电力工业和其他工业一样，处于极端落后的状态，并带有明显的半殖民地的特点。新中国成立后的 60 多年中，电力工业以很高的速度发展，取得了世人瞩目的成就。我国电力工业已经进入了大机组、大电厂、大电网、超高压、自动化、信息化发展的新时期，具体体现在以下各方面。

1. 装机容量、发电量迅速增长

我国装机容量、发电量增长的具体数据如表 1-2 所示。自 1996 年至今，我国装机容量和发电量一直稳居世界第 2 位。"五五"～"九五"时期，装机容量平均增长 8.3%，发电量平均增长 8.1%，电力生产弹性系数（发电量增长率与国内生产总值增长率之比）平均值 1.03；"十五"期间，这三个值分别达 9.9%、12.6%、1.35；"十一五"期间，我国电力装机连续跨越 6 亿、7 亿、8 亿、9 亿 kW 大关，年均增长 13.22%，新增电力装机超过 4.3 亿 kW，5 年完成了前 50 年的装机量，这是世界电力建设史上前所未有的速度。在此期间，电源结构调整效果明显，火电装机容量增速逐年下降，风电装机容量年均增长 96.68%，水电、核电、风电等非化石能源装机比重从 2005 年的 24.23% 提高到 2010 年的 26.53%。"十二五"期间，我国年均新增机组约 1 亿 kW，并于 2011 年超过美国发电量（43080 亿 kWh），于 2013 年超过美国装机容量（116402.2 万 kW），成为发电装机容量和发电量双世界第一的国家。

表 1-2　　　　　　　　　　　　装机容量、发电量增长情况

年　份	装机容量（万 kW）	装机容量在国际排位	年发电量（亿 kWh）	年发电量在国际排位	备　注
1882～1949	185(16)	21	43(7)	25	新中国成立前 67 年
1960	1192(194)	9	594(74)	—	装机容量突破 1000 万 kW
1987	10290(3019)	5	4973(1000)	—	装机容量突破 1 亿 kW
1996	23654(5558)	2	10794(1869)	2	电力供需基本平衡，结束了持续 20 多年的全国性缺电局面

年　份	装机容量 （万 kW）	装机容量在 国际排位	年发电量 （亿 kWh）	年发电量在 国际排位	备　注
2005	51718(11739)	2	24975(3964)	2	装机容量突破 5 亿 kW
2011	105576(23051)	2	47217(6626)	1	装机容量突破 10 亿 kW；总发电量超过美国，首次跃居世界首位
2013	124738(28002)	1	53474(8963)	1	装机容量和总发电量均超过美国，双居世界首位
2018	189967(35226)	1	69940(12392)	1	2018 年底最新统计数据

注　表中括号内为其中的水电装机容量及年发电量。

随着我国发电技术水平的提高和规模经济的发展，电力装备水平有了很大提高，发电机组向大容量、高参数、环保型方向发展，60 万、100 万 kW 等级机组逐步成为主力机型，使得我国 100 万 kW 以上装机容量的大型电厂逐步增多，并在提供可靠电能、确保电力供应、提高运行效率和经济效益等方面发挥着越来越重要的作用。

"十二五"以来，我国已累计关停小火电机组超过 2800 万 kW，2017 年再次退役、关停火电机组容量 929 万 kW。截至 2017 年底，60 万 kW 及以上火电机组占全部火电机组装机容量的 44.7%，100 万 kW 级火电机组达 103 台，居世界首位，占全部火电机组装机容量的比例达到 10.2%。随着大量能耗低、效率高的机组投产，火电机组容量等级结构持续改善。

至目前，全国最大的火电厂为内蒙古大唐国际托克托发公司，总装机容量达到 672 万 kW；全国最大的水电站为三峡电站，32 台机组已经于 2012 年 5 月全部投产发电，圆满实现了 2250 万 kW 的设计发电能力；最大的核电站为浙江秦山核电站，总装机容量为 630 万 kW；即将建成投产的最大火电机组为 124 万 kW（广东华厦阳西电厂），最大水电机组为 100 万 kW（白鹤滩水电站），最大核电机组为 175 万 kW（广东台山核电站）。

2014 年，我国人均拥有装机容量突破 1kW，人均年用电量 4038kWh，达到世界平均水平。我国电力供应已从紧张短缺转向供需平衡甚至宽松过剩。

根据《电力发展"十三五"规划》，预计 2020 年全社会用电量 6.8 万～7.2 万亿 kWh，年均增长 3.6%～4.8%，全国发电装机容量有望突破 20 亿 kW，年均增长 5.5%，人均装机突破 1.4kW，人均用电量 5000kWh 左右，接近中等发达国家水平，电能占终端能源消费比重达到 27%。

2. 电网的建设有较大的发展

我国在 1949 年以前，电力工业发展缓慢，输电电压因具体工程而异，因而电压等级繁多。新中国成立后，才按电网发展统一电压等级，逐渐形成经济合理的电压等级系列。1952 年，我国以自己的技术建设了第一条 110kV 输电线路，并逐步形成京津唐 110kV 电网。1954 年，建成第一条 220kV 输电线路（丰满—李石寨，369km），并迅速形成东北电网 220kV 骨架网架。1972 年建成第一条 330kV 输电线路（刘家峡—陕西关中，534km），以后逐渐形成西北电网 330kV 骨干网架。1981 年建成第一条 500kV 输电线路（河南平顶山—武汉，595km），1983 年又建成葛洲坝—武昌和葛洲坝—双河两回 500kV 线路，开始形成华中电网 500kV 骨干网架。1989 年建成第一条 ±500kV 直流输电线路（葛洲坝—上海，1046km），实现了华中—华东两大区域电网的直流联网。2005 年建成第一条 750kV 输电线路（青海官亭—甘肃兰州东，146km），不仅能够增强西北电网的送电能力，还对实现"西部大开发""西电东送"的战略具有十分重要的作用。2009 年，中国第一条 1000kV 特高压交流输电线路（山西晋东南—河南南阳—湖北荆门，640km）正式投入商业运行。特高压电网的建成投产，不仅可以方便华北电网火电与华中电网富余的水电进行互送，而且有望改变全国的能源输送格局，进而实现全国联网。2010 年 6 月，世界首个±800kV 特高压直流输电示范工程（云南楚雄—广东广州，额定输送功率 500 万 kW，输电距离 1373km）竣工投产。2010 年 7 月，四川向家坝—上海±800kV 特高压直流输电示范工程（额定输送功率 640 万 kW，最大输送功率 720 万 kW，输电距离 1907km）投入运行。2019 年 9 月，我国自主设计建设的世界首个±1100kV 特高压直流输电线路工程（新疆昌吉—安徽古泉）正式投运，这是目前世界上电压等级最高、输送容量最大（额定输送功率 1200 万 kW）、输电距离最远（3293km）、技术水平最先进的直流输电工程。

截至 2018 年底，全国 220kV 及以上输电线路回路长度超过 73 万 km，同比增长 7%；变电设备容量达 40 亿 kVA，同比增长 6.2%。其中，已建成特高压直流输电线路 12 条，输送容量达 9360 万 kW，线路总长度和输送容量均居世界第一。与此同时，中国特高压直流输电工程的设计建设、运行管理和设备制造水平已处于国际领先地位。中国目前已建成并正式投入运行的特高压直流输电工程包括云广、向上、锦苏、哈郑、溪浙、宁浙、酒湖、晋江、上山、锡泰、淮皖、扎青等 12 个特高压直流输电工程。

经多年建设，我国已形成东北（黑龙江、吉林、辽宁及部分内蒙古）、华北（山西、河北、北京、天津、部分内蒙古及山东）、华东（上海、江苏、浙江、安徽、福建）、华中（河南、湖南、湖北、江西、重庆、四川）、西北（陕西、甘肃、青海、宁夏）、南方（广东、广西、云南、贵州）六个跨省区主干电网，除东北、西北电网外，其余各跨省区电网的装机规模和最高负荷已超过或接近 1 亿 kW。

在跨省电网中已形成了 500kV（或 330kV）的骨干网架。1989 年建成的第一条±500kV 直流输电线路开始了华中和华东电网之间的联网，2001 年华北电网与东北电网、福建电网与华东电网实现了互联，2002 年川渝与华中电网实现了互联，2003 年华北与华中电网实现了互联，2004 年华中与南方电网实现了互联，2005 年 3 月山东与华北电网实现了互联。2005 年 7 月，西北—华中直流联网工程正式投入运行，成功实现了西北—华中电网联网，从而，全国主要电网之间的互联成为现实。电网输电能力进一步增强，网架结构进一步优化。海南、新疆和西藏电网等独立电网也相继接入周围跨省电网。海南电网已于 2009 年通过一回 500kV 海底电缆接入南方电网，二回跨海联网工程已于 2015 年 10 月动工建设，并于 2019 年 5 月正式投入运行。新疆电网已通过 750kV 超高压输电线路途径甘肃、青海与西北电网实现双通道联网，西藏电网已通过 750kV 和±400kV 交直流联网工程实现与青海电网联网，通过 500kV 超高压输电线路实现与四川电网联网。

"十二五"期间，我国 1000kV 特高压交流骨干网架初具规模，建成"三纵三横一环网"的特高压输电线路（三纵：锡盟—南京、张北—南昌、陕北—长沙；三横：蒙西—潍坊、靖边—连云港、雅安—上海；一环网：淮南长三角），形成西电东送、北电南送的能源配置格局。到 2020 年，特高压交流输电形成以华北、华中、华东电网（三华同步电网）为核心，联结我国各大区域电网、大煤电基地、大水电基地和主要负荷中心的坚强电网结构。而直流输电更是在近几年得到跨越式发展，到 2020 年建成 40～50 条直流输电线路。

2002 年底启动的电力体制改革，形成了厂网分开的新格局，组建了两大电网公司——国家电网公司和南方电网公司。国家电网公司的供电营业区范围覆盖东北、华北、华东、华中、西北五大区域；南方电网公司供电营业区范围覆盖广东、广西、贵州、云南和海南。

3. 电力设备的制造水平大大提高

国产第一台 30 万 kW 和 60 万 kW 火电机组（引进美国制造技术）先后于 1974 年（江苏望

亭电厂）和1989年（安徽平圩电厂）投产发电。现在，国内已能批量制造60万、100万kW火电机组，70万kW水电机组，百万千瓦核电机组，5MW风电机组，以及超高压交直流输变电设备。另外，国内一些企业已经具备为百万千瓦级核电站提供设备的能力；大部分1000kV特高压交流设备、±800kV特高压直流设备实现了国产化；已能制造60万、100万kW级的超超临界机组（参数为25～28MPa、600℃/600℃）；太阳能光伏电池等其他新能源装备的研制和生产也都取得重要进展。

4. 电力科技水平大大提高

我国电力工业立足于科技兴电，相继建成了一批具有世界先进水平的重点实验室和装置，完成了一批重大科研课题，掌握和解决了大机组建设和全国联网等大电网建设、运行等一系列问题。我国的电力队伍已能承担现代化大型水、火、核电站和电网的设计、施工、调试和运行任务，并已经建成投产和正在建设着具有当代国际先进水平的各类大型电厂，超高压交、直流输变电工程；尤其是在智能电网方面，已由试点阶段进入全面建设阶段，我国已成为世界智能电网发展的重要推动力量。

另外，我国"超超临界燃煤发电技术"达到了国际先进水平；60万kW循环流化床锅炉电站实现了国产化；已完全能够承担大型机组的烟气脱硫脱硝工程；首创"燃煤锅炉无添加剂脱硫、除尘、脱氮氧化物技术"；已完成百万千瓦级核电站初步设计；已研制成核反应堆新型预应力混凝土安全壳结构，即第三代安全壳，并应用于我国自主开发的百万千瓦核电站工程中；拥有具有自主知识产权的高温气冷堆核电技术，并已应用于示范工程；大功率电力电子技术在电力系统中的应用取得了重大成绩，串补、可控串补成功应用于超高压系统；高压超导电缆的研制与应用取得新的成果，达到国际先进水平；"低压电机全自动相控节电技术"研究取得实效；已成功解决电网黑启动问题；部分电网建成了数字化变电站、500kV无人值班、500kV电网区域控制中心，建成了以实时数字仿真系统为核心的电网仿真系统；成功研制出变电站设备巡检机器人，并达到国际先进水平；成功研制出厘米级微发电系统，并与国际先进水平相当；成功研制出百瓦级的行波热声发电机；在国际上首创"全永磁悬浮风力发电技术"；在快中子堆、热核聚变方面的研究取得了重大进展。

5. 在新能源发电方面成绩卓著

我国的小水电资源位居世界第一。根据最新全国农村水能资源调查评价成果，我国大陆地区单站装机容量5万kW及以下的小水电技术可开发量为1.28亿kW，年发电量为5350亿kWh。其中西部地区可开发量为7952.9万kW，占全国的62.1%。截至2018年底，全国小水电已建成46000多座，装机容量达到8044万kW，相当于3个三峡电站的装机容量，年发电量2346亿kWh，分别约占全国水电装机和年发电量的1/4。"十三五"期间，我国继续推进农村水电绿色发展，新增农村水电装机600万kW，完成2000年前建成，符合条件的3000多座老旧电站增效扩容改造工作，组织开展"十三五"农村小水电扶贫工程建设等。预计到2020年，我国将建成300个装机容量10万kW以上的小水电大县，100个装机容量20万kW以上的大型小水电基地，40个装机容量100万kW以上的特大型小水电基地，10个装机容量500万kW以上的小水电强省。

在地热、风力、潮汐、太阳能、生物质能等新能源发电方面，经多年的科技攻关及建设示范性电站或试验电站，已掌握了设计、制造和运行技术。西藏羊八井第一、二地热电站总装机容量2.518万kW，是我国最大的地热电站，居世界第12位；浙江省江厦潮汐电站总装机容量3900kW，是我国最大的潮汐电站；内蒙古塞罕坝风电场总装机容量102万kW，是目前我国最大的风电场；杭州天子岭垃圾填埋气发电厂总装机容量1940kW，是我国第一座垃圾填埋气发电厂；东莞横沥环保热电厂总装机容量 11.5 万 kW，是我国最大的垃圾焚烧电厂；山东单县生物质发电项目总装机容量 2.5 万 kW，是我国第一个国家级生物质发电示范项目；2016 年，宁夏 35 万 kW 并网太阳能光伏电站顺利投产，成为世界上一次性投产并网规模最大的光伏电站。

2018 年，我国可再生能源发电装机容量约达到 7.28 亿 kW，约占全部电力装机的 38.3%，同比上升 1.7%，可再生能源的清洁能源替代作用日益突显，清洁能源消纳难题也得到了明显缓解。水电、风电和太阳能发电装机稳居世界第一，成为全球非化石能源发展的引领者。

6. 电力运行的技术经济指标不断完善

随着大机组不断进入电力行列，电力运行的技术经济指标不断完善，如表 1-3 所示。

表 1-3　　　　　　　　　　　　中国电力工业主要技术经济指标

年　份	标准煤耗（g/kWh）		厂用电率（%）			线损率（%）
	发电	供电	合计	水电	火电	
1980	413	448	6.44	0.19	7.65	8.93
2001	358	386	6.29	0.49	7.20	7.55

2018 年，全国 6000kW 以上火电厂供电标准煤耗为 3308g/kWh，比上年同期下降 1g/kWh。全国 6000kW 及以上发电设备累计平均利用小时 3862h，比上年增加 73h。其中，火电 4361h，比上年增加 143h；水电 3613h，比上年增加 16h；核电 7184h，比上年增加 95h；风电 2095h，比上年增加 146h。线路损失 6.21%，比上年减少 0.3%。

7. 积极实施国际化战略

目前，我国电力企业在国际化战略运用上已具备一定经验，开展的国际化业务包括海外投资、经营、工程建设、技术咨询、技术设备引进等方面。其中，对电力企业未来发展影响重大的主要有两大类。一是以保障我国能源安全为目的的国际能源合作业务，这对我国的能源战略的实施有着重要的意义。如南方电网公司，作为国家授权的大湄公河次区域（GMS）电力合作的中方执行单位，与越南、老挝、缅甸、泰国等国家和地区开展了相关电力合作，在共建“一带一路”国家重点突破，在发达国家寻求机会，带动国内技术、装备、资本、标准输出，与国内企业形成产业联盟“抱团出海”，在国际化业务的基础上，积极推动包括管理模式、资源配置、人才队伍、品牌形象、企业文化等在内的全方位国际化。国家电网公司也与俄罗斯、蒙古国、菲律宾等国家在能源合作领域保持合作关系。二是以提升企业自身竞争力和国际化资源配置能力为目的的海外经营业务，这对企业未来的发展有着重要意义。国家电网先后在菲律宾、巴西、葡萄牙、澳大利亚、意大利等国家成功投资、运营骨干能源网公司。公司还建立了从技术、装备到设计、施工全方位“走出去”的国际产能合作模式。同时，大力拓展亚洲、非洲、欧洲、南美等地区的工程总承包、成套设备输出及咨询服务业务，并带动中国电工装备、控制保护设备、调度自动化系统、高端电力电子设备等出口到 70 多个国家，包括德国、波兰等欧洲市场。

二、差距

（1）电源结构不尽合理。在电源构成中，火电比重偏大，水电、核电及新能源发电比重偏小（至 2018 年底，火电占 60.2%，水电占 18.5%，核电占 2.4%，风电占 9.7%，太阳能发电占 9.2%）。

（2）电网建设与电源建设不协调，供电可靠性偏低。长期以来，我国电力建设“重发轻供”的情况十分突出，即重视电源建设而轻视电网建设。特别是近年来，随着电源建设和投产速度加快，电网建设与电源建设不协调、电网建设严重滞后的矛盾日趋突出。部分电网网架结构不够坚强，出现了窝电和缺电并存的现象；配电网问题也十分突出，尽管近年来采取一些措施，但仍不能满足用电需求增长的需要，线路、变压器超负荷运行时有发生；供电可靠性偏低。

（3）人均拥有装机容量和人均占有发电量较低。目前我国人均拥有装机容量和人均占有发电量刚刚超过世界平均水平，与发达国家还有较大的差距。

（4）技术经济指标平均水平不高。表现在火电厂平均发电煤耗、供电煤耗、厂用电率、电网线损率等仍较高。其中，与国际先进水平相比，火电厂供电煤耗约高 50g/kWh，火电厂每千瓦时耗水率约高 40%，输电线损率约高 2%～2.5%。

（5）火电厂的污染物排放量高。火电厂的二氧化硫、氮氧化物和大量粉尘的排放尚未得到有效控制。目前我国每年煤电发电排放的二氧化硫已达近 1000 万 t。

（6）发供电设备质量问题较多，性能欠佳。

三、前景展望

"十三五"期间及其此后较长的一段时间里，电力工业在保持稳定有序发展，为经济社会发展提供可靠电力保障的同时，工作重点是加强统筹协调，加强科技创新，加强国际合作；着力优化电源布局、调整电力结构、升级配电网、增强调节能力、提高电力系统效率、推进体制改革和机制创新；加快调整优化和转型升级，构建清洁低碳、安全高效的现代电力工业体系，惠及广大电力用户，为全面建成小康社会提供坚实支撑和保障。

1. 积极发展水电

水能资源是可再生的、清洁的能源，可以进行商业化大规模应用的。在电力系统中，有一定比例的水电装机容量对系统调频、调峰和安全经济运行极为有利。水电站的发电成本低，还可以实现防洪、灌溉、航运、供水、养殖和旅游等综合利用。发达国家水电的平均开发度已在 60%～70%以上。我国水能资源丰富，据最新统计，我国水能资源可开发装机容量约 6.6 亿 kW，年发电量约 3 万亿 kWh，按利用 100 年计算，相当于 1000 亿 t 标准煤。自 2010 年起，我国水电装机容量已多年位居世界第一位，但仍然是世界上剩余水能资源开发潜力最大的国家之一，积极开发水电是我国能源战略的重要举措。

以重要流域龙头水电站建设为重点，科学开发西南水电资源。坚持干流开发优先、支流保护优先的原则，积极有序推进大型水电基地建设，严格控制中小流域、中小水电开发。坚持开发与市场消纳相结合，统筹水电的开发与外送，完善市场化消纳机制。强化政策措施，新建项目提前落实市场空间，防止新弃水现象发生。继续做好金沙江下游、大渡河、雅砻江等水电基地建设；积极推进金沙江上游等水电基地开发，推动藏东南"西电东送"接续能源基地建设；继续推进雅砻江两河口、大渡河双江口等龙头水电站建设，加快金沙江中游龙头水电站研究论证，积极推动龙盘水电站建设；基本建成长江上游、黄河上游、乌江、南盘江、红水河、雅砻江、大渡河六大水电基地。

"十二五"前及"十二五"期间，我国已经建设完成及在建的十大水电站有：长江三峡（32×70 万 kW，已投产）、金沙江白鹤滩（16×100 万 kW，在建）、金沙江溪洛渡（18×77 万 kW，已投产）、金沙江乌东德（12×85 万 kW，在建）、雅砻江锦屏（14×60 万 kW，已投产）、金沙江向家坝（8×80 万 kW+3×48 万 kW，已投产）、红水河龙滩（9×70 万 kW，已投产）、澜沧江糯扎渡（9×65 万 kW，已投产）、澜沧江小湾（6×70 万 kW，已投产）、黄河拉西瓦（6×70 万 kW，已投产）。"十三五"期间，我国将坚持积极发展水电的方针，做好生态环境保护和移民安置工作，以西南地区金沙江、雅砻江、大渡河、澜沧江等河流为重点，积极有序推进大型水电基地建设；统筹规划，合理布局，适度加快抽水蓄能电站建设；加强水电科技创新和国际合作，积极推动水电开发技术和重大装备走出去。预计到 2020 年，全国水电装机容量将达到 3.8 亿 kW，其中常规水电 3.4 亿 kW，抽水蓄能约 4000 万 kW；年发电量 1.25 万亿 kWh。到 2025 年，全国水电装机容量有望达到 4.7 亿 kW，其中常规水电 3.8 亿 kW，抽水蓄能约 9000 万 kW；年发电量 1.4 万亿 kWh。

2. 优化发展火电

我国有丰富的煤炭、石油和天然气，其中煤炭储量 7241 亿 t（60％在"三西"——陕西、山西和内蒙古西部）。火电厂的厂址不受限制，建设周期短，能较快发挥效益。建设一批大容量、高参数、环保型机组，并优化电源布局；下决心淘汰一批不符合节能环保标准的小火电机组，实行上大压小、降低能源消耗、减少污染排放，并把压小作为上大的前提。

2000 年以前，火电机组以 30 万 kW 机组为主；2000 年以后，主要建设 30 万 kW 及以上高参数、高效率、调峰性能好的机组，引进和发展超临界机组。近年来，随着机组向大型化、清洁化发展，60 万、100 万 kW 超超临界机组成为我国主力火电机组，我国火电机组的参数、性能和产量已全方位地占据世界首位，锅炉、汽轮机和发电机三大主机的国产化取得重要进展，已完全能够实现自主设计和制造。在"三西"和西南大力发展矿口电厂，变输煤为输电；在沿海港口和路口等负荷中心建设一批火电厂（称为路口电厂，指位于燃料产地和负荷中心之间，靠近铁路枢纽的大型火电厂），主要在渤海湾、东南沿海、长江沿岸、焦枝线、大秦线、京九铁路沿线等；随着"西气东送"工程的实施，在沿海缺能地区及大城市，适当建设一批燃气电站，增加电力系统的调峰能力。

火电机组主要通过发展热电联产、超低排放改造、节能改造的方式，提高能源利用效率，减少污染物排放。煤电超低排放改造与节能改造全面加速，对部分现存 30 万 kW 机组进行更新改造，做好洁净煤发电试点项目，坚决关停不符合能耗、环保、质量和安全要求的火电机组。据不完全统计，我国燃煤机组除尘、脱硫比例接近 100％，脱硝比例超过 83％，煤电行业烟尘、氮氧化物、二氧化硫等大气污染物控制水平明显提升。节能改造方面，全国新建燃煤发电项目原则上采用 60 万 kW 及以上超超临界机组，平均供电煤耗低于 300g/kWh，到 2020 年，现役燃煤发电机组改造后平均供电煤耗低于 310g/kWh。为配合政策实施，国家也出台了电价补贴、发电量奖励、排污费激励等政策支持火电企业实施改造。在有条件的华北、华东、南方、西北等地区建设一批天然气调峰电站，新增规模达到 500 万 kW 以上。适度建设高参数燃气蒸汽循环热电联产项目，支持利用煤层气、煤制气、高炉煤气等发电。推广应用分布式气电，重点发展热电冷多联供。

电力"十三五"规划指出，到 2020 年力求煤电装机规模控制在 11 亿 kW 之内，占比降至55％。预计 2017～2020 年煤电装机增速显著回落，每年新增容量约为 0.25 亿～0.3 亿 kW，到2020 年，煤电装机总量控制在 10.56 亿 kW。到 2020 年燃气发电装机到达 1.1 亿 kW；其中热电冷多联供 1500 万 kW；预测气电装机年均增速为 10％～11％，2025 年气电装机到达 1.77 亿 kW。

3. 安全发展核电

核电是被普遍认为唯一能够大规模替代火电的基础能源。相对于火电发电方式，核电具有不排放污染气体、能源转换效率高等优势；相对于水电和风电等能源，核电不受季节和气候影响，发电高效稳定。因此，核电对保障中国能源安全，实现 2030 年非化石能源占比 20％的目标，具有举足轻重的作用。20 多年来，我国核电发展虽然进展显著，但距世界水平仍有很大的差距。目前全球核电占电能的比重平均为 15％，已有 17 个国家的核电在本国发电量中的比重超过 25％。而我国核电发电量占总量仅有 4.2％，远不到世界平均水平，更远远低于法国（核电发电量占总量 74％）、美国（核电发电量占总量 30％）的水平。

长远来看，我国的核能发电潜力巨大。我国目前已经形成了浙江秦山、广东大亚湾、江苏田湾、福建宁德、辽宁红沿河、广东阳江等 16 个在运、在建核电基地，拥有 44 台在运核电机组，装机容量 4464 万 kW，规模位列世界第四，拥有 13 台在建核电机组，装机容量 1403 万 kW，规模位列世界第一。另外，还有核电筹建及储备项目总量约 1.64 亿 kW。核电在中国已进入规模化发展的新时期。

核电是清洁能源，核电发展要面向国家战略需求。我国将坚持安全发展核电的原则，加大自主核电示范工程建设力度，着力打造核心竞争力，加快推进沿海核电项目建设。建成浙江三门、山东海阳 AP1000 自主化依托项目，建设福建福清、广西防城港"华龙一号"示范工程。开工建设 CAP1400 示范工程等一批新的沿海核电工程。深入开展内陆核电研究论证和前期准备工作，认真做好核电站址资源保护工作。按照"十三五"规划，到 2020 年，国内核电运行装机容量达到 5800 万 kW，在建达到 3000 万 kW 以上。"十三五"期间，我国每年至少要开工 6 台核电机组。

此外，核电出海已成为未来我国核电事业发展的重要驱动力。单在"一带一路"沿线中，就有 28 个国家计划发展核电，规划机组 126 台，总规模约 1.5 亿 kW。目前，我国主要核电集团凭借拥有自主知识产权的华龙一号和 CAP1400 两套第三代核电技术，均参与了核电"走出去"战略，积极开拓海外市场。中核集团已与阿根廷、英国、埃及等近 20 个国家达成了合作意向，与巴基斯坦签署了 5 台华龙一号核电机组的框架协议。中广核集团与捷克能源集团签订核能领域合作协议，与罗马尼亚国家核电公司签署了切尔纳德核电三、四号机组全寿命期框架协议，和法国电力集团将共同投资兴建的英国欣克利角核电项目。此外，核电集团还携手合作，共同开拓欧洲、中亚、东南亚等核能市场。

4. 大力发展新能源发电

在边远农村和沿海岛屿，因地制宜建设小水电、风力发电、生物质发电、潮汐发电、地热发电和太阳能发电等电厂。我国有丰富的小水电资源（可开发量 1.28 亿 kW，占我国水电可开发量的 23%，居世界首位）、风力资源[10m 高度层可开发利用的风能，陆上的 2.53 亿 kW，海上约 7 亿 kW，居世界首位。陆上风能主要在内蒙古（占 40%）、新疆（占 37%）、东北、华北和东南沿海等地]、生物质能资源（可开发的生物质能资源总量近期约为 5 亿 t 标准煤，远期可达到 10 亿 t 标准煤）、地热资源（主要分布在西藏、云南、福建、广东等地）和潮汐资源（沿海可开发的潮汐资源达 2158 万 kW，主要分布在浙江、福建）。

按照集中开发与分散开发并举、就近消纳为主的原则优化风电布局，统筹开发与市场消纳，有序开发风光电。加快中东部及南方等消纳能力较强地区的风电开发力度，积极稳妥推进海上风电开发。按照分散开发、就近消纳为主的原则布局光伏电站，全面推进分布式光伏和"光伏＋"综合利用工程，积极支持光热发电。在满足环保要求的条件下，合理建设城市生活垃圾焚烧发电和垃圾填埋气发电项目。积极清洁利用生物质能源，推动沼气发电、生物质发电和分布式生物质气化发电。

调整"三北"风电消纳困难及弃水严重地区的风电建设节奏，提高风电就近消纳能力，解决弃风限电问题。加大消纳能力较强或负荷中心区风电开发力度，力争中东部及南方区域风电占全国新增规模的一半。在江苏、广东、福建等地因地制宜推进海上风电项目建设。

重点发展屋顶分布式光伏发电系统，实施光伏建筑一体化工程。在中东部地区结合采煤沉陷区治理以及农业、林业、渔业综合利用等适度建设光伏电站项目，推进光热发电试点示范工程。

"十三五"期间，风电新增投产 7900 万 kW 以上，太阳能发电新增投产 6800 万 kW 以上。2020 年，全国风电装机达到 2.1 亿 kW 以上，其中海上风电 500 万 kW 左右；太阳能发电装机达到 1.6 亿 kW，其中光伏发电 1.5 亿 kW、光热发电 1000 万 kW。

5. 优化电网结构

世界上电网的最高电压早在 1969 年就已达到 765kV（美国），1985 年就已达到 1150kV（苏联）。1000kV 及以上交流电压、±800kV 及以上的直流电压，称为特高压，我国电网已进入特高压时代。

我国在继续大力发展电源的同时，将高度重视电网的建设和结构优化。坚持分层分区、结构清晰、安全可控、经济高效原则，按照 DL 755—2001《电力系统安全稳定导则》的要求，充分论证全国同步电网格局，进一步调整完善区域电网主网架，提升各电压等级电网的协调性，探索大电网之间的柔性互联，加强区域内省间电网互济能力，提高电网运行效率，确保电力系统安全稳定运行和电力可靠供应。

"十三五"期间，仍将坚定不移地推进特高压创新发展。在"四交五直"的基础上，"十三五"后续特高压工程分三批建设。第一批是"五交八直"工程：为治理东中部地区严重雾霾，满足西部北部能源基地和西南水电基地电力外送需要，提高电网安全稳定水平，加快建设"五交八直"特高压工程，2016 年开工建设，2018～2019 年建成投产。第二批是"四交两直"工程：为加快形成东部、西部同步电网，建设东北特高压环网，东北与华北、西北与西南、华北—华中与华东特高压交流联络通道，以及金上—赣州、俄罗斯—霸州直流等特高压工程，2018 年前开工，2019～2020 年建成投产。第三批"三交一直"工程：2020 年以前开工建设东部电网内部网架加强工程、内蒙古特高压主网架、西部电网向新疆和西藏特高压延伸工程，以及伊犁—巴基斯坦直流等工程。这只是特高压建设的一个开始，按照规划部署，未来将从电网格局、建设质量、大电网安全以及创新发展等目标入手，构建更安全、高效、坚强的电网，预计到 2025 年将建设东部、西部电网同步联网工程。

与此同时，随着我国"一带一路"倡议的启动，特高压项目在国外正不断落地。在巴西美丽山项目开工的基础上，国家电网公司正积极开展与俄罗斯、哈萨克斯坦、蒙古国、巴基斯坦等周边国家的电力能源合作，加快推进有关特高压联网工程的规划、前期建设工作，预计到 2025 年基本实现与周边国家电网的互联互通。

6. 开发和节约并重，高度重视环境保护

在开发能源的同时，采取有效措施节约能源，降低损耗（煤耗、水耗、线损等），提高能源利用效率。实行电力发展与环境保护相协调的方针，使电力建设与环境保护"同步规划、同步实施、同步发展"。

 思考题

1. 电能有哪些优点？
2. 我国电力工业发展概况怎样？发展方针是什么？
3. 什么是新能源发电？
4. 发电厂和变电站的作用是什么？各有哪些类型？
5. 什么是一次设备？什么是二次设备？哪些设备属一次设备？哪些设备属二次设备？
6. 什么是电气主接线？什么是配电装置？

第二章 导体的发热、电动力及开关电器的灭弧原理

导体的发热、电动力及开关电器的灭弧原理是本课程的基本理论。电流通过导体时，导体将发热，并受到电动力的作用；开关电器切断电流时将产生电弧。本章着重介绍导体发热和散热的基本原理，导体在正常工作时的长期发热和短路时的短时发热的特点及有关计算；分析导体短路时的电动力；论述电弧的产生及物理过程、交流电弧的特性及熄灭原理，并介绍熄灭交流电弧的基本方法。

第一节 导体的发热和散热

一、概述

导体和电器，在运行中常遇到两种工作状态：①正常工作状态，即电压和电流都不超过额定值的允许偏移范围，是一种长期工作状态；②短路工作状态，即系统发生短路故障至故障切除的短时间内的工作状态，故障将引起电流突然增加，短路电流要比额定电流大几倍甚至几十倍。

电流通过导体和电器时，将引起发热。

（1）发热主要是由于有功功率损耗引起，这些损耗包括以下 3 种：

1）在导体电阻和接触连接部分的电阻中产生的损耗。

2）在设备的绝缘材料中产生的介质损耗。

3）在交变电磁场的作用下，在导体周围的金属构件（特别是铁磁物质）中产生的涡流和磁滞损耗。

这些损耗变成热能，使导体和电器的温度升高，以致使材料的物理和化学性能变坏。

（2）发热按流过电流的大小和时间分为长期发热和短时发热两类。

1）长期发热是指正常工作电流长期通过引起的发热。长期发热的热量，一部分散到周围介质中去，一部分使导体的温度升高。

2）短时发热是指短路电流通过时引起的发热。虽然短路的时间不长，但短路电流很大，发热量很大，而且来不及散到周围介质中去，使导体的温度迅速升高。

（3）发热将对导体和电器产生不良的影响。

1）机械强度下降。金属材料温度升高时，会退火软化，当温度超过允许值时，会引起机械强度显著下降。例如，铝导体长期发热超过 100℃ 或短时发热超过 150℃ 时，其抗拉强度将急剧下降。

2）接触电阻增加。当温度过高时，导体接触连接处的表面将强烈氧化，产生高电阻率的氧化层薄膜；同时，弹簧的弹性和压力的下降使接触电阻增加，温度便进一步升高，因而可能导致接触处松动或烧熔。

3）绝缘性能下降。有机绝缘材料（如棉、丝、纸、木材、橡胶等）长期受高温作用时，将逐渐老化，即逐渐失去其机械强度和电气强度。老化的速度与发热温度有关。

（4）为了保证导体可靠地工作，规定了导体长期工作发热和短路时发热的温度限值，即最高

允许温度。裸导体长期工作时的最高允许温度一般情况下为70℃；在计及日照影响时，钢芯铝绞线及管形导体为80℃；当导体接触处有镀（搪）锡的可靠覆盖层时为85℃，有银的覆盖层时为95℃。裸导体通过短路电流时的短时最高允许温度：对硬铝（经冷拉加工的铝）及铝锰合金为200℃，对硬铜（经冷拉加工的铜）为300℃。

电力电缆的最高允许温度与其导体材料、绝缘材料及电压等级等因素有关。

有关规程还规定了交流高压电器各部分长期工作发热的最高允许温度。

进行发热计算的目的，是为了校验导体或电器各部分发热温度是否超过允许值。

二、导体的发热

发电厂和变电站中，导体大都采用硬铝或铝锰、铝镁合金制成。无论通过正常工作电流或短路电流，导体都要发热，即由其电阻损耗引起的发热。当导体装于屋外时，如无遮阳措施，则导体对日照热量的吸收也会使导体发热。由于热量与有功功率成正比，所以本书直接用功率（W）表示热量。

1. 导体电阻损耗的热量 Q_R

单位长度（1m）的导体通过电流 I_w 时，由电阻损耗产生的热量为

$$Q_R = I_w^2 R \quad (W/m) \tag{2-1}$$

而

$$R = K_s R_{dc} = K_s \frac{\rho[1 + \alpha_t(\theta_w - 20)]}{S}$$

式中：I_w 为导体通过的电流，A；R、R_{dc} 为导体的交、直流电阻，Ω/m；K_s 为导体的集肤系数；ρ 为导体温度为20℃时的直流电阻率，$\Omega \cdot mm^2/m$；α_t 为20℃时电阻温度系数，$℃^{-1}$；θ_w 为导体的运行温度，℃；S 为导体的截面积，mm^2。

常见电工材料的 ρ 及 α_t 值见表2-1。导体的 K_s 与电流频率、导体的材料、形状和尺寸有关。由于分析计算过繁，实用上 K_s 由查曲线或表格而得。各种截面形状导体的 K_s 如图2-1所示。图2-1中 f 为电流频率，R_0 为1000m长度导体在20℃时的直流电阻，即 $R_0 = 1000\rho/S$，而横坐标可表示为

$$\sqrt{\frac{f}{R_0}} = \sqrt{\frac{fS}{1000\rho}}$$

表 2-1 电阻率 ρ 及电阻温度系数 α_t

材料名称	ρ ($\Omega \cdot mm^2/m$)	α_t ($℃^{-1}$)	材料名称	ρ ($\Omega \cdot mm^2/m$)	α_t ($℃^{-1}$)
纯铝	0.027~0.029	0.0041	软棒铜	0.01748	0.00433
铝锰合金	0.0379	0.0042	硬棒铜	0.0179	0.00433
铝镁合金	0.0458	0.0042	钢	0.15	0.00625

（1）由其中的任一条曲线可知：当导体截面的形状、截面积 S、尺寸比 b/h（或 t/h、t/D）相同，而材料不同（即 ρ 不同）时，则 ρ 较小的材料，其横坐标值较大，K_s 较大，例如铜的 K_s 比铝的 K_s 大；形状、尺寸比相同，材料相同（即 ρ 相同），而 S 不同时，S 增大时，其横坐标值增大，K_s 增大。

（2）由任一截面形状的曲线族可知：对相同 S、相同材料的导体（即横坐标一定），当尺寸比增大时，K_s 增大。这表明，相同 S、相同材料的矩形导体，愈接近正方形时，K_s 愈大；而相

同 S、相同材料的管形导体，愈接近实心时，K_s 愈大。

2. 太阳照射的热量 Q_s

太阳照射的热量会造成导体温度升高，故凡装于屋外的导体应考虑日照的影响。对单位长度圆管导体，Q_s 可按式（2-2）计算

$$Q_s = E_s A_s F_s = E_s A_s D \quad (\text{W/m})$$
$$(2-2)$$

式中：E_s 为太阳照射功率密度（或称辐射力），我国取 $E_s = 1000\text{W/m}^2$；A_s 为导体对太阳照射热量的吸收率，与导体表面状况有关，对表面磨光的铝管取 $A_s = 0.6$；F_s 为单位长度导体受太阳照射面积，m^2；D 为导体外直径，数值上等于 F_s。

对于屋内的导体，因无日照作用，Q_s 可忽略不计。

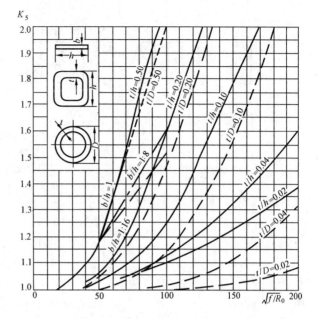

图 2-1 各种截面形状导体的集肤系数

三、导体的散热

导体在发热的同时，还存在散热，即热量传递。热量传递有三种基本形式，即对流、辐射、导热。

1. 对流传递的热量 Q_c

由流体各部分相对位移将热量带走的过程，称为对流。本节主要涉及空气对流。

单位长度导体对流换热所传递的热量，与温差及换热面积成正比，即

$$Q_c = \alpha_c(\theta_w - \theta_0)F_c \quad (\text{W/m}) \tag{2-3}$$

式中：α_c 为对流换热系数（导体比周围环境每高出 1℃，其每平方米换热面所散走的热量），$\text{W}/(\text{m}^2 \cdot \text{℃})$；$\theta_w$ 为导体的运行温度，℃；θ_0 为周围空气温度，℃；F_c 为单位长度导体对流换热面积，m^2/m。

根据对流条件不同，可分为自然对流换热和强迫对流换热两种情况。

（1）自然对流换热。屋内自然通风或屋外风速小于 0.2m/s 时，属于自然对流换热。

1）α_c 计算。空气自然对流的 α_c 一般取

$$\alpha_c = 1.5(\theta_w - \theta_0)^{0.35} \quad [\text{W}/(\text{m}^2 \cdot \text{℃})] \tag{2-4}$$

2）F_c 计算。F_c 与导体的形状、尺寸、布置方式等因素有关。下面列出几种常用导体（如图 2-2 所示）的 F_c 计算。

矩形导体的 F_c 计算：设单条矩形导体高 h(mm)，宽 b(mm)，A_1、A_2 分别为单位长度导体在高度和宽度方向的表面积，则

$$A_1 = h/1000 \ (\text{m}^2/\text{m}), \quad A_2 = b/1000 \ (\text{m}^2/\text{m})$$

单条矩形导体[见图 2-2(a)]的 F_c 为

$$F_c = 2(A_1 + A_2) \quad (\text{m}^2/\text{m})$$

多条矩形导体的条间净距离等于导体的宽度 b，即 b 愈小，其条间距离愈小，对流条件愈差，有效换热面积相应减小。

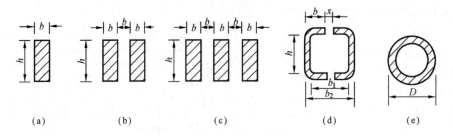

图 2-2 常用导体型式

（a）单条矩形导体；（b）二条矩形导体；（c）三条矩形导体；（d）槽形导体；（e）圆管导体

二条矩形导体[见图 2-2(b)]的 F_c 为：

$$当\ b=\begin{cases}6mm\\8mm\ ,\\10mm\end{cases}\qquad F_c=\begin{cases}2A_1\quad(m^2/m)\\2.5A_1+4A_2\quad(m^2/m)\\3A_1+4A_2\quad(m^2/m)\end{cases}$$

三条矩形导体[见图 2-2(c)]的 F_c 为：

$$当\ b=\begin{cases}8mm\ ,\\10mm\end{cases}\qquad F_c=\begin{cases}3A_1+4A_2\quad(m^2/m)\\4(A_1+A_2)\quad(m^2/m)\end{cases}$$

槽形导体[见图 2-2(d)]的 F_c 计算：

设 $\qquad\qquad B_1=h/1000\ (m^2/m),\ B_2=b/1000\ (m^2/m)$

当 $h>200mm$ 时为

$$F_c=2(B_1+B_2)\quad(m^2/m)$$

当 $100mm<h<200mm$ 时为

$$F_c=2B_1+B_2\quad(m^2/m)$$

当 $b_2/x\approx9$ 时，因内部热量不易从缝隙散出，平面位置不产生对流，故

$$F_c=2B_1\quad(m^2/m)$$

圆管导体[见图 2-2(e)]的 F_c 计算

$$F_c=\pi D\quad(m^2/m)$$

（2）强迫对流换热。流体在导体内或导体外由某种机械（如风机、泵）的驱使而流动，并在有温差的条件下和导体表面进行换热，属强迫对流换热。目前载大电流的电机、电器和管形母线，为加强冷却，常采用强迫风冷或水冷。屋外风速较大时也属于强迫对流。由于强迫对流的流体速度较自然对流大，其扰动性较好，所以换热系数较高。

强迫风冷的 α_c 为

$$\alpha_c=\frac{N_u\lambda}{D}\beta\quad[W/(m^2\cdot℃)] \qquad\qquad (2-5)$$

而

$$N_u=0.13\left(\frac{vD}{\nu}\right)^{0.65}$$

式中：N_u 为努谢尔特准则数，是传热学中表示对流换热强度的一个参数（无因次）；v 为风速，m/s；D 为圆管外径，m；ν 为空气的运动黏度系数，是空气流动时分子间内摩擦力的量度，当空气温度为 20℃ 时，$\nu=15.7\times10^{-6}\ m^2/s$；$\lambda$ 为空气的导热系数，$W/(m\cdot℃)$，当空气温度为 20℃ 时，$\lambda=2.52\times10^{-2}W/(m\cdot℃)$；$\beta$ 为修正系数（无因次），与风向和导体的夹角 φ 有关。

β 的计算式为

$$\beta=A+B(\sin\varphi)^n \qquad\qquad (2-6)$$

当 $0° < \varphi \leqslant 24°$ 时，$A = 0.42$，$B = 0.68$，$n = 1.08$；当 $24° < \varphi \leqslant 90°$ 时，$A = 0.42$，$B = 0.58$，$n = 0.9$。

将式(2-5)、式(2-6)代入式(2-3)得

$$Q_c = \frac{N_u \lambda}{D} \beta(\theta_W - \theta_0)\pi D = 0.13\left(\frac{vD}{\nu}\right)^{0.65} \lambda [A + B(\sin\varphi)^n](\theta_W - \theta_0)\pi \qquad (2-7)$$

2. 辐射传递的热量 Q_r

热量从高温物体以热射线的方式传至低温物体的过程，称为辐射。

根据斯蒂芬—波尔兹曼定律，导体向周围空气辐射的热量，与导体和空气绝对温度 4 次方之差成正比，即

$$Q_r = 5.7 \times 10^{-8} \varepsilon [(273 + \theta_W)^4 - (273 + \theta_0)^4] F_r \quad (\text{W/m}) \qquad (2-8)$$

式中：ε 为导体材料的相对辐射系数（又称黑度），与导体材料表面状态及温度有关，一般说来，磨光的表面 ε 小，粗糙或有漆层、氧化层的表面 ε 大，见表 2-2；F_r 为单位长度导体的辐射换热面积，m^2/m。

表 2-2　　　　　　　　　　　导体材料的辐射系数 ε

材　料	ε	材　料	ε
表面磨光的铝	0.039～0.057	白漆	0.80～0.95
表面不磨光的铝	0.055	各种不同颜色的油漆、涂料	0.92～0.96
精密磨光的电解铜	0.018～0.023	有光泽的黑色虫漆	0.821
有光泽的黑漆	0.875	无光泽的黑色虫漆	0.91
无光泽的黑漆	0.96～0.98		

F_r 依导体形状和布置方式而定。

(1) 矩形导体 F_r 的计算。单条和二条矩形导体的辐射换热形式，如图 2-3 所示。单条矩形导体[如图 2-3(a)所示]的 F_r 为

$$F_r = 2(A_1 + A_2) \quad (\text{m}^2/\text{m})$$

A_1、A_2 仍分别为单位长度导体在高度和宽度方向的表面积，计算方法与求 F_c 相同。

多条矩形导体[二条导体如图 2-3(b)所示]的内侧面，只能从缝隙处向外辐射一部分，另一部分辐射到对面，相当于缝隙间的面积仅有一部分能起向外辐射的作用，有效换热面积相应减小。

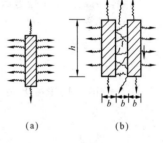

图 2-3　导体的辐射换热
(a) 单条导体；(b) 二条导体

二条矩形导体的 F_r 为

$$F_r = 2A_1 + 4A_2 + 2A_1(1 - \phi) \quad (\text{m}^2/\text{m})$$

三条矩形导体的 F_r 为

$$F_r = 2A_1 + 6A_2 + 4A_1(1 - \phi) \quad (\text{m}^2/\text{m})$$

而

$$\phi = \sqrt{1 + \left(\frac{A_2}{A_1}\right)^2} - \frac{A_2}{A_1}$$

式中：ϕ 为辐射角系数，它代表辐射到对面的部分，这部分不能向外辐射，应予扣除。

(2) 槽形导体 F_r 的计算。槽形导体的 F_r 为

$$F_r = 2(B_1 + 2B_2) + B_2 \quad (\text{m}^2/\text{m})$$

B_1、B_2 的计算方法与求 F_c 时相同。

（3）圆管导体 F_r 的计算。圆管导体的 F_r 为

$$F_r = \pi D \quad (m^2/m)$$

3. 导热传递的热量 Q_d

物质的各部分直接接触，热量从高温区向低温区传递的过程，称导热。此时导体周围的气体的导热量相对很小，可忽略不计。

第二节　导体的长期发热与载流量

一、导体的温升过程

导体的发热计算是基于能量守恒原理，一般说来，在发热过程有如下关系

$$Q_R + Q_s = Q_w + (Q_c + Q_r + Q_d)$$

即导体电阻损耗所产生的热量及吸收太阳热量之和（$Q_R + Q_s$）中，一部分（Q_w）用于本身温度升高，另一部分（$Q_c + Q_r + Q_d$）以热传递的形式散失出去。

有遮阳措施的导体，可不考虑日照热量 Q_s 的影响；散热部分的导热量 Q_d 很小，亦可忽略不计。另外，工程上为了便于分析计算，常把辐射换热量 Q_r 表示成与对流换热量 Q_c 相似的形式，并用一个总换热系数 α 及总的换热面积 F 来表示两种换热作用。设导体在发热过程中的温度为 θ，则

$$Q_c + Q_r = \alpha(\theta - \theta_0)F \quad (W/m)$$

于是，热平衡方程为

$$Q_R = Q_w + (Q_c + Q_r) = Q_w + \alpha(\theta - \theta_0)F \quad (W/m) \tag{2-9}$$

设导体通过电流 I 时，在 t 时刻温度为 θ，则温升为 $\tau = \theta - \theta_0$，在时间 dt 内的热平衡微分方程为

$$I^2 R dt = mc d\tau + \alpha F \tau dt \quad (J/m) \tag{2-10}$$

式中：m 为单位长度导体的质量，kg/m；c 为导体的比热容，J/(kg·℃)；其他量的含义如前所述。

当导体通过正常工作电流时，其温度变化范围不大，故忽略温度对 R、c、α 的影响，即认为 R、c、α 为常量。

式（2-10）为"可分离变量一阶微分方程"，可改变为

$$dt = -\frac{mc}{\alpha F \tau - I^2 R} d\tau \tag{2-11}$$

设 $t = 0$ 时，初始温升为 $\tau_i = \theta_i - \theta_0$。对式（2-11）进行积分，当时间由 $0 \to t$ 时，温升由 $\tau_i \to \tau$，得

$$\int_0^t dt = -\int_{\tau_i}^{\tau} \frac{mc \frac{1}{\alpha F}}{\alpha F \tau - I^2 R} d(\alpha F \tau - I^2 R)$$

解得

$$t = -\frac{mc}{\alpha F} \ln \frac{\alpha F \tau - I^2 R}{\alpha F \tau_i - I^2 R}$$

$$\tau = \frac{I^2 R}{\alpha F}\left(1 - e^{-\frac{\alpha F}{mc}t}\right) + \tau_i e^{-\frac{\alpha F}{mc}t} \tag{2-12}$$

当 $t \to \infty$ 时，导体温度趋于 θ_w，温升趋于稳定值 τ_w，即

$$\tau_w = \frac{I^2 R}{\alpha F} \tag{2-13}$$

τ_w 与电阻功耗 $I^2 R$ 成正比，与导体的散热能力 αF 成反比，而与起始温升 τ_i 无关。式（2-13）可写成 $I^2 R = \alpha F \tau_w$，即达到稳定温升时，导体产生的全部热量都散失到周围介质中去。

令

$$T_t = \frac{mc}{\alpha F} \quad (s) \tag{2-14}$$

T_t 称为导体的发热时间常数，表示发热过程进行的快慢，与导体热容量 mc 成正比，与导体的散热能力 αF 成反比，而与电流 I 无关。对于一般铜、铝导体，T_t 约为 $10\sim20s$。

将式(2-13)、式(2-14)代入式(2-12)，得

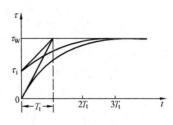

$$\tau = \tau_w\left(1 - e^{-\frac{t}{T_t}}\right) + \tau_i e^{-\frac{t}{T_t}} \qquad (2-15)$$

式(2-12)、式(2-15)表明，导体的温升按指数函数增长，如图2-4所示。事实上，当 $t=(3\sim4)T_t$ 时，τ 已趋于稳定温升 τ_w。图2-4中 T_t 表示，不论在任何时刻，指数函数 τ 如果一直按该时刻的增长率(作该点的切线)增长下去，则经过时间 T_t 就会达到 τ_w。

图 2-4 导体温升 τ 的变化曲线

二、导体的载流量

由式(2-13)可得

$$I^2R = \alpha F\tau_w = \alpha F(\theta_w - \theta_0) = Q_c + Q_r$$

故未考虑日照影响时，导体的载流量为

$$I = \sqrt{\frac{Q_c + Q_r}{R}} \quad (\text{A}) \qquad (2-16)$$

对于屋外导体，计及日照影响时的载流量为

$$I = \sqrt{\frac{Q_c + Q_r - Q_s}{R}} \quad (\text{A}) \qquad (2-17)$$

若已知导体的材料、截面形状、尺寸、布置方式，并取 θ_w 等于正常最高允许温度(70℃)，取 θ_0 等于基准环境温度(25℃)，可求得 R、Q_c、Q_r，从而可由式(2-16)求得无日照的 I。我国生产的各类导体均已标准化、系列化，其允许电流 I 已由有关部门经计算、试验得出，并列于有关手册上，使用时只要查表选用即可。矩形、槽形导体长期允许载流量，详见附表2-1及附表2-2。

当 $\theta_w=70℃$，$\theta_0=25℃$ 时，由式(2-3)及式(2-4)可得

$$Q_c = 255.82F_c(\text{W/m}) \qquad (2-18)$$

当 $\theta_w=70℃$，$\theta_0=25℃$，$\varepsilon=0.95$(导体表面涂漆)时，由式(2-8)可得

$$Q_r = 322.47F_r(\text{W/m}) \qquad (2-19)$$

由式(2-16)及式(2-17)可知，为提高导体的载流量，可采取下列措施：

(1) 减小导体电阻 R。①采用电阻率 ρ 小的材料，如铜、铝、铝合金等；②减小接触电阻，如接触面镀锡、银等；③增加截面积 S，但 S 增加到一定程度时，K_s 随 S 的增加而增加，故单根标准矩形导体的 S 不大于 1250mm^2，单根不满足要求时，可采用 $2\sim4$ 根，或采用槽形、管形导体。

(2) 增大导体的换热面 F。同样截面积 S 下，实心圆形导体的表面积最小，而矩形、槽形导体的表面积较大。

(3) 提高换热系数 α。①导体的布置尽量采用散热最佳的方式，如矩形导体竖放较平放散热效果好；②屋内配电装置的导体表面涂漆，可提高辐射系数 ε，从而提高辐射散热能力，但屋外配电装置的导体不宜涂漆，而保留光亮表面，以减少对日照热量的吸收；③采用强迫冷却。

【例2-1】 计算屋内配电装置中 $80\text{mm}\times10\text{mm}$ 的矩形铝导体的长期允许载流量。导体正常最高允许温度 $\theta_w=70℃$，基准环境温度 $\theta_0=25℃$。

解 (1) 计算1m长导体的交流电阻 R。由表2-1得，20℃时铝的电阻率 $\rho=0.028\Omega\cdot\text{mm}^2/\text{m}$，电阻温度系数 $\alpha_t=0.0041℃^{-1}$。$\theta_w=70℃$ 时，1000m长导体的直流电阻为

$$R_0 = 1000 \times \frac{\rho[1+\alpha_t(\theta_w-20)]}{S} = 1000 \times \frac{0.028[1+0.004\,1 \times (70-20)]}{80 \times 10} = 0.0422(\Omega)$$

由 $\sqrt{\dfrac{f}{R_0}} = \sqrt{\dfrac{50}{0.0422}} = 34.42$ 及 $\dfrac{b}{h} = \dfrac{1}{8}$，查图 2 - 1 得 $K_s = 1.05$。

$$R = K_s R_{dc} = 1.05 \times 0.0422 \times 10^{-3} = 0.0443 \times 10^{-3}(\Omega/m)$$

（2）求得 F_c、F_r 为

$$F_c = F_r = 2 \times (A_1 + A_2) = 2 \times (80//1000 + 10/1000) = 0.18(m^2/m)$$

由式(2 - 18)、式(2 - 19)，求得 Q_c、Q_r

$$Q_c = 255.82 F_c = 255.82 \times 0.18 = 46.05(W/m)$$

$$Q_r = 322.47 F_r = 322.47 \times 0.18 = 58.04(W/m)$$

（3）由式（2 - 16）求得 I

$$I = \sqrt{\frac{Q_c + Q_r}{R}} = \sqrt{\frac{46.05 + 58.04}{0.0443 \times 10^{-3}}} = 1533 \ (A)$$

第三节　导体的短时发热

本节分析短路开始至短路故障切除的很短一段时间内导体的发热过程。进行短时发热计算的目的是：确定导体通过短路电流时的最高温度（短路故障切除时的温度）是否超过短时最高允许温度，若不超过，则称导体满足热稳定，否则就是不满足热稳定。

一、短时发热过程

导体短时发热不同于长期发热，其特点如下：

（1）短路电流大，持续时间很短，导体内产生很大的热量，来不及散到周围介质中去，因而，可以认为在短路持续时间内，导体产生的全部热量都用来使导体温度升高。

（2）短路时，导体温升很高，它的电阻 R、比热容 c 不能再视为常量，而是温度的函数。

据此，导体短时发热过程的热平衡关系是

$$Q_R = Q_W \quad (W/m) \tag{2 - 20}$$

热平衡微分方程为

$$i_{kt}^2 R_\theta dt = mcd\theta \quad (J/m) \tag{2 - 21}$$

而

$$R_\theta = K_s \rho_0 (1+\alpha\theta)/S \quad (\Omega/m)$$

$$m = \rho_w S \quad (kg/m)$$

$$c_\theta = c_0(1+\beta\theta) \quad [J/(kg \cdot ℃)]$$

式中：i_{kt} 为短路全电流瞬时值，A；R_θ 为导体温度为 θ 时单位长度导体的电阻，Ω/m；K_s 为导体的集肤系数；ρ_0 为导体温度为 0℃ 时导体的电阻率，$\Omega \cdot m$；α 为 ρ_0 的温度系数，$℃^{-1}$；S 为导体的截面积，m^2；m 为单位长度导体的质量，kg/m；ρ_w 为导体材料的密度，kg/m^3，铜为 $8.9 \times 10^3 kg/m^3$，铝为 $2.7 \times 10^3 kg/m^3$；c_θ 为导体温度为 θ 时导体的比热容，$J/(kg \cdot ℃)$；c_0 为导体温度为 0℃ 时导体的比热容，$J/(kg \cdot ℃)$；β 为 c_0 的温度系数，$℃^{-1}$。

将 R_0、m、c_θ 的表达式代入式(2 - 21)并整理得

$$\frac{K_s}{S^2} i_{kt}^2 dt = \frac{c_0 \rho_w}{\rho_0} \left(\frac{1+\beta\theta}{1+\alpha\theta} \right) d\theta \tag{2 - 22}$$

设时间由 $0 \sim t_k$(t_k 为短路切除时间)时，导体由初始温度 θ_i 升高到最终温度 θ_f，有

$$t_k = t_{pr} + t_{ab} \quad (s)$$

式中：t_{pr} 为距短路点最近的断路器的后备继电保护动作时间，s；t_{ab} 为断路器全开断时间，s。

最严重的情况是，短路前导体已满负荷工作，θ_i 已达到正常最高允许发热温度。

对式(2-22)两边积分

$$\frac{K_s}{S^2}\int_0^{t_k} i_{kt}^2 \mathrm{d}t = \frac{c_0 \rho_w}{\rho_0}\int_{\theta_i}^{\theta_f}\frac{1+\beta\theta}{1+\alpha\theta}\mathrm{d}\theta \tag{2-23}$$

右边积分为

$$\frac{c_0 \rho_w}{\rho_0}\int_{\theta_i}^{\theta_f}\frac{1+\beta\theta}{1+\alpha\theta}\mathrm{d}\theta = \frac{c_0 \rho_w}{\rho_0}\left(\int_{\theta_i}^{\theta_f}\frac{1}{1+\alpha\theta}\mathrm{d}\theta + \int_{\theta_i}^{\theta_f}\frac{\beta\theta}{1+\alpha\theta}\mathrm{d}\theta\right)$$

$$= \frac{c_0 \rho_w}{\rho_0}\left[\frac{\alpha-\beta}{\alpha^2}\ln(1+\alpha\theta_f) + \frac{\beta}{\alpha}\theta_f\right]$$

$$- \frac{c_0 \rho_w}{\rho_0}\left[\frac{\alpha-\beta}{\alpha^2}\ln(1+\alpha\theta_i) + \frac{\beta}{\alpha}\theta_i\right] = A_f - A_i$$

其中

$$A_f = \frac{c_0 \rho_w}{\rho_0}\left[\frac{\alpha-\beta}{\alpha^2}\ln(1+\alpha\theta_f) + \frac{\beta}{\alpha}\theta_f\right]$$

$$A_i = \frac{c_0 \rho_w}{\rho_0}\left[\frac{\alpha-\beta}{\alpha^2}\ln(1+\alpha\theta_i) + \frac{\beta}{\alpha}\theta_i\right]$$

可见 A_f、A_i 的形式完全相同，写成一般形式就是

$$A = \frac{c_0 \rho_w}{\rho_0}\left[\frac{\alpha-\beta}{\alpha^2}\ln(1+\alpha\theta) + \frac{\beta}{\alpha}\theta\right] \quad [\mathrm{J}/(\Omega\cdot\mathrm{m}^4)] \tag{2-24}$$

为了简化计算，可按式(2-24)作出常用材料的 $\theta=f(A)$ 曲线，如图2-5所示。

式(2-23)左边的 $\int_0^{t_k} i_{kt}^2 \mathrm{d}t$ 与短路电流 i_{kt} 产生的热量成正比，称为短路电流的热效应(或热脉冲)，用 Q_k 表示，即

$$Q_k = \int_0^{t_k} i_{kt}^2 \mathrm{d}t \quad (\mathrm{A}^2\cdot\mathrm{s}) \tag{2-25}$$

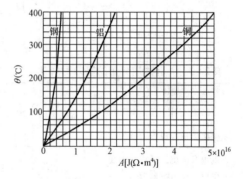

图 2-5　$Q=f(A)$ 曲线

于是，式(2-23)可写成

$$\frac{1}{S^2}Q_k K_s = A_f - A_i \quad [\mathrm{J}/(\Omega\cdot\mathrm{m}^4)] \tag{2-26}$$

二、热效应 Q_k 的计算

短路全电流瞬时值 i_{kt} 的表达式为

$$i_{kt} = \sqrt{2}I_{pt}\cos\omega t + i_{np0}\mathrm{e}^{-\frac{t}{T_a}} \quad (\mathrm{kA}) \tag{2-27}$$

式中：I_{pt} 为对应时刻 t 的短路电流周期分量有效值，kA；i_{np0} 为短路电流非周期分量起始值，kA，$i_{np0}=-\sqrt{2}I''$；T_a 为非周期分量衰减时间常数，s。

将 i_{kt} 表达式代入式(2-25)，得

$$Q_k = \int_0^{t_k} i_{kt}^2 \mathrm{d}t = \int_0^{t_k}\left(\sqrt{2}I_{pt}\cos\omega t + i_{np0}\mathrm{e}^{-\frac{t}{T_a}}\right)^2 \mathrm{d}t$$

$$\approx \int_0^{t_k} I_{pt}^2 \mathrm{d}t + \frac{T_a}{2}\left(1-\mathrm{e}^{-\frac{2t_k}{T_a}}\right)i_{np0}^2 = Q_p + Q_{np} \quad [(\mathrm{kA})^2\cdot\mathrm{s}] \tag{2-28}$$

下面就周期分量和非周期分量热效应 Q_p、Q_{np} 分别进行计算。

1. Q_p 的计算

由数学知识可知，任意曲线 $y=f(x)$ 的定积分可用辛卜生法（即抛物线法）近似计算，即

$$\int_a^b f(x)\mathrm{d}x = \frac{b-a}{3n}[(y_0+y_n)+2(y_2+y_4+\cdots+y_{n-2})+4(y_1+y_3+\cdots+y_{n-1})] \quad (2-29)$$

式中：n 为把积分区间 $[a,b]$ 分成长度相等的小区间数（必须是偶数）；y_i 为函数值（$i=1,2,\cdots,n$）。

令 $n=4$，且认为 $y_1+y_3=2y_2$，则有

$$\int_a^b f(x)\mathrm{d}x = \frac{b-a}{12}[(y_0+y_4)+2y_2+4(y_1+y_3)]=\frac{b-a}{12}(y_0+10y_2+y_4)$$

计算 Q_p 时，$a=0$，$b=t_k$，$f(x)=I_{pt}^2$，$\mathrm{d}x=\mathrm{d}t$，$y_0=I''^2$，$Y_2=I_{\frac{t_k}{2}}^2$，$y_4=I_{t_k}^2$，得

$$Q_p=\int_0^{t_k} I_{pt}^2\mathrm{d}t = \frac{t_k}{12}(I''^2+10I_{\frac{t_k}{2}}^2+I_{t_k}^2) \qquad [(kA)^2 \cdot s] \qquad (2-30)$$

式中：I''、$I_{\frac{t_k}{2}}$、I_{t_k} 为短路电流周期分量的起始值、$\dfrac{t_k}{2}$ 时刻值及 t_k 时刻值。

2. Q_{np} 的计算

由式（2-28），可得

$$Q_{np}=\frac{T_a}{2}\left(1-e^{-\frac{2t_k}{T_a}}\right)i_{np0}^2=\frac{T_a}{2}\left(1-e^{-\frac{2t_k}{T_a}}\right)(-\sqrt{2}I'')^2$$

$$=T_a(1-e^{-\frac{2t_k}{T_a}})I''^2=TI''^2 \qquad [(kA)^2 \cdot s] \qquad (2-31)$$

式中：T 为非周期分量的等效时间，与短路点及 t_k 有关，可由表 2-3 查得。

如果 $t_k>1$s，导体的发热主要由周期分量来决定，可不计及非周期分量的影响，即

$$Q_k \approx Q_p \qquad [(kA)^2 \cdot s]$$

注意到，在将 Q_k 代入式（2-26）时，应乘 10^6，将其单位变成（$A^2 \cdot s$）。

表 2-3　非周期分量的等效时间 T

短路点	$T(s)$	
	$t_k \leqslant 0.1$s	$t_k > 0.1$s
发电机出口及母线	0.15	0.2
发电机升高电压母线及出线 发电机电压电抗器后	0.08	0.1
变电站各级电压母线及出线	0.05	

【例 2-2】 某变电站的汇流铝母线规格为 80mm×10mm，其集肤系数 $K_s=1.05$，在正常最大负荷时，母线的温度 $\theta_i=65℃$。继电保护动作时间 $t_{pr}=1.5$s，断路器全开断时间 $t_{ab}=0.1$s，短路电流 $I''=I_{0.8}=I_{1.6}=20.5$kA。试计算母线的热效应和最高温度。

解　（1）计算热效应 Q_k。

短路电流通过时间为

$$t_k=t_{pr}+t_{ab}=1.5+0.1=1.6(s)$$

由于 $t_k>1$s，可不计非周期分量的影响。由式（2-30）得

$$Q_k=Q_p=\frac{t_k}{12}(I''^2+10I_{\frac{t_k}{2}}^2+I_{t_k}^2)=\frac{1.6}{12}\times12\times20.5^2=672.4[(kA)^2 \cdot s]$$

（2）由 $\theta_i=65℃$ 在图 2-5 铝材料的 $\theta=f(A)$ 曲线上查得

$$A_i=0.5\times10^{16} \quad J/(\Omega \cdot m^4)$$

（3）由式（2-26）求得 A_f

$$A_{f}=\frac{1}{S^{2}}Q_{k}K_{s}+A_{i}=\frac{672.4\times10^{6}\times1.05}{(0.08\times0.01)^{2}}+0.5\times10^{16}=0.61\times10^{16}[J/(\Omega\cdot m^{4})]$$

根据 A_{f} 的值，由 $\theta=f(A)$ 曲线上查得 $\theta_{f}=80℃<200℃$（铝导体最高允许温度），故满足热稳定。

第四节　大电流导体附近钢构的发热

　　大电流导体（母线）的周围存在强大的交变磁场，使附近的钢铁构件（如支持母线结构的钢梁、防护遮栏的钢柱或网板、混凝土中的钢筋、金属管路等）产生很大的磁滞和涡流损耗，钢构因而发热；如果钢构成闭合回路，还会感应产生环流，使功率损耗和发热更严重。钢构中的损耗和发热随导体工作电流的增加而急剧增大，当导体电流大于 3000A 时，其附近钢构的发热便不容忽视，钢构的温升可能使材料产生变形和损坏，混凝土中的钢筋受热膨胀，可能使混凝土产生裂缝，并明显影响运行的经济性，恶化设备和工作人员的运行条件。

　　因此，规定了钢构发热的最高允许温度：人可触及的钢构为 70℃（避免烫伤），人不可触及的钢构为 100℃（避免引起火灾），混凝土中的钢筋为 80℃。

一、载流导体磁场中的钢构

　　当载流导体附近有钢构时，由于钢的磁导率 $\mu\gg\mu_{0}$（空气的磁导率），故钢构的磁阻$\Big(\dfrac{l}{\mu S}$，其中 l 为磁路长，S 为磁路的横截面积$\Big)$远小于同样尺寸空气磁路的磁阻，而磁通总企图通过磁阻小的路径，这就使得导体周围的磁场发生畸变。由于铁磁物质的去磁作用，使钢构中的磁场强度 H 小于无钢构时空气中磁场强度 H_{0}。

　　在交变磁场的作用下，钢构中将感应产生涡流（其回路与磁力线垂直），而涡流所产生的磁场又反过来削弱原有磁场，使去磁作用进一步加强。另外，钢构中的集肤效应十分显著，涡流都沿着钢构表面薄层内电阻很大的路径流动，使涡流损耗成为钢构发热的主要原因，而磁滞损耗只占很小部分。

　　钢构中的损耗和发热与钢构表面的磁场强度有关。在实际的配电装置中，钢构的形状、大小和布置方式是多种多样的，而且互有影响（屏蔽作用），因此，磁场分布、损耗和发热情况往往差别很大。

　　（1）与导体平行的长直钢构。其布置方式与磁场分布如图 2-6(a) 所示。若钢构截面不大，至导体距离不很近，则它对磁路磁阻影响不大，只有钢构附近的磁场发生轻微的畸变。即 $H<H_{0}$ 时，钢构中的磁感应强度 $B(=\mu H)$ 稍大于附近空气中的磁感应强度 $B_{0}(=\mu_{0}H_{0})$。钢构内的损耗和发热都较微小。

　　（2）包围导体的钢构。其布置方式与磁场分布如图 2-6(b) 所示。若钢构成与磁场方向一致的闭合回路，则钢构中的 $B\gg B_{0}$，钢构内的损耗和发热最严重，应避免出现这种方式。

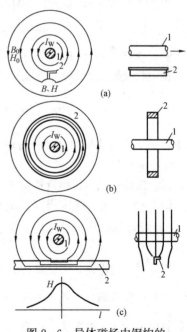

图 2-6　导体磁场中钢构的
布置方式与磁场分布

(a) 钢构与导体平行；(b) 钢构包围导体；
(c) 钢构与导体垂直

1—导体；2—钢构

（3）与导体垂直的长直钢构。其布置方式与磁场分布如图 2-6（c）所示。由于钢构在磁路中占很大部分，且其磁阻小，大量磁通经过钢构，引起磁场严重畸变。沿钢构表面的 $H < H_0$，且分布不均匀，接近导体处的最大。沿钢构长度的损耗和发热也不均匀，而且比较严重。

二、三相载流导体附近钢构中的损耗

图 2-7 所示为与三相载流导体垂直的长直钢构，这是配电装置中最常见的布置方式。图 2-7 中下部所示曲线为当三相电流变化时，沿钢构长度方向的钢构表面的磁场强度分布曲线。可见，钢构表面的磁场强度分布很不均匀，正对每相导体下的 H 最大，相间中线上的 H 最小。

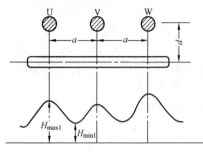

图 2-7　三相载流导体附近钢构
表面的磁场强度

设导体的电流为 I_W（单位为 A），相间距离为 a（单位为 m），导体至钢构距离为 d（单位为 m），钢构截面周长为 u（单位为 m）。据电工理论分析，最大、最小磁场强度的平均值 H_{max} 及 H_{min} 分别为

$$\left. \begin{array}{l} H_{max}=h_{max}\dfrac{I_W}{2\pi d} \quad (\text{A/m}) \\[2mm] H_{min}=h_{min}\dfrac{I_W}{2\pi d} \quad (\text{A/m}) \end{array} \right\}$$

$$h_{min}/h_{max}\approx(0.8d/a)^{0.633} \tag{2-32}$$

式中：h_{max}、h_{min} 为与 H_{max}、H_{min} 相应的磁场强度系数，是 d/a 及 u 的函数；有关资料已将其制成曲线，需要时可查阅（见参考文献[7]）。

当 $H < 40\text{A/mm}$ 时，钢构单位表面积的有功损耗 p 的经验计算式为

$$p=5.85H^{1.6}[1+0.0025(\theta-20)] \quad (\text{W/m}^2) \tag{2-33}$$

式中：H 为磁场强度（H_{max} 或 H_{min}），A/m；θ 为钢构的温度，℃。

设钢构长度为 $3a$（单位为 m），则整根钢构的有功损耗 P 为

$$P=pF=\frac{p_{max}+p_{min}}{2}\times 3au=1.5(p_{max}+p_{min})au \quad (\text{W}) \tag{2-34}$$

式中：p_{max}、p_{min} 为钢构单位表面积上有功损耗的最大值及最小值，W/m^2；F 为钢构的表面积，$F=3au$，m^2。

三、三相载流导体附近钢构闭合回路中的损耗

图 2-8（a）表示导体周围有钢构闭合回路存在。当回路平面不与导体垂直时，则钢构回路中的感应电动势 $\dot{E}$ 将产生环流 $\dot{I}$，引起较大的功率损耗和发热。其等值电路如图 2-8（b）所示。

根据导体的电流、钢构回路尺寸及回路与导体间的相对位置等条件，可求得感应电动势 $\dot{E}$。设回路的总阻抗为 Z，电阻为 R，则环流 $\dot{I}$ 及其产生的有功损耗 P 为

$$\dot{I}=\dot{E}/Z \quad (\text{A}) \tag{2-35}$$

$$P=I^2R \quad (\text{W}) \tag{2-36}$$

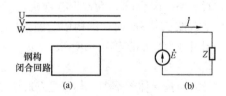

图 2-8　导体附近的钢构
闭合回路及其等值电路
(a)钢构示意；(b)等值电路

四、钢构的发热

1. 空气中钢构的发热

已知钢构中的损耗 P，根据式(2-13)可求得钢构表面的稳定温升 τ

$$\tau = \frac{P}{\alpha F} \quad (℃) \tag{2-37}$$

式中：α 为钢构表面换热系数，一般取 $\alpha = 14[W/(m^2 \cdot ℃)]$；$F$ 为钢构的换热表面积，m^2。

2. 混凝土中钢构的发热

如图2-9所示，混凝土中钢构损耗所产生的热量，首先传到混凝土的外表面，然后再散布到空气中去。若已知钢构向外传送的损耗为 P，混凝土层的热阻为 r，混凝土表面至空气的热阻为 r_0，周围空气的温度为 θ_0。设钢构的温度为 θ_1，混凝土层表面的温度为 θ_2，有

$$\theta_1 - \theta_0 = P(r + r_0)$$

$$\theta_2 - \theta_0 = P r_0$$

即

$$\theta_1 = P(r + r_0) + \theta_0$$

$$\theta_2 = P r_0 + \theta_0$$

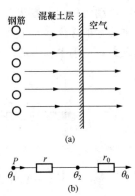

图2-9　混凝土中钢构发热的
等值热流回路
(a)钢构示意；(b)等值热流回路

五、减少钢构损耗和发热的措施

在发电厂和变电站中，为减少钢构损耗和发热，常采用以下措施：

(1) 加大钢构和载流导体之间的距离。距离加大后，能使钢构表面磁场强度减弱，从而可降低涡流和磁滞损耗。

(2) 断开载流导体附近的钢构闭合回路并加上绝缘垫。这样就能消除感应电动势产生的环流。对于包围载流导体的钢构闭合回路，可将其割开，并以非磁性材料(如铜)焊补。

(3) 采用电磁屏蔽。如图2-10所示，在垂直于母线的钢构中磁场强度最大的部位，用电阻率小的铜或铝作短路环，紧包在钢构上，利用短路环中的感应环流的去磁作用，削弱钢构中最热处的磁场，或在导体与钢构之间安装屏蔽栅，栅中的环流也可削弱钢构中的磁场。

(4) 采用分相封闭母线。如图2-11所示，每相母线分别用连续的铝质外壳封闭，三相外壳在两端用短路板连接，外壳上的涡流和环流的去磁作用，使壳内、外磁场大为降低，从而使附近钢构发热显著减少。

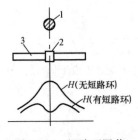

图2-10　短路环屏蔽
1—导体；2—短路环；3—钢构

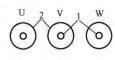

图2-11　分相封闭母线
1—母线；2—外壳

第五节　导体短路的电动力

导体通过电流时，相互之间的作用力称为电动力。正常工作电流所产生的电动力不大，但短路冲击电流所产生的电动力可达很大的数值，可能导致导体或电器发生变形或损坏。导体或电器必须能承受这一作用力，才能可靠地工作。为此，必须研究短路冲击产生的电动力大小和特征。

进行电动力计算的目的，是为了校验导体或电器实际所受到的电动力是否超过其允许应力，以便选择适当强度的电气设备。这种校验称动稳定校验。

一、电动力的计算方法

配电装置的导体多是平行布置的，所以在分析三相系统之前，首先分析两平行载流导体之间的电动力，了解电动力的计算方法，同时给出垂直导体间电动力的结论公式。

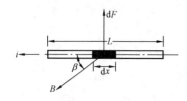

图 2-12　dx 上的电动力

1. 单根载流导体在外磁场 B 中所受到的电动力

如图 2-12 所示，长度为 L（单位为 m）的导体流过电流 i（单位为 A），取一元长度 $\mathrm{d}x$，并设该处的外磁场磁感应强度为 B（单位为 T），$\mathrm{d}x$ 与 B 的夹角为 β，则 $\mathrm{d}x$ 上所受到的电动力为

$$\mathrm{d}F = iB\sin\beta\mathrm{d}x \quad (\mathrm{N}) \tag{2-38}$$

由右手螺旋定则，可知 $\mathrm{d}F$ 方向朝上并垂直于 $\mathrm{d}x$ 和 B 所组成的平面。

导体全长 L 上所受到的电动力为

$$F = \int_0^L iB\sin\beta\mathrm{d}x \quad (\mathrm{N}) \tag{2-39}$$

B 通常是由别的载流导体所产生，所以在求取 F 之前，需用毕奥—沙瓦定律求出 B。

2. 两条有限细长平行载流导体间的电动力

如图 2-13 所示，设处于空气中的两导体的电流分别为 i_1 和 i_2，长度为 L，直径为 d，中心距离为 a，并且 $L \gg a \gg d$，于是，导体中的电流可看作集中在轴线上。

由电工原理可知，导体 1 在导体 2 的元线段 $\mathrm{d}x$ 处产生的磁感应强度 B 为

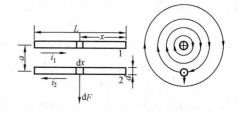

图 2-13　两有限细长平行导体间的电动力

$$B = \frac{i_1}{a}\left[\frac{L-x}{\sqrt{(L-x)^2+a^2}} + \frac{x}{\sqrt{x^2+a^2}}\right] \times 10^{-7} \,(\mathrm{T}) \tag{2-40}$$

$\mathrm{d}x$ 上所受到的电动力可由式(2-38)求得。因导体 2 与 B 的方向垂直，故 $\sin\beta=1$，有

$$\mathrm{d}F = i_2 B\mathrm{d}x \quad (\mathrm{N})$$

导体 2 全长所受到的电动力为

$$\begin{aligned}F &= \int_0^L \mathrm{d}F = \frac{i_1 i_2}{a} \times 10^{-7} \int_0^L \left[\frac{L-x}{\sqrt{(L-x)^2+a^2}} + \frac{x}{\sqrt{x^2+a^2}}\right]\mathrm{d}x \\ &= \frac{i_1 i_2}{a} \times 10^{-7}\left[\sqrt{x^2+a^2} - \sqrt{(L-x)^2+a^2}\right]_0^L \\ &= 2 \times 10^{-7}\frac{L}{a}i_1 i_2 \quad (\mathrm{N})\end{aligned} \tag{2-41}$$

同理，导体 1 也受到同样大小的电动力。

F 的方向取决于 i_1 和 i_2 方向，i_1 和 i_2 同方向时相吸，反方向时相斥。

沿导体全长的电动力分布是不均匀的，导体的中间部分电动力较大，两端较小。

3. 考虑导体截面形状和尺寸时两平行导体间的电动力

导体的截面形状有矩形、圆形、管形、槽形等。在计算电动力时，可以把它们看成由很多无限小的平行细丝组成，再按上面同样的推导过程求解（需用重积分）。各种截面导体的电动力公式与式(2-41)完全相似，只是多乘一个考虑截面因素的形状系数 K_f（表示实际导体的电动力与细长导体电动力之比），即

$$F = 2 \times 10^{-7} \frac{L}{a} i_1 i_2 K_f \quad (N) \qquad (2-42)$$

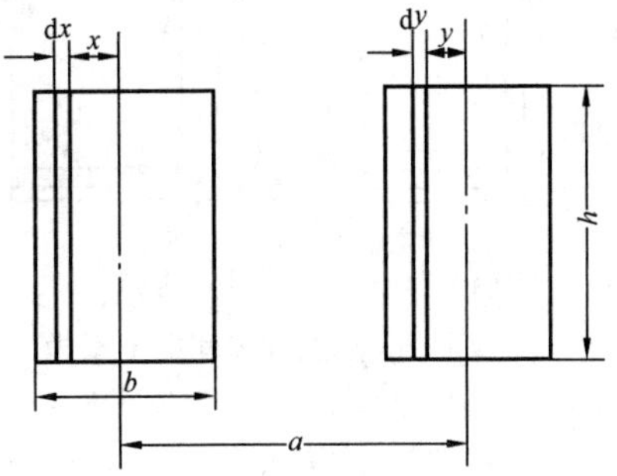

(1) 对于矩形导体（见图 2-14），可以证明

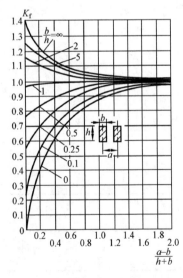

图 2-14　矩形导体间的电动力

$$K_f = \int_{-\frac{b}{2}}^{\frac{b}{2}} dx \int_{-\frac{b}{2}}^{\frac{b}{2}} \left\{ \frac{2}{h} \arctan \frac{h}{a+x-y} - \frac{a+x-y}{h^2} \ln\left[1 + \frac{h^2}{(a+x-y)^2}\right] \right\} dy \qquad (2-43)$$

式中：b 表示与力方向相同的矩形截面的一个边（不一定是短边）；h 表示与力方向垂直的另一个边（不一定是长边）。

这个积分较复杂，其结果表明 K_f 是 $\frac{b}{h}$ 和 $\frac{a-b}{h+b}$ 的函数，已制成 $K_f = f\left(\frac{b}{h}, \frac{a-b}{h+b}\right)$ 曲线，如图 2-15 所示。

图 2-15　矩形截面形状系数曲线

由图 2-15 可知：当 $b/h = 1$，即导体截面为正方形时，$K_f \approx 1$；当 $b/h > 1$，即导体平放时，$K_f > 1$；当 $b/h < 1$，即导体竖放时，$K_f < 1$；当 $(a-b)/(h+b)$ 增大（即加大导体间的净距）时，$K_f \to 1$；当 $(a-b)/(h+b) \geq 2$，即 $a-b \geq 2(h+b)$，亦即导体间净距等于或大于截面周长时，$K_f \approx 1$。当求同相条间电动力时，力的方向总是与短边相同，所以总是查图 2-15 的下部曲线。

(2) 对于圆形、管形导体，$K_f = 1$。

(3) 对于槽形导体，在计算相间和同相条间电动力时，一般均取 $K_f \approx 1$。

4. 垂直导体间的电动力

L 形和 U 形结构的载流导体在母线装置和电器中经常遇到，如母线弯成直角（L 形）、断路器及隔离开关中的 U 形布置等，都属于导体垂直布置。

如图 2-16 所示，设导体长边为 L，短边为 a，半径为 r，且 $L \gg r$，通过导体的电流为 i，经推导可得出以下结论：

(1) L 形导体如图 2-16（a）所示，两直角边间的电动力为

$$F_L = 10^{-7} i^2 \ln \frac{2aL}{r(L + \sqrt{L^2 + a^2})} \quad (N) \qquad (2-44)$$

当 $L \gg a \gg r$ 时，有

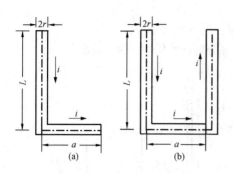

图 2-16　垂直导体间的电动力

(a) L 形导体；(b) U 形导体

$$F_L = 10^{-7} i^2 \ln \frac{a}{r} \quad (\text{N}) \qquad (2-45)$$

电动力的方向为长边向外，短边向下。愈靠近直角处的电动力愈大。

（2）U 形导体如图 2-16（b）所示，短边作用在每长边上的电动力均按式（2-44）或式（2-45）计算，即

$$F_U = F_L \quad (\text{N}) \qquad (2-46)$$

作用在短边 a 上的电动力为式（2-44）或式（2-45）的 2 倍，即

$$F_U = 2F_L \quad (\text{N}) \qquad (2-47)$$

二、三相导体短路的电动力

1. 三相短路电动力的分析

配电装置中的导体均为三相，而且大都是布置在同一平面内（也有三角形布置的），利用前述计算方法可以求得三相导体短路的电动力。

三相短路时，U 相短路电流瞬时值的表达式为

$$i_U = \sqrt{2} I_{pt} \sin(\omega t + \varphi_U) + i_{np0} e^{-\frac{t}{T_a}} \sin \varphi_U$$

式中：φ_U 为 U 相短路电流的初相角；T_a 为短路电流非周期分量的衰减时间常数，s。

因短路电流冲击值发生在短路后极短的时间内（$t=0.01s$），所以，计算三相短路电动力时，不考虑周期分量 I_{pt} 的衰减，而取 $I_{pt}=I''$。另外，注意到 $i_{np0} = -\sqrt{2} I''$。于是三相短路电流为

$$\left.\begin{array}{l}
i_U = I_m \left[\sin(\omega t + \varphi_U) - e^{-\frac{t}{T_a}} \sin \varphi_U \right] \\[2mm]
i_V = I_m \left[\sin\left(\omega t + \varphi_U - \frac{2}{3}\pi\right) - e^{-\frac{t}{T_a}} \sin\left(\varphi_U - \frac{2}{3}\pi\right) \right] \\[2mm]
i_W = I_m \left[\sin\left(\omega t + \varphi_U + \frac{2}{3}\pi\right) - e^{-\frac{t}{T_a}} \sin\left(\varphi_U + \frac{2}{3}\pi\right) \right]
\end{array}\right\} \qquad (2-48)$$

式中：I_m 为短路电流周期分量最大值，$I_m = \sqrt{2} I''$（A）。

设三相导体布置在同一平面上，长度均为 L，U、V 及 V、W 相间距离为 a，U、W 相间距离为 $2a$。三相短路时，中间相（V 相）和外边相（U、W 相）的受力情况是不同的。在假定电流正向下，各相导体受力方向如图 2-17 所示，其中 F_{VU} 表示 V 相受到 U 相的作用力，其余类同。计算中，取形状系数 $K_f=1$。

由式（2-42）得作用在中间相（V 相）及外边相（U 相或 W 相）的电动力分别为

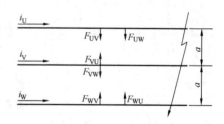

图 2-17　对称三相短路电动力

$$F_V = F_{VU} - F_{VW} = 2 \times 10^{-7} \frac{L}{a} (i_V i_U - i_V i_W) \qquad (2-49)$$

$$F_U = F_{UV} + F_{UW} = 2 \times 10^{-7} \frac{L}{a} (i_U i_V + 0.5 i_U i_W) \qquad (2-50)$$

将式（2-48）代入式（2-49）及式（2-50）中，并利用三角公式（和差化积、积化和差）进行变换得

$$F_V = 2 \times 10^{-7} \frac{L}{a} I_m^2 \left[\frac{\sqrt{3}}{2} e^{-\frac{2t}{T_a}} \sin\left(2\varphi_U - \frac{\pi}{3}\right) - \sqrt{3} e^{-\frac{t}{T_a}} \sin\left(\omega t + 2\varphi_U - \frac{\pi}{3}\right) \right.$$

$$\left. + \frac{\sqrt{3}}{2} \sin\left(2\omega t + 2\varphi_U - \frac{\pi}{3}\right) \right] \tag{2-51}$$

$$F_U = 2 \times 10^{-7} \frac{L}{a} I_m^2 \left\{ \frac{3}{8} + \left[\frac{3}{8} - \frac{\sqrt{3}}{4} \cos\left(2\varphi_U + \frac{\pi}{6}\right) \right] e^{-\frac{2t}{T_a}} \right.$$

$$- \left[\frac{3}{4} \cos\omega t - \frac{\sqrt{3}}{2} \cos\left(\omega t + 2\varphi_U + \frac{\pi}{6}\right) \right] e^{-\frac{t}{T_a}}$$

$$\left. - \frac{\sqrt{3}}{4} \cos\left(2\omega t + 2\varphi_U + \frac{\pi}{6}\right) \right\} \tag{2-52}$$

可见，F_V、F_U 为 φ_U 和 t 的函数。三相短路时，导体间的电动力由 4 个分量组成：

（1）固定分量。该分量由短路电流周期分量相互作用产生（F_V 没有固定分量）。

（2）按 $T_a/2$ 衰减的非周期分量。该分量由短路电流非周期分量相互作用产生。

（3）按 T_a 衰减的工频（ω）分量。该分量由短路电流周期和非周期分量相互作用产生。

（4）不衰减的 2 倍工频（2ω）分量。该分量由短路电流周期分量相互作用产生。

2. 电动力的最大值

（1）三相短路电动力的最大值。短路电流冲击值发生在短路后 $t = 0.01\text{s}$，T_a 取平均值 0.05s，$\omega = 2\pi f = 100\pi$，将这些参数值代入式（2-51）及式（2-52）中，得

$$F_V = 2 \times 10^{-7} \frac{L}{a} I_m^2 \times 2.8646 \sin\left(2\varphi_U - \frac{\pi}{3}\right) \tag{2-53}$$

$$F_U = 2 \times 10^{-7} \frac{L}{a} I_m^2 \times \left[1.2404 - 1.4324 \cos\left(2\varphi_U + \frac{\pi}{6}\right) \right] \tag{2-54}$$

所以，电动力的最大值（绝对值）在以下条件下出现：

对于 F_V，应满足 $\sin\left(2\varphi_U - \frac{\pi}{3}\right) = \pm 1$，即 $2\varphi_U - \frac{\pi}{3} = \pm \frac{(2n-1)\pi}{2}$，$n = 1, 2, \cdots, \varphi_U = 75°$，$165°$，$255°$，$\cdots$

对于 F_U，应满足 $\cos\left(2\varphi_U + \frac{\pi}{6}\right) = -1$，即 $2\varphi_U + \frac{\pi}{6} = (2n-1)\pi$，$n = 1, 2, \cdots, \varphi_U = 75°$，$255°$，$\cdots$

满足上述条件的 φ_U 角称为临界初相角。可见，F_U、F_V 有共同的小于 $\pi/2$ 的临界初相角 $75°$。

将 $\varphi_U = 75°$ 及 $T_a = 0.05\text{s}$ 代入式（2-51）及式（2-52），得

$$F_V = 2 \times 10^{-7} \frac{L}{a} I_m^2 (0.866 e^{-\frac{2t}{0.05}} - 1.732 e^{-\frac{t}{0.05}} \cos\omega t + 0.866 \cos 2\omega t) \tag{2-55}$$

$$F_U = 2 \times 10^{-7} \frac{L}{a} I_m^2 (0.375 + 0.808 e^{-\frac{2t}{0.05}} - 1.616 e^{-\frac{t}{0.05}} \cos\omega t + 0.433 \cos 2\omega t) \tag{2-56}$$

F_U 的 4 个分量及合力 F_U 随时间 t 的变化曲线如图 2-18 所示，图中 $F_U^* = \frac{F_U}{A I_m^2}$，$A = 2 \times 10^{-7} \frac{L}{a}$。合力 F_U^* 和 F_V^* 随时间 t 的变化曲线如图 2-19 所示。

由于短路冲击电流 $i_{sh} = 1.82\sqrt{2} I'' = 1.82 I_m$，故 $I_m = i_{sh}/1.82$。将 $I_m = i_{sh}/1.82$ 及 $\varphi_U = 75°$ 代入式（2-53）及式（2-54）中，或将 $I_m = i_{sh}/1.82$ 及 $t = 0.01\text{s}$ 代入式（2-55）及式（2-56）

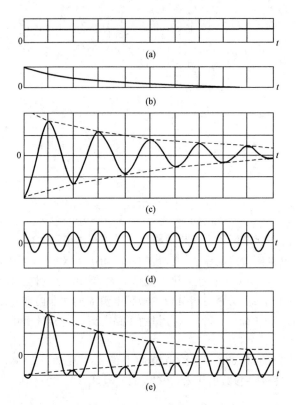

图 2-18　三相短路时 U 相电动力的各分量及其合力 F_U^*

（a）固定分量；（b）按 $T_a/2$ 衰减的非周期分量；（c）按 T_a 衰减的工频分量；

（d）不衰减的 2 倍工频分量；（e）合力 F_U^*

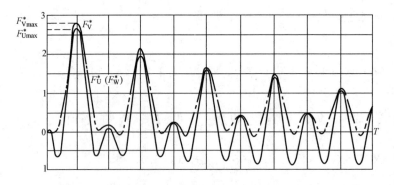

图 2-19　三相短路电动力的变化曲线

中，均可得到电动力最大值表达式

$$F_{Vmax} = 1.73 \times 10^{-7} \frac{L}{a} i_{sh}^2 \quad (N) \tag{2-57}$$

$$F_{Umax} = 1.62 \times 10^{-7} \frac{L}{a} i_{sh}^2 \quad (N) \tag{2-58}$$

可见，三相短路时，$F_{\text{Vmax}} > F_{\text{Umax}}$（或 F_{Wmax}）。

（2）两相短路与三相短路最大电动力的比较。当同一地点发生两相短路时，短路的两相流过同一冲击电流 $i_{\text{sh}}^{(2)}$，受到同样大的电动力，而且该电动力也包含 4 个分量。

由于 $i_{\text{sh}}^{(2)} = 1.82\sqrt{2}\,I''^{(2)} = 1.82\sqrt{2} \times \dfrac{\sqrt{3}}{2}I'' = \dfrac{\sqrt{3}}{2}i_{\text{sh}}$，所以

$$F_{\max}^{(2)} = 2 \times 10^{-7}\frac{L}{a}\left[i_{\text{sh}}^{(2)}\right]^2 = 2 \times 10^{-7}\frac{L}{a}\left(\frac{\sqrt{3}}{2}i_{\text{sh}}\right)^2 = 1.5 \times 10^{-7}\frac{L}{a}i_{\text{sh}}^2 \quad \text{(N)} \tag{2-59}$$

可见，$F_{\text{Vmax}} > F_{\text{Umax}}$（或 F_{Wmax}）$> F_{\max}^{(2)}$，故计算最大电动力时应按三相短路计算，并取 F_{Vmax}，即

$$F_{\max} = 1.73 \times 10^{-7}\frac{L}{a}i_{\text{sh}}^2 \quad \text{(N)} \tag{2-60}$$

3. 导体振动的动态应力

配电装置的硬导体及其支架（钢构、绝缘子等）都具有质量和弹性，组成一个弹性系统。在两个绝缘子之间的硬导体可当作两端固定的弹性梁。

（1）弹性系统的自由振动。弹性系统在一次性外力的作用下，将发生弯曲变形。当外力除去时，弹性系统在弹性恢复力的作用下，自行在平衡位置两侧做往复运动，称自由振动或固有振动［见图 2-20（a）］；其振动频率称自振频率或固有频率。自由振动时，不可避免地受到空气阻力及内部摩擦力的作用，振动将逐渐衰减。所以，这种振动对导体强度的影响不大。

（2）弹性系统的强迫振动。弹性系统在周期性外力（或称扰动力）的作用下发生的振动称强迫振动。导体在短路电动力 $F(t)$ 作用下所发生的振动属强迫振动。如前所述，电动力 $F(t)$ 中含有工频和 2 倍工频分量，如果导体系统的固有频率等于或接近这两个频率之一时，将发生机械共振现象。这时振幅特别大，可能使导体系统遭到破坏，所以，设计时应避免发生共振。

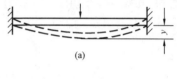
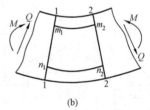

图 2-20　两端固定的弹性梁示意图
（a）导体自由振动；
（b）导体弯曲变形时的内力

（3）外力使导体发生弯曲变形，同时在导体内部引起内力。在图 2-20（a）中截取一小段导体并放大，导体的每个横截面上同时受到切向力 Q 和一对法向力（或称轴向力）的作用。在图 2-20（b）中，截面的上部受压力，下部受拉力，一对法向力组成一力偶 M，称为弯矩。导体横截面上单位面积所受到的法向力称正应力，用 σ 表示。σ 与 M 成正比。当电动力 $F(t)$ 随时间 t 变化时，M 也随 t 变化，σ 也随 t 变化，即 σ 为动态应力。

（4）把支持于绝缘子上的硬导体看成是多跨连续梁，则有多阶固有频率。其一阶固有频率为

$$f_1 = \frac{N_{\text{f}}}{L^2}\sqrt{\frac{EJ}{m}} \quad \text{(Hz)} \tag{2-61}$$

式中：N_{f} 为频率系数，与导体跨数及支承方式有关，其值见表 2-4；L 为绝缘子跨距，m；E 为导体材料的弹性模量，表征导体在拉伸或压缩时材料对弹性变形的抵抗能力，铜为 $11.28 \times 10^{10}\,\text{Pa}$，铝为 $7 \times 10^{10}\,\text{Pa}$；$J$ 为导体截面对垂直于弯曲方向的轴的截面二次矩（或称惯性矩），由截面的形状、尺寸布置方式决定，矩形导体 J 的计算式见表 2-5；m 为导体单位长度的质量，kg/m。

表 2-4   导体不同固定方式下的频率系数 N_f 值

跨数及支承方式	N_f	跨数及支承方式	N_f
单跨、两端简支	1.57	单跨、两端固定，多等跨简支	3.56
单跨、一端固定、一端简支，两等跨、简支	2.45	单跨、一端固定、一端活动	0.56

注 两端简支：表示两端都是活动支座，梁可沿支承面方向向两端平行移动；一端固定、一端简支：表示一端是固定支座，一端是活动支座，梁可沿支承面方向向一端平行移动；两端固定：表示两端都是固定支座，梁不能沿任何方向移动。

表 2-5   矩形导体截面二次矩 J

每相条数	1	2	3	备注
三相水平布置、导体竖放	$b^3h/12$	$2.167\,b^3h$	$8.25\,b^3h$	力作用在 h 面
三相水平布置、导体平放或垂直布置、导体竖放	$bh^3/12$	$bh^3/6$	$bh^3/4$	力作用在 b 面

注 圆管形导体的 $J=\pi(D^4-d^4)/64$，其中 D、d 分别为圆管的外直径和内直径；槽形导体的 J，见附表 2-2。

（5）目前，工程上采用动态应力系数或称振动系数 β（β 表示动态应力与静态应力之比）来考虑振动的影响，即用式（2-60）的最大电动力 F_{max} 乘上一个动态应力系数 β，以求得实际动态过程的最大电动力，即

$$F_{max}=1.73\times10^{-7}\frac{L}{a}i_{sh}^2\beta\ (\text{N}) \tag{2-62}$$

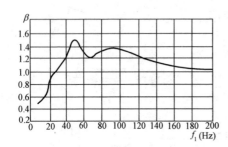

图 2-21 动态应力系数 β

β 与 f_1 的关系如图 2-21 所示，可供设计使用。由图 2-21 可见，当 f_1 在中间范围内（30～160Hz）变化时，$\beta>1$，其中 f_1 接近 50Hz 或 100Hz 时，与电动力中的工频或 2 倍工频发生共振，β 有极大值；当 f_1 较低时，$\beta<1$；当 f_1 较高（$\geqslant160$Hz）时，$\beta\approx1$。

实际计算中，当 f_1 较低或较高时，均取 $\beta=1$；当 f_1 在中间频率范围内（30～160Hz）时，则据 f_1 由图 2-21 查出相应的 β 值。对于屋外配电装置的管形导体，由于其 L 很大，f_1 很低（一般为 2.5Hz 以下），故取 $\beta=0.58$。

【例 2-3】 某电厂的 10kV 汇流母线，每相为 3 条 125mm×10mm 矩形铝导体，三相垂直布置、导体竖放，绝缘子跨距 $L=1.2$m，相间距离 $a=0.75$m，三相短路冲击电流 $i_{sh}=137.2$kA，导体弹性模量 $E=7\times10^{10}$Pa，密度 $\rho_w=2700$kg/m³。试计算母线的最大电动力。

解 （1）计算母线的一阶固有频率 f_1，确定动态应力系数 β。

母线支承方式可看作多等跨简支，查表 2-4 得 $N_f=3.56$。

导体的截面二次矩

$$J=bh^3/4=0.01\times0.125^3/4=4.88\times10^{-6}\ (\text{m}^4)$$

单位长度导体质量

$$m=3\times hb\rho_w=3\times0.125\times0.01\times2700=10.125\ (\text{kg/m})$$

导体一阶固有频率为

$$f_1=\frac{N_f}{L^2}\sqrt{\frac{EJ}{m}}=\frac{3.56}{1.2^2}\sqrt{\frac{7\times10^{10}\times4.88\times10^{-6}}{10.125}}=454.1\ (\text{Hz})>160\text{Hz}$$

故 $\beta=1$。

（2）计算最大电动力。由式（2-62）得

$$F_{\max}=1.73\times10^{-7}\frac{L}{a}i_{sh}^2\beta=1.73\times10^{-7}\times\frac{1.2}{0.75}\times(137.2\times10^3)^2\times1=5210.4\ (\text{N})$$

第六节　大电流封闭母线的电动力

一、概述

随着电力工业的发展，发电机单机容量 P_N 不断增大，而由于制造方面的原因，发电机的额定电压 U_N 不能太高（不超过 27kV），致使发电机的额定电流 I_N 随容量的增大而增大。例如，200MW 机组（$U_N=15.75$kV，$\cos\varphi=0.85$），I_N 达 8625A。

当发电机至主变压器的连接母线采用敞露母线时，存在如下主要缺点：① 容易受到外界的影响，如母线支持绝缘子表面容易积灰，尤其是屋外母线受气候变化影响及污秽更严重，很易造成绝缘子闪络，而且不能防止由外物造成的母线相间短路和人员触及带电母线，从而降低运行的可靠性；② 对大电流敞露母线，当发电机出口回路发生相间短路时，短路电流很大，使母线及其支持绝缘子受到很大的电动力作用，一般母线和绝缘子的机械强度难以满足要求，发电机本身也会受到损伤。同时，由于母线电流增大，使母线附近钢构的损耗和发热大大增加。

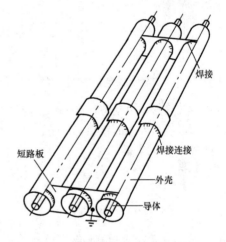

图 2-22　全连式分相封闭母线

因此，目前我国 200MW 及以上机组的母线，广泛采用全连式分相封闭母线。母线由铝管制成，每相母线分别用连续的铝质外壳封闭，三相外壳的两端用短路板连接并接地，其结构如图 2-22 所示。

分相封闭母线具有以下优点：① 因母线封闭于外壳中，不受自然环境和外物影响，能防止相间短路，同时由于外壳多点接地，保证了人员接触外壳的安全；② 由于外壳的环流和涡流的屏蔽作用，使壳内磁场大为减弱，从而使短路时母线间的电动力大大减小，可增大支持绝缘子的跨距；③ 壳外磁场也大大减弱，从而减少了母线附近钢构的发热；④ 外壳可兼作强迫冷却管道，提高母线载流量；⑤ 安装、维护工作量小。其主要缺点是：① 母线散热条件较差；② 外壳产生损耗；③ 有色金属消耗量增加。

二、分相封闭母线周围的磁场

封闭母线周围的磁场与敞露母线有所不同。

1. 外壳环流、剩余电流和壳外磁场

全连式分相封闭母线和它的外壳相当于 1:1 的单匝空心变压器，一次侧为母线，二次侧为外壳。当母线流过稳态工频电流 $\dot{I}_W$ 时，外壳将感应出环流 $\dot{I}_s$，主磁通 $\dot{\Phi}$（与母线及外壳均交链），亦即母线的壳外磁场由 $\dot{I}_W$ 和 $\dot{I}_s$ 共同产生，如图 2-23（a）所示。

由于二次侧漏磁通（只与外壳短路板交链，而不与母线交链的那部分磁通）极小，故二次侧漏电抗可忽略，于是封闭母线的等值电路如图 2-23（b）所示。由等值电路有

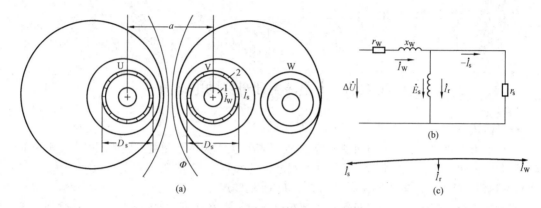

图 2-23　全连式分相封闭母线原理图
（a）主磁通；（b）单相等值电路；（c）电流相量图
1—母线；2—外壳

$$\left.\begin{array}{l}\dot{I}_r=\dot{I}_w+\dot{I}_s\\ r_s\dot{I}_s=\dot{E}_s=-j\omega L_R\dot{I}_r\end{array}\right\} \tag{2-63}$$

式中：$\dot{I}_w$、$\dot{I}_s$ 为母线电流和外壳环流，A；$\dot{I}_r$ 为产生 $\dot{\Phi}$ 的励磁电流，称为剩余电流，A；$\dot{E}_s$ 为外壳单位长度感应电动势，V/m；r_s 为外壳单位长度电阻，Ω/m；L_R 为 $\dot{\Phi}$ 与外壳交链所造成的电感，即母线与外壳的互感，H/m。

解式（2-63）得

$$\left.\begin{array}{l}\dot{I}_r=\dfrac{r_s}{r_s+j\omega L_R}\dot{I}_w=\dfrac{1}{1+j\omega\dfrac{L_R}{r_s}}\dot{I}_w=\dfrac{1}{1+j\omega T_s}\dot{I}_w\\ \dot{I}_s=\dot{I}_r-\dot{I}_w=\left(\dfrac{1}{1+j\omega T_s}-1\right)\dot{I}_w=-\dfrac{j\omega T_s}{1+j\omega T_s}\dot{I}_w\end{array}\right\} \tag{2-64}$$

式中：T_s 为外壳环流时间常数，$T_s=L_R/r_s$（s），一般约为 $0.03\sim0.07$s。

在实际工程范围内，$\omega T_s\gg1$，故有 $\dot{I}_s\approx-\dot{I}_w$，即外壳环流 $\dot{I}_s$ 在数值上约等于母线电流 $\dot{I}_w$，而相位上滞后 $\dot{I}_w$ 近 $180°$；$\dot{I}_r\approx-j\dfrac{1}{\omega T_s}\dot{I}_w$，即剩余电流很小，相位上滞后 $\dot{I}_w$ 近 $90°$，如图 2-23（c）所示。这意味着 $\dot{I}_s$ 的真实方向与 $\dot{I}_w$ 相反，对母线磁场有很强的去磁（屏蔽）作用，因此壳外磁场被大大削弱。$\dot{I}_r$ 为 $\dot{I}_w$ 未被屏蔽的部分，壳外磁场可看成是 $\dot{I}_r$ 单独流经母线时产生的磁场。计算表明，I_s 达 I_w 的 99% 以上，而 I_r 只有 I_w 的百分之几。母线附近钢构的发热基本上消除。

2. 由邻相进入本相壳内的磁场

由邻相进入本相壳内的磁场，称为壳内的外磁场。V、W 相对 U 相导体的电动力，是 V、W 相剩余电流所产生磁场能进入 U 相壳内的部分对 U 相母线电流的作用。

如图 2-24 所示，当剩余电流所产生磁场 $\dot{\Phi}$ 穿过 U 相外壳时，U 相外壳上将感应产生另一项电流——涡流 $\dot{I}_e$，它沿外壳两侧来回流动。$\dot{I}_e$ 对 $\dot{\Phi}$ 有去磁作用，使 $\dot{\Phi}$ 进入 U 相壳内时受到再

次的屏蔽，使得进入 U 相壳内的磁场减弱，所以，电动力大
大减小。

三、分相封闭母线的电动力

发生短路时，母线的短路电流中含有周期和非周期分量，
相应地剩余电流 i_r 中也含有周期分量 i_{rp} 和非周期分量 i_{ra}（或称
直流分量）。U 相外壳的涡流对邻相剩余电流中的周期分量有
很强的屏蔽作用，几乎只有剩余电流中的非周期分量所产生
的磁场（称直流磁场）能进入 U 相的壳内，但也受到一定的屏
蔽作用。直流磁场的变化曲线是，由零上升到某一峰值而后
衰减。

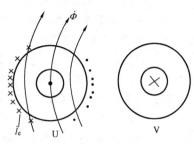

图 2-24　邻相 $\dot{I}_r$ 在本相外壳上
感应涡流

三相短路时，分相封闭母线单位长度上的电动力（见参
考文献 [2]）为

$$f_w = \frac{\sqrt{3} \times 10^{-7}}{a} I_m^2 K_a \left(1 + \frac{\sqrt{3}}{2} e^{-\frac{t_m}{T_a}}\right) \quad (\text{N/m}) \tag{2-65}$$

$$I_m = \sqrt{2} I''$$

$$K_a = -h_{am}/H_m$$

$$H_m = \frac{I_m}{2\pi a}$$

式中：I_m 为三相短路电流周期分量起始最大值，A；K_a 为直流屏蔽系数；h_{am} 为直流磁场强度峰
值；H_m 为母线为敞露式时邻相电流 I_m 在本相母线轴上产生的磁场强度；T_a 为三相短路电流非
周期分量衰减时间常数，s；t_m 为三相短路时，直流磁场峰值出现时间，s。

第七节　开关电器中电弧的产生及熄灭

一、电弧现象

当用开关电器切断有电流的电路时，在动静触头间隙中（简称弧隙）会出现电弧，如图 2-25
所示。对于 220V 的低压刀开关，只要开断不大的负荷电流，人们就可见到电弧。在高压电路中，
开断大电流时，会产生极强烈的电弧。开断的负荷电流愈大，电弧就愈强。

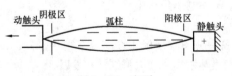

图 2-25　电弧

在电弧燃烧期间，触头虽已分开，但电路中的电
流仍以电弧的方式维持着，电路并未真正断开，只有
电弧熄灭后，电路才算真正被切断。

电弧是介质被击穿的放电现象，其主要特征如下：

（1）电弧是一种能量集中、温度很高、亮度很强
的放电现象。例如，10kV 少油断路器开断 20kA 的电流时，电弧功率高达 10000kW 以上，造成
电弧及其附近区域的介质极其强烈的物理、化学变化。

（2）电弧由阴极区、弧柱区及阳极区 3 部分组成。

阴极和阳极附近的区域（约 10^{-4} cm）分别称为阴极区和阳极区。在阴极和阳极间的明亮光
柱称为弧柱，其温度高达 5000℃以上。弧柱的直径很小，一般只有几毫米到几厘米。在弧柱周
围温度较低、亮度明显减弱的部分称弧焰。

（3）电弧是一种自持放电现象，即电弧一旦形成，维持电弧稳定燃烧所需的电压很低。例如，
1cm 长的直流电弧的弧柱电压在大气中只有 15~30V，在变压器油中也不过 100~200V。

（4）电弧是一束游离气体，质量很轻，容易变形，在外力作用下（如气体、液体的流动或电动力作用）会迅速移动、伸长或弯曲，对敞露在大气中的电弧尤为明显。例如，在大气中开断交流 110kV、5A 的电流时，电弧长度超过 7m。电弧移动速度可达每秒几十米至几百米。

如果电弧长久不熄灭，就会烧坏触头和触头附近的绝缘，并延长断路时间，危害电力系统的安全运行。所以，切断电路时，必须尽快熄灭电弧。

二、电弧的产生与维持

电弧的产生主要是触头间产生大量自由电子的结果。

1. 阴极在强电场作用下发射电子

加有电压 U 的触头刚分离时，触头间隙 s 很小，触头间会形成很强的电场强度 E（$E=U/s$）。当 E 超过 3×10^6 V/m 以上时，阴极触头表面的电子就会在强电场作用下被拉出，成为存在于触头间隙中的自由电子。

2. 阴极在高温下发生热电子发射

触头是由金属材料制成的，在常温下，金属内部就存在大量的自由电子。当开关开断电路时，在触头分开的瞬间，由于大电流被切断，在阴极上出现强烈的炽热点，从而有电子从阴极表面向四周发射，这种现象称为热电子发射。发射电子的多少与阴极材料及表面温度有关。

3. 弧柱区产生碰撞游离

如图 2-26 所示，从阴极发射出来的自由电子，在电场力的作用下，向阳极做加速运动，在奔向阳极的途中与介质（空气或别的绝缘物质）的中性质点（原子或分子）发生碰撞。如果电子的运动速度足够高，其动能（用电子伏或伏表示）大于中性质点的游离能（能使其电子释放出来所需的能量，又称游离电位，单位为 V）时，便使中性质点游离为新的自由电子和正离子，这种游离过程称碰撞游离。

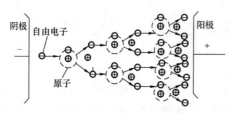

图 2-26　碰撞游离过程示意图

游离出来的正离子向阴极运动，速度很慢，而从阴极发射出来和碰撞游离出来的自由电子一起以极高的速度（约为离子速度的 1000 倍）向阳极运动，当它们与其他中性质点碰撞时，又会再次发生碰撞游离。碰撞游离连续进行的结果，使触头间充满自由电子和正离子，具有很大的电导。在外加电压作用下，大量的电子向阳极运动，形成电流，这就是介质被击穿而产生的电弧。此时，电流密度很大（1000A/cm² 以上），触头电压降很小。

4. 弧柱区产生热游离使电弧维持和发展

在电弧高温下，一方面阴极继续发生热电子发射，另一方面金属触头在高温下熔化蒸发，以致介质中混有金属蒸气，使弧隙电导增加，并在介质中发生热游离，使电弧维持和发展。

由于电弧的温度很高，介质的分子和原子将产生强烈的不规则的热运动，当那些具有足够动能的中性质点互相碰撞时，又可游离出自由电子和正离子，这种现象称热游离。发生热游离的温度一般气体为 9000～10000℃，而金属蒸气约为 4000～5000℃。因为电弧中总有一些金属蒸气，而弧柱温度在 5000℃ 以上，所以，热游离足以维持电弧的燃烧。

三、电弧中的去游离

电弧中在发生游离的同时，还进行着使带电质点减少的去游离过程。去游离的主要形式为复合和扩散。

1. 复合去游离

异号离子或正离子与自由电子互相吸引而中和成中性质点的现象，称复合去游离。

在弧柱中，电子的运动速度远大于正离子，而交换能量（中和电荷）需要有一定的作用时间，所以，电子与正离子直接复合的可能性很小。复合是借助于中性质点进行的，即电子在运动过程中，先附着在中性质点上，形成负离子，然后质量和运动速度大致相等的正、负离子复合成中性质点。

当电弧及其附近有不带电的金属件时，金属件可吸附电子或正离子，使之带电，然后再吸引带相反电荷的粒子起中和作用；电弧区有绝缘件时，带电粒子附在绝缘件上，也能促使电子和正离子中和。

复合速率与带电质点的体积浓度成比例，因而与电弧直径平方成反比；拉长电弧，可以使电场强度 E 下降，电子运动速度减慢，复合的可能性增大；加强电弧冷却，例如用液体、气体吹弧或将电弧挤入绝缘冷壁制成的狭缝中，可使电子热运动的速度减慢，有利于复合；加大气体介质的压力，可使带电质点的密度增大，自由行程减少，有利于复合。

2. 扩散去游离

自由电子与正离子从弧柱逸出而进入周围介质中的现象，称为扩散去游离。

扩散去游离有三种形式：① 浓度差形成扩散。由于弧柱中带电质点的浓度比周围介质高得多，使带电质点向周围介质扩散，扩散速率与电弧直径成反比。② 温度差形成扩散。由于弧柱的温度比周围介质高得多，使带电质点向周围介质扩散。③ 用高速冷气吹弧增强扩散。吹弧可使电弧拉长，使电弧表面的带电质点浓度增加，并带走弧柱中的带电质点。扩散出去的带电质点，因冷却而复合为中性质点。

若游离作用大于去游离作用，则电弧电流增大，电弧愈加强烈燃烧；若游离作用等于去游离作用，则电弧电流不变，电弧稳定燃烧；若游离作用小于去游离作用，则电弧电流减小，电弧最终熄灭。所以，要熄灭电弧，必须采取措施加强去游离作用而削弱游离作用。

四、交流电弧的特性

（1）交流电弧的伏安特性为动态特性。由于交流电流的瞬时值不断随时间做周期性变化，因而电弧的温度、电阻及电弧电压也随时间而变化。但是，弧柱受热升温或散热降温都有一个过程，所以，电弧温度的变化总是滞后于电流的变化，这种现象称为电弧的热惯性。热惯性使得交流电弧的伏安特性为动态特性，如图 2-27（a）所示。

（2）电弧电压 u_a 的波形呈马鞍形变化。由电流的波形及伏安特性，可得到电弧电压随时间的变化波形呈马鞍形，如图 2-27（b）所示。其中 A 点为电弧产生时

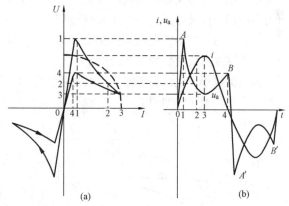

图 2-27　交流电弧伏安特性和电弧电压波形
(a) 交流电弧伏安特性；(b) 电弧电压波形

的电压，称为燃弧电压；B 点为电弧熄灭时的电压，称为熄弧电压。

（3）电流每半周过零一次，电弧会暂时自动熄灭。

五、交流电弧的熄灭条件

在交流电流过零前后，弧隙中发生的现象是很复杂的。这一现象包括两个方面：① 弧隙去游离和它的介质强度（即弧隙的绝缘能力，或称弧隙的耐压强度）的增大；② 加于弧隙的电压（称恢复电压）的增大。

电弧电流过零时，是熄灭电弧的有利时机，但电弧是否能熄灭，取决于上述两方面竞争的结果。

1. 弧隙介质强度恢复过程

电弧电流过零时，弧隙介质的绝缘能力由起始介质强度逐渐增强的过程，称为弧隙介质强度恢复过程，用 $u_d(t)$ 表示。

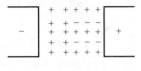

图 2-28　电流过零后弧隙电荷重新分布

（1）近阴极效应使弧隙出现起始介质强度。如图 2-28 所示的短弧隙，在电流过零前，左电极为正，右电极为负，弧隙间充满着电子和正离子。在电流过零后，弧隙的电极性发生了变化，左变负，右变正，弧隙中带电质点的运动方向也随之改变，质量小的电子迅速向新阳极运动，而质量比电子大得多的正离子几乎未动，因此，在新阴极附近便形成了缺少导电的电子而充满几乎不导电的正离子的正电荷空间，呈现一定的介质强度。

实验证明，电流过零后，约在 $0.1\sim1\mu s$ 的短暂时间内出现 $150\sim250V$ 的起始介质强度（如电极温度很高，约为 150V；如电极温度很低，约为 250V）。这种在电流过零后在阴极附近的薄层空间介质强度突然升高的现象，称为近阴极效应。

近阴极效应在熄灭低压短弧中得到广泛应用（见第二章第九节）。

但近阴极效应对几万伏以上的高压断路器的灭弧不起多大作用，因为起始介质强度与加在弧隙上的高电压相比，无足轻重。起决定作用的是弧柱区中的介质强度恢复过程。

（2）弧柱区介质强度的恢复过程。在电流接近自然过零时，弧隙输入能量减少，散失能量增加，弧隙温度逐渐降低，游离减弱，去游离增强。当电流自然过零时，弧隙输入能量为零，散失能量进一步增加，弧隙温度继续下降，去游离继续增强，并在阴极区出现起始介质强度。

起始介质强度出现后，弧柱区介质强度的恢复过程与断路器的灭弧装置结构、介质特性、电弧电流、冷却条件及触头分开速度等因素有关。

目前，电力系统中常用的灭弧介质有油（变压器油或断路器油）、压缩空气、真空、SF_6 等，其介质强度恢复过程曲线如图 2-29 所示。

电弧电流愈小，电弧温度愈低，对电弧的冷却条件愈好，电流过零时电弧温度下降愈快，介质强度恢复过程愈快，如图 2-30 所示。

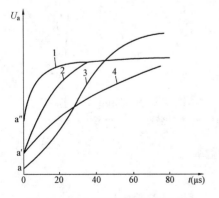

图 2-29　介质强度恢复过程曲线
1—真空；2—SF_6；3—压缩空气；4—油

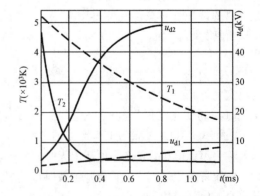

图 2-30　弧隙温度与介质强度恢复过程
T_1、u_{d1}—弱冷却时的情况；T_2、u_{d2}—强冷却时的情况

另外，提高触头的分断速度，可迅速拉长电弧，使其散热和扩散的表面积迅速增加，去游离

加强，可提高介质强度的恢复速度。

2. 弧隙电压的恢复过程

电弧电流过零时，经过由电路参数所决定的电磁振荡，弧隙电压逐渐由熄弧电压恢复到电源电压的过程，称为弧隙电压的恢复过程，用 $u_r(t)$ 表示。

弧隙电压的恢复过程与电路参数（L、C、R）及负荷性质（阻、感、容性）有关。实际电路中，总有 L、C 存在，所以 i、u 不同相，当 i 过零时，u 不等于零，而且 u_r 不可能立即由熄弧电压恢复到电源电压 u，需要一段恢复过程（过渡过程）。由于电路参数不同，这一过程可能是周期性变化的振荡过程，也可能是非周期性变化的不振荡过程，如图 2-31 所示。

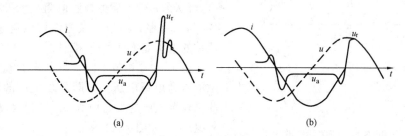

图 2-31　恢复电压
(a) 周期性变化过程；(b) 非周期性变化过程

恢复电压一般由两部分组成，如图 2-32 所示：① 瞬变恢复电压 u_{tr}，即电流过零时首先出现在弧隙两端的具有过渡过程特性的电压，为恢复电压的暂态值，它存在的时间只有几十微秒至几毫秒；② 工频恢复电压 u_{sr}，即与电源电压波形重合、与电源电压相等的电压，为恢复电压的稳态值。

3. 交流电弧的熄灭条件

将上述介质强度恢复过程 $u_d(t)$ 和弧隙电压恢复过程 $u_r(t)$ 用同一比例尺绘在同一幅图上，如图 2-33 所示。当电弧电流过零时，如果存在弧隙电压恢复过程 $u_r(t)$ 高于介质强度恢复过程 $u_d(t)$，则弧隙被击穿，电弧重燃［见图 2-33 (a) 中的 t_1 时刻］；反之，如果总有介质强度恢复过程 $u_d(t)$ 高于弧隙电压恢复过程 $u_r(t)$，则电弧熄灭［见图 2-33 (b)］。交流电弧熄灭的条件式为

$$u_d(t) > u_r(t) \tag{2-66}$$

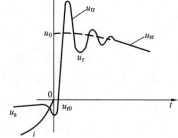

图 2-32　恢复电压的组成
u_{tr}—瞬态恢复电压；u_{sr}—工频恢复电压；
u_{r0}—恢复电压起始值；u_a—电弧电压；i—电弧电流

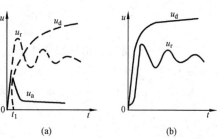

图 2-33　介质强度与电压恢复过程曲线
(a) 在 t_1 时刻，恢复电压高于介质强度，电弧重燃；
(b) 总有介质强度高于恢复电压，电弧熄灭

第八节　弧隙电压恢复过程分析

一、单相交流电路的电压恢复过程

断路器开断单相短路电流的短路电路如图 2-34（a）所示。假设电源 G 为单相交流发电系

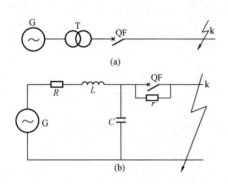

统，当变压器 T 出口处发生短路时，断路器 QF 将跳闸，其等值电路如图 2-34（b）所示。其中 R、L、C 为电路元件参数，r 为 QF 触头并联电阻（也可认为是熄弧后的弧隙电阻）。因发生短路时，QF 与 C 并联，所以，弧隙电压恢复过程 u_r 与 C 两端的电压变化过程 u_C 相同。

由于 u、i 相位不同，当电弧电流过零时，弧隙电压为熄弧电压，亦即恢复电压的起始值 u_{r0}，此刻电源电压的瞬时值为 u_0（称开断瞬间工频恢复电压），如图 2-32 所示。

弧隙电压恢复过程就是从 u_{r0} 过渡到电源电压的过程。由于电压恢复过程时间很短（不超过几

图 2-34　断路器开断单相短路电路
（a）短路电流；（b）等值电路

百微秒），故可近似地认为 u_0 不变，而以电压为 u_0 的直流电源代替；QF 突然与 C 并联时弧隙电压的恢复电压 u_r，相当于电压为 u_0 的直流电源突然合闸于 R、L、C 组成的串联电路时在 C 两端的电压 u_C，即 $u_r = u_C$，其等值电路如图 2-35 所示。

由图 2-35 可知，当 Q 突然合闸时，有

$$i = i_1 + i_2 = C\frac{\mathrm{d}u_C}{\mathrm{d}t} + \frac{u_C}{r} \tag{2-67}$$

$$Ri + L\frac{\mathrm{d}i}{\mathrm{d}t} + u_C = u_0 \tag{2-68}$$

将式（2-67）代入式（2-68）并整理得

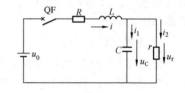

$$LC\frac{\mathrm{d}^2 u_C}{\mathrm{d}t^2} + \left(RC + \frac{L}{r}\right)\frac{\mathrm{d}u_C}{\mathrm{d}t} + \left(\frac{R}{r} + 1\right)u_C = u_0 \tag{2-69}$$

图 2-35　电压恢复过程等值电路

式（2-69）为常系数线性微分方程，其通解为

$$u_C = \frac{ru_0}{R+r} + C_1 \mathrm{e}^{\alpha_1 t} + C_2 \mathrm{e}^{\alpha_2 t} \tag{2-70}$$

C 中的电流 i_1 为

$$i_1 = C\frac{\mathrm{d}u_C}{\mathrm{d}t} = C(C_1 \alpha_1 \mathrm{e}^{\alpha_1 t} + C_2 \alpha_2 \mathrm{e}^{\alpha_2 t}) \tag{2-71}$$

式中：C_1、C_2 为积分常数，由初始条件确定；α_1、α_2 为方程式（2-69）的特征方程的根。

据初始条件，当 $t=0$ 时，$u_C = -u_{r0}$，$i_1 = 0$，分别代入式（2-70）、式（2-71）并解得

$$\left. \begin{aligned} C_1 &= -\frac{\alpha_2}{\alpha_2 - \alpha_1}\left(ru_0 + \frac{ru_0}{R+r}\right) \\ C_2 &= \frac{\alpha_1}{\alpha_2 - \alpha_1}\left(ru_0 + \frac{ru_0}{R+r}\right) \end{aligned} \right\} \tag{2-72}$$

将式（2-72）代入式（2-70）得弧隙恢复电压为

$$u_C = \frac{ru_0}{R+r} - \frac{1}{\alpha_2 - \alpha_1}(\alpha_2 \mathrm{e}^{\alpha_1 t} - \alpha_1 \mathrm{e}^{\alpha_2 t})\left(u_{r0} + \frac{ru_0}{R+r}\right)$$

一般有 $R \ll r$，$u_{r0} \ll u_0$，故忽略 R、u_{r0}，于是弧隙恢复电压可表达为

$$u_r = u_C = u_0 \left[1 - \frac{1}{\alpha_2 - \alpha_1} (\alpha_2 e^{\alpha_1 t} - \alpha_1 e^{\alpha_2 t}) \right] \qquad (2\text{-}73)$$

方程式（2-69）的特征方程为

$$LC\alpha^2 + \left(RC + \frac{L}{r} \right)\alpha + \left(\frac{R}{r} + 1 \right) = 0$$

解得

$$\alpha_{1,2} = -\frac{1}{2}\left(\frac{R}{L} + \frac{1}{rC} \right) \pm \sqrt{\frac{1}{4}\left(\frac{R}{L} - \frac{1}{rC} \right)^2 - \frac{1}{LC}}$$

忽略 R，有

$$\alpha_{1,2} = -\frac{1}{2rC} \pm \sqrt{\left(\frac{1}{2rC} \right)^2 - \frac{1}{LC}} \qquad (2\text{-}74)$$

下面讨论三种情况（忽略 R）：

（1）当 $\left(\dfrac{1}{2rC} \right)^2 > \dfrac{1}{LC}$ 时，α_1、α_2 为不等的负实根，且这种情况下通常有 $|\alpha_1| \ll |\alpha_2|$ 故 $|\alpha_1 e^{\alpha_1 t}| \ll |\alpha_2 e^{\alpha_2 t}|$，式（2-73）可简化为

$$u_r = u_0 (1 - e^{\alpha_1 t}) \qquad (2\text{-}75)$$

可见，这种情况下，弧隙恢复电压过程为非周期性，且按指数规律变化，其最大值 u_{rm} 不超过 u_0（令 $t \to \infty$），因此，不会发生过电压，如图 2-36 所示。

另外，有

$$\alpha_1 = -\frac{1}{2rC} + \sqrt{\left(\frac{1}{2rC} \right)^2 - \frac{1}{LC}}$$

$$= -\frac{1}{2rC} + \frac{1}{2rC}\sqrt{1 - \frac{4r^2 C}{L}} \qquad (2\text{-}76)$$

因 $\left(\dfrac{1}{2rC} \right)^2 > \dfrac{1}{LC}$，故 $\dfrac{4r^2 C}{L} < 1$，式（2-76）中开

方项可用近似公式计算，有

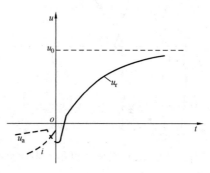

图 2-36　恢复电压非周期性变化过程

$$\alpha_1 \approx -\frac{1}{2rC} + \frac{1}{2rC}\left(1 - \frac{4r^2 C}{2L} \right) = -\frac{r}{L} \qquad (2\text{-}77)$$

将式（2-77）代入式（2-75）中，得

$$u_r = u_0 (1 - e^{-\frac{r}{L}t}) \qquad (2\text{-}78)$$

对式（2-78）微分，可得电流过零时（$t=0$）时，恢复电压的上升速度为

$$\frac{\mathrm{d}u_r}{\mathrm{d}t}\bigg|_{t=0} = \frac{r}{L}u_0 \quad (\mathrm{V/s}) \qquad (2\text{-}79)$$

可见，触头并联电阻 r 对恢复电压上升速度有直接影响，r 越小，恢复电压上升速度越低。

（2）当 $\left(\dfrac{1}{2rC} \right)^2 < \dfrac{1}{LC}$ 时，α_1、α_2 为共轭虚根，可表达为

$$\alpha_{1,2} = -\frac{1}{2rC} \pm \mathrm{j}\sqrt{\frac{1}{LC} - \left(\frac{1}{2rC} \right)^2} = \beta \pm \mathrm{j}\omega_0 \qquad (2\text{-}80)$$

其中 $$\beta = -\frac{1}{2rC}, \quad \omega_0 = \sqrt{\frac{1}{LC} - \left(\frac{1}{2rC}\right)^2}$$

式中：β 为衰减系数；ω_0 为电路固有振荡频率或自由振荡频率。

将 α_1、α_2 代入通解式（2-73），并整理（运用欧拉公式）得

$$u_r = u_0 \left[1 + \left(\frac{\beta}{\omega_0}\sin\omega_0 t - \cos\omega_0 t\right)e^{\beta t}\right] \tag{2-81}$$

可见，这种情况下，弧隙恢复电压过程为衰减的周期性振荡过程。

如果触头间没有并联电阻，即 $r = \infty$ 时，$\frac{1}{2rC} = 0$，则

$$\beta = 0, \quad \omega_0 = \frac{1}{\sqrt{LC}} = 2\pi f_0$$

式（2-81）可简化为

$$u_r = u_0(1 - \cos\omega_0 t) \tag{2-82}$$

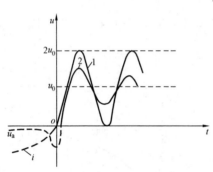

图 2-37　恢复电压周期性振荡过程
1—$\beta = 0$ 的情况；2—$\beta \neq 0$ 的情况

这种情况下，周期性振荡过程中，弧隙恢复电压过程最大值 u_{rm} 可达 $2u_0$（当 $\omega_0 t = \pi$ 时），比非周期性过程大 1 倍，如图 2-37 中曲线 1 所示。由此可见，如果电流过零时，u_0 恰为工频电源电压幅值 u_m，则 u_{rm} 可达 $2u_m$，从而可能在电路中出现过电压。实际电路中，由于 r、R 的存在，即 β 存在，使得随着 t 的增加，振幅衰减，故一般有 $u_{rm} < 2u_0$，但仍可能出现过电压，如图 2-37 中曲线 2 所示。

u_{rm} 与 u_m 的比值，称幅值系数，用 K_m 表示，即

$$K_m = u_{rm}/u_m \tag{2-83}$$

K_m 一般在 1.2~1.8 之间。

对式（2-82）微分，可得不考虑衰减时周期性过程的电压恢复速度为

$$\frac{du_r}{dt} = \omega_0 u_0 \sin\omega_0 t$$

通常取固有振荡频率的半周内（即 $\frac{1}{2f_0} = \frac{\pi}{2\pi f_0} = \frac{\pi}{\omega_0}$ 时间内）电压恢复的平均速度

$$\left.\frac{du_r}{dt}\right|_{av} = \frac{1}{\pi/\omega_0}\int_0^{\frac{\pi}{\omega_0}}\omega_0 u_0 \sin\omega_0 t \, dt = \frac{2\omega_0 u_0}{\pi} \quad (V/s) \tag{2-84}$$

由式（2-81）~式（2-84）可见，当弧隙电压恢复过程为振荡过程时，其幅值和上升速度都与电路参数有关，不仅可能引起系统过电压，而且给断路器的熄弧增加困难。

另外，由 β、ω_0 的表达式可知：当 r 下降时，$|\beta|$ 增加，使 u_r 的幅值降低，同时 ω_0 降低，使电压恢复的平均速度下降。

（3）当 $\left(\frac{1}{2rC}\right)^2 = \frac{1}{LC}$ 时，α_1、α_2 为相等的负实根，即

$$\alpha_{1,2} = -\frac{1}{2rC}$$

对式（2-73）取 $\alpha_2 \to \alpha_1$ 的极限，并运用罗彼塔法则，可得

$$u_r = \lim_{\alpha_2 \to \alpha_1} u_0 \left[1 - \frac{1}{\alpha_2 - \alpha_1}(\alpha_2 e^{\alpha_1 t} - \alpha_1 e^{\alpha_2 t})\right]$$

$$= \lim_{\alpha_2 \to \alpha_1} u_0 [1 - (e^{\alpha_1 t} - \alpha_1 t e^{\alpha_1 t})] = u_0 [1 - (1 - \alpha_1 t) e^{\alpha_1 t}] \tag{2-85}$$

当 $t \to \infty$ 时，有 $u_{rm} = u_0$。

可见，这种情况下，弧隙电压恢复过程仍为非周期性，且 u_{rm} 不会超过 u_0，其恢复过程曲线与图 2-36 类似。但这种情况临近于振荡情况，故称为临界情况。

由临界条件可求得临界情况下弧隙并联电阻值，并用 r_{cr} 表示，即

$$r_{cr} = \frac{1}{2} \sqrt{\frac{L}{C}} \quad (\Omega) \tag{2-86}$$

当 $r \leqslant r_{cr}$ 时，弧隙电压恢复过程为非周期性；当 $r > r_{cr}$ 时，为周期性。

由以上分析可知：理想的弧隙电压恢复过程只取决于电路参数，而触头两端的并联电阻 r 可以改变恢复电压的特性，即影响恢复电压的幅值和恢复速度。当 $r < r_{cr}$ 时，具有周期性振荡特性的恢复过程将转变为非周期性恢复过程，从而大大降低恢复电压的幅值和恢复速度，相应地改善了断路器的开断条件。

二、三相交流电路不同短路形式的工频恢复电压

由于运行方式和短路形式不同，相应的电路参数和开断瞬间的工频恢复电压 u_0 也不相同，从而直接影响断路器的开断条件。

1. 开断单相短路

当电流过零时，工频恢复电压瞬时值为 $u_0 = u_m \sin\varphi$，其中，u_m 为电源相电压的最大值；φ 为功率因数角。短路回路中有 $\sin\varphi \approx 1$，所以有

$$u_0 \approx u_m \tag{2-87}$$

2. 开断中性点不直接接地系统的三相短路

三相交流电路中，三相电流不同时过零，因此，断路器开断三相短路时，电弧电流过零便有先后，先过零的一相，电弧首先熄灭，称为首先开断相。

在图 2-38 中，三相电源的线电压为 $\dot{U}_{UV}$、$\dot{U}_{VW}$、$\dot{U}_{WU}$，相电压为 $\dot{U}_U$、$\dot{U}_V$、$\dot{U}_W$，忽略电阻，只计电抗 x_L，即相电流滞后相应的相电压 $90°$。设 U 相为首先开断相，当 U 相电流过零时其电弧熄灭，V、W 相触头仍由电弧短接，有

$$\dot{U}_{uo'} = \dot{U}_{UV} + \dot{I}_{VW} x_L = \dot{U}_{UV} + \frac{\dot{U}_{VW}}{2x_L} x_L = \dot{U}_{UV} + \frac{\dot{U}_{VW}}{2}$$

$$= (\dot{U}_U - \dot{U}_V) + \frac{1}{2}(\dot{U}_V - \dot{U}_W) = \dot{U}_U - \frac{1}{2}(\dot{U}_V + \dot{U}_W)$$

因 $\dot{U}_U + \dot{U}_V + \dot{U}_W = 0$，故 $\dot{U}_V + \dot{U}_W = -\dot{U}_U$，代入上式得

$$\dot{U}_{uo'} = 1.5 \dot{U}_U$$

因 $U_U = U_V = U_W = U_{ph}$（U_{ph} 为相电压），故

$$U_{uo'} = 1.5 U_{ph} \tag{2-88}$$

可见，首先开断相断口上的工频恢复电压为相电压的 1.5 倍，如图 2-38（b）所示。

在 U 相电流过零后，经 1/4 周期（即经 0.005s 或各相量逆时针旋转 $90°$），$\dot{I}_{VW} = 0$ [在图 2-38（b）中补齐电流相量可看出]，即 V、W 两相短路电流同时过零，电弧同时熄灭。这时，$\dot{U}_{VW}$ 的瞬时值达最大，V、W 两相断口各承受一半电压值，即

$$U_{vo'} = U_{wo'} = \frac{1}{2} U_{VW} = \frac{1}{2} \sqrt{3} U_{ph} = 0.866 U_{ph} \tag{2-89}$$

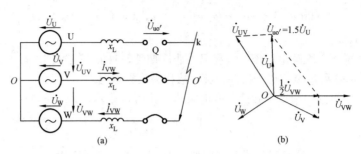

图 2-38　开断中性点不直接接地系统的三相短路

(a) U 相电弧熄灭后电路图；(b) 相量图

首先开断相断口的恢复电压最大，所以，断口电弧的熄灭关键在于首先开断相。但后续开断相的燃弧时间比首先开断相长 0.005s，相对而言电弧能量较大，因而可能使触头烧坏、喷油、喷气等现象比首先开断相更为严重。

开断中性点直接接地系统中的三相不接地短路的情况与上述相同。例如，对 110kV 高压断路器，首先开断相断口的恢复电压如下：

工频恢复电压有效值为

$$1.5U_{ph} = 1.5 \times 110/\sqrt{3} = 95.26 \ (kV)$$

工频恢复电压最大值为

$$\sqrt{2} \times 95.26 = 134.72 \ (kV)$$

恢复电压最大值（取 $K_m = 1.5$）为

$$1.5 \times 134.72 = 202.08 \ (kV)$$

3. 开断中性点直接接地系统中的三相接地短路

与上述情况不同，这时 U、V、W 三相分别经大地形成回路，各相不同时过零。设开断顺序为 U、V、W，当系统零序阻抗与正序阻抗之比不大于 3 时，有

$$\left. \begin{array}{l} U_{uo'} = 1.3U_{ph} \\ U_{vo'} = 1.25U_{ph} \\ U_{wo'} = U_{ph} \end{array} \right\} \tag{2-90}$$

4. 开断两相短路电路

开断中性点直接接地系统中的两相接地短路时，工频恢复电压为 $1.3U_{ph}$；开断其余情况的两相短路时，工频恢复电压为 $0.866U_{ph}$。

第九节　熄灭交流电弧的基本方法

如前所述，交流电弧能否熄灭，取决于电流过零时弧隙的介质强度和恢复电压两种过程的竞争结果。加强弧隙的去游离或降低弧隙恢复电压的幅值和恢复速度，均可促使电弧熄灭。断路器中采用的灭弧方法，归纳起来有七种。

1. 采用灭弧能力强的灭弧介质

电弧中的去游离强度，在很大程度上取决于电弧周围介质的特性。高压断路器中广泛采用以下几种灭弧介质。

(1) 变压器油。变压器油在电弧高温的作用下，可分解出大量氢气和油蒸气（H_2 约占 70%～

80%)，氢气的绝缘和灭弧能力是空气的 7.5 倍。

（2）压缩空气。压缩空气的压力约 $20×10^5$ Pa，由于其分子密度大，质点的自由行程小，能量不易积累，不易发生游离，所以有良好的绝缘和灭弧能力。

（3）SF_6 气体。SF_6 是良好的负电性气体，其氟原子具有很强的吸附电子的能力，能迅速捕捉自由电子而形成稳定的负离子，为复合创造了有利条件，因而具有很强的灭弧能力，其灭弧能力比空气高 100 倍。

（4）真空。真空气体压力低于 $133.3×10^{-4}$ Pa，气体稀薄，弧隙中的自由电子和中性质点都很少，碰撞游离的可能性大大减少，而且弧柱与真空的带电质点的浓度差和温度差很大，有利于扩散。其绝缘能力比变压器油、1 个大气压下的 SF_6、空气都高（比空气高 15 倍）。

2. 利用气体或油吹弧

高压断路器中利用各种预先设计好的灭弧室，使气体或油在电弧高温下产生巨大压力，并利用喷口形成强烈吹弧。这个方法既起到对流换热、强烈冷却弧隙的作用，又起到部分取代原弧隙中游离气体或高温气体的作用。电弧被拉长、冷却变细，复合加强，同时吹弧也有利于扩散，最终使电弧熄灭。

吹弧方式有纵吹和横吹 2 种，如图 2-39 所示。吹动方向与电弧弧柱轴线平行称纵吹，主要是使电弧冷却、变细，最终熄灭。吹动方向与电弧弧柱轴线垂直称横吹，主要是使电弧拉长、表面积增大、冷却加强，熄弧效果较好。在高压断路器中常采用纵、横吹混合吹弧方式，熄弧效果更好。

3. 采用特殊金属材料作灭弧触头

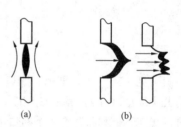

图 2-39　吹弧方式
（a）纵吹；（b）横吹

电弧中的去游离强度，在很大程度上与触头材料有关。常用的触头材料有铜、钨合金和银、钨合金等，在电弧高温下不易熔化和蒸发，有较高的抗电弧、抗熔焊能力，可以减少热电子发射和金属蒸气，抑制游离作用。

4. 在断路器的主触头两端加装低值并联电阻

如图 2-40 所示，在灭弧室主触头 Q1 两端加装低值并联电阻（几欧至几十欧）时，为了最终切断电流，必须另加装一对辅助触头 Q2。其连接方式有两种：图 2-40（a）为并联电阻 r 与主触头 Q1 并联后再与辅助触头 Q2 串联；图 2-40（b）为并联电阻 r 与辅助触头 Q2 串联后再与主触头 Q1 并联。

分闸时，主触头 Q1 先打开，并联电阻 r 接入电路，在断开过程中起分流作用，同时降低恢复电压的幅值和上升速度，使主触头间产生的电弧容易熄灭；当主触头 Q1 间的电弧熄灭后，辅助触头 Q2 接着断开，切断通过并联电阻的电流，使电路最终断开。

合闸时，顺序相反，即辅助触头 Q2 先合上，然后主触头 Q1 合上。

5. 采用多断口熄弧

高压断路器常制成每相有两个或两个以上的串联断口，以利于灭弧。图 2-41 为双断口断路器示意图。采用多断口串联，可把电弧分割成多段，在相同的触头行程下电弧拉长速度和长度比单断口大，从而弧隙电阻增大，同时增大介质强度的恢复速度；加在每个断口上的电压降低，使弧隙恢复电压降低，因而有利于灭弧。

110kV 及以上的高压断路器，常采用多个相同型式的灭弧室（每室一个断口）串联的积木式结构。这种多断口结构，在开断过程中的恢复电压和开断位置的电压在每个断口上的分配有不均匀现象，从而影响断路器的灭弧。

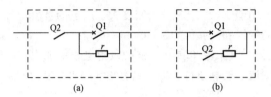

图 2 - 40　主触头 Q1 与辅助触头 Q2 的连接方式

（a）辅助触头 Q2 与主触头 Q1 串联；

（b）辅助触头 Q2 与主触头 Q1 并联

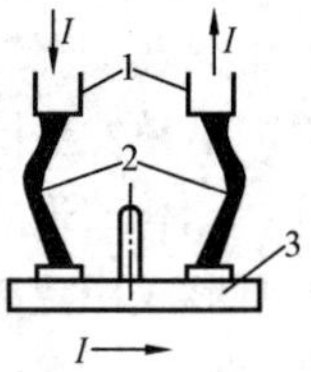

图 2 - 41　双断口的断路器

1—静触头；2—电弧；3—动触头

SW - 110 型户外少油断路器在开断接地故障后的一相电路图如图 2 - 42 所示。其中 U 为电源电压；U_1、U_2 分别为两断口电压；C_d 为电弧熄灭后每个断口电容；C_0 为中间机构箱与底座及大地间的电容。

由图 2 - 42（b）可得

$$\left. \begin{array}{l} U_1 = \dfrac{C_d + C_0}{2C_d + C_0} U \\[3mm] U_2 = \dfrac{C_d}{2C_d + C_0} U \end{array} \right\} \tag{2-91}$$

可见，$U_1 > U_2$，即第一断口比第二断口的工作条件严苛。通常少油断路器的 C_d 和 C_0 都只有几十皮法（pF），假定 $C_d = C_0$，则有 $U_1 = 2U/3$，$U_2 = U/3$。当每相有更多断口串联时，有同样的规律，例如每相有 4 个断口串联时，有 $U_1 > U_2 > U_3 > U_4$。

为使电压均匀分配在各断口上，通常在每个断口上并联一个比 C_d、C_0 大得多的电容 C（一般为 1000～2000pF），其等值电路如图 2 - 43 所示。此时，电压分布为

$$\left. \begin{array}{l} U_1 = \dfrac{(C + C_d) + C_0}{2(C + C_d) + C_0} U \approx \dfrac{U}{2} \\[3mm] U_2 = \dfrac{C + C_d}{2(C + C_d) + C_0} U \approx \dfrac{U}{2} \end{array} \right\} \tag{2-92}$$

可见，当 C 足够大时，可使电压较均匀地分配在各断口上，所以，C 称为均压电容。实际上，串联断口增加后，要做到电压完全均匀分配，必须装设电容量很大的均压电容，很不经济。一般按照断口间的最大电压不超过均匀分布电压值的 10％ 的要求来选择均压电容量。

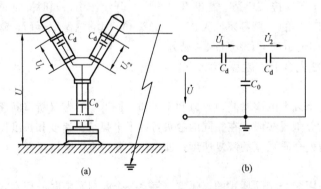
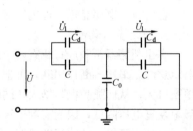

图 2 - 42　无均压电容的断路器开断接地故障

（a）断路器中电容分布；（b）等值电路

图 2 - 43　并有均压电容的断路器
开断接地故障的等值电路

6. 提高断路器触头的分离速度

在高压断路器中都装有强力断路弹簧，以加快触头的分离速度，迅速拉长电弧，使弧隙的电场强度骤降，同时使电弧的表面积突然增大，有利于电弧的冷却及带电质点的扩散和复合，削弱游离而加强去游离，从而加速电弧的熄灭。

7. 低压开关中的熄弧方法

（1）利用金属灭弧栅灭弧。利用灭弧栅灭弧实质上是利用短弧原理灭弧。图 2-44 为低压开关中广泛采用的灭弧栅装置。为使电弧能在介质中移动，灭弧栅由许多带缺口的钢片制成。当断开电路时，动、静触头间产生电弧，由于磁通总是力图走磁阻最小的路径，因此对电弧产生一个向上的电磁力，将电弧拉至上部无缺口的部分，从而被栅片分割成一串短弧。据前述近阴极效应，当电流过零时，每个短弧的阴极都会出现 $150\sim250\mathrm{V}$ 的介质强度，如果其总和超过触头间的电压，则电弧熄灭。

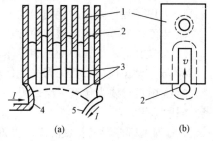

图 2-44 利用金属灭弧栅灭弧
（a）灭弧栅装置；（b）栅片结构
1—灭弧栅片；2—电弧；3—电弧移动位置；
4—静触头；5—动触头

（2）利用固体介质狭缝灭弧。图 2-45 所示为狭缝灭弧原理。灭弧片由耐高温的绝缘材料（如石棉水泥或陶土材料）制成，有多种形式。图 2-45（b）为最简单的直缝式，磁吹线圈与电路串联或并联。当触头断开而产生电弧后，在磁吹线圈磁场的作用下，对电弧产生电动力［见图 2-45（c）］，将电弧拉入灭弧片的狭缝中。狭缝限制了电弧直径，增加了弧隙压力，同时电弧被拉长，并与灭弧片冷壁紧密接触，加强冷却作用，加强电弧内的复合过程，最终使电弧熄灭。

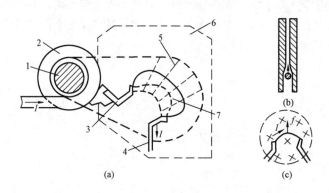

图 2-45 狭缝灭弧原理
（a）灭弧装置；（b）灭弧片；（c）磁吹力工作原理
1—磁吹铁芯；2—磁吹线圈；3—静触头；4—动触头；5—灭弧片；6—灭弧罩；7—电弧移动位置

思考题和习题

1. 发热对导体和电器有何不良影响？
2. 导体的长期发热和短时发热各有何特点？
3. 导体的长期允许载流量与哪些因素有关？提高长期允许载流量应采取哪些措施？

4. 计算导体短时发热温度的目的是什么？如何计算？

5. 大电流导体附近的钢构为什么会发热？减少钢构发热的措施有哪些？

6. 电动力对导体和电器有何影响？计算电动力的目的是什么？

7. 布置在同一平面中的三相导体，最大电动力发生在哪一相上？试简要分析。

8. 导体动态应力系数的含义是什么？什么情况下才需考虑动态应力？

9. 大电流母线为什么广泛采用全连式分相封闭母线？说明壳外磁场和由邻相穿入壳内的磁场减弱的原因。

10. 何谓碰撞游离、热游离、去游离？它们在电弧的形成和熄灭过程中起何作用？

11. 开关电器中的电弧有何危害？

12. 交流电弧有何特点？交流电弧的熄灭条件是什么？

13. 何谓弧隙介质强度恢复过程？何谓弧隙电压恢复过程？它们与哪些因素有关？

14. 熄灭交流电弧的基本方法有哪些？

15. 计算屋内配电装置中 $80\text{mm}\times10\text{mm}$ 的矩形铜导体的长期允许截流量。导体正常最高允许温度 $\theta_\text{w}=70\text{℃}$，基准环境温度 $\theta_0=25\text{℃}$。

16. 某铝母线尺寸为 $100\text{mm}\times10\text{mm}$，集肤系数 $K_\text{s}=1.05$，在正常最大负荷时温度 $\theta_1=60\text{℃}$，继电保护动作时间 $t_\text{pr}=1\text{s}$，断路器全开断时间 $t_\text{ab}=0.1\text{s}$，短路电流 $I''=30\text{kA}$，$I_{0.55}=25\text{kA}$，$I_{1.1}=22\text{kA}$。试计算该母线的热效应和最高温度。

17. 某 10kV 汇流母线，每相为 2 条 $100\text{mm}\times10\text{mm}$ 矩形铜导体，三相水平布置、导体平放，绝缘子跨距 $L=1.0\text{m}$，相间距离 $a=0.35\text{m}$，三相短路冲击电流 $i_\text{sh}=100\text{kA}$，导体弹性模量 $E=11.28\times10^{10}\text{Pa}$，密度 $\rho_\text{w}=8900\text{kg/m}^3$。试计算母线的最大电动力。

18. 已知某 200MW 机组封闭母线有关数据如下：母线电流 $I_\text{w}=8625\text{A}$，外壳电感 $L_\text{R}=3.85\times10^{-7}\text{H/m}$，外壳电阻 $r_\text{s}=5.48\times10^{-6}\text{Ω/m}$。试计算其外壳环流及剩余电流。

19. 试计算 220kV 高压断路器开断各类短路故障时，断口恢复电压的最大值（取 $K_\text{m}=1.5$）。

*第三章 电气设备的结构和工作原理

本章介绍绝缘子、母线、电缆、电抗器、电力电容器、高压断路器、隔离开关、互感器、负荷开关、熔断器、高压接触器、重合器、低压开关等电气设备的结构和工作原理。重点为高压断路器和互感器。

第一节 绝缘子和母线

一、绝缘子

绝缘子广泛应用在发电厂、变电站的配电装置、变压器、开关电器及输电线路上，用来支持和固定裸载流导体，并使裸载流导体与地绝缘，或使装置中处于不同电位的载流导体之间绝缘。因此，绝缘子应具有足够的绝缘强度、机械强度、耐热性和防潮性。

绝缘子按其额定电压可分为高压绝缘子（用于 500V 以上的装置中）和低压绝缘子（用于 500V 及以下的装置中）两种；按用途可分为电站绝缘子、电器绝缘子和线路绝缘子三种；按安装地点可分为户内式和户外式两种；按绝缘材质分瓷质、玻璃和复合材料三种；按结构形式可分为支柱式、套管式和盘形悬式三种。

高压绝缘子主要由绝缘件和金属附件两部分组成。

（1）绝缘件通常用电工瓷制成。电工瓷具有结构紧密均匀、绝缘性能稳定、机械强度高和不吸水等优点，其外表面涂有一层棕色或白色的硬质瓷釉，以提高其绝缘、机械和防水性能。盘形悬式绝缘子的绝缘件也有用钢化玻璃制成的，具有绝缘和机械强度高、尺寸小、质量小、制造工艺简单及价格低廉等优点。近年来，利用高分子聚合物制成有机复合绝缘件的技术日趋成熟，通常以合成材料为芯棒，以绝缘性及耐候性良好的高温热硫化型硅橡胶材料为伞裙组成。相对于传统绝缘件而言，其具有重量轻、强度高、电绝缘及耐污性好、可靠性高等优点，在我国的交、直流特高压工程中均已得到广泛应用。

（2）金属附件的作用是将绝缘子固定在支架上和将载流导体固定在绝缘子上。金属附件装在绝缘件的两端，表面做热镀锌处理，以防其锈蚀。绝缘件与金属附件之间通常用水泥胶合剂胶合在一起，胶合剂的外露表面涂有防潮剂，以防止水分侵入。复合绝缘子中，金属附件与芯棒通常采用机械压接成型技术，伞裙和伞套采用整体注射成型工艺，以确保界面无缺陷。

高压绝缘子应能在超过其额定电压 15% 的电压下可靠地运行。

支柱绝缘子和套管绝缘子应能承受短路电流所产生的可能最大电动力，并具有一定裕度。其机械强度用机械破坏负荷（或称抗弯破坏负荷）表示，单位为 kN。机械破坏负荷是指在绝缘子固定的情况下，在绝缘子顶帽的平面上施加与其轴线垂直、使绝缘子受到弯矩作用而被破坏的机械负荷值。同一电压级的绝缘子，按机械破坏负荷的不同值分为 4 种，在其型号中分别用 A、B、C、D 表示，也有些绝缘子直接用机械破坏负荷值表示。

盘形悬式绝缘子按机电破坏负荷分级。机电破坏负荷是指当电压和机械负荷同时加于绝缘子上，在电压一定、机械负荷升高时，绝缘子的任一部分丧失其机械或电气性能的机械负荷值，单位为 t 或 kN。

1. 支柱绝缘子

户内式支柱绝缘子分内胶装、外胶装、联合胶装 3 个系列，户外式支柱绝缘子分针式和棒式 2 种。其型号含义如下：

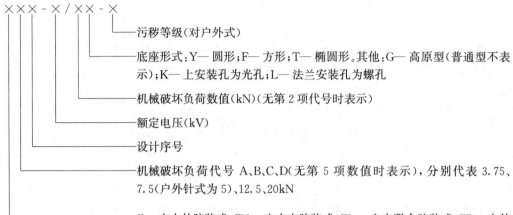

污秽等级（对户外式）

底座形式：Y— 圆形；F— 方形；T— 椭圆形。其他：G— 高原型（普通型不表示）；K— 上安装孔为光孔；L— 法兰安装孔为螺孔

机械破坏负荷数值（kN）（无第 2 项代号时表示）

额定电压（kV）

设计序号

机械破坏负荷代号 A、B、C、D（无第 5 项数值时表示），分别代表 3.75、7.5（户外针式为 5）、12.5、20kN

Z— 户内外胶装式；ZN— 户内内胶装式；ZL— 户内联合胶装式；ZP— 户外针式；ZS— 户外棒式；ZSQ— 标准伞棒式；ZSW— 大、小伞棒式；ZSWB— 大、小伞半导体釉棒式；ZSFB— 大倾角半导体釉棒式；ZSX— 悬挂式棒式

（1）户内式支柱绝缘子。户内式支柱绝缘子主要应用在 3～35kV 屋内配电装置。

1）外胶装式支柱绝缘子的结构如图 3-1（a）所示，图中尺寸为 ZA-10Y 型的。它主要由绝缘瓷件 2、铸铁帽 1 和铸铁底座 3 组成。绝缘瓷件为上小、下大的空心瓷体，起对地绝缘作用；铸铁帽上有螺孔，用于固定母线或其他导体；铸铁底座上有螺孔，用于将绝缘子固定在架构或墙壁上。底座有圆形、椭圆形和方形。铸铁帽 1 和铸铁底座 3 用水泥胶合剂 4 与瓷件 2 胶合在一起。这种绝缘子的结构特点是金属附件胶装在瓷件的外表面，使绝缘子的有效高度减少，电气性能降低，或在一定的有效高度下使绝缘子的总高度增加，尺寸、质量增大，但其机械强度较高。这类产品已逐步被淘汰。

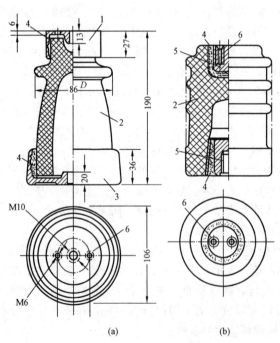

图 3-1　户内式支柱绝缘子结构示意图
(a) 外胶装式；(b) 内胶装式
1—铸铁帽；2—绝缘瓷件；3—铸铁底座；4—水泥胶合剂；
5—铸铁配件；6—铸铁配件螺孔

2）内胶装式支柱绝缘子的结构如图 3-1（b）所示。它主要由绝缘瓷件 2 和上、下铸铁配件 5 组成。上、下铸铁配件均有螺孔，分别用于导体和绝缘子的固定。这种绝缘子的结构特点是金属附件胶装在瓷件的孔内，相应地增加了绝缘距离，提高了电气性能，在有效高度相同的情况下，其总高度约比外胶装式绝缘子低 40%；同时，由于所用的金属配件和胶合剂的质量减少，其总质量约比外胶装式绝缘子减少 50％。所以，内胶装式支柱绝缘子具有体积小、质量小、电气性能好等优点，但机械强度较低。

3）联合胶装式支柱绝缘子的结构如图 3-2 所示。这种绝缘子的结构特点是上金属附件采用内胶装，下金属附件采用外胶装，而且一般属实心不可击穿结构，为多棱型。它兼有内、外胶装式支柱绝缘子之优点，尺寸小、泄漏距离❶大、电气性能好、机械强度高，适用于潮湿和湿热带地区。

（2）户外式支柱绝缘子。户外式支柱绝缘子主要应用在 6kV 及以上屋外配电装置。由于工作环境条件的要求，户外式支柱绝缘子有较大的伞裙，用以增大沿面放电距离，并能阻断水流，保证绝缘子在恶劣的雨、雾气候下可靠地工作。

1）户外针式支柱绝缘子的结构如图 3-3 所示。它主要由绝缘瓷件 2、4，铸铁帽 5 和法兰盘装脚 1 组成，属空心可击穿结构，较笨重，易老化。

2）户外棒式支柱绝缘子的外形如图 3-4 所示。棒式绝缘子为实心不可击穿结构，一般不会沿瓷件内部放电，运行中不必担心瓷体被击穿，与同级电压的针式绝缘子相比，具有尺寸小、质量轻、便于制造和维护等优点，因此，它将逐步取代针式绝缘子。

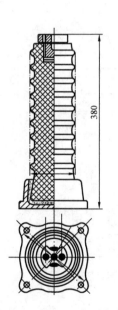

图 3-2　ZLB-35F 型户内
联合胶装式支柱绝缘子
结构示意图

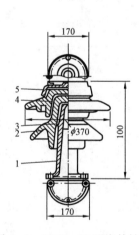

图 3-3　ZPC1-35 型户外针式
支柱绝缘子结构示意图
1—法兰盘装脚；2、4—绝缘瓷
件；3—水泥胶合剂；5—铸铁帽

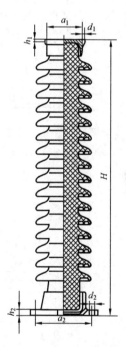

图 3-4　ZS-35/8 型户外
棒式支柱绝缘子外
形示意图

例如，防污型棒式支柱绝缘子由于采用了各种防污效果较好的伞棱造型，使其泄漏距离较普通型有较大的增加，不仅自洁效果好、便于维护清扫，而且能充分发挥泄漏距离的有效作用。

---

❶　泄漏距离又称爬电距离，是指绝缘件表面最短的漏电距离，是绝缘件承受运行电压作用的两极间沿绝缘件外表面轮廓泄漏电流流经的最短距离。

2. 悬式绝缘子

悬式绝缘子主要应用在 35kV 及以上屋外配电装置和架空线路上。按其帽及脚的连接方式，分为球形的和槽形的两种。新系列产品的型号含义如下：

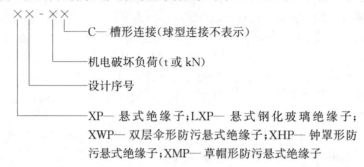

图 3-5 为几种悬式绝缘子的结构示意图。它们都是由绝缘件（瓷件或钢化玻璃）、铁帽、铁脚组成。钟罩形防污绝缘子的污闪电压❶比普通型绝缘子高 20%～50%；双层伞形防污绝缘子具有泄漏距离大、伞形开放、裙内光滑、积灰率低、自洁性能好等优点；草帽形防污绝缘子也具有积污率低、自洁性能好等优点。

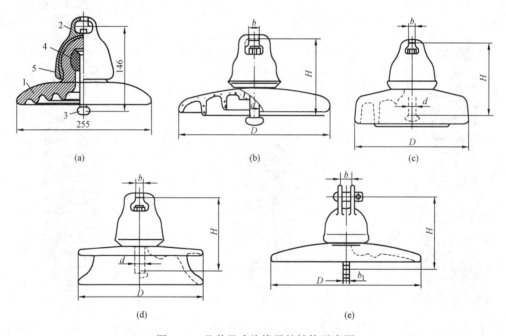

图 3-5　几种悬式绝缘子的结构示意图
(a) XP-10 型球形连接悬式绝缘子；(b) LXP 型钢化玻璃悬式绝缘子；(c) XHP1 型钟罩形防污悬式绝缘子；
(d) XWP5 型双伞形防污悬式绝缘子；(e) XMP 型草帽形防污悬式绝缘子
1—瓷件；2—镀锌铁帽；3—铁脚；4、5—水泥胶合剂

在实际应用中，悬式绝缘子根据装置电压的高低组成绝缘子串。这时，一片绝缘子的铁脚 3 的粗头穿入另一片绝缘子的帽 2 内，并用特制的弹簧锁锁住。对于不同电压等级，每串绝缘子的

---

❶ 户外设备外绝缘表面由于积污而在一定气候条件下发生的闪络现象，称为污闪。在绝缘试品污秽表面充分受潮（如喷雾）达到饱和湿润状态后，对试品施加电压，直至发生闪络的电压值，称为污闪电压。

数目不同。35kV 不少于 3 片，110kV 不少于 7 片，220kV 不少于 13 片，330kV 不少于 19 片，500kV 不少于 24 片。对于容易受到严重污染的装置，应选用防污悬式绝缘子。

3. 套管绝缘子

套管绝缘子用于母线在屋内穿过墙壁或天花板，以及从屋内向屋外引出，或用于使有封闭外壳的电器（如断路器、变压器等）的载流部分引出壳外。套管绝缘子也称穿墙套管，简称套管。

穿墙套管按安装地点可分为户内式和户外式两种，据结构型式可分为带导体型和母线型两种。带导体型套管的载流导体与绝缘部分制成一个整体，导体材料有铜的和铝的，导体截面有矩形的和圆形的；母线型套管本身不带载流导体，安装使用时，将载流母线装于套管的窗口内。其型号含义如下：

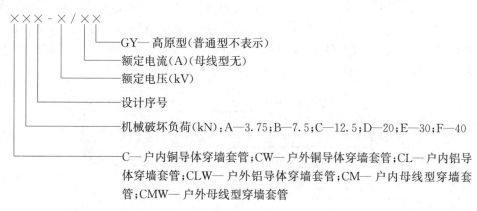

(1) 户内式穿墙套管。户内式穿墙套管额定电压为 6~35kV，其中带导体型的额定电流为 200~2000A。

1) CA-6/400 型户内带导体型穿墙套管结构如图 3-6 所示。型号表明，该型套管额定电压为 6kV，额定电流为 400A，导体为铜导体，机械破坏负荷为 3.75kN。它主要由空心瓷套 1、椭圆形法兰盘 2、载流导体 5 及金属圈 4 组成。空心瓷套与法兰盘用水泥胶合剂胶合在一起；法兰盘上有两个安装孔 3，用于将套管固定在墙壁或架构上；矩形载流导体从空心瓷套中穿过，导体两端用有矩形孔（与截面相适应）的金属圈固定，金属圈嵌入瓷套端部的凹口内；导体两端均有圆孔，以便用螺栓将配电装置的母线或其他电器的载流导体与它连接。其他户内式穿墙套管结构与 CA-6/400 型基本相同。

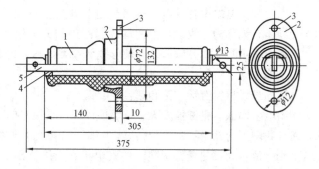

图 3-6 CA-6/400 型户内式穿墙套管结构示意图
1—空心瓷套；2—法兰盘；3—安装孔；4—金属圈；5—载流导体

2) 额定电压为 20kV 及以下的屋内配电装置中，当负荷电流超过 1000A 时，广泛采用母线型穿墙套管。CME-10 型户内母线型穿墙套管结构如图 3-7 所示。型号表明，该型套管额定电压为 10kV，机械破坏负荷为 30kN。它主要由瓷壳 1、法兰盘 2 及金属帽 3 组成。金属帽 3 上有矩形窗口，以便母线穿过。矩形窗口的尺寸决定于穿过套管的母线的尺寸和数目。该型套管可以

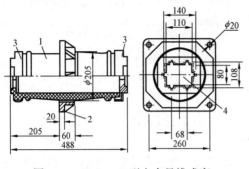

图 3-7　CME-10 型户内母线式穿
墙套管结构示意图

1—瓷壳；2—法兰盘；3—金属帽；4—矩形窗口

穿过两条矩形母线，条间垫以衬垫，其厚度与母线厚度相同。

（2）户外式穿墙套管。户外式穿墙套管用于配电装置中的屋内载流导体与屋外载流导体的连接，以及屋外电器的载流导体由壳内向壳外引出。因此，户外式穿墙套管的特点是：其两端的绝缘瓷套分别按户内、外两种要求设计，户外部分有较大的表面（较多的伞裙或棱边）和较大的尺寸。

CWC-10/1000 型户外带导体型穿墙套管结构如图 3-8 所示。型号表明，该型套管额定电压为 10kV，额定电流为 1000A，导体为铜导体，

机械破坏负荷为 12.5kN。其右端为户内部分，表面平滑，无伞裙（也有带较少伞裙的）；其左端为户外部分，表面有较多伞裙。

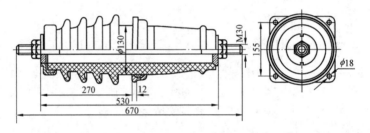

图 3-8　CWC-10/1000 型户外式穿墙套管结构示意图

户外式也有母线型穿墙套管。

二、母线

发电厂和变电站中各种电压等级配电装置的主母线，发电机、变压器与相应配电装置之间的连接导体，统称为母线，其中主母线起汇集和分配电能的作用，在电力生产和运行中地位极高。工程上应用的母线分软母线和硬母线两大类，本节主要介绍硬母线。

1. 母线材料

常用的母线材料有铜、铝和铝合金、钢。

铜的电阻率低、机械强度大、抗腐蚀性强，是很好的母线材料。但铜在工业上有很多重要用途，而且我国铜的储量不多，价格高。因此，在电力行业中应尽量考虑以铝代铜，铜母线只用在持续工作电流较大且位置特别狭窄的发电机、变压器出口处，以及污秽对铝有严重腐蚀而对铜腐蚀较轻的场所（例如沿海、化工厂附近等）。

铝的电阻率为铜的 1.7～2 倍，但密度只有铜的 30%，在相同负荷及同一发热温度下，所耗铝的质量仅为铜的 40%～50%，而且我国铝的储量丰富，价格低。因此，铝母线广泛用于屋内、外配电装置。铝的不足之处是：①机械强度较低。②在常温下，其表面会迅速生成一层电阻率很大（达 $10^{10}\Omega\cdot m$）的氧化铝薄膜，且不易清除。③抗腐蚀性较差；铝、铜连接时，会形成电位差（铜正、铝负）；当接触面之间渗入含有溶解盐的水分（即电解液）时，可生成引起电解反应的局部电流，铝会被强烈腐蚀，使接触电阻更大，造成运行中温度增高，高温下腐蚀更会加快，这样的恶性循环致使接触处温度更高。所以，在铜、铝连接时，需要采用铜、铝过渡接头，或在

铜、铝的接触表面搪锡。

钢的电阻率比铜大 7 倍多，导电性差得多，且用于交流电路时，有很强的集肤效应。其优点是机械强度高和价格相对低廉。因而钢一般仅适用于高压小容量回路（如电压互感器）、工作电流不超过 200A 的低压电路、直流电路以及接地装置回路中。

2. 敞露母线

敞露母线的截面形状应保证集肤效应系数尽可能低、散热良好、机械强度高、安装简便和连接方便。常用敞露的硬母线的截面形状有矩形、槽形、管形，母线与地之间的绝缘靠绝缘子维持，相间绝缘靠空气维持。常用的敞露的软母线是绞线圆形软母线。

敞露的矩形和槽形母线结构如图 3-9 所示。

（1）矩形母线。矩形母线散热条件较好，便于固定和连接，但集肤效应较大。为增加散热面，减少集肤效应，并兼顾机械强度，其短边与长边之比通常为 $1/12 \sim 1/5$，单条截面积最大不超过 1250mm² （截面尺寸为 125mm×10mm）；当电路的工作电流超过最大截面的单条母线的允许载流量时，每相可用 $2 \sim 4$ 条并列使用，条间净距离一般为一条的厚度，以保证较好地散热。每相条数增加时，因散热条件差及集肤效应和邻近效应影响，允许载流量并不成正比增加，当每相有 3 条及以上时，电流并不在条间平均分配

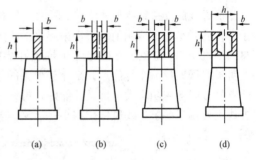

图 3-9　矩形和槽形母线结构示意图
(a) 每相 1 条矩形母线；(b) 每相 2 条矩形母线；
(c) 每相 3 条矩形母线；(d) 槽形母线

（例如，每相有 3 条时，电流分配为：中间条约占 20%，两边条约各占 40%），所以，每相不宜超过 4 条；矩形母线平放较竖放允许载流量低 $5\% \sim 8\%$（高 60mm 以下为 5%，60mm 以上为 8%）。矩形母线一般用于 35kV 及以下、持续工作电流在 4000A 及以下的配电装置中。

（2）槽形母线。槽形母线是将铜材或铝材轧制成槽形截面，使用时，每相一般由两根槽形母线相对地固定在同一绝缘子上。其集肤效应系数较小，机械强度高，散热条件较好，与利用几条矩形母线比较，在相同截面下允许载流量大得多。例如，h 为 175mm、b 为 80mm、壁厚为 8mm 的双槽形铝母线，截面积为 4880mm²，载流量为 6600A；而每相采用 $4 \times (125 \times 10)$mm² 的矩形铝母线，截面积为 5000mm²，其竖放的载流量仅为 4960A。为了增加槽形母线的截面系数，可将两条槽形母线每隔一定的距离用连接片焊住，构成一个整体。槽形母线一般用于 35kV 及以下、持续工作电流为 $4000 \sim 8000$A 的配电装置中。

（3）管形母线。管形母线一般采用铝材。管形母线的集肤效应系数小，机械强度高；管内可通风或通水改善散热条件，其载流能力随通入冷却介质的速度而变；由于其表面圆滑，电晕❶放电电压高（即不容易发生电晕）。与采用软母线相比，具有占地少、节省钢材和基础工程量、布置清晰、运行维护方便等优点。

管形母线形状如图 3-10 所示，有圆形、异形和分裂型 3 种。圆形管母线的制造、安装简单，造价较低，但机械强度、刚度相对较低，对跨度的限制较大。异形管母线有较高的刚度，能节省材料，在其筋板上适当开孔可防止微风振动，但制造工艺复杂、造价高。分裂结构管母线的截面可按载流量选择，不受机械强度、刚度的控制，能提高电晕放电电压，减少对通信的干扰；

❶ 当导体表面的电场强度超过空气分子的游离强度（一般为 $20 \sim 30$kV/cm）时，导体表面附近的空气分子被游离为离子，发出"嘶、嘶"的放电声，在夜间并可看见紫蓝色的光，这就是导体表面产生的电晕现象。

其造价比圆形管母线贵，而比异形管母线便宜得多，但加工工作量大，对焊接工艺要求高。

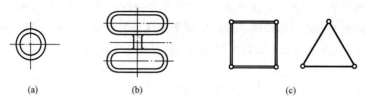

图 3-10　不同截面形状的管形母线示意图
（a）圆形管母线；（b）异形管母线；（c）三、四分裂结构管母线

管形母线的支持结构如图 3-11 所示，分支持式和悬吊式两种。前者是将母线固定在支柱绝缘子上；后者是将母线用绝缘子串吊起来，悬挂在母线门型架上。相比支持式而言，悬吊式使用了悬式绝缘子串，避免了支柱绝缘子抗震性能差的缺点，同时又保留了母线弧垂小、风偏位移小、对母线构架拉力小等优点，是介于耐张的软导线和支持式硬母线之间的一种母线形式。其突出优点是母线穿越功率大，抗震性能好，母线弧垂、风偏摇摆和对构架拉力都比较小。悬吊式布置方式主要用于要求母线风偏位移小，而又需要抗震的地方。

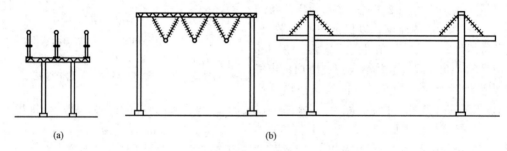

图 3-11　管形母线的支持结构示意图
（a）支持式；（b）悬吊式

管形母线一般用于 110kV 及以上、持续工作电流在 8000A 以上的配电装置中。

近年来，一种新型管形母线产品——绝缘管形母线在 0.4～35kV 电压等级得到较多的应用，这里一并稍做简介。这种绝缘管形母线在原有空心管形母线（铜管或铝管）的基础上，外敷以聚四氟乙烯有机绝缘材料作为外绝缘，根据外绝缘程度不同，可分为全绝缘型和半绝缘型等品种。同传统的敞露母线相比，绝缘管形母线具有载流量大、绝缘性能好、机械强度高、温升及损耗低、抗电气振动能力强、故障概率小、安装维护方便等优点。绝缘管形母线主要安装在变电站（尤其是紧凑型变电站、地下变电站及地铁用变电站）中，用来代替变电站主变压器低压侧（一般为 10～35kV 电压等级）的常规矩形母线桥和电缆等。

（4）绞线圆形软母线。常用的绞线圆形软母线有钢芯铝绞线和组合导线。钢芯铝绞线由多股铝线绕在单股或多股钢线的外层构成，一般用于 35kV 及以上屋外配电装置。组合导线由多根铝绞线固定在套环上组合而成，常用于发电机与屋内配电装置或屋外主变压器之间的连接。软母线一般为三相水平布置，用悬式绝缘子悬挂。

3. 封闭母线

（1）全连式分相（又称离相）封闭母线。全连式分相封闭母线已在第二章第六节做过部分介绍，本章仅补充其母线导体的支持结构。

分相封闭母线支持结构如图 3-12 所示。母线导体用支柱绝缘子支持，一般有单个、两个、三个和四个绝缘子 4 种方案。国内设计的封闭母线几乎都采用三绝缘子方案。三个绝缘子在空间彼此相差 120°，绝缘子顶部有橡胶弹力块和蘑菇形铸铝合金金具。对母线导体可实施活动支持或固定支持。作活动支持时，母线导体不需做任何加工，只夹在三个绝缘子的蘑菇形金具之间；作固定支持时，需在母线导体上钻孔并改用顶部有球状突起的蘑菇形金具，将该突起部分插入钻孔内。

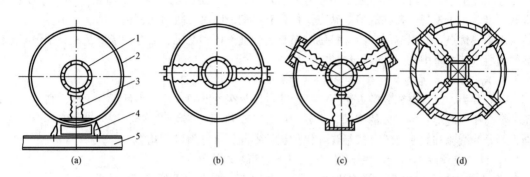

图 3-12　分相封闭母线支持结构示意图
(a) 单个绝缘子支持；(b) 两个绝缘子支持；(c) 三个绝缘子支持；(d) 四个绝缘子支持
1—母线；2—外壳；3—绝缘子；4—支座；5—三相支持槽钢

全连式分相封闭母线的配套产品有发电机中性点柜、电压互感器柜、避雷器柜等，由生产厂家随封闭母线一并供货。

（2）共箱式封闭母线。共箱式封闭母线结构如图 3-13 所示。其三相母线分别装设在支柱绝缘子上，并共用一个金属（一般是铝）薄板制成的箱罩保护，有三相母线之间不设金属隔板和设金属隔板两种型式；在安装方式上，有支持式和悬吊式 2 种。图 3-13 所示为支持式安装，悬吊式安装相当于将图翻转 180°。

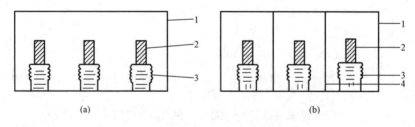

图 3-13　共箱式封闭母线结构示意图
(a) 无隔板共箱式；(b) 有隔板共箱式
1—外壳；2—母线；3—绝缘子；4—金属隔板

共箱式封闭母线结构紧凑、安装维护方便，防护等级高，可消除外界潮气、灰尘以及外物引起的接地故障。金属外壳多采用铝板制成，防腐性能良好，且能避免附加涡流损耗。外壳电气上全部连通并多点接地（接地点均设有便于连接的接地端子，通过这些接地端子与主厂房接地干线可靠连接，各种支持、悬吊结构就近与接地干线可靠连接），降低了人身触电危险，并且不需设置网栏，简化了对土建的要求。共箱式封闭母线主要用于单机容量 200MW 及以上的发电厂的厂用回路，用于厂用高压变压器低压侧至厂用高压配电装置之间的连接，也可用作交流主励磁机出线端至整流柜的交流母线和励磁开关至发电机转子滑环的直流母线。

第二节 电力电缆和电抗器及电力电容器

一、电力电缆

电力电缆线路是传输和分配电能的一种特殊电力线路，它可以直接埋在地下或敷设在电缆沟、电缆隧道中，也可以敷设在水中或海底。它与架空线路相比，虽然具有投资多、敷设麻烦、维修困难、难于发现和排除故障等缺点，但具有防潮、防腐、防损伤、运行可靠、不占地面、不妨碍观瞻等优点，所以应用广泛。特别是在有腐蚀性气体和易燃、易爆的场所及不宜架设架空线路的场所（如城市中），只能敷设电缆线路。

1. 电缆分类、结构及性能

（1）分类。电力电缆分类方法有多种，按电压等级的不同，可分为低压、中压、高压、超高压和特高压电缆等；按芯数的不同，可分为单芯、双芯、三芯和四芯等；按传输电能的形式的不同，可分为交流和直流电缆；按绝缘和保护层的不同，可分为以下几类：

1) 油浸纸绝缘电缆，适用于 35kV 及以下的输配电线路。

2) 聚氯乙烯绝缘电缆（简称塑力电缆），适用于 6kV 及以下的输配电线路。

3) 交联聚乙烯绝缘电缆（XLPE，简称交联电缆），适用于 1～500kV 的输配电线路。

4) 橡皮绝缘电缆，适用于 6kV 及以下的输配电线路，多用于厂矿车间的动力干线和移动式装置。

5) 高压充油电缆，主要用于 110～330kV 变、配电装置至高压架空线及城市输电系统之间的连接线。

6) SF$_6$ 气体绝缘电缆（简称 GIC），主要用于 400kV 及以上的超高压、大容量电站，因安装技术要求较高，成本较大，一般仅用于发电厂或变电站内短距离的电气联络线路。

（2）结构及性能。电力电缆主要由载流导体、绝缘层和保护层三部分组成，其型号的含义如下：

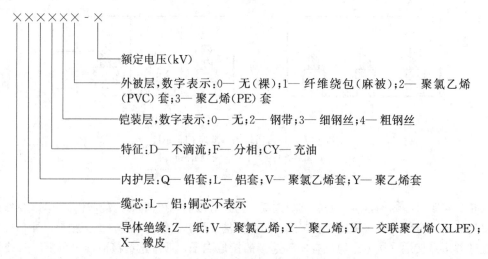

例如，ZQ20 表示铜芯黏性油浸纸绝缘铅套裸钢带铠装电力电缆，ZLQFD23 表示铝芯不滴流油浸纸绝缘分相铅套钢带铠装聚乙烯护套电力电缆，VV32 表示铜芯聚氯乙烯绝缘细钢丝铠装聚氯乙烯护套电力电缆。

1) 油浸纸绝缘电缆。ZQ20 型三芯油浸纸绝缘电缆的结构如图 3 - 14 所示。其结构最为复杂：①载流导体通常用多股铜（铝）绞线，以增加电缆的柔性，据导体芯数的不同分为单芯、三芯和四芯电缆；②绝缘层用来使各导体之间及导体与铅（铝）套之间绝缘；③内护层用来保护绝缘不受损伤，防止浸渍剂的外溢和水分侵入；④外护层包括铠装层和外被层，用来保护电缆，防止其受外界的机械损伤及化学腐蚀。

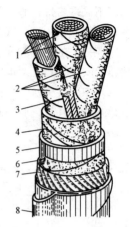

图 3-14　ZQ20 型三芯油
浸纸绝缘电缆结构图
1—载流导体；2—电缆纸
（相绝缘）；3—黄麻填料；
4—油浸纸（统包绝缘）；
5—铅套；6—纸带；
7—黄麻护层；8—钢铠

油浸纸绝缘电缆的主绝缘是用经过处理的纸浸透电缆油制成，具有绝缘性能好、耐热能力强、承受电压高、使用寿命长等优点。按绝缘纸浸渍剂的浸渍情况，它又分黏性浸渍电缆和不滴流电缆。

黏性浸渍电缆，是将电缆以松香和矿物油组成的黏性浸渍剂充分浸渍，即普通油浸纸绝缘电缆，其额定电压为 1～35kV。不滴流电缆采用与黏性浸渍电缆完全相同的结构尺寸，但是以不滴流浸渍剂的方法制造，敷设时不受高差限制。

油浸纸绝缘铝套电缆将逐步取代铅套电缆，这不仅能节约大量的铅，而且能使电缆的质量减轻。

2）聚氯乙烯绝缘电缆。其主绝缘采用聚氯乙烯（PVC），内护套大多也是采用聚氯乙烯，具有电气性能好、耐水、耐酸碱盐、防腐蚀、机械强度较好、敷设不受高差限制等优点，并可逐步取代常规的纸绝缘电缆；缺点主要是允许工作温度低（长期 70℃，短路时 160℃），耐电晕能力差，绝缘易老化，且燃烧时会分解释放大量黑烟和有毒气体，危害人身和设备安全。

3）交联聚乙烯绝缘电缆（XLPE）。交联聚乙烯是利用化学或物理方法，使聚乙烯分子由直链状线型分子结构变为三度空间网状结构。该型电缆具有结构简单、外径小、质量小、耐热性能好、线芯允许工作温度高（长期 90℃，短路时 250℃）、载流量大、可制成较高电压级、机械性能好、敷设不受高差限制等优点，并可逐步取代常规的纸绝缘电缆。交联聚乙烯绝缘电缆比纸绝缘电缆结构简单，例如 YJV22 型电缆由内到外依次为：铜芯、交联聚乙烯绝缘层、聚氯乙烯内护层、钢带铠装层及聚氯乙烯外被层。

4）橡皮绝缘电缆。其绝缘层是橡胶加上各种配合剂，经过充分混炼后挤包在导电线芯上，经过加温硫化而成。其优点是性质柔软，弯曲方便；缺点是耐压强度不高，遇油变质，绝缘易老化以及易受机械损伤等。

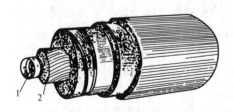

图 3-15　高压单芯充油电缆结构图
1—油道；2—载流导体

5）高压单芯充油电缆。其结构如图 3-15 所示。充油电缆在结构上的主要特点是铅套内部有油道。油道由缆芯导线或扁铜线绕制成的螺旋管构成。在单芯电缆中，油道就直接放在线芯的中央；在三芯电缆中，油道则放在芯与芯之间的填充物处。

充油电缆的纸绝缘是用黏度很低的变压器油浸渍的，油道中也充满这种油。在连接盒和终端盒处装有压力油箱，以保证油道始终充满油，并保持恒定的油压。当电缆温度下降，油的体积收缩，油道中的油不足时，由油箱补充；反之，当电缆温度上升，油的体积膨胀时，油道中多余的油流回油箱内。

2. 常用电缆中间接头盒和终端接头盒的结构及性能

当两段电缆连接或电缆与电机、电器、架空线连接时，需要将电缆端部的保护层和绝缘层剥去，若不采取特殊措施，将会降低电缆的绝缘性能。工程实际中采用的专门连接设备是电缆中间接头盒和终端接头盒（或称电缆头）。运行经验表明，电缆接头是电缆线路中的薄弱环节，往往由于电缆接头的缺陷和安装质量不良等造成事故，影响了电缆线路的安全运行。因此，为保证电缆线路的安全运行，对电缆接头的施工工艺有严格的要求。

（1）中间接头盒。中间接头盒是两段电缆的连接装置，起导体连接、绝缘、密封和保护作用。1～10kV 环氧树脂中间接头盒的结构如图 3-16 所示。

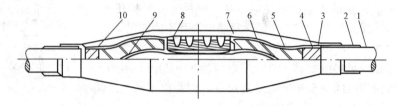

图 3-16　中间接头盒结构图

1—铅（铝）包；2—表面涂包层；3—半导体纸；4—统包纸；5—芯线涂包层；6—芯线绝缘；
7—压接管涂包层；8—压接管；9—三岔口涂包层；10—统包涂包层

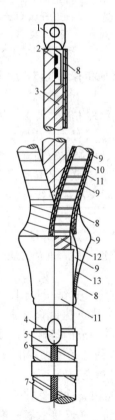

图 3-17　聚氯乙烯带干包终端盒结构图

1—线鼻子；2—压接坑；3—芯线绝缘；
4—接地线封头；5—接地卡子；6—接地线；
7—电缆钢带；8—尼龙绳；9—聚氯乙烯带；
10—黑蜡带；11—塑料软管；
12—统包绝缘；13—软手套

目前，对油浸纸绝缘电力电缆的中间接头多采用套以铅套管的做法，外面用环氧树脂盒加以保护，对交联聚乙烯电缆采用绕包式做法，外面用塑料连接盒加以保护。

（2）终端接头盒（电缆头）。终端接头盒是电缆与电机、电器、架空线等的连接装置，起导体连接、绝缘、密封和保护作用。电缆的终端接头盒可分为户外和户内两种。国内现有终端盒的类型有铁皮漏斗型、铅手套、塑料手套、干包及环氧树脂终端盒等几种。前几种类型由于有一定缺点，已逐步被后两种类型所取代。

1）干包终端盒。电缆终端用包带涂绝缘漆包绕密封。其基本类型有包涂式及手套干式两种。

包涂式终端盒是用黄蜡带或聚氯乙烯带涂漆包绕密封线芯，在三芯分支处及线鼻子下端用蜡线绑扎紧而成。手套干包式终端盒则是在包绕绝缘带之前，先用聚氯乙烯制成的三叉套套在三芯分支处，将套的根部用尼龙绳绑扎紧而成。其指部分别与套在缆芯上的聚氯乙烯软管扎紧。

聚氯乙烯带干包终端盒的结构如图 3-17 所示。

干包终端盒的优点是体积小、质量小、能在狭窄场合使用、施工方便、成本低、不易漏油。其缺点是：聚氯乙烯带耐油耐热性差、易老化；机械强度不高，短路时易造成三岔口开裂；三岔口空气间隙小，易产生电晕，使介质损失增大，且散热也不良。因此，干包终端盒一般不宜在 6kV 以上电压级采用，也不宜在高温场所采用。

2) 环氧树脂终端盒。它是将环氧树脂加入硬化剂后，浇入环氧树脂预制的外壳或模具内，固化成型的。为降低成本及减少体积收缩率，还必须加填充物，如石英粉等。

环氧树脂有较高的耐压强度和机械强度，吸水性极微，化学性能稳定，与金属黏结力强，有极好的密封性，能根本解决电缆头的漏油问题。因此，环氧树脂终端盒具有电气性能稳定、机械强度高、耐老化等优点。户外-1型环氧树脂终端盒的结构如图3-18所示。

二、电抗器

与发电厂、变电站密切相关的电抗器有限流电抗器、串联电抗器和并联电抗器。

1. 限流电抗器

发电厂和变电站中装限流电抗器的目的是限制短路电流，以便能经济合理地选择电器。电抗器按安装地点和作用可分为线路电抗器和母线电抗器；按结构型式可分为混凝土柱式限流电抗器和干式空心限流电抗器，各有普通电抗器和分裂电抗器两类。线路电抗器串接在电缆馈线上，用来限制该馈线的短路电流；母线电抗器串接在发电机电压母线的分段处或主变压器的低压侧，用来限制厂内、外短路时的短路电流。

(1) 混凝土柱式限流电抗器。在电压为6~10kV的屋内配电装置中，我国广泛采用混凝土柱式限流电抗器（又称水泥电抗器）。其型号含义如下：

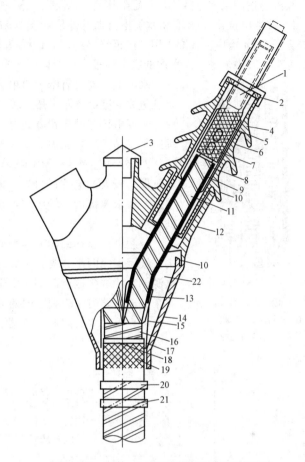

图3-18　户外-1型环氧树脂终端盒结构图
1—铜铝接线梗及接线柱防雨帽；2—耐油橡皮垫圈；
3—浇注孔防雨帽；4—预制环氧套管；5—接管打毛；
6—出线接管处堵油涂包层；7—接管压坑；8—耐油橡胶管；
9—黄蜡绸带；10—接缝处环氧腻子密封层；11—电缆芯线；
12—预制环氧盖壳；13—芯线堵油涂料芯芯；14—预制环氧底壳；
15—统包三岔口及铅包处的堵油涂包层；16—统包绝缘；
17—喇叭口；18—半导体屏蔽纸；19—铅包打毛；
20—第一道接地卡子；21—第二道接地卡子；22—环氧混合胶

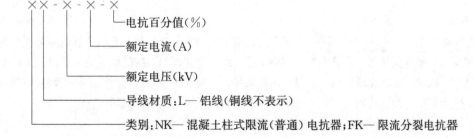

电抗百分值(%)

额定电流(A)

额定电压(kV)

导线材质:L— 铝线(铜线不表示)

类别:NK— 混凝土柱式限流(普通)电抗器;FK— 限流分裂电抗器

我国制造的水泥电抗器，额定电压有 6kV 和 10kV 两种，额定电流 150～2000A。

1）普通电抗器。NKL 型水泥电抗器的外形如图 3-19 所示。它由线圈 1、水泥支柱 2 及支持绝缘子 3、4 构成。线圈 1 用纱包纸绝缘的多芯铝线绕成。在专设的支架上浇注成水泥支柱 2，再放入真空罐中干燥，因水泥的吸湿性很大，所以，干燥后需涂漆，以防止水分浸入水泥中。

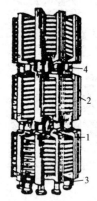

图 3-19　NKL 型水泥
电抗器的外形

1—线圈；2—水泥支柱；
3、4—支持绝缘子

水泥电抗器具有维护简单、运行安全，没有铁芯、不存在磁饱和、电抗值线性度好，不易燃等优点。

水泥电抗器的布置方式有三相垂直（见图 3-19）、三相水平及二垂一平（品字形）三种。

2）分裂电抗器。为了限制短路电流和使母线有较高的残压，要求电抗器有较大的电抗；而为了减少正常运行时电抗器中的电压和功率损失，要求电抗器有较小的电抗。这是一个矛盾，采用分裂电抗器有助于解决这一矛盾。

分裂电抗器在结构上与普通电抗器相似，但其每相线圈有中间抽头，线圈形成两个分支，其额定电流、自感抗相等。一般中间抽头接电源侧，两端头接负荷侧。由于两分支有磁耦合，故正常运行和其中一个分支短路时，表现不同的电抗值，前者小、后者大。

（2）干式空心限流电抗器。这是近年发展的新型限流电抗器，其型号含义如下：

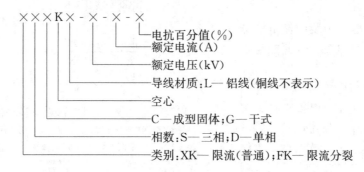

我国制造的干式空心限流电抗器，额定电压有 6kV 和 10kV 两种，额定电流 200～4000A。其线圈采用多根并联小导线多股并行绕制，匝间绝缘强度高，损耗比水泥电抗器低得多；采用环氧树脂浸透的玻璃纤维包封，整体高温固化，整体性强、质量小、噪声低、机械强度高、可承受大短路电流的冲击；线圈层间有通风道，对流自然冷却性能好，由于电流均匀分布在各层，动、热稳定性高；电抗器外表面涂以特殊的抗紫外线老化的耐气候树脂涂料，能承受户外恶劣的气象条件，可在户内、户外使用。

干式空心限流电抗器的布置方式有三相垂直、三相水平（三相水平"一"字形或"△"形）两种。

2. 串联电抗器和并联电抗器

（1）串联电抗器。串联电抗器在电力系统中的应用如图 3-20 所示。它与并联电容补偿装置或交流滤波装置（也属补偿装置）回路中的电容器串联，组成谐振回路，滤除指定的高次谐波，抑制其他次谐波放大，减少系统电压波形畸变，提高电压质量，同时减少电容器组涌流。补偿装置一般接成星形，并联接于需要补偿无功的变（配）电站的母线上，或接于主变压器低压侧。

（2）并联电抗器。并联电抗器在电力系统中的应用如图 3-21 所示。

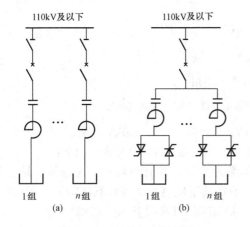
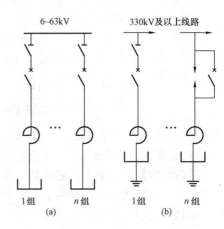

图 3 - 20　串联电抗器应用　　　　　　　　图 3 - 21　并联电抗器应用
(a) 串接于由断路器投切的并联电容或交流滤波装置；　　(a) 中压并联电抗器接于 6～63kV 母线；
(b) 串接于由可控硅投切的并联电容或交流滤波装置　　(b) 超高压并联电抗器接于超高压线路上

1) 中压并联电抗器（又称低抗）一般并联接于大型发电厂或 110～500kV 变电站的 6～63kV 母线上，用于向电网提供可阶梯调节的感性无功，补偿电网剩余的容性无功，保证电压稳定在允许范围内。

2) 超高压并联电抗器（又称高抗）一般并联接于 330kV 及以上的超高压线路上，用于补偿输电线路的充电功率，以降低系统的工频过电压水平。它对于降低系统绝缘水平和系统故障率，提高运行可靠性，均有重要意义。另外，超高压并联电抗器中性点装设小电抗，可以补偿输电线路相间和对地电容，限制潜供电流❶，加速潜供电弧熄灭，有利于提高超高压线路单相重合闸的成功率和系统稳定性。

超高压并联电抗器接入线路的方式，目前在我国较为普遍的有两种：①经断路器、隔离开关接入 [见图 3 - 21 (a)]，其投资大，但运行方式灵活；②只经隔离开关接入，其投资较小，但电抗器故障时会使线路停电，电抗器需退出时需将线路短时停电。据有关资料介绍，较好的方式是将电抗器经一组火花间隙接入，如图 3 - 21 (b) 所示。间隙应能耐受一定的工频电压（例如 1.35 倍相电压），它与一个断路器并接。正常情况下，断路器断开，电抗器退出运行；当该处电压达到间隙放电电压时，断路器动作接通，电抗器自动投入，工频电压随即降至额定值以下。

各大电网中，超高压并联电抗器和中压并联电抗器均有装设，比例有所不同。相比中压并联电抗器，超高压并联电抗器的初期投资费用较高（包括配套用断路器等装置在内），因体积、质量大，运输和安装不便，因此很多新建超高压变电站往往选用中压并联电抗器。但是中压并联电抗器也有一些不足：装于主变压器三次侧，使主变压器的感性负荷增加，不仅占用主变压器的输出容量，而且使主变压器损耗增加；中压并联电抗器受主变压器运行方式影响，若主变压器因故障跳闸退出运行，则电抗器将被切除，系统电压可能升高到危险程度等。建议根据电网实际情况合理选用。

(3) 串、并联电抗器类型。

1) 油浸式电抗器。油浸式电抗器外形与配电变压器相似，但内部结构不同。电抗器是一个磁路带气隙的电感线圈，其电抗值在一定范围内恒定。其铁芯用冷轧硅钢片叠成，线圈用铜线绕制并套在铁芯柱上，整个器身装于油箱内，并浸于变压器油中。型号含义如下：

❶　潜供电流：交流高压线路发生单相接地故障后，线路两端断路器单相跳闸切除故障相导线，由于故障相导线与两非故障相导线间存在分布电容耦合和分布互感耦合，仍有向故障处供给维持电弧的电流。

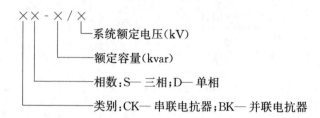

目前 CK 类有 3～63kV 产品，BK 类有 10、15、35、63、330、500kV 产品。

2）干式电抗器。干式电抗器有铁芯电抗器和空心电抗器两种，型号含义如下：

干式铁芯电抗器采用干式铁芯结构，辐射形叠片叠装，具有损耗小、无漏油、易燃等缺点；线圈采用分段筒式结构，改善了电压分布；绝缘采用玻璃纤维与环氧树脂最优配方组合，绝缘包封层薄，散热性能好。目前 CK 类有 6、10kV 产品，BK 类有 10、35kV 产品。

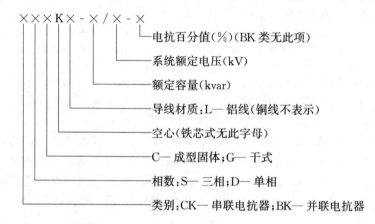

干式空心串、并联电抗器与前述干式限流电抗器类似。目前 CK 类有 6、10、35、63kV 产品，BK 类有 10、15、35、63kV 产品。

中压并联电抗器有干式和油浸式两种。干式空心电抗器具有无铁芯饱和，电抗值保持线性，无渗漏油，噪声低，结构简单，质量小，运输、安装和维护方便等优点。但是与油浸铁芯式比较，也存在一些不足：受绝缘结构和绝缘材料的限制，绝缘强度、耐受电压以及绝缘可靠性较差；冷却散热条件差，在阳光直射和环境高温的影响下，绝缘容易老化，预期使用寿命短；无铁芯导磁，损耗大，对邻近金属构架和接地网产生附加损耗和发热，需要较大的安装场地；受绝缘材料价格影响，同容量产品的价格较高；干式空心电抗器经环氧树脂固化成型，若因故障烧损，特别是线圈夹层内绝缘烧损，一般无法修复。从运行情况看，油浸式事故相对少一些。超高压并联电抗器则均为油浸铁芯式结构。

三、电力电容器

1. 分类及用途

电力电容器（简称电容器）是电力系统中重要的无功补偿设备。其按照安装地点可分为户内式和户外式，按照电压高低可分为高压电容器和低压电容器，按照用途不同主要包括串联电容器、并联电容器和耦合电容器等。串联电容器串联于高压输电、配电线路中，用于补偿输电、配电线路的感抗，提高电力系统的静态、暂态稳定性，改善线路的电压质量，加长输电距离和增大输送能力等。并联电容器则并联于变配电站母线上或用电设备所在电路上，用来补偿电力系统感性负荷的无功功率，以提高系统的功率因数，改善电压质量，降低线路损耗等。耦合电容器主要用于高压及超高压输电线路的载波通信系统，同时也可作为测量、控制和保护装置中的部件。本书主要介绍用于无功补偿的并联电容器。

电容器的型号由字母和数字组成，其具体含义如下：

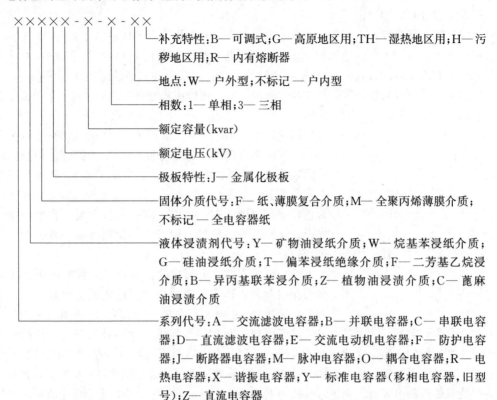

补充特性：B— 可调式；G— 高原地区用；TH—湿热地区用；H—污秽地区用；R— 内有熔断器

地点：W— 户外型；不标记 — 户内型

相数：1— 单相；3— 三相

额定容量(kvar)

额定电压(kV)

极板特性：J— 金属化极板

固体介质代号：F— 纸、薄膜复合介质；M— 全聚丙烯薄膜介质；不标记 — 全电容器纸

液体浸渍剂代号：Y— 矿物油浸纸介质；W— 烷基苯浸纸介质；G— 硅油浸纸介质；T— 偏苯浸纸绝缘介质；F— 二芳基乙烷浸介质；B— 异丙基联苯浸介质；Z— 植物油浸渍介质；C— 蓖麻油浸渍介质

系列代号：A— 交流滤波电容器；B— 并联电容器；C— 串联电容器；D— 直流滤波电容器；E— 交流电动机电容器；F— 防护电容器；J— 断路器电容器；M— 脉冲电容器；O— 耦合电容器；R— 电热电容器；X— 谐振电容器；Y— 标准电容器(移相电容器，旧型号)；Z— 直流电容器

2. 并联电容器

(1) 结构。并联电容器主要由电容元件、浸渍剂、紧固件、引线、外壳和套管等组成，其结构如图 3-22 所示。

1) 电容元件。电容元件是用一定厚度和层数的固体介质与铝箔电极卷制而成。为适应各种电压等级电容器耐压的要求，可由若干个电容元件并联和串联起来，组成电容器芯子。固体介质可采用电容器纸、膜纸复合或纯薄膜作为介质。在电压为 10kV 及以下的高压电容器内，每个电容元件上都串有一熔断器，作为电容器的内部短路保护。当某个元件击穿时，其他完好元件即对其放电，使熔断器在毫秒级的时间内迅速熔断，切除故障元件，从而使电容器能继续正常工作。

2) 浸渍剂。电容器芯子一般放于浸渍剂中，可以提高电容元件的介质耐压强度，改善局部放电特性和散热条件。浸渍剂一般有矿物油、氯化联苯以及 SF_6 气体等。

3) 外壳和套管。电容器的外壳一般采用薄钢板焊接而成，有利于散热，但绝缘性能较差；

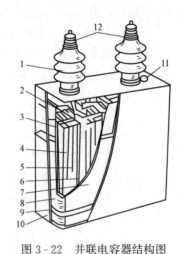

图 3-22　并联电容器结构图

1—出线瓷套管；2—出线连接片；3—连接片；
4—电容元件；5—出线连接片固定板；
6—组间绝缘；7—包封件；8—夹板；9—紧箍；
10—外壳；11—封口盖；12—接线端子

表面涂阻燃漆，壳盖上焊有出线套管，箱壁侧面焊有吊攀、接地螺栓等。大容量集合式电容器的箱盖上还装有油枕或金属膨胀器及压力释放阀，箱壁侧面装有片状散热器、压力式温控装置等。接线端子从出线瓷套管中引出。

（2）电容器成套装置。电容元件组装于单个外壳中并有接线端子构成单元电容器。单元电容器安装在框架上，根据不同的电压和容量做适当的电气连接（若干台电容器串联和并联，工程中普遍采用先并联后串联的方式），形成电容器模块。电容器模块和放电线圈模块组装在一起，共同构成电容器组。电容器组及其附件（如串联电抗器）可以组成电容器成套装置。装置接线如图3-23所示。

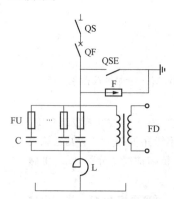

图3-23 并联电容器装置接线图

图中，QF为断路器，用于分、合电容器组；QS为隔离开关，用于隔离电源；QSE为接地开关，用于保证检修安全；F为避雷器，用于过电压保护；FU为熔断器，用于切除单台故障电容器，保证装置继续运行；FD为放电线圈，用于在装置退出运行时泄放残余电荷，保证人员和装置再次合闸时的安全；L为串联电抗器，用于抑制合闸涌流，减少电压波形畸变。

（3）接线方式。电容器的接线方式主要有星形接线和三角形接线两种，还有为增加补偿容量而派生出来的双星形和双三角形接线，具体接线如图3-24所示。我国1kV及以上的电容器组一般都采用星形接线，而不采用三角形接线，主要是考虑三角形接线的电容器直接承受线电压。任何一台电容器因故障被击穿时，形成两相短路，故障电流很大，如果故障不能迅速切除，故障电流和电弧将使绝缘介质分解产生气体，造成箱体爆炸，并波及邻近的电容器。而星形接线的电容器承受的是相电压，当电容器组中有一台电容器因故障击穿短路时，由于其余两健全相的阻抗限制，故障电流将被限制在一定范围内，因此故障影响较轻。在低压配电系统中普遍采用三角形接线，因为低压系统的线电压与相电压属同一绝缘水平，而施加线电压时输出的无功功率为相电压的3倍。

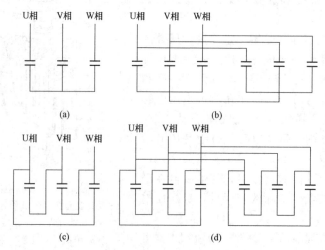

图3-24 并联电容器组接线方式
（a）星形接线；（b）双星形接线；（c）三角形接线；（d）双三角形接线

（4）补偿方式。并联电容器的补偿方式按安装地点不同可分为集中补偿和分散补偿（包括分组补偿和个别补偿），按投切方式不同可分为固定补偿和自动补偿。

1）集中补偿。集中补偿是把电容器组集中安装在变电站的一次侧或二次侧母线上，并装设自动控制设备，使之能随负荷的变化而投切。

2）分组补偿。分组补偿是将电容器组分组安装在各分配电室或各分路出线上，它可与部分负荷的变动同时投入或切除。采用分组补偿时，补偿的无功不再通过主干线路输送，不会额外增加配电变压器上的无功损耗，因此分组补偿比集中补偿降损节电效益显著。

3）个别补偿。个别补偿是指对个别功率因数特别不好的大容量电气设备及所需无功补偿容量较大的负荷，或由较长线路供电的电气设备进行单独补偿，即将电容器直接装设在用电设备的同一电气回路中，与用电设备同时投切。用电设备消耗的无功能就地补偿，能就地平衡无功电流，但电容器利用率低。其一般适用于容量较大的高压、低压电动机等用电设备的补偿。

第三节　高压断路器概述

高压断路器是电力系统最重要的控制和保护设备。如前所述，高压断路器的功能是接通和断开正常工作电流、过负荷电流和故障电流，它是开关电器中最为完善的一种设备。

一、高压断路器的类型

高压断路器按安装地点可分为户内型和户外型两种，按灭弧介质及灭弧原理可分为六氟化硫（SF_6）断路器、真空断路器、油断路器（又分为多油、少油断路器）、空气断路器等。

1. 六氟化硫（SF_6）断路器

以具有优良灭弧性能的 SF_6 气体作为灭弧介质的断路器，称为六氟化硫（SF_6）断路器。这种断路器具有开断能力强、全开断时间短，断口开距小、体积小、质量较小，维护工作量小，噪声低，寿命长等优点；但结构较复杂，金属消耗量较大，制造工艺、材料和密封要求高，价格昂贵。目前国内生产的 SF_6 断路器有 $10\sim500kV$ 电压级产品。SF_6 断路器与以 SF_6 为绝缘的有关电器组成的封闭组合电器（GIS），在城市高压配电装置中的应用日益广泛。

2. 真空断路器

利用真空（气体压力为 $133.3\times10^{-4}Pa$ 以下）的高介质强度来实现灭弧的断路器，称为真空断路器。这种断路器具有开断能力强、灭弧迅速，触头不易氧化、运行维护简单，灭弧室不需检修，结构简单、体积小、质量小、噪声低、寿命长，无火灾和爆炸危险等优点；但制造工艺、材料和密封要求高，开断电流和断口电压不能做得很高。目前国内只生产 35kV 及以下电压级产品。

3. 油断路器

以绝缘油作为灭弧介质的断路器，称为油断路器。根据用油量的多少，可将油断路器分为多油断路器和少油断路器。

在多油断路器中，油除了作为灭弧介质外，还作为触头断开后弧隙绝缘及带电部分与接地外壳之间的绝缘。这种断路器具有结构简单，制造方便，易于加装单匝环形电流互感器，受大气条件影响较小等优点；但耗钢、耗油量大，体积大，额定电流不易做大，全开断时间较长，并有发生火灾的可能性。目前国内只生产 10、35kV 电压级产品。

在少油断路器中，油主要作为灭弧介质及触头断开后弧隙绝缘，对地绝缘主要靠瓷介质。这种断路器开断性能好，结构简单，制造方便，具有耗钢、耗油量少，体积和质量较小，价格较低等优点；但油易冻结和劣化，不适用于严寒地带。长期以来，少油断路器在我国电力系统中应用广泛，但近年来在 35kV 及以下系统中已被真空断路器、SF_6 断路器取代。在 110kV 及以上系统

中已被 SF_6 断路器取代。

4. 空气断路器

以压缩空气作为灭弧介质及兼作操动机构能源的断路器，称为压缩空气断路器，简称空气断路器。这种断路器具有灭弧能力强、动作迅速、全开断时间短，无火灾危险，可适用于严寒地带等优点；但结构较复杂，制造工艺和材料要求高，有色金属消耗量大，维修周期长，噪声大，价格较高，且需配备一套压缩空气装置。由于 SF_6 断路器具有结构简单、灭弧性能良好和电寿命长的明显优点，使得压缩空气断路器的应用范围进一步缩小。

二、高压断路器的基本结构

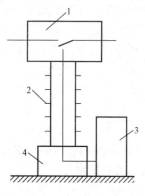

图 3-25　断路器基本结构示意图
1—通断元件；2—绝缘支撑元件；
3—操动机构；4—基座

虽然高压断路器有多种类型，具体结构也不相同，但其基本结构类似，如图 3-25 所示。基本结构主要包括电路通断元件 1、绝缘支撑元件 2、操动机构 3 及基座 4 等几部分。电路通断元件安装在绝缘支撑元件上，而绝缘支撑元件则安装在基座上。

电路通断元件是其关键部件，承担着接通和断开电路的任务，它由接线端子、导电杆、触头（动、静触头）及灭弧室等组成；绝缘支撑元件起着固定通断元件的作用，并使其带电部分与地绝缘；操动机构起控制通断元件的作用，当操动机构接到合闸或分闸命令时，操动机构动作，经中间传动机构驱动动触头，实现断路器的合闸或分闸。

断路器中的灭弧室，按灭弧的能源可分为两大类：

（1）自能式灭弧室。主要利用电弧本身能量来熄灭电弧的灭弧室称为自能式灭弧室，如油断路器的灭弧室。这类断路器的开断性能与被开断电流的大小有关。在其额定开断电流以内，被开断的电流愈大，电弧能量愈大，灭弧能力愈强，燃弧时间也愈短；而被开断的电流较小时，灭弧能力较差，燃弧时间反而较长，所以存在临界开断电流（对应最大燃弧时间的开断电流）现象。

（2）外能式灭弧室。主要利用外部能量来熄灭电弧的灭弧室称为外能式灭弧室，如压气式 SF_6 断路器、压缩空气断路器的灭弧室。这类断路器的开断性能主要与外部供给的灭弧能量有关。在开断大、小电流时，外部供给的灭弧能量基本不变，因此其燃弧时间较稳定。

三、高压断路器的技术参数

高压断路器通常用七个技术参数表示其技术性能。

1. 额定电压 U_N

额定电压是指高压电器（包括高压断路器）设计时所采用的标称电压，用 U_N 表示。所谓标称电压是指国家标准中列入的电压等级，对于三相电器是指其相间电压，即线电压。我国交流高压电器采用的额定电压有 3、6、10、20、35、63、110、220、330、500、750kV 和 1000kV 等。

考虑到输电线路的首、末端运行电压不同及电力系统的调压要求，对高压电器又规定了与其额定电压相应的最高工作电压 U_{alm}。一般，$U_{alm}=(1.1\sim1.2)U_N$。上述额定电压对应的最高工作电压 U_{alm} 为 3.6、7.2、12、24、40.5、72.5、126、252、363、550、800、1200kV。

为保证高压电器有足够的绝缘距离，通常其额定电压愈高，其外形尺寸愈大。

需要说明的是：为了与 IEC 标准一致，我国标准委员会于 1994 年提出，将过去一直沿用的"最高工作电压"改为额定电压。即：断路器的额定电压是指断路器所在电力系统的最高电压上限。例如近年生产的用于 10kV 电力系统的真空断路器型号系列为 ZN□-12。为了不致造成概念混乱，本书后续论述仍沿用前述传统的额定电压定义，不会影响设备的选择和使用。

2. 额定电流 I_N

额定电流是指高压电器（包括高压断路器）在规定的环境温度下，能长期通过且其载流部分和绝缘部分的温度不超过其长期最高允许温度的最大标称电流，用 I_N 表示。对于高压断路器，我国采用的额定电流有 200、400、630、1000、1250、1600、2000、2500、3150、4000、5000、6300、8000、10000、12500、16000、20000A。

高压断路器的额定电流决定了其导体、触头等载流部分的尺寸和结构，额定电流愈大，载流部分的尺寸愈大，否则不能满足最高允许温度的要求。

3. 额定开断电流 I_{Nbr}

高压断路器进行开断操作时首先起弧的某相电流，称为开断电流。在额定电压 U_N 下断路器能可靠地开断的最大短路电流，称为额定开断电流，用 I_{Nbr} 表示。它表征断路器的开断能力。我国规定的高压断路器的额定开断电流为 1.6、3.15、6.3、8、10、12.5、16、20、25、31.5、40、50、63、80、100kA 等。

4. 热稳定电流（额定短时耐受电流）I_t

t 秒热稳定电流 I_t 是在保证断路器不损坏的条件下，在规定时间 t 秒（产品目录一般给定 2、4、5、10s 等）内允许通过断路器的最大短路电流有效值。它表明断路器承受短路电流热效应的能力，当断路器持续通过 t 秒时间的 I_t 时，不会发生触头熔结或其他妨碍其正常工作的异常现象。产品目录给出的 4s 热稳定电流大多与额定开断电流相等。

5. 动稳定电流（额定峰值耐受电流）i_{es}

动稳定电流 i_{es} 是断路器在闭合状态下，允许通过的最大短路电流峰值，又称极限通过电流。它表明断路器承受短路电流电动力效应的能力。当断路器通过这一电流时，不会因电动力作用而发生任何机械上的损坏。动稳定电流决定于导体及机械部分的机械强度，并与触头的结构形式有关。i_{es} 的数值约为额定开断电流 I_{Nbr} 的 2.5 倍。

6. 额定关合电流 i_{Ncl}

如果在断路器合闸之前，线路或设备上已存在短路故障，则在断路器合闸过程中，在触头即将接触时即有巨大的短路电流通过（称预击穿），要求断路器能承受而不会引起触头熔接和遭受电动力的损坏；而且，在关合后，由于继电保护动作，不可避免地又要自动跳闸，此时仍要求能切断短路电流。所以，用额定关合电流 i_{Ncl} 来说明断路器关合短路故障的能力。

额定关合电流 i_{Ncl} 是在额定电压下，断路器能可靠地闭合的最大短路电流峰值。它主要取决于断路器灭弧装置的性能、触头构造及操动机构的型式。在断路器产品目录中，部分产品未给出 i_{Ncl}，而凡给出的均为 $i_{Ncl}=i_{es}$。

7. 动作时间

（1）分闸时间。分闸时间是表明断路器开断过程快慢的参数。断路器开断电路时的有关时间如图 3 - 26 所示。

1）固有分闸时间。固有分闸时间是指断路器从接到分闸命令起到触头分离的时间间隔。

2）燃弧时间。燃弧时间是指从触头分离到各相电弧熄灭的时间间隔。

3）全分闸时间。全分闸时间是指断路器从接到分闸命令起到各相电弧熄灭的时间间隔，即全分闸时间等于固有分闸时间与燃弧时间之和。

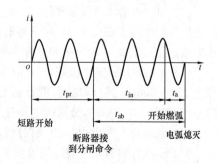

图 3 - 26　断路器开断电路时的有关时间
t_{pr}—继电保护动作时间；t_{in}—断路器固有分闸时间；t_a—燃弧时间；t_{ab}—断路器全分闸时间

为提高电力系统的稳定性，要求断路器有较高的分闸速度，即全分闸时间愈短愈好。

（2）合闸时间。合闸时间是指断路器从接到合闸命令起到触头刚接触的时间间隔。电力系统对断路器合闸时间一般要求不高，但要求其合闸稳定性能好。

四、高压断路器的型号含义

高压断路器的型号含义如下：

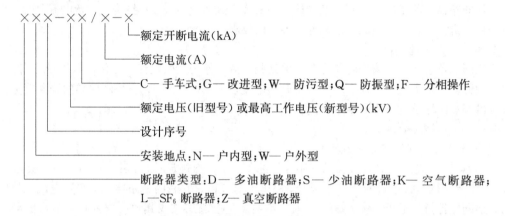

第四节　六氟化硫（SF_6）断路器

1955 年开始用 SF_6 气体作为断路器的灭弧介质，20 世纪 70 年代获得迅速发展。我国于 1967 年开始研制 SF_6 断路器，1979 年开始引进 500kV 及以下 SF_6 断路器及 SF_6 全封闭组合电器技术。此后，SF_6 断路器逐渐取代油断路器和压缩空气断路器，成为我国高压断路器的首要品种。

一、SF_6 气体的性能

1. 物理化学性质

（1）SF_6 分子是以硫原子为中心、六个氟原子对称地分布在周围形成的呈正八面体结构。其氟原子有很强的吸附外界电子的能力，SF_6 分子在捕捉电子后成为低活动性的负离子，对去游离有利；另外，SF_6 分子的直径较大（0.456nm），使得电子的自由行程减小，从而减少碰撞游离的发生。

（2）SF_6 为无色、无味、无毒、不可燃、不助燃的非金属化合物；在常温常压下，其密度约为空气的 5 倍；常温下压力不超过 2MPa 时仍为气态。其总的热传导能力远比空气为好。

（3）SF_6 的化学性质非常稳定。在干燥情况下，温度低于 110℃时，与铜、铝、钢等材料都不发生作用；温度高于 150℃时，与钢、硅钢开始缓慢作用；温度高于 200℃时，与铜、铝才发生轻微作用；温度达 500～600℃时，与银也不发生作用。

（4）SF_6 的热稳定性极好，但在有金属存在的情况下，热稳定性则大为降低。它开始分解的温度为 150～200℃，其分解随温度升高而加剧。当温度到达 1227℃时，分解物基本上是 SF_4（有剧毒）；在 1227～1727℃时，分解物主要是 SF_4 和 SF_3；超过 1727℃时，分解为 SF_2 和 SF。

在电弧或电晕放电中，SF_6 将分解，由于金属蒸气参与反应，生成金属氟化物和硫的低氟化物。当 SF_6 气体含有水分时，还可能生成 HF（氟化氢）或 SO_2，对绝缘材料、金属材料都有很强的腐蚀性。

2. 绝缘和灭弧性能

基于 SF_6 的上述物理化学性质，SF_6 具有极为良好的绝缘性能和灭弧能力。

(1) 绝缘性能。SF_6 气体的绝缘性能稳定，不会老化变质。当气压增大时，其绝缘能力也随之提高。在 0.1MPa 下，SF_6 的绝缘能力超过空气的 2 倍；在 0.3MPa 时，其绝缘能力和变压器油相当。

(2) 灭弧性能。SF_6 在电弧作用下接受电能而分解成低氟化合物，但需要的分解能却比空气高得多，因此，SF_6 分子在分解时吸收的能量多，对弧柱的冷却作用强。当电弧电流过零时，低氟化合物则急速再结合成 SF_6，故弧隙介质强度恢复过程极快。另外，SF_6 中电弧的电压梯度比空气中的约小 3 倍，因此，SF_6 气体中电弧电压也较低，即燃弧时的电弧能量较小，对灭弧有利。所以，SF_6 的灭弧能力相当于同等条件下空气的 100 倍。

二、SF_6 断路器灭弧室工作原理

SF_6 断路器灭弧室基本上有双压式和单压式两种结构。

1. 双压式灭弧室

双压式灭弧室设有高压和低压两个气压系统。低压系统的压力一般为 0.3～0.5MPa，它主要用作灭弧室的绝缘介质。高压系统的压力一般为 1～1.5MPa，它只在灭弧过程中才起作用。

这种灭弧室具有吹弧能力强、开断容量大，动作快、燃弧时间短等优点。所以，早期的 SF_6 断路器都用这种灭弧室。但其存在结构复杂，所用辅助设备多，维护不方便等明显缺点，所以，已逐渐被单压式灭弧室所取代。

2. 单压式灭弧室

单压式灭弧室是根据活塞压气原理工作的，又称压气式灭弧室。平时灭弧室中只有一种压力（一般为 0.3～0.5MPa）的 SF_6 气体，起绝缘作用。开断过程中，灭弧室所需的吹气压力由动触头系统带动压气缸对固定活塞相对运动产生，就像打气筒那样。其 SF_6 气体同样是在封闭系统中循环使用，不能排向大气。这种灭弧装置结构简单、动作可靠。我国研制的 SF_6 断路器均采用单压式灭弧室。单压式灭弧室又分定开距和变开距两种。

(1) 定开距灭弧室。图 3-27 所示为定开距灭弧室结构示意图（合闸状态）。断路器的触头由两个带喷嘴的空心静触头 3、5 和动触头 2 组成。断路器弧隙由两个静触头保持固定的开距，故称为定开距灭弧室。由于 SF_6 的灭弧和绝缘能力强，所以开距一般不大。动触头与压气缸 1 连成一体，并与拉杆 7 连接，操动机构可通过拉杆带动动触头和压气缸左右运动。固定活塞由绝缘材料制成，它与动触头、压气缸之间围成压气室 4。

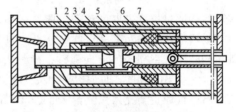

图 3-27 定开距灭弧室结构示意图
1—压气缸；2—动触头；3、5—静触头；
4—压气室；6—固定活塞；7—拉杆

定开距灭弧室动作过程示意图如图 3-28 所示。图 3-28（a）为断路器处于合闸位置，这时动触头跨接于两个静触头之间，构成电流通路；分闸时，操动机构通过拉杆带着动触头和压气缸向右运动，使压气室内的 SF_6 气体被压缩，压力约提高 1 倍，这一过程称压气或预压缩过程，如图 3-28（b）所示；当动触头离开静触头 3 时，产生电弧，同时将原来被动触头所封闭的压气缸打开，高压 SF_6 气体迅速向两静触头内腔喷射，对电弧进行强烈的双向纵吹，如图 3-28（c）所示；当电弧熄灭后，触头处在分闸位置，如图 3-28（d）所示。

这种灭弧室具有开距小、行程短、结构紧凑、动作迅速等优点，但压气室的体积较大。

(2) 变开距灭弧室。变开距灭弧室结构图（分闸状态）如图 3-29 所示。其触头系统包括主静触头 1、弧静触头 2、主动触头 5、弧动触头 4 及中间触头 10，而且主触头（即工作触头）和中间触头装在外侧，以改善散热条件，提高断路器的热稳定性。喷嘴 3 由耐高温的绝缘材料（聚

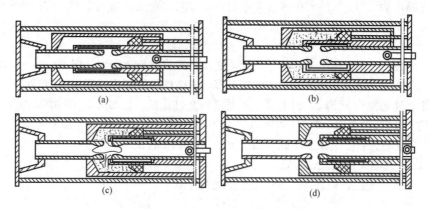

图 3-28　定开距灭弧室动作过程示意图
（a）合闸位置；（b）压气；（c）吹弧；（d）分闸位置

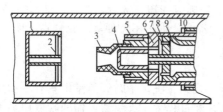

图 3-29　变开距灭弧室结构示意图
1—主静触头；2—弧静触头；3—喷嘴；
4—弧动触头；5—主动触头；6—压气缸；
7—逆止阀；8—压气室；9—固定活塞；
10—中间触头

四氟乙烯）制成，并与弧动触头 4、主动触头 5 及压气缸 6 连成一体，构成灭弧室的可动部分。压气室 8 有通道通向喷嘴 3，在固定活塞 9 上有逆止阀 7。

合闸时，操动机构通过拉杆使可动部分向左运动，压气室压力降低，逆止阀打开，SF_6 气体从活塞上的小孔经逆止阀充入压气室，不致使压气室内形成负压，影响合闸速度。

变开距灭弧室动作过程示意图如图 3-30 所示。图 3-30（a）为断路器处于合闸位置，这时由主静触头、主动触头、压气缸、中间触头构成电流通路；分闸时，操动机构通过拉杆带着可动部分向右运动，使压气室内的 SF_6 气体被压缩，逆止阀关闭，压气室压力增加，主动、静触头首先分离，如图 3-30（b）所示；当弧动、静触头分离时，产生电弧，同时压气室高压气流向弧动、静触头内腔喷射，对电弧进行强烈的双向纵吹，如图 3-30（c）所示；当电弧过零时熄灭，触头处在分闸位置，弧柱的热能被排入灭弧室钢筒外壳，新鲜冷态的 SF_6 气体重新充入弧隙，保证断口的绝缘，如图 3-30（d）所示。

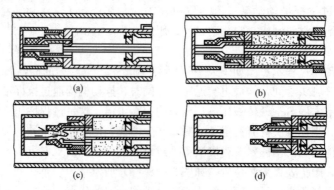

图 3-30　变开距灭弧室动作过程示意图
（a）合闸位置；（b）压气；（c）吹弧；（d）分闸位置

由于这种灭弧室触头的开距在分闸过程中是变化的，所以称为变开距灭弧室。

（3）定开距与变开距灭弧室的比较。

1）气吹情况。定开距吹弧时间短促，压气室内的气体利用稍差；变开距的吹弧时间比较富裕，压气室内的气体利用比较充分。

2）断口情况。定开距的开距短，断口间电场比较均匀，绝缘性能较稳定；变开距的开距大，断口电压可制作得较高，起始介质强度恢复较快，但断口间的电场均匀度较差，绝缘喷嘴置于断口之间，经电弧多次灼伤后，可能影响断口绝缘能力。

3）电弧能量。定开距的电弧长度一定，电弧能量较小，对灭弧有利；变开距的电弧拉得较长，电弧能量较大，对灭弧不利。

4）行程与金属短接时间。定开距动触头的行程及金属短接时间较长；变开距可动部分的行程及金属短接时间较短，对缩短断路器的动作时间有利。

目前国内运行的 SF_6 断路器普遍采用变开距灭弧室，如 ELF 型断路器（引进瑞士 ABB 公司技术）、SFM 型断路器（引进日本三菱公司技术）、OFP 型断路器（引进日立公司技术）、FA 型断路器（引进法国 MG 公司技术）等。国内外产品中采用定开距灭弧室的也不少，如德国西门子公司、英国 GEC 公司产品，我国一些高压开关厂的部分产品。

三、SF_6 断路器结构

SF_6 断路器按结构型式可分为支柱式（或称瓷瓶式）SF_6 断路器、落地罐式 SF_6 断路器及 SF_6 全封闭组合电器用 SF_6 断路器三类。本书仅介绍前两类。

1. 支柱式

支柱式 SF_6 断路器系列性强，可以用不同个数的标准灭弧单元及支柱瓷套组成不同电压级的产品。按其整体布置形式可分为"Y"形布置、"T"形布置及"I"形布置三种。

（1）"Y"形布置的 SF_6 断路器。现以 LW6 - 220 型、LW6 - 500 型为例介绍其总体结构。该两型断路器是引进法国 MG 公司 FA 系列断路器技术的产品，均由 3 个独立的单相组成，配液压操动机构。

1）"Y"形布置的 LW6 - 220 型 SF_6 断路器一相剖面图如图 3 - 31 所示。它主要由灭弧室、均压电容、三联箱、支柱、支腿（或称连接座）、密度继电器、动力单元（包括主储压器、工作缸、供排油阀及辅助油箱）等部分组成。每相为单柱双断口，即每相有两个灭弧室（单压变开距），每个灭弧室各有一个断口；每个断口并联有 2500pF 的均压电容，以改善断口间的电压分布；支柱有两节瓷套，承担断路器带电部分与地绝缘的任务；支柱瓷套内有绝缘拉杆，拉杆的上端与三联箱内的传动机构相连；支腿的上部有气体密封装置，中间有一组对接法兰把绝缘拉杆的下端与工作缸活塞杆连接起来，并装有分、合机械指示板；密度继电器用于监视 SF_6 气体的泄漏，它带有充放 SF_6 气体的自动触头。灭弧室和支柱均为独立气隔，安装后在三联箱内用自动接头连通。三联箱为单独气隔。

断路器的操动方式有分相操动和三相联动两种类型。

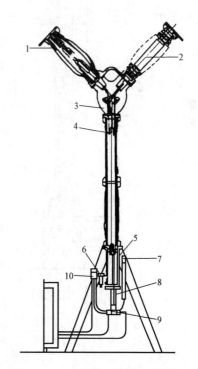

图 3 - 31　LW6 - 220 型 SF_6 断路器
一相剖面图

1—灭弧室；2—均压电容；3—三联箱；
4—支柱；5—支腿；6—密度继电器；
7—主储压器；8—工作缸；9—供排油阀；
10—辅助油箱

前者每相均具有独立的操作系统，可进行单相或三相的分、合闸或自动重合闸。后者三相共用一套操作系统，可进行三相的分、合闸或自动重合闸。

断路器的动作过程是：工作缸内的活塞收到来自供排油阀的合、分命令后，驱动支柱内的绝缘拉杆做上、下垂直运动，经三联箱内的传动机构变换为灭弧室中可动部分（压气缸、主动触头及弧动触头）在两个斜方向上的运动，实现断路器的合、分闸。

每台三相断路器配有一台液压柜，柜内装有控制阀（带分、合闸电磁铁）、油压开关、电动油泵、手力泵、防振容器、辅助贮压器、信号缸、辅助开关、主油箱、三级阀（仅三相联动操作有）等元件。

每台三相断路器配有一台汇控柜，内装有各种电气控制元件，用于控制和监视断路器的分、合闸操作和油泵的启动闭锁等。断路器每相的密度继电器、主贮压器漏氮报警装置，以及液压柜中的电气部分，与汇控柜之间用电缆连接。

2）"Y"形布置的 LW6-500 型 SF₆ 断路器一相结构图如图 3-32 所示。每相为双柱四断口，每个单柱的基本结构与 LW6-220 型相似。不同点主要是：每个断口除并联有电容（也是 2500pF 外），还并联有合闸电阻（100Ω），该电阻呈水平布置，为独立气隔；在灭弧室、合闸电阻及支柱的连接处采用五联箱，也为独立气隔；因电压较高，支柱有三节瓷套，其上端装有均压环；每相两柱配一台液压机构。

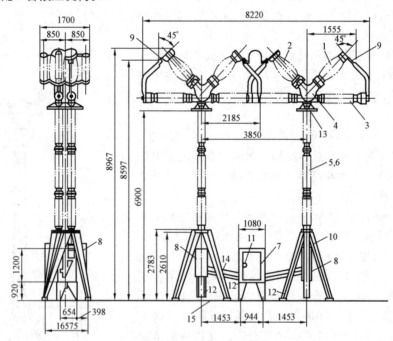

图 3-32　LW6-500 型 SF₆ 断路器一相结构图

1—灭弧室；2—均压电容；3—合闸电阻；4—五联箱；5—支柱；6—绝缘拉杆（在支柱内）；
7—液压柜；8—动力元件；9—接线板；10—支腿；11—分合闸指示；12—接地接线板；
13—均压环；14—机构与本体间的液压管道；15—机构与本体间的电气连接

在断口并联合闸电阻是为了限制合闸及重合闸的操作过电压。电阻片由炭质烧结而成，外形与避雷器阀片相似，但其热容量要大得多。合闸电阻与一辅助触头（或称辅助断口）串联后再与主断口并联。断路器合闸时，合闸电阻较主触头提前 7～11ms 接通，在主触头接通后，合闸电阻立即自行分闸复位；断路器分闸时，合闸电阻不动作。也有某些型式断路器（阿尔斯通公司

FX 型），断路器合闸后，合闸电阻不分闸复位，等断路器下次分闸后才复位。

（2）"T"形布置的 SF$_6$ 断路器。现以 LW7 - 220 型，SFM - 330、500 系列，HPL245 - 550B2 型 SF$_6$ 断路器为例做介绍。

1）"T"形布置的 LW7 - 220 型 SF$_6$ 断路器一相结构图如图 3 - 33 所示。其灭弧室和均压电容水平安装在支柱的上部，灭弧室为单压式定开距结构；三联箱有两套换向机构分别与两灭弧室的动触头相连；液压操动机构兼作断路器的底座，操作时，它的工作缸活塞驱动支柱内的绝缘拉杆做上、下垂直运动，通过换向机构变换为灭弧室动触头的水平直线运动，实现断路器的分、合闸操作。

2）"T"形布置的 SFM - 330、500 系列 SF$_6$ 断路器一相结构图如图 3 - 34 所示。其每相只有两个断口，灭弧室为变开距压气式结构，每相 SF$_6$ 气体自成一个系统，包括压力表、密度继电器及其微动触点、一个供气口、一个检查口、一个动断截止阀及一个动合截止阀，SF$_6$ 额定充气压力为 0.59MPa；每相配一台气动操动机构，可单相操作及三相联动。操动机构的供气系统有集中式和分散式两种：集中式为整个电站共用一个空压站，断路器的每个机构箱带有一个储气罐，由空压站通过管道充气；分散式为每台产品有一个压缩空气供给装置，每个机构箱仍带有一个储气罐，由压缩空气供给装置维持其正常压力。图 3 - 34 所示 SFM - 330、500 系列 SF$_6$ 断路器为分散式供气。

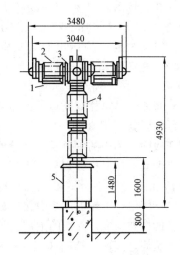

图 3 - 33　LW7 - 220 型 SF$_6$
断路器一相结构图
1—均压电容；2—灭弧室；3—三联箱；
4—支柱；5—液压操动机构

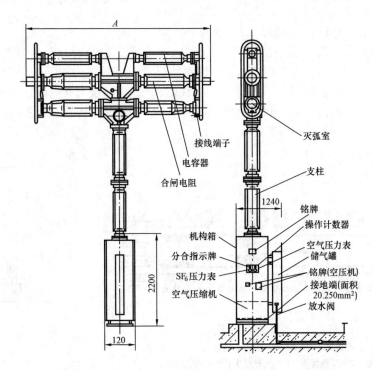

图 3 - 34　SFM - 330、500 系列 SF$_6$ 断路器一相结构图

　　"T"形布置的 HPL245-550B2 型 SF_6 断路器一相结构图如图 3-35 所示。该型断路器是引进 ABB 公司技术的产品，它由灭弧室、支柱、操动机构、均压电容、支腿、上机构箱（即前述三联箱）、下机构箱及分闸弹簧筒构成。

　　每相也是单柱双断口，灭弧室为单压变开距结构，如图 3-36 所示。其中的吸附剂容器 9 用于吸附气体中的水分及电弧分解物；上机构箱有两套换向机构分别与两灭弧室的动触头相连，如图 3-37 所示；断路器极柱安装在热镀锌的支腿上，支腿由两个焊接成分体和用螺栓连接的桁架组成；支腿的上部为下机构箱及分闸弹簧筒，其内部结构如图 3-38 所示，该图机构箱中的操作臂 3 的上端分别与支柱中的绝缘操动杆及操动机构的拉杆连接，下端与分闸弹簧的拉杆 5 连接，机构箱并装有分、合机械指示板和密度继电器；每相配有 BLG1002A 型单相弹簧操动机构（见本章第六节），可进行单相或三相的分、合闸或自动重合闸。断路器柱内永久地充以 SF_6 气体，在 20℃时，气体绝对压力为 0.7MPa。

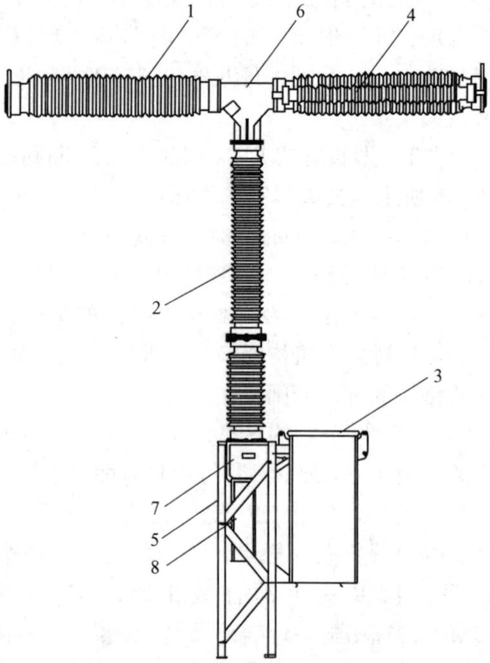

　　(3)"I"形布置的 SF_6 断路器。"I"形布置的 LW15-220 型 SF_6 断路器一相结构图如图 3-39 所示。该型断路器为引进日本三菱公司 SFM 型断路器技术的产品，为单断口结构，即每相只有一个断口。每相由灭弧室、支柱瓷套、机构箱组成。灭弧室采用变开距、双喷结构；支柱瓷套与灭弧室瓷套气室相通，支柱瓷套内的绝缘拉杆与灭弧室动触头相连；每相配一台气动操动机构，可单相操作及三相联动，供气系统与上述 SFM-330、500 系列 SF_6 断路器类似。

图 3-35　HPL245-550B2 型 SF_6 断路器
一相结构图
1—灭弧室；2—支柱；3—操动机构；
4—均压电容；5—支腿；6—上机构箱；
7—下机构箱；8—分闸弹簧筒

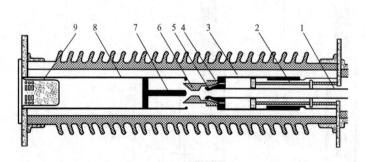

图 3-36　灭弧室示意图
1—拉杆；2—固定活塞；3—压气缸；4—主动触头；5—弧动触头；
6—喷嘴；7—弧静触头；8—主静触头；9—吸附剂容器

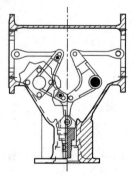

图 3-37　上机构

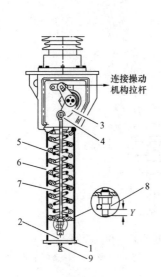

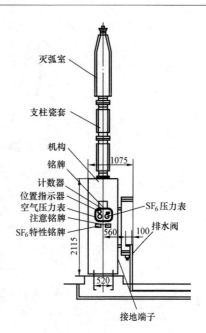

图 3 - 38　下机构及分闸弹簧

1—螺栓（4 个）；2—底盖；3—操作臂；4—销钉；5—拉杆；
6—分闸弹簧筒；7—分闸弹簧；8—锁紧螺母；9—调节螺栓

图 3 - 39　LW15 - 220 型 SF$_6$ 断路器
一相结构图

LW2 - 220、LW2A - 220、LW2B - 220、LW2C - 220 型也是"I"形布置，前三种配液压机构，后一种配气动机构。35～110kV 支柱式 SF$_6$ 断路器几乎都是"I"形布置。

2. 落地罐式

目前，110～500kV 均有落地罐式 SF$_6$ 断路器产品，且其外形相似，大多是引进日本三菱公司 SFMT 型或日立公司 OFPT 型断路器技术的产品。这类产品实际上是断路器和电流互感器构成的复合电器，具有结构简单、体积小、开断性能好、抗振和耐污能力强、可靠性高、操作噪声小、不维修周期长、使用方便等优点。

图 3 - 40 为 SFMT - 220 型 SF$_6$ 断路器外形图。它由进出线充气瓷套管、接地金属罐、操动机构和底架等部件组成。断路器每相主要部件均装在相应的接地金属罐中，灭弧室采用压气式原理，110、220kV 产品为每相单断口结构，330、500kV 产品为每相双断口结构；每相分别利用两只充气瓷套管与架空线连接，充气瓷套的下端装有套管式电流互感器，可用于保护及测量；可配用液压式或气动式操动机构，断路器三相安装在共用的底架上（如 SFMT - 110、SFMT - 220 型）或分装在各自的底架上（如 LW12 - 220、SFMT - 500 型）。

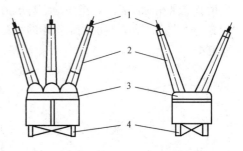

图 3 - 40　SFMT - 220 型 SF$_6$ 断路器外形图
1—接线端子；2—充气瓷套管；
3—钢筒外壳及金属罐；4—公共底架

SFMT - 500 型 SF$_6$ 断路器一相剖面图如图 3 - 41 所示。其触头和灭弧室装在充有 SF$_6$ 气体并接地的金属罐中，触头与罐壁间的绝缘采用环氧支持绝缘子，绝缘瓷套管内有引出导电杆。吸附剂为活性氧铝、合成沸石，用于吸附水分及 SF$_6$ 气体分解物。

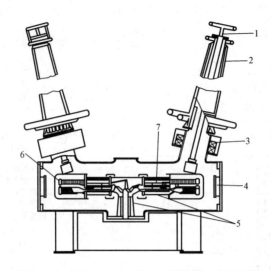

图 3 - 41　SFMT - 500 型 SF$_6$ 断路器一相剖面图

1—接线端子；2—瓷套；3—电流互感器；4—吸附剂；5—环氧支持绝缘子；6—合闸电阻；7—灭弧室

第五节　真 空 断 路 器

20 世纪 50 年代开始，美国制成了第一批适用于切合电容器组等特殊场合使用的真空负荷开关，但其开断电流较小。20 世纪 60 年代初期，由于开断大电流用的触头材料获得解决，使真空断路器得到新的发展。由于真空断路器具有一系列明显的优点，从 70 年代开始，在国际上得到了迅速的发展，尤其在 35kV 等级以下，更是处于优势地位。

我国于 1960 年研制了第一批真空灭弧室，1965 年试制成第一台三相真空开关（10kV、100A）。此后，国内在真空断路器方面的研究和生产均得到很大重视和迅速发展，并在 35kV 及以下电压级逐渐取代油断路器和压缩空气断路器。

一、真空气体的特性

所谓真空是相对而言的，指的是绝对压力低于 1 个大气压的气体稀薄的空间。气体稀薄的程度用"真空度"表示。真空度就是气体的绝对压力与大气压的差值。气体的绝对压力值愈低，真空度就愈高。

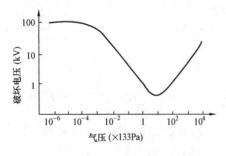

图 3 - 42　击穿电压与气体压力的关系

（1）气体间隙的击穿电压与气体压力有关。图 3 - 42 表示不锈钢电极、间隙长度为 1mm 时，真空间隙的击穿电压与气压的关系。在气体压力低于 133×10^{-4} Pa 时，击穿电压没有什么变化；压力为 $133 \times 10^{-4} \sim 133 \times 10^{-3}$ Pa 时，击穿电压有下降倾向；在压力高于 133×10^{-3} Pa 的一定范围内，击穿电压迅速降低；在压力为几百帕时，击穿电压达最低值。

（2）这里所指的真空，是气体压力在 133×10^{-4} Pa 以下的空间，真空断路器灭弧室内的气体压力不能高于这一数值，一般在出厂时其气体压力在 133×10^{-7} Pa 以下。在这种气体稀薄空间，其绝缘强度很高，电弧很容易熄灭。在均匀电场作用下，真空的绝缘强度比变压器油、0.1MPa下的SF_6及空气的绝缘强度都高得多。

（3）真空间隙的气体稀薄，分子的自由行程大，发生碰撞的概率小，因此，碰撞游离不是真空间隙击穿产生电弧的主要因素。真空中电弧是在触头电极蒸发出来的金属蒸气中形成的。因此，影响真空间隙击穿的主要因素除真空度外，还与电极材料、电极表面状况、真空间隙长度等有关。

用高机械强度、高熔点的材料作电极，击穿电压一般较高，目前使用最多的电极材料是以良导电金属为主体的合金材料。当电极表面存在氧化物、杂质、金属微粒和毛刺时，击穿电压便可能大大降低。当间隙较小时，击穿电压几乎与间隙长度成正比；当间隙长度超过10mm时，击穿电压上升陡度减缓。

二、真空灭弧室结构和工作原理

真空灭弧室的结构示意图如图3-43所示。它由外壳、触头和屏蔽罩三大部分组成。外壳是由绝缘筒1、静端盖板2、动端盖板7和波纹管8所组成的真空密封容器；灭弧室内的静触头3固定在静导电杆9上，静导电杆穿过静端盖板2并与之焊成一体；动触头4固定在动导电杆10的一端上，动导电杆的中部与波纹管8的一个端口焊在一起，波纹管的另一端口与动端盖板7的中孔焊接，动导电杆从中孔穿出外壳；在动、静触头和波纹管周围分别装有屏蔽罩5和6。由于波纹管在轴向上可以伸缩，因而这种结构既能实现从灭弧室外操动动触头做分合运动，又能保证外壳的密封性。

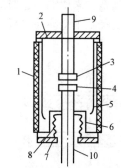

图3-43 真空灭弧室的结构示意图
1—绝缘筒；2—静端盖板；3—静触头；
4—动触头；5—主屏蔽罩；6—波纹
管屏蔽罩；7—动端盖板；8—波纹管；
9—静导电杆；10—动导电杆

由于大气压力的作用，灭弧室在无机械外力作用时，其动静触头始终保持闭合位置，当外力使动导电杆向外运动时，触头才分离。

1. 外壳

外壳的作用是构成一个真空密封容器，同时容纳和支持真空灭弧室内的各种零件。为保证真空灭弧室工作的可靠性，对外壳的密封性要求很高，其次是要有一定的机械强度。

绝缘筒用硬质玻璃、高氧化铝陶瓷或微晶玻璃等绝缘材料制成。外壳的端盖常用不锈钢、无氧铜等金属制成。

波纹管的功能是用来保证灭弧室完全密封，同时使操动机构的运动得以传到动触头上。波纹管常用的材料有不锈钢、磷青铜、铍青铜等，以不锈钢性能最好，有液压成形和膜片焊接两种形式。波纹管允许伸缩量应能满足触头最大开距的要求。触头每分、合一次，波纹管的波状薄壁就要产生一次大幅度的机械变形，很容易使波纹管因疲劳而损坏。通常，波纹管的疲劳寿命也决定了真空灭弧室的机械寿命。

2. 屏蔽罩

主屏蔽罩的主要作用是：防止燃弧过程中电弧生成物喷溅到绝缘外壳的内壁上，引起其绝缘强度降低；冷凝电弧生成物，吸收部分电弧能量，以利于弧隙介质强度的快速恢复；改善灭弧室内部电场分布的均匀性，降低局部场强，促进真空灭弧室小型化。波纹管屏蔽罩用来保护波纹管免遭电弧生成物的烧损，防止电弧生成物凝结在其表面上。

屏蔽罩采用导热性能好的材料制造，常用的材料为无氧铜、不锈钢和玻璃，其中铜是最常用的。在一定范围内，金属屏蔽罩厚度的增加可以提高灭弧室的开断能力，但通常其厚度不超过2mm。

3. 触头

触头是真空灭弧室内最为重要的元件，真空灭弧室的开断能力和电气寿命主要由触头状况来决定。目前真空断路器的触头系统，就接触方式而言，都是对接式的。根据触头开断时灭弧的基本原理的不同，大致可分为非磁吹触头和磁吹触头两大类。下面分别介绍一些常见触头。

（1）圆柱状触头。触头的圆柱端面作为电接触和燃弧的表面，真空电弧在触头间燃烧时不受磁场的作用，圆柱状触头为非磁吹型。开断小电流时，触头间的真空电弧为扩散型，燃弧后介质强度恢复快，灭弧性能好；开断电流较大时，真空电弧为集聚型，燃弧后介质强度恢复慢，因而开断可能失败。采用铜合金的圆柱状触头，开断能力不超过 6kA。在触头直径较小时，其极限开断电流和直径几乎呈线性关系，但当触头直径大于 50～60mm 后，继续加大直径，极限开断电流就很少增加了。

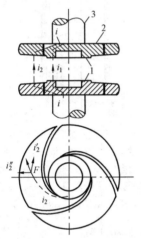

图 3 - 44　螺旋槽触头工作原理
1—接触面；2—跑弧面；3—导电杆

（2）横磁吹触头。利用电流流过触头时所产生的横向磁场，驱使集聚型电弧不断在触头表面运动的触头结构，称为横磁吹触头。横磁吹触头主要可分为螺旋槽触头和杯状触头两种。

1）中接式螺旋槽触头的工作原理如图 3 - 44 所示。其整体呈圆盘状，靠近中心有一突起的圆环供接触状态导通电流用（所以，称中接式。若圆环在外缘，则称外接式），在圆盘上开有 3 条（或更多）螺旋槽，从圆环的外周一直延伸到触头的外缘。动、静触头结构相同。当触头在闭合位置时，只有圆环部分接触。

当触头分离时，最初在圆环上产生电弧电流 i_1。电流线在圆环处有拐弯，电流回路呈 "匚" 形，其径向段在弧柱部分产生与弧柱垂直的横向磁场，使电弧离开接触圆环，向触头的外缘运动，把电弧推向开有螺旋槽的跑弧面（i_2）。由于螺旋槽的限制，电流 i_2 在跑弧面上只能按规定的路径流通，如图 3 - 44 中虚线所示。跑弧面上 i_2 径向分量的磁场使电弧朝触头外缘运动，而其切向分量的磁场使电弧在触头上沿切线方向运动，故可使电弧在触头外缘上做圆周运动，不断移向冷的触头表面，在工频半周的后半部电流减小时，集聚型电弧在新的触头表面转变为扩散型电弧，当电流过零时电弧熄灭。螺旋槽触头在大容量真空灭弧室中应用得十分广泛，它的开断能力可高达 40～60kA。

2）杯状触头的结构如图 3 - 45 所示。触头形状似一个圆形厚壁杯子，杯壁上开有一系列斜槽。这些斜槽实际上构成许多触指，靠其端面接触。

当触头分离产生电弧时，电流经倾斜的触指流通，产生横向磁场，驱使真空电弧在杯壁的端面上运动。杯状触头在开断大电流时，在许多触指上同时形成电弧，环形分布在圆壁的端面，每一个电弧都是电流不大的集聚型电弧。

在相同触头直径下，杯状触头的开断能力比螺旋槽触头要大一些，而且电气寿命也较长。

（3）纵向磁场触头。某纵向磁场触头如图 3 - 46 所示。它的结构特点是在触头背面设置一个特殊形状的线圈，串联在触头和导电杆之间。按电流进入电极的并联路数不同，可分为 1/2、1/3、1/4 匝三种纵向磁场触头。图 3 - 46 为 1/4 匝的典型结构，导电杆中的电流先分成四路流过线圈的径向导体，进入线圈的圆周部分，然后流入触头。动、静触头的结构是完全一样的。开断电流时由于流过线圈的电流在弧区产生一定的纵向磁场，可使电弧电压降低和集聚电流值提高，从而能大大提高触头的开断能力和电气寿命。

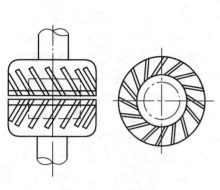

图 3-45　杯状触头

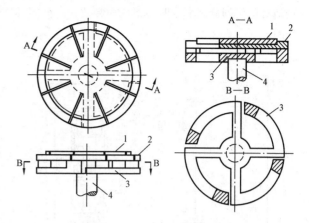

图 3-46　纵向磁场触头
1—触头；2—触头托；3—线圈；4—导电杆

三、真空断路器的结构特点

真空灭弧室的固定方式，原则上可以垂直、水平或以任意角度安装。按真空灭弧室的布置方式，真空断路器的总体结构可分为悬臂式和落地式两种最基本的形式。

1. 悬臂式

ZN4-10 型悬臂式真空断路器结构如图 3-47 所示。断路器主要由真空灭弧室 2、支持绝缘子 7、操动机构 8 及支持框架 4 几部分组成。每相的灭弧室 2 及上、下接线板由 2 只支持绝缘子固定在支持框架 4 的前方；灭弧室的静导电杆与上接线板固定连接，动导电杆则通过软连接与下接线板连接，上、下接线板间有绝缘加强杆支撑，其灭弧室采用横向磁吹灭弧；操动机构 8（电磁式或弹簧式）和分闸弹簧都装在框架上，主轴 3 上的拐臂的一端连有绝缘拉杆 6，拉杆的下端则通过另一拐臂、连杆及绝缘件与动导电杆连接；为了防止相间发生弧光短路，在相间加有绝缘隔板 9。

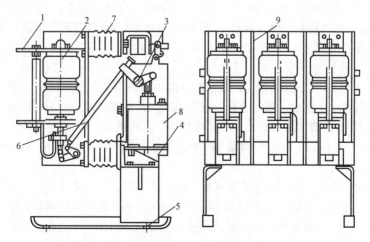

图 3-47　ZN4-10 型悬臂式真空断路器结构图
1—接线板；2—灭弧室；3—主轴；4—支持框架；5—安装孔；6—绝缘拉杆；7—支持绝缘子；
8—操动机构；9—绝缘隔板

断路器在合闸位置时，上拐臂的另一端被操动机构拉紧并锁住，维持断路器在合闸状态；当操动机构接到分闸命令时，机构被释放，在分闸弹簧作用下，上、下拐臂均逆时针旋转，断路器分闸。

ZN12-10型真空断路器结构（ZN12-35型的结构相同）如图3-48所示。该产品为引进德国西门子公司技术制造。其灭弧室3采用陶瓷外壳，触头为铜铬材料，支持绝缘子1为环氧树脂绝缘子，上、下接线座2、6采用铸铝合金材料制成；每相两只支持绝缘子呈"＜"形布置；在绝缘拉杆10与主轴拐臂的连接处装有触头弹簧11。触头弹簧设计有一定的预压力，其预压行程与终压行程之差常称为触头的超行程。断路器配有专用弹簧操动机构，可通过交流电源或直流电源操作。

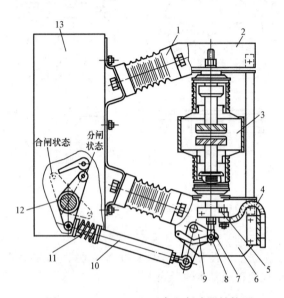

图3-48 ZN12-10型真空断路器结构图

1—支持绝缘子；2—上出线座；3—灭弧室；4—软连接；
5—导电夹；6—下出线座；7—万向杆端轴承；8—轴销；
9—杠杆；10—绝缘拉杆；11—触头弹簧；12—主轴；
13—机构箱

悬臂式真空断路器在结构上与传统的少油断路器相类似，便于在手车式开关柜中使用，也可固定安装；高度尺寸较小；其操动机构与高电压隔离，便于检修。与落地式比较，这种结构的缺点是：总体深度尺寸较大，用铁多，质量重；绝缘子受弯曲力作用；传动效率不高；操作时振动较大。因此，该结构的断路器一般只适于制造为户内中等电压以下的产品。

2. 落地式

户内落地式真空断路器结构如图3-49所示。落地式真空断路器的真空灭弧室1安装在上方，用绝缘支撑2（也可能是绝缘支撑杆）支持，操动机构5设置在基座下方，上下两部分由传动机构通过绝缘杆连接起来。ZN3-10、ZN5-10、ZN14-10、ZN28-10型等均为落地式真空断路器。

图3-50为ZW-40.5型户外落地式真空断路器内部结构图。其灭弧室2封装在上瓷套3内，其静导电杆与上出线座1连接，动导电杆通过导电夹5、软连接6与下出线座4连接；下瓷套8固定在槽钢底架13上，槽钢底架则固定在三相共用的机构箱16上，操动机构15装于机构箱内；操动机构主轴通过垂直拉杆14、传动轴12和绝缘拉杆7将力传递给动导电杆，实现断路器合闸。

落地式结构的优点是：便于操作人员观察和更换灭弧室；传动效率高，分合闸操作时直上直下，传动环节少，传动摩擦小；整个断路器的重心较低，稳定性好，操作时振动小；断路器深度尺寸小，质量小，进开关柜方便；产品系列性强，且户内、户外产品的相互交换容易实现。但是产品的总体高度较高，检修操动机构较困难，尤其是带电检修时。

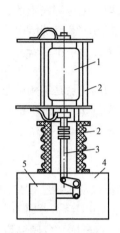

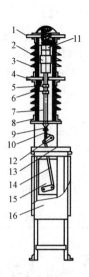

图 3-49　户内落地式真空
断路器结构图
1—真空灭弧室；2—绝缘支撑；
3—传动机构；4—基座；
5—操动机构

图 3-50　ZW-40.5型户外落地式真空断路器内部结构
1—上出线座；2—灭弧室；3—上瓷套；4—下出线座；
5—导电夹；6—软连接；7—绝缘拉杆；8—下瓷套；
9—调节杆；10—触头弹簧；11—连接件；12—传动轴；
13—槽钢底架；14—垂直拉杆；15—操动机构；16—机构箱

第六节　断路器的操动机构

断路器触头的分、合闸动作是通过某种机械操动系统实现的。机械操动系统可分为两部分：①操动机构，指断路器本体以外与操动能源直接联系的机械操动装置。其作用是把其他形式的能量，如人力、电磁能、弹簧能、气体或液体的压缩能等转变为机械能，为断路器提供操作动力。②传动机构，指连接操动机构和断路器动触头的传动部分，通常由若干拉杆、拐臂及连杆等组成。其作用是改变操作力的大小和方向，并带动动触头运动，实现断路器的合闸和分闸。

操动机构的工作性能和质量的优劣，直接影响断路器的工作性能和可靠性。因此，要求操动机构具有足够的合闸功率，具有合、分闸缓冲和保持合闸部件，当其能源（电源电压、气压或液压）在允许范围内变化时应具有能迅速可靠动作以及结构简单等特点。

操动机构一般为独立产品，一种型号的操动机构可以与几种型号的断路器相配装；同样，一种型号的断路器也可以与几种不同型号的操动机构相配装。也有操动机构与断路器组成一体的，如压缩空气断路器。还有部分断路器只配装其专用的操动机构。

操动机构按合闸能源取得方式的不同，可分为手动式、电磁式、弹簧式、气动式及液压式等几种。国产型号含义如下：

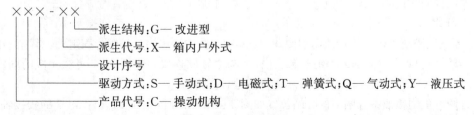

每种操动机构都有多种型式，但同种类的各型操动机构的基本结构和动作原理类似。因此，

本书对每种类型仅介绍 1~2 种型式。

一、手动操动机构

用手力直接合闸的操动机构，称为手动操动机构。它主要用来操作电压等级较低、开断电流较小的断路器，如 10kV 及以下配电装置的部分断路器。手动操动机构的优点是结构简单、不需配备复杂的辅助设备及操作电源；缺点是不能自动重合闸，只能就地操作，不够安全。

二、电磁操动机构

利用电磁力合闸的操动机构，称为电磁操动机构。电磁操动机构的优点是结构简单、工作可靠、维护简便、制造成本低；缺点主要是合闸电流很大（可达几十安至几百安），需要足够容量的直流电源，合闸时间较长。电磁操动机构普遍用来操作 3~35kV 断路器。

CD10 型电磁操动机构是一种户内悬挂式操动机构。

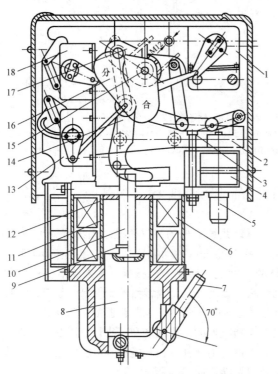

图 3-51 CD10 型电磁操动机构结构图

1、13、18—辅助开关；2—铁轭；3—止钉；4—分闸线圈；5—分闸铁芯；6—合闸线圈；7—手力合闸手柄；8—合闸铁芯；9—开口弹簧；10—合闸顶杆；11—内圆筒；12—黄铜垫圈；14—搭钩；15—主轴；16—分、合闸指示牌；17—拐臂

1. 结构

CD10 型电磁操动机构结构如图 3-51 所示，它主要由合闸电磁系统和脱扣机构组成。

（1）合闸电磁系统。合闸电磁系统位于机构下部，由合闸线圈 6、合闸铁芯 8、合闸顶杆 10 和有关导磁体组成。合闸线圈装在外铁筒和内圆筒 11 的环隙中，避免线圈受到损伤；可动部分是合闸铁芯及装在其顶部的顶杆，顶杆穿过上部铸铁支架底板的孔，导磁部分为铸铁支架底板、合闸线圈的外铁筒及下部帽状的缓冲法兰。合闸线圈通电时，合闸铁芯被吸向上；合闸线圈失电时，合闸铁芯自动落下。为防止因剩磁存在使合闸铁芯可能黏附在底板上，装有开口弹簧 9 和黄铜垫圈 12。缓冲法兰底部有橡皮缓冲垫，在合闸铁芯落下时起缓冲作用。缓冲法兰上装有手力合闸手柄 7，用于断路器进行调整和试验时进行手动缓慢合闸。

（2）脱扣机构。脱扣机构位于机构上部，由主轴 15、连杆机构、搭钩 14（又称鞍架）、底架、分闸线圈 4 和分闸铁芯 5（或称脱扣线圈和脱扣铁芯）等组成。主轴穿出支架，通过传动机构操作断路器。主轴上装有分、合闸指示牌 16。辅助开关 1、13、18 用于断路器的控制和信号回路，其触点的分、合状态与断路器分、合位置对应。

2. 动作原理

CD10 型电磁操动机构动作示意图如图 3-52 所示。图中涂成黑点的轴为固定轴，其中 O1 为主轴，可转动，它与断路器的传动轴连接。连杆 2 与主轴硬连接。连杆 5、7 可绕相应的固定轴转动。O2、O3、O4 等为铰接轴，其中 O4 上有滚轮。搭钩 10 上装有弹簧。

（1）合闸。机构在准备合闸前的分闸位置如图 3-52（a）所示。此时连杆 6、7 的铰接轴 O2 处于死点位置（连杆 6、7 成一直线时的位置）之下，止钉 8 阻止其移动；连杆 3、4 的铰接轴

O4 处于搭钩 10 的凹槽中。

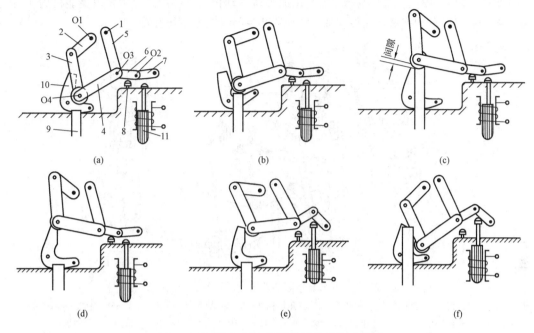

图 3 - 52　CD10 型电磁操动机构动作示意图

(a) 准备合闸前的分闸位置；(b) 合闸过程中；(c) 合闸动作结束（铁芯未落下）；

(d) 合闸位置；(e) 分闸过程中；(f) 合闸过程中的自由脱扣

1—固定轴；2～7—连杆；8—止钉；9—合闸铁芯顶杆；10—搭钩；11—分闸铁芯

合闸时，合闸线圈通电，合闸铁芯被吸入，顶杆 9 上升，推动轴 O4 上移；因轴 O2 处于死点位置之下，O3 为暂时固定轴，连杆 4 顺时针旋转，借助连杆 3、2 带动主轴 O1 顺时针旋转，使断路器进入合闸过程。当轴 O4 上移时，迫使搭钩 10 向左，如图 3-52 (b) 所示。合闸动作结束时，轴 O4 移至搭钩 10 的上端，比搭钩高 1～1.5mm，搭钩在其弹簧力作用下，向右返回，如图 3-52 (c) 所示。当合闸铁芯下落后，搭钩托住轴 O4，使断路器保持在合闸状态，如图 3-52 (d) 所示。这时，断路器框架上的分闸弹簧已被拉伸储能。

(2) 自动分闸时，分闸线圈通电后，分闸铁芯 11 的顶杆向上撞击连杆 7，使轴 O2 上移突破死点，轴 O3 向右移动，于是轴 O4 从搭钩 10 上落下，操动机构主轴 O1 在断路器分闸弹簧作用下逆时针方向转动，使断路器分闸，如图 3-52 (e) 所示。

(3) 自由脱扣。自由脱扣的含义是不论操动机构在合闸状态还是合闸过程中，当机构接到分闸命令时，都能使断路器无阻碍地分闸。在合闸过程，即合闸顶杆 9 处于上升过程时，若操动机构接到分闸命令，分闸线圈通电，则即使合闸命令尚未解除，也会产生类似上述的分闸动作，即分闸顶杆撞击连杆 7，使轴 O2 突破死点，在连杆 5、6、7 的作用下，轴 O3 向右移动，于是轴 O4 从合闸铁芯顶杆 9 上落下，实现合闸过程中的自由脱扣，如图 3-52 (f) 所示。连杆 5、6、7 构成的装置称自由脱扣装置。

自由脱扣可保证断路器在线路存在短路故障情况下合闸时，不需等待合闸顶杆下落也可分闸。

三、弹簧操动机构

利用已储能的弹簧为动力使断路器动作的操动机构，称为弹簧操动机构。

1. ZN12 - 10 型真空断路器配用的弹簧操动机构

图 3 - 53 为 ZN12 - 10 型真空断路器配用的弹簧操动机构原理图。它主要由储能机构、锁定机构、合闸弹簧、分闸弹簧、主传动轴、缓冲器和控制装置等部分组成。

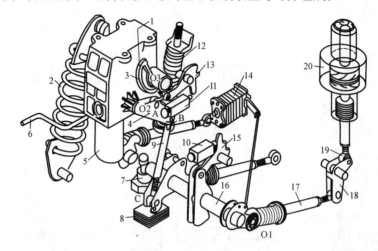

图 3 - 53   ZN12 - 10 型真空断路器配用的弹簧式操动机构原理图

1—减速箱；2—合闸弹簧；3—凸轮；4—三角形杠杆；5—电动机；6—手摇把；7—分闸油缓冲器；
8—合闸橡皮缓冲器；9—连杆；10—分闸电磁铁；11—合闸电磁铁；12—分闸弹簧；13—合闸锁扣；
14—辅助开关；15—分闸锁扣；16—主轴；17—绝缘拉杆；18—转向杠杆；19—万向接头；
20—真空灭弧室；O1—主轴；O2—减速箱轴；O3—储能轴

（1）结构。储能机构的主体是一个有铸铝外壳的减速箱 1，其内部装有两套蜗轮蜗杆。储能轴 O3 横穿减速箱，与蜗轮蜗杆无联系，但其轴套用键连在大蜗轮上，轴套上设有轴销，并装有棘爪；储能轴的右端装有带缺口的凸轮 3，棘爪通过凸轮上的缺口带动凸轮转动；储能轴的左端装有曲柄，其外端挂有合闸弹簧 2；轴上还装有带扣合滚轮的杠杆（拐臂），用来在储能后与合闸锁扣 13 相扣。减速箱的轴 O2 上装有三角形杠杆 4，在该杠杆的 A 轴销处装有合闸滚轮，合闸时合闸弹簧的能量通过凸轮传递给合闸滚轮；在该杠杆的 B 轴销处连接有连杆 9，连杆的另一端与主轴 O1 上的拐臂相连。减速箱的下部装有储能电动机 5，前方（左侧）有手摇把 6 的插孔。

在主轴 16 上装有分闸弹簧 12 和三个拐臂，后者分别用来驱动合闸缓冲器 8、分闸缓冲器 7 及锁住分闸的锁扣 15。此外，主轴上还装有带动辅助开关 14 的专用拐臂。

（2）工作原理。

1）储能。电动储能时，接通电动机 5 的电源，经有关部件带动大蜗轮转动，当与大蜗轮键连的轴套上的棘爪进入凸轮 3 的缺口时，便带动储能轴 O3 顺时针转动，从而使挂在储能轴左端曲柄上的合闸弹簧 2 拉伸储能。储能完毕后，储能轴上的扣合杠杆被合闸锁扣 13 锁住，维持在储能状态。同时，曲柄上的小连杆使微动开关打开，切断电动机电源。在面板孔中显示有"机构已储能"的机械指示。电机储能时间不大于 15s。

手动储能时，将手摇把 6 插入减速箱前方的插孔中，并顺时针摇动约 25 圈，使棘爪进入凸轮 3 的缺口；然后再继续摇约 25 圈，直到合闸弹簧储能完毕。手摇储能结束后，应随即卸下手把。

2）合闸操作。设合闸弹簧已储能，断路器处于分闸位置，此时，图中 C 处拐臂顺时针转向上，连杆 9 在上移位置。合闸操作时，电动或手按合闸按钮使合闸电磁铁 11 通电，合闸锁扣 13

逆时针转动，使扣合杠杆上的滚轮脱扣。储能轴 O3 在合闸弹簧力的作用下迅速逆时针转动，从而使轴上的凸轮 3 压下三角形杠杆 4 上 A 处的合闸滚轮；于是，三角形杠杆 4 绕轴 O2 顺时针转动，经连杆 9 推动主轴 16 逆时针转动，再经主轴的三相拐臂推动相应的绝缘拉杆 17，使转向杠杆 18 逆时针转动，实现断路器导电杆向上合闸操作。在合闸终了时，由橡皮缓冲器 8 吸收剩余动能，这时，主轴 16 约旋转了 60°并被分闸锁扣 15 锁住（扣住分闸扣合杠杆上的滚轮），使断路器维持在合闸状态。在面板孔中有"合闸位置"指示。在合闸过程中，分闸弹簧 12 被拉伸，触头弹簧被压缩；合闸终了时，凸轮 3 释放了三角形杠杆 4，为分闸做好了准备，因而也就具备了自由脱扣功能。新一轮的电动储能可在合闸弹簧释放后立即自动进行（由微动开关启动）。

3）分闸操作。电动或手按分闸按钮使分闸电磁铁 10 通电，分闸锁扣 15 解脱，主轴 16 在分闸弹簧和触头弹簧作用下迅速顺时针旋转，从而带动导电杆向下运动，使断路器分闸。分闸油缓冲器 7 用来吸收分闸终了时的剩余动能，并作为分闸定位。在面板孔中有"分闸位置"指示。

2. HPL245‑550B2 型 SF$_6$ 断路器配用的 BLG1002A 型弹簧操动机构

（1）结构。BLG1002A 型弹簧操动机构的结构如图 3‑54 所示。它由驱动装置 1、操动机构 2、控制盘 3、合闸弹簧组 4、加热器 5 等部分组成。其中，驱动装置如图 3‑55 所示，由电动机、手动/电动开关、手动储能手柄轴等组成；控制盘如图 3‑56 所示，由控制开关（合/分）、当地/远方开关、电桥计数器、弹簧储能指示器等组成；操动机构部分如图 3‑57 所示，对应断路器在分闸位置，分、合闸弹簧未储能；另外，机构中尚有其他控制、信号设备。

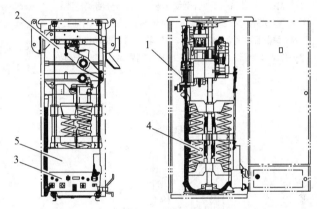

图 3‑54 BLG1002A 型弹簧操动机构
1—驱动装置；2—操动机构；3—控制盘；
4—合闸弹簧组；5—加热器

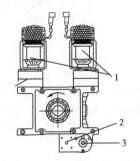

图 3‑55 驱动装置
1—电动机；2—手动/电动开关；
3—手动储能手柄轴

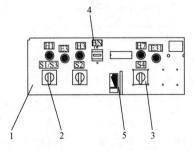

图 3‑56 控制盘
1—控制盘；2—控制开关合/分；3—当地/远方开关；
4—电桥计数器；5—弹簧储能指示器

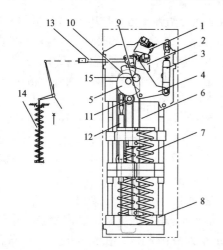

图 3-57　断路器在分闸位置（分、合闸弹簧未储能）

1—分闸掣子装置；2—合闸掣子装置；3—分闸缓冲器；
4—操作拐臂；5—凸轮盘；6—环形链条；7—合闸弹簧；
8—弹簧轭架；9—锁钩；10—链轮；11—驱动链轮；
12—合闸缓冲器；13—拉杆；14—分闸弹簧；15—止动滚

（2）工作原理。

1）合闸弹簧储能。如图 3-58 所示，电动机启动时，驱动链轮 11 逆时针转动并拉起链条段 16，弹簧轭架 8 被提起并压缩合闸弹簧 7 储能。这时合闸掣子装置 2 的掣子爪（或称锁钩、锁挡）被锁住。

2）合闸操作。如图 3-59 所示，当断路器进行合闸操作时，合闸掣子装置 2 的掣子爪被释放。链轮段 17 释放，并把合闸弹簧 7 的能量传递到凸轮盘 5。凸轮盘顺时针旋转 360°并把操作拐臂 4 推向右，直到分闸掣子装置 1 啮合。这时，拉杆 13 向右运动，带动下机构箱中的操作臂顺时针转动，支持瓷套中的绝缘操作杆向上运动，使断路器合闸。至终了位置时，由合闸缓冲器 12（油缓冲器）阻尼，断路器由操动机构的分闸掣子装置 1 保持在合闸位置。

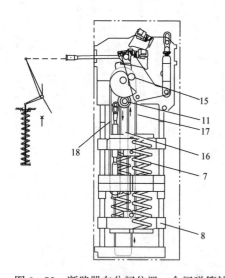

图 3-58　断路器在分闸位置，合闸弹簧储能

7—合闸弹簧；8—弹簧轭架；11—驱动链轮；
15—止动滚；16～18—链条段

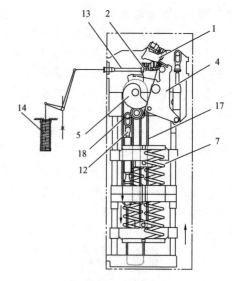

图 3-59　合闸操作

1—分闸掣子装置；2—合闸掣子装置；4—操作拐臂；
5—凸轮盘；7—合闸弹簧；12—合闸缓冲器；13—拉杆；
14—分闸弹簧；17、18—链条段

在合闸的同时，分闸弹簧 14 经拉杆 13 压缩自动储能。

合闸操作完成后，合闸弹簧组重新自动储能，如图 3-60 所示。这时分、合闸弹簧均储能。

3）分闸操作。如图 3-61 所示。当断路器进行分闸操作时，分闸掣子装置 1 的掣子爪被释放。分闸弹簧 14 带动下机构箱中的操作臂逆时针转动，经拉杆 13 拉操作拐臂 4 向左运动，同时，支持瓷套中的绝缘操作杆向下运动，使断路器分闸。在操作拐臂 4 靠在凸轮盘 5 以前的运动的终端位置，运动被分闸缓冲器 3 阻尼，断路器由操动机构的合闸掣子装置 2 保持在分闸位置。

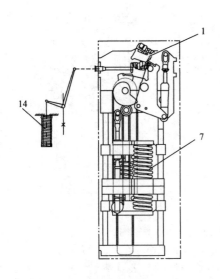

图 3-60　断路器在合闸位置，分、合闸
弹簧均已储能
1—分闸掣子装置；7—合闸弹簧；
14—分闸弹簧

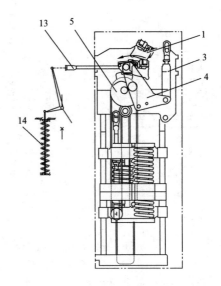

图 3-61　分闸操作
1—分闸掣子装置；3—分闸缓冲器；
4—操作拐臂；5—凸轮盘；13—拉杆；
14—分闸弹簧

四、气动操动机构

利用压缩空气作为能源的操动机构，称为气动操动机构。按合闸和分闸能的不同，它分为三种类型：①气动合闸、气动分闸型；②气动分闸、弹簧储能合闸型；③气动合闸、分闸弹簧分闸型。

1. SFM 系列 SF$_6$ 断路器配用的 AM 系列气动操动机构

AM 系列气动操动机构属气动分闸、弹簧储能合闸型，其结构及动作原理如图 3-62 所示。110、220kV 断路器配用的 AM25 型机构的压缩空气压力参数为：额定压力 1.47MPa，空压机启停压力 1.42~1.52MPa，重合闸闭锁压力 1.40MPa，合闸闭锁压力 1.18MPa，分闸闭锁压力 1.08MPa，安全阀动作压力 1.76MPa。

图 3-62 中，左上部为合闸控制及分闸保持部件，右上部为分闸控制及合闸保持部件，下部为气缸、活塞及合闸弹簧。活塞杆经传动机构与断路器的动触头连接，其动作原理如下：

（1）合闸位置。图 3-62（a）所示为断路器处在合闸位置。这时，合闸弹簧 13 处于释放状态，顶起活塞 11；储气罐 9 与气缸 12 之间的控制阀 19 被拐臂 3 压下，气缸进气口处于关闭状态，弹簧 17 被压缩，拐臂 3 被插销 23 扣住，储气罐中的压缩空气不能进入气缸。

（2）分闸。分闸时，使分闸线圈 4 通电，分闸铁芯 16 撞击掣子 8，使插销 23 与拐臂 3 脱扣，拐臂顺时针转动，释放控制阀 19。此时，控制阀 19 在弹簧 17 的作用下向上运动，打开气缸 12 的进气口，堵住控制阀上部的排气口；于是，压缩空气进入气缸，推动活塞 11 向下运动，从而带动断路器动触头系统进入分闸过程，如图 3-62（b）所示。在分闸的过程中，合闸弹簧 13 被压缩储能。在分闸的最后阶段，分闸缓冲器 14 吸收分闸后的动能；与活塞杆硬性连接的销子 24 被扣板 7（或称保持掣子）扣住，扣板则被脱扣器 6 顶住，保持合闸弹簧的储能状态和断路器的分闸状态；同时，凸轮 2 压下拐臂和弹簧，使拐臂被插销重新扣住，控制阀将进气口关闭，排气口打开，气缸内的气体排出，如图 3-62（c）所示。分闸结束时，相应的辅助开关切换，自动断开分闸线圈回路。

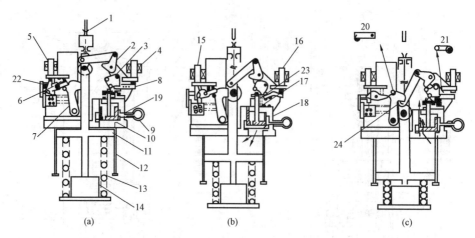

图 3-62　AM 系列气动操动机构结构及动作原理图

(a) 合闸位置；(b) 分闸过程；(c) 分闸位置

1—断路器本体；2—凸轮；3—拐臂；4—分闸线圈；5—合闸线圈；6—脱扣器；7—扣板；8—触发器（掣子）；
9—储气罐；10—阀座；11—活塞；12—气缸；13—合闸弹簧；14—缓冲器；15—合闸铁芯；16—分闸铁芯；
17—弹簧；18—控制阀体；19—控制阀；20—合闸闭锁销；21—分闸闭锁销；22—防跳连杆；23—插销；24—销子

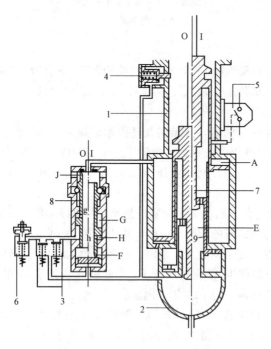

图 3-63　PKA 型气动操动机构

1—机构主体外壳；2—储气箱；3—分闸启动阀；
4—合闸位置闭锁装置；5—辅助开关；6—合闸启动阀；
7—工作阀活塞；8—控制阀活塞；9—缓冲活塞

A—分闸气室；E—合闸气室；F—下冲击密封；

J—上冲击密封；G—合闸气室；g—合闸气室进气孔；

H—分闸气室；h—分闸气室进气孔

　　(3) 合闸。合闸时，使合闸线圈 5 通电，合闸铁芯 15 向下撞击防跳连杆 22，使脱扣器 6、扣板 7 释放，断路器在合闸弹簧的作用下实现合闸，其最终状态如图 3-62 (a) 所示。图 3-62 (c) 中的合闸闭锁销 20 和分闸闭锁销 21，分别用于检修调整时将机构锁定在分、合闸位置，以防止机构意外动作危及人身安全。在工作结束后，应将锁销取下。

　　2. ELFSL 系列 SF_6 断路器配用的 PKA 型气动操动机构

　　PKA 型气动操动机构属气动合闸、气动分闸型，其额定压力为 3.05～3.15MPa，结构及动作原理如图 3-63 所示。机构采用压力差动原理工作。

　　(1) 结构。机构主要由两部分组成，右边为主体部分，左边为控制部分。主体部分由工作阀、缓冲阀及储气箱等组成，控制部分由控制阀、合闸启动阀及分闸启动阀等组成。图中工作阀和控制阀中心线（点划线）的 O 侧表示分闸状态，I 侧表示合闸状态。

　　1) 工作阀活塞 7 和传动机构的绝缘拉杆直接耦合和传动，结构可靠性高。

　　2) 工作阀为差动阀结构，A 为分闸气室，E 为合闸气室。工作阀活塞 7 的分闸侧

（A室侧）面积大，且A室下方与大气相通；合闸侧（E室侧）面积小，且常处于压缩空气工作压力下。

3）分、合闸缓冲利用同一缓冲活塞9实现，当工作活塞7运动到大约2/3行程时，就带动该缓冲活塞在一个体积较小的密封空间里运动，从而起缓冲作用；该缓冲活塞上开有3～4个φ8mm的小孔，以调节缓冲特性。

4）合闸位置闭锁装置4的作用是防止断路器慢分。当压缩空气压力低于工作压力时，闭锁装置内部的弹簧力克服压缩空气作用力，使活塞向右运动，活塞杆插入工作阀活塞杆的相应缺口中，使断路器保持在合闸位置，防止慢分；当压缩空气压力恢复正常时，在压缩空气的作用下，活塞向左运动，解除闭锁。

5）机构主体的底部与压缩空气储气箱2连接，以便及时补充压缩空气。

6）控制阀的作用是控制工作阀活塞的气体状态，它由控制阀活塞8、下冲击密封F、上冲击密封J、合闸气室G、合闸气室进气孔g、分闸气室H、分闸气室进气孔h及分合闸保持器等组成。合闸启动阀6、分闸启动阀3均为电磁阀。

（2）动作原理。机构充气、合闸及分闸操作时的动作原理如下：

1）机构充气前，工作阀、控制阀应在分闸位置，分闸启动阀、合闸启动阀应在关闭位置。此时，上冲击密封J关闭，而下冲击密封F开启，由储气箱2经管道、控制阀向工作阀的分闸气室A充气，使工作阀保持在分闸位置；同时，压缩空气从h孔进入控制阀的分闸气室H，使控制阀保持在分闸位置，分闸阀口J保持关闭；另外，压缩空气经管道进入合闸位置闭锁装置4，使其活塞向左运动，合闸位置闭锁解除。充气过程完成后，断路器具备合闸条件。

2）合闸操作时，合闸启动阀6的电磁铁通电，合闸启动阀打开，控制阀的H室内压缩空气经合闸启动阀上部排入大气；同时压缩空气从g孔进入控制阀的G室，推动控制阀活塞8向下运动，关闭下冲击密封F，打开上冲击密封J，并由分合闸保持器将控制阀保持在合闸位置。同时，工作阀A室的压缩空气经J处的排气孔排入大气。工作阀活塞7在E室压缩空气作用下向上运动，使断路器合闸，并保持在合闸位置，如图3-61中I侧所示。在合闸即将结束时，由缓冲阀活塞9起合闸缓冲作用，辅助开关5切断合闸电磁铁电源，使合闸启动阀关闭。

3）分闸操作时，分闸启动阀3的电磁铁通电，分闸启动阀打开，压缩空气经分闸启动阀进入控制阀的H室，推动控制阀活塞8向上运动，关闭上冲击密封J，打开下冲击密封F；同时压缩空气经控制阀内部及上部管道进入工作阀的A室，工作阀活塞7在两侧压力差作用下向下运动，断路器分闸，如图3-63中O侧所示。在分闸即将结束时，缓冲阀活塞9起分闸缓冲作用；同时，控制阀的分合闸气室H、G均充有相同压力的压缩空气，使控制阀活塞7仍保持在分闸位置。

五、液压操动机构

液压操动机构是利用弹簧或压缩气体（氮气）作为能源，液压油作为传递能量的介质，注入带有活塞的工作缸内，推动活塞做功，实现断路器的合闸和分闸。

（一）压缩氮气储能的液压操动机构

下面以LW6系列断路器三相联动液压操动机构为例说明，其原理如图3-64所示。

1.组成元件

（1）液压柜中三相共用的液压元件有：①低压主油箱D、油过滤器F、电动机MO、电动油泵E、手力泵AD、防振容器CAP、油压开关J及微动开关S、压力检测装置K；②控制阀A、合闸电磁铁EVE、分闸电磁铁EVDS和EVD、信号缸FB及辅助开关I；③三级阀RA和辅助储压器B10。

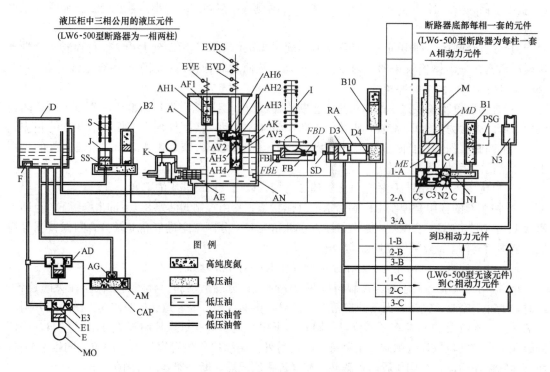

图 3-64　LW6 系列断路器三相联动液压操动机构原理图

D—低压主油箱；F—油过滤器；MO—电动机；E—电动油泵；E1、E3—电动油泵中的阀；AD—手力泵；

CAP—防振容器；AG—防振容器中的安全阀；AM—防振容器中的逆止阀；J—油压开关；

S—油压开关中的微动开关；SS—油压开关中的安全阀；B2—油压开关中的辅助储压器；K—压力检测装置；

A—控制阀；EVE—合闸电磁铁；AF1—合闸一级阀中的排油阀；AH1—合闸一级阀中的供油阀；

EVE—合闸电磁铁；EVDS、EVD—分闸电磁铁；AH6—逆止阀；AH2—分闸一级阀中的排油阀；

AH3—逆止阀；AV2—二级阀上部空间；AH5—二级阀中的排油阀；AH4—二级阀中的供油阀；

AV3—二级阀内部空间；AE—控制阀中的检查孔；AK、AN—定径孔（φ1.7mm）；FB—信号缸；

FB1—信号缸中的定径孔；FBE—信号缸活塞合闸端受压截面；FBD—信号缸活塞分闸端受压截面；

I—辅助开关；RA—三级阀；SD—泄压螺杆；D3—三级阀中的排油阀；D4—三级阀中的供油阀；

B10—辅助储压器；1-A、1-B、1-C—分合闸命令油管；2-A、2-B、2-C—高压油管；

3-A、3-B、3-C—低压回油管；M—工作缸；MD—工作缸活塞分闸端受压截面；

ME—工作缸活塞合闸端受压截面；C—供排油阀；C3—供排油阀中的排油阀；

C4—供排油阀中的供油阀；C5—供排油阀中的空腔；N1—合闸定径孔；N2—分闸定径孔；

B1—主储压器；PSG—主储压器内的漏氮指示装置；N3—辅助油箱

对分相操作的液压操动机构，上述①的元件为三相共用，②的元件为每相一套，没有三级阀 RA 和辅助储压器 B10。

油压开关 J 中的 4 只（最多可装 6 只）微动开关分别用于油泵电动机的启动和停止、合闸闭锁、分闸闭锁、失压闭锁，安全阀 SS 用于液压系统在运行中产生过压时泄压。油压开关 J 中的辅助储压器 B2 及三级阀 RA 附近的辅助储压器 B10，用来提高油压的稳定性。压力检测装置 K 用来检查液压机构的油压，并可将液压系统的高压放掉。

（2）液压柜与各相断路器间的连接管路：分合闸命令油管 1-A、1-B、1-C，高压油管 2-A、2-B、2-C，低压回油管 3-A、3-B、3-C。

（3）断路器支柱下部每相一套动力单元的元件：工作缸 M、供排油阀 C、主储压器 B1、辅助油箱 N3。

2. 工作原理

(1) 油泵打压。当电动机 MO 通电运转时，带动油泵 E 中的活塞上下运动。当活塞下移时，油泵中的油腔增大，压力降低，阀 E3 关闭，阀 E1 打开，低压主油箱中的油经过滤器 F 进入油腔；当活塞上移时，油腔内的油被挤压，阀 E1 关闭，阀 E3 打开，高压油输出。

从油泵 E 输出的高压油的油压是脉动的，进入防振容器 CAP 后，由于防振容器内存有少许空气，使油压的脉动减小。高压油经阀 AM 到达油压开关 J 的辅助储压器 B2、辅助储压器 B10 及主储压器 B1 的下部，当油压大于储压器上部氮气的预压力（约 18MPa）时，氮气被进一步压缩而储能。正常情况下，高压油压力值由油压开关中已按油压规定值调整好的微动开关 S 控制，达到规定油压时，S 切断电动机电源，停止打压。这时，逆止阀 AM 自动关闭，将电动油泵从高压系统中隔离出来，以减少油压泄漏及便于油泵检修。如果控制油泵停止的电气回路发生故障，油泵打压超过规定值，则安全阀 AG 开启泄放高压油，从而保证液压系统免受过压的危险。

当用手力泵打压时，其过程与上述类似，但打压不受微动开关 S 控制。

(2) 合闸操作。合闸电磁铁 EVE 接受合闸命令而动作时，关闭合闸一级阀中的阀 AF1，打开阀 AH1；高压油经逆止阀 AH6 进入二级阀的上部空腔 AV2，推动二级阀杆向下，关闭阀 AH5，打开阀 AH4，下部高压油进入二级阀的内腔 AV3；高压油再经定径孔 AN 进入三级阀 RA 的左侧，关闭阀 D3，打开阀 D4；而后，高压油分别经三相的分合闸命令油管 1 - A、1 - B、1 - C 到达相应的供排油阀的空腔 C5。

高压油进入供排油阀后，关闭阀 C3，打开阀 C4，主储压器 B1 中的高压油经定径孔 N1 进入工作缸 M 活塞的合闸侧（其受压截面为 ME），而活塞的分闸侧也受高压（其受压截面为 MD），但 $ME > MD$，所以活塞向上运动，断路器合闸并维持在合闸状态。

如果在合闸过程中合闸电磁铁 EVE 断电，则导致合闸一级阀中的阀 AH1 关闭，阀 AF1 打开，逆止阀 AH6 因左侧高压油被泄放而关闭；此时二级阀内腔 AV3 内的高压油经定径孔 AK、阀 AH3 补充到空腔 AV2 内，使二级阀保持在合闸位置，保证合闸过程的完成。

在二级阀合闸动作时，其空腔 AV3 的高压油经定径孔 FB1 进入信号缸 FB 活塞的合闸端（其受压截面为 FBE），而活塞的分闸端也受常高压（其受压截面为 FBD），但 $FBE > FBD$，所以活塞向右运动，通过齿条齿轮机构带动辅助开关 I 切换，其触点将合闸电磁铁断电。

(3) 分闸操作。由上述可知，只要泄放二级阀空腔 AV2 内的高压油，即能实现分闸。分闸电磁铁 EVD 或 EVDS，或两者同时接受分闸命令而动作时，均可打开 AH2，空腔 AV2 内的高压油被泄放；二级阀返回，关闭阀 AH4，打开阀 AH5，空腔 AV3 内的高压油也被泄放。三级阀 RA 复位，阀 D4 关闭，阀 D3 打开，管路 1 - A、1 - B、1 - C 降压，供排油阀中的内腔 C5 随之降压，阀 C4 关闭，阀 C3 打开（其左端弹簧被压缩），工作缸合闸侧的高压油经定径孔 N2 被排放到辅助油箱 N3，而工作缸的分闸侧受常高压，所以工作缸活塞向下运动，断路器分闸。分闸完成后，供排油阀中的阀 C3 在弹簧作用下关闭，由于工作缸的分闸侧受常高压，故断路器维持在分闸状态。

辅助油箱 N3 的作用是加快分闸时工作缸排油速度，缩短断路器的分闸时间。由于其安装位置高于低压主油箱 D，所以油最终经低压回油管流回低压主油箱。

在二级阀内腔 AV3 放压时，信号缸 FB 的合闸端也降压，因分闸端受常高压，所以信号缸活塞向左返回，辅助开关 I 切换，其触点将分闸电磁铁断电。

如因调试或其他原因需要把高压油放掉，可在断路器处于分闸状态下，拧进三级阀 RA 上的泄压螺杆 SD，使阀 D4 打开，而阀 D3 未闭合，高压油瞬时泄放到主油箱 D 中，然后反向退出

SD，使阀 D4 复位。

（二）弹簧储能的液压操动机构（液压弹簧操动机构）

液压弹簧操动机构将弹簧储能和液压操作与控制相结合，既发挥了液压机构对大、小功率的适应性，又克服了液压机构的许多缺点，在各种操动机构中脱颖而出，迅速占领了开关行业的国内外市场。

1. 工作原理

液压弹簧操动机构工作原理如图 3-65 所示。

（1）储能。如图 3-65（a）所示，当储能电动机接通时，油泵将低压油箱的油压入高压油腔，三组相同结构的储能活塞在液压的作用下向下压缩碟簧，建立一定的压缩变形量而储蓄能量。储能到位后，弹簧行程开关 18 切断储油电动机，油泵停转，储能过程结束。当操作后或泄漏到一定值时，弹簧行程开关接通储油电动机再次补压到油泵停转位置。碟簧储能状态可通过储能状态指示器及行程开关进行监视。机械储能的优点是长期稳定、可靠和不受温度影响。

（2）合闸操作。如图 3-65（b）所示，当合闸电磁阀线圈带电时，合闸电磁阀动作，高压油进入换向阀的上部，在差动力的作用下，换向阀芯向下运动，切断了工作活塞下部原来与低压油箱连通的油路，而与储能活塞上部的高压油路接通。这样，工作活塞在差动力的作用下，快速向上运动，带动断路器合闸。工作缸活塞的多级平滑阻尼系统在合闸过程即将终止时产生阻尼作用以降低合闸冲击力，缓冲效果明显改善。液压支撑力确保工作缸活塞保持在合闸位置。

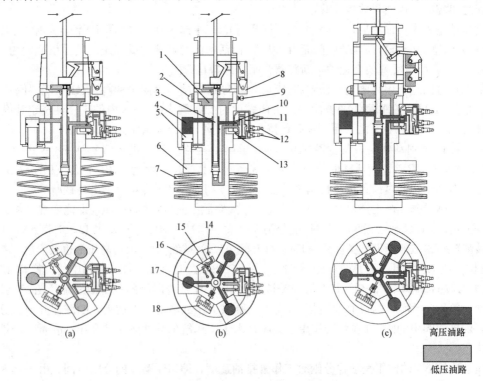

高压油路

低压油路

图 3-65　液压弹簧操动机构工作原理图

（a）未储能，分闸状态；（b）已储能，分闸状态；（c）已储能，合闸状态

1—低压油箱；2—油位指示器；3—工作活塞杆；4—高压油腔；5—储能活塞；6—支撑环；7—碟簧（碟形弹簧）；
8—辅助开关；9—注油孔；10—合闸节流阀；11—合闸电磁阀；12—分闸电磁阀；13—分闸节流阀；
14—排油阀；15—储能电动机；16—柱塞油泵；17—泄压阀；18—行程开关

(3) 分闸操作。如图 3 - 65（c）所示，当分闸电磁阀线圈带电时，分闸电磁阀动作，换向阀上部的高油压腔与低压油箱导通而失压，换向阀芯立即向上运动，切断了原来与工作活塞下部相连通的高压油路，而使工作活塞下部与低油油箱连通失压。工作活塞在上部高压油的作用下，迅速向下运动，带动断路器分闸。在分闸过程即将终止时产生阻尼作用以降低分闸冲击力。液压支撑力确保工作缸活塞保持在分闸位置。

(4) 机械型防失压慢分功能。如图 3 - 66 所示，断路器处于合闸位置时，一旦机构液压系统出现失压故障，支撑环 5 受到弹簧力的作用，向上运动 h_2 长度，推动连杆 3，连杆 3 带动拐臂 1 顺时针转动 h_3 角度，支撑住向下慢分的活塞杆，使断路器始终保持在合闸位置。待机构的故障排除后重新储能，在储能活塞的作用下，支撑环 5 向下运动压缩碟簧，连杆 3 在复位弹簧力的作用下，带动拐臂 1 逆时针转动，脱离活塞杆，机构又恢复正常工作状态。

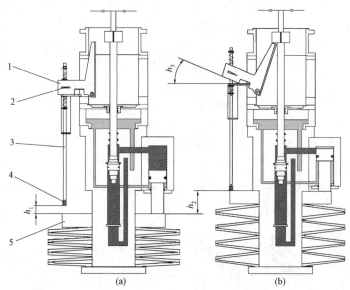

图 3 - 66 机械型防失压慢分装置工作原理图

(a) 正常工作状态；(b) 失压状态

1—拐臂；2—弹性开口销；3—连杆；4—调整螺栓；5—支撑环

2. 主要特点

(1) 各功能元件采用模块式集成连接，以密封圈实现密封，节省了空间，减少了密封点，降低了渗漏油的隐患。

(2) 以碟簧储能代替了传统的压缩氮气储能，不仅可获得高压力，而且排除了氮气泄漏或油氮互渗引起的压力变化的可能性，操作特性更加稳定可靠，结构上更加小巧紧凑。

(3) 动作迅速，反应灵敏，输出功率大，缓冲良好，免于运行维护，操作噪声小，可靠性高，功率特性和断路器负荷特性匹配较好。

(4) 结构较复杂，制造工艺及材料的要求较高。

第七节　隔离开关及其操动机构

隔离开关的用途是：①在检修电气设备时用来隔离电压，使检修的设备与带电部分之间有明显可见的断口；②在改变设备状态（运行、备用、检修）时用来配合断路器协同完成倒闸操作；③用来分、合小电流，可用来分、合电压互感器、避雷器和空载母线，分、合励磁电流不超过2A的空载变压器，关合电容电流不超过5A的空载线路；④隔离开关的接地开关可代替接地线，保证检修工作安全。隔离开关没有灭弧装置，不能用来接通和断开负荷电流和短路电流，一般只能在电路断开的情况下才能操作。

隔离开关的操动机构有手动式和动力式两大类。

一、隔离开关的种类和型式

隔离开关的种类和型式很多，按装设地点可分为户内式和户外式，按产品组装极数可分为单极式（每极单独装于一个底座上）和三极式（三极装于同一底座上），按每极绝缘支柱数目可分为单柱式、双柱式、三柱式等。

隔离开关的型号含义如下：

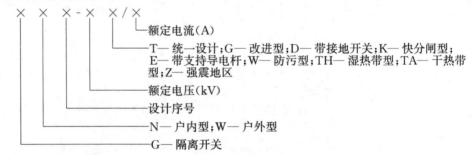

1. 户内型隔离开关

图3-67所示为户内型隔离开关的典型结构图。它由导电部分、支持绝缘子4、操作绝缘子2（或称拉杆绝缘子）及底座5组成。

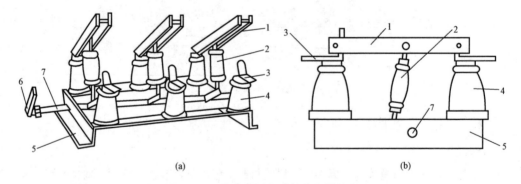

图3-67　户内型隔离开关典型结构图

(a) 三极式；(b) 单极式

1—闸刀；2—操作绝缘子；3—静触头；4—支持绝缘子；5—底座；6—拐臂；7—转轴

导电部分包括可由操作绝缘子带动而转动的闸刀1（动触头），以及固定在支持绝缘子上的静触头3。闸刀及静触头采用铜导体制成，一般额定电流为3000A及以下的隔离开关采用矩形截面铜导体，额定电流为3000A以上则采用槽形截面铜导体，使铜的利用率较好。闸刀由两片平行刀片组成，电流平均流过两刀片且方向相同，产生相互吸引的电动力，使接触压力增加。支持绝缘子4固定在角钢底座5上，承担导电部分的对地绝缘。

操作绝缘子2与闸刀1及轴7上对应的拐臂铰接，操动机构则与轴端拐臂6连接，各拐臂均与轴硬性连接。当操动机构动作时，带动转轴转动，从而驱动闸刀转动而实现分、合闸。

图3-68所示GN6-10型隔离开关，为三极式结构。为提高短路时的动稳定性能，在刀片3

的两侧装有压力弹簧 4 及由钢片 9 构成的电磁锁。当电流通过刀片时产生磁场，磁通穿过钢片及空气隙形成回路，由于磁力线总是力图缩短本身的长度，因而使两侧钢片互相靠拢产生压力。在短路冲击电流通过触头时，磁通密度很高，触头可得到很大的附加压力，从而提高电动稳定度。

图 3-69 所示 GN10-20/6000 型隔离开关，为单极式结构，可单极操作或三极联动操作。其闸刀由 4 块槽形铜导体组成，静触头由 2 块槽形铜导体组成，闸刀和静触头各由 2 个支持绝缘子支持。

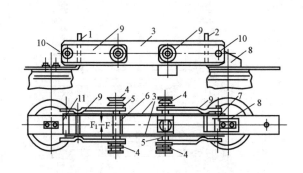 

图 3-68　GN6-10 型隔离开关结构图
1、2—静触头；3—刀片；4—弹簧；5、11—杆；6—套管；
7—刀闸转轴；8—轴承；9—钢片；10—缺口

图 3-69　GN10-20/6000 型
隔离开关外形图

GN2、GN8、GN11、GN18、GN19、GN22 系列等隔离开关为三极式结构，GN1、GN3、GN5、GN14 系列等隔离开关为单极式结构。

2. 户外型隔离开关

与户内型隔离开关比较，户外型隔离开关的工作条件较恶劣，并承受母线或线路拉力，因而对其绝缘及机械强度要求较高，要求其触头应制造得在操作时有破冰作用，并且不致使支持绝缘子损坏。户外型隔离开关一般均制成单极式。

(1) 单柱式隔离开关。GW6-220GD 型单柱式户外隔离开关（一相）如图 3-70 所示。它可单相或三相联动操作，分相直接布置在母线的正下方，大大节省占地面积。每相有一个支持瓷柱 6 和一个较细的操作瓷柱 7；静触头 1 固定在架空硬母线或悬挂在架空软母线上，动触头 2 固定在导电折架 3 上。操作时，操动机构使操作瓷柱 7 转动，通过传动装置 4 使导电折架 3 像剪刀一样上下运动，使动触头夹住或释放静触头，实现合、分闸，所以俗称剪刀式隔离开关。图中动触头 2 和导电折架 3 的实线位置为分闸位置，直接将垂直空间作为断口的电气绝缘；虚线位置为合闸位置。主开关与接地开关之间设有机械连锁装置。GW6 型隔离开关有 220～500kV 系列产品。

(2) 双柱式隔离开关。图 3-71 所示为 GW4-110 型双柱式户外隔离开关（一相）。它为水平开启式结构，每相有两个瓷柱 1、2，既是支持瓷柱，又是操作瓷柱，分别装在底座 13 两端的滚珠轴承上，并用交叉连杆 3 连接，可水平转动；导电部分分成两半（闸刀 6、7，触头 8，连接端子 9、10，挠性连接导体 11、12），分别固定在瓷柱上端，触头的接触位于两个瓷柱的中间，触头上有防护罩。图中为合闸位置，分闸操作时，操动机构带动瓷柱 1 逆时针转动 90°，瓷柱 2 由交叉连杆 3 传动，同时顺时针转动 90°，于是闸刀 6、7 便向同一侧方向分闸。合闸操作方向相反。为了使引出线不因瓷柱的转动而扭曲，在闸刀与出线座之间装有滚珠轴承和挠性连接导体。

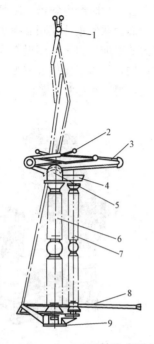

图 3-70　GW6-220GD 型单柱式隔离开关
1—静触头；2—动触头；3—导电折架；
4—传动装置；5—接线板；6—支持瓷柱；
7—操作瓷柱；8—接地开关；9—底座

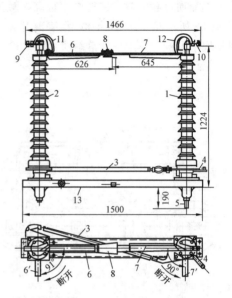

图 3-71　GW4-110 型双柱式隔离开关
1、2—支持瓷柱；3—交叉连杆；4—操动机构牵引杆；
5—瓷柱的轴；6、7—闸刀；8—触头；9、10—接线端子；
11、12—挠性连接导体；13—底座

图 3-72 所示为 GW5-110D 型双柱式户外隔离开关（一相）。它也是水平开启式结构，每相的两个瓷柱 6 成 V 形布置在底座 1 的轴承上，夹角为 50°；轴承座由伞形齿轮啮合。操作时，两个瓷柱以相同速度做相反方向（一个顺时针，另一个反时针）转动，于是闸刀 2、3 便向同一侧方向闸刀或合闸。

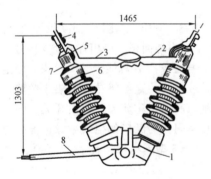

图 3-72　GW5-110D 型双柱式户外
隔离开关
1—底座；2、3—闸刀；4—接线端子；
5—挠性连接导体；6—支持瓷柱；
7—支承座；8—接地开关

双柱式隔离开关优点是结构简单、尺寸小、质量小、不占上部空间；所用绝缘子数目少，且大部分零部件可通用；导电系统稳定，易于破冰。其缺点是：合闸时，支持瓷柱受较大弯力，要求有较高的强度；闸刀做水平转动，使相间距离较大。

GW4 型双柱式隔离开关有 10～220kV 系列产品，品种较全；GW5 型双柱式隔离开关有 35～110kV 系列产品。

（3）三柱式隔离开关。GW7-330D 型三柱式户外隔离开关（一相）如图 3-73 所示。它为水平开启式双断口结构，可单相或三相操作，并可分相布置。每相有三个瓷柱，边上两个瓷柱 3 是静止不动的，其顶上各有一个静触头 5；中间瓷柱 7 用来支持主闸刀 6，同时是一个操作瓷柱，可在水平面上转动 70°。操作时，操动机构通过底座 1 上的传动杆带动中间瓷柱转动，实现分闸或合闸。为了改善电场分布，每个瓷柱顶部装有均压环 4。三柱式隔离开关主要缺点是所用绝缘子较多、体积较大。GW7 型三柱式隔离开关有 220～500kV 系列产品。

二、隔离开关的操动机构

1. 手动操动机构

采用手动操动机构时，必须在隔离开关安装地点就地操作。手动操动机构结构简单、价格低廉、维护工作量少，而且在合闸操作后能及时检查触头的接触情况，因此被广泛应用。

手动操动机构有杠杆式和蜗轮式两种，前者一般适用于额定电流小于3000A 的隔离开关，后者一般适用于额定电流大于 3000A 的隔离开关。

（1）杠杆式。CS6 型手动杠杆式操动机构示意图如图 3-74 所示。图中实线为合闸位置，虚线为分闸位置。

它的前轴承 7 的 O1 轴上，装有硬性连接的手柄 1 和连杆 9，连杆 9、10 绞接于 d［图 3-74（a）中，连杆 10 的一部分和连杆 9 被装在操动机构内部］；后轴承 8 的 O2 轴上，装有硬性连接的扇形杆 6，连杆 6、10 绞接于 c；扇形杆 6 的弧形边缘开有一排

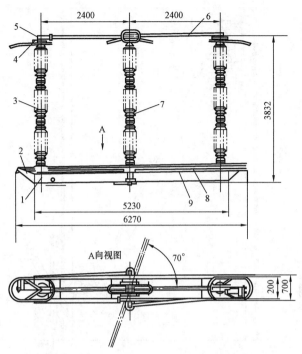

图 3-73　GW7-330D 型三柱式户外隔离开关
1—底座；2—接地开关支架；3—支持瓷柱；4—均压环；5—静触头；
6—主闸刀；7—操作瓷柱；8—接地闸刀；9—拉杆

孔，可用螺栓穿入某孔内，将连杆 5 与扇形杆 6 做不同角度的硬性连接，以便调整；牵引杆 3 与连杆 5 及拐臂 4 之间，分别用接头 2 绞接于 b 和 a，而拐臂 4 则与隔离开关主轴 O3 硬性连接。另外，O1 轴处装有带弹簧的销子，在合、分闸位置销子均插入锁定。

图 3-74（b）所示隔离开关在合闸位置时，连杆 9、10 的铰接轴 d 处于死点位置以下，因此，可防止短路电流通过隔离开关时，闸刀因电动力作用而自行分闸。分闸操作时，拔出 O1 轴处的销子，使手柄 1 顺时针向下旋转 150°，则连杆 9 随之顺时针向上旋转 150°，通过连杆 10 带动扇形杆 6 逆时针向下旋转 90°，牵引杆 3 被拉向下，并带动拐臂 4 顺时针向下旋转 90°，使隔离开关分闸，O1 轴处的销子自动弹入锁定。合闸操作顺序相反。

辅助触点盒 F 内有若干对触点，其公共小轴经杆 11、12 与手柄 1 联动。这些触点用于信号、联锁等二次回路。

（2）蜗轮式。CS9 型手动蜗轮式操动机构安装图如图 3-75 所示。图中连杆 6 与窄板 7 绞接，窄板 7 与牵引杆 5 硬性连接。操作时摇动摇把 1，经蜗杆 3 带动蜗轮 4 转动，通过连杆系统使隔离开关分、合闸。顺时针摇动摇把 1，使蜗轮 4 转过 180°，隔离开关即完全合闸；逆时针摇动摇把 1，使蜗轮 4 反转过 180°，隔离开关即完全分闸。

2. 动力式操动机构

动力式操动机构结构复杂、价格贵、维护工作量大，但可实现远方操作，主要用于户内式重型隔离开关及户外式 110kV 及以上的隔离开关。动力式操动机构有电动机操动机构（CJ 系列）、电动液压操动机构（CY 系列）及气动操动机构（CQ 系列），主要是采用电动机操动机构。

CJ2 型电动机操动机构安装图如图 3-76 所示。它的传动原理与上述手动蜗轮式操动机构相同，相当于用电动机来代替摇把。当操动机构的电动机 1 转动时，通过齿轮、蜗杆使蜗轮 2 转

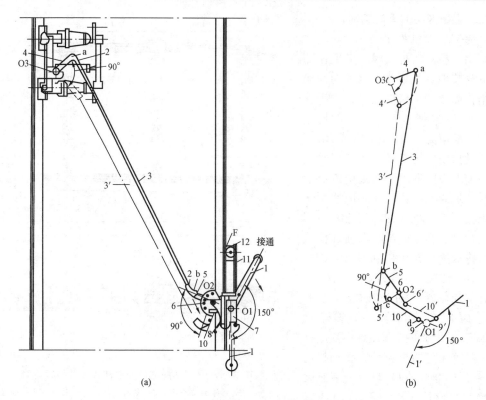

图 3 - 74　CS6 型手动杠杆式操动机构示意图

(a) 安装图；(b) 工作原理图

1—手柄；2—牵引杆端接头；3—牵引杆；4—拐臂；5、9、10—连杆；6—扇形杆；7—前轴承；

8—后轴承；11、12—辅助触点盒连杆

F—辅助触点盒

动，经连杆 3、牵引杆 4 及传动杆 5 驱动隔离开关主轴转动，从而实现分、合闸。电动机的接触器由联锁触点控制，在每次操作完成后，电动机的电源自动断开，电动机停止转动。

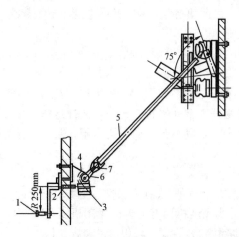

图 3 - 75　CS9 型手动蜗轮式操动机构安装图

1—摇把；2—轴；3—蜗轮；4—蜗轮；
5—牵引杆；6—连杆；7—窄板

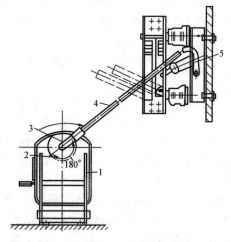

图 3 - 76　CJ2 型电动机操动机构安装图

1—电动机；2—蜗轮；3—连杆；
4—牵引杆；5—传动杆

第八节 熔断器、负荷开关、高压接触器及重合器

一、熔断器

高、低压熔断器的用途及工作原理相同，结构相似，所以，在本节一并介绍。

1. 概述

(1) 用途。熔断器是最简单和最早使用的一种保护电器，用来保护电路中的电气设备，使其免受过负荷和短路电流的危害。熔断器不能用来正常地切断和接通电路，必须与其他电器（隔离开关、接触器、负荷开关等）配合使用。熔断器具有结构简单、价格低廉、维护方便、使用灵活等优点，但其容量小，保护特性不稳定。它广泛使用在电压为 1000V 及以下的装置中；在电压为 3～110kV 高压装置中，主要作为小功率电力线路、配电变压器、电力电容器、电压互感器等设备的保护。

(2) 熔断器的型号含义如下：

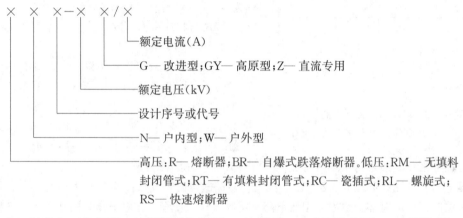

× × ×－× ×／×
额定电流(A)
G— 改进型；GY— 高原型；Z— 直流专用
额定电压(kV)
设计序号或代号
N— 户内型；W— 户外型
高压：R— 熔断器；BR— 自爆式跌落熔断器。低压：RM— 无填料封闭管式；RT— 有填料封闭管式；RC— 瓷插式；RL— 螺旋式；RS— 快速熔断器

(3) 结构和工作原理。熔断器结构如图 3-77 所示。它主要由熔管 1、金属熔体 6、支持熔体的触刀 4 及绝缘支持件等组成。管体为纤维或瓷质绝缘管。熔体是熔断器的核心，是一个易于熔断的导体，在 500V 及以下的低压熔断器中，熔体往往采用铅、锌等材料，这些材料的熔点较低而电阻率较大，所制成的熔体截面也较大；在高压熔断器中，熔体往往采用铜、银等材料，这些材料的熔点较高而电阻率较小，所制成的熔体截面可较小。

熔断器的工作原理是：熔断器串联接入被保护电路中，在正常工作情况下，由于电流较小，通过熔体时熔体温度虽然上升，但不致熔化，电路可靠接通；一旦电路发生过负荷或短路，电流增大，熔体由于自身温度超过熔点而熔化，将电路切断。

当电路发生短路故障时，其短路电流增长到最大值有一定时限。如果熔断器的熔断时间（包括熄弧时间）小于短路电流达到最大值的时间，即可认为熔断器限制了短路电流的发展，此种熔断器称为限流熔断器，否则为不限流熔断器。用限流熔断器保护的电气设备，遭受短路损害程度可大为减

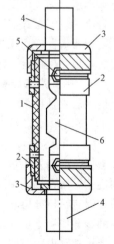

图 3-77 熔断器（RM 型）结构
1—熔管；2—管夹；3—管帽；
4—触刀；5—螺栓；6—熔体

轻，且可不用校验热稳定和动稳定。

（4）主要技术参数：①熔断器的额定电流 I_{Nt}，或称熔管额定电流，是指熔断器壳体的载流部分和接触部分设计时的电流；②熔体的额定电流 I_{Ns}，是指熔体本身设计时的电流，即长期通过熔体，而熔体不会熔断的最大电流；③熔断器的极限分断电流，指熔断器所能切断的最大电流。

在同一熔断器内，通常可分别装入额定电流不大于熔断器本身额定电流的任何熔体。

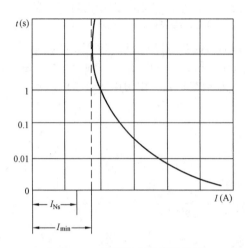

图 3-78　熔断器安秒特性曲线
I_{Ns}—熔体的额定电流；I_{min}—最小熔断电流

（5）安秒特性。熔体熔断时间 t 与通过电流 I 的关系曲线称为熔断器的安秒特性或保护特性曲线，如图 3-78 所示。安秒特性曲线由制造厂提供。通过熔体的电流愈大，熔断时间就愈短；反之，电流愈小，熔断时间就愈长。当电流减小到某一数值 I_{min} 时，熔断时间为无穷大，此电流称为熔体的最小熔断电流。I_{min} 与 I_{Ns} 之比称熔断系数，一般有 $I_{min}/I_{Ns} \approx 1.2 \sim 1.5$。

熔体材料或截面不同，其安秒特性也不同。

2. 低压熔断器

（1）无填料封闭管式熔断器。RM10 型无填料封闭管式熔断器的结构如图 3-77 所示。熔管 1 由钢纸加工制成，两端装着外壁有螺纹的金属管夹 2，上面旋有黄铜管帽 3，锌熔体 6 用螺栓 5 与触刀 4 连接。其锌熔体一般是用锌板冲压成宽窄相间的变截面形状，通常每个熔体有 2~4 个窄部，以加速电弧的熄灭。

熔断器安秒特性曲线如图 3-78 所示。当发生短路故障时，其熔体窄部几乎同时熔化，形成数段电弧，同时残留的宽部受重力作用而下落，将电弧拉长变细；在电弧高温的作用下，纤维管的内壁有少量纤维气化并分解为氢（占 40%）、二氧化碳（占 50%）和水汽（占 10%），这些气体都有很好的灭弧性能，加之熔管是封闭的，因此其内部压力迅速增大，加速了电弧的去游离，从而使电弧迅速熄灭。所以，RM10 型熔断器属限流型。

（2）有填料封闭管式熔断器。RT0 型有填料封闭管式熔断器的结构和熔体如图 3-79 所示。熔管 1 是用滑石陶瓷或高频陶瓷制成的波纹方管，有较高的机械强度和耐热性能，管内充满石英砂；两端的盖板 2 用螺钉 3 固定在熔管上；工作熔体 6 是用薄紫铜板冲制成网孔状，形成多根并联引弧栅片 9，片间窄部焊有低熔点的锡桥 10，整个熔体围成笼状，上、下端焊在金属底板和触刀 7 上；指示器 4 是一个红色机械信号装置，正常情况下由指示器熔体 5（与熔体 6 并联的康铜丝）拉紧；工作熔体熔断后，指示器熔体也随即熔断，指示器在弹簧作用下弹出，表明熔体已熔断。

如果被保护电路发生过负荷，当工作锡熔体发热到其熔点时，锡桥首先熔化，被锡包围的紫铜部分则逐渐熔解在锡滴中，形成合金（故称为冶金效应法或金属熔剂法），电阻增大，发热加剧，随后在焊有锡桥处熔断，产生电弧，从而使熔体沿全长熔化，形成多条并联的细电弧。电弧在石英砂的冷却作用下熄灭。

当被保护电路发生短路时，工作熔体几乎同时熔断，形成多条并联的细电弧，熔体的变截面小孔又将使每条电弧分为几段短弧。由于原熔体的沟道压力突然增加，使得金属蒸气向周围石英砂的缝隙喷射，并被迅速凝结，既减少了弧隙中的金属蒸气，又加强了对电弧的冷却，从而使

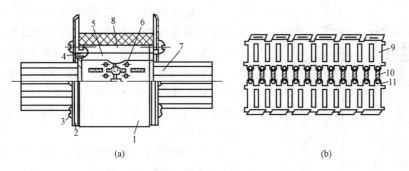

图 3-79　RT0 型熔断器的结构和熔体

（a）结构；（b）熔体

1—熔管；2—盖板；3—螺钉；4—熔断指示器；5—指示器熔体；6—工作熔体；

7—触刀；8—石英砂；9—引弧栅片；10—锡桥；11—变截面小孔

电弧迅速熄灭。

该型熔断器有很强的断流能力，也属限流型，但其熔体不能更换，适用于短路电流较大的低压电路。

3. 高压熔断器

（1）户内高压熔断器。户内高压熔断器主要有 RN1 及 RN2 型 2 种。RN1 型熔断器适用于 3～35kV 的电力线路和电力变压器的过负荷和短路保护。RN2 型专门用于 3～35kV 电压互感器的短路保护。二者的结构基本相同。RN1 型熔断器外形如图 3-80 所示。它由瓷质熔管 1、触座 2、支柱绝缘子 3 及底座 4 组成。

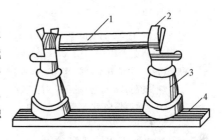

图 3-80　RN1 型熔断器外形

1—瓷质熔管；2—触座；

3—绝缘子；4—底座

图 3-81 为 RN1 型熔断器的充满石英砂的密封瓷质熔管的剖面图。熔管 1 两端有黄铜罩 2。工作熔体 5 的额定电流小于 7.5A，采用镀银的铜丝，将一根或几根铜丝并联，绕在陶瓷芯上，以保持在熔管内的准确位置，在铜丝上焊有小锡球 6，如图 3-81（a）所示；额定电流大于 7.5A 的熔体，由两种不同直径的铜丝作成螺旋形，连接处焊上小锡球，如图 3-81（b）所示。指示器熔体 8 是一根细钢丝，熔体两端焊接在管盖 3 上。熔管内装好熔体和充满石英砂填料 7 后，两端焊上管盖密封。其灭弧原理与 RT0 型低压熔断器相同。

单根熔管的熔断器，额定电流最大可达 100A，额定电流更大的熔断器可将几根熔管并联，将黄铜管罩焊在一起。

RN2 型熔断器的熔体由三种不同截面的铜丝连接而成，绕在陶瓷芯上，但无指示器。运行中，当高压熔体熔断时，根据声光信号及电压互感器二次电路中仪表指示的消失来判断。

（2）户外高压熔断器。户外高压熔断器型号较多，按其结构可分为跌落式和支柱式两种。

1）跌落式熔断器主要用于 3～35kV 的电力线路和电力变压器的过负荷和短路保护。10kV 级 RW3、RW4、RW7、RW10、RW11 型熔断器等的结构基本相同。RW3-10Ⅱ型跌落式熔断器的基本结构如图 3-82 所示。熔断器通过紧固板 7 固定安装在线路中，熔管呈倾斜状态；熔管外层为层卷纸板制成，内衬为由产气材料（石棉）制成的消弧管；熔体两端焊在编织导线上，并穿过熔管 1 用螺钉固定在上、下触头上。正常工作时编织导线处于拉紧状态，使熔管上部的活动关节锁紧，在上触头的压力下处于合闸状态。

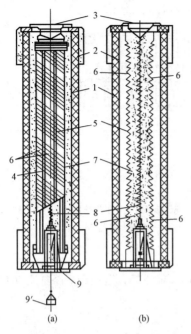

图 3-81　RN1 型熔断器熔管剖面图
（a）熔体绕在陶瓷芯上；（b）熔体做成螺旋形
1—瓷质熔管；2—黄铜罩；3—管盖；4—陶瓷芯；
5—工作熔体；6—小锡球；7—石英砂；
8—指示熔体；9—熔断指示器

当熔体熔断时，熔管内产生电弧，因消弧管的石棉具有吸湿性，所含水分在电弧高温下蒸发并分解出氢气，使管内压力升高并从管的两端向外喷出，因而电弧产生强烈的去游离；同时上部锁紧机构释放熔管，在触头弹力及熔管自重作用下，回转跌落，迅速拉长电弧，在电流过零时电弧熄灭，形成明显的可见断口。

有些熔断器（如 RW4 型）采用了"逐级排气"的新结构，其熔管上端有管帽（磷铜膜片），分断小故障电流时，消弧管产生的气体较少，但由于上端封闭而使管内保持较大压力，并形成向下的单端排气（纵吹），有利于熄灭小故障电流产生的电弧；而在分断大电流时，消弧管产生大量气体，上端管帽被冲开，而形成两端排气，以免造成熔断器机械破坏，有效地解决了自产气电器分断大、小电流的矛盾。

由于跌落式熔断器在灭弧时会喷出大量游离气体，外部声光效应大，所以一般只用于户外。这种熔断器没有限流作用。

2）支柱式熔断器适用于作为 35kV 电气设备保护。RW10-35 型熔断器结构如图 3-83 所示。熔管 1 装在瓷套 2 内，熔管内装有熔体，并充满石英砂，有限流作用。这种熔断器具有体积小、质量小、灭弧性能好、断流能力强、维护简单、熔体可更换等优点，从而大大提高运行可靠性。

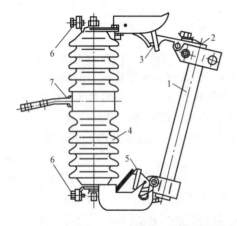

图 3-82　RW3-10Ⅱ型跌落式熔断器结构
1—熔管；2—熔体元件；3—上触头；4—绝缘子；
5—下触头；6—接线端；7—紧固板

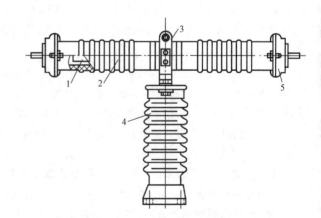

图 3-83　RW10-35 型支柱式熔断器结构
1—熔管；2—瓷套；3—紧固法兰；
4—棒型支柱绝缘子；5—接线立帽

二、负荷开关

1. 概述

高压负荷开关主要用来接通和断开正常工作电流，带有热脱扣器（见本章第十节）的负荷开关还具有过负荷保护性能，但本身不能开断短路电流。

35kV及以下通用型负荷开关具有以下开断和关合能力：

(1) 开断不大于其额定电流的有功负荷电流和闭环电流。

(2) 开断不大于10A的电缆电容电流或限定长度的架空线充电电流。

(3) 开断1250kVA（有些可达1600kVA）及以下变压器的空载电流。

(4) 关合不大于其"额定短路关合电流"的短路电流。

可见，负荷开关的用途是处于断路器和隔离开关之间的。多数负荷开关实际上是由隔离开关和简单的灭弧装置组合而成，但灭弧能力是根据通、断的负荷电流，而不是根据短路电流设计；也有少数负荷开关不带隔离开关。通常负荷开关与熔断器配合使用，若制成带有熔断器的负荷开关，可以代替断路器，而且具有结构简单、动作可靠、造价低廉等优点，所以被广泛应用于10kV及以下小功率的电路中，作为手动控制设备。

负荷开关按安装地点，可分为户内式和户外式两类；按是否带有熔断器，可分为不带熔断器和带有熔断器两类。负荷开关按灭弧原理和灭弧介质，可分为：①固体产气式，利用电弧能量使固体产气材料产生气体来吹弧，使电弧熄灭；②压气式，利用活塞压气作用产生气吹使电弧熄灭，其气体可以是空气或SF_6气体；③油浸式，与油断路器类似；④真空式，与真空断路器类似，但选用截流值较小的触头材料；⑤SF_6式，在SF_6气体中灭弧。

高压负荷开关的型号含义如下：

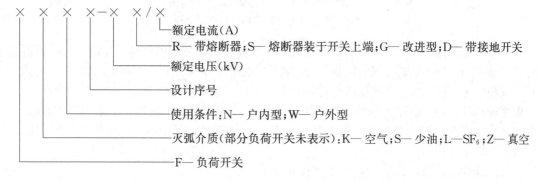

2. 结构简介

仅以FZN21-12D（R）系列户内式真空负荷开关为例说明。FZN21-12D型负荷开关不带熔断器；FZN21-12DR型为负荷开关—熔断器组合电器，其熔断器可操作，不另带隔离开关。其结构如图3-84所示。它主要由框架1、隔离开关2（对应FZN21-12D型）或熔断器3（对应FZN21-12DR型）、真空开关灭弧室6、接地开关9及弹簧操动机构17等组成。隔离开关（或熔断器）上端静触头座通过绝缘子固定在框架上，下端固定在真空灭弧室的上支架上；真空灭弧室通过绝缘子紧固在上、下支架间，并加装有绝缘柱支撑，以增加整体结构的稳定性；接地开关装于真空灭弧室下端；操动机构装于框架左侧。隔离开关、真空开关、接地开关之间互相联锁（机械联锁），可防误操作，即隔离开关只能在真空开关已分闸，且机构已复位，才可进行分、合操作；接地开关只能在隔离开关分闸后，才可进行分、合操作。

处于合闸状态的FZN21-12DR型负荷开关，当短路电流或过负荷电流流过主回路时，熔断器一相或几相熔断，其撞击器动作，使真空负荷开关在分闸弹簧作用下自动快速分闸。

三、交流高压接触器

1. 概述

交流高压接触器是一种高压控制电器，适用于3～10kV、50Hz三相交流系统中，供发电厂

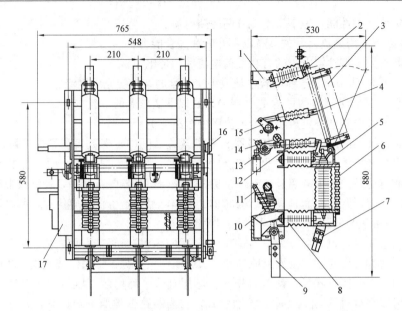

图 3-84　FZN21-12DR 型高压真空负荷开关—熔断器组合电器结构

1—框架；2—隔离开关；3—熔断器；4—绝缘拉杆；5—上支架；6—真空开关灭弧室；7—接地开关静触头；
8—绝缘子；9—接地开关；10—接地弹簧；11—分闸弹簧；12—绝缘拉杆；13—主轴；14—脱扣机构；
15—副轴；16—连动拉杆；17—操动机构

及工矿企业远距离接通与分断线路，频繁地启动和控制交流高压电动机、电炉变压器和电容器组等负荷之用。它可与高压限流熔断器、过电压吸收装置等高压元器件构成组合单元，配用于高压开关柜中，可作为电力系统的成套配电装置。

交流高压接触器按控制方式分为：①电磁式，用电磁铁操作主触头分或合；②气动式，用压缩空气装置操作主触头分或合；③电磁气动式，由电磁阀控制压缩空气装置来操作主触头分或合。

按灭弧介质分为：真空、SF_6、空气接触器。

按合闸保持方式分为：机械锁扣、无锁扣。

目前广泛应用交流高压真空接触器，其控制方式多为电磁式，其合闸保持方式有机械和电保持。当采用机械保持方式时，在型号中额定电压后加有"J"；当采用电保持方式时，加有"D"。

2. 交流高压真空接触器结构简介

交流高压真空接触器由高压部分和低压部分构成，按高、低压两部分的布置方式，有前后布置和上下布置两种方式。JCZ2-6、JCZ6-10、JCZ9-7.2、JCZ9-12、JCZ10-6、CKG1-6 型等为前后布置方式，JCZ5-10、CKJ□-6、ZJN-6、ZJN-10 型等为上下布置方式。

3. 前后布置方式的真空接触器

前后布置方式的 JCZ2-6 型真空接触器的结构如图 3-85 所示。

前部高压部分由绝缘框架 1、上出线 2、软连接 3、驱动件（或称绝缘摇臂）4、真空灭弧室 5、下出线 6 等构成。绝缘框架的三个空间是用不饱和聚酯（DMC）或不饱和聚酯玻璃纤维模塑料（SMC）模压的相互绝缘的一个整体框架；真空灭弧室的结构与真空断路器类似，但采用非磁吹型圆柱状触头，其额定开断电流只有几千安；上出线通过软连接与真空灭弧室的动导电杆连接，下出线通过接触套与真空灭弧室的静导电杆连接，形成主电路的导电部分。三相主电路的导电部分分别安装在绝缘框架的三个空间内。

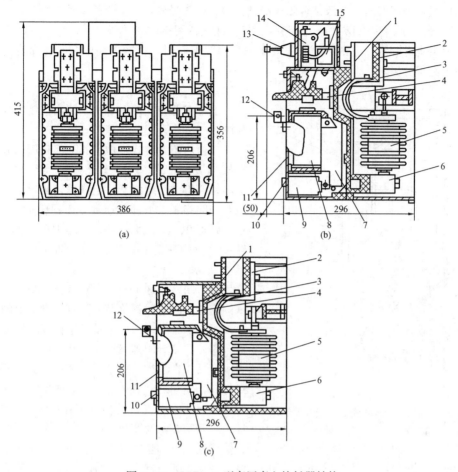

图 3 - 85　JCZ2 - 6 型高压真空接触器结构

(a) 三相布置图；(b) JCZ2 - 6J 型结构（机械保持）；(c) JCZ2 - 6D 型结构（电保持）

1—绝缘框架；2—上出线；3—软连接；4—驱动件；5—真空灭弧室；6—下出线；7—辅助开关；8—合闸电磁铁；
9—合闸接触器；10—二次端子；11—钢板框架；12—计数器；13—手动分闸杆；14—锁扣；15—分闸电磁铁

　　后部低压部分是由辅助开关 7、合闸电磁铁 8、合闸接触器 9、二次端子 10、钢板框架 11、分闸弹簧（图中未表示）等元件组成。对于采用机械保持的接触器，后上部还装有手动分闸杆 13、锁扣 14 及分闸电磁铁 15。

　　驱动件跨接在低压部分和高压部分之间，其前端与真空灭弧室的动导电杆连接，其后部装有合闸电磁铁的衔铁，还设计有与锁扣滚轮相配合的凹槽。

　　合闸时，合闸电磁铁通电（一般通过外接合闸按钮操作使合闸接触器动作），电磁铁吸引衔铁从而使衔铁带动驱动件顺时针转动，克服分闸弹簧力做功，使真空灭弧室动静触头紧紧闭合，并使分闸弹簧储能。对于采用机械保持的接触器（J 型），合闸后是通过机械锁扣来使接触器保持在合闸状态，此时合闸电磁铁不再带电；对于采用电保持的接触器（D 型），合闸后合闸电磁铁中的保持线圈串入合闸回路（与合闸线圈串联），真空接触器靠合闸电磁铁持续带电保持在合闸状态。

　　分闸时（一般通过外接分闸按钮操作），对于 J 型接触器，是分闸电磁铁通电，其动铁芯撞开锁扣，在分闸弹簧的作用下克服三相真空灭弧室的真空负压力而使动静触头断开；对于 D 型接触器，则是合闸回路断电，致使合闸电磁铁失磁，衔铁释放，真空灭弧室动静触头在分闸弹簧的作用下断开。图 3-85（b）所示 J 型接触器还可以采用手动方式分闸。

采用交流电源和直流电源的不同主要是采用交流电源时，控制回路中含有将交流变直流的桥式整流电路部分。

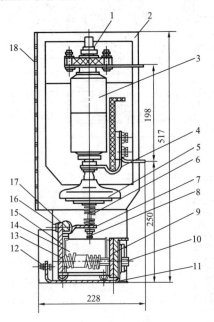

图 3-86　ZJN-10 型高压真空接触器结构

1—螺母；2—绝缘框架；3—真空灭弧室；4—软连接；
5—绝缘子；6—触头弹簧；7—拐臂；8—调整螺母；
9—磁轭；10—螺杆；11—底板；12—限位螺栓；
13—分闸弹簧；14—合闸线圈；15—铁芯；
16—衔铁；17—方轴；18—罩

4. 上下布置方式的真空接触器

上下布置方式的 ZJN-10 型真空接触器的结构如图 3-86 所示。

与前后布置方式类似，其上部高压部分由绝缘框架 2，真空灭弧室 3，软连接 4，绝缘子 5 及上、下出线等组成。绝缘子、绝缘框架实现高压回路对地及相间绝缘。下部低压部分由拐臂 7、合闸电磁铁（磁轭 9、合闸线圈 14、铁芯 15）、衔铁 16、方轴 17、分闸弹簧 13、底板 11、辅助开关、二次端子等组成。

当合闸线圈通电时，电磁铁吸引衔铁，使与衔铁固定的方轴逆时针旋转，固定在方轴上的拐臂向上推动绝缘子带动灭弧室动导电杆向上运动，接触器合闸，并使分闸弹簧压缩储能；同时，接触器触头刚合后，在机构动作带动下辅助开关动断转换触点打开，使与之并联的经济电阻或保持线圈串入合闸线圈回路，实现长时间合闸保持（电保持）。相反，当合闸线圈回路断电时，由于衔铁释放及分闸弹簧作用，方轴顺时针旋转，通过拐臂向下推动绝缘子带动灭弧室动导电杆向下运动，接触器分闸。

高压真空接触器结构简单、元器件少、合分闸线圈尺寸小、用钢量省，装配调整及使用维修方便、机械寿命长，操作功小、操作振动小、对成套设备继电保护仪表系统影响小。

四、自动重合器

自动重合器（简称重合器）是一种具有检测、控制、保护、重合闸（多次重合）功能的高压开关设备。在线路发生短路故障时，它能按预定的开断和重合顺序自动进行开断和重合动作，并在其后自动复位和闭锁。由于微机智能控制技术的应用，重合器尚具有与上级计算机通信以实现遥测、遥信、遥控的功能。

重合器与熔断器及重合器与自动分段器等配合构成的配电网自动化方案，能够极大地提高配电网供电的连续性，因此在我国配电系统中获得推广应用。自动分段器（简称分段器）是一种在无电压或无电流的情况下自动分闸用以隔离线路区段的开关设备。

1. 重合器的分类

（1）按相数分类。

1）单相式：用于三相线路的单相分支或主要为单相负荷的三相线路。

2）三相式：①三相独立安装，一相跳闸时通过机械联锁开断其余两相；②三相公共安装，由公共操动机构完成三相跳闸。

（2）按灭弧介质分类。

1) 油介质：灭弧和绝缘皆用油。

2) 真空介质：灭弧用真空，绝缘用油或空气。

3) SF_6 介质：灭弧、绝缘皆用 SF_6 气体。

(3) 按控制方式分类。

1) 液压控制方式：用于单相和额定电流较小的重合器，电流检测由与线路串联的跳闸线圈来完成。其主要优点是简单、经济、可靠、耐用，但由于采用油阻尼器，环境温度变化影响到油的黏度和油流变化，从而影响了时间准确度，调整也不方便，所以应用较少。

2) 电子控制方式：控制器有分立元件电路、集成电路和微机电路 3 种，用于三相大型重合器，利用顶盖上的套管式电流互感器来检测线路过电流。其优点是灵活、功能多、互换性好、保护特性稳定、选择范围宽、使用方便；缺点是价格较高、要求维修技术水平较高。

2. 重合器的基本结构

以真空重合器为例简要介绍重合器的基本结构原理。图 3 - 87 为真空重合器原理接线示意图。它由操动机构、电子控制器、真空灭弧室等几部分组成。

(1) 操作电源及电子控制器电源从输电线路获取，不需外接电源或电池。合闸线圈 6 经合闸接触器触头 11、熔断器 12 接在重合器主触头 4 的电源侧，这几部分均直接工作在高压状态；在合闸线圈通电过程中，与合闸线圈耦合的充电线圈 5 给脱扣电容器 2 充电储能；低功率脱扣器 10 的电磁铁则由脱扣电容器储能提供能源；电子控制器的工作电源和信号检测均来自套管式电流互感器 3。

(2) 真空灭弧室 4 的结构与前述真空断路器的灭弧室类似，并置于封闭的油罐中，以解决真空灭弧室外绝缘❶不足的问题。

(3) 合闸操作时，先使合闸接触器的线圈（图 3 - 87 中未表示）励磁，其触头 11 闭合，于是合闸线圈 6 通

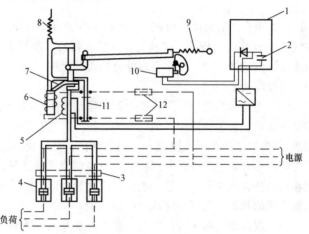

图 3 - 87 真空重合器原理接线示意图

1—电子控制器；2—脱扣电容器；3—电流互感器；
4—真空灭弧室及主触头；5—脱扣电容器充电线圈；
6—合闸线圈；7—锁栓；8—合闸衔铁返回弹簧；
9—分闸弹簧；10—低功率脱扣器；
11—合闸接触器触头；12—熔断器

电，其衔铁下移，操动机构完成下述操作：①重合器主触头 4 合闸；②衔铁被锁栓 7 锁定，重合器保持在合闸状态，合闸衔铁返回弹簧 8 储能；③分闸弹簧 9 储能；④合闸接触器触头断开；⑤脱扣电容器充电线圈 5 给电容器充电，保证重合器在准备跳闸状态。分闸操作时，使低功率脱扣器 10 的电磁铁通电，其衔铁撞击跳闸杠杆，分闸弹簧 9 释放，解除锁栓 7，合闸线圈的衔铁上移，重合器主触头 4 断开。

3. 重合器的保护与重合功能

图 3 - 88 为重合器的功能特性示意图。

---

❶ 空气间隙绝缘和电气设备固体绝缘外露于大气中的表面绝缘，称外绝缘。处于电气设备内部的固体、液体或气体绝缘，称内绝缘。

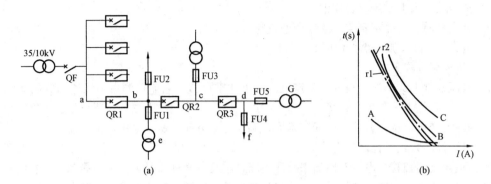

图 3-88　重合器的功能特性示意图

(a) 放射式配电网重合器配置；(b) 重合器及熔断器 t-I 特性

QF—断路器；QR1～QR3—重合器；FU1～FU5—熔断器；A—重合器的快速 t-I 特性曲线；

B、C—重合器的慢速 t-I 特性曲线；r1、r2—熔断器的 t-I 特性

（1）重合器的时间—电流（t-I）特性。在同一电流值下，重合器的快速特性（瞬时特性）曲线 A 的动作时间较短，慢速特性（延时特性）曲线 B、C 的动作时间较长，在 B、C 之间有多条曲线可供选择整定；与重合器配合的熔断器的时间—电流（t-I）特性曲线 r1、r2 应位于快、慢速特性曲线之间。

（2）重合器的动作顺序。重合器的操动机构与电子控制器紧密配合，可按预先整定的动作顺序做多次分、合循环操作，如"一快二慢""二快二慢"等。这里的"快"是指按快速 t-I 特性跳闸，"慢"是指按某一慢速 t-I 特性跳闸。如线路为永久性故障，当分合闸顺序完成后，则重合失败，重合器将闭锁在分闸状态，需经遥控或手动复位才能解除闭锁；如线路为瞬时性故障，则在循环分合闸顺序中任意一次重合成功后，即中断后续分合闸操作，经一定延时，自动恢复到预先整定的状态，为下一次故障时动作做好准备。

（3）重合器的动作特性配合。各重合器及其与熔断器之间的动作特性，必须满足一定的配合关系才能保证动作的选择性。例如图 3-88（a）中，QR3 整定为"一快一慢"、QR2 整定为"一快二慢"、QR1 整定为"一快三慢"，在相同的故障电流下，QR1、QR2、QR3 同时动作或不先于后级动作。假设熔断器的特性位于相邻的电源侧重合器的快、慢速动作特性之间，QR1、QR2、QR3 的快速动作特性、最小动作电流、重合间隔时间都整定得相同，其中时间段 t_3、t_5、t_7 为重合时间（对应于慢速特性），t_2、t_4、t_6 为重合间隔（断电）时间，断路器 QF 的跳闸动作电流及动作时间比各重合器都大。

1）某处发生瞬时性故障时，只有其电源侧的各重合器按快速动作特性启动瞬时跳闸。例如，f 处发生瞬时性故障，则 QR1、QR2、QR3 瞬时跳闸，而熔断器 FU4 不会熔断，但故障根源已消失，延时 t_2 后 QR1、QR2、QR3 第一次重合闸即可恢复供电。

2）如果 f 处发生永久性故障，则先是 QR1、QR2、QR3 按快速动作特性瞬时跳闸，然后经延时 t_2 后各重合器重合一次，在各重合器再次跳闸之前，熔断器 FU4 将熔断把故障切除，随即各重合器复归，电源恢复向非故障部分供电；如果 d 处母线永久性故障，则先是 QR1、QR2、QR3 瞬时跳闸，经延时 t_2 后 QR1、QR2、QR3 第一次重合，经 t_3 后 QR1、QR2、QR3 第二次跳闸且 QR3 固定在分闸状态，经 t_4 后 QR1、QR2 第二次重合，恢复向非故障部分供电。其他点故障时，动作分析类似。

第九节　互　感　器

互感器是一次系统和二次系统间的联络元件。传统的互感器属于特种变压器，其主要作用如下：

（1）电流互感器将交流大电流变成小电流（5A 或 1A），供电给测量仪表和保护装置的电流线圈，电压互感器将交流高电压变成低电压（100V 或 $100/\sqrt{3}\,\mathrm{V}$），供电给测量仪表和保护装置的电压线圈，使测量仪表和保护装置标准化和小型化。

（2）使二次回路可采用低电压、小电流控制电缆，实现远方测量和控制。

（3）使二次回路不受一次回路限制，接线灵活，维护、调试方便。

（4）使二次设备与高压部分隔离，且互感器二次侧均接地，从而保证设备和人身安全。

近年来，随着智能电网建设的高速发展，电子式互感器作为介于智能化一次设备和网络化二次设备之间的关键设备，得到了细致的研发、测试和应用。以电子式互感器取代传统的互感器，以数字信号取代传统的模拟电量采集，通过光纤、通信线组成数字化网络，实现精确测量、智能控制和保护，将会是必然的发展趋势。本节最后也将对电子式互感器的工作原理和特点做简要介绍。

一、电磁式电流互感器

1. 工作原理

电力系统广泛采用电磁式电流互感器，其工作原理与变压器相似，原理电路如图 3 - 89（a）所示。其特点如下。

（1）一次绕组与被测电路串联，匝数 N_1 很少，流过的电流 $\dot{I}_1$ 是被测电路的负荷电流，与二次侧电流 $\dot{I}_2$ 无关（这点与变压器不同）。

（2）二次绕组与测量仪表和保护装置的电流线圈串联，匝数 N_2 通常是一次绕组的很多倍。

（3）测量仪表和保护装置的电流线圈阻抗很小，正常情况下，电流互感器近于短路状态运行（这点也与变压器不同）。

电流互感器的一、二次额定电流 I_{N1}、I_{N2} 之比，称为电流互感器的额定互感比，用 k_i 表示。与变压器相同，k_i 近似与一、二次绕组的匝数 N_1、N_2 成反比，即

$$k_i = \frac{I_{N1}}{I_{N2}} \approx \frac{N_2}{N_1} \qquad (3 - 1)$$

因为 I_{N1}、I_{N2} 已标准化，所以 k_i 也已标准化。

电流互感器的等值电路及相量图分别如图 3 - 89（b）及图 3 - 89（c）所示。相量图中以二次电流 $\dot{I}_2'$ 为基准，二次电压 $\dot{U}_2'$ 较 $\dot{I}_2'$ 超前 φ_2 角（二次负荷功率因数角），$\dot{E}_2'$ 较 $\dot{I}_2'$ 超前 α 角（二次总阻抗角），铁芯磁通 $\dot{\Phi}$ 较

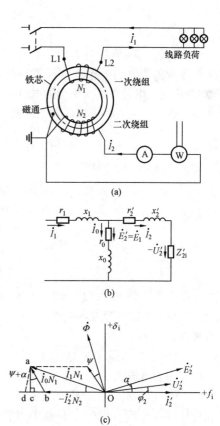

图 3 - 89　电磁式电流互感器

（a）原理电路；（b）等值电路；（c）相量图

$\dot{E}_2'$ 超前 $90°$，励磁磁动势 $\dot{I}_0 N_1$ 较磁通 $\dot{\Phi}$ 超前 Ψ 角（铁芯损耗角）。

据磁动势平衡原理

$$\dot{I}_1 N_1 + \dot{I}_2 N_2 = \dot{I}_0 N_1$$

即
$$\dot{I}_1 N_1 = \dot{I}_0 N_1 + (-\dot{I}_2 N_2) \tag{3-2}$$

$$\dot{I}_1 = \dot{I}_0 - k_i \dot{I}_2 = \dot{I}_0 - \dot{I}_2' \tag{3-3}$$

2. 误差

从式（3-3）和相量图可见，由于电流互感器本身存在励磁损耗和磁饱和等影响，因此一次电流 $\dot{I}_1$ 与折算到一次侧的二次电流 $-k_i \dot{I}_2$ 在数值上和相位上都有差异，即测量结果有两种误差：电流误差（又称比值差或变比差）和相位差（又称角误差或相角差）。

（1）电流误差 f_i。电流误差 f_i 为二次电流的测量值乘上额定互感比所得的一次电流近似值 $k_i I_2$ 与一次电流实际值 I_1 之差相对于 I_1 的百分数。由相量图可推导得

$$f_i = \frac{k_i I_2 - I_1}{I_1} \times 100 \approx \frac{I_2 N_2 - I_1 N_1}{I_1 N_1} \times 100 \approx -\frac{I_0 N_1}{I_1 N_1} \sin(\Psi + \alpha) \times 100 \ (\%) \tag{3-4}$$

当 $I_2 N_2 < I_1 N_1$ 时，f_i 为负值；反之，f_i 为正值。

（2）相位差 δ_i。相位差 δ_i 为旋转 $180°$ 的二次电流相量 $-\dot{I}_2'$ 与一次电流相量 $\dot{I}_1$ 之间的夹角。由于 δ_i 很小，所以单位为（′）（$1\text{rad}=180\times60/\pi=3440'$）。由相量图可推导得

$$\delta_i \approx \sin\delta_i = \frac{ac}{oa} = \frac{I_0 N_1}{I_1 N_1} \cos(\Psi + \alpha) \times 3440 \ (') \tag{3-5}$$

规定：当 $-\dot{I}_2'$ 超前于 $\dot{I}_1$ 时，δ_i 为正值；反之，δ_i 为负值。

电流误差能引起所有测量仪表和继电器产生误差，相位差只对功率型测量仪表和继电器（例如功率表、电能表、功率型继电器等）及反映相位的保护装置有影响。

（3）误差的另一种表示形式。由图 3-89（b）等值电路有

$$E_2 = I_2 (Z_2 + Z_{21}) \approx \frac{I_1 N_1}{N_2} (Z_2 + Z_{21})$$

而根据电磁感应定律有

$$E_2 = 4.44 BSfN_2 = 222 BSN_2$$

所以
$$B = \frac{E_2}{222 SN_2} \approx \frac{I_1 N_1 (Z_2 + Z_{21})}{222 SN_2^2}$$

式（3-4）、式（3-5）的第一项可表达为

$$\frac{I_0 N_1}{I_1 N_1} = \frac{H l_{av}}{I_1 N_1} = \frac{B l_{av}}{I_1 N_1 \mu} \approx \frac{(Z_2 + Z_{21}) l_{av}}{222 SN_2^2 \mu} \tag{3-6}$$

式中：Z_2、Z_{21} 为互感器二次绕组的内阻抗和负荷阻抗，Ω；f 为工频，50Hz；B 为铁芯的磁感应强度，T；H 为铁芯的磁场强度，A/m；S 为铁芯截面积，m^2；l_{av} 为磁路平均长度，m；μ 为铁芯导磁率，H/m。

3. 运行工况对误差的影响

（1）一次电流 I_1 的影响。$B \propto I_1$，B（或 I_1）与 μ 的关系如图 3-90 中曲线 μ 所示。

1）正常运行时，在额定二次负荷下，当 I_1 为额定值时，B 约为 0.4T，相当于图 3-90 中磁化曲线 a 点附近。当 I_1 减小或增加时，μ 值都将下降，因而 $|f_i|$ 和 $|\delta_i|$ 增大。可见，电流互感器在额定一次电流附近运行时，误差最小。

2）发生短路时，I_1 为额定值的很多倍，相当于图 3-90 中磁化曲线的 b 点以上，由于铁芯

开始饱和，这时 μ 值大大下降，因而 $|f_i|$ 和 $|\delta_i|$ 都大大增加。

（2）二次负荷阻抗 Z_{21} 及其功率因数 $\cos\varphi_2$ 的影响。由式（3-6）可见，误差与二次负荷阻抗 Z_{21} 成正比，当 Z_{21} 增加时（$\cos\varphi_2$ 不变），$|f_i|$ 及 $|\delta_i|$ 均增大。当二次负荷功率因数 $\cos\varphi_2$ 下降时，功率因数角 φ_2 增大，$\dot{E}_2$ 与 $\dot{I}_2$ 之夹角 α 增大，$|f_i|$ 增大，而 $|\delta_i|$ 减小；反之，$\cos\varphi_2$ 上升时，φ_2 减小，$|f_i|$ 减小，而 $|\delta_i|$ 增大。

（3）二次绕组开路的影响。二次绕组开路，即 $Z_{21}=\infty$，$I_2=0$，$I_0N_1=I_1N_1$。励磁磁动势由 I_0N_1 骤增为 I_1N_1，铁芯的磁通 ϕ 及磁感应强度 B 都相应增大，因而产生各种不良影响。

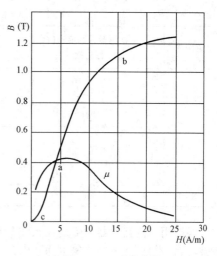

图 3-90　磁化曲线

1）由于铁芯饱和的影响，磁通波形畸变为梯形波，而二次绕组感应电动势 e_2 与磁通的变化率 $\dfrac{\mathrm{d}\phi}{\mathrm{d}t}$ 成正比，因此在 ϕ 过零 $\left(\dfrac{\mathrm{d}\phi}{\mathrm{d}t}\text{很大}\right)$ 时，二次绕组感应出很高的尖顶波电动势 e_2，如图 3-91 所示。其峰值可达数千伏甚至上万伏（与 k_i 及开路时的 I_1 值有关），对工作人员安全及仪表、继电器、连接导线和电缆的绝缘都有危害。

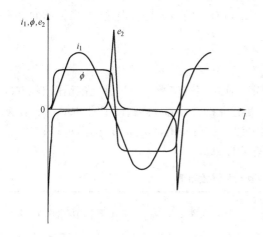

图 3-91　电流互感器二次绕组
开路时 i_1、ϕ 和 e_2 的变化曲线

2）由于磁感应强度 B 骤增，使铁芯损耗大大增加，引起铁芯和绕组过热，互感器损坏。

3）铁芯中会产生剩磁，使互感器特性变坏，误差增大。

因此，当电流互感器一次绕组有电流时，二次绕组不允许开路；当需要将运行中的电流互感器二次回路的仪表断开时，必须先用导线或专用短路连接片将二次绕组的端子短接。

4．准确级和额定容量

（1）准确级。电流互感器的准确级是根据测量时电流误差 $|f_i|$ 的大小来划分的，而 $|f_i|$ 与一次电流 I_1 及二次负荷阻抗 Z_{21} 有关。准确级是指在规定的二次负荷变化范围内，一次电流为额定值时的最大电流误差百分数。我国电流互感器准确级和误差限值见表 3-1。

表 3-1　　　　　　　　　　　　电流互感器准确级和误差限值

准确级次	一次电流为额定一次电流的百分数（%）	误差限值		二次负荷变化范围
		电流误差（%）	相位差（′）	
0.2	10	±0.5	±20	
	20	±0.35	±15	$(0.25\sim1)\,S_{N2}$
	100～120	±0.2	±10	

准确级次	一次电流为额定一次电流的百分数（%）	误差限值		二次负荷变化范围
		电流误差（%）	相位差（′）	
0.5	10	±1	±60	(0.25~1) S_{N2}
	20	±0.75	±45	
	100~120	±0.5	±30	
1	10	±2	±120	
	20	±1.5	±90	
	100~120	±1	±60	
3	50~120	±3	不规定	(0.5~1) S_{N2}

保护用电流互感器主要是在系统短路时工作，因此，在一次额定电流范围内的准确级不如测量级高，为保证保护装置正确动作，要求保护用电流互感器在可能出现的短路电流范围内，最大误差限值不超过 10%。

1) 新型号电流互感器产品分为稳态保护用（P）和暂态保护用（TP）两类。一般情况下，继电保护动作时间相对来说比较长，短路电流已达稳态，电流互感器只要满足稳态下的误差要求，这种互感器称稳态保护用电流互感器；如果继电保护动作时间短，短路电流尚未达稳态，电流互感器则需保证暂态误差要求，这种互感器称暂态保护用电流互感器。由于短路过程中 i_1 和 i_2 关系复杂，故保护级的准确级是以额定准确限值一次电流下的最大复合误差 ε% 来标称的。最大复合误差计算式为

$$\varepsilon\% = \frac{100}{I_1}\sqrt{\frac{1}{T}\int_0^T (k_i i_2 - i_1)^2 \, \mathrm{d}t} \tag{3-7}$$

所谓额定准确限值一次电流是指一次电流为额定一次电流的倍数，也称额定准确限值系数，其标准值为 5、10、15、20、30。稳态保护用电流互感器的标准准确级有 5P 和 10P 两种，见表 3-2。在实际工作中，常将准确限值系数跟在准确级标称后标出，例如 5P20。暂态保护级分为 TPS、TPX、TPY、TPZ4 种，我国采用较多的是 TPY 级。

表 3-2　　　　　　　　　　稳态保护电流互感器准确级和误差限值

准确级次	电流误差（%）	相位差（′）	在额定准确限值一次电流下的复合误差（%）
	在额定一次电流下		
5P	±1.0	±60	5.0
10P	±3.0	——	10.0

2) 在旧型号产品中，B、D 级为保护级。设在短路情况下，当 $I_1 = nI_{N1}$ 时，$|f_i|$ 达 10%，则称 n 为 10%（误差时一次电流的）倍数。n 与允许最大二次负荷阻抗 Z_{21} 有关。在 $|f_i| = 10\%$ 的条件下，一次电流倍数 n 与允许最大二次负荷阻抗 Z_{21} 的关系曲线，称电流互感器 10% 误差曲线，如图 3-92 所示，由制造厂提供。由 n 从曲线上查出相应的 Z_{21}，可保证误差不超过 10%。可见，当 n 较大时，允许的 Z_{21} 较小。

(2) 额定容量 S_{N2}。电流互感器的额定容量 S_{N2} 是指在二次额定电流 I_{N2} 和二次额定负荷阻抗 Z_{N2} 下运行时，二次绕组输出的容量，即

$$S_{N2} = I_{N2}^2 Z_{N2} \tag{3-8}$$

Z_{N2}包括二次侧全部阻抗（测量仪表、继电器的电阻和电抗，连接导线的电阻，接触电阻等）。由于I_{N2}等于 5A 或 1A，因而，$S_{N2}=25Z_{N2}$ 或 $S_{N2}=Z_{N2}$，所以，厂家通常提供 Z_{N2} 值。

因为准确级与二次负荷阻抗 Z_{2l} 有关，所以，同一电流互感器使用在不同的准确级时，对应不同的 Z_{N2}（即不同的 S_{N2}），较低的准确级对应较高的 Z_{N2} 值。例如，LMZ1-10-300/5-0.5 型电流互感器，在 0.5 级工作时，$Z_{N2}=1.6\Omega$（$S_{N2}=40VA$）；在 1 级工作时，$Z_{N2}=2.4\Omega$（$S_{N2}=60VA$）。通常所说的额定容量是指对应于最高准确级的容量。

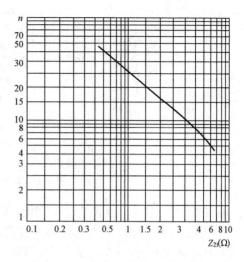

图 3-92 电流互感器 10％误差曲线

5. 分类

（1）按装设地点分为：

1）户内式，多为 35kV 及以下。

2）户外式，多为 35kV 及以上。

（2）按安装方式分为：

1）穿墙式，装在墙壁或金属结构的孔中，可兼作穿墙套管。

2）支持式（或称支柱式），安装在平面或支柱上，有户内、户外式。

3）装入式，套装在 35kV 及以上变压器或断路器内的套管上，故也称为套管式。

（3）按一次绕组匝数分为：

1）单匝式，一次绕组为单根导体，又分贯穿式（一次绕组为单根铜杆或铜管）和母线式（以穿过互感器的母线作为一次绕组）。

2）复匝式（或称多匝式），一次绕组由穿过铁芯的一些线匝制成。按一次绕组型式又分线圈式、"8"字型、"U"型等。

（4）按绝缘分为：

1）干式，用绝缘胶浸渍，用于户内低压。

2）浇注式，用环氧树脂作绝缘，浇注成型，目前仅用于 35kV 及以下的户内。

3）油浸式（瓷绝缘），多用于户外。

4）气体式，用 SF_6 气体绝缘，多用于 110kV 及以上的户外。

电流互感器型号含义参见附表 2-25 注释。

6. 结构

电流互感器型式很多，其结构主要包括一次绕组、二次绕组、铁芯、绝缘等几个部分。单匝和复匝式电流互感器结构示意图如图 3-93 所示。

在同一回路中，往往需要很多电流互感器供给测量和保护用，为了节约材料和投资，高压电流互感器常由多个没有磁联系的独立铁芯和二次绕组与共同的一次绕组组成同一互感比、多二次绕组的结构，如图 3-93（c）所示。对于 110kV 及以上的电流互感器，为了适应一次电流的变化和减少产品规格，常将一次绕组分成几组，通过切换来改变绕组的串、并联，以获得 2～3 种互感比。

举例如下。

（1）单匝式电流互感器。单匝式电流互感器结构简单、尺寸小、价格低，内部电动力不大，热稳定也容易借选择一次绕组的导体截面来保证；缺点是一次电流较小时，一次安匝 I_1N_1 与励

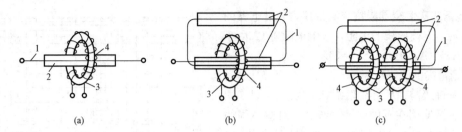

图 3 - 93　电流互感器结构示意图

(a) 单匝式；(b) 复匝式；(c) 具有两个铁芯的复匝式

1— 一次绕组；2—绝缘；3—铁芯；4—二次绕组

磁安匝 $I_0 N_1$ 相差较小，故误差较大，因此仅用于额定电流 400A 以上的电路。

1) LDZ1 - 10、LDZJ1 - 10 型环氧树脂浇注绝缘单匝式电流互感器外形如图 3 - 94 所示。其一次导电杆，额定电流 800A 及以下者为铜棒，1000A 及以上者为铜管；环形铁芯采用优质硅钢带卷成，并有两个铁芯组合，对称地扎在金属支持件上，二次绕组均匀绕在环形铁芯上。一次导电杆及二次绕组，一起用环氧树脂及石英粉的混合胶浇注加热固化成形；浇注体中部有硅铝合金铸成的面板，板上有 4 个 φ14mm 的安装孔。它可取代 LDC - 10 系列。

2) LMZ1 - 10、LMZD1 - 10 型环氧树脂浇注绝缘单匝母线式电流互感器外形如图 3 - 95 所示。该型也具有两个铁芯组合，一次绕组可配额定电流大（2000～5000A）的母线，一次极性标志 L1 在窗口上方，两个二次绕组出线端为 1K1、1K2 和 2K1、2K2。其绝缘、防潮、防霉性能良好，机械强度高，维护方便，多用于发电机、变压器主回路，可取代 LMC - 10 系列。

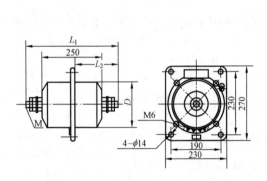

图 3 - 94　LDZ1 - 10、LDZJ1 - 10 型环氧树脂浇注绝缘单匝式电流互感器外形

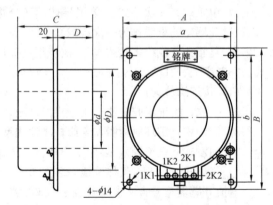

图 3 - 95　LMZ1 - 10、LMZD1 - 10 型环氧树脂浇注绝缘单匝母线式电流互感器外形

（2）复匝式电流互感器。由于单匝式电流互感器准确级较低，或在一定的准确级下其二次绕组功率不大，以致需增加互感器数目，所以，在很多情况下需要采用复匝式电流互感器。复匝式可用于额定电流为各种数值的电路。

1) LFZB - 10 型环氧树脂浇注绝缘有保护级复匝式电流互感器外形如图 3 - 96 所示。该型互感器为半封闭浇注绝缘结构，铁芯采用硅钢叠片呈二芯式，在铁芯柱上套有二次绕组，一、二次绕组用环氧树脂浇注成整体，铁芯外露。其性能优越，可取代 LFC - 10 系列。

LQZ - 35 型环氧树脂浇注绝缘线圈式电流互感器外形如图 3 - 97 所示。该型互感器铁芯也采用硅钢片叠装，二次绕组在塑料骨架上，一次绕组用扁铜带绕制并经真空干燥后浇注成型。

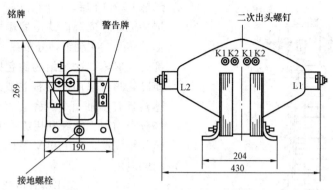

图 3-96 LFZB-10 型电流互感器外形

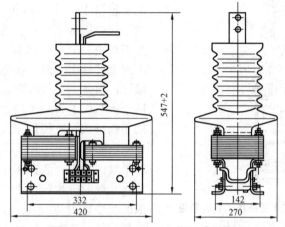

图 3-97 LQZ-35 型电流互感器外形

2）LCW-110 型户外油浸式瓷绝缘电流互感器结构图如图 3-98 所示。互感器的瓷外壳 1 内充满变压器油 2，并固定在金属小车 3 上；带有二次绕组的环形铁芯 5 固定在小车架上，一次绕组 6 为圆形并套住二次绕组，构成两个互相套着的形如"8"字的环。换接器 8 用于在需要时改变各段一次绕组的连接方式（串联或并联）。上部由铸铁制成的油扩张器 4，用于补偿油体积随温度的变化，其上装有玻璃油面指示器。放电间隙 9 用于保护瓷外壳，使外壳在铸铁头与小车架之间发生闪络时不致受到电弧损坏。由于这种"8"字型绕组电场分布不均匀，故只用于 35～110kV 电压级，一般有 2～3 个铁芯。

3）LCLWD3-220 型户外瓷箱式电容型绝缘 U 型绕组电流互感器结构如图 3-99 所示。其一次绕组 5 呈"U"型，一次绕组绝缘采用电容均压结构，用高压电缆纸包扎而成；

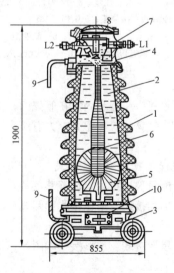

图 3-98 LCW-110 型油浸式瓷绝缘
"8"字型绕组电流互感器结构
1—瓷外壳；2—变压器油；3—小车；4—扩张器；
5—环形铁芯及二次绕组；6—一次绕组；7—瓷套管；
8—一次绕组换接器；9—放电间隙；10—二次绕组引出端

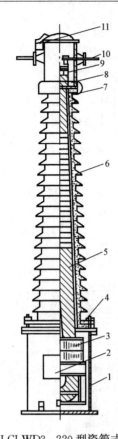

图 3-99　LCLWD3-220 型瓷箱式电容型绝缘
U 型绕组电流互感器结构

1—油箱；2—二次接线盒；3—环形铁芯及二次绕组；
4—压圈式卡接装置；5—"U"型一次绕组；
6—瓷套；7—均压护罩；8—储油柜；
9— 一次绕组切换装置；10— 一次出线端子；
11—呼吸器

绝缘共分 10 层，层间有电容屏（金属箔），外屏接地，形成圆筒式电容串联结构；有 4 个环形铁芯及二次绕组，分布在"U"型一次绕组下部的两侧，二次绕组为漆包圆铜线，铁芯为优质冷轧晶粒取向硅钢板卷成。由于这类电流互感器具有用油量少、瓷套直径小、质量小、电场分布均匀、绝缘利用率高和便于实现机械化包扎等优点，在 110kV 及以上电压级中得到广泛的应用。

4）L-110 型串级式电流互感器外形及原理接线图如图 3-100 所示。该型互感器由两个电流互感器Ⅰ、Ⅱ串联组成。Ⅰ级属高压部分，置于充油的瓷套内，它的铁芯对地绝缘，铁芯为矩形叠片式，一次和二次绕组分别绕在上、下两个芯柱上，其二次电流为 20A；为了减少漏磁，增强一、二次绕组间的耦合，在上、下两个铁芯柱上设置了两个匝数相等、互相连接的平衡绕组，该绕组与铁芯有电气连接。Ⅱ级属低压部分，有三个环形铁芯及一个一次绕组、三个二次绕组，装在底座内；Ⅰ级的二次绕组接在Ⅱ级的一次绕组上，作为Ⅱ级的电源，Ⅱ级的互感比为 20/5A。这种两级串级式电流互感器，每一级绝缘只承受装置对地电压的 1/2，因而可节省绝缘材料，并使其尺寸小、质量小。

5）SF$_6$ 气体绝缘的电流互感器有 SAS、LVQB 系列等，电压为 110kV 及以上。LVQB-220 型电流互感器外形如图 3-101 所示。它由躯壳、器身（一、二次绕组）、瓷套和底座组成。

并采用倒置式——器身固定在躯壳内，置于顶部；二次绕组用绝缘件固定在躯壳上，一、二次绕组间用 SF$_6$ 气体绝缘；躯壳上方有压力释放装置，底座有 SF$_6$ 压力表、密度继电器和充气阀、二次接线盒。

7. 电流互感器的接线方式

电气测量仪表接入电流互感器的常用接线方式如图 3-102 所示。

（1）单相接线。单相接线如图 3-102（a）所示。这种接线用于测量对称三相负荷中的一相电流。

（2）星形接线。星形接线如图 3-102（b）所示。这种接线用于测量三相负荷，监视每相负荷不对称情况。

（3）不完全星形接线。不完全星形接线如图 3-102（c）所示。这种接线用于三相负荷对称或不对称系统中，供三相两元件功率表或电能表用。流过公共导线上的电流为 U、W 两相电流的相量和，即 $-\dot{I}_V$，所以通过公共导线上的电流表可以测量出 V 相电流。

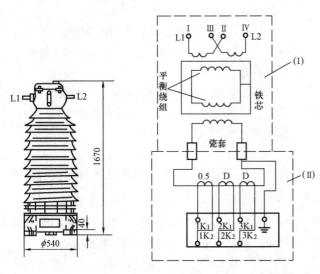

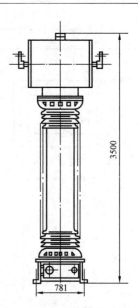

图 3-100 L-110 型串级式电流互感器外形及原理接线图　　图 3-101 LVQB-220 型电流互感器外形

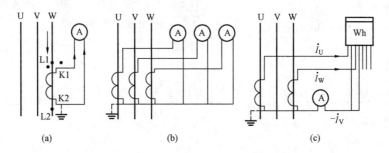

图 3-102 测量仪表接入电流互感器的常用接线方式

(a) 单相接线；(b) 星形接线；(c) 不完全星形接线

上述 3 种接线也用于继电保护回路。另外，保护回路的电流互感器尚有三角形接线，两相差接线及零序接线方式。

二、电压互感器

目前，在电力系统中广泛采用的电压互感器，按其工作原理可分为电磁式和电容式两种。

（一）电磁式电压互感器

1. 工作原理

电磁式电压互感器的工作原理和变压器相同，分析过程与电磁式电流互感器相似。原理电路如图 3-103 (a) 所示，其特点如下。

（1）一次绕组与被测电路并联，二次绕组与测量仪表和保护装置的电压线圈并联。

（2）容量很小，类似一台小容量变压器，但结构上要求有较高的安全系数。

（3）二次侧负荷比较恒定，测量仪表和保护装置的电压线圈阻抗很大，正常情况下，电压互感器近于开路（空载）状态运行。

电压互感器一、二次绕组的额定电压 U_{N1}、U_{N2} 之比称为额定互感比，用 k_u 表示。与变压器相同，k_u 近似等于一、二次绕组的匝数比，即

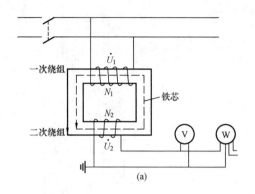

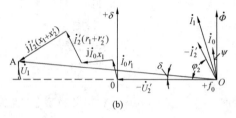

图 3-103　电压互感器

(a) 原理电路；(b) 相量图

$$k_u = \frac{U_{N1}}{U_{N2}} \approx \frac{N_1}{N_2} \qquad (3-9)$$

U_{N1}、U_{N2} 已标准化（U_{N1} 等于电网额定电压 U_{NS} 或 $U_{NS}/\sqrt{3}$，U_{N2} 统一为 100V 或 $100/\sqrt{3}$V），所以 k_u 也已标准化。

电压互感器的等值电路与图 3-89（b）相同，其一、二次侧的电流、电压关系与变压器相似，相量图如图 3-103（b）所示。

2. 误差

由相量图可见，由于电压互感器存在励磁电流和内阻抗，使折算到一次侧的二次电压 $-\dot{U}_2'$ 与一次电压 $\dot{U}_1$ 在数值和相位上都有差异，即测量结果有两种误差——电压误差和相位差。

（1）电压误差 f_u。电压误差 f_u 为二次电压测量值 U_2 乘上额定互感比 k_u 所得的一次电压近似值 $k_u U_2$ 与一次电压实际值 U_1 之差相对于 U_1 的百分数。由相量图可推导得

$$f_u = \frac{k_u U_2 - U_1}{U_1} \times 100$$

$$\approx -\left[\frac{I_0 r_1 \sin\Psi + I_0 x_1 \cos\Psi}{U_1} + \frac{I_2'(r_1 + r_2')\cos\varphi_2 + I_2'(x_1 + x_2')\sin\varphi_2}{U_1} \right] \times 100$$

$$= f_0 + f_1 \ (\%) \qquad (3-10)$$

式中：f_0、f_1 为空载电压误差和负荷电压误差。

（2）相位差 δ_u。相位差 δ_u 为旋转 180° 的二次电压相量 $-\dot{U}_2'$ 与一次电压相量 $\dot{U}_1'$ 之间的夹角。由于 δ_u 很小，所以用（′）表示。由相量图可推导得

$$\delta_u \approx \sin\delta_u$$

$$= \left[\frac{I_0 r_1 \cos\Psi - I_0 x_1 \sin\Psi}{U_1} + \frac{I_2'(r_1 + r_2')\sin\varphi_2 - I_2'(x_1 + x_2')\cos\varphi_2}{U_1} \right] \times 3440$$

$$= \delta_0 + \delta_1 \ (') \qquad (3-11)$$

式中：δ_0、δ_1 为空载相位差和负荷相位差。

规定：当 $-\dot{U}_2'$ 超前 $\dot{U}_1$ 时，δ_u 为正值；反之，δ_u 为负值。

由式（3-10）和式（3-11）可见，影响误差的运行工况是一次电压 U_1、二次负荷 I_2 和功率因数 $\cos\varphi_2$。当 I_2 增加时，$|f_u|$ 线性增大，$|\delta_u|$ 也相应变化（一般也线性增大）。

与电流互感器相似，f_u 能引起所有测量仪表和继电器产生误差，δ_u 只对功率型测量仪表和继电器及反映相位的保护装置有影响。

3. 准确级和额定容量

（1）准确级。电压互感器的准确级是根据测量时电压误差 f_u 的大小来划分的。准确级是指

在规定的一次电压和二次负荷变化范围内，负荷因数为额定值时，最大电压误差的百分数。我国电压互感器准确级和误差限值见表 3－3。3P、6P 级为保护级。

表 3－3　　　　　　　　　　　　电压互感器准确级和误差限值

准确级	误 差 限 值		一次电压变化范围	二次负荷、功率因数、频率变化范围
	电压误差（%）	相位差（′）		
0.2	±0.2	±10	$(0.8\sim1.2)U_{N1}$	$(0.25\sim1)S_{N2}$ $\cos\varphi_2=0.8$ $f=f_N$
0.5	±0.5	±20		
1	±1.0	±40		
3	±3.0	不规定		
3P	±3.0	±120	$(0.05\sim1)U_{N1}$	
6P	±6.0	±240		

（2）额定容量 S_{N2}。因为准确级是用 f_u 表示，而 f_u 随二次负荷的增加而增加，亦即准确级随二次负荷的增加而降低，或者说，同一电压互感器使用在不同的准确级时，二次侧允许接的负荷（容量）也不同，较低的准确级对应较高的容量值。通常所说的额定容量是指对应于最高准确级的容量。电压互感器按照在最高工作电压下长期工作的允许发热条件，还规定有最大（极限）容量。只有供给对误差无严格要求的仪表和继电器或信号灯之类的负荷时，才允许将电压互感器用于最大容量。

4. 分类

（1）按安装地点分为：

1）户内式。户内式多为 35kV 及以下。

2）户外式。户外式多为 35kV 以上。

（2）按相数分为：

1）单相式。单相式可制成任意电压级。

2）三相式。三相式一般只有 20kV 以下电压级。

（3）按绕组数分为：

1）双绕组式。双绕组式只有 35kV 及以下电压级。

2）三绕组式。三绕组式任意电压级均有。它除供给测量仪表和继电器的二次绕组外，还有一个辅助绕组（或称剩余电压绕组），用来接入监视电网绝缘的仪表和保护接地继电器。

（4）按绝缘分为：

1）干式。干式只适用于 6kV 以下空气干燥的户内。

2）浇注式。浇注式适用于 3～35kV 户内。

3）油浸式。油浸式又分普通式和串级式，3～35kV 均制成普通式，110kV 及以上则制成串级式。

4）气体式。气体式用 SF_6 绝缘。

电压互感器的型号含义参见附表 2-26 注释。

5. 结构

电压互感器型式很多，在结构上主要由一次绕组、二次绕组、铁芯、绝缘等几部分组成。举例如下：

（1）浇注式。JDZ-10 型浇注式单相电压互感器外形如图 3-104 所示。其铁芯为三柱式，

一、二次绕组为同心圆筒式，连同引出线用环氧树脂浇注成整体，并固定在底板上；铁芯外露，为半封闭式结构。

（2）油浸式。普通式和串级式分别举例如下：

1）普通式是二次绕组与一次绕组完全相互耦合，与普通变压器一样。JDJ-10 型油浸式单相电压互感器如图 3-105 所示，其器身固定在油箱盖上并浸在油箱的油中，一、二次绕组的引出线分别经高、低压瓷套管引出。

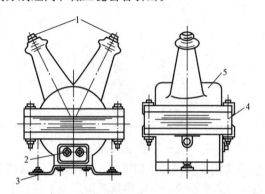

图 3-104　JDZ-10 型浇注式单相电压
互感器外形

1——一次绕组引出端；2—二次绕组引出端；
3—接地螺栓；4—铁芯；5—浇注体

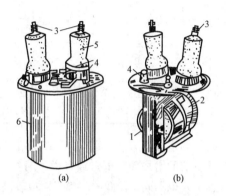

图 3-105　JDJ-10 型油浸式单相电压
互感器

1—铁芯；2——一次绕组；3——一次绕组引出端；
4—二次绕组引出端及低压套管；5—高压套管；6—油箱

JSJW-10 型油浸式三相五柱电压互感器的外形及结构示意图如图 3-106 所示。铁芯的中间三柱分别套入三相绕组，两边柱作为单相接地时零序磁通的通路；一、二次绕组均为 YN 接线，剩余绕组为开口三角形接线。

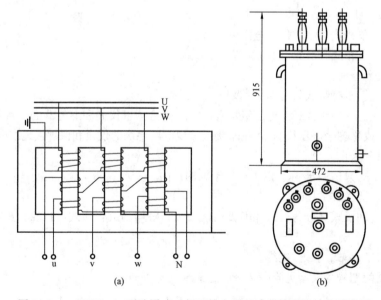

图 3-106　JSJW-10 型油浸式三相五柱电压互感器外形及结构示意图
（a）原理图；（b）外形图

2）串级式是一次绕组由匝数相等的几个绕组元件串联而成，最下面一个元件接地，二次绕组只与最下面一个元件耦合。

JCC-220 型串级式电压互感器的原理接线图如图 3-107 所示，其外形图如图 3-108 所示。互感器的器身由两个铁芯（元件）1、一次绕组 2、平衡绕组 3、连耦绕组 4 及二次绕组 5 构成，装在充满油的瓷箱中；一次绕组 2 由匝数相等的 4 个元件组成，分别套在两个铁芯的上、下铁柱上，并按磁通相加方向顺序串联，接于相与地之间，每个铁芯上绕组的中点与铁芯相连；二次绕组 5 绕在末级铁芯的下铁柱上。

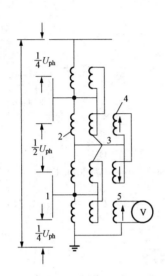
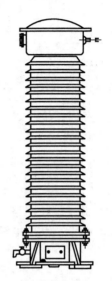

图 3-107　JCC-220 型串级式电压互感器原理接线图
1—铁芯；2—一次绕组；3—平衡绕组；
4—连耦绕组；5—二次绕组

图 3-108　JCC-220 型串级式电压
互感器外形

当二次绕组开路时，各级铁芯的磁通相同，一次绕组的电位分布均匀，每个绕组元件的边缘线匝对铁芯的电位差都是 $U_{\rm ph}/4$（$U_{\rm ph}$ 为相电压）；当二次绕组接通负荷时，由于负荷电流的去磁作用，使末级铁芯的磁通小于前级铁芯的磁通，从而使各元件的感抗不等，电压分布不均匀，准确度下降。为避免这一现象，在两铁芯相邻的铁芯柱上，绕有匝数相等的连耦绕组 4（绕向相同，反向对接）。这样，当每个铁芯的磁通不等时，连耦绕组中出现电动势差，从而出现电流，使磁通较小的铁芯增磁，磁通较大的铁芯去磁，达到各级铁芯的磁通大致相等和各绕组元件电压分布均匀的目的。因此，这种串级式结构的每个绕组元件对铁芯的绝缘只需按 $U_{\rm ph}/4$ 设计，比普通式（需按 $U_{\rm ph}$ 设计）大大节约绝缘材料和降低造价。在同一铁芯的上、下柱上还有平衡绕组 3（绕向相同，反向对接），借平衡绕组内的电流，使两柱上的安匝数分别平衡。

（二）电容式电压互感器

随着电力系统电压等级的增高，电磁式电压互感器的体积越来越大，成本随之增高，因此，研制了电容式电压互感器。电容式电压互感器供 110kV 及以上系统用，而且目前我国对 330kV 及以上电压级只生产电容式电压互感器。

1. 工作原理

电容式电压互感器的工作原理如图 3-109 所示。

（1）电容分压原理。电容式电压互感器采用电容分压原理如图 3-109（a）所示。在被测电网的相和地之间接有主电容 C_1 和分压电容 C_2，$\dot{U}_1$ 为电网相电压，Z_2 表示仪表、继电器等电压

线圈负荷。Z_2、C_2 上的电压为

$$\dot{U}_2 = \dot{U}_{C2} = \frac{C_1 \dot{U}_1}{C_1 + C_2} = K \dot{U}_1 \tag{3-12}$$

其中 $K = \dfrac{C_1}{C_1 + C_2}$，称为分压比。由于 $\dot{U}_2$ 与一次电压 $\dot{U}_1$ 成比例变化，故可用 $\dot{U}_2$ 代表 $\dot{U}_1$，即可测出相对地电压。

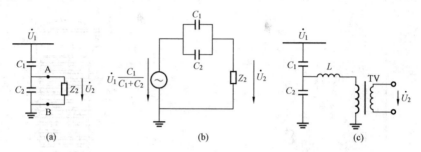

图 3 - 109　电容式电压互感器的工作原理
(a) 电容分压原理；(b) 等效含源一端口网络；(c) 串联补偿电抗

(2) 等效含源一端口网络。由等效电源原理，图 3 - 109 (a) 的等效含源一端口网络如图 3 - 109 (b) 所示。其中电源内阻抗为

$$Z_i = \frac{1}{j\omega (C_1 + C_2)} \tag{3-13}$$

当有负荷电流流过时，将在 Z_i 上产生电压降，使 $\dot{U}_2$ 与 $\dot{U}_1 \dfrac{C_1}{C_1 + C_2}$ 在数值和相位上都有误差，负荷电流越大，误差越大。

(3) 减小误差的措施。为了减小 Z_i，从而减小误差，可在 A、B 回路中串联一补偿电抗 L〔如图 3 - 109 (c) 所示〕，则

$$Z_i = j\omega L + \frac{1}{j\omega (C_1 + C_2)} = j \left[\omega L - \frac{1}{\omega (C_1 + C_2)} \right] \tag{3-14}$$

当 $\omega L = \dfrac{1}{\omega(C_1 + C_2)}$，即 $L = \dfrac{1}{\omega^2 (C_1 + C_2)}$ 时，$Z_i = 0$，即输出电压 $\dot{U}_2$ 与负荷无关，误差最小。但实际上由于电容器有损耗，电抗器也有电阻，不可能使内阻抗为零，因此还会有误差产生。

减小分压器的输出电流，可减小误差，故将测量仪表经中间电磁式电压互感器 TV 升压后与分压器相连接。

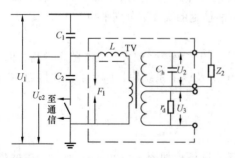

图 3 - 110　电容式电压互感器基本原理图

2. 基本结构

电容式电压互感器基本原理如图 3 - 110 所示。除上述分析外，在基本原理中尚考虑如下因素：

(1) 当互感器二次侧发生短路时，由于回路中电阻 r 和剩余电抗（$x_L - x_C$）均很小，短路电流可达额定电流的几十倍，此电流在补偿电抗 L 和电容 C_2 上产生很高的谐振过电压，为了防止过电压引起绝缘击穿，在电容 C_2 两端并联放电

间隙 F_1。

（2）当二次负荷增加时，负荷电流在 L 上形成电压降，使 C_2 上的电压高于由分压比所决定的电压，负荷电流越大，这一电压越高。为此，在二次侧并联电容 C_h，使互感器空载时 C_2 上的电压略低于额定电压，而带有负荷时略高于额定电压。此外，C_h 还具有补偿互感器励磁电流和负荷电流中电感分量的作用，从而可减小误差。

（3）当受到二次侧短路或断开等冲击时，由于非线性电抗（TV 的一次绕组）的饱和，可能激发产生次谐波（常见的是 1/3 次谐波）铁磁谐振过电压和大电流，对互感器、仪表和继电器将造成危害，并可能导致保护装置误动作（电压互感器开口三角形绕组会出现零序电压）。为了抑制次谐波的产生，常在互感器二次侧设阻尼电阻 r_d，r_d 有经常接入和谐振时自动接入两种方式。在 $500\sim750$kV 级的电容式互感器中，采用谐振阻尼器，它由一只电感和一只电容并联而后与一只阻尼电阻串联构成。

3. 误差

电容式电压互感器的误差由空载误差 f_0、δ_0，负荷误差 f_1、δ_1 和阻尼器负荷电流产生的误差 f_d、δ_d 等几部分组成，即

$$f_u = f_0 + f_1 + f_d \qquad\qquad (3-15)$$
$$\delta_u = \delta_0 + \delta_1 + \delta_d \qquad\qquad (3-16)$$

式（3-15）、式（3-16）中的各项误差，可仿照本节前述的方法求得。对采用谐振时自动投入阻尼器者，其 f_d、δ_d 可略而不计。

电容式电压互感器的误差除受一次电压、二次负荷和功率因数的影响外，还与电源频率有关，即由于 $\omega L \neq \dfrac{1}{\omega\,(C_1+C_2)}$，因而会产生附加误差。实际频率与额定频率相差愈大，误差愈大。

电容式电压互感器由于结构简单、质量小、体积小、占地少、成本低，且电压愈高效果愈显著；另外，分压电容还可兼作载波通信的耦合电容，因此广泛应用于 $110\sim500$kV 中性点直接接地系统。电容式电压互感器的缺点是输出容量较小，误差较大，暂态特性不如电磁式电压互感器。

4. 产品举例

电容式电压互感器有单柱叠装型、全封闭型（适用于 GIS）及分装型三种结构类型。

（1）单柱叠装型。

1）TYD220 系列单柱叠装型电容式电压互感器结构如图 3-111 所示。电容分压器由上、下节串联组合而成，装在瓷套 1 内，瓷套中充满绝缘油；电磁单元装置 4 由装在同一油箱中的中压互感器、补偿电抗器、保护间隙、阻尼器组成，其中阻尼器由多只釉质线绕电阻并联而成，油箱同时作为互感器的底座；二次出线盒 5 在电磁单元装置侧面，盒内有二次端子接线板及接线标牌。

2）CCV 系列叠装型电容式电压互感器结构如图 3-112 所示。电容器 1 的每一电容元件由高纯度纤维纸和铝膜卷制而成，经真空、加热、干燥后装入瓷套 2 内，浸入绝缘油 3 中。互感器最上部有一由铝合金制成的帽盖，上有阻波器的安装孔，圆柱状（或扁板状）电压连接端也直接安置于帽盖的顶部；帽盖内含有一个腰鼓形膨胀膜盒 5（与外界隔绝），用于补偿随温度变化而改变的油的容积；侧面的油位指示器可观察油面的变化。

（2）全封闭型。全封闭型电容式电压互感器与单柱叠装型类似，其电容分压器装在充有气体的金属封闭结构内，并叠装在电磁单元的油箱上。

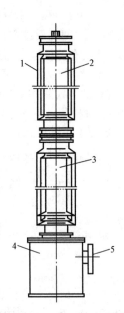

图 3 - 111　TYD220 系列单柱叠装型
电容式电压互感器结构图
1—瓷套；2—上节电容分压器；
3—下节电容分压器；4—电磁单元装置；
5—二次出线盒

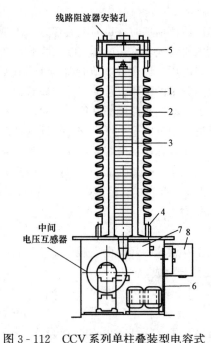

图 3 - 112　CCV 系列单柱叠装型电容式
电压互感器结构图
1—电容器；2—瓷套；3—高介电强度的绝缘油；
4—密封设施；5—膜盒；6—密封金属箱；
7—阻尼器；8—二次接线盒

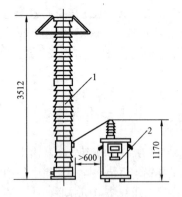

图 3 - 113　TYD220 系列分装型
电容式电压互感器结构图
1—瓷套及电容分压器；
2—中压互感器及补偿电抗器

（3）分装型。TYD220 系列分装型电容式电压互感器结构如图 3 - 113 所示。与叠装型不同的是，其电容分压器、电磁装置及阻尼电阻器装置分开安装。前两者装于户外，后者装在散热良好的金属外壳内并装于户内。

（三）电压互感器的接线与额定电压

电压互感器一次绕组的额定电压必须与实际承受的电压相符，由于电压互感器接入电网方式的不同，在同一电压等级中，电压互感器一次绕组的额定电压也不尽相同；电压互感器二次绕组的额定电压应能使所接表计承受 100V 电压，根据测量目的的不同，其二次侧额定电压也不相同。

1. 单相接线

一台单相电压互感器接线如图 3 - 114（a）所示。

（1）接于一相和地之间，用来测量相对地电压，用于 110~220kV 中性点直接接地系统，其 $U_{N1}=U_{NS}/\sqrt{3}$（U_{NS} 为所接系统的额定电压），$U_{N2}=100V$。

（2）接于两相之间，用来测量相间电压，用于 3~35kV 小接地电流系统，其 $U_{N1}=U_{NS}$，$U_{N2}=100V$。

2. 不完全星形接线（也称 Vv 接线）

两台单相电压互感器接成不完全星形接线如图 3 - 114（b）所示，用来测量相间电压，但不能测量相对地电压，广泛用于 3～20kV 小电流接地系统，其 $U_{N1} = U_{NS}, U_{N2} = 100V$。

3. 星—星—开口三角形（YNynd0）接线

一台三相三绕组或三台单相三绕组电压互感器，接"YNynd0"接线时，其一、二次绕组均接成星形，且中性点均接地；三相的辅助二次绕组接成开口三角形。主二次绕组可测量各相电压和相间电压，辅助二次绕组供小电流接地系统绝缘监察装置或大接地电流系统的接地保护用。

（1）一台三相五柱式电压互感器接成"YNynd0"接线，如图 3 - 114（c）所示。它广泛用于 3～15kV 系统中，其 $U_{N1} = U_{NS}, U_{N2} = 100V$；每相辅助二次绕组的额定电压 $U_{N3} = 100/3V$。

（2）三台单相三绕组电压互感器接成"YNynd0"接线，如图 3 - 114（d）所示。它广泛用于 3～220kV 系统中，其 $U_{N1} = U_{NS}/\sqrt{3}$，$U_{N2} = 100/\sqrt{3}V$。当用于小接地电流系统中时，$U_{N3} = 100/3V$；当用于大接地电流系统中时，$U_{N3} = 100V$。

（3）三台单相三绕组电容式电压互感器接成"YNynd0"接线，如图 3 - 114（e）所示。它广泛用于 110kV 及以上，特别是 330kV 及以上系统中，其 $U_{N1} = U_{NS}/\sqrt{3}, U_{N2} = 100/\sqrt{3}V$，$U_{N3} = 100V$。

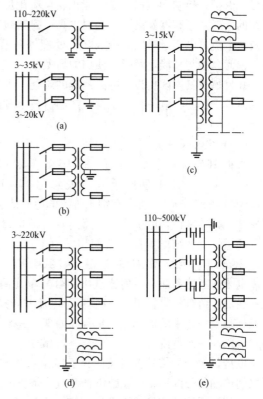

图 3 - 114　电压互感器常用接线方式
(a) 一台单相电压互感器接线；(b) 不完全星形接线；
(c) 一台三相五柱式电压互感器接线；
(d) 三台单相三绕组电压互感器接线；
(e) 电容式电压互感器接线

一般 3～35kV 电压互感器经隔离开关和熔断器接入高压电网；在 110kV 及以上配电装置中，考虑到互感器及配电装置可靠性较高，且高压熔断器制造比较困难，价格昂贵，因此电压互感器只经过隔离开关与电网连接；在 380～500V 低压配电装置中，电压互感器可以直接经熔断器与电网连接，而不用隔离开关。

另外，保护电压互感器的熔断器是一种专用熔断器，如保护 35kV 电压互感器的熔断器，其额定电流为 0.5A，这是按机械强度选取的最小截面，比电压互感器的额定电流大 60 多倍，因而只能在高压侧短路时才熔断，低压侧短路或过负荷时高压侧的熔断器不能可靠动作；又由于电压互感器的二次侧是按开路状态设计的，一旦二次侧发生短路，电压互感器会损坏自身，所以在电压互感器的二次侧也一律要装设熔断器，以保护互感器低压侧短路。

除三相三柱式电压互感器外，一次绕组接成 Y 形的电压互感器中性点都接地，不论电力系统中性点是直接接地还是小电流接地。将电压互感器的中性点直接接地，是不会改变系统的接地性质的，这是因为电压互感器容量很小，阻抗极大，对单相接地电流基本上没有影响的缘故。

三、电子式互感器

随着计算机数字通信技术和电力设备二次系统测量、保护装置的数字化发展，电力系统对测量、保护、控制和数据传输智能化、自动化及电网安全、可靠和高质量运行的要求越来越高。传统的电磁式互感器暴露出绝缘要求高、磁路饱和、铁磁谐振、动态范围小、频带窄、易燃易爆以及对电流、电压量难以进行数字化处理等一系列缺点，阻碍了电力系统自动化向更高水平发展。因此，能与智能电网配套使用的新型电子式互感器的出现，能够很好地弥补传统互感器的缺陷，并且解决长期困扰许多电力系统的难题。目前，经国内外知名企业、科研院所和大专院校大量的研发、试验，电子式互感器生产制造技术日趋成熟，已经有越来越多的相关产品正式投入实际运行。

（一）定义及分类

根据 IEC 制定的关于电子式电压互感器（Electronic Voltage Transformer，EVT）的标准 IEC 60044 - 7—1999 和电子式电流互感器（ECT，Electronic Current Transformer）的标准 IEC 60044 - 8—2002，所有有别于传统的电磁式电流、电压互感器的新型互感器都可称为电子式互感器。具体来说，电子式互感器是具有模拟量电压输出或数字量输出，供频率 15～100Hz 的电气测量仪器和继电保护装置使用的电流/电压互感器。电子式互感器具有模拟量输出标准值（如 225mV）和数字量输出标准值（如 2D41）。

电子式互感器通常由传感模块和合并单元两部分构成。传感模块又称远端模块，安装在高压一次侧，负责采集、调理一次电压/电流并转换成数字信号。合并单元安装在二次侧，负责对各相远端模块传来的信号做同步合并处理。其基本结构如图 3 - 115 所示。一次端子 P1、P2 接入一次电路，一次电流传感器产生与一次端子通过电流相对应的可调制信号，一次转换器将来自一次电流传感器的信号转换成适合于传输系统的数字信号。传输系统是用于一次部件和二次部件之间传输信号的短距或长距耦合装置（依据所采用的技术，也可用来传送功率）。二次转换器将来自传输系统的信号转换成正比于一次端子电流的信号量，供给测量仪表、继电保护或控制装置。对于数字输出型电子式互感器，二次转换器通常接至合并单元再输出至二次设备；对于模拟输出型电子式互感器，二次转换器通过二次端子 S1、S2 直接供给测量仪表、继电保护或控制装置。

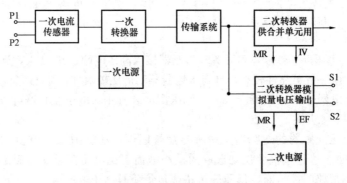

图 3 - 115   电子式互感器基本结构图
IV—输出无效；EF—设备失效；MR—维修申请

根据一次传感器部分是否需要提供电源，电子式互感器可分为有源式和无源式两类，具体分类如图 3 - 116 所示。

若一次传感器是电磁测量原理的，一次转换器就要将一次传感器的电输出信号转换为光信号，再由光纤传输系统送出去。一次转换器是电子电路，需要电源供电，此类互感器为有源电子式互感器。有源电子式互感器的原理比较简单，对其研究较为深入，相关产品较为成熟。

若一次传感器是光学原理的，光纤传输系统可以直接将光测量信号送出去，就不需要一次转换器，也就无需电源了，此类互感器为无源电子式互感器。无源电子式互感器的优点是传感器部分不需要复杂的供电装置，整个系统的线性度比较好，缺点是传感器部分有复杂而不稳定的光学系统，容易受到多种环境因素的影响，对测量准确度不利，技术难度较大。

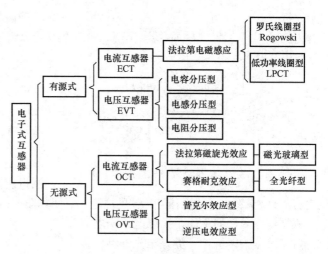

图 3-116 电子式互感器分类示意图

（二）工作原理

1. 电子式电流互感器

（1）有源电子式电流互感器。基于法拉第电磁感应原理的有源电子式电流互感器可分为罗可夫斯基（Rogowski，简称罗氏）线圈型和低功率线圈型（LPCT）。低功率线圈型多用于测量级，往往采用传统的电流互感器铁芯线圈结构，只是二次负荷较小，用一标准电阻进行电流/电压转换，以输出电压信号的模式采集、处理和传输电流量。而罗氏线圈（亦称为空心线圈）型多用于保护级，是由漆包线均匀绕制在非磁性环形骨架上制成的，不会出现磁饱和及磁滞等问题。载流导线从线圈中心穿过，当导线上有电流流过时，在线圈两端将会产生一个感应电动势 e，它与一次电流 i 的关系式为

$$e(t) = -\frac{\mathrm{d}\phi}{\mathrm{d}t} = -\mu_0 nS\frac{\mathrm{d}i}{\mathrm{d}t} \tag{3-17}$$

式中：μ_0 为真空磁导率；n 为线圈匝数密度；S 为线圈截面积。

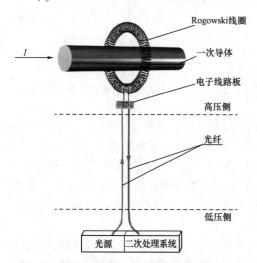

图 3-117 有源电子式电流互感器原理示意图

根据式（3-17），利用电子电路对线圈的输出信号进行积分变换便可求得被测电流 i。有源电子式电流互感器的原理示意图如图 3-117 所示。

有源电子式电流互感器最大特点是高压侧的电子元器件（即采集模块）需要由电源供电才能工作——在高压侧完成模拟量的采样。因此，供电技术成为有源电子式互感器的一项关键技术，目前可行的技术方案主要有小 TA 从母线取电、高压电容分压器供电、激光供能和蓄电池供能等。为保证供电的可靠性，也有同时采用两种供电方式。例如，正常情况下通过小 TA 从母线取电的方式供电，在线路投运之前和故障状态下使用激光器作为辅助电源供电。

（2）无源电子式电流互感器。无源电子式电流互感器又称光学电流互感器（OCT），其传感器部分不需要供电电源。无源电子式电流互感器多采用法拉第效应，即所谓的磁光（MO）效应，光束通过磁场作用下的晶体产生旋转，测量光线旋转角度来量测电流。

如图 3-118 所示，当一竖线偏振光以与磁场平行的方向通过某些光学材料（光学传感器）

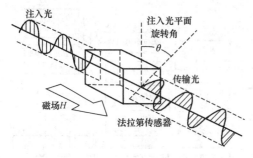

图 3 - 118　法拉第效应原理图

时，由于磁场的作用，偏振面将发生旋转，其旋转角度 θ 为

$$\theta = V \int_L \vec{H} \, \mathrm{d}\vec{l} \qquad (3 - 18)$$

式中：V 为光学材料的 Verdet 常数，rad/A；H 为磁场强度；L 为光线在材料中通过的路程。

若光路设计为闭合回路，由全电流定理可得

$$\theta = V \oint \vec{H} \, \mathrm{d}\vec{l} = Vi(t) \qquad (3 - 19)$$

测得线偏振光的旋转角度 θ，就可求出导体中的电流 $i(t)$。无源电子式电流互感器的原理示意图如图 3 - 119 所示。

根据传感元件的不同，无源电子式电流互感器又可分为两类：一类是全光纤型，传光部分、传感部分都采用光纤，光纤本身就是传感元件；另一类是混合型，传感器部分采用磁光材料，光纤只起传输光信号的作用。

全光纤型是指传光部分、传感部分都采用光纤，其中光纤一般选用单模光纤。其从原理上讲可分成光纤干涉型与全光纤法拉第效应型两类，以基于法拉第磁光效应型最有代表性，称之为全光纤 MOTA。其传感器的优点是结构简单、灵敏度可随光纤长度变化等。但在实现挂网过程中，提高该互感器准确度与长期稳定性的理论与实践问题很复杂，需在理论与工艺性能等方面开展深入研究。

混合型是指传光采用光纤、传感采用磁光材料。其常用结构形式是将磁光材料制成

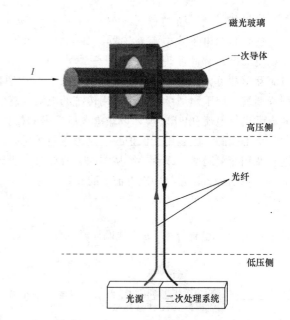

图 3 - 119　无源电子式电流互感器原理示意图

围绕电流的闭合环形块状物体，测量结果不受外界杂散磁场影响，准确度能得到保证。闭环型电子式互感器的测量只与磁光材料的 Verdet 常数有关，与光路和通流导体的相对位置无关，从而比较容易实现高性能的磁光式电流互感器。磁光材料一般选用光学玻璃。光学玻璃与晶体一样，在外电场作用下将会产生不同的光学效应，它们与磁光效应都是温度的函数。因此在互感器中发生的光学效应实际上是各种效应综合的结果，其中温度及应力将会对测量准确度产生较大影响。

无源电子式互感器的最大特点是高压侧不需要电源供电，可靠性相对较高，结构简单，维护方便，无器件寿命问题，但存在光学传感材料的稳定性、温度和振动对测量准确度的影响以及长期运行的稳定性等问题。

2. 电子式电压互感器

（1）有源电子式电压互感器。有源电子式电压互感器主要由分压器、电子处理电路和光纤等组成。分压器分为电容分压器、电阻分压器、阻容分压器和串联感应分压器等。被测高压信号由分压器从电网中取出，经信号预处理、A/D 转换及 LED（发光二极管，Light Emitting Diode）

转换，以数字光信号的形式送至控制室，控制室的 PIN（充电二极管的一种，Positive-Intrinsic-Negative）及信号处理电路对其进行光电变换及相应的信号处理，便可输出供微机保护和计量用的电信号。

电容分压原理的电子式电压互感器原理如图 3-120 所示。

（2）无源电子式电压互感器。无源电子式电压互感器可分为普克尔（Pockels）效应型和逆压电效应型，目前多为普克尔效应型。普克尔效应又称为线性电光效应，是指某些透明的光学介质在外电场的作用下，其折射率线性地随外加电场而变。普克尔效应具有普克尔效应的物质很多，但在电力系统高电压测量中用得

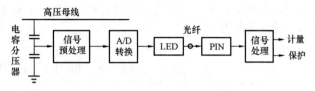

图 3-120　电容分压原理的电子式电压互感器原理图

最多的是 BGO（锗酸铋 $Bi_4Ge_3O_{12}$）晶体，BGO 是一种透过率高、无自然双折射和自然旋光性，不存在热电效应的电光晶体。根据电光晶体中通光方向与外加电场（电压）方向的不同，基于普克尔效应的光学电压互感器可分为横向调制光学电压互感器和纵向调制光学电压互感器。

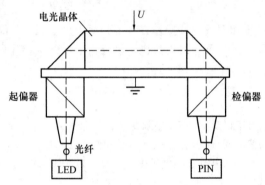

图 3-121　基于普克尔效应的电压互感器原理图

光学电压互感器是利用普克尔电光效应测量电压的，如图 3-121 所示。LED 发出的光经起偏器后为一线偏振光，在外加电压作用下，线偏振光经电光晶体（如 BGO 晶体）后发生双折射，双折射两光束的相位差 δ 与外加电压 U 成正比，利用检偏器将相位差 δ 的变化转换为输出光强的变化，经光电变换及相应的信号处理便可求得被测电压。

（三）优点及展望

电子式互感器是智能变电站的关键装备之一。与传统互感器相比，电子式互感器在绝缘结构、饱和特性、动态范围、占地面积等方面有着显著的优势。其主要优点如下：

（1）电子式互感器的高低压部分通过光纤连接，没有电气联系，绝缘距离约等于互感器整体高度，安全裕度大大提高。

（2）高低压侧之间光电隔离，低压侧输出为弱电信号，使得电流互感器二次开路、电压互感器二次短路可能导致危及设备或人身安全的问题不复存在。

（3）不含铁芯（或含小铁芯），不会饱和，电流互感器二次开路时不会产生高电压，电压互感器二次短路时不会产生大电流，也不会产生铁磁谐振，保证了人身及设备的安全。

（4）频率响应范围宽、测量范围大、测量准确度高。在有效量程内，电流互感器准确级可达到 0.2S/5P 级，电压互感器准确级可达到 0.2/3P 级。另外，电子式电流互感器已被证明可以测出高压电力线上的谐波，还可进行暂态电流、高频大电流与直流电流的测量。

（5）新的绝缘方式避免了易燃、易爆等危险。如以光隔离绝缘或干式固体绝缘替代传统的油、气绝缘，不仅可避免传统充油互感器的渗漏油现象，也避免了 SF_6 互感器的气体泄漏现象，弹性固体绝缘保证了互感器绝缘性能更加稳定，无需检压检漏，运行过程中免维护。

（6）性能优良，结构简单，体积小，耗材少，质量小，造价低，使用寿命长。随着电压等级的升高，其造价优势愈加明显。

（7）可以和计算机连接，实现多功能、智能化、信息共享等，进而简化二次接线，提高系统

的可靠性。符合电力系统大容量、高电压，测控保护系统数字化、微机化和自动化的发展潮流。

当然，现阶段电子式互感器还存在一些技术问题需要解决，已投运的设备也还缺乏成熟的运行经验，其长期的可靠性还有待更多场合和更长时间的实际验证。有理由相信，随着智能电网的大力发展，电子式互感器也将朝着更安全、更可靠和更高效的方向发展，凭借其特有的技术特点和价格优势，必将全面取代传统的电磁式互感器，在电力系统数字化、网络化和智能化的运行控制中发挥重要作用。

第十节　低压开关电器

低压开关是低压电器的一部分，通常用来接通和分断1000V以下的交、直流电路。低压开关一般用在空气中借拉长电弧或利用灭弧栅将电弧截为短弧的原理灭弧。以下介绍几种常用的低压开关。

一、刀开关

刀开关是一种最简单的低压开关，用于不频繁地手动接通和分断低压电路的正常工作电流或作隔离开关用。

刀开关的分类方法很多，按转换方向可分为单投和双投，按操作方式可分为中央手柄式、侧面手柄式和杠杆式等，按极数可分为单极、二极和三极三种，按灭弧机构可分为不带灭弧装置和带灭弧装置两种。部分刀开关型号含义如下：

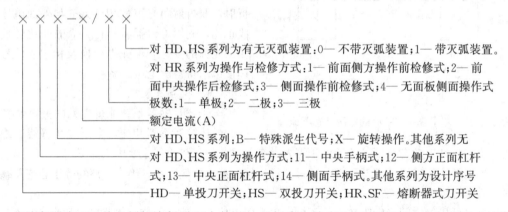

非熔断器式刀开关必须与熔断器配合使用，以便在电路发生短路故障或过负荷时由熔断器切断电路。

HD13系列刀开关的结构如图3-122所示。其每极的静触头2是两个矩形截面的接触支座，其两侧装有弹簧卡子，用来安装灭弧罩；动触头3为刀刃形接触条，额定电流为100~400A采用单刀片，额定电流为600~1500A采用双刀片；灭弧罩4由绝缘纸板和钢板栅片拼铆而成；底座5采用玻璃纤维模压板或胶木板；操作采用中央正面杠杆式。在开断电路时，刀片与静触头间产生的电弧，在电磁力作用下被拉入灭弧罩内，并被切断成若干短弧而迅速熄灭，所以可用来切断较大的负荷电流。

不带灭弧罩的刀开关，靠触头开距的增大和电磁力拉长电弧来灭弧，不能用来切断较大的负荷电流，一般只用来隔离电源。

熔断器式刀开关，同时具有刀开关和熔断器的功能，可用来代替刀开关和熔断器的组合。HR3系列熔断器式刀开关结构如图3-123所示。它由RT0型熔断器、静触头、灭弧装置、安全挡板、底座和操动机构组成。熔断器的触刀同时作为刀开关的刀片。

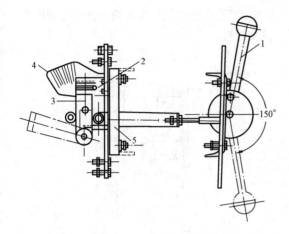

图 3 - 122　HD13 系列刀开关结构

1—操作手柄；2—静触头；3—动触头；4—灭弧罩；5—底座

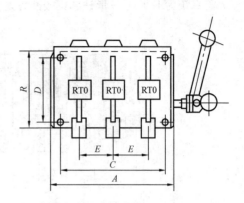

图 3 - 123　HR3 系列熔断器式
刀开关结构

二、接触器

接触器是用来远距离接通和断开负荷电流的低压开关，除了用于频繁控制电动机外，还用于控制电容器、照明线路、电阻炉等电气设备，但不能切断短路电流和过负荷电流，因此不能用来保护电气设备，须与熔断器等配合使用。

按被控制电路的种类，接触器可分为交流接触器和直流接触器。其型号含义如下：

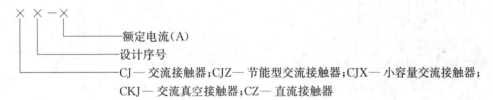

另外，LC1 - D、LC2 - D 系列交流接触器为引进法国 TE 公司技术的产品，B 系列和 3TB、3TF 系列交流接触器分别为引进德国 BBC 公司、西门子公司技术的产品。

接触器种类繁多，其基本结构大致相同。接触器的基本结构及工作原理图如图 3 - 124 所示。当电磁铁线圈 8 通电时，产生电磁力吸引衔铁 4，使动触头 3 动作，动、静触头闭合，主电路接通；当电磁铁线圈断电时，电磁力消失，衔铁在自身重量（或在返回弹簧）作用下，向下跌落，将触头分离，主电路断开。控制电源可以是交流或由交流整流得到的直流，其控制接线类似于图 3 - 127。

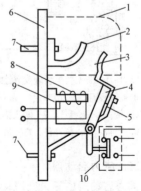

图 3 - 124　接触器的基本结
构及工作原理示意图

1—灭弧罩；2—静触头；3—动触头；
4—衔铁；5—连接导线；6—底座；
7—接线端子；8—电磁铁线圈；
9—铁芯；10—辅助触点

接触器的灭弧室由陶土材料或金属栅片制成，根据狭缝灭弧或短弧原理灭弧。

CJ12 系列交流接触器的外形如图 3 - 125 所示。该系列为条架式平面布置，在一条安装的扁钢上，电磁系统居右，主触头系统（单断点结构）居中，辅助触点居左，整个布置便于监视和维修，类似于图 3 - 124。

CJ20 系列交流接触器的结构图如图 3 - 126 所示。该系列为正装直动式双断点结构；触头材料为银氧化镉，动触桥 4 为船形结构，有较高的强度和较大的热容量；静触头选用型材并配有铁质引弧角，便于电弧向外运动；磁系统为 E 形或 U 形铁芯，缓冲装置采用硅橡胶材料。

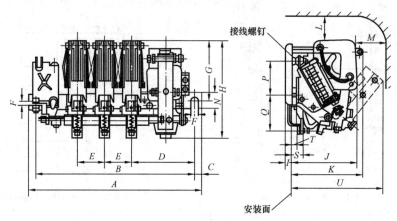

图 3 - 125　CJ12 系列交流接触器外形图

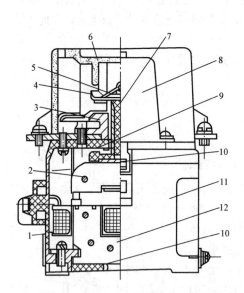

图 3 - 126　CJ20 系列交流接触器结构图
1—电磁铁线圈；2—衔铁；3—静触头；4—动触桥；
5—片状弹簧；6—灭弧罩；7—触头支持件；8—辅助触点；
9—底板；10—缓冲件；11—底座；12—磁轭

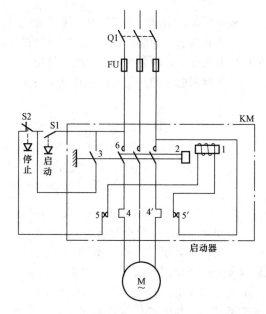

图 3 - 127　用磁力启动器控制电动机的原理接线图
1—电磁铁线圈；2—衔铁；3—辅助触点；
4、4′—热继电器的发热元件；5、5′—热继电器的触点；
6—接触器的主触头

三、磁力启动器

磁力启动器由三极交流接触器、热继电器和控制按钮组成，主要用来远距离控制三相异步电动机（在发电厂和变电站，一般用于控制 40kW 及以下的异步电动机），并具有过负荷和低电压保护功能。但一般的热继电器不能起短路保护作用，必须与熔断器配合使用。

1. 磁力启动器工作原理

用磁力启动器控制电动机的原理接线如图 3 - 127 所示。图中直接用主电路交流电源作为控制电路电源，接触器的电磁铁线圈 1 与启动按钮 S1、停止按钮 S2、热继电器的触点 5 及 5′ 串联后，跨接于主电路的相间（接触器主触头 6 的电源侧）；接触器的辅助触点 3 与启动按钮 S1 并联。

合上电源刀开关 Q1，按下启动按钮 S1，电磁铁线圈 1 通电吸引衔铁 2，使主触头 6 闭合，电动机电路接通；同时辅助触点 3 闭合，使电路实现自保持，可以放开按钮 S1。当需要电动机停止工作时，按下停止按钮 S2，电磁铁线圈 1 断电，衔铁 2 返回，主触头 6 随之断开，电动机电路被切断，同时辅助触点 3 断开，可以放开按钮 S2。

当电动机电路发生过负荷时，只要两相热继电器之一动作，触点 5 或 5′断开，则电磁铁线圈 1 断电，电动机电路被切断，起到过负荷保护作用；当主电路电源电压降至额定电压的 85% 以下时，由于电磁铁的吸引力减小，接触器自动断开，切断电动机电源，起到低电压保护作用。

2. 热继电器

我国广泛使用 JR 系列双金属片式热继电器。双金属片由两层线膨胀系数相差较大的合金材料结合而成，主动层的线膨胀系数大，被动层的线膨胀系数小。其基本工作原理是：当双金属片受热后，由于两层材料的线膨胀系数相差较大而产生定向（向线膨胀系数小的一侧）弯曲，从而经相应机构带动热继电器触点断开。

JR 系列热继电器结构示意图如图 3-128 所示。图 3-128（a）为 JR1 系列热继电器，其热元件 1 串联接入电动机主电路，触点 6 串联接入电动机控制电路，双金属片 2 与热元件靠近并经扣板 3 及绝缘拉板 5 与触点 6 相关联，但不接入任何电路。电动机运行正常时，热元件温度不高，双金属片不会使热继电器动作；电动机过负荷时，热元件温度较高，双金属片因过热膨胀向上弯曲而脱离扣板，扣板在弹簧 4 的作用下逆时针转动，并经绝缘拉板带动触点 6 断开。该系列热继电器动作后只能手动复位（向左推绝缘拉板 5）。

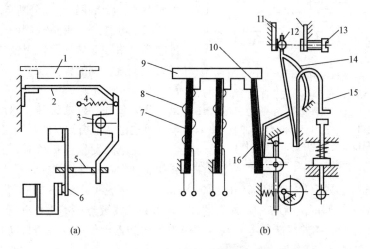

图 3-128 JR 系列热继电器结构示意图
(a) JR1 系列；(b) JR15 系列

1、8—热元件；2—双金属片；3—扣板；4—弹簧；5—绝缘拉板；6—触点；7—主双金属片；9—导板；10—补偿双金属片；11—静触点；12—动触点；13—复位调节螺钉；14、15—弓形弹簧；16—推杆

JR15 系列热继电器结构如图 3-128（b）所示。该系列热继电器为两相式结构，其主双金属片 7 与热元件 8 采用联合体加热法一起接入主电路；温度补偿双金属片 10 的作用是保证在不同介质温度时热继电器的刻度电流值基本不变；转动下部偏心结构的凸轮，可改变推杆 16 的位置，从而调节过负荷保护电流的大小（在凸轮上有标志）；把复位调节螺钉 13 调出、调进，可调节动触点 12 和静触点 11 在断开位置时的开距大小。当电动机过负荷时，主双金属片 7 因过热膨胀向右弯曲

而推动导板 9，并通过补偿双金属片 10、推杆 16 和弓形弹簧 14 将动触点 12 与静触点 11 断开，电动机的控制回路和主电路相继断开。经过一定时间的冷却，热继电器的机构自动向左返回，如果动、静触点开距足够小，则触点自动闭合，这种复位方式称为热继电器的自动复位；反之，如果动、静触点开距足够大，则触点不能实现闭合，需用手按动右下角的"再扣按钮"进行人工复位。

由于热元件温度升高和双金属片受热变形都需要一定时间，所以，热继电器是一种延时的过负荷保护元件。部分热继电器（如 JR9 系列）除具有过负荷保护的热元件外，还具有短路保护的电磁元件。

四、自动空气开关

自动空气开关（简称自动开关）又称低压断路器。它是低压开关中性能最完善的开关，不仅可以接通和切断正常负荷电流及过负荷电流，而且可以切断短路电流，常用作低压大功率电路的主控电器。但其结构上着重提高灭弧能力，故不适用于频繁操作。

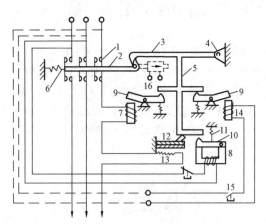

图 3 - 129　三极自动开关工作原理示意图
1—主触头；2—锁键；3—锁扣（代表自由脱扣机构）；
4—转轴；5—杠杆；6—分闸弹簧；7—过电流脱扣器；
8—失压脱扣器；9、10—衔铁；11—弹簧；
12—热脱扣器双金属片；13—热元件；
14—分励脱扣器；15—按钮；16—合闸电磁铁（DZ 型无）

1. 自动开关的工作原理

三极自动开关的工作原理示意图如图 3 - 129 所示。自动开关的主触头 1 是靠锁键 2 和锁扣 3（代表自由脱扣机构）维持在合闸状态。过电流脱扣器 7 的线圈和热脱扣器的热元件 13 串联在主电路中，前者为过电流保护，后者为过负荷保护。失压脱扣器 8 和分励脱扣器 14 的线圈则并联在主电路的相间（主触头的电源侧），前者为失压保护，后者供远距离分断自动开关。

当主电路发生短路故障时，短路电流通过过电流脱扣器 7 的线圈，衔铁 9 一端的电磁铁吸力大于另一端的弹簧拉力，衔铁转动并冲撞锁扣 3，释放锁键 2，在分闸弹簧 6 的作用下，自动开关断开。过电流脱扣器 7 动作电流的调节，可通过调节衔铁 9 的弹簧张力实现。

当主电路发生过负荷时，经一定延时，热脱扣器动作，使自动开关断开。

当电源电压消失或降低到约为 60% 的额定电压时，失压脱扣器 8 电磁铁对衔铁 10 的吸力小于弹簧拉力，衔铁转动并冲撞锁扣 3，使自动开关断开；当需要远距离操作断开自动开关时，可按下按钮 15，使分励脱扣器线圈通电，则类似过电流脱扣器动作过程，使自动开关断开。失压脱扣器回路也可以通过按钮实现远距离操作。

需要说明的是，不是任何自动开关都装设有以上各种脱扣器。用户在使用自动开关时，应根据电路和控制的需要，在订货时向制造厂提出所选用的脱扣器种类。

自动开关的合闸操动机构有手动操动机构和电动操动机构两种。手动操动机构有手柄直接传动和手动杠杆传动两种，电动操动机构有电磁合闸机构和电动机合闸机构两种。

2. 自由脱扣机构

自由脱扣机构类似于高压断路器，在合闸操作时，如果线路上恰好存在短路故障，则要求自动开关仍能自动断开，否则将会导致事故扩大。因此，自动开关都设有自由脱扣机构。

自由脱扣机构工作原理示意图如图 3 - 130 所示，它类似于第三章第七节所述电磁操动机构中的自由脱扣机构，由四连杆机构组成。其中图 3 - 130（a）所示为自动开关处在合闸位置。这时铰链9稍低于铰链7和8的连线，即处于死点位置之下，且连杆6的下方受止钉10的限制不能下折，这相当于图3-129中锁键被锁扣住，尽管分闸弹簧力图使主触头断开，但开关不能跳闸而维持在合闸状态。进行分闸操作时，分闸线圈4的铁芯5上的顶杆冲撞铰链9，使之移至死点位置之上，连杆6向上曲折，此时不论手柄1的位置如何，自动开关都将在分闸弹簧作用下自动断开，如图3-130（b）所示。要再次手动合闸时，必须将手柄1沿顺时针方向转动到对应于开关断路位置，使铰链9重新处于死点位置之下，如图3-130（c）所示，而后方可进行合闸操作。

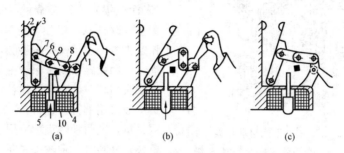

图3-130　自动开关自由脱扣机构工作原理示意图

(a) 自动开关合闸；(b) 自动开关跳闸；(c) 自动开关准备合闸

1—手柄；2—静触头；3—动触头；4—分闸线圈；5—铁芯；6—连杆；7、8、9—铰链；10—止钉

3. 自动开关的类型

自动开关按结构型式可分为框架式和塑壳式两大类。其型号含义如下：

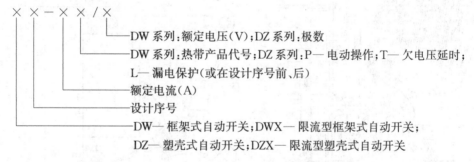

另外，ME、DW914（AH）、AE-S、3WE系列框架式自动开关等，分别为引进日本寺崎电气公司技术、日本三菱电机公司零件等产品；S060、C45N、TH、TO、TG、TL、TS、3VE、H系列塑壳式自动开关等，分别为引进法国梅兰日兰公司技术、日本寺崎电气公司技术（TH、TO、TG、TL、TS）、美国西屋电气技术等的产品。

（1）框架式自动开关。框架式自动开关又称万能式自动开关，为敞开式结构。它所有的部件都敞开安装在一个绝缘或金属框架上，结构较复杂、尺寸较大、额定电流和断流能力较大、保护方案和操作方式较多、功能较齐全。

DW10-200型自动开关外形如图3-131所示。DW10系列自动开关，额定电流为200～600A的采用塑料压制的框架，额定电流为1000～4000A的采用金属框架；上部为灭弧室6和触头系统，灭弧罩用陶土、石棉等绝缘耐热材料制成，以防电弧造成相间短路，罩内有许多金属灭弧栅片，罩上方装有灭焰栅片，以利于灭弧时炽热气体排出，并防止飞弧四溅；下部配装有过电流脱扣器4、失压脱扣器3、分励脱扣器（在失压脱扣器后面）等；右侧为操作手柄1和自由脱扣机构2；左上侧为辅助触点5，用于控制信号回路，其动触点由开关的主轴经机械连杆控制。

DW10型框架式自动开关结构图如图3-132所示。主电路中的触头系统，额定电流为200A

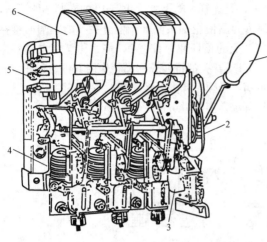

图 3-131　DW10-200 型框架式自动开关外形图
1—操作手柄；2—自由脱扣机构；3—失压脱扣器；
4—过电流脱扣器；5—辅助触点；6—灭弧室

的开关只有主触头 11，400～600A 的开关有主触头 11 和弧触头 1，1000～4000A 的开关有主触头 11、弧触头 1 和辅助弧触头 2（又称副触头）。开关在合闸位置时，几种触头并联，工作电流主要通过主触头，所以要求主触头接触电阻小、散热表面大。一般主触头多采用紫铜（表面镀银）或银合金材料制作，图中主动触头作成圆柱状，以便与主静触头形成线接触。弧触头专门用于保护主触头，使之免遭电弧烧损。辅助弧触头用来保护主触头可靠工作，当弧触头损坏时，它可以代替弧触头工作。弧触头一般采用铜钨合金材料，辅助弧触头采用黄铜材料，这两种触头均采用螺丝固定，以便于更换。分闸时，主触头先断开，接着是辅助弧触头断开，最后是弧触头断开；合闸时的接通顺序相反。合闸后，主触头左侧的弹簧受压缩，弹簧的张力使动、静触头接触良好。

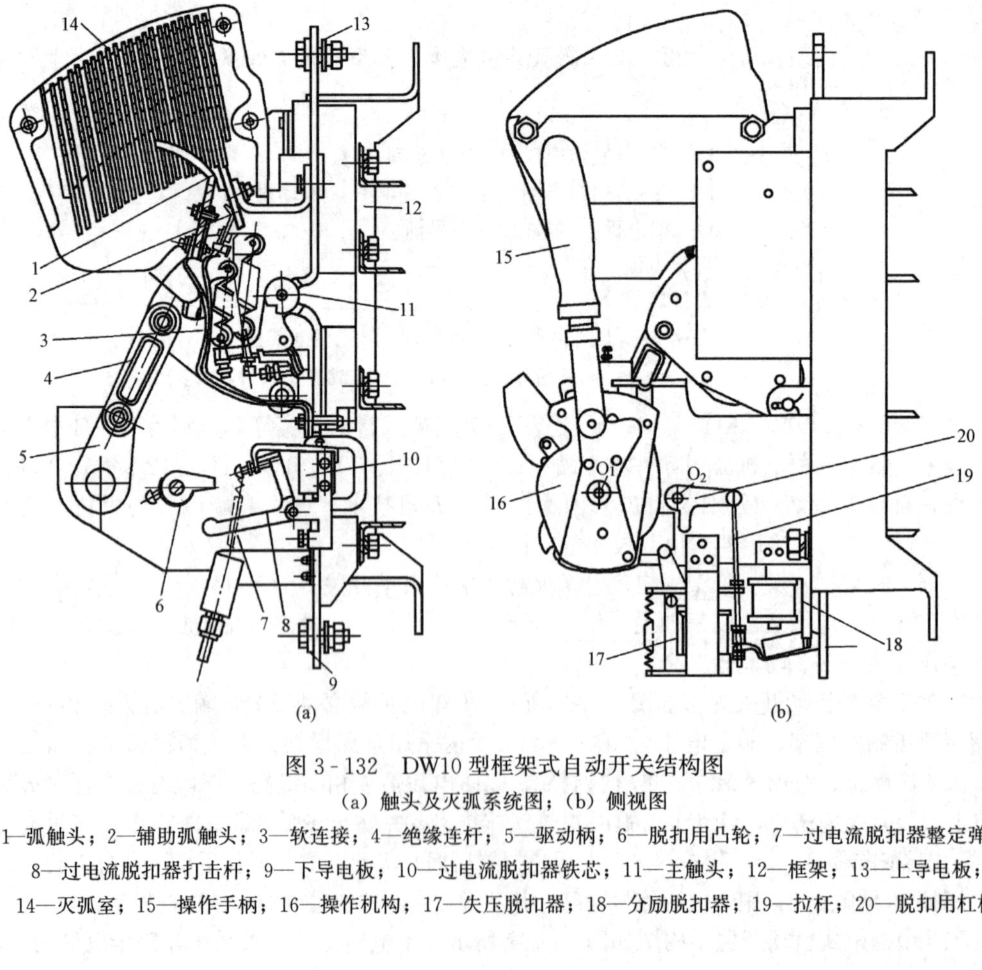

(a)　　　　　　　　　　　　　(b)

图 3-132　DW10 型框架式自动开关结构图
(a) 触头及灭弧系统图；(b) 侧视图

1—弧触头；2—辅助弧触头；3—软连接；4—绝缘连杆；5—驱动柄；6—脱扣用凸轮；7—过电流脱扣器整定弹簧；
8—过电流脱扣器打击杆；9—下导电板；10—过电流脱扣器铁芯；11—主触头；12—框架；13—上导电板；
14—灭弧室；15—操作手柄；16—操作机构；17—失压脱扣器；18—分励脱扣器；19—拉杆；20—脱扣用杠杆

（2）塑壳式自动开关。塑壳式自动开关又称装置式自动开关，为封闭式结构。它除操作手柄和板前接线头露出外，其余部分均装在一个封闭的塑料壳体内，结构较简单、体积小、外观整洁、使用安全、额定电流较小。

DZ10-250 型塑壳式自动开关结构图如图 3-133 所示。其灭弧室 6 是用金属灭弧栅片固定在电工绝缘硬纸板上制成，电磁脱扣器 11、热脱扣器 12 分别构成短路保护和过负荷保护，底座 14 和盖圈 15 采用热固性塑料压制而成。图示为合闸位置，电流经引入线 7、静触头 8、动触头 9、软连接 10、电磁脱扣器 11 的线圈、热脱扣器 12 的热元件和引出线 13 流出。分闸操作时，将操作手柄 5 向下扳，这时连杆 4 两段连杆的铰接轴突破死点折向下方（呈 V 形），从而带动触头实现快速分闸。

随着电子技术的发展，自动开关正在向智能化方向发展，例如用电子脱扣器取代原机电式保护器件，使开关本身具有测量、显示、保护、通信的功能。

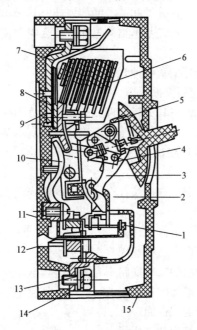

图 3-133　DZ10-250 型塑壳式自动开关结构图

1—牵引杆；2—锁扣；3—锁键；4—连杆；5—操作手柄；6—灭弧室；7—引入线；8—静触头；9—动触头；
10—软连接；11—电磁脱扣器；12—热脱扣器；13—引出线和接线端；14—塑料底座；15—塑料盖圈

 思考题

1. 绝缘子按结构型式分为哪几类？其作用是什么？基本结构怎样？

2. 敞露母线有哪几种，各适用什么场合？母线靠什么绝缘？用多条矩形母线时每相为何最好不超过 3 条？

3. 封闭母线有哪两类？各用于什么场合？

4. 电力电缆按绝缘和保护层的不同分为哪几类，各适用于什么场合？电缆中间接头盒和终端盒的作用是什么？

5. 电抗器按用途分为哪几类？其作用各是什么？

6. 并联电容器组的接线方式有哪些？其成套装置如何构成？

7. 高压断路器的作用是什么？按采用的灭弧介质分为哪几类？

8. 高压断路器的基本结构怎样？有哪些主要技术参数？

9. 简述 SF$_6$ 断路器单压式灭弧室的基本结构和灭弧原理。

10. 简述 LW6‐220 型 SF$_6$ 断路器基本结构和工作原理。

11. 简述真空断路器基本结构和工作原理。

12. 简述 CD10 型操动机构基本结构和工作原理。

13. 简述 ZN12‐10 型真空断路器配用的弹簧操动机构基本结构和工作原理。

14. 简述 BLG1002A 型弹簧操动机构基本结构和工作原理。

15. 简述 AM 系列气动操动机构基本结构和工作原理。

16. 简述 PKA 系列气动操动机构基本结构和工作原理。

17. 简述 LW6 系列断路器液压操动机构基本结构和工作原理。

18. 隔离开关的作用是什么？其分类和基本结构怎样？其操动机构有哪几种？

19. 熔断器的主要作用是什么？其基本结构怎样？什么叫限流式熔断器？什么是熔断器的保护特性曲线？

20. 简述 RM10 型低压熔断器的灭弧原理。

21. 简述 RN1 型高压熔断器的灭弧原理。

22. 负荷开关的作用是什么？按其灭弧原理和灭弧介质分为哪几类？

23. 交流高压接触器的作用是什么？高压真空接触器的基本结构怎样？

24. 简述图 3‐88（a）中 FU3 变压器侧发生瞬时性和永久性故障时重合器、熔断器的动作过程。

25. 电流互感器和电压互感器的作用是什么？简述电磁式电流互感器和电压互感器的工作原理和特点。

26. 简述电容式电压互感器的工作原理。

27. 互感器有哪几种误差？误差与哪些因素有关？

28. 为什么运行中电流互感器的二次回路不允许开路，电压互感器的二次回路不允许短路？

29. 分别绘出电流、电压互感器的常用接线，并说明其应用场合。

30. 试述串级式电压互感器的工作原理。

31. 试述电子互感器的基本结构和主要优点。

32. 接触器的作用是什么？简述其基本结构和工作原理。

33. 绘出用磁力启动器控制电动机的电路图，并说明其工作原理（包括热继电器）。

34. 自动开关的作用是什么？简述其基本结构和工作原理。

第四章　电气主接线

　　本章介绍电气主接线的基本要求、基本接线形式、特点及其适用范围，并对主变压器的选择、限制短路电流的措施进行分析；介绍互感器和避雷器在主接线中的配置，以便更全面地了解主接线；最后，综合阐述各种类型发电厂和变电站主接线的特点和主接线设计的一般原则、步骤、方法。

第一节　对电气主接线的基本要求

　　电气主接线是发电厂和变电站电气部分的主体，它反映各设备的作用、连接方式和回路间的相互关系。所以，它的设计直接关系到全厂（站）电气设备的选择、配电装置的布置，继电保护、自动装置和控制方式的确定，对电力系统的安全、经济运行起着决定的作用。

　　对电气主接线的基本要求，概括地说包括可靠性、灵活性和经济性三个方面。

一、可靠性

　　对于一般技术系统来说，可靠性是指一个元件、一个系统在规定的时间内及一定条件下完成预定功能的能力。电气主接线属可修复系统，其可靠性用可靠度表示，即主接线无故障工作时间所占的比例。

　　供电中断不仅给电力系统造成损失，而且给国民经济各部门造成损失，后者往往比前者大几十倍，至于导致人身伤亡、设备损坏、产品报废、城市生活混乱等经济损失和政治影响，更是难以估量。因此，供电可靠性是电力生产和分配的首要要求，电气主接线必须满足这一要求。主接线的可靠性可以定性分析，也可以定量计算。因设备检修或事故被迫中断供电的机会越少、影响范围越小、停电时间越短，表明主接线的可靠性越高。

　　显然，对发电厂、变电站主接线可靠性的要求程度，与其在电力系统中的地位和作用有关，而地位和作用则是由其容量、电压等级、负荷大小和类别等因素决定。

　　目前，我国机组按单机容量大小分类如下：50MW以下机组为小型机组；50～200MW机组为中型机组；200MW以上机组为大型机组。电厂按总容量及单机容量大小分类如下：总容量200MW以下，单机容量50MW以下为小型发电厂；总容量200～1000MW，单机容量50～200MW为中型发电厂；总容量1000MW及以上，单机容量200MW以上为大型发电厂。

　　在电力系统中，按重要性的不同将负荷分为三类（或称三级）。

　　（1）Ⅰ类负荷。即使短时停电也将造成人员伤亡和重大设备损坏的最重要负荷为Ⅰ类负荷。如矿井、医院、电弧炼钢炉等。Ⅰ类负荷的供电要求是：任何时间都不能停电。

　　（2）Ⅱ类负荷。停电将造成减产，使用户蒙受较大的经济损失的负荷为Ⅱ类负荷。重要的工矿企业一般都属于Ⅱ类负荷。Ⅱ类负荷的供电要求是：仅在必要时可短时（几分钟到几十分钟）停电。

　　（3）Ⅲ类负荷。Ⅰ、Ⅱ类负荷以外的其他负荷均为Ⅲ类负荷。Ⅲ类负荷停电不会造成大的影响，必要时可长时间停电。

　　1. 主接线可靠性的具体要求

　　（1）断路器检修时，不宜影响对系统的供电。

（2）断路器或母线故障，以及母线或母线隔离开关检修时，尽量减少停运出线的回路数和停运时间，并保证对Ⅰ、Ⅱ类负荷的供电。

（3）尽量避免发电厂或变电站全部停运的可能性。

（4）对装有大型机组的发电厂及超高压变电站，应满足可靠性的特殊要求。

2. 单机容量为 300MW 及以上的发电厂主接线可靠性的特殊要求

（1）任何断路器检修时，不影响对系统的连续供电。

（2）任何断路器故障或拒动，以及母线故障，不应切除一台以上机组和相应的线路。

（3）任一台断路器检修和另一台断路器故障或拒动相重合，以及母线分段或母联断路器故障或拒动时，一般不应切除两台以上机组和相应的线路。

3. 330、500kV 变电站主接线可靠性的特殊要求

（1）任何断路器检修时，不影响对系统的连续供电。

（2）除母线分段及母联断路器外，任一台断路器检修和另一台断路器故障或拒动相重合时，不应切除三回以上线路。

二、灵活性

（1）调度灵活，操作方便。应能灵活地投入或切除机组、变压器或线路，灵活地调配电源和负荷，满足系统在正常、事故、检修及特殊运行方式下的要求。

（2）检修安全。应能方便地停运线路、断路器、母线及其继电保护设备，进行安全检修而不影响系统的正常运行及用户的供电要求。需要注意的是过于简单的接线，可能满足不了运行方式的要求，给运行带来不便，甚至增加不必要的停电次数和时间；而过于复杂的接线，则不仅增加投资，而且会增加操作步骤，给操作带来不便，并增加误操作的概率。

（3）扩建方便。随着电力事业的发展，往往需要对已投运的发电厂（尤其是火电厂）和变电站进行扩建，从发电机、变压器直至馈线数均有扩建的可能。所以，在设计主接线时，应留有余地，应能容易地从初期过渡到最终接线，使在扩建时一、二次设备所需的改造最少。

三、经济性

可靠性和灵活性是主接线设计中在技术方面的要求，它与经济性之间往往发生矛盾，即欲使主接线可靠、灵活，将可能导致投资增加。所以，两者必须综合考虑，在满足技术要求的前提下，做到经济合理。

（1）节省投资。主接线应简单清晰，以节省断路器、隔离开关等一次设备投资；应适当限制短路电流，以便选择轻型电器设备；对 110kV 及以下的终端或分支变电站，应推广采用直降式 [110/（6～10）kV] 变电站和质量可靠的简易电器（如熔断器）代替高压断路器；应使控制、保护方式不过于复杂，以利于运行并节省二次设备和电缆的投资。

（2）年运行费用低。年运行费包括电能损耗费、折旧费及大修费、日常小修维护费。其中电能损耗主要由变压器引起，因此，要合理地选择主变压器的型式、容量、台数及避免两次变压而增加电能损耗；后两项决定于工程综合投资。

（3）占地面积小。主接线的设计要为配电装置的布置创造条件，以便节约用地和节省构架、导线、绝缘子及安装费用。在运输条件许可的地方都应采用三相变压器（较三台单相组式变压器占地少、经济性好）。

（4）在可能的情况下，应采取一次设计，分期投资、投产，尽快发挥经济效益。

第二节　有汇流母线的主接线

主接线的基本形式可分为有汇流母线和无汇流母线两大类，它们又各分为多种不同的接线

形式。

有汇流母线的接线形式的基本环节是电源、母线和出线（馈线）。母线是中间环节，其作用是汇集和分配电能，使接线简单清晰，运行、检修灵活方便，进出线可有任意数目，利于安装和扩建。但是，有母线的接线形式使用的开关电器较多，配电装置占地面积较大，投资较大，母线故障或检修时影响范围较大，适用于进出线较多（一般超过4回时）并且有扩建和发展可能的发电厂和变电站。

一、单母线接线

只有一组（可以有多段）工作母线的接线称单母线接线。这种接线的每回进出线都只经过一台断路器固定接于母线的某一段上。

1. 不分段的单母线接线

不分段的单母线接线如图 4-1 所示。

（1）几点说明。以下几点是各种主接线形式所共有的。

1）供电电源在发电厂是发电机或变压器，在变电站是变压器或高压进线。

2）任一出线都可以从任一电源获得电能，各出线在母线上的布置应尽可能使负荷均衡分配于母线上，以减小母线中的功率传输。

3）每回进出线都装有断路器和隔离开关。由于隔离开关的作用之一是在设备检修时隔离电压，所以，当馈线的用户侧没有电源，且线路较短时，可不设线路隔离开关，但如果线路较长，为防止雷电产生的过电压或用户侧加接临时电源，危及设备或检修人员的安全时，也可装设；当

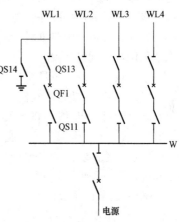

图 4-1　不分段的单母线接线

电源是发电机时，发电机与其出口断路器之间不必设隔离开关（因为断路器的检修必然是在停机状态下进行）；双绕组变压器与其两侧的断路器之间不必设隔离开关（理由类似）。

4）进行停送电操作时，必须严格遵守操作顺序。例如，出线 WL1 由运行转为冷备用❶的操作顺序为：断开 QF1 断路器→拉开 QS13 线路隔离开关→拉开 QS11 母线隔离开关。送电时操作顺序相反：合上 QS11 母线隔离开关→合上 QS13 线路隔离开关→合上 QF1 断路器。停电时应先拉开断路器，送电时应最后合上断路器。这是因为：断路器有灭弧装置，而隔离开关没有，所以必须在断路器处于分闸位置或者隔离开关两侧等电位的情况下才能进行隔离开关操作，否则将造成带负荷拉合隔离开关的误操作。停电时应先拉开线路隔离开关，后拉开母线隔离开关，这是因为万一断路器误在合闸位置，当操作隔离开关时，将会造成带负荷拉隔离开关，可能产生危险的弧光短路事故，若停电时先拉母线隔离开关，则短路点相当于在母线上，将造成该段母线失电，扩大了事故范围；若停电时先拉线路隔离开关，则故障点在线路出口上，仅该线路断路器跳闸，相当于缩小了事故的影响范围。送电时则应先合上母线隔离开关，后合上母线隔离开关，原理与上述理由相似。

为防止误操作，除严格执行操作规程外，在隔离开关和相应的断路器之间还应装设有如下

---

❶ 电气设备的四种基本状态是：①运行状态。设备的断路器和隔离开关都已合闸，其电源与用电设备已接通，且控制电源、继电保护及自动装置正常投入。②热备用状态。设备仅断路器断开，电源中断，设备停运，但断路器两侧的隔离开关仍接通，控制电源、继电保护及自动装置仍投入。③冷备用状态。设备的断路器和隔离开关都已断开，控制电源、继电保护及自动装置已退出。④检修状态。设备在冷备用的基础上增加了安全措施，挂好接地线或合上接地开关，悬挂标示牌和装设有遮栏。

一种或多种闭锁装置：电磁锁闭锁、机械闭锁、电气闭锁、微机防误闭锁以及监控后台逻辑闭锁等装置。

5）接地开关（或称接地刀闸）QS14 的作用是在检修时取代安全接地线。当电压为 110kV 及以上时，断路器两侧隔离开关（高型布置时）或出线隔离开关（中型布置时）应配置接地开关；35kV 及以上母线，每段母线上亦应配置 1～2 组接地开关。

6）电气倒闸操作是指电气设备由一种状态转变为另一种状态时所进行的一系列有序操作。操作中，除断开或合上断路器、隔离开关等一次设备外，还包含装设、拆除接地线或合上、拉开接地开关（例如出线 WL1 由运行转为检修及检修转为运行时），切换继电保护回路，修改继电保护定值，取下或放上二次回路熔断器等操作。因篇幅有限，本章所涉及的操作方法主要以说明断路器和隔离开关的操作顺序为主。

（2）优点。不分段单母线接线的优点是简单清晰，设备少，投资小，运行操作方便，有利于扩建和采用成套配电装置。

（3）缺点。不分段单母线接线的缺点是可靠性、灵活性差。

1）任一回路的断路器检修，该回路停电。

2）母线或任一母线隔离开关检修，全部停电。

3）母线故障，全部停电（全部电源由母线或主变压器继电保护动作跳闸）。

（4）适用范围。不分段单母线接线一般只适用于 6～220kV 系统中只有一台发电机或一台主变压器的以下三种情况。

1）6～10kV 配电装置，出线回路数不超过 5 回。

2）35～63kV 配电装置，出线回路数不超过 3 回。

3）110～220kV 配电装置，出线回路数不超过 2 回。

当采用成套配电装置时，由于它的工作可靠性较高，也可用于重要用户（如厂、站用电）。

2. 分段的单母线接线

分段的单母线接线如图 4-2 所示，即用分段断路器 QFd（或分段隔离开关 QSd）将单母线分成几段。

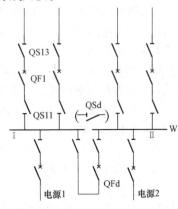

图 4-2　分段的单母线接线

（1）优点。分段的单母线接线与不分段的相比较，提高了可靠性和灵活性。

1）两母线段可并列运行（分段断路器接通），也可分列运行（分段断路器断开）。

2）重要用户可以用双回路接于不同母线段，保证不间断供电。

3）任一段母线或母线隔离开关检修，只停该段，其他段可继续供电，减小了停电范围。

4）对于用分段断路器 QFd 分段，如果 QFd 在正常运行时接通，当某段母线故障时，继电保护使 QFd 及故障段电源的断路器自动断开，只停该段；如果 QFd 在正常运行时断开，当某段电源回路故障而使其断路器断开时，备用电源自动投入装置使 QFd 自动接通，可保证全部出线继续供电。

5）对于用分段隔离开关 QSd 分段，当某段母线故障时，全部短时停电，拉开 QSd 后，完好段可恢复供电。

（2）缺点。分段的单母线接线增加了分段设备的投资和占地面积；某段母线故障或检修仍有停电问题；某回路的断路器检修，该回路停电；扩建时，需向两端均衡扩建。

（3）适用范围。

1）6～10kV 配电装置，出线回路数为 6 回及以上时；发电机电压配电装置，每段母线上的发电机容量为 12MW 及以下时。

2）35～63kV 配电装置，出线回路数为 4～8 回时。

3）110～220kV 配电装置，出线回路数为 3～4 回时。

多数情形中，分段数与电源数相同。

3. 单母线带旁路母线接线

（1）有专用旁路断路器的分段单母线带旁路母线接线。不分段及分段单母线均有带旁路母线的接线方式。有专用旁路断路器的分段单母线带旁路接线如图 4-3 所示。它是在分段单母线的基础上增设旁路母线 W5 和旁路断路器 QF1p、QF2p，每一出线都经过各自的旁路隔离开关（如 QS15）接到旁路母线 W5 上。电源回路也可接入旁路，如图中虚线所示。进、出线均接入旁路称全旁方式。

设置旁路母线和旁路断路器的作用是：检修任一接入旁路母线的进、出线的断路器时，可以用旁路断路器代替其运行，使该回路不停电。这也是各种带旁路接线的主要优点。

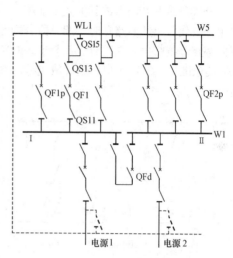

图 4-3　有专用旁路断路器的分段单母线带旁路母线接线

设正常运行时，QF1p、QF2p 断开，其两侧隔离开关合上，各回路的旁路隔离开关断开，W5 不带电，则检修 WL1 的断路器 QF1 的操作步骤为：合上 QF1P，检查 W5 充电正常（若有故障 QF1p 将自动跳闸）→取下等电位环路内所有断路器控制回路熔断器（断路器改非自动，确保满足等电位条件）→合上 QS15（合上前 QS15 两侧等电位）→检查 QF1p 确已分流→断开 QF1→拉开 QS13→拉开 QS11。

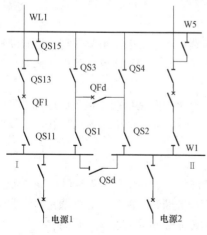

图 4-4　分段断路器兼作旁路断路器的接线

这样，线路 WL1 即经 QS15、QF1p 及其两侧隔离开关接于母线 W1 的 I 段上，不中断供电，QF1 退出工作，可进行检修，从而提高了供电的可靠性和灵活性。这种仅起到代替进、出线断路器作用的旁路断路器（QF1p、QF2p），称为专用旁路断路器。设置旁路的最明显缺点是增加了很多旁路设备，增加了投资和占地面积，接线较复杂。

（2）分段断路器兼作旁路断路器的接线。分段断路器兼作旁路断路器的接线如图 4-4 所示。它是在分段单母线的基础上，增设旁路母线 W5、隔离开关 QS3、QS4、QSd 及各出线的旁路隔离开关构成。W5 可以通过 QS4、QFd、QS1 接到工作母线 I 段，也可以通过 QS3、QFd、QS2 接到工作母线 II 段。一般正常运行方式是分段单母线方式，即 QFd、QS1、QS2 在闭合状态，QS3、QS4、QSd 及各出线旁路隔离开关均断开，W5 不带电，这时，QFd 起分段断路器作用。在检修线路断路器时，QFd 起旁路断路器作用。

例如，WL1 的 QF1 断路器由运行转为冷备用的操作步骤为：合上 QSd（合上前 QSd 两侧等电位）→断开 QFd→拉开 QS2→合上 QS4→合上 QFd，检查 W5 充电正常→合上 QS15→检查 QFd 确已分流→断开 QF1→拉开 QS13→拉开 QS11。

这样，线路 WL1 即经 QS15、QS4、QFd、QS1 仍接于 I 段母线上，不中断供电，QF1 退出工作，可进行检修。设 QSd 的目的是使上述操作过程中或 QFd 检修时，保持 I、II 段母线并列运行。

分段兼旁路断路器的其他接线如图 4-5 所示。其中，图 4-5（a）为不装母线分段隔离开关，在用分段代替出线断路器时，两分段分列运行；图 4-5（b）因正常运行时 QFd 作分段断路器，所以旁路母线带电，在用分段代替出线断路器时，都只能从 I 段供电，两分段分列运行；图 4-5（c）类似图 4-5（b），但在用分段代替出线断路器时，都可由线路原来所在段供电，两分段分列运行。

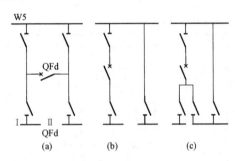

图 4-5 分段兼旁路断路器的其他接线

(a) 不装母线分段隔离开关；

(b)、(c) 正常运行时旁路母线带电

（3）分段单母线设置旁路母线的原则。

1）6～10kV 配电装置，一般不设旁路母线。当地区电网或用户不允许停电检修断路器时，可设置旁路母线。

2）35～63kV 配电装置，一般也不设旁路母线。当线路断路器不允许停电检修时，可采用分段兼旁路断路器的接线。

3）110～220kV 配电装置，线路输送距离较远，输送功率较大，一旦停电，影响范围大，且其断路器的检修时间长；出线回路数越多，则断路器的检修机会越多，停电损失越大。因此，一般需设置旁路母线。首先采用分段兼旁路断路器的接线。但在下列情况下需装设专用旁路断路器：①当 110kV 出线为 7 回及以上，220kV 出线为 5 回及以上时；②对在系统中居重要地位的配电装置，110kV 出线为 6 回及以上，220kV 出线为 4 回及以上时。另外，变电站主变压器的 110～220kV 侧断路器，宜接入旁路母线；发电厂主变压器的 110～220kV 侧断路器，可随发电机停机检修，一般可不接入旁路母线。

4）110～220kV 配电装置具备下列条件时，可不设置旁路母线。①采用可靠性高、检修周期长的 SF$_6$ 断路器或可迅速替换的手车式断路器时；②系统有条件允许线路断路器停电检修时（如双回路供电或负荷点可由系统的其他电源供电等）。

应指出的是，随着高压断路器制造技术和质量的提高，近年来旁路母线（包括后述各种带旁路母线的形式）的应用愈来愈少，有些单机容量 600MW 的发电厂也只采用一般双母线，不设旁路母线。

二、双母线接线

有两组工作母线的接线称为双母线接线。每个回路都经过一台断路器和两台母线隔离开关分别与两组母线连接，其中一台隔离开关闭合，另一台隔离开关断开；两母线之间通过母线联络断路器（简称母联断路器）连接。有两组母线后，使运行的可靠性和灵活性大为提高。

1. 一般双母线接线

一般双母线接线如图 4-6 所示。一般在正常运行时，母联断路器 QFc 及其两侧隔离开关合上，母线 W1、W2 并列工作，线路、电源均分在两组母线上，以固定连接方式运行，例如 WL1、

WL3、电源 1 接于 W1，WL2、WL4、电源 2 接于 W2。

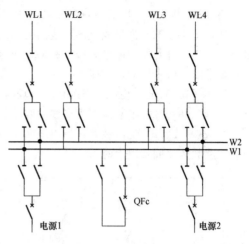

图 4-6 一般双母线接线

（1）优点。

1）供电可靠。①检修任一母线时，可以利用母联把运行于该母线上的全部回路倒换到另一组母线上，不会中断供电，俗称"热倒"。所谓"热倒"，是指母联断路器及各回路均处于运行状态（母联断路器应改为非自动）采用等电位操作原则，对各回路的母线隔离开关进行"先合后拉"的操作（先合上另一组母线的母线隔离开关，后拉开接于原来母线的母线隔离开关）。②检修任一回路的母线侧隔离开关时，仅造成该回路停电。与该母线侧隔离开关相连接的母线伴随检修，但可将该母线上其他回路先行热倒至另一组母线上运行，不会中断供电。③任一组母线故障失电时（这时运行于该母线的各回路的断路器均自动断开），可将所有接于该母线上的进出回路倒换到另一组正常母线上，使各完好回路迅速恢复运行，俗称"冷倒"。所谓"冷倒"，是指回路断路器处于热备用状态，对各回路的母线侧隔离开关采取"先拉后合"（先拉开接于故障母线的母线隔离开关，后合上正常母线的母线隔离开关）的操作。注意：故障母线应已被可靠隔离，否则有可能通过冷倒将故障转移到正常母线上，造成整个电压等级事故失电。

2）运行方式灵活。可以采用：

a. 两组母线并列运行方式（相当于单母分段运行，母联断路器 QFc 合闸运行）。该种运行方式下，当一组母线的上级电源失电时，该母线上负荷的供电不受影响。

b. 两组母线分列运行方式（相当于单母分段运行，母联断路器 QFc 处于分闸位置）。该种运行方式下，可以减少并联支路，限制故障时的短路电流或容量。

c. 一组母线工作，另一组母线备用的运行方式（相当于单母线运行）。

多采用第一种或第二种运行方式，在一组母线故障时可缩小停电范围，且两组母线的负荷可以调配。母联断路器的作用是：当采用第一种运行方式时，用于联络两组母线，使两组母线并列运行；在第一、二种运行方式倒母线操作时使母线隔离开关两侧等电位；当采用第三种运行方式时，用于在倒母线操作时检查备用母线是否完好。

3）扩建方便，可向母线的任一端扩建。

4）可以完成一些特殊功能。例如，必要时，可利用母联断路器与系统并列或解列；当某个回路需要独立工作或进行试验时，可将该回路单独接到一组母线上进行；当线路需要利用短路方式融冰时，亦可腾出一组母线作为融冰母线，不致影响其他回路；当任一断路器有故障而拒绝动作（如触头焊住、机构失灵等）或不允许操作（如 SF_6 气压过低）时，可将该回路单独接于一组母线上，然后用母联断路器代替其断开电路。

（2）缺点。

1）在母线检修或故障时，隔离开关作为倒换操作电器，操作复杂，容易发生误操作。

2）当一组母线故障时仍短时停电，影响范围较大。

3）检修任一回路的断路器，该回路仍停电。

4）双母线存在全停的可能，如母联断路器故障（短路）或一组母线检修而另一组母线故障（或出线故障而其断路器拒动）。

5）所用设备多（特别是隔离开关），配电装置复杂。

（3）适用范围。当母线上的出线回路数或电源数较多、输送和穿越功率较大、母线或母线设备检修时不允许对用户停电、母线故障时要求迅速恢复供电、系统运行调度对接线的灵活性有一定要求时一般采用双母线接线。

1）6～10kV 配电装置，当短路电流较大、出线需带电抗器时。

2）35～63kV 配电装置，当出线回路数超过 8 回或连接的电源较多、负荷较大时。

3）110～220kV 配电装置，当出线回路数为 5 回及以上或该配电装置在系统中居重要地位、出线回路数为 4 回及以上时。

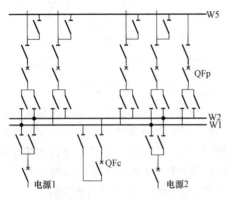

图 4-7　具有专用旁路断路器的
双母线带旁路接线

2. 一般双母线带旁路接线

（1）具有专用旁路断路器的双母线带旁路接线。具有专用旁路断路器的双母线带旁路接线如图 4-7 所示。它是在一般双母线的基础上增设旁路母线 W5 和旁路断路器 QFp。每一出线都经过各自的旁路隔离开关接到旁路母线上（电源回路也可接入旁路）。这种接线，运行操作方便，不影响双母线的运行方式，但多用一组旁路母线、一台旁路断路器和多台旁路隔离开关，增加投资和占地面积，且旁路断路器的继电保护整定较复杂。

检修线路断路器的操作步骤，与前述具有专用旁路断路器的单母线分段带旁路类似。

（2）以母联断路器兼作旁路断路器的接线。为了节省专用旁路断路器，节省投资和占地面积，对可靠性和灵活性要求不太高的配电装置或工程建设的初期，常以母联断路器兼作旁路断路器，其接线如图 4-8 所示。正常运行时，QFc 起母联作用，在检修某回路的断路器时，代替该断路器，起旁路断路器作用。其中图 4-8（a）为正常运行时，QS 断开，W5 不带电，因 QFc 接于 W1，故只有 W1 能带旁路；图 4-8（b）为正常运行时，QS 断开，W5 也不带电，W1、W2 均能带旁路；图 4-8（c）为正常运行时，W5 带电，W1、W2 均能带旁路；图 4-8（d）为正常

运行时，QS 断开，W5 不带电，只有 W1 能带旁路。该接线虽然节省了断路器，但代替过程中的操作较多，不够灵活；断路器既作母联又作旁路断路器，增加了继电保护的复杂性；当该断路器检修时，将同时失去母联和旁路作用。

（3）一般双母线设置旁路母线的原则。

1）6～63kV 配电装置，一般不设置旁路母线。

2）110～220kV 配电装置，设置旁路母线的原则与分段单母线相同。

3）110～220kV 配电装置在下列情

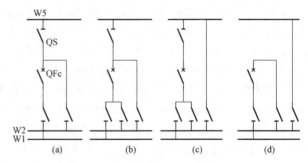

图 4-8　母联断路器兼作旁路断路器的接线
(a) W5 不带电，仅 W1 能带旁路；
(b) W5 不带电，W1、W2 均能带旁路；
(c) W5 带电，W1、W2 均能带旁路；
(d) W5 不带电，仅 W1 能带旁路

况下，可以采用简易的旁路隔离开关代替旁路母线。①配电装置为屋内型，需节约建筑面积、降低土建造价时；②最终出线回路数较少，而线路又不允许停电检修断路器时。双母线带旁路隔离

开关接线如图 4-9 所示。当 QF1 需检修时，把所有电源和线路都倒换到母线 W1 上，母线 W2 临时作为旁路母线，母联则作为旁路断路器，经母联、W2 及旁路隔离开关 QSp 向该线路供电。

3. 分段的双母线接线

分段的双母线接线是用断路器将其中一组母线分段，或将两组母线都分段。

（1）双母线单分段接线。双母线单分段的接线如图 4-10 所示。它是用分段断路器 QFd 将一般双母线中的一组母线分为两段（有时在分段处加装电抗器），该接线有两种运行方式。

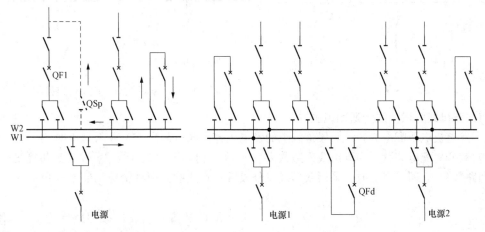

图 4-9　双母线带旁路隔离开关接线　　　　图 4-10　双母线单分段接线

1）上面一组母线作为备用母线，下面两段分别经一台母联断路器与备用母线相连。正常运行时，电源、线路分别接于两个分段上，分段断路器 QFd 合上，两台母联断路器均断开，相当于分段单母线运行。这种方式又称工作母线分段的双母线接线，具有分段单母线和一般双母线的特点，而且有更高的可靠性和灵活性，例如，当工作母线的任一段检修或故障时，可以把该段全部回路倒换到备用母线上，仍可通过母联断路器维持两部分并列运行，这时，如果再发生母线故障也只影响 1/2 左右的电源和负荷。用于发电机电压配电装置时，分段断路器两侧一般还各增加一组母线隔离开关接到备用母线上，当机组数较多时，工作母线的分段数可能超过两段。

2）上面一组母线也作为一个工作段，电源和负荷均在三个分段上运行，母联断路器和分段断路器均合上，这种方式在一段母线故障时，停电范围约为 1/3。

这种接线的断路器及配电装置投资较大，用于进出线回路数较多的配电装置。

（2）双母线双分段接线。双母线双分段的接线如图 4-11 所示。它是用分段断路器将一般双母线中的两组母线各分为两段，并设置两台母联断路器。正常运行时，电源和线路大致均分在四段母线上，母联断路器和分段断路器均合上，四段母线同时运行。当任一段母线故障时，只有 1/4 的电源和负荷停电；当任一母联断路器或分段断路器故障时，只有 1/2 左右的电源和负荷停电（分段单母线及一般双母线接线都会全停电）。但这种接线的断路器及配电装置投资更大，用于进出线回路数甚多的配电装置。

（3）双母线分段带旁路接线。双母线单分段或双分段均有带旁路的接线方式。双母线双分段带旁路接线如图 4-12 所示，其中装设了两台母联兼旁路断路器，即图 4-8（a）、（b）所示的接线。

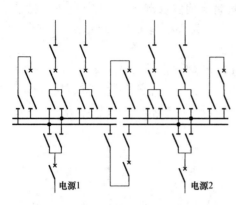

图 4-11　双母线双分段接线

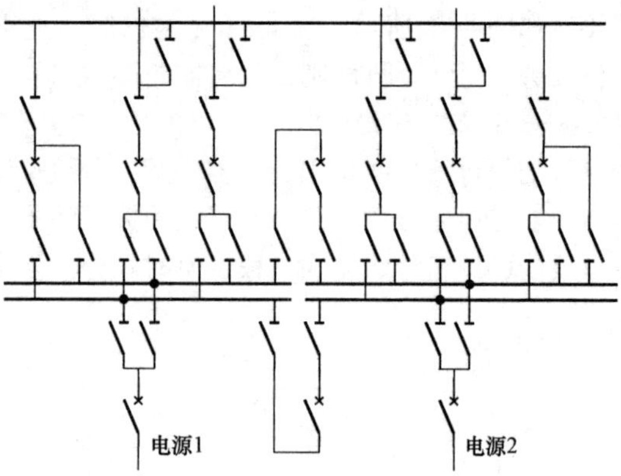

图 4-12　双母线双分段带旁路接线

（4）双母线分段接线的适用范围。

1）发电机电压配电装置，每段母线上的发电机容量或负荷为 25MW 及以上时。

2）220kV 配电装置，当进出线回路数为 10～14 回时，采用双母线单分段带旁路接线；当进出线回路数为 15 回及以上时，采用双母线双分段带旁路接线。两种情况均装设两台母联兼旁路断路器。

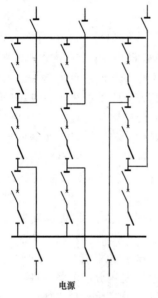

图 4-13　一台半断路器接线

3）330～500kV 配电装置，当进出线回路数为 6～7 回时，采用双母线单分段带旁路接线，装设两台母联兼旁路断路器；当进出线回路数为 8 回及以上时，采用双母线双分段带旁路接线，装设两台母联兼旁路断路器，并预留一台专用旁路断路器的位置。对出线回路数较少的 330kV 配电装置，可采用带旁路隔离开关的接线。

三、一台半断路器接线

一台半断路器接线又称 3/2 接线，如图 4-13 所示，即每 2 条回路共用 3 台断路器（每条回路一台半断路器），每串的中间一台断路器为联络断路器。正常运行时，两组母线和全部断路器都投入工作，形成多环状供电，因此，具有很高的可靠性和灵活性。

1. 优点

（1）任一母线故障或检修（所有接于该母线上的断路器断开），均不致停电。

（2）当同名元件接于不同串，即同一串中有一回出线、一回电源时，在两组母线同时故障或一组检修另一组故障的极端情况下，功率仍能经联络断路器继续输送。

（3）除了联络断路器内部故障时（同串中的两侧断路器将自动跳闸）与其相连的两回路短时停电外，联络断路器外部故障或其他任何断路器故障最多停一个回路。

（4）任一断路器检修都不致停电，而且可同时检修多台断路器。

（5）运行调度灵活，操作、检修方便，隔离开关仅作为检修时隔离电器。

2. 缺点

（1）这种接线要求电源和出线数目最好相同；为提高可靠性，要求同名回路接在不同串上；

对特别重要的同名回路，要考虑"交替布置"，即同名回路分别接入不同母线，以提高运行的可靠性。而由于配电装置结构的特点，要求每对回路中的变压器和出线向不同方向引出，这将增加配电装置的间隔，限制这种接线的应用。

（2）与双母线带旁路比较，这种接线所用断路器、电流互感器多，投资大。

（3）正常操作时，联络断路器动作次数是其两侧断路器的 2 倍；一个回路故障时要跳两台断路器，断路器动作频繁，检修次数增多。

（4）二次控制接线和继电保护都较复杂。

3. 适用范围

一台半断路器接线用于大型电厂和变电站 220kV 及以上、进出线回路数 6 回及以上的高压、超高压配电装置中。

四、4/3 台断路器接线

4/3 台断路器接线如图 4-14 所示，即每 3 条回路共用 4 台断路器。正常运行时，两组母线和全部断路器都投入工作，形成多环状供电，因此，也具有很高的可靠性和灵活性。与一台半断路器接线相比，其投资较省，但可靠性有所降低，布置比较复杂，且要求同串的 3 个回路中，电源和负荷容量相匹配。目前仅加拿大的皮斯河叔姆水电站采用，其他很少采用。

五、变压器—母线组接线

变压器—母线组接线如图 4-15 所示。其出线回路采用双断路器接线或一台半断路器接线，而主变压器直接经隔离开关接到母线上。正常运行时，两组母线和所有断路器均投入。这种接线调度灵活，检修任一断路器均不停电，电源和负荷可自由调配，安全可靠，且有利于扩建；一组母线故障或检修时，只减少输送功率，不会停电。可靠性较双母线带旁路高，但主变压器故障即相当于母线故障。

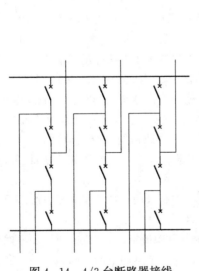

图 4-14 4/3 台断路器接线

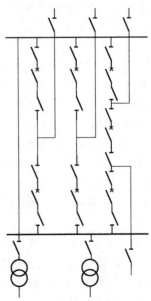

图 4-15 变压器—母线组接线

这种接线应用于超高压系统中，适用于有长距离大容量输电线路、要求线路有高度可靠性的配电装置，进出线为 5～8 回，并要求主变压器的质量可靠、故障率甚低。当出线数为 3～4 回时，线路采用双断路器接线方式。

第三节　无汇流母线的主接线

无汇流母线的主接线没有母线这一中间环节，使用的开关电器少，配电装置占地面积小，投资较少，没有母线故障和检修问题，但其中部分接线形式只适用于进出线少并且没有扩建和发展可能的发电厂和变电站。

一、单元接线

发电机和主变压器直接连成一个单元，再经断路器接至高压系统，发电机出口处除厂用分支外不再装设母线，这种接线形式称为发电机—变压器单元接线，如图 4 - 16 所示。

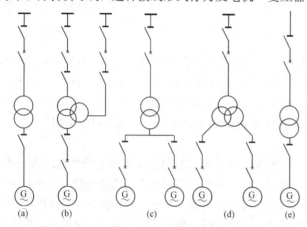

图 4 - 16　单元接线

（a）发电机—双绕组变压器单元；（b）发电机—三绕组变压器单元；
（c）发电机—双绕组变压器扩大单元；（d）发电机—分裂绕组变压器
扩大单元；（e）发电机—变压器—线路单元

1. 发电机—双绕组变压器单元接线

发电机—双绕组变压器单元接线如图 4 - 16（a）所示。其中，变压器可以是一台三相双绕组变压器或三台单相双绕组变压器。发电机和变压器容量配套，两者同时运行，所以，发电机出口一般不装断路器（GCB），只在变压器的高压侧装断路器，断路器与变压器之间不必装隔离开关。但为了便于发电机单独试验及在发电机停止工作时由系统供给厂用电，发电机出口可装设一组隔离开关。对 200MW 及以上机组，若采用封闭母线可不装隔离开关（封闭母线可靠性很高，而大电流隔离开关发热问题较突出），但应装有可拆的连接片。近些年来，随着技术经济条件的逐渐成熟，发电机出口装设断路器（GCB）的工程实例日益常见，其主要作用在于：①机组启动、停机时，可通过主变压器低压侧倒送电获得厂用电，无需进行厂用电切换操作，不仅减少了误操作的可能性，也避免了厂用电源切换可能产生的不利影响；②可利用 GCB 进行机组解、并列的操作，减少主变压器高压侧断路器的操作次数，避免了高压侧断路器可能因非全相操作产生负序电流而造成发电机转子的损坏；③发电机、主变压器或高压厂用工作变压器故障时，GCB 可以快速切除故障元件，减少故障对电气设备的损坏，避免故障范围的扩大；④新机组投产或机组大修后调试时，可由 GCB 将发电机与主变压器分开各自调试，万一跳机时不需要切换厂用电，有利于快速恢复正常运行，缩短了调试时间。

发电机—双绕组变压器单元接线在各型机组中均有采用，特别是大型机组广泛采用。

2. 发电机—三绕组变压器（或自耦变压器）单元接线

发电机—三绕组变压器（或自耦变压器）单元接线如图 4 - 16（b）所示。考虑到在电厂启动时获得厂用电，以及在发电机停止工作时仍能保持高、中压侧电网之间的联系，在发电机出口处需装设断路器；为了在检修高、中压侧断路器时隔离带电部分，其断路器两侧均应装设隔离开关。

当机组容量为 200MW 及以上时，较难选择到合适的断路器，且采用封闭母线后安装工艺也较复杂；同时，由于制造上的原因，三绕组变压器的中压侧不留分接头，只作死抽头，不利于高、中压侧的调压和负荷分配。所以，大容量机组一般不宜采用。

3. 发电机—变压器扩大单元接线

发电机—变压器扩大单元接线如图 4-16（c）、（d）所示。为了减少变压器和断路器的台数，以及节省配电装置的占地面积，或者由于大型变压器暂时没有相应容量的发电机配套（例如，由于制造或运输方面的原因），或单机容量偏小，而发电厂与系统的连接电压又较高，考虑到用一般的单元接线在经济上不合算，可以将两台发电机并联后再接至一台双绕组变压器，或两台发电机分别接至有分裂低压绕组的变压器的两个低压侧，这两种接线都称为扩大单元接线。

4. 发电机—变压器—线路组单元接线

发电机—变压器—线路组单元接线如图 4-16（e）所示。这种接线最简单，设备最少，不需要高压配电装置。它可用于场地狭窄、附近有枢纽变电站的大型发电厂（可以有多组单元），其电能直接输送到附近的枢纽变电站。

当变电站只有一台主变压器（双绕组或三绕组）和一回线路时，可采用变压器—线路单元接线。

5. 单元接线的特点和应用

（1）单元接线的特点。单元接线的优点是：①接线简单，开关设备少，操作简便；②故障可能性小，可靠性高；③由于没有发电机电压母线，无多台机并列，发电机出口短路电流有所减小，特别是图 4-16（d）所示接线方式可限制低压侧短路电流；④配电装置结构简单，占地少，投资省。单元接线的主要缺点是单元中任一元件故障或检修都会影响整个单元的工作。

（2）单元接线的应用。单元接线一般用于下述情况：①发电机额定电压超过 10kV（单机容量在 125MW 及以上）；②虽然发电机额定电压不超过 10kV，但发电厂无地区负荷；③原接于发电机电压母线的发电机已能满足该电压级地区负荷的需要；④原接于发电机电压母线的发电机总容量已经较大（6kV 配电装置不能超过 120MW，10kV 配电装置不能超过 240MW）。

二、桥形接线

桥形接线如图 4-17 所示。当只有两台主变压器和两回输电线路时，采用桥形接线，所用断路器数量最少（4 个回路使用 3 台）。WL1、T1 和 WL2、T2 之间通过断路器 QF3 实现横的联系。QF3 称桥连断路器。

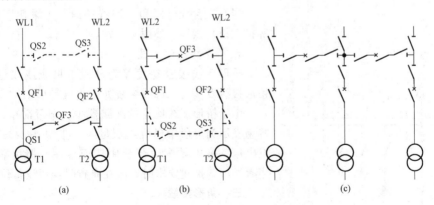

图 4-17　桥形接线
(a) 内桥；(b) 外桥；(c) 双桥

1. 内桥接线

桥连断路器 QF3 在 QF1、QF2 的变压器侧，称内桥接线，如图 4-17（a）所示。

（1）特点。

1）其中一回线路检修或故障时，其余部分不受影响，操作较简单。例如，当 WL1 检修时，只需将 QF1 及其两侧隔离开关拉开，T1、T2、WL2 不受影响；当 WL1 故障时，QF1 自动断闸即可断开故障。

2）变压器切除、投入或故障时，有一回线路短时停运，操作较复杂。例如，当 T1 切除时，要拉开 QF1、QF3、QS1，然后重新合上 QF1、QF3；当 T1 故障时，QF1、QF3 自动跳闸，这时也要先拉开 QS1 以隔离故障元件，然后合上 QF1、QF3 恢复正常回路供电。两种情况下，WL1 均短时停运。

3）线路侧断路器检修时，线路需较长时间停运。另外，穿越功率（由 WL1 经 QF1、QF3、QF2 送到 WL2 或反方向传送功率）经过的断路器较多，使断路器故障和检修概率大，从而系统开环的概率大。为避免此缺点，可增设正常断开的跨条，如图中的 QS2、QS3。设两组隔离开关的目的是为了检修其中一组时，用另一组隔离电压。

（2）适用范围。内桥接线适用于输电线路较长（则检修和故障概率大）或变压器不需经常投、切及穿越功率不大的小容量配电装置中。

2. 外桥接线

桥连断路器 QF3 在 QF1、QF2 的线路侧，称外桥接线，如图 4-17（b）所示。其特点及适用范围正好与内桥相反。

（1）特点。

1）其中一回线路检修或故障时，有一台变压器短时停运，操作较复杂。

2）变压器切除、投入或故障时，不影响其余部分的联系，操作较简单。

3）穿越功率只经过的断路器 QF3，所造成的断路器故障、检修及系统开环的概率小。

4）变压器侧断路器检修时，变压器需较长时间停运。桥连断路器检修时也会造成开环。可增设 QS2、QS3 解决（同时在 QF1、QF2 的变压器侧各增设一组隔离开关）。

（2）适用范围。外桥接线适用于输电线路较短或变压器需经常投、切及穿越功率较大的小容量配电装置中。

3. 双桥形接线

当有三台变压器和三回线路时，可采用双桥形（或称扩大桥）接线，如图 4-17（c）所示。

4. 桥形接线的发展

桥形接线很容易发展为分段单母线或双母线接线。桥形接线发展为双母线接线如图 4-18 所示。

由于桥形接线使用的断路器少、布置简单、造价低，容易发展为分段单母线或双母线，在 35～220kV 小容量发电厂、变电站配电装置中广泛应用，但可靠性不高。当有发展、扩建要求时，应在布置时预留设备位置。

三、角形接线

角形接线如图 4-19 所示。它是将断路器布置闭合成环，并在相邻两台断路器之间引接一条回路（不再装断路器）的接线。其角数等于进、出线回路总数，等于断路器台数。

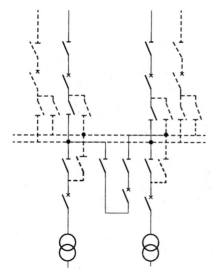

图 4-18　桥形发展为双母线

1. 优点

（1）闭环运行时，有较高的可靠性和灵活性。

（2）检修任一台断路器，仅需断开该断路器及其两侧隔离开关，操作简单，无任何回路停电。

（3）断路器使用量较少，与不分段单母线相同，仅次于桥形接线，投资省，占地少。

（4）隔离开关只作为检修断路器时隔离电压用，不做切换操作用。

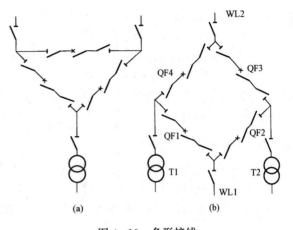

图 4-19　角形接线
(a) 三角形接线；(b) 四角形接线

2. 缺点

（1）角形中任一台断路器检修时，变开环运行，降低接线的可靠性。角数越多，断路器越多，开环概率越大，即进出线回路数要受到限制。

（2）在开环的情况下，当某条回路故障时将影响别的回路工作。例如四角形接线中，当 QF1 检修时，若 WL2 故障，则 QF3、QF4 跳闸，T1 送不了电，WL1 可能被限电。如果 T1 和 WL1 交换位置，则这种情况下，T1、T2 均送不了电，所以，电源与出线要交替布置。

（3）角形接线在开、闭环两种状态的电流差别很大，可能使设备选择发生困难，并使继电保护复杂化。

（4）配电装置的明显性较差，而且不利于扩建。

3. 适用范围

角形接线多用于最终规模较明确，进、出线数为 3～5 回的 110kV 及以上的配电装置中（例如水电站及无扩建要求的变电站等）。

第四节　发电厂和变电站主变压器的选择

发电厂和变电站中，用于向电力系统或用户输送功率的变压器，称为主变压器；只用于两种升高电压等级之间交换功率的变压器，称为联络变压器。

一、主变压器容量、台数的选择

主变压器容量、台数直接影响主接线的形式和配电装置的结构。它的选择除依据基础资料外，主要取决于输送功率的大小、与系统联系的紧密程度、运行方式及负荷的增长速度等因素，并至少要考虑 5 年内负荷的发展需要。如果容量选得过大、台数过多，则会增加投资、占地面积和损耗，不能充分发挥设备的效益，并增加运行和检修的工作量；如果容量选得过小、台数过少，则可能封锁发电厂剩余功率的输送，或限制变电站负荷的需要，影响系统不同电压等级之间的功率交换及运行的可靠性等。因此，应合理选择其容量和台数。

1. 发电厂主变压器容量、台数的选择

（1）单元接线中的主变压器容量 S_N 应按发电机额定容量扣除本机组的厂用负荷后，留有 10% 的裕度选择，即

$$S_N \approx 1.1 P_{NG}(1 - K_P)/\cos\varphi_G \quad \text{(MVA)} \quad\quad (4-1)$$

式中：P_{NG} 为发电机容量，在扩大单元接线中为两台发电机容量之和，MW；$\cos\varphi_G$ 为发电机额定

功率因数；K_P 为厂用电率。

每单元的主变压器为一台。

（2）接于发电机电压母线与升高电压母线之间的主变压器容量 S_N 按下列条件选择。

1）当发电机电压母线上的负荷最小时（特别是发电厂投入运行初期，发电机电压负荷不大），应能将发电厂的最大剩余功率送至系统，计算中不考虑稀有的最小负荷情况，即

$$S_N \approx [\Sigma P_{NG}(1-K_P)/\cos\varphi_G - P_{min}/\cos\varphi]/n \quad (MVA) \tag{4-2}$$

式中：ΣP_{NG} 为发电机电压母线上的发电机容量之和，MW；P_{min} 为发电机电压母线上的最小负荷，MW；$\cos\varphi$ 为负荷功率因数；n 为发电机电压母线上的主变压器台数。

2）若发电机电压母线上接有 2 台及以上主变压器，当负荷最小且其中容量最大的一台变压器退出运行时，其他主变压器应能将发电厂最大剩余功率的 70% 以上送至系统，即

$$S_N \approx [\Sigma P_{NG}(1-K_P)/\cos\varphi_G - P_{min}/\cos\varphi] \times 70\%/(n-1) \quad (MVA) \tag{4-3}$$

3）当发电机电压母线上的负荷最大且其中容量最大的一台机组退出运行时，主变压器应能从系统倒送功率，满足发电机电压母线上最大负荷的需要，即

$$S_N \approx [P_{max}/\cos\varphi - \Sigma P'_{NG}(1-K_P)/\cos\varphi_G]/n \quad (MVA) \tag{4-4}$$

式中：$\Sigma P'_{NG}$ 为发电机电压母线上除最大一台机组外，其他发电机容量之和，MW；P_{max} 为发电机电压母线上的最大负荷，MW。

4）对水电站比重较大的系统，由于经济运行的要求，在丰水期应充分利用水能，这时有可能停用火电厂的部分或全部机组，以节约燃料，火电厂的主变压器应能从系统倒送功率，满足发电机电压母线上最大负荷的需要，即

$$S_N \approx [P_{max}/\cos\varphi - \Sigma P''_{NG}(1-K_P)/\cos\varphi_G]/n \quad (MVA) \tag{4-5}$$

式中：$\Sigma P''_{NG}$ 为发电机电压母线上停用部分机组后，其他发电机容量之和，MW。

对式（4-2）～式（4-5）计算结果进行比较，取其中最大者［无第 4）项要求者可不计算式（4-5）］。

接于发电机电压母线上的主变压器一般说来不少于 2 台，但对主要向发电机电压供电的地方电厂、系统电源主要作为备用时，可以只装一台。

2. 变电站主变压器容量、台数的选择

变电站主变压器的容量一般按变电站建成后 5～10 年的规划负荷考虑，并应按照其中一台停用时其余变压器能满足变电站最大负荷 S_{max} 的 60%～70%（35～110kV 变电站为 60%，220～500kV 变电站为 70%）或全部重要负荷（当 I、II 类负荷超过上述比例时）选择，即

$$S_N \approx (0.6 \sim 0.7)S_{max}/(n-1) \quad (MVA) \tag{4-6}$$

式中：n 为变电站主变压器台数。

为了保证供电的可靠性，变电站一般装设 2 台主变压器；枢纽变电站装设 2～4 台；地区性孤立的一次变电站或大型工业专用变电站，可装设 3 台。

3. 联络变压器容量的选择

（1）联络变压器的容量应满足所联络的两种电压网络之间在各种运行方式下的功率交换。

（2）联络变压器的容量一般不应小于所联络的两种电压母线上最大一台机组的容量，以保证最大一台机组故障或检修时，通过联络变压器来满足本侧负荷的需要；同时也可在线路检修或故障时，通过联络变压器将剩余功率送入另一侧系统。

联络变压器一般只装一台。

按照上述原则计算所需变压器容量后，应选择接近国家标准容量系列的变压器（见附录一）。当据计算结果偏小选择（例如计算结果为 6800kVA，而选择 6300kVA 的变压器）时，需进行过负荷校验，具体校验计算将在第十一章介绍。

变压器是一种静止电器，实践证明它的工作比较可靠，事故率很低，每 10 年左右大修一次（可安排在低负荷季节进行），所以，可不考虑设置专用的备用变压器。但大容量单相变压器组是否需要设置备用相，应根据系统要求，经过技术经济比较后确定。

二、主变压器型式的选择

1. 相数的确定

在 330kV 及以下的发电厂和变电站中，一般都选用三相式变压器。因为一台三相式较同容量的三台单相式投资小、占地少、损耗小，同时配电装置结构较简单，运行维护较方便。如果受到制造、运输等条件（如桥梁负重、隧道尺寸等）限制时，可选用两台容量较小的三相变压器，在技术经济合理时，也可选用单相变压器组。

在 500kV 及以上的发电厂和变电站中，应按其容量、可靠性要求、制造水平、运输条件、负荷和系统情况等，经技术经济比较后确定。

2. 绕组数的确定

（1）只有一种升高电压向用户供电或与系统连接的发电厂，以及只有两种电压的变电站，采用双绕组变压器。

（2）有两种升高电压向用户供电或与系统连接的发电厂，以及有三种电压的变电站，可以采用双绕组变压器或三绕组变压器（包括自耦变压器）。

1）当最大机组容量为 125MW 及以下，而且变压器各侧绕组的通过容量均达到变压器额定容量的 15% 及以上时（否则绕组利用率太低），应优先考虑采用三绕组变压器，如图 4-20（a）所示。因为两台双绕组变压器才能起到联系三种电压级的作用，而一台三绕组变压器的价格、所用的控制电器及辅助设备比两台双绕组变压器少，运行维护也较方便。但一个电厂中的三绕组变压器一般不超过 2 台。当送电方向主要由低压侧送向中、高压侧，或由低、中压侧送向高压侧时，优先采用自耦变压器。

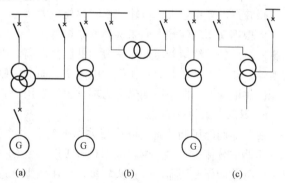

图 4-20 有两种升高电压的发电厂连接方式
(a) 采用三绕组（或自耦）主变压器；
(b) 采用双绕组主变压器和联络变压器；
(c) 采用双绕组主变压器和三绕组（或自耦）联络变压器

2）当最大机组容量为 125MW 及以下，但变压器某侧绕组的通过容量小于变压器额定容量的 15% 时，可采用发电机—双绕组变压器单元加双绕组联络变压器，如图 4-20（b）所示。

3）当最大机组容量为 200MW 及以上时，采用发电机—双绕组变压器单元加联络变压器。其联络变压器宜选用三绕组（包括自耦变压器），低压绕组可作为厂用备用电源或启动电源，也可用来连接无功补偿装置，如图 4-20（c）所示。

4）当采用扩大单元接线时，应优先选用低压分裂绕组变压器，以限制短路电流。

5）在有三种电压的变电站中，如变压器各侧绕组的通过容量均达到变压器额定容量的 15% 及以上，或低压侧虽无负荷，但需在该侧装无功补偿设备时，宜采用三绕组变压器。当变压器需要与110kV及以上的两个中性点直接接地系统相连接时，可优先选用自耦变压器。

3. 绕组接线组别的确定

变压器的绕组连接方式必须使得其线电压与系统线电压相位一致，否则不能并列运行。电力系统变压器采用的绕组连接方式有星形"Y"和三角形"D"两种。我国电力变压器的三相绕组所采用的连接方式为：110kV及以上电压侧均为"YN"，即有中性点引出并直接接地；35kV作为高、中压侧时都可能采用"Y"，其中性点不接地或经消弧线圈接地，作为低压侧时可能用"Y"或"D"；35kV以下电压侧（不含0.4kV及以下）一般为"D"，也有"Y"方式。

变压器绕组接线组别（即各侧绕组连接方式的组合），一般考虑系统或机组同步并列要求及限制三次谐波对电源的影响等因素。接线组别的一般情况是：

(1) 6～500kV均有双绕组变压器，其接线组别为"Y,d11"或"YN,d11"、"YN,y0"或"Y,yn0"。下标0和11，分别表示该侧的线电压与前一侧的线电压相位差0°和330°（下同）。组别"I,I0"表示单相双绕组变压器，用在500kV系统。

(2) 110～500kV均有三绕组变压器，其接线组别为"YN,y0,d11""YN,yn0,d11""YN,yn0,y0""YN,d11-d11"（表示有两个"D"接的低压分裂绕组）及"YN,a0,d11"（表示高、中压侧为自耦方式）等。组别"I,I0,I0"及"I,a0,I0"表示单相三绕组变压器，用在500kV系统。

4. 结构型式的选择

三绕组变压器或自耦变压器，在结构上有两种基本型式。

(1) 升压型。升压型的绕组排列为：铁芯—中压绕组—低压绕组—高压绕组，高、中压绕组间相距较远、阻抗较大、传输功率时损耗较大。

(2) 降压型。降压型的绕组排列为：铁芯—低压绕组—中压绕组—高压绕组，高、低压绕组间相距较远、阻抗较大、传输功率时损耗较大。

应根据功率的传输方向来选择其结构型式。

发电厂的三绕组变压器，一般为低压侧向高、中压侧供电，应选用升压型。变电站的三绕组变压器，如果以高压侧向中压侧供电为主、向低压侧供电为辅，则选用降压型；如果以高压侧向低压侧供电为主、向中压侧供电为辅，也可选用"升压型"。

5. 调压方式的确定

变压器的电压调整是用分接开关切换变压器的分接头，从而改变其变比来实现。无励磁调压变压器的分接头较少，调压范围只有10%（±2×2.5%），且分接头必须在停电的情况下才能调节；有载调压变压器的分接头较多，调压范围可达30%，且分接头可在带负荷的情况下调节，但其结构复杂、价格贵，在下述情况下采用较为合理。

(1) 出力变化大，或发电机经常在低功率因数运行的发电厂的主变压器。

(2) 具有可逆工作特点的联络变压器。

(3) 电网电压可能有较大变化的220kV及以上的降压变压器。

(4) 电力潮流变化大和电压偏移大的110kV变电站的主变压器。

6. 冷却方式的选择

电力变压器的冷却方式，随其型式和容量不同而异，冷却方式有以下几种类型。

(1) 自然风冷却。无风扇，仅借助冷却器（又称散热器）热辐射和空气自然对流冷却，额定容量在10000kVA及以下。

(2) 强迫空气冷却。简称风冷式，在冷却器间加装数台电风扇，使油迅速冷却，额定容量在8000kVA及以上。

(3) 强迫油循环风冷却。采用潜油泵强迫油循环，并用风扇对油管进行冷却，额定容量在

40000kVA 及以上。

(4) 强迫油循环水冷却。采用潜油泵强迫油循环，并用水对油管进行冷却，额定容量在 120000kVA 及以上。由于铜管质量不过关，国内已很少应用。

(5) 强迫油循环导向冷却。采用潜油泵将油压入线圈之间、线饼之间和铁芯预先设计好的油道中进行冷却。

(6) 水内冷。将纯水注入空心绕组中，借助水的不断循环，将变压器的热量带走。

可见，相同容量的变压器可能有不同的冷却方式，所以也有选择问题。

【例 4 - 1】 某电厂主接线如图 1 - 17 所示。已知：发电机 G1、G2 容量均为 25MW，G3 容量为 50MW，发电机额定电压 10.5kV，高压侧为 110kV；10kV 母线上最大综合负荷 32MW，最小负荷 23MW，发电机及负荷的功率因数均为 0.8；厂用电率 10%。选择变压器 T1～T3 的容量。

解 (1) T1、T2 容量的选择。

1) 据式 (4 - 2)，当 10kV 母线上的负荷最小时，应有
$$S_N \approx [2 \times 25(1-0.1)/0.8 - 23/0.8]/2 = 13.75(\text{MVA})$$

2) 据式 (4 - 3)，当 10kV 母线上的负荷最小且 T1、T2 之一退出时，应有
$$S_N \approx [2 \times 25(1-0.1)/0.8 - 23/0.8] \times 0.7 = 19.25(\text{MVA})$$

3) 据式 (4 - 4)，当 10kV 母线上的负荷最大且 G1、G2 之一退出时，应有
$$S_N \approx [32/0.8 - 25(1-0.1)/0.8]/2 = 5.937(\text{MVA})$$

可见，应据式 (4 - 3) 的计算结果选择的容量，查附表 1 - 4，可选择型号为 SFZ7 - 20000/110 变压器。

(2) T3 容量的选择。根据式 (4 - 1)，有
$$S_N \approx 1.1 \times 50(1-0.1)/0.8 = 61.875(\text{MVA})$$

查附表 1 - 4，可选择型号为 SFZ7 - 63000/110 变压器。

第五节 限制短路电流的措施

短路是电力系统中常发生的故障。当短路电流通过电气设备时，将引起设备短时发热，并产生巨大的电动力，因此它直接影响电气设备的选择和安全运行。某些情况下，短路电流达到很大的数值，例如，在大容量发电厂中，当多台发电机并联运行于发电机电压母线时，短路电流可达几万至几十万安。这时按照电路额定电流选择的电器可能承受不了短路电流的冲击，从而不得不加大设备型号，即选用重型电器（其额定电流比所控制电路的额定电流大得多的电器），这是不经济的。为此，在设计主接线时，应根据具体情况采取限制短路电流的措施，以便在发电厂和用户侧均能合理地选择轻型电器（即其额定电流与所控制电路的额定电流相适应的电器）和截面较小的母线及电缆。

一、选择适当的主接线形式和运行方式

为了减小短路电流，可采用计算阻抗大的接线和减少并联设备、并联支路的运行方式。

(1) 在发电厂中，对适用采用单元接线的机组，尽量采用单元接线。

(2) 在降压变电站中，采用变压器低压侧分列运行方式，如将图 4 - 21 (a) 中的 QF 断开。

(3) 对具有双回线路的用户，采用线路分开运行方式，如将图 4 - 21 (b) 中的 QF 断开，或在负荷允许时，采用单回运行。

(4) 对环形供电网络，在环网中穿越功率最小处开环运行，如将图 4 - 21 (c) 中的 QF1 或 QF2 断开。

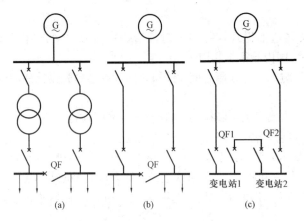

图 4-21 限制短路电流的几种运行方式

(a) 变压器低压侧分列运行；(b) 双回线路分开运行；

(c) 环形网络开环运行

以上方法中（2）～（4）将会降低供电的可靠性和灵活性，而且增加电压损失和功率损耗。所以，目前限制短路电流主要采用下述方法。

二、加装限流电抗器

在发电厂和变电站 20kV 及以下的某些回路中加装限流电抗器是广泛采用的限制短路电流的方法。

1. 加装普通电抗器

按安装地点和作用，普通电抗器可分为母线电抗器和线路电抗器 2 种。

（1）母线电抗器。母线电抗器装于母线分段上或主变压器低压侧回路中，见图 4-22 中的 L1。

1）母线电抗器的作用。无论是厂内（见图 4-22 中 k1、k2 点）或厂外（见图 4-22 中 k3 点）发生短路，母线电抗器均能起到限制短路电流的作用。①使得发电机出口断路器、母联断路器、分段断路器及主变压器低压侧断路器都能按各自回路的额定电流选择；②当电厂和系统容量较小，而母线电抗器的限流作用足够大时，线路断路器也可按相应线路的额定电流选择，这种情况下可以不装设线路电抗器。

2）百分电抗。电抗器在其额定电流 I_N 下所产生的电压降 $x_L I_N$ 与额定相电压比值的百分数，称为电抗器的百分电抗。即

$$x_L\% = \frac{\sqrt{3} x_L I_N}{U_N} \times 100$$

由于正常情况下母线分段处往往电流最小，

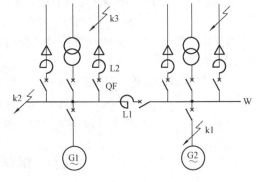

图 4-22 普通电抗器的装设地点

L1—装于母线分段的母线电抗器；

L2—装于线路电抗器

在此装设电抗器所产生的电压损失和功率损耗最小，因此，在设计主接线时应首先考虑装设母线电抗器，同时，为了有效地限制短路电流，母线电抗器的百分电抗值可选得大一些，一般为 8%～12%。

（2）线路电抗器。当电厂和系统容量较大时，除装设母线电抗器外，还要装设线路电抗器。在馈线上加装电抗器见图 4-22 中 L2。

1）线路电抗器的作用。主要是用来限制 6～10kV 电缆馈线的短路电流。这是因为，电缆的电抗值很小且有分布电容，即使在馈线末端短路，其短路电流也和在母线上短路相近。装设线路电抗器后：①可限制该馈线电抗器后发生短路（如图 k3 点短路）时的短路电流，使发电厂引出端和用户处均能选用轻型电器，减小电缆截面；②由于短路时电压降主要产生在电抗器中，因而母线能维持较高的剩余电压（或称残压，一般都大于 $65\%U_N$），对提高发电机并联运行稳定性和连接于母线上非故障用户（尤其是电动机负荷）的工作可靠性极为有利。

2）百分电抗。为了既能限制短路电流，维持较高的母线剩余电压，又不致在正常运行时产生较大的电压损失（一般要求不应大于 $5\%U_N$）和较多的功率损耗，通常线路电抗器的百分电抗

值选择 3%～6%，具体值由计算确定。

3）线路电抗器的布置位置有两种方式：①布置在断路器 QF 的线路侧，如图 4-23（a）所示，这种布置安装较方便，但因断路器是按电抗器后的短路电流选择，所以，断路器有可能因切除电抗器故障而损坏；②布置在断路器 QF 的母线侧，如图 4-23（b）所示，这种布置安装不方便，而且使得线路电流互感器（在断路器 QF 的线路侧）至母线的电气距离较长，增加了母线的故障机会。当母线和断路器之间发生单相接地时，寻找接地点所进行的操作较多。我国多采用如图 4-23（a）所示的方式。

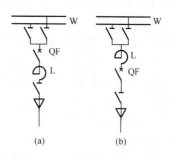

图 4-23　直配线电抗器布置位置
(a) 布置在断路器的线路侧；
(b) 布置在断路器的母线侧

对于架空馈线，一般不装设电抗器，因为其本身的电抗较大，足以把本线路的短路电流限制到装设轻型电器的程度。

2. 加装分裂电抗器

如第三章所述，分裂电抗器在结构上与普通电抗器相似，只是在线圈中间有一个抽头作为公共端，将线圈分为两个分支（称为两臂）。两臂有互感耦合，而且在电气上是连通的。其图形符号、等值电路如图 4-24 所示。

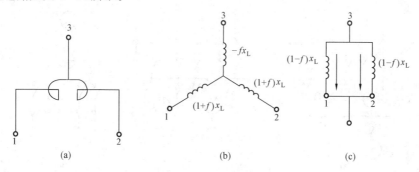

图 4-24　分裂电抗器
(a) 图形符号；(b) 等值电路图；(c) 正常运行时等值电路图

一般中间抽头 3 用来连接电源，两臂 1、2 用来连接大致相等的两组负荷。

两臂的自感相同，即 $L_1 = L_2 = L$，一臂的自感抗 $x_L = \omega L$。若两臂的互感为 M，则互感抗 $x_M = \omega M$。耦合系数 f 为

$$f = M/L \tag{4-7}$$

即

$$x_M = f x_L \tag{4-8}$$

f 取决于分裂电抗器的结构，一般为 0.4～0.6。

（1）优点。当分裂电抗器一臂的电抗值与普通电抗器相同时，有比普通电抗器突出的优点。

1）正常运行时电压损失小。设正常运行时两臂的电流相等，均为 I，则由图 4-24（b）所示等值电路可知，每臂的电压降为

$$\Delta U = \Delta U_{31} = \Delta U_{32} = I(1+f)x_L - 2If x_L = I(1-f)x_L \tag{4-9}$$

所以，正常运行时的等值电路如图 4-24（c）所示。若取 $f=0.5$，则 $\Delta U = I x_L / 2$，即正常

运行时，电流所遇到的电抗为分裂电抗器一臂电抗的 1/2，电压损失比普通电抗器小。

2）短路时有限流作用。当分支 1 的出线短路时，流过分支 1 的短路电流 I_k 比分支 2 的负荷电流大得多，若忽略分支 2 的负荷电流，则

$$\Delta U_{31} = I_k[(1+f)x_L - fx_L] = I_k x_L \tag{4-10}$$

即短路时，短路电流所遇到的电抗为分裂电抗器一臂电抗 x_L，与普通电抗器的限制作用一样。

3）比普通电抗器多供一倍的出线，减少了电抗器的数目。

（2）缺点。

1）正常运行中，当一臂的负荷变动时，会引起另一臂母线电压波动。

2）当一臂母线短路时，会引起另一臂母线电压升高。

上述两种情况均与分裂电抗器的电抗百分值有关，具体计算将在第六章中介绍。一般分裂电抗器的电抗百分值取 8%～12%。

（3）装设地点。分裂电抗器的装设地点如图 4-25 所示。其中，图 4-25（a）为装于直配电缆馈线上，每臂可以接一回或几回出线；图 4-25（b）为装于发电机回路中，此时它同时起到母线电抗器和出线电抗器的作用；图 4-25（c）为装于变压器低压侧回路中，可以是主变压器或厂用变压器回路。

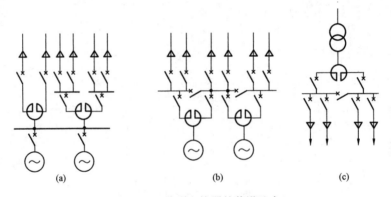

图 4-25 分裂电抗器的装设地点

（a）装于直配电缆馈线；（b）装于发电机回路；（c）装于变压器回路

三、采用低压分裂绕组变压器

1. 低压分裂绕组变压器的应用

（1）用于发电机—主变压器扩大单元接线，如图 4-26（a）所示，它可以限制发电机出口的短路电流。

（2）用作高压厂用变压器，这时两分裂绕组分别接至两组不同的厂用母线段，如图 4-26（b）所示，它可以限制厂用电母线的短路电流，并使短路时变压器高压侧及另一段母线有较高的残压，提高厂用电的可靠性。

2. 优点

分裂变压器的两个低压分裂绕组，在电气上彼此不相连接、容量相同（一般为额定容量的 50%～60%）、阻抗相等。其等值电路与三绕组变压器相似，如图 4-26（c）所示。其中 x_1 为高压绕组漏抗，$x_{2'}$、$x_{2''}$ 为两个低压分裂绕组漏抗，可以由制造部门给出的穿越电抗 x_{12}（高压绕组与两低压绕组间的等值电抗）和分裂系数 K_f 求得。在设计制造时，有意使两分裂绕组的磁联系较弱，因而 $x_{2'}$、$x_{2''}$ 都较 x_1 大得多。

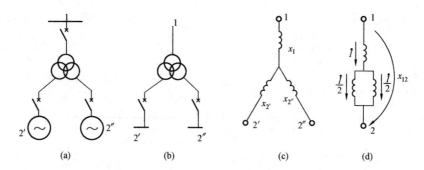

图 4-26　低压分裂绕组变压器的应用场所及其等值电路

(a) 用于发电机—主变压器扩大单元接线；(b) 用作高压厂用变压器；(c) 等值电路图；(d) 正常运行时等值电路图

（1）正常电流所遇到的电抗小。设正常运行时流过高压绕组的电流为 I，则流过每个低压绕组的电流为 $I/2$，由图 4-26（c）等值电路可知，高、低压绕组间的电压降为

$$\Delta U_{12'} = \Delta U_{12''} = Ix_{12} = Ix_1 + Ix_{2'}/2 = I(x_1 + x_{2'}/2)$$

故

$$x_{12} = (x_1 + x_{2'}/2) \approx x_{2'}/2 \tag{4-11}$$

所以，正常运行时的等值电路如图 4-26（d）所示。

（2）短路电流所遇到的电抗大，有显著的限流作用。

1）设高压侧开路，低压侧一台发电机出口短路，这时来自另一台机的短路电流所遇到的电抗为两分裂绕组间的短路电抗（称分裂电抗）

$$x_{2'2''} = x_{2'} + x_{2''} = 2x_{2'} \approx 4x_{12} \tag{4-12}$$

即短路时，短路电流所遇到的电抗约为正常电流所遇到的电抗的 4 倍。

2）设高压侧不开路，低压侧一台发电机出口短路，这时来自另一台机的短路电流所遇到的电抗仍为 $x_{2'2''}$。

来自系统的短路电流所遇到的电抗［图 4-26（b）所示厂用低压母线短路时情况相同］为 $x_{12'}$（称半穿越电抗）

$$x_{12'} = x_1 + x_{2'} \approx 2x_{12} \tag{4-13}$$

这些电抗都很大，能达到限制短路电流的作用。

分裂绕组变压器较普通变压器贵 20% 左右，但由于它的优点，在我国大型电厂中得到广泛应用。

第六节　互感器避雷器在主接线中的配置

一、互感器的配置

互感器在主接线中的配置与测量仪表、继电保护和自动装置的要求、同步点的选择及主接线的形式有关。发电厂中互感器配置的示例如图 4-27 所示。

1. 电压互感器的配置

（1）母线。一般各段工作母线及备用母线上各装一组电压互感器，必要时旁路母线也装一组电压互感器；桥形接线中桥的两端应各装一组电压互感器。用于供电给母线、主变压器和出线的测量仪表、保护、同步设备、绝缘监察装置（6～35kV 系统）等。

1）6～220kV 母线在三相上设装。其中，6～20kV 母线的电压互感器，一般为电磁型三相五柱式；35～220kV 母线的电压互感器，一般由三台单相三绕组电压互感器构成，35kV 为电磁式，110～220kV 为电容式或电磁式（为避免铁磁谐振，以电容式为主）。

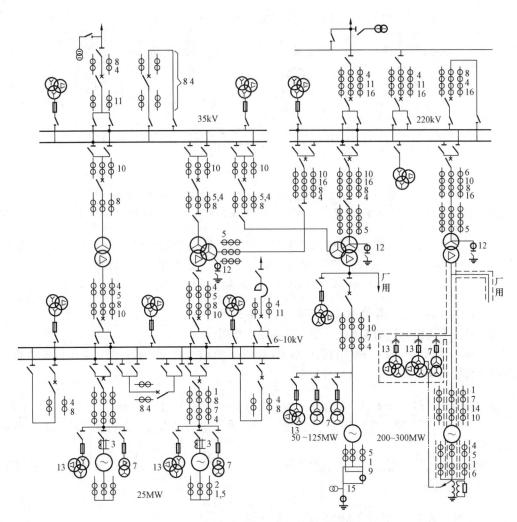

图 4-27　发电厂互感器配置（图中数字标明用途）

1—发电机差动保护；2—测量仪表（机房）；3—接地保护；4—测量仪表；5—过电流保护；
6—发电机—变压差动保护；7—自动调节励磁；8—母线保护；9—发电机横差保护；
10—变压器差动保护；11—线路保护；12—零序保护；13—仪表和保护用；
14—发电机失步保护；15—发电机定子 100% 接地保护；16—断路器失灵保护

2）330～500kV 母线，当采用双母线带旁路接线时，在每组母线的三相上装设；当采用一台半断路器接线时，根据继电保护、自动装置和测量仪表要求，在每段母线的一相或三相上装设。其电压互感器为电容式。

（2）发电机回路。发电机回路一般装设 2～3 组电压互感器。

1）1～2 组电压互感器 13（三相五柱式或三台单相三绕组），供电给发电机的测量仪表、保护及同步设备，其开口三角形接一电压表，供发电机启动而未并列前检查接地之用。也可设一组不完全星形接线的电压互感器（两台单相双绕组），专供测量仪表用。

注意到图右侧一组电压互感器 13，其一次侧中性点与发电机中性点连接，经高电阻接地，而不是通常的直接接地，这是发电机零序电压匝间短路保护的专用电压互感器。当发电机内部发生匝间短路或发生不对称相间短路时，其开口三角形绕组将有零序电压 $3U_0$ 输出。

2）另一组电压互感器 7（三台单相双绕组），供电给自动调整励磁装置。

3）对 50MW 及以上的发电机，中性点常接有一单相电压互感器 15，用于 100％定子接地保护。

（3）主变压器回路。主变压器回路中，一般低压侧装一组电压互感器，供发电厂与系统在低压侧同步用，并供电给主变压器的测量仪表和保护。当发电厂与系统在高压侧同步，或利用 6～10kV 备用母线同步时，这组互感器可不装设。

（4）线路。当对端有电源时，在线路侧上装设一组电压互感器，供监视线路有无电压、进行同步和设置重合闸用。其中，35～220kV 线路在一相上装设；330～500kV 线路在三相上装设。另外，一些地区的双母线接线中，在线路侧三相装设电压互感器，提供二次电压给本线路的测量、计量、保护等装置使用，避免了二次电压的切换。

（5）330～500kV 配电装置的主变压器进线。应根据继电保护、自动装置和测量仪表要求，在一相或三相上装设。

2．电流互感器配置

（1）凡装有断路器的回路均应装设电流互感器；在发电机和变压器的中性点、发电机—双绕组变压器单元的发电机出口、桥形接线的跨条上等，也应装设电流互感器。其数量应满足测量仪表、继电保护和自动装置要求。

（2）测量仪表、继电保护和自动装置一般均由单独的电流互感器供电或接于不同的二次绕组，因为其准确度级要求不同，同时为了防止仪表开路时引起保护的不正确动作。

（3）110kV 及以上大接地短路电流系统的各个回路，一般应按三相配置；35kV 及以下小接地短路电流系统的各个回路，据具体要求按两相或三相配置（例如其中的发电机、主变压器、厂用变压器回路为三相式）。

（4）保护用电流互感器的配置应尽量消除保护装置的不保护区。例如，若有两组电流互感器或同一组互感器有几个二次绕组，应使它们之间的部分处于交叉保护范围之中。如，在图 4-27 所示的 35kV 出线上，互感器 8 接母线保护，11 接线路保护，这样，线路的断路器部分便处于两种保护的交叉保护范围内，其他回路也有类似配置方式。

（5）为了防止支持式电流互感器的套管闪络造成母线故障，电流互感器通常布置在线路断路器的出线侧或变压器断路器的变压器侧。

（6）为减轻发电机内部故障时对发电机的危害，用于自动励磁装置的电流互感器 7 应布置在定子绕组的出线侧。这样，当发电机内部故障使其出口断路器跳闸后，便没有故障电流（来自系统）流经互感器 7，自励电流不致增加，发电机电势不致过大，从而减小故障电流。若互感器 7 布置在中性点侧，则不能达到上述目的。

为了便于发现和分析在发电机并入系统前的内部故障，用于机房测量仪表的电流互感器 2 宜装于发电机中性点侧。

二、避雷器的配置

根据 GB/T 50064—2014《交流电气装置的过电压保护和绝缘配合设计规范》的有关规定，主要有以下要求。

1．母线

配电装置的每组母线上，应各装设一组避雷器，但进出线都装设避雷器时（如一台半断路器接线）除外。

2．变压器

（1）330kV 及以上主变压器和并联电抗器处必须装设避雷器，并应尽可能靠近设备本体。

（2）220kV 及以下主变压器到母线避雷器的电气距离❶超过允许值时，应在主变压器附近增设一组避雷器。

（3）自耦变压器的两个自耦合绕组的出线上各装设一组避雷器，并应接在变压器与变压器侧的隔离开关之间。

（4）下列情况的变压器的低压绕组三相出线上应装设避雷器。

1）与架空线路连接的三绕组变压器（包括自耦、分裂变压器）低压侧，有开路运行的可能。

2）发电厂的双绕组变压器，当发电机断开时由高压侧倒送厂用电。

（5）下列情况的变压器中性点应装设避雷器。

1）直接接地系统中，变压器中性点为分级绝缘❷且未装设保护间隙；变压器中性点为全绝缘❸，但变电站为单进线且为单台变压器运行。

2）非直接接地系统中，多雷区❹的单进线变电站的变压器中性点。

3. 发电机及调相机

（1）单元接线中的发电机出口宜装设一组避雷器。

（2）接在发电机电压母线上的发电机，即与直配线连接的发电机（简称直配线发电机），当其容量为 25MW 及以上时，应在发电机出线处装设一组避雷器；当其容量为 25MW 以下时，应尽量将母线上的避雷器靠近电机装设或装在电机出线上。

（3）如直配线发电机中性点能引出且未直接接地，应在中性点装设一台避雷器。

（4）连接在变压器低压侧的调相机出线处应装设一组避雷器。

4. 线路

（1）330~500kV 配电装置采用一台半断器接线时，其线路侧装设一组避雷器。

（2）35~220kV 配电装置，在雷季，如线路的隔离开关或断路器可能经常断路运行，同时线路侧又带电，应在靠近隔离开关或断路器处装设一组避雷器。

（3）发电厂、变电站的 35 kV 及以上电缆进线段，在电缆与架空线的连接处应装设避雷器，其接地端应与电缆金属外皮连接。

（4）3~10kV 配电装置的架空线上，一般装设一组避雷器，有电缆段的架空线，避雷器应装设在电缆头附近。

（5）SF_6 全封闭组合电器（GIS）的架空线路必须装设避雷器。

第七节　各类发电厂和变电站主接线的特点及实例

如前所述，电气主接线是根据发电厂和变电站的具体条件确定的，由于发电厂和变电站的类型、容量、地理位置、在电力系统中的地位、作用、馈线数目、负荷性质、输电距离及自动化程度等不同，所采用的主接线形式也不同，但同一类型的发电厂或变电站的主接线仍具有某些共同特点。

一、火力发电厂主接线

1. 中小型火电厂的主接线

这类电厂的单机容量为 200MW 及以下，总装机容量 1000MW 以下，一般建在工业企业或城

---

❶　电气距离指主变压器到母线避雷器连接导体的长度（m）。

❷、❸　变压器（电抗器等）绕组的所有与端子相连接的出线端（包括中性点端）都具有相同的对地工频耐受电压的绝缘，称全绝缘；若变压器靠近中性点（尾端）部分的绝缘水平比其首端低，即首尾端绝缘水平不同，称分级绝缘或半绝缘。

❹　多雷区：平均年雷暴日数超过 40 但不超过 90 的地区。

镇附近，需以发电机电压将部分电能供给本地区用户，如钢铁基地、大型化工、冶炼企业及大城市的综合用电等，有时兼供热，所以有凝汽式电厂，也有热电厂。其主接线特点如下。

(1) 设有发电机电压母线。

1) 根据地区网络的要求，其电压采用 6kV 或 10kV。发电机单机容量为 100MW 及以下。当发电机容量为 12MW 及以下时，一般采用单母线分段接线；当发电机容量为 25MW 及以上时，一般采用双母线分段接线。一般不装设旁路母线。

2) 出线回路较多（有时多达数十回），供电距离较短（一般不超过 20km），为避免雷击线路直接威胁发电机，一般多采用电缆供电。

3) 当发电机容量较小时，一般仅装设母线电抗器即足以限制短路电流；当发电机容量较大时，一般需同时装设母线电抗器及出线电抗器。

4) 通常用 2 台及以上主变压器与升高电压级联系，以便向系统输送剩余功率或从系统倒送不足的功率。

(2) 当发电机容量为 125MW 及以上时，采用单元接线；当原接于发电机电压母线的发电机已满足地区负荷的需要时，虽然后面扩建的发电机容量小于 125MW，也采用单元接线，以减小发电机电压母线的短路电流。

(3) 升高电压等级不多于两级（一般为 35~220kV），其升高电压部分的接线形式与电厂在系统中的地位、负荷的重要性、出线回路数、设备特点、配电装置型式等因素有关，可能采用单母线、单母线分段、双母线、双母线分段，当出线回路数较多时，增设旁路母线；当出线不多、最终接线方案已明确时，可以采用桥形、角形接线。具体条件参见本章的第二、三节。

(4) 从整体上看，其主接线较复杂，且一般屋内和屋外配电装置并存。

某中型热电厂的主接线如图 4 - 28 所示。该热电厂装有两台发电机，接到 10kV 母线上；10kV 母线为双母线单分段接线，母线分段及电缆出线均装有电抗器，用以限制短路电流，以便选用轻型电器；发电厂供给本地区后的剩余电能通过两台三绕组主变压器送入 110kV 及 220kV 电压级；110kV 为分段的单母线接线，重要用户可用双回路分别接到两分段上；220kV 为有专用旁路断路器的双母线带旁路母线接线，只有出线进旁路，主变压器不进旁路。

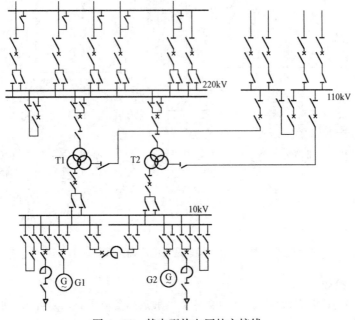

图 4 - 28 某中型热电厂的主接线

2. 大型火电厂的主接线

这类电厂单机容量为200MW及以上，总装机容量1000MW及以上，主要用于发电，多为凝汽式火电厂。其主接线特点如下。

（1）在系统中地位重要、主要承担基本负荷、负荷曲线平稳、设备利用小时数高、发展可能性大，因此，其主接线要求较高。

（2）不设发电机电压母线，发电机与主变压器（双绕组变压器或分裂变压器）采用简单可靠的单元接线，发电机出口至主变压器低压侧之间采用封闭母线。除厂用电外，绝大部分电能直接用220kV及以上的1～2种升高电压送入系统。附近用户则由地区供电系统供电。

（3）升高电压部分为220kV及以上。220kV配电装置，一般采用双母线带旁路母线、双母线分段带旁路母线接线，接入220kV配电装置的单机容量一般不超过300MW；330～500kV配电装置，当进出线数为6回及以上时，采用一台半断路器接线；220kV与330～500kV配电装置之间一般用自耦变压器联络。

（4）从整体上看，这类电厂的主接线较简单、清晰，且一般均为屋外配电装置。

某大型火电厂的主接线如图4-29所示。该发电厂有4×300MW及2×600MW共6台发电机，分别与6台双绕组主变压器接成单元接线，其中2个单元接到220kV配电装置，4个单元接到500kV配电装置；220kV为有专用旁路断路器的双母线带旁路接线；500kV为一台半断路器接线；220kV与500kV用自耦变压器联络（由3台单相变压器组成），其低压侧35kV为单母线接线，接有2台厂用高压启动/备用变压器及并联电抗器；各主变压器的低压侧及220kV母线，分别接有厂用高压工作或备用变压器。图4-29中还表明了互感器和避雷器的配置情况。

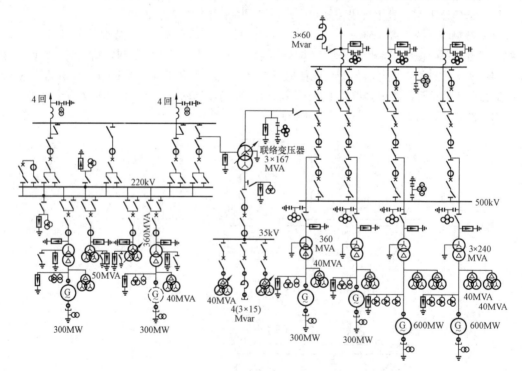

图4-29　某大型火电厂的主接线

二、水电站主接线

水电站以水能为能源，多建于山区峡谷中，一般远离负荷中心，附近用户少，甚至完全没有用户，因此它的主接线有类似于大型火电厂主接线的特点。

（1）不设发电机电压母线，除厂用电外，绝大部分电能用1～2种升高电压送入系统。

（2）装机台数及容量是根据水能利用条件一次确定，因此，其主接线、配电装置及厂房布置一般不考虑扩建。但常因设备供应、负荷增长情况及水工建设工期较长等原因而分期施工，以便尽早发挥设备的效益。

（3）由于山区峡谷中地形复杂，为缩小占地面积、减少土石方的开挖和回填量，主接线尽量采用简化的接线形式，以减少设备数量，使配电装置布置紧凑。

（4）由于水电站生产的特点及所承担的任务，也要求其主接线尽量采用简化的接线形式，以避免繁琐的倒闸操作。

水轮发电机组启动迅速、灵活方便，生产过程容易实现自动化和远动化。一般从启动到带满负荷只需4～5min，事故情况下可能不到1min。因此，水电站在枯水期常常被用作系统的事故备用、检修备用或承担调峰、调频、调相等任务；在丰水期则承担系统的基本负荷，以充分利用水能，节约火电厂的燃料。可见，水电站的负荷曲线变动较大，开、停机次数频繁，相应设备投、切频繁，设备利用小时数较火电厂小，因此，其主接线应尽量采用简化的接线形式。

（5）由于水电站的特点，其主接线广泛采用单元接线，特别是扩大单元接线。大容量水电站的主接线形式与大型火电厂相似；中、小容量水电站的升高电压部分在采用一些固定的、适合回路数较少的接线形式（如桥形、多角形、单母线分段等）方面，比火电厂用得更多。

（6）从整体上看，水电站的主接线较火电厂简单、清晰，且一般均为屋外配电装置。

某中型水电站的主接线如图4-30所示。该电厂有4台发电机，每两台机与一台双绕组变压器接成扩大单元接线；110kV侧只有2回出线，与两台主变压器接成4角形接线。

某大型水电厂的主接线如图4-31所示。该电厂有6台发电机，G1～G4与分裂变压器T1、T2接成扩大单元

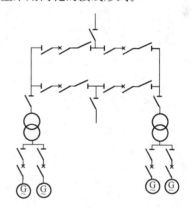

图4-30　某中型水电站的主接线

接线，将电能送到500kV配电装置；G5、G6与双绕组变压器T3、T4接成单元接线，将电能送到220kV配电装置；500kV配电装置采用一台半断路器接线，220kV配电装置采用有专用旁路断路器的双母线带旁路接线，只有出线进旁路；220kV与500kV用自耦变压器T5联络，其低压绕组作为厂用备用电源。接线形式与图4-29很相似。

三、变电站主接线

变电站主接线的设计原则基本上与发电厂相同，即根据变电站的地位、负荷性质、出线回路数、设备特点等情况，采用相应的接线形式。

330～500kV配电装置可能的接线形式有一台半断路器、双母线分段（单分段或双分段）带旁路、变压器—母线组接线；220kV配电装置可能接线形式有双母线、双母线带旁路、双母线分段（单分段或双分段）带旁路；110kV配电装置可能接线形式有不分段单母线、分段单母线、分段单母线带旁路、双母线、双母线带旁路、变压器—线路组及桥形接线等；35～63kV配电装置可能接线形式有不分段单母线、分段单母线、双母线、分段单母线带旁路（分段兼旁路断路器）、变压器—线路组及桥形接线等；6～10kV配电装置常采用分段单母线，有时也采用双母线接线，以便扩建。6～10kV馈线应选用轻型断路器，若不能满足断开电流及动、热稳定要求，应采取限制短路电流措施，例如使变压器分列运行或在低压侧装设电抗器、在出线上装设电抗器等。

　　某110kV终端变电站、110kV地区变电站及500kV枢纽变电站主接线如图4-32～图4-34所示，请读者自行分析。

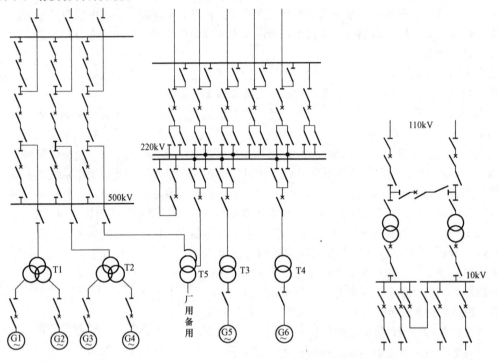

图4-31　某大型水电站主接线

图4-32　某110kV终端变电站主接线

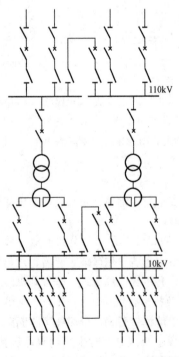

图4-33　某110kV地区变电站主接线

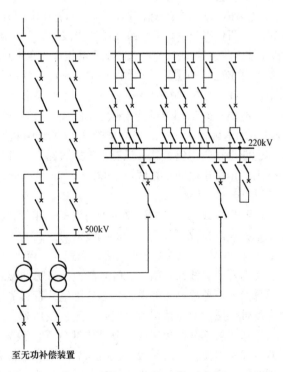

图4-34　某500kV枢纽变电站主接线

第八节　主接线的设计原则和步骤

主接线设计是一个综合性问题，必须结合电力系统和发电厂或变电站的具体情况，全面分析有关因素，正确处理它们之间的关系，经过技术、经济比较，合理地选择主接线方案。

一、主接线的设计原则

（1）以设计任务书为依据。设计任务书是根据国家经济发展及电力负荷增长率的规划，在进行大量的调查研究和资料搜集工作的基础上，对系统负荷进行分析及电力电量平衡，从宏观的角度论证建厂（站）的必要性、可能性和经济性，明确建设目的、依据、负荷及所在电力系统情况、建设规模、建厂条件、地点和占地面积、主要协作配合条件、环境保护要求、建设进度、投资控制和筹措、需要研制的新产品等，并经上级主管部门批准后提出的，因此，它是设计的原始资料和依据。

（2）以国家经济建设的方针、政策、技术规范和标准为准则。国家建设的方针、政策、技术规范和标准是根据电力工业的技术特点、结合国家实际情况而制定的，它是科学、技术条理化的总结，是长期生产实践的结晶，设计中必须严格遵循，特别应贯彻执行资源综合利用、保护环境、节约能源和水源、节约用地、提高综合经济效益和促进技术进步的方针。

（3）结合工程实际情况，使主接线满足可靠性、灵活性、经济性和先进性要求。

二、主接线的设计程序

主接线设计包括可行性研究、初步设计、技术设计和施工设计等 4 个阶段。下达设计任务书之前所进行的工作属可行性研究阶段。初步设计主要是确定建设标准、各项技术原则和总概算。在学校里进行的课程设计和毕业设计，在内容上相当于实际工程中的初步设计，其中，部分可达到技术设计要求的深度。具体设计步骤和内容如下。

1. 对原始资料分析

（1）本工程情况。本工程情况包括发电厂类型、规划装机容量（近期、远景）、单机容量及台数、可能的运行方式及年最大负荷利用小时数等。

1）总装机容量及单机容量标志着电厂的规模和在电力系统中的地位及作用。当总装机容量超过系统总容量的 15％时，该电厂在系统中的地位和作用至关重要。单机容量的选择不宜大于系统总容量的 10％，以保证在该机检修或事故情况下系统供电的可靠性。另外，为使生产管理及运行、检修方便，一个发电厂内单机容量以不超过两种为宜，台数以不超过 6 台为宜，且同容量的机组应尽量选用同一型式。

2）运行方式及年最大负荷利用小时数直接影响主接线的设计。例如，核电站及单机容量200MW 以上的火电厂，主要是承担基荷，年最大负荷利用小时数在 5000h 以上，其主接线应以保证供电可靠性为主进行选择；水电站有可能承担基荷（如丰水期）、腰荷和峰荷，年最大负荷利用小时数在 3000～5000h，其主接线应以保证供电调度的灵活性为主进行选择。

（2）电力系统情况。电力系统情况包括系统的总装机容量、近期及远景（5～10 年）发展规划、归算到本厂高压母线的电抗、本厂（站）在系统中的地位和作用、近期及远景与系统的连接方式及各电压级中性点接地方式等。

电厂在系统中处于重要地位时其主接线要求较高。系统的归算电抗在主接线设计中主要用于短路计算，以便选择电气设备。电厂与系统的连接方式也与其地位和作用相适应，例如，中、小型火电厂通常靠近负荷中心，常有 6～10kV 地区负荷，仅向系统输送不大的剩余功率，与系统之间可采用单回弱联系方式，如图 4-35（a）所示；大型发电厂通常远离负荷中心，其绝大部分电

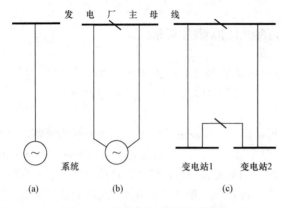

图 4-35　电厂接入系统示意图
(a) 单回线联系；(b) 双回线联系；(c) 环网联系

能向系统输送，与系统之间则采用双回或环形强联系方式，如图 4-35 (b)、(c) 所示。

电力系统中性点接地方式是一个综合性问题。我国对 35kV 及以下电网中性点采用非直接接地（不接地或经消弧线圈、接地变压器接地等），又称小接地电流系统；对 110kV 及以上电网中性点均采用直接接地，又称大接地电流系统。电网的中性点接地方式决定了主变压器中性点的接地方式。发电机中性点采用非直接接地，其中 125MW 及以下机组的中性点采用不接地或经消弧线圈接地，200MW 及以上机组的中性点采用经接地变压器接地（其二次侧接有一电阻）。

（3）负荷情况。负荷情况包括负荷的地理位置、电压等级、出线回路数、输送容量、负荷类别、最大及最小负荷、功率因数、增长率、年最大负荷利用小时数等。

对于Ⅰ类负荷必须有两个独立电源供电（例如用双回路接于不同的母线段）；Ⅱ类负荷一般也要有两个独立电源供电；Ⅲ类负荷一般只需一个电源供电。

负荷的发展和增长速度，受政治、经济、工业水平和自然条件等因素的影响。负荷的预测方法有多种，需要时可参考有关文献。负荷在一定阶段内的自然增长率按如下指数规律变化

$$L = L_0 e^{mt} \tag{4-14}$$

式中：L_0 为初期负荷，MW；m 为年负荷增长率，由概率统计确定；t 为年数，一般按 5～10 年规划考虑；L 为由负荷为 L_0 的某年算起，经 t 年后的负荷，MW。

（4）其他情况。其他情况包括环境条件、设备制造情况等。当地的气温、湿度、覆冰、污秽、风向、水文、地质、海拔及地震等因素，对主接线中电气设备的选择、厂房和配电装置的布置等均有影响。为使所设计的主接线具有可行性，必须对主要设备的性能、制造能力、价格和供货等情况进行汇集、分析、比较，以保证设计的先进性、经济性和可行性。

2. 拟定若干个可行的主接线方案

根据设计任务书的要求，在对原始资料分析的基础上，可拟定出若干个可行的主接线方案。因为对发电机连接方式的考虑、主变压器的台数、容量及型式的考虑、各电压级接线形式的选择等不同，会有多种主接线方案（本期和远期）。

3. 对各方案进行技术论证

根据主接线的基本要求，从技术上论证各方案的优、缺点，对地位重要的大型发电厂或变电站要进行可靠性的定量计算、比较，淘汰一些明显不合理的、技术性较差的方案，保留 2～3 个技术上相当的、满足任务书要求的方案。

4. 对所保留的方案进行经济比较

对所保留的 2～3 个技术上相当的方案进行经济计算，并进行全面的技术、经济比较，确定最优方案。经济比较主要是对各个参加比较的主接线方案的综合总投资 O 和年运行费 U 两大项进行综合效益比较。比较时，一般只需计算各方案不同部分的综合总投资和年运行费。

（1）综合总投资 O 的计算。综合总投资主要包括变压器、配电装置等主体设备的综合投资及不可预见的附加投资。所谓综合投资，包括设备本体价格、附属设备（如母线、控制设备等）费、主要材料费及安装费等各项费用的总和。综合总投资 O 可用式（4-15）计算

$$O = O_0(1 + a/100) \quad （万元） \tag{4-15}$$

式中：O_0 为主体设备的投资，包括变压器、开关设备、配电装置及明显的增修桥梁、公路和拆迁等费用，万元；a 为不明显的附加费用的比例系数，如基础加工、电缆沟道开挖费用等，对 220kV 取 70，110kV 取 90。

（2）年运行费 U 的计算。年运行费 U 主要包括一年中变压器的电能损耗费，小修、维护费及折旧费，按式（4-16）计算

$$U = \alpha \Delta A \times 10^{-4} + U_1 + U_2 \quad （万元） \tag{4-16}$$

式中：α 为电能电价，可参考采用各地区的实际电价，元/（kW·h）；ΔA 为变压器的年电能损耗，kW·h；U_1 为年小修、维护费，一般取 $(0.022 \sim 0.042)O$，万元；U_2 为年折旧费，一般取 $0.058O$，万元。

折旧费 U_2 是指在电力设施使用期间逐年缴回的建设投资，以及年大修费用。它和小修、维护费 U_1 都决定于电力设施的价值，所以，都以综合投资的百分数来计算。

ΔA 与变压器的型式及负荷情况有关，计算公式如下。

1）对双绕组变压器可用式（4-17）计算

$$\Delta A = n(\Delta P_0 + K_Q \Delta Q_0)\sum_{i=1}^{m} t_i + \frac{1}{n}(\Delta P_k + K_Q \Delta Q_k)\sum_{i=1}^{m}\left(\frac{S_i}{S_N}\right)^2 t_i \quad （kWh） \tag{4-17}$$

$$\Delta Q_0 = \frac{I_0\%}{100}S_N$$

$$\Delta Q_k = \frac{u_k\%}{100}S_N$$

式中：n 为相同变压器的台数；S_N 为一台变压器的额定容量，kVA；ΔP_0、ΔP_k 为一台变压器的空载、短路有功损耗，kW；ΔQ_0、ΔQ_k 为一台变压器的空载、短路无功损耗，kvar；S_i 为在 t_i 小时内 n 台变压器的总负荷，kVA；t_i 为对应于负荷 S_i 的运行时间，h，$i = 1$、2、$\cdots$、m，$\sum_{i=1}^{m} t_i$ 为全年实际运行时间，h；K_Q 为无功当量，kW/kvar，即变压器每损耗 1kvar 的无功功率，在电力系统中所引起的有功功率损耗的增加值（kW），一般发电厂取 $0.02 \sim 0.04$，变电站取 $0.07 \sim 0.1$（二次变压取下限，三次变压取上限）；$I_0\%$ 为一台变压器的空载电流百分数；$u_k\%$ 为一台变压器的短路电压百分数。

2）对三绕组变压器，当容量比为 100/100/100、100/100/50、100/50/50 者用式（4-18）计算

$$\Delta A = n(\Delta P_0 + K_Q \Delta Q_0)\sum_{i=1}^{m} t_i + \frac{1}{2n}(\Delta P_k + K_Q \Delta Q_k)\sum_{i=1}^{m}\left(\frac{S_{i1}^2}{S_N^2} + \frac{S_{i2}^2}{S_N S_{N2}} + \frac{S_{i3}^2}{S_N S_{N3}}\right)t_i \tag{4-18}$$

式中：S_{N2}、S_{N3} 为第 2、3 绕组的额定容量，kVA；S_{i1}、S_{i2}、S_{i3} 为在 t_i 小时内 n 台变压器第 1、2、3 侧的总负荷，kVA。

前两种容量比的额定损耗是在第二绕组带额定负荷、第三绕组开路下计算；后一种容量比的额定损耗是在第二、三绕组各带 1/2 负荷（$1/2S_N$）下计算。其他参数含义同上。

（3）经济比较方法。在参加经济比较的各方案中，O 和 U 均为最小的方案应优先选用。如果不存在这种情况，即虽然某方案的 O 为最小，但其 U 不是最小，或反之，则应进一步进行经济比较。我国采用的经济比较方法有下述两类。

1）静态比较法。这种方法是以设备、材料和人工的经济价值固定不变为前提，即对建设期的投资、运行期的年运行费和效益都不考虑时间因素。它适用于：各方案均采用一次性投资，并且装机程序相同，主体设备投入情况相近，装机过程在五年内完成。常采用的是抵偿年限法。

设第一方案的综合投资 O_I 大，而年运行费 U_I 小；第二方案的综合投资 O_{II} 小，而年运行费 U_{II} 大。则可用抵偿年限 T 确定最优方案

$$T = \frac{O_I - O_{II}}{U_{II} - U_I} \tag{4-19}$$

式（4-19）表明，第一方案多投资的费用（分子）可以在 T 年内用少花费的年运行费（分母）予以抵偿。根据国家现阶段的经济政策，T 以 5 年为限，即如果 $T<5$ 年，选用 O 大的方案；如果 $T>5$ 年，则选用 O 小的方案。

2）动态比较法。这种方法的依据是基于货币的经济价值随时间而改变，设备、材料和人工费用都随市场的供求关系而变化。一般，发电厂建设工期较长，各种费用的支付时间不同，发挥的效益也不同。所以，对建设期的投资、运行期的年费用和效益都要考虑时间因素，并按复利计算，用以比较在同等可比条件下的不同方案的经济效益。所谓同等可比条件是指不同方案的发电量、出力等效益相同；电能质量、供电可靠性和提供时间能同等程度地满足系统或用户的需要；设备供应和工程技术现实可行；各方案用同一时间的价格指标，经济计算年限相同等。

电力工业推荐采用最小年费用法进行动态经济比较，年费用 AC 最小者为最佳方案。其计算方法是把工程施工期间各年的投资、部分投产及全部投产后各年的年运行费都折算到施工结束年，并按复利计算。

折算到第 m 年（施工结束年）的总投资 O（即第 m 年的本利和）为

$$O = \sum_{t=1}^{m} O_t (1+r_0)^{m-t} \quad （万元） \tag{4-20}$$

式中：t 为从工程开工这一年算起的年份（即开始投资年份），$t=1\sim m$，即分期投资；m 为工程施工结束（即全部投产）年份；O_t 为第 t 年的投资，万元；r_0 为电力工业投资回收率，或称利润率，目前取 0.1。$(1+r_0)^{m-t}$ 称整体本利和系数。

折算到第 m 年的年运行费 U 为

$$U = \frac{r_0(1+r_0)^n}{(1+r_0)^n-1}\left[\sum_{t=t'}^{m} U_t(1+r_0)^{m-t} + \sum_{t=m+1}^{m+n} \frac{U_t}{(1+r_0)^{t-m}}\right] \quad （万元） \tag{4-21}$$

式中：t' 为工程部分投产年份；U_t 为第 t 年所需的年运行费，万元；n 为电力工程的经济使用年限，年，水电站取 50 年，火电厂和核电站取 25 年，输变电取 20~25 年。

式（4-21）的第一项 $t=t'\sim m$，即从工程部分投产的第 t' 年到施工结束的第 m 年，各年的年运行费折算到第 m 年的值，称资金的现在值换算为等值的将来值；第二项 $t=m+1\sim m+n$，即从工程全部投产后的第 $m+1$ 年到寿命结束的第 $m+n$ 年，各年的年运行费折算到第 m 年的值，称资金的将来值换算为等值的现在值，$1/(1+r_0)^{t-m}$ 称整付现在值系数，即若第 $t-m$ 年需要的年运行费为 U_t，则现在（第 m 年）只需付给 $U_t/(1+r_0)^{t-m}$。

年费用 AC（平均分布在第 $m+1$ 到第 $m+n$ 年期间的 n 年内）为

$$AC = \left[\frac{r_0(1+r_0)^n}{(1+r_0)^n-1}\right]O + U \quad （万元） \tag{4-22}$$

式中第一项的系数，称为投资回收系数。AC 最小的方案为经济上最优方案。

5. 对最优方案进一步设计

（1）进行短路电流计算（"电力系统分析"课程讲授），为合理选择电气设备提供依据。

（2）选择、校验主要电气设备（第六章讲授）。

（3）绘制电气主接线图、部分施工图，撰写技术说明书和计算书。

思考题和习题

1. 对电气主接线有哪些基本要求？

2. 主接线的基本形式有哪些？

3. 在主接线设计中采用哪些限制短路电流的措施？

4. 主母线和旁路母线各起什么作用？设置旁路母线的原则是什么？

5. 绘出分段单母线带旁路（分段断路器兼作旁路断路器）的主接线图，并说明其特点及适用范围。

6. 绘出双母线的主接线图，并说明其特点及适用范围。

7. 绘出双母线带旁路（有专用旁路断路器）的主接线图，并写出检修出线断路器的原则性操作步骤。

8. 绘出一台半断路器（进出线各 3 回）的主接线图，并说明其特点及适用范围。

9. 绘出内、外桥的主接线图，并分别说明其特点及适用范围。

10. 发电厂和变电站主变压器的容量、台数及型式应根据哪些原则来选择？

11. 主接线设计的基本步骤怎样？

12. 某新建 110kV 地区变电站，110kV 侧初期有 2 回线接至附近发电厂，终期增加 2 回线接至一终端变电站；10kV 侧电缆馈线 12 回，最大综合负荷 20MW，经补偿后的功率因数为 0.92，重要负荷占 70%。试初步设计其初、终期的主接线（写出简要的设计说明，绘出主接线图），并选择主变压器。

13. 某新建火电厂有 $2 \times 50MW + 200MW$ 三台发电机。50MW 发电机 $U_N = 10.5kV$，$\cos\varphi_G = 0.8$；200MW 发电机 $U_N = 15.75kV$，$\cos\varphi_G = 0.85$；有 10kV 电缆馈线 24 回，最大综合负荷 60MW，最小负荷 40MW，$\cos\varphi = 0.8$；高压侧 220kV 有 4 回线路与系统连接，不允许停电检修断路器；厂用电率 8%。试初步设计该电厂的主接线（写出简要的设计说明，绘出主接线图），并选择主变压器。

14. 某火电厂主接线设计中，初步选出两个技术性能基本相当的方案。两方案折算到施工结束年的总投资和年运行费分别为：第一方案 $O_I = 6950.94$ 万元，$U_I = 1181.66$ 万元，第二方案 $O_{II} = 7580.85$ 万元，$U_{II} = 1023.41$ 万元。取服务年限 $n = 25$ 年，投资回收率 $r_0 = 0.1$，试用最小年费用法确定最优方案。

第五章 厂（站）用电

本章以火电厂为重点，讲述厂用电率、厂用负荷分类、厂用电接线的设计原则和接线形式、厂用变压器的选择、厂用电动机的选择和自启动校验。同时讲述变电站站用电的有关内容。

第一节 发电厂的厂用负荷

发电厂的生产过程完全是机械化和自动化的，它需要许多以电动机拖动的机械为发电厂的主要设备（锅炉、汽轮机或水轮机、发电机等）和辅助设备服务，这些机械称为厂用机械。发电厂的厂用机械及全厂的运行操作、试验、修配、照明、电焊等用电设备的用电，统称为厂用电。

一、厂用电率

厂用电一般都是由发电厂本身供给，且为重要负荷之一。同一时间段内（一天、一月或一年等），厂用电耗电量占发电厂总发电量的百分数，称为该时间段的厂用电率。厂用电率 K_p 用式（5-1）计算

$$K_p = \frac{A_p}{A} \times 100\% \tag{5-1}$$

式中：A_p 为厂用电量，kWh；A 为同一时间段的总发电量，kWh。

厂用电率是发电厂的主要运行经济指标之一，它与发电厂的类型、机械化和自动化程度、燃料种类及蒸汽参数等因素有关。一般凝汽式火电厂为 $5\%\sim8\%$，热电厂为 $8\%\sim10\%$（指发电的厂用电率，其供热的厂用电率另行计算，单位为 kWh/GJ），水电站为 $0.3\%\sim2\%$。显然，降低厂用电率不仅可以降低电能成本，同时可相应地增加对系统的供电量。

二、厂用负荷分类

就总体而言，厂用负荷都是重要负荷，但重要程度不同。根据厂用负荷在发电厂运行中所起的作用及其供电中断对人身、设备及生产所造成的影响程度，将其分为下列五类，其中Ⅰ～Ⅲ类的分类原则和供电要求与电力用户类似。

（1）Ⅰ类负荷。Ⅰ类负荷指短时（手动切换恢复供电所需的时间）停电也可能影响人身或设备安全，使生产停顿或发电量大量下降的负荷。如火电厂的给水泵、凝结水泵、循环水泵、引风机、送风机、给粉机及水电站的调速器、压油泵、润滑油泵等。对接有Ⅰ类负荷的高、低压厂用母线，应有两个独立电源，即应设置工作电源和备用电源，并应能自动切换；Ⅰ类负荷通常装有两套或多套设备；Ⅰ类负荷的电动机必须保证能自启动（见本章第六节）。

（2）Ⅱ类负荷。Ⅱ类负荷指允许短时停电，但较长时间停电有可能损坏设备或影响机组正常运行的负荷。如火电厂的工业水泵、疏水泵、灰浆泵、输煤系统机械和有中间煤仓的制粉机械、电动阀门、化学水处理设备等，以及水电站中的绝大部分厂用电动机负荷。对接有Ⅱ类负荷的厂用母线，也应有两个独立电源供电，一般采用手动切换。

（3）Ⅲ类负荷。Ⅲ类负荷指长时间（几小时或更长时间）停电也不致直接影响生产，仅造成生产上的不方便的负荷。如修配车间、试验室、油处理室等的负荷。对Ⅲ类负荷，一般由一个电源供电。在大型电厂中，也常采用两路电源供电。

（4）事故保安负荷。事故保安负荷指 200MW 及以上机组在事故停机过程中及停机后的一段时间内仍必须保证供电，否则可能引起主设备损坏、重要的自动控制装置失灵或危及人身安全的负荷。根据对电源要求的不同，事故保安负荷又分为两类。

1）直流保安负荷，简称"OⅡ"类负荷。如汽机、给水泵的直流润滑油泵，发电机的直流氢密封油泵等，其电源为蓄电池组。

2）允许短时停电的交流保安负荷，简称"OⅢ"类负荷。如 200MW 及以上机组的盘车电动机、交流润滑油泵、交流氢密封油泵、除灰用事故冲洗水泵、消防水泵等。平时由交流厂用电源供电，失去厂用工作电源和备用电源时，交流保安电源（如柴油发电机组、燃气轮机组或外部独立电源等）应自动投入。

（5）交流不间断供电负荷。交流不间断供电负荷简称"OⅠ"类负荷，指在机组启动、运行及停机（包括事故停机）过程中，甚至停机以后的一段时间内，要求连续提供具有恒频恒压特性电源的负荷，如实时控制用电子计算机、热工仪表及自动装置等。一般由接于蓄电池组的逆变装置或由蓄电池供电的直流电动发电机组供电。

三、厂用负荷的特性

厂用负荷的特性主要是指其重要性、运行方式、有无联锁要求、是否易于过负荷及控制地点等。

（1）重要性。厂用负荷按照其重要性可分为上述五类。

（2）运行方式。运行方式指用电设备使用机会的多少和每次使用时间的长短。

1）按使用机会可分为两类：①"经常"使用的设备，即在生产过程中，除了本身检修和事故外，每天都投入使用的用电设备；②"不经常"使用的设备，指只在检修、事故、机炉启停期间使用，或两次使用间隔时间很长的用电设备。

2）按每次使用时间的长短分为三类：①"连续"工作，即每次使用时，连续带负荷运行 2h以上者；②"短时"工作，即每次使用时，连续带负荷运行 10～120min 者；③"断续"工作，即每次使用时，从带负荷到空载或停止，反复周期地工作，每个工作周期不超过 10min 者。

（3）有无联锁要求。联锁要求是指为了满足生产工艺流程要求，实现连续生产，或为了在生产工艺流程遭到破坏时保证人身及设备安全等，要求在系统中某些相互有紧密联系的厂用辅机之间建立某种联锁关系。例如，制粉系统各辅机的启动顺序必须是：排粉机→磨煤机→给煤机，而停止顺序必须相反。

（4）是否易于过负荷。是否易于过负荷指运行中负荷是否易于超过其额定容量。

（5）控制地点。控制地点主要有控制屏、集中和就地等。

一般火电厂主要厂用负荷及其综合分类模式见表 5-1。

表 5-1　　　　　　　　　火电厂主要厂用负荷及其综合分类模式

分　类	名　称	负荷类别	运行方式	是否易过负荷	有无联锁要求	备　注
锅炉部分	引风机	Ⅰ	经常、连续	易	有	用于送粉时为Ⅰ类 无煤粉仓时为Ⅰ类 无煤粉仓时为Ⅰ类 用作热风送粉
	送风机	Ⅰ		不易		
	排粉机	Ⅰ 或 Ⅱ				
	磨煤机	Ⅰ 或 Ⅱ				
	给煤机	Ⅰ 或 Ⅱ		易		
	给粉机	Ⅰ				
	一次风机	Ⅰ				
	螺旋输粉机	Ⅱ			无	
	炉水循环泵	Ⅰ		不易	有	

分　类	名　　称	负荷类别	运行方式	是否易过负荷	有无联锁要求	备　注
汽机部分	射水泵 凝结水泵 循环水泵 给水泵 给水泵油泵 备用给水泵 备用励磁机 生水泵 工业水泵	I II II	经常、连续 不经常、连续 不经常、连续 经常、连续 经常、连续	不易	有 无 无 有	给水泵不带主油泵时
电气及共用部分	充电机 空压机 变压器冷却风机 变压器强油水冷电源 机炉自动控制电源 硅整流装置 通信电源	II I	不经常、连续 经常、短时 经常、连续	不易	无 有	
事故保安负荷	交流润滑油泵 盘车电动机 顶轴油泵 浮充电装置 事故照明 热工自动装置电源 实时控制电子计算机	保安 不间断 不间断	不经常、连续 经常、连续	不易	有 无 有	
输煤部分	输煤皮带 碎煤机 磁铁分离器 筛煤机 给煤机 运煤机 抓煤机 卸煤小车	II	经常、连续 经常、断续 经常、断续	易 易 不易 不易 不易 易 不易 不易	有 无 无	
出灰部分	冲灰水泵 灰浆泵 碎渣机 除灰皮带机 电气除尘器 除尘水泵	II I	经常、连续	不易 易 易 易 不易 不易	有 无 无 有	
厂外水工部分	中央循环水泵 消防水泵 真空泵 补给水泵 冷却塔通风机 生活水泵	I I II II（III）	经常、连续 不经常、短时 经常、短时 经常、连续 经常、连续 经常、短时	不易	有 有 无 无 有	与工业水泵合用时为II类

分 类	名 称	负荷类别	运行方式	是否易过负荷	有无联锁要求	备 注
化学水处理部分	清水泵 中间水泵 除盐水泵 自用水泵	I（II） II	经常、连续 经常、短时	不易	无	热电厂和300MW及以上机组为I类
废水处理部分	废水处理输送泵 pH调整池机械搅拌器 刮泥机 排泥泵 污水泵	II	经常、连续 经常、短时	不易 不易 易 易 不易	无	
辅助车间	油处理设备 中央修配厂 起重机械 电气试验室	III	经常、连续 经常、连续 不经常、断续 不经常、短时	不易	无	

在火电厂中一般都设有两台及以上的厂用高压（3～10kV）变压器（或电抗器）和两台及以上的厂用低压（0.4kV）变压器，以满足厂用负荷专用电的需要；在水电站和变电站中，一般只设低压厂（站）用变压器。厂（站）用变压器（或电抗器）及其以下所有的厂（站）用负荷供电网络，统称为厂（站）用电系统。

第二节 厂用电的设计原则和接线形式

保证厂用电的可靠性和经济性，在很大程度上取决于正确选择供电电压、供电电源和接线方式、厂用机械的拖动方式、电动机的类型和容量以及运行中的正确和管理等措施。

一、厂用电接线的基本要求

厂用电接线应保证厂用电的连续供应，使发电厂能安全满发，除满足正常运行安全、可靠、灵活、经济、先进等一般要求外，尚应满足如下要求。

（1）接线方式和电源容量，应充分考虑厂用设备在正常、事故、检修、启动、停运等方式下的供电要求，并尽可能地使切换操作简便，使启动（备用）电源能迅速投入。

（2）尽量缩小厂用电系统的故障影响范围，避免引起全厂停电事故。各台机组的厂用电系统应独立，尤其是200MW及以上大型机组，应做到这点，以保证在一台机组故障停运或其辅机发生电气故障时，不影响其他机组的正常运行。

（3）对200MW及以上大型机组，应设置足够容量的交流事故保安电源及电能质量指标合格的交流不间断供电装置。

（4）充分考虑电厂分期建设和连续施工过程中厂用电系统的运行方式，特别注意对公用厂用负荷的影响。要方便过渡，尽少改变接线和更换设备。

二、厂用电供电电压等级的确定

厂用电供电电压等级是根据发电机的容量和额定电压、厂用电动机的额定电压及厂用网络的可靠、经济运行等诸方面因素，经技术、经济比较后确定。

（1）各种厂用电动机的容量相差很大，只用一种电压等级的电动机不能满足要求。厂用电动机的容量可以从几千瓦到几千千瓦，而且一般来说，发电机的容量愈大，厂用电动机的容量范围也愈大，而电动机的容量与电压有关。我国生产的电动机的电压与容量关系见表5-2。

表 5-2 电动机的电压与容量关系

电动机电压（V）	220	380	3000	6000	10000
生产容量范围（kW）	小于140	小于300	大于75	大于200	大于200

从表5-2可见，小于75 kW的电动机的电压必定是380/220V；介于75kW至200kW的电动机的电压可能是380/220V或3kV；介于200kW至300kW的电动机的电压可能是380/220V、3、6kV或10kV；大于300kW的电动机的电压可能是3、6kV或10kV。因此，只用一种电压等级的电动机不能满足要求。

上述情况还表明，对较大容量的电动机有选择低压还是高压的问题，在选择高压时还有选哪种高压的问题。电动机的电压愈高，绝缘愈要加强，尺寸愈大，价格愈贵；电压愈高，空载和负荷损耗也愈大，效率愈低；电压愈高，配电装置的价格也愈贵。从这几点来看，应优先考虑采用较低电压等级的电动机。但从供电网络来看，对同容量的电动机，额定电压愈高，其额定电流愈小，供电电缆的截面愈小，有色金属消耗愈少；电压愈高，网络线损愈小，传输愈经济；增加低压电动机数目，必然增加低压厂用变压器的容量和台数，反之，若采用高压电动机则可减少低压厂用变压器的容量和台数，而这两种做法对高压厂用变压器的容量和台数均影响不大（因为，无论电动机接在低压厂用母线段还是高压厂用母线段，都要计入高压厂用变压器的容量）。从这几点来看，应优先考虑采用较高电压等级的电动机。总的来说，联系到供电系统的投资及运行费用，大容量电动机采用低压时往往并不经济，一般宜采用高压。至于选用哪种高压，一般由发电机的额定容量、电压决定。

为了简化厂用接线和运行维护方便，厂用电压等级不宜过多。由上述讨论可见，厂用低压供电网络的电压几乎毫无例外地采用380/220V；高压供电网络的电压可能是3、6kV或3kV与10kV并存。

（2）经过分析比较，厂用电供电电压等级确定的一般情况如下。

1）火电厂。火电厂的厂用低压电压采用380/220V。厂用高压电压的选择原则为：容量为60MW及以下的机组，发电机电压为10.5 kV时，可采用3～6kV；发电机电压为6.3 kV时，可采用6kV；容量为100～300MW的机组，宜采用6kV；容量为600MW及以上的机组，经技术经济比较，可采用6kV（如哈尔滨第三电厂和上海石洞口第二电厂的600MW机组），或采用3kV和10kV两种电压（如安徽省平圩电厂和浙江省北仑港电厂的600MW机组）。

2）水电站。水电站中水轮发电机组辅助设备使用的电动机容量不大，机组厂用电通常只设380/220V厂用低压电压，由三相四线制系统同时供动力和照明用电；水电站中的坝区和水利枢纽可能有大型机械，如闸门启闭装置、航运使用的船闸或升船机和鱼道、伐道等设施用电，需另设专用的坝区变压器，以6kV或10kV供电；水电站中还可能设有低压公用厂用电系统。

3）小容量发电厂。单机容量在12MW及以下的小容量发电厂一般只设380/220V厂用低压电压，这时，发电厂中少数较大容量的电动机接于发电机电压母线上。

（3）按厂用电压划分电动机容量范围。

1）厂用高压为3kV时，100kW及以上的电动机采用3kV，100kW以下者采用380V。

2）厂用高压为6kV时，200kW及以上的电动机采用6kV，200kW以下者采用380V。

3）厂用高压为3kV和10kV两种电压时，1800kW及以上的电动机采用10kV，200～

1800kW 者采用 3kV，200kW 以下者采用 380V。

三、厂用电源

厂用电源包括工作电源和备用电源，两者又各分为高、低压两部分。对单机容量在 200MW 及以上的发电厂还应考虑设置启动电源和事故保安电源。厂用电源必须供电可靠，而且应满足厂用电系统各种工作状态的要求。

1. 厂用工作电源的引接

厂用工作电源是保证发电厂正常运行最基本的电源。

（1）高压厂用工作电源的引接。高压厂用工作电源（变压器或电抗器）应从发电机回路引接，并尽量满足炉、机、电的对应性要求（即发电机供给各自的炉、机和主变压器的厂用负荷）。每个高压厂用电源最多连接两个独立的高压厂用母线段。其引接方式与主接线形式有关，大体有两种方式。

1）当发电机直接接在发电机电压母线时，高压厂用工作电源一般由该机所连的母线段引接，如图 5-1（a）所示。

2）当发电机与主变压器成单元或扩大单元接线时，高压厂用工作电源由该单元主变压器低压侧引接，如图 5-1（b）～（e）所示。

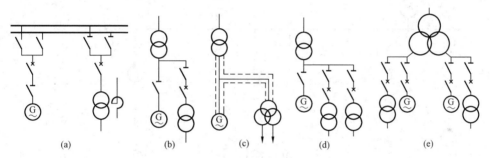

图 5-1 高压厂用工作电源的引接方式
（a）从发电机电压母线引接；（b）～（e）从单元或扩大单元的主变压器低压侧引接

显然，高压厂用工作电源由主变压器高压侧引接是不合理的，因为电压高，所用的厂用变压器及开关电器价格也较贵，而且厂用电可能需要两次变压，很不经济。

容量为 125MW 及以下机组，厂用分支上一般都装设有高压断路器，如图 5-1（a）、（b）、（d）、（e）所示。其中图 5-1（b）、（d）、（e）的厂用分支也有只装隔离开关的，当厂用分支故障时会引起主变压器高压侧断路器跳闸。对于 200MW 及以上机组，其高压厂用工作变压器宜采用分裂变压器（600MW 及以上机组可能有两台），厂用分支通常与发电机出口回路一并采用分相封闭母线，因故障率很小，可不装断路器和隔离开关，如图 5-1（c）所示。

各高压厂用工作电源的低压侧分别接至对应机组的高压厂用母线段。

（2）低压厂用工作电源的引接。低压厂用工作变压器（不能用电抗器）一般由对应的高压厂用母线段上引接；对设有 3、10kV 两级高压厂用电的大型机组，一般由 10kV 母线上引接；大型机组的低压厂用变压器较多，除工作变压器外，还有公用变压器、除尘变压器、照明变压器、输煤变压器、化水变压器、检修变压器、江边变压器等，所以，同一段高压厂用母线上一般接有多台低压厂用变压器。对不设高压厂用母线段的发电厂，可从发电机电压母线或发电机出口引接。

各低压厂用工作电源的低压侧分别接至相应低压厂用母线段。

2. 厂用备用电源和启动电源的引接

发电厂一般均应设置备用电源。备用电源主要作为事故备用，即在工作电源故障时代替工作电源的工作。启动电源是指电厂首次启动或工作电源完全消失的情况下，为保证机组快速启动，向必需的辅助设备供电的电源。在正常运行情况下，这些辅助设备由工作电源供电，只有当工作电源消失后才自动切换为启动电源供电，因此，启动电源实质上是兼作事故备用电源，故称启动/备用电源，不过对供电可靠性的要求更高。我国目前对 200MW 及以上大型机组才设置启动电源，因其出口不装断路器，不可能由主变压器倒送电启动（单元并入系统前，主变压器高压侧断路器是断开的）。

备用电源的引接应保证其独立性，避免与工作电源由同一电源处引接，并具有足够的供电容量，引接点应有两个及以上电源（包括本厂及系统电源）。

（1）高压厂用备用电源的引接。最常用的引接方式如下。

1）从发电机电压母线引接，类似图 5-1（a），但避免与高压厂用工作电源接在同一母线段。

2）从具有两个及以上电源的最低一级电压母线引接，如图 5-2（a）～（c）所示。

3）从联络变压器的低压绕组引接，如图 5-2（d）所示。

4）从厂外较低电压电网或区域变电站较低电压母线引接，如图 5-2（e）、（f）所示，其中图 5-2（e）设有备用母线段，向两台备用变压器供电。

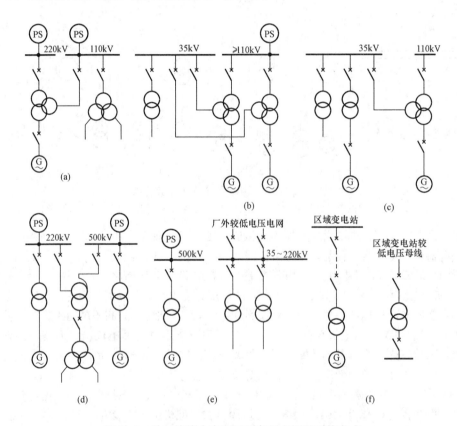

图 5-2 单元接线中高压厂用备用电源的引接方式

（a）、（b）、（c）从具有两个及以上电源的最低一级电压母线引接；（d）从联络变压器的低压绕组引接；
（e）从厂外较低电压电网引接，并设有备用母线段；（f）从区域变电站较低电压母线引接

（2）低压厂用备用电源的引接。

1）低压厂用备用变压器应避免与需要由它充当备用电源的低压厂用工作变压器接在同一段高压母线段上，否则当该高压母线段故障或停电时，低压备用变压器也将失去电源。当低压厂用

工作变压器的台数少于高压厂用工作母线段时，低压厂用备用变压器由未接有低压厂用工作变压器的高压厂用母线段上引接，但不接于高压厂用备用母线段（除非该母线段经常带电），参见本章第四节图 5-9。

2）对于 200MW 及以上机组，为了强调低压厂用备用电源供电的可靠性和独立性，低压厂用备用变压器宜由经常带电运行的高压厂用启动/备用变压器引接。

3）当发电机电压母线上的馈线不带电抗器时（意味着短路电流不大），低压厂用备用变压器可由该母线引接，但也应满足 1）的要求。

（3）备用电源与厂用母线段的连接方式。常用的连接方式如下。

1）全厂只有一台高压（或低压）备用电源，如图 5-3（a）所示。通常该备用电源为双绕组变压器，与厂用母线段的连接方式采用部分放射和部分串联方式，以节省电缆；每一分支上的母线段数一般为 2~4 段；在备用电源的总出口处设装隔离开关（或刀开关），以便该电源故障时各母线段仍相互备用。这种方式多为中、小型电厂采用。图 5-3（a）中各厂用母线段上均接有工作电源，正常运行时由工作电源供电，各备用分支断路器均断开，当某工作电源因故跳闸时，相应的备用分支断路器自动投入（下同）。

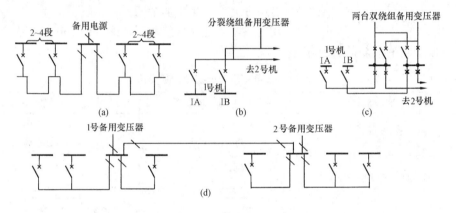

图 5-3 备用电源与厂用母线段的连接方式
（a）只有一台高压（或低压）备用电源；（b）厂用高压启动/备用电源为分裂绕组变压器；
（c）厂用高压启动/备用电源为两台双绕组变压器；（d）有两台低压备用变压器

2）厂用高压启动/备用电源为分裂绕组变压器，如图 5-3（b）所示。这是 200MW 及以上机组常用备用方式之一。大型机组的厂用高压工作变压器，通常也是分裂变压器或三绕组变压器。对 200~300MW 机组，每两台机组共用一台启动/备用电源；对 600MW 及以上机组，每两台机组共用两台启动/备用电源。图中的启动/备用电源下未设公用负荷段（或称备用段），全厂的高压公用负荷分别接在各机组的厂用母线上；另一种方案是设有公用负荷段。

3）厂用高压启动/备用电源为两台双绕组变压器，如图 5-3（c）所示。图 5-3（c）中的启动/备用电源下设有公用负荷段，这也是大型机组常用备用方式之一。例如上海石洞口二电厂的 600MW 机组采用这一方案。

4）全厂有两台低压备用变压器，如图 5-3（d）所示。两台备用变压器分别作为几台工作变压器的备用电源，并在其间装设联络电缆，该电缆两端装有刀开关；对 200MW 及以上机组，当启动/备用电源下未设公用负荷段时，低压备用变压器将与某台低压工作变压器接在同一段厂用高压母线上，采用图 5-3（d）所示接线可提高可靠性，这时联络电缆两端应装断路器，为简化二次接线可采用手动备用方式。

5）对单机容量 125MW 及以下的火电厂，当全厂设有两台高压（或低压）备用电源时，也可采用环形或类似双母线的连接方式。

（4）备用电源的设置方式。

1）明备用。明备用是专门设置的备用变压器。正常运行时，它不承担任何负荷或只承担公用负荷，当某厂用工作母线段失去电源时，借助于备用电源自动投入装置将相应的备用分支断路器投入，迅速恢复对该厂用工作母线段供电。它的容量一般等于最大一台厂用工作变压器的容量，当承担有公用负荷时，尚需考虑公用负荷。上述所介绍的情况均属明备用。

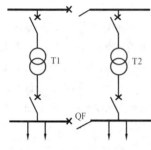

图 5-4　暗备用接线

2）暗备用。暗备用是不另设专门的备用变压器，工作变压器互为备用，所以要将每台工作变压器的容量加大，正常运行时均在不满载状态运行。如图 5-4 所示，正常运行时 T1、T2 都投入工作，QF 断开；当任一台工作变压器因故障被切除时，手动合上 QF，厂用负荷由完好的工作变压器承担。QF 不设自动投入装置，主要是考虑到合至故障母线上时可能会导致扩大事故。图中的高压侧母线可能是厂用高压母线、发电机电压主母线（这时两段母线间有分段开关）或发电机出口。

备用变压器的台数与发电厂装机台数、单机容量及控制方式等因素有关，一般按表5-3原则配置。

表 5-3　　　　　　　　　　发电厂备用厂用变压器台数配置原则

单 机 容 量	厂用高压变压器（电抗器）	厂用低压变压器
100MW 及以下机组	6 台及以下设 1 台 6 台及以上设 2 台	8 台以下设 1 台 8 台及以上设 2 台
100～125MW 机组采用单元控制	5 台及以下设 1 台 5 台及以上设 2 台	8 台以下设 1 台 8 台及以上设 2 台
200～300MW 机组	每 2 台机组设 1 台	200MW 机组，每 2 台机组设 1 台 300MW 机组，每台机组设 1 台
600～1000MW 机组	每 2 台机组设 1 台或 2 台	每台机组设 1 台或多台

注　据 DL/T 5153—2014《火力发电厂厂用电设计技术规程》整理。其中 300～1000MW 机组装设发电机断路器或负荷开关时，高压厂用变压器设置原则此处未予列出。

在引接第二个备用电源时，应保证对第一个备用电源的相对独立性，当其中一台检修时，另一台作为全厂备用。

3．事故保安电源和交流不停电电源

对 200MW 及以上的发电机组，当厂用工作电源和备用电源都消失时，为确保事故状态下安全停机，事故消失后又能及时恢复供电，应设置事故保安电源，以满足事故保安负荷的连续供电。事故保安电源属后备的备用电源。目前采用的事故保安电源有如下几种类型。

（1）柴油发电机组。柴油发电机组是一种广泛采用的事故保安电源，其容量按照事故负荷选择，并采用快速自动程序启动。大容量柴油发电机组需要较多的冷却水，故必须保证有足够的水源，此外，应加强维护，定期试运转，随时处于准备启动状态。

（2）外接电源。当发电厂附近有可靠的变电站或另外的发电厂时，事故保安电源也可以从附近的变电站或发电厂引接。

（3）蓄电池。蓄电池组是一种独立而又十分可靠的保安电源。正常情况下，它承担全厂的操作、信号、保护及其他直流负荷用电；事故情况下，它能提供直流保安负荷用电，如润滑油泵、氢密封油泵及事故照明等。

（4）交流不停电电源（UPS）。上述柴油发电机组一般不允许在厂用电系统并列运行，所以，当厂用工作电源和备用电源都消失时，有短暂的自动切换过程，这短时的间断供电对于某些保安负荷（如实时控制用电子计算机等）也是不允许的，这可以由蓄电池经静态逆变装置或逆变机组（直流电动机—交流发电机组）将直流变为交流，向不允许间断供电的交流负荷供电。由于目前生产的蓄电池组最大容量有限，故不能带很多事故保安负荷，且持续供电时间亦不能超过 1h，所以，也需要柴油发电机组或外接电源配合工作。

某 200MW 机组事故保安电源接线图如图 5-5 所示。交流事故保安电源通常都采用 380/220V 电压，以便与厂用低压工作电源配合；每台机组设一段事故保安母线，或称保安电动机控制中心（MCC），采用单母线接线方式，与相应的动力中心（PC）母线连接；每两台机组设一台柴油发电机组作为事故保安电源。

正常运行时，事故保安母线由相应的低压厂用动力中心（PC）供电，事故（保安 MCC 失电）时，柴油发电机组自动投入，一般 10～15s 内可向失电的保安 MCC 恢复供电。热工仪表和自动装置等要求不间断供电的负荷，则由直流逆变器所连接的不停电母线（也按机组分段）供电，其电压为 220V。

300MW 及以上机组，应每台机组设 1～3 段保安 MCC 及一台柴油发电机组作为事故保安电源。

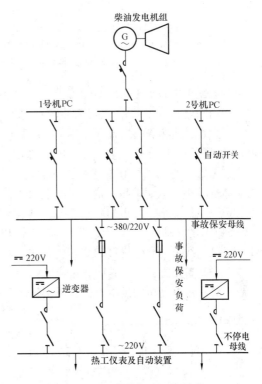

图 5-5　事故保安电源接线

四、厂用电接线的基本形式

（1）高、低压厂用母线通常都采用单母线接线形式，并多以成套配电装置接受和分配电能。

（2）火电厂的高压厂用母线一般都采用"按炉分段"，即将厂用电母线按锅炉台数分成若干独立段。其中，锅炉容量为 400t/h 以下时，每炉设一段；锅炉容量为 400t/h 及以上时，每炉的每级高压厂用母线不少于两段，两段母线可由一台高压厂用变压器供电。高压厂用母线分段的各种情况如图 5-6 所示。

（3）低压 380/220V 厂用母线，在大型火电厂及水电站中一般亦按炉分段或按水轮机组分段；在中、小型电厂中，全厂只分为两段或三段。对火电厂具体情况是：锅炉容量为 220t/h，且在母线上接有机炉的 I 类负荷时，宜按炉或机分段；锅炉容量为 400～670t/h 时，每炉设两段（可由一台低压厂用变压器供电）；锅炉容量为 1000t/h 及以上时，每炉设两段及以上。低压厂用母线分段方式与高压厂用母线基本相似。

（4）200MW 及以上大容量机组，如公用负荷较多、容量较大，当采用集中供电方式合理时，可设立高压公用母线段。

（5）老式的低压厂用电系统采用中央配电屏—车间配电盘—动力箱的组合方式，其中央屏设

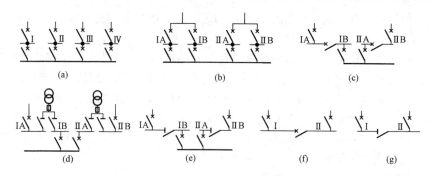

图 5-6 高压厂用母线分段

(a) 一炉一段，有专用备用电源；(b) 一炉两段，由同一台变压器供电，每段有备用电源；
(c) 用断路器分成两个半段；(d) 用两组隔离开关分成两个半段；(e) 用一组隔离开关分成两个半段；
(f) 两段经断路器连接，互为备用；(g) 两段经隔离开关连接

备采用普通配电屏（如 PGL、GGD 等），车间盘采用普通配电箱（如 XLF 等，其中只能用熔断器，不能用断路器），可靠性、灵活性较差。

(6) 大容量机组新型的低压厂用电系统采用动力中心—电动机控制中心的组合方式，即在一个单元机组中设有若干个动力中心（PC，即由低压厂用变压器的低压侧直接供电的部分），直接供电给容量较大的电动机和容量较大的静态负荷；由 PC 引接若干个电动机控制中心（MCC），供电给容量较小的电动机和容量较小的杂散负荷，其保护、操作设备集中，取消了就地动力箱；再由 MCC 引接车间就地配电屏（PDP），供电给本车间小容量的杂散负荷。一般情况是：容量为 75kW 及以上的电动机由 PC 直接供电，75kW 以下的电动机由 MCC 供电。各 PC 一般均设两段母线，每段母线由一台低压厂用变压器供电，两台低压厂用变压器分别接至厂用高压母线的不同分段上，其备用方式可以是明备用或暗备用。PC 和 MCC 均采用抽屉式开关柜。

(7) 对厂用电动机的供电方式有个别供电和成组供电两种，如图 5-7 所示。

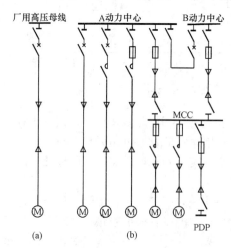

图 5-7 厂用电动机供电方式
(a) 高压电动机；(b) 低压电动机

1) 个别供电。个别供电是指每台电动机经一条馈电线路直接接在相应电压（高压或低压）的厂用母线段上。所有高压厂用电动机及容量较大的低压电动机都是采用个别供电方式。

2) 成组供电。成组供电一般只用于低压电动机。由低压厂用母线段经一条馈电线路供电给电动机控制中心（MCC）或车间配电屏（PDP），然后将一组较小容量电动机连接在 MCC 或 PDP 母线上，即厂用母线上的一条线路供一组电动机。

(8) 容量 400t/h 及以上的锅炉有两段高、低压厂用母线，其锅炉或汽机同一用途的甲、乙辅机，如甲、乙凝结水泵，甲、乙引风机，甲、乙送风机等，应分别接在本机组的两段厂用母线上；工艺上属于同一系统的两台及以上的辅机，如同一制粉系统中的排粉机和磨煤机，应接在本机组的同一段厂用母线上。

400t/h 以下的锅炉，每炉只有一段高、低压厂用母线，有时甚至没有对应的低压母线，其互为备用的重要设备（如凝结水泵）可采用交叉供电方式，即甲接在本炉的厂用母线段，乙接在

另一炉的厂用母线段。

第三节　站用电的设计原则和接线形式

变电站用电设备的用电统称为站用电。站用电比厂用电小得多。有人值班的地方变电站中的用电设备主要有变压器的冷却风扇、蓄电池的充放电设备或整流操作设备、检修设备、断路器或操动机构的加热设备及采暖、通风、照明、供水设备等，其总负荷一般只有20kVA左右；大、中型变电站中，站用负荷要大些，如主变压器的强迫油循环冷却装置的油泵、水泵，变压器修理间和油处理室的动力设备；当采用压缩空气断路器或气动操动机构时，还有空气压缩机；当装有同步调相机时，还有调相机的空气冷却器和润滑系统的油泵和水泵等。其总负荷一般为200～700kVA。

一、对站用电源的要求

据DL/T 5218—2012《220kV～750kV变电站设计技术规程》、DL/T 5155—2016《220kV～1000kV变电站站用电设计技术规程》、GB 50059—2011《35kV～110kV变电站设计规范》、DL/T 5103—2012《35kV～220kV无人值班变电站设计技术规程》及参考文献[7]，有关要求如下。

（1）220kV变电站有两台及以上主变压器时，宜从主变压器低压侧分别引接两台容量相同、可互为备用、分列运行的站用工作变压器，每台工作变压器按全所计算负荷选择；只有一台主变压器时，其中一台站用变压器宜从所外电源引接。

（2）330～750kV变电站有两台（组）及以上主变压器时，从主变压器低压侧引接的所用工作变压器不宜少于两台，并应装设一台从站外可靠电源引接的专用备用变压器（新规程不再提用柴油发电机作备用电源），每台工作变压器的容量宜至少考虑两台（组）主变压器的冷却用电负荷，专用备用变压器的容量应与最大的工作变压器的容量相同；初期只有一台（组）主变压器时，除由站内引接一台工作变压器外，应再设置一台由站外可靠电源引接的所用工作变压器。

（3）35～110kV变电站有两台及以上主变压器时，宜装设两台容量相同、可互为备用的站用工作变压器，每台工作变压器按全站计算负荷选择，两台站用变压器可分别由主变压器最低电压级的不同母线段引接，如有可靠的6～35kV电源联络线，也可将一台接于联络线断路器外侧；如能从变电站外引入可靠的低压站用备用电源时，亦可装设一台站用变压器。只有一回电源进线时，如果采用交流控制电源，宜在电源进线断路器外侧装设一台站用变压器；如果采用直流控制电源，并且主变压器为自冷式时，可在主变压器最低电压级母线上装设一台站用变压器。

（4）变电站的交流不停电电源宜采用成套UPS装置，或由直流系统和逆变器联合组成。

（5）为保证对直流系统负荷可靠供电，变电站应设置直流电源。

1）500kV变电站，装设两组110V或220V蓄电池组。当采用弱电控制、信号时，还应装设两组48V蓄电池组。

2）220～330kV变电站、重要的35～110kV变电站及无人值班变电站，装设一组110V或220V蓄电池组；一般的35～110kV变电站，装设一组成套的小容量镉镍电池装置或电容储能装置。

二、站用电源的引接

（1）当站内有较低电压母线时，一般均由较低电压母线上引接1～2台所用变压器，如图5-8（a）～（c）所示。这种引接方式具有经济性和可靠性较高的特点。

（2）当有可靠的6～35kV电源联络线，将一台站用变压器接于联络线断路器外侧，更能保证站用电的不间断供电，如图5-8（d）所示。这种引接方式对采用交流操作的变电站及取消蓄电池而采用硅整流或复式整流装置取得直流电源的变电站尤为必要。

（3）由主变压器第三绕组引接，如图 5-8（e）中的 1 号站用变压器。站用变压器的高压侧要选用断流容量大的开关设备，否则要加装限流电抗器。图 5-8（e）中的 2 号站用变压器及调相机的启动变压器由所外电源引接。该图相当于 220～500kV 变电站只有一台主变压器时的情况。

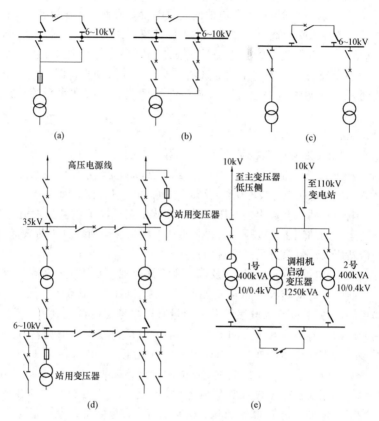

图 5-8　站用变压器的引接方式

（a）、（b）一台站用变压器从两段较低电压母线上引接；（c）两台站用变压器分别从两段较低电压母线上引接；
（d）一台站用变压器从较低电压母线上引接，另一台从联络线的断路器外侧引接；
（e）一台站用变压器从主变压器低压侧引接，另一台及调相机启动变压器从站外电源线接

（4）由于低压电网故障较多，从站外低压电网引接站用备用电源的可靠性较差，多用于只有一台主变压器或一段较低电压母线时的过渡阶段。500kV 变电站多由附近的发电厂或变电站引接专用线路作为所用备用电源。

三、站用电接线及供电方式

（1）站用电系统采用 380/220V 中性点直接接地的三相四线制，动力与照明合用一个电源。

（2）站用电母线采用按工作变压器划分的分段单母线，相邻两段工作母线间可配置分段或联络断路器，各段同时供电、分列运行。由于其负荷允许短时停电，工作母线段间不装设自动投入装置，以避免备用电源投合在故障母线上时扩大为全部所用电停电事故。

（3）对 330～500kV 变电站，当任一台工作变压器退出时，专用备用变压器应能自动切换至失电的工作母线段继续供电。

（4）站用电负荷由站用配电屏供电，对重要负荷采用分别接在两段母线上的双回路供电

方式。

（5）强油风（水）冷主变压器的冷却装置、有载调压装置及带电滤油装置，按下列方式共同设置可互为备用的双回路电源进线，并只在冷却装置控制箱内自动相互切换。

1）主变压器为三相变压器时，按台分别设置双回路。

2）主变压器为单相变压器组时，按组分别设置双回路。

（6）断路器、隔离开关的操作及加热负荷，可采用按配电装置区域划分、分别接在两段站用电母线的下列双回路供电方式。

1）各区域分别设置环形供电网络，并在环网中间设置刀开关以开环运行。

2）各区域分别设置专用配电箱，向各间隔负荷辐射供电，配电箱的电源进线一路运行，一路备用。

（7）330～500kV 变电站的控制楼、通信楼，可根据负荷需要，分别设置采用单母线接线、双回电源进线的专用配电屏，向楼内负荷供电。

（8）检修电源网络采用按配电装置区域划分的单回路分支供电方式。

（9）不间断供电装置主要是向通信设备、监控计算机及交流事故照明等负荷供电。

四、同期调相机接线

（1）同期调相机通常安装在枢纽降压变电站中，其连接方式一般有与普通或自耦变压器的低压绕组成单元连接及与变电站的 6～10kV 母线连接两种。

（2）同期调相机的启动方式。

1）小容量同期调相机一般可用全电压直接启动方式。

2）大容量（10MVA 及以上）同期调相机可采用经电抗器的降压异步启动、小容量电动机拖动启动及同轴励磁机拖动启动等方式。

（3）同期调相机自用电接线按厂用电接线原则考虑。具备条件时，其专用负荷优先采用由站用变压器低压侧直接供电的方式。

第四节　不同类型的厂（站）用电接线的特点及实例

随着发电厂、变电站的类型和容量的不同，其厂（站）用电接线的差异也很大。下面以几个典型示例分别说明其特点。

一、火电厂的厂用电接线

1. 中型热电厂的厂用电接线

某中型热电厂的厂用电接线如图 5-9 所示。厂内装有两机三炉（母管制供汽），两台发电机均接在 10kV 主母线上，主母线为工作母线分段的双母线接线方式；有两台主变压器 T1、T2 与 110kV 系统连接。

（1）厂用高压采用 6kV，按锅炉台数设三段厂用高压母线，分别由厂用高压工作变压器 T3、T4、T5 供电；T3、T4、T5 和备用变压器 T6 均由主母线引接；正常运行中，T3、T4、T5 分别接于两个工作分段，T6 和主变压器 T2 接于备用母线，母联断路器 QF 合上，以保证备用电源的独立性和可靠性。备用电源为明备用方式，即 T6 的高压侧断路器 QF1 及由备用段接至各工作母线段的备用分支断路器，平时断开，当某一工作母线段（如Ⅰ段）的电源回路发生故障而使 QF3 断开时，QF1 和 QF2 在备用电源自动投入装置的作用下自动合闸。

（2）厂用低压采用 380/220V，因负荷较少，只设两段厂用低压母线，分别由厂用低压工作变压器 T7、T8 供电；T7、T8 分别由厂用高压Ⅰ、Ⅲ段引接，低压备用变压器 T9 由未接有低

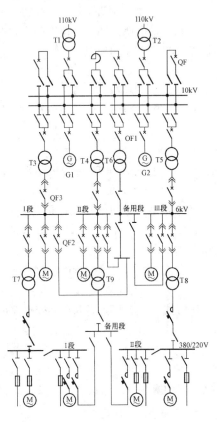

图 5-9　某中型热电厂的厂用电接线

压工作变压器的厂用高压Ⅱ段引接（不能由平时不带电的厂用高压备用段引接），以保证备用电源的独立性和可靠性。低压部分的工作和备用方式与高压部分类似。

图 5-9 中的高、低压电动机均属个别供电方式，由低压厂用母线段引至车间配电屏的接线未完整绘出（属成组供电方式）。

2. 大型火电厂的厂用电接线

某大型火电厂的 2×300MW 机组的厂用电接线如图 5-10 所示。

（1）厂用高压采用 6kV，每台机组设 A、B 两段厂用高压母线，分别由厂用高压工作变压器 1、2 供电，工作变压器采用低压分裂绕组变压器，分别由发电机出口（即主变压器的低压侧）引接；两台机组共用一台启动/备用变压器 3，也采用低压分裂绕组变压器，由主变压器高压侧 220kV 母线引接；启动/备用变压器的低压侧有备用分支接至各厂用高压母线段，并设有公用 A、B 段向公用负荷供电，当某一工作母线段的电源回路发生故障跳闸时，相应的备用分支断路器自动合闸。

当工作变压器正常退出运行时，为避免厂用电停电，其操作是先合上相应的备用分支断路器，而后断开工作变压器，即启动/备用变压器与工作变压器有短时并联工作，所以，两者的接线组别应配合，以保证备用分支断路器合上前两侧电压同相位。

容量较大的回路采用性能较好的真空断路器 4，容量较小的回路则采用高压限流熔断器与接触器组合 5（简称"F-C 回路"），以减少投资。

（2）厂用低压采用 380/220V，采用暗备用 PC-MCC 接线方式，每台机组设有两个采用单母线分段的 PC24 和 32，每个 PC 由两台接自不同厂用高压母线段的厂用低压变压器 11 和 15 供电；向厂用重要负荷供电的 MCC25 分为两半段，互为备用的负荷分别接于不同的半段上，两半段分别由两个不同的 PC 母线引接，半段间不设分段断路器；对单台的Ⅰ、Ⅱ类电动机单独设双电源供电的 MCC26，两个电源互为备用；向厂用非重要负荷供电的 MCC27 只设一段，由单电源供电。

低压部分还接有输煤变压器 8、化水变压器 9、公用变压器 10、除尘变压器 12 和 14、照明和检修变压器 13 及 16，并接有相应的 PC、MCC 段。

（3）为了向交流保安负荷供电，装设了采用自动快速启动的柴油发电机组 34，每台机组各设有一段保安 PC 段 35 和 36，以及按允许加负荷程序分批投入保安负荷的保安 MCC 段 37、38 和 39；为了向交流不停电负荷供电，每台机组各装设了一套 UPS 装置 41 和 44、一组蓄电池组 42 和 45 及一段 UPS 段 40 和 43。

明备用 PC-MCC 与暗备用 PC-MCC 的主要区别是各部分的低压变压器分别设备用变压器。例如其形式之一为：①同一台机组的工作变压器、两台机组的除尘变压器、输煤变压器

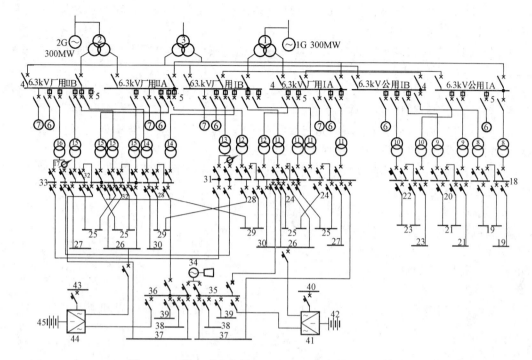

图 5-10　某大型火电厂 2×300MW 机组的厂用电接线

　　1、2—高压厂用变压器；3—启动/备用变压器；4—真空断路器；5—限流熔断器与接触器组合回路；

6—1200kW 及以下电动机；7—1200kW 以上电动机；8、9、10—分别为低压输煤变压器、化水变压器、公用变压器；11、12、13—分别为 1 号机的厂用低压变压器、除尘变压器、照明和检修变压器；

14、15、16—分别为 2 号机的除尘变压器、厂用低压变压器、照明和检修变压器；17—自动电压调整器；

　　18、19—输煤 PC 段及 MCC 段；20、21—化水 PC 段及 MCC 段；22、23—公用 PC 段及 MCC 段；

　　24—1 号机工作 PC 段；25、26、27—厂用负荷 MCC 段；28、29、30—除尘 PC 段及 MCC 段；

31、33—分别为 1、2 号机照明和检修 PC 段；32—2 号机工作 PC 段；34—柴油发电机组；

35、36—分别为 1、2 号机保安 PC 段；37、38、39—分别为 0s、50s、10min 投入的保安 MCC；

40、41、42—分别为 1 号机 UPS 段、UPS 装置、蓄电池组；

43、44、45—分别为 2 号机 UPS 段、UPS 装置、蓄电池组

等等各设一台备用变压器；②两台公用变压器分别从两台机组的备用变压器取得备用；③两台照明变压器由检修变压器取得备用；④两台化水变压器、两台江边变压器互为备用。

　　由上述可见，大型火电厂的厂用电系统是一个复杂而庞大的系统。

二、核电站的厂用电接线

1. 简介

　　与火电厂相比，核电站的厂用电系统更注意安全性和可靠性。核电站通常分为核岛和常规岛两大部分。核系统及核设备部分称为核岛。在压水堆核电站中，核岛包括核蒸汽供应系统、核辅助系统和放射性废物处理系统。安全壳是容纳和密闭带有放射性的一回路系统和设备的建筑物，布置在安全壳内有反应堆、蒸汽发生器、主冷却剂泵、稳压器、主管道等。常规岛是指核岛以外的部分，包括汽轮发电机组及其系统、电气设备和全厂公用设施等。

　　(1) 最重要的厂用设备—安全级（1E 级）设备。所有与核安全相关的电气设备和系统基本上都定为 1E 级。这些设备和系统是反应堆的紧急停堆、安全壳隔离、堆芯冷却以及安全壳和反应堆余热的导出所必需的，换言之，是防止放射性物质大量释放到环境中所设置的重要设备。

（2）厂用设备的分类。核电站的厂用电母线是按厂用设备的分类设置的，按功能和核安全的重要性，其厂用设备分为四类。

1）随机设备。随机设备指机组正常运行所必需的附属设备，如凝结水泵、循环水泵、主给水泵、反应堆冷却剂泵等。

2）常用设备。常用设备指无论机组是否运行都必须维持供电的附属设备，如常规岛闭路冷却水泵、核辅助厂房风机、盘车电动机等。

3）应急安全设备。应急安全设备是指从核安全观点出发，一旦发生事故，为使机组处于安全状态并使反应堆安全停堆所必需的保护设施附属设备。

4）公用附属设备。公用附属设备指全厂多台机组公用的辅助设备，如化水处理、照明、通风、空气压缩机、辅助蒸汽锅炉等。

（3）系统接线。核电站的厂用电系统总体上与火电厂相似。

1）交流厂用电压。高压为 6kV（核电站称中压），低压为 380/220V。

2）高、低压厂用系统也采用单母线形式。容量为 160kW 及以上的电动机接 6kV 母线；容量小于 160kW 的电动机接 380V 母线。

2. 实例

某核电站厂用电系统接线图如图 5-11 所示，该核电站装有 2×900MW 机组。简介如下。

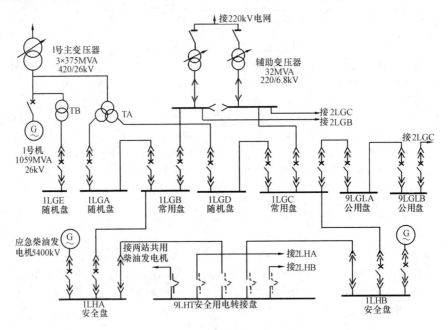

图 5-11　某核电站厂用电系统接线图

（1）6kV 厂用高压系统。每台机组设有两台高压厂用工作变压器 TA、TB，由主变压器低压侧（26kV）引接，TA 为分裂变压器，TB 为双绕组变压器；两台机组共用两台双绕组高压厂用辅助（备用）变压器，由厂外 220kV 电网引接。为抑制三次谐波，高压厂用工作、辅助变压器的二次侧均采用三角形接线。

1）随机配电盘。每台机组设 3 个随机配电盘 LGA、LGD、LGE，其中 LGA、LGD 分别接于 TA 的两个分裂绕组，LGE 接于 TB 的低压侧，正常运行时分别由 TA、TB 供电。当 3 个配电盘之一失电时，该机组停机。

2）常用配电盘。每台机组设两个常用配电盘 LGB、LGC，分别经联络断路器与随机配电盘 LGA、LGD 连接，并同时与作为备用电源的辅助变压器连接。正常运行时由 TA 经联络断路器供电，一旦失去该电源，将自动切换至辅助变压器供电。

3）公用配电盘。共设两个公用配电盘，分别由两台机组的常用配电盘 LGC 供电，两公用配电盘之间设有联络断路器。

4）安全配电盘。每台机组设有两个应急安全设备配电盘 LHA、LHB，其电源分别来自常用配电盘和应急柴油发电机（每台机组设两台）。即正常运行时，由 TA 供电，事故工况时，自动切换为辅助变压器或应急柴油发电机供电。

5）附加应急电源。为在出现内、外电源及两台柴油发电机均不可用的极限情况下，满足有关安全要求，设置了一台与应急柴油发电机容量相同的附加柴油发电机，接于安全用电转接盘。也可设置燃气轮机发电机组，或利用停堆后的余热蒸汽驱动的小型汽轮发电机组。

（2）380V 厂用低压系统。由若干台接自 6kV 厂用高压母线的低压厂用变压器及若干个低压配电盘组成。其中，由随机、常用和公用配电盘供电的为正常交流低压配电盘；由应急安全配电盘供电的为低压安全盘。

三、水电站的厂用电接线

与同容量的火电厂相比，水电站的水力辅助机械不仅数量少，而且容量也小，因此，其厂用电系统要简单得多。

某大型水电站的厂用电接线如图 5-12 所示。该厂装有 4 台大容量机组，均采用发电机—双绕组变压器单元接线，其中 G1、G4 的出口装设有断路器。

（1）为保证厂用电的可靠，380/220V 低压厂用电系统采用机组厂用电负荷与公用厂用负荷分开供电方式。机组厂用电按机组台数分段，分别由接自发电机出口的厂用变压器 T5～T8 供电，其备用电源由公用厂用配电装置的低压母线引接。

（2）为了供给厂外坝区闸门及水利枢纽防洪、灌溉取水、船闸或升船机、筏道、鱼梯等大功率设施用电，设有两段 6kV 高压母线段，分别由专用的坝区变压器 T9、T10 供电；T9、T10 采用暗备用方式，分别由主变压器 T1、T4 的低压侧引接，在发电厂首次启动或全厂停电时可以由系统获得电能。低压公用系统的变压器由 6kV 高压母线引接，供低压公用负荷，并为机组厂用电提供备用。

四、变电站的站用电接线

1. 装有调相机的 220kV 变电站站用电接线

某装有调相机的 220kV 变电站站用电接线如图 5-13 所示。该变电站有 220、110、10kV 三个电压等级，装有两台调相机 G1、G2，分别与两台主变压器成单元连接。由于调相机容量较大，采用电抗器降压启动方式。其步骤为：①投入电抗器电

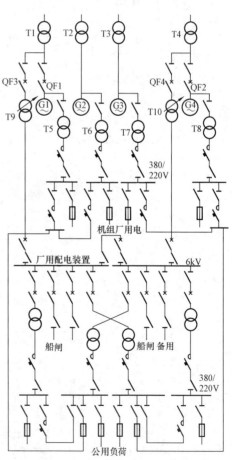

图 5-12　某大型水电站的厂用电接线

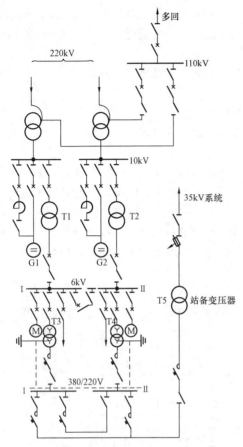

图 5 - 13　某装有调相机的 220kV
变电站站用电接线

路的断路器，使调相机经电抗器降压异步启动
（这时调相机的转子绕组相当于鼠笼条）；②当转速
接近同步转速时，投入与电抗器电路并联的断路器
（短接电抗器）并投入励磁，调相机即进入同步运
行。如前所述，也可采用小容量电动机（约为调相
机容量的 3.5%）或同轴励磁机拖动启动。

为了给调相机用的大功率高压电动机供电，
装了两台高压站用变压器 T1、T2，分别由两台主
变压器的低压侧引接，并互为备用；6kV 高压站
用电母线按调相机分段，正常运行时分段断路器
断开。380/220V 低压站用电系统也采用单母线分
段接线，分别由两台低压站用工作变压器 T3、T4
供电，T3、T4 由不同的高压站用母线段引接；
站用备用变压器 T5 由站外 35 kV 系统引接，作为
低压站用工作变压器的明备用。

2. 500kV 变电站站用电接线

图 4 - 34 中 500kV 变电站站用电接线如图5-14
所示。380/220V 低压站用电系统采用单母线分段
接线，分别由两台从主变压器低压侧引接的低压
站用工作变压器 T3、T4 供电；专用站用备用变
压器 T5 由站外 35 kV 系统引接，作为低压站用工
作变压器的明备用；重要的站用负荷均采用双回
路电源供电，图中示出了主控制楼和通信楼配电
屏的供电方式，其他站用负荷供电方式如本章第
三节之三所述。

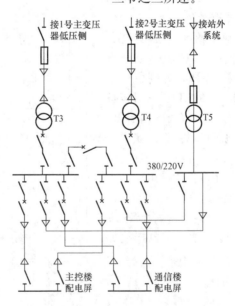

图 5 - 14　某 500kV 变电站站用电接线

第五节 厂(站) 用变压器的选择

一、厂（站）用变压器选择的基本原则和应考虑的因素

（1）变压器一、二次侧额定电压应分别与引接点和厂（站）用电系统的额定电压相适应。

（2）连接组别的选择，宜使同一电压级（高压或低压）的厂（站）用工作、备用变压器输出电压的相位一致。

（3）阻抗电压及调压型式的选择，宜使在引接点电压及厂（站）用电负荷正常波动范围内，厂（站）用电各级母线的电压偏移不超过额定电压的±5％。

（4）变压器的容量必须保证厂（站）用机械及设备能从电源获得足够的功率。

二、厂用负荷的计算

要正确选择厂用变压器的容量，首先应对厂用主要用电设备的数量、容量及特性（类别、使用机会和使用时间）有所了解，在此基础上，按照主机满发的要求及厂用电母线按炉分段的原则，进行厂用变压器的选择。

如前所述，厂用母线是按炉分段的，要确定厂用变压器或电抗器的容量，首先要列出该变压器所供厂用母线段上电动机容量和台数，然后计算母线段的计算负荷，即在正常情况下全厂发电机满负荷运行时，各厂用母线段上的最大负荷。

1. 计算原则

（1）经常而连续运行的设备应予以计算。

（2）机组运行时，不经常而连续运行的设备也应予以计算。

（3）经常而短时及经常而断续运行的设备应适当计算；不经常而短时及不经常而断续运行的设备应不予计算。但由电抗器供电的应全部计算。

（4）由同一厂用电源供电的互为备用的设备（如甲、乙凝结水泵），只计算运行部分。但对于分裂变压器，应分别计算其高、低压绕组的负荷。当两低压分裂绕组接有互为备用的设备时，高压绕组的容量只计入运行部分（如甲或乙凝结水泵），低压绕组的容量则应分别计入运行部分（如一绕组计入甲凝结水泵，另一绕组计入乙凝结水泵）。

（5）由不同厂用电源供电的互为备用的设备，应全部计算。

（6）对于分裂电抗器，应分别计算每臂中通过的负荷。

2. 计算方法

厂用负荷的计算常采用"换算系数法"。

（1）电动机的计算负荷可用式（5-2）计算

$$S = \Sigma(KP) \tag{5-2}$$

$$K = \frac{K_m K_L}{\eta \cos\varphi}$$

式中：S 为电动机的计算负荷，kVA；P 为电动机的计算功率，kW；K 为换算系数；K_m 为同时系数；K_L 为负荷率；η 为效率；$\cos\varphi$ 为功率因数。

由换算系数 K 的表达式可见，K 已经考虑了将电动机的功率（kW）换算为视在容量（kVA）。K 的数值一般取自表 5-4。

表 5 - 4   换 算 系 数

机组容量（MW）	≤125	≥200	机组容量（MW）	≤125	≥200
给水泵及循环水泵电动机	1.0	1.0	其他高压电动机	0.8	0.85
凝结水泵电动机	0.8	1.0	其他低压电动机	0.8	0.7

电动机的计算功率 P 由其运行方式确定。

1）经常及不经常连续运行的电动机应全部计入，按式（5 - 3）计算

$$P = P_N \tag{5 - 3}$$

式中：P_N 为电动机的额定功率，kW。

2）经常短时及经常断续运行的电动机应适当计入，按式（5 - 4）计算

$$P = 0.5P_N \tag{5 - 4}$$

3）不经常短时及不经常断续运行的电动机可不计入变压器容量，即

$$P = 0 \tag{5 - 5}$$

4）中央修配厂的计算功率 P 按式（5 - 6）计算

$$P = 0.14P_\Sigma + 0.4P_{\Sigma 5} \tag{5 - 6}$$

式中：P_Σ 为全部电动机额定功率之和，kW；$P_{\Sigma 5}$ 为其中最大 5 台电动机额定功率之和，kW。

5）煤场机械。应对中、小型机械及大型机械分别计算。

中、小型机械 $\qquad\qquad P = 0.35P_\Sigma + 0.6P_{\Sigma 3} \tag{5 - 7}$

卸煤作业线翻车机系统 $\qquad P = 0.22P_\Sigma + 0.5P_{\Sigma 5} \tag{5 - 8}$

斗轮机系统 $\qquad\qquad P = 0.13P_\Sigma + 0.3P_{\Sigma 5} \tag{5 - 9}$

式中：$P_{\Sigma 3}$、$P_{\Sigma 5}$ 为其中最大 3 台、5 台电动机额定功率之和，kW。

（2）电气除尘器的计算负荷可用式（5 - 10）计算

$$S = KP_{1\Sigma} + P_{2\Sigma} \tag{5 - 10}$$

式中：K 为晶闸管整流设备换算系数，取 0.45～0.75；$P_{1\Sigma}$ 为晶闸管高压整流设备额定容量之和，kW；$P_{2\Sigma}$ 为电加热设备额定容量之和，kW。

（3）照明系统的计算负荷可用式（5 - 11）计算

$$S = \Sigma(KP_i) \tag{5 - 11}$$

式中：K 为照明换算系数，一般取 0.8～1.0；P_i 为照明安装功率，kW。

三、厂用变压器容量的选择

将接于一段母线上的各种负荷，按上述的计算方法一一计算相加，即为该段母线的计算负荷，并按此负荷来选择变压器的容量。具体按下述有关公式计算。

（1）高压厂用工作变压器容量应按高压厂用电计算负荷的 110% 与低压厂用电计算负荷之和选择。

1）双绕组变压器的容量 S_t（kVA）按式（5 - 12）选择

$$S_t \geqslant 1.1S_h + S_l \tag{5 - 12}$$

式中：S_h 为高压厂用电计算负荷之和，kVA；S_l 为低压厂用电计算负荷之和，kVA。

2）分裂绕组变压器。

分裂绕组容量 S_{2ts}（kVA）按式（5 - 13）选择

$$S_{2ts} \geqslant S_c = 1.1S_h + S_l \tag{5 - 13}$$

高压绕组容量 S_{1ts}（kVA）按式（5 - 14）选择

$$S_{1ts} \geqslant \Sigma S_c - S_r = \Sigma S_c - (1.1S_{hr} + S_{lr}) \tag{5-14}$$

式中：S_c 为 1 个分裂绕组的计算负荷，kVA；ΣS_c 为 2 个分裂绕组的计算负荷之和，kVA；S_r 为 2 个分裂绕组的重复计算负荷，kVA；S_{hr}、S_{lr} 为 2 个分裂绕组的高、低压重复计算负荷，kVA。

(2) 高压启动/备用变压器容量应满足其原有公用负荷及最大一台工作变压器的备用要求。

1) 双绕组变压器。双绕组变压器可按式 (5-15) 选择容量

$$S_t \geqslant S_0 + S_{tmax} \tag{5-15}$$

式中：S_0 为启动/备用变压器本段原有（公用）负荷，kVA；S_{tmax} 为最大一台工作变压器分支计算负荷之和，kVA。

2) 分裂绕组变压器。

分裂绕组容量可按式 (5-16) 选择

$$S_{2ts} \geqslant S_c = S_0 + S_{tmax} \tag{5-16}$$

高压绕组容量可按式 (5-17) 选择

$$S_{1ts} \geqslant \Sigma S_c - S_r \tag{5-17}$$

(3) 有明备用的低压厂用工作变压器容量 S_{tL}（kVA）

$$S_{tL} \geqslant S_L/K_\theta \tag{5-18}$$

式中：K_θ 为变压器温度修正系数，一般取 1。但在南方地区由主厂房进风时，安装在小间内的变压器应根据有关资料（参考文献 [7]）取 K_θ。

(4) 低压厂用备用变压器的容量应与最大一台低压厂用工作变压器的容量相同。

四、站用变压器容量的选择

1. 主要站用电负荷特性

220～500kV 变电站的主要站用电负荷特性见表 5-5。

表 5-5   **主要站用电负荷特性**

名　称	类别	运行方式	名　称	类别	运行方式
充电装置	II	不经常、连续	远动装置	I	经常、连续
浮充电装置	II	经常、连续	微机监控系统		
变压器强油风（水）冷却装置	I		微机保护、检测装置电源		
变压器有载调压装置		经常、断续	空压机	II	经常、短时
有载调压装置的带电滤油装置	II	经常、连续	深井水泵或给水泵		
断路器、隔离开关操作电源		经常、断续	生活水泵		
断路器、隔离开关、端子箱加热	II	经常、连续	雨水泵	II	
通风机	III		消防水泵、变压器水喷雾装置	I	不经常、短时
事故通风机	II	不经常、连续	配电装置检修电源	III	
空调机、电热锅炉	III	经常、连续	电气检修间（行车、电动门）		
载波、微波通信电源	I		所区生活用电	III	经常、连续

2. 站用变压器负荷计算原则

(1) 连续运行及经常短时运行的设备应予以计算。

(2) 不经常短时及不经常断续运行的设备不予计算。

3. 站用变压器容量选择

负荷计算采用换算系数法，站用变压器容量 S_t（kVA）按式（5-19）计算

$$S_t \geqslant K_1 P_1 + P_2 + P_3 \tag{5-19}$$

式中：K_1 为站用动力负荷换算系数，一般取 0.85；P_1、P_2、P_3 为站用动力、电热、照明负荷之和，kW。

五、厂（站）用变压器容量选择实例

1. 厂用变压器容量选择实例

某火电厂（2×300MW机组）6kV厂用负荷分配及高压厂用工作变压器容量选择实例见表5-6。计算时注意到：按 K 值相同的情况进行归并较方便。

表 5-6　　　　某火电厂 6kV 厂用负荷分配及高压厂用工作变压器容量选择

序号	设备名称	额定容量 (kW)	1号高压厂用变压器						2号高压厂用变压器					
			6kVⅠA段		6kVⅠB段		重复容量 (kW)		6kVⅡA段		6kVⅡB段		重复容量 (kW)
			台数	容量 (kW)	台数	容量 (kW)			台数	容量 (kW)	台数	容量 (kW)	
1	电动给水泵	5500			1	5500					1	5500	
2	凝结水泵	315	1	315	1	315	315		1	315	1	315	315
3	凝结水升压泵	630	1	630	1	630	630		1	630	1	630	630
4	循环水泵	3150	1	3150	1	3150			1	3150	1	3150	
	ΣP_1、P_{hr} (kW)			4095		9595	945			4095		9595	945
5	一次风机	500	1	500	1	500			1	500	1	500	
6	送风机	1000	1	1000	1	1000			1	1000	1	1000	
7	磨煤机	1120	2	2240	2	2240			2	2240	2	2240	
8	排粉机	900	2	1800	2	1800			2	1800	2	1800	
9	酸洗炉清洗泵	350	1	350					1	350			
10	引风机	1800	1	1800	1	1800			1	1800	1	1800	
11	一级灰渣泵	250	1	250	1	250			1	250			
12	二级灰渣泵	250	1	250	1	250			1	250			
13	三级灰渣泵	250	1	250	1	250			1	250			
14	斗轮取料机	120	1	120							1	120	

续表

序号	设备名称	额定容量 (kW)	1号高压厂用变压器					2号高压厂用变压器				
			6kVⅠA段		6kVⅠB段		重复容量 (kW)	6kVⅡA段		6kVⅡB段		重复容量 (kW)
			台数	容量 (kW)	台数	容量 (kW)		台数	容量 (kW)	台数	容量 (kW)	
15	碎煤机	355	1	355				1	355			
16	1号胶带机	315			1	315				1	315	
17	3号胶带机	220			1	220				1	220	
18	4号胶带机AB传动1	200	1	200				1	200			
19	4号胶带机AB传动2	280	1	280				1	280			
20	7号胶带机AB传动1	200			1	200				1	200	
21	7号胶带机AB传动2	250			1	250				1	250	
	ΣP_2、P_{hr} (kW)			9395		9075			9275		8445	
	$S_h=1.0\Sigma P_1+0.85\Sigma P_2$、$S_{hr}=1.0P_{hr}$ (kVA)			12080.8		17308.8	945		11978.8		16773.3	945
22	主厂房低压工作变压器	1250	1	1097.9	1	1054.5	606.8	1	991.6	1	1023.8	609.8
23	低压公用变压器	1250	1	1151.5				1	1168			
24	照明变压器	400			1	225.6				1	112.3	
25	主厂房低压备用变压器	1250			1	1151.5	1151.5			1	1168	1168
26	化水变压器	800	1	648.5				1	648.5			
27	除尘变压器	1000	1	913.4				1	903.8	1	613.4	
28	检修变压器	400	1	250								
29	金工变压器	500			1	300						
30	1号输煤、输煤备用变压器	1250	1	1092.7	1	1134	108.5					
31	2号输煤变压器	1250						1	1134			
32	3、4号输煤变压器	1250	1	1033.7						1	1033.7	
33	江边变压器	500	1	423				1	423			
	S_l (kVA)、S_{lr} (kVA)			6610.7		3865.5	1866.8		5268.9		4251.2	1777
	分裂绕组负荷 $S_c=1.1S_h+S_l$ (kVA) 重复容量 $S_r=1.1S_{hr}+S_{lr}$ (kVA)			19899.6		22905.2	2906.3		18445.6		22701.8	2816.5
	高压绕组负荷 ΣS_c-S_r (kVA)				39898.5					38330.9		
	选择分裂绕组变压器 (kVA)				40000/25000-25000					40000/25000-25000		

2. 站用变压器容量选择实例

某 500kV 变电站站用变压器负荷计算及容量选择实例见表 5-7，选择变压器容量为 800kVA。

表 5-7　　　　　　　　某 500kV 变电站站用变压器负荷计算及容量选择

序号	设备名称	额定容量（kW）	运行容量（kW）	序号	设备名称	额定容量（kW）	运行容量（kW）
1	充电装置	33	33	12	35kV 配电装置加热	5.5	5.5
2	浮充电装置	16.2×2 4.5×2	42	13	电热锅炉*	150×2 2.6×2	152.6
3	主变压器冷却装置	60×2	120	14	空调机**	74.22	74.22
4	500kV 保护屏室分屏	90	90		小计 P₂（10～14 项）	359.7	207.1
5	220kV 保护屏室分屏	90	90	15	500kV 配电装置照明	20	20
6	通信电源	30	30	16	220kV 配电装置照明	11.8	11.8
7	逆变器及 UPS	15	15	17	35kV 配电装置照明	10	10
8	深井水泵	22	22	18	屋外道路照明	4	4
9	生活水泵	5.5	5.5	19	综合楼照明	30	30
	小计 P₁（1～9 项）	447.5	447.5	20	辅助建筑照明	12	12
10	500kV 配电装置加热	21	21		小计 P₃（15～20 项）	87.8	87.8
11	220kV 配电装置加热	28	28		计算负荷（按运行容量）$S=0.85P_1+P_2+P_3$		675.3（kVA）

* 两台电热锅炉分别接在两段母线上运行，计算负荷时按一台考虑。

** 空调机为单冷型，该负荷仅在夏季使用。

第六节　厂用电动机的选择和启动及自启动校验

一、厂用机械、厂用电动机特性和电力拖动方程

1. 厂用机械特性

发电厂中厂用机械的负荷转矩（或称阻转矩或反抗转矩）与转速关系 $M_m^*=f(n^*)$ 可以统一由式（5-20）表示

$$M_m^* = M_{m0}^* + (1-M_{m0}^*)n^{*a} \qquad (5-20)$$
$$n^* = n/n_0$$

式中：M_m^* 为机械负荷转矩以额定负荷转矩为基准的标幺值；M_{m0}^* 为机械起始负荷转矩（$n=0$ 时的负荷转矩）以额定负荷转矩为基准的标幺值；n^* 为机械转速以同步转速为基准的标幺值；n_0 为同步转速；α 为指数，与机械型式有关。

厂用机械按负荷转矩特性可以分为两种类型。

（1）具有恒定负荷转矩特性的机械。M_m^* 与 n^* 无关，可取 $M_{m0}^*=1$，$\alpha=0$，即 $M_m^*=1$，负荷转矩等于额定转矩（M_{m0}^* 较高，且随 n^* 变化很小），如图 5-15 中的曲线 1 所示。这类机械有磨煤机、碎煤机、运输皮带、起重机绞车、机械炉排等。

（2）有非线性负荷转矩特性的机械。

1）风机、油泵及工作时没有静压力的离心式水泵。M_m^* 与 n^* 有关，可取 $M_{m0}^*=0.15$，$\alpha=2$，即 $M_m^*=0.15+0.85n^{*2}$，如图 5-15 中的曲线 2 所示。

2）工作时有静压力的离心式水泵。例如，给水泵将水送到锅炉时，它不但要克服水在管道中流动的阻力，而且必须克服蒸汽压力和管道中水的重量等静压力（水未流动时就具有的压力）。这类机械的 M_m^* 与 n^* 的高次方成比例。相对静压力值（静压力在水泵发出的全部压力中所占的比例）愈大，n^* 的方次愈高，其负荷转矩特性曲线愈陡，水泵的流量对频率变动愈敏感。

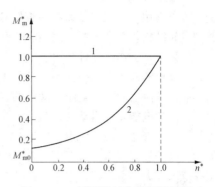

图 5-15　厂用机械负荷转矩特性

2. 厂用电动机的类型及其特性

（1）异步电动机（即感应电动机）。同其他型式的电动机比较，异步电动机具有结构简单、运行可靠、操作维护方便、价格低等优点，因此，发电厂中普遍用它来拖动厂用机械，但它对电压波动很敏感（电磁转矩 M_e^* 正比于 U^{*2}）。异步电动机分为笼型（短路转子式）和线绕式两种。

1）笼型。笼型异步电动机的最大优点是不用任何特殊启动设备，可以在电网电压下直接启动，操作简单，可靠性很高。因此，在电压降低或失去电压时，电动机不必从电网切除，当电压恢复时，便可自行启动—自启动。这一特点对保证重要机械的工作有很大意义。其主要缺点是启动电流 I 大，可达到额定电流 I_N 的 $4.5\sim7$ 倍，因此，启动时不仅会引起电动机发热，而且当有许多电动机同时启动时，可能引起电源方面过负荷和电压显著下降；启动转矩 M_{e0} 较小，约为其额定转矩的 $0.5\sim2$ 倍，因此不能用来拖动起始负荷转矩很大的机械；难于调速，因此不能用来拖动要求在很大范围内调速的机械（如给粉机）。

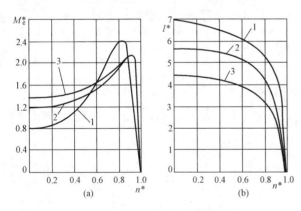

图 5-16　笼型电动机的特性
(a) $M_e^*=f(n^*)$；(b) $I^*=f(n^*)$
1—单鼠笼；2—深槽鼠笼；3—双鼠笼

笼型电动机，按其转子绕组结构的不同又可分单笼、深槽笼、双笼3类。启动转矩单笼＜深槽笼＜双笼；启动电流单笼＞深槽笼＞双笼。如图5-16所示。其中深槽笼和双笼式的特性较好，但较复杂而价高，同时运行可靠性不如单笼式，因此，单笼式在发电厂中得到广泛应用，仅对需要启动转矩较大的厂用机械采用深槽式或双笼式。

2）线绕式。绕线式异步电动机的优点是可调节转速（为均匀无级调速）、启动转矩和启动电流。启动电流小（仅为额定电流 I_N 的 $2\sim3$ 倍），启动转矩大。其缺点是启动操作麻烦，维护复杂（有电刷、滑环），价格较贵，而且运行中变阻器电能损耗较大。发电厂中只用于反复启动且启动条件沉重，或需要均匀无级调速的机械，如吊车、抓斗机、起重机等。

（2）同步电动机。同步电动机的优点是效率高，转速恒定，而且可作为无功发电机来提高发电厂厂用电系统的功率因数，同时减小厂用电系统的能量损失。目前，同步电动机常用异步启动法，可以不用复杂的启动设备而直接启动；对电压波动不十分敏感（电磁转矩 M_e^* 正比于 U^*）。其缺点是结构较复杂，并需附加一套励磁系统；启动、控制均较麻烦，启动转矩不大；与笼型比较，价格贵，工作可靠性较低，运行也较复杂，用得较少。当技术经济上合理时，也可用大功率、高转速的同步电动机拖动某些厂用机械，如大型锅炉的给水泵。

（3）直流电动机。直流电动机的优点是可以借助于调节励磁电流在很大范围内均匀平滑调速，且消耗电能少；启动转矩较大，启动电流较小（并激直流电动机，$M_{e0} \approx M_N$，$I \approx 2.5 I_N$）；不依赖厂用交流电源（可由蓄电池组供电）。缺点是与笼型比较，制造工艺复杂、价格高、启动复杂、维护量大，需要有专门的直流电源，运行可靠性低。发电厂中用来拖动要求均匀调速，且调速范围很大的给粉机，也用来拖动汽轮机的备用油泵（要求失去交流电源时仍能工作）、氢密封油泵等。

3. 电力拖动方程

由电动机和厂用机械组成的电力拖动系统是一个机械运动系统，电动机产生的电磁拖动转矩 M_e 在克服机械的负荷转矩 M_m 后的剩余转矩（$M_e - M_m$），使机械系统产生加速运动，其旋转运动的方程为

$$M_e - M_m = J \frac{d\Omega}{dt} \quad (\text{N} \cdot \text{m}) \tag{5-21}$$

$$J = \frac{GD^2}{4g} \quad (\text{kg} \cdot \text{m}^2) \tag{5-22}$$

式中：M_e 为电动机产生的电磁拖动转矩，N·m；M_m 为机械负荷转矩，N·m；$J \frac{d\Omega}{dt}$ 为惯性转矩（或称加速转矩），N·m；J 为包括电动机在内的整个机组的转动惯量，kg·m²；g 为重力加速度，$g = 9.81 \text{m/s}^2$；GD^2 为飞轮惯量，可由产品型录中查得，其中 G 为飞轮重量，D 为飞轮直径，N·m²；Ω 为机组旋转角速度，$\Omega = 2\pi n/60$，rad/s。

将式（5-22）及 $\Omega = 2\pi n/60$ 代入式（5-21）中，即得实用计算拖动方程

$$M_e - M_m = \frac{GD^2}{375} \times \frac{dn}{dt} \tag{5-23}$$

由式（5-23）可知拖动系统有 3 种工作状态。

（1）当 $M_e = M_m$ 时，$\frac{dn}{dt} = 0$，则 $n = 0$ 或 $n =$ 常数，拖动系统处于稳定运行状态（静止或等速旋转）。

（2）当 $M_e > M_m$ 时，$\frac{dn}{dt} > 0$，拖动系统处于加速运行状态。

（3）当 $M_e < M_m$ 时，$\frac{dn}{dt} < 0$，拖动系统处于减速运行状态。

将 M_e^*、M_m^* 用同一基准值表示，并将 $M_e^* = f(n_*)$、$M_m^* = f(n^*)$ 特性曲线绘在同一张图上，如图 5-17 所示。图 5-17 中同时绘出了前述两类机械的阻转矩特性曲线。可以看出：①必须有 $M_{e0}^* > M_{m0}^*$，方能启动；

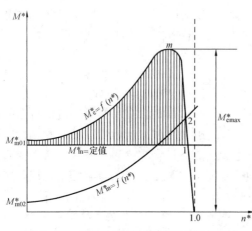

图 5-17 异步电动机与厂用机械特性配合

②启动过程中，任一转速下都应有 $M_e^* > M_m^*$，使剩余转矩为正值（对于有恒定阻转矩的机械，即图中的竖线），方能顺利地使机械设备加速到稳定；③当 $M_e^* = M_m^*$（两曲线的交点 1 或 2 处）时，拖动系统达到稳定运行。

实际应用中，为了容易启动，M_{e0} 至少应比 M_{m0} 大 10%。因为，如果启动时剩余转矩太小，则达到额定转速的时间很长，可能使电动机过热。

二、厂用电动机选择

为了使厂用机械工作可靠，拖动厂用机机械的电动机应满足下列要求。

（1）型式选择。如前所述，应根据调速要求、被拖动机械的特性、启动条件等选择电动机的类型。另外，根据环境条件选择电动机外壳的防护型式，例如，空气清洁而有水滴落入电动机的场所（汽机房底层、水泵房、化学水处理室等），应选择防护式；尘埃较多、潮湿、水土飞溅的场所（输煤系统、锅炉运转层、制粉间、引风机室、出灰间及灰浆泵房等），应选择封闭式；有爆炸性气体的场所（油库、制氢系统、蓄电池室等），应选择防爆式。

（2）额定电压选择。电动机的额定电压应与厂用电系统的额定供电电压一致，即交流高压电动机采用 3、6kV 或 10kV，低压电动机采用 380V，直流电动机一般采用 220V。各种容量电动机采用的额定电压如本章第二节所述。

（3）额定转速选择。电动机的额定转速应与被拖动机械的正常转速相配合。如果两者的转速相等或相近，可采用联轴器直接传动，这种传动方式的传动效率高、成本低、设备简单、运行可靠，发电厂多采用这种传动方式。

（4）额定容量选择。电动机的额定功率必须满足被拖动机械在最高出力下的需要，即

$$P_N \geqslant \frac{K}{K_\theta K_h} P_s \quad (\text{kW}) \tag{5-24}$$

式中：P_N 为电动机的额定容量，kW；P_s 为被拖动机械的轴功率，kW；K 为机械储备系数，见表 5-8；K_θ 为温度修正系数，见表 5-9；K_h 为海拔修正系数。当电动机用于海拔 1000m 及以下地区时，$K_h = 1$；用于海拔 1000m 以上地区时应据具体情况予以修正，K_h 取值见参考文献 [7]。

表 5-8　　　　　　　　　　　各种机械的储备系数 K

机械名称	凝结水泵	引风机	送风机	排粉机	输煤皮带
储备系数	1.2	1.26	1.15	1.3	1.2

表 5-9　　　　　　　　　　　电动机温度修正系数 K_θ

冷却空气温度（℃）	25	30	35	40	45	50
修正系数	1.1	1.08	1.05	1	0.95	0.875

三、电动机启动及自启动电压校验

1. 校验条件

（1）单台电动机正常启动时电压校验。对功率（kW）为电源容量（kVA）的 20% 以上的电动机，应验算正常启动时的电压水平；对功率为 2000kW 及以下的 6kV 电动机、200kW 及以下的 380V 电动机，可不必校验。电动机正常启动时，厂用母线电压应不低于额定电压的 80%；电动机端电压应不低于额定电压的 70%。

（2）成组电动机自启动时厂用母线电压校验。运行中，当厂用电源或厂内、外线路故障时，

厂用母线的电压可能突然消失或显著降低，电动机转速会下降，这一转速下降的过程称为惰行。如果电动机失压后不与厂用电源断开，在其转速未下降很多或尚未停转前，经过短时间（一般在0.5~1s）厂用母线电压又恢复正常，则电动机将自行加速并恢复到稳定状态，这一过程称为电动机的自启动。自启动的分类、校验内容及要求厂用母线电压的最低限值如下。

1）厂用工作电源一般只考虑失压自启动，而备用电源及启动/备用电源则需考虑失压、空载及带负荷自启动3种方式。①失压自启动—运行中突然出现事故，厂用母线电压降低，但电动机未断开，当事故消除、电压恢复时形成的自启动；②空载自启动—备用电源原为空载状态，当某厂用工作母线段失去电源时，自动投入该工作段而形成的自启动；③带负荷自启动—备用电源原带有一部分负荷，当某厂用工作母线段失去电源时，又自动投入该工作段而形成的自启动。

2）校验内容。电厂中不少重要负荷的电动机都要参加自启动，以保障机炉运行少受影响。当同一厂用母线段上的成组电动机同时自启动时，总的启动电流很大，在厂用变压器或电抗器上会造成较大的电压降，如果这时厂用母线段不能保持一定的电压水平，将会使电动机自启动困难，同时将会使电动机过热。所以，需对自启动作两项校验：①已知参加自启动的电动机容量，计算自启动时厂用母线段上的电压是否能保持所要求的水平；或计算为保持厂用母线段电压在所要求的水平上，允许参加自启动的容量是多少。这两种计算是等效的，只要计算其中之一；②电动机自启动过程中，定、转子绕组温升是否超过允许值。其中第一项为成组校验，第二项为个别校验。本书仅论述第一项校验。

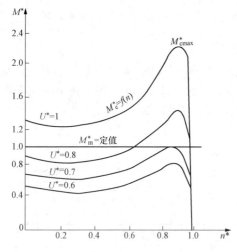

图 5-18　电动机转矩与电压、转速的关系

3）厂用母线电压最低限值。把厂用电动机和有恒定转矩机械的转矩特性曲线绘在同一坐标上，如图 5-18 所示。由于 M_e^* 正比于 U^{*2}，所以，当 U^* 下降时，M_e^* 曲线将急剧下降。通常电动机在额定电压（$U^*=1$）下运行时，其最大转矩约为额定转矩的2倍，即 $M_{emax}^*=2$。任意 U^* 下的最大转矩约为 $U^{*2} \times 2$。当 U^* 下降较多时，例如下降至 0.7（即 U 下降至 $70\%U_N$），则最大转矩约为 $0.7^2 \times 2=0.98<1$，即电动机的整个特性曲线都下降至机械的特性曲线以下，剩余转矩为负值，电动机减速，直至转矩的最高点仍不能平衡，因而继续减速，最终停转。

如果 U^* 下降到某一数值时，恰好使电动机的最大转矩等于额定负荷转矩，则此电压称为临界电压 U_{cr}^*，即

$$U_{cr}^{*2} M_{emax}^* = 1$$

于是

$$U_{cr}^* = \frac{1}{\sqrt{M_{emax}^*}} \qquad (5-25)$$

异步电动机的 M_{emax}^* 与型式和种类有关，约为 1.8~2.4，相应地，$U_{cr}^*=0.75~0.64$，即电压降低到额定电压的 75%~64% 时，电动机的转速就可能下降到不稳定运行区，最终可能停转。如前所述，为了使厂用电系统能稳定运行，规定电动机在正常启动时，厂用母线电压的最低允许值为额定电压的 80%，但是，自启动时虽然电动机的电磁转矩随电压的下降而立即下降，而由于惯性，机组的转速尚未有很大的降低，故自启动时，厂用母线电压的最低限值规定得比正常启动时稍低一些，具体数值见表 5-10。

表 5 - 10   自启动要求的最低母线电压

名 称	类 型	自启动电压为额定电压的百分数（%）
高压厂用母线	失压或空载自启动	70
	带负荷自启动	65
低压厂用母线	低压母线单独供电电动机自启动	60
	低压母线与高压母线串联供电电动机自启动	55

2. 电动机自启动校验

校验计算时，基准电压取厂用母线的额定电压（0.38kV，3kV，6kV 或 10kV）；基准容量取厂用变压器低压绕组的额定容量；忽略外电路所有元件的电阻及电动机的等值电阻。

(1) 高压厂用电动机单独自启动电压校验。高压厂用电动机单独自启动电路的接线示意图如图 5 - 19 (a) 所示，一组电动机经厂用高压备用变压器 T 自启动的等值电路（设低压工作变压器 T2 退出，相应低压段由低压备用变压器供电）如图 5 - 19 (b) 所示。假设成组电动机在电压消失或下降后全部处于制动状态，当恢复供电后同时开始启动。

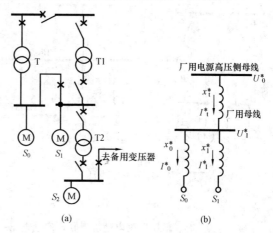

图 5 - 19 中：U_0^* 为厂用电源高压侧电压的标幺值，与厂用母线的空载电压标幺值相同，一般厂用电源为电抗器时取 1，为无励磁调压变压器时取 1.05，为有载调压变压器时取 1.1；U_1^* 为自启动时高压厂用母线电压的标幺值；S_0 为自启动前厂用电源已带有的负荷，

图 5 - 19 高压厂用电动机单独自启动电路
(a) 接线示意图；(b) 等值电路

kVA；x_0^* 为 S_0 支路高压电动机等值电抗的标幺值；I_0^* 为 S_0 支路高压电动机电流总和的标幺值；S_1 为参加自启动高压电动机的总容量，kVA；x_1^* 为参加自启动高压电动机等值电抗的标幺值；I_1^* 为参加自启动高压电动机的启动电流总和的标幺值；I_t^* 为自启动时通过高压厂用变压器电流的标幺值；x_t^* 为高压厂用变压器电抗的标幺值。

$$x_t^* = 1.1 \frac{U_k \%}{100} \frac{S_{2t}}{S_t}$$

式中：S_t 为变压器的额定容量，kVA；S_{2t} 为变压器低压或分裂绕组的额定容量，kVA，对双绕组变压器有 $S_{2t} = S_t$；$U_k \%$ 为变压器以高压绕组额定容量为基准的阻抗电压百分值。对分裂变压器为半穿越阻抗电压百分值。式中的 1.1 表示计及变压器制造时阻抗可能产生的正误差。

由图 5 - 19 得

$$U_0^* - U_1^* = I_t^* x_t^* = (I_0^* + I_1^*) x_t^*$$

而

$$I_1^* = \frac{U_1^*}{x_1^*} = \frac{U_1^*}{x_1^{*'} \frac{S_{2t}}{S_1}} = \frac{1}{x_1^{*'}} \times \frac{U_1^* S_1}{S_{2t}} = K_1 U_1^* \frac{S_1}{S_{2t}}$$

同理

$$I_0^* = K_0 U_1^* \frac{S_0}{S_{2t}}$$

式中：$x_1^{*'}$ 为参加自启动电动机以 S_1 为基准的等值电抗的标幺值；K_0、K_1 为 S_0、S_1 支路电动机自启动电流平均倍数，其中 S_0 不参加自启动，故 $K_0 = 1$，对备用电源，当快速自投（自投总时间小于 0.8s）时 K_1 取 2.5，当慢速自投（自投总时间大于 0.8s）时 K_1 取 5。

将 I_1^*、I_0^* 表达式代入电压关系式并整理得

$$U_1^* = \frac{U_0^*}{1 + \frac{(K_1 S_1 + S_0)x_t^*}{S_{2t}}} = \frac{U_0^*}{1 + \left(K_1 \frac{P_1}{\eta\cos\varphi} + S_0\right) \times \frac{x_t^*}{S_{2t}}} \tag{5-26}$$

式中：P_1 为参加自启动高压电动机的功率，kW；$\eta\cos\varphi$ 为参加自启动电动机的效率和功率因数乘积，一般取 0.8。

运用式（5-26）时，对失压或空载自启动，$S_0=0$。将求得的 U_1^* 值与表 5-10 比较，若不小于表中相应自启动方式要求的最低母线电压百分值，则满足自启动要求；式（5-26）也可用于校验低压电动机单独自启动，这时式中的各参数为厂用低压系统的相应值。

式（5-26）还可用于校验单台高压或低压电动机正常启动，若 U_1^* 不小于 80%，则满足启动要求。

（2）高、低压厂用电动机串联自启动电压校验。高、低压厂用电动机串联自启动电路接线图和等值电路，如图 5-20 所示。高压备用变压器 T 原带有一部分负荷 S_0，某高压厂用工作母线段接有自启动高压电动机 S_1 和低压工作变压器 T2，当该母线段失去电源时，T 自动投入该工作段。这是形成高、低压厂用电动机串联自启动的情形之一。

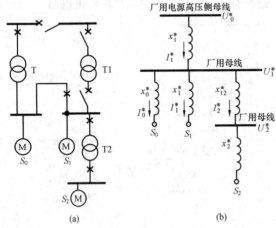

图 5-20　高、低压厂用电动机串联自启动电路
(a) 接线示意图；(b) 等值电路

图 5-20 中：U_2^* 为自启动时低压厂用母线电压的标幺值；S_2 为参加自启动低压电动机的总容量，kVA；x_2^* 为参加自启动低压电动机等值电抗的标幺值；I_2^* 为参加自启动低压电动机的启动电流总和的标幺值；x_{t2}^* 为低压厂用变压器 T2 电抗的标幺值；其余参数含义与图 5-19 相同。

由图 5-20 得

$$U_0^* - U_1^* = I_t^* x_t^* = (I_0^* + I_1^* + I_2^*) x_t^*$$

其中

$$I_0^* = K_0 U_1^* \frac{S_0}{S_{2t}}, I_1^* = K_1 U_1^* \frac{S_1}{S_{2t}}, I_2^* = K_2 U_2^* \frac{S_2}{S_{2t}}$$

K_0、K_1、K_2 分别为 S_0、S_1、S_2 支路电动机自启动电流平均倍数。仍有 $K_0=1$；当 S_2 比 S_1 和 S_0 小得多时，I_2^* 可略去，于是将 I_0^*、I_1^* 表达式代入电压关系式并整理后，所得 U_1^* 的计算式与式（5-26）完全相同。当 S_2 不可忽略时，可假设 $K_2 \approx K_1$，$U_2^* \approx U_1^*$，高、低压电动机的 $\eta\cos\varphi$ 相同，则将 I_0^*、I_1^*、I_2^* 表达式代入电压关系式并整理后得

$$U_1^* = \frac{U_0^*}{1 + \frac{[K_1(S_1 + S_2) + S_0]x_t^*}{S_{2t}}} = \frac{U_0^*}{1 + \left(K_1 \frac{P_1 + P_2}{\eta\cos\varphi} + S_0\right) \times \frac{x_t^*}{S_{2t}}} \tag{5-27}$$

式中：P_2 为参加自启动低压电动机的功率，kW。

对于低压厂用母线电压，有

$$U_1^* - U_2^* = I_2^* x_{t2}^*$$

其中
$$I_2^* = K_2 U_2^* \frac{S_2}{S_{t2}}$$

式中：S_{t2} 为低压厂用变压器额定容量，kVA。

将 I_2^* 表达式代入电压关系式并整理得

$$U_2^* = \frac{U_1^*}{1+\dfrac{K_2 S_2 x_{t2}^*}{S_{t2}}} = \frac{U_1^*}{1+K_2 \dfrac{P_2}{\eta\cos\varphi} \times \dfrac{x_{t2}^*}{S_{t2}}} \tag{5-28}$$

运用式（5-28）时，注意到 U_1^* 是用式（5-26）或式（5-27）的计算结果。当同一厂用高压母线接有多台低压厂用变压器时，一般只计算其中最大负荷的一台。

（3）允许自启动电动机容量的确定。若把 U_1^* 当作已知值，则由式（5-26）或式(5-27)可得允许自启动电动机容量为

$$P_\Sigma = P_1 + P_2 = \left(\frac{U_0^* - U_1^*}{U_1^* x_t^*} - \frac{S_0}{S_{2t}}\right) \times \frac{\eta\cos\varphi}{K_1} S_{2t} \tag{5-29}$$

其中 U_1^* 取表 5-10 中相应自启动方式要求的最低母线电压标幺值。如果求得的 P_Σ 不小于参加自启动电动机的总功率，则满足自启动要求。运用式（5-26）或式（5-27）与运用式（5-29）的校验效果和结论是相同的，只需计算其中之一。

由式（5-29）可见，如果厂用变压器电源电压 U_0^* 低、变压器容量 S_{2t} 小、阻抗电压 $U_k\%$ 大、原带有的负荷 S_0 大、自启动电动机的启动电流倍数 K_1 大、效率 η 和功率因数 $\cos\varphi$ 低、自启动要求的厂用母线电压水平 U_1^* 高，则允许自启动的电动机的功率 P_Σ 就小；反之，则 P_Σ 就大。

当同时自启动的电动机容量超过允许值时，自启动便不能顺利进行，因此应采取措施来保证重要厂用机械电动机的自启动。

1）限制参加自启动电动机的数量。对不重要设备的电动机加装低电压保护装置，延时 0.5s 断开，不参加自启动。

2）由于阻转矩为定值的重要设备的电动机只能在接近额定电压下启动，所以，也不参加自启动。对这类设备的电动机均可采用低电压保护，当厂用母线电压低于临界值时，使它们从母线上断开，以改善未断开的重要设备电动机的自启动条件。

3）对重要的机械设备，选用具有高启动转矩和允许过载倍数较大的电动机。

4）不得已的情况下，另行选用较大容量的厂用变压器。

【例 5-1】　某高温高压电厂的 6kV 高压厂用备用变压器为双绕组有载调压变压器，容量 $S_t=12500$kVA，$U_k\%=8$，要求同时自启动的电动机群容量 $P_1=11400$kW，$K_1=5$，$\cos\varphi=0.8$，$\eta=0.9$，校验能否满足自启动。

解　（1）高压厂用母线电压校验。计算 x_t^* 得

$$x_t^* = 1.1\frac{U_k\%}{100} = \frac{1.1\times 8}{100} = 0.088$$

将有关已知量代入式（5-26）得

$$U_1^* = \frac{U_0^*}{1+K_1\dfrac{P_1}{\eta\cos\varphi}\times\dfrac{x_t^*}{S_{2t}}} = \frac{1.1}{1+\dfrac{5\times 11400}{0.9\times 0.8}\times\dfrac{0.088}{12500}} = 0.706 > 70\%$$

（2）允许自启动容量的确定。

将 $U_1^*=0.7$ 及有关已知量代入式（5-29）得

$$P_\Sigma = \frac{U_0^* - U_1^*}{U_1^* \, x_t^*} \times \frac{\eta\cos\varphi}{K_1} S_{2t} = \frac{(1.1-0.7) \times 0.9 \times 0.8 \times 12500}{0.7 \times 0.088 \times 5} = 11688 > 11400 \text{ (kW)}$$

两种方法计算结果均表明能满足自启动要求，可见两种方法等效，只需计算其中之一。

【例 5 - 2】 某厂用系统为 6kV 和 0.38kV 两级电压。高压厂用备用变压器为分裂绕组变压器（有载调压），其高压绕组容量 $S_{1ts} = 40000\text{kVA}$，低压绕组容量 $S_{2ts} = 25000\text{kVA}$，半穿越阻抗电压 $U_k\% = 18$，已带有负荷 $S_0 = 28631\text{kVA}$。其高压厂用母线段上接有多台低压厂用变压器，高、低压自启动电动机容量 $P_1 + P_2 = 15020\text{kW}$；最大负荷的低压厂用变压器容量 $S_{t2} = 1250\text{kVA}$，阻抗电压 $U_k\% = 6$，其低压母线上自启动电动机容量 $P_2 = 584\text{kW}$；高、低压电动机启动电流倍数均为 5，$\eta\cos\varphi = 0.8$。试计算高压厂用备用变压器自投该高压厂用母线段时，高、低压电动机能否实现自启动。

解 (1) 高压厂用母线电压校验。计算 x_t^* 得

$$x_t^* = 1.1\,\frac{U_k\%}{100}\,\frac{S_{2ts}}{S_{1ts}} = \frac{1.1 \times 18 \times 25000}{100 \times 40000} = 0.124$$

将有关已知量代入式（5 - 27）得

$$U_1^* = \frac{U_0^*}{1 + \left(K_1\,\dfrac{P_1 + P_2}{\eta\cos\varphi} + S_0\right) \times \dfrac{x_t^*}{S_{2t}}} = \frac{1.1}{1 + \left(\dfrac{5 \times 15020}{0.8} + 28631\right) \times \dfrac{0.124}{25000}} = 0.68 > 65\%$$

(2) 对最大负荷的低压厂用母线电压校验。计算 x_{t2}^* 得

$$x_{t2}^* = 1.1\,\frac{U_k\%}{100} = \frac{1.1 \times 6}{100} = 0.066$$

将有关已知量代入式（5 - 28）得

$$U_2^* = \frac{U_1^*}{1 + K_2\,\dfrac{P_2}{\eta\cos\varphi} \times \dfrac{x_{t2}^*}{S_{t2}}} = \frac{0.68}{1 + \dfrac{5 \times 584}{0.8} \times \dfrac{0.066}{1250}} = 0.57 > 55\%$$

可见，高低压母线电压均满足要求，可顺利实现高、低压电动机串联自启动。

上述两例均是将有关已知量直接代入式（5 - 26）～式（5 - 29）计算，一次性得出结果，可避免分步计算的烦琐和减少误差。

第七节 厂用电源的切换

前面已述，厂用负荷设有两个电源，即工作电源和备用电源。在正常运行时，厂用负荷母线由工作电源供电，而备用电源处于断开状态。对于大容量机组，其厂用电源的切换有以下几种情况：

(1) 机组启动时，其厂用负荷需由启动/备用变压器供电，待机组启动完成后，再切换至工作电源供电。

(2) 机组正常停机时，停机前要将厂用负荷从工作电源切换至备用电源供电，以保证安全停机。

(3) 厂用工作电源发生事故（包括高压厂用工作变压器、发电机、主变压器、汽轮机等事故）而被切除时，备用电源自动投入。

对大容量机组，厂用工作电源与备用电源之间切换的要求如下：

(1) 厂用电系统的任何设备不能由于厂用电的切换而承受不允许的过载和冲击。

(2) 在厂用电切换过程中，必须尽可能地保证机组功率的连续输出、机组控制的稳定和机炉

的安全运行。

一、厂用电失电影响与切换分析

1. 厂用电失电影响

厂用工作电源因某种故障而被切除后，有如下影响：

（1）由于在厂用母线上运行的电动机的定子电流和转子电流都不会立即变为零，电动机定子绕组将产生变频反馈电压，即母线存在残压 U_{re}。残压的大小和频率都随时间而降低，衰减的速度与母线上所接电动机台数、负荷大小等因素有关。

（2）电动机的转速下降。电动机转速下降的快慢主要决定于负荷和机械常数 T_a [$T_a = (GD^2 n_0 n_N)/3570 P_N$，$GD^2$ 为机组飞轮转矩，n_0 为同步转速]。一般经 0.5s 后转速约降至 $(0.85 \sim 0.95)n_N$。若在此时间内投入备用电源，一般情况下，电动机能较迅速地恢复到正常稳定运行。如果备用电源投入时间太迟，停电时间过长，电动机转速下降多，且不相同，不仅会影响电动机的自启动，而且将对机组运行工况产生严重影响。因此，厂用母线失电后，应尽快投入备用电源。

2. 切换分析

（1）厂用工作电源因故障切除后，厂用母线上的残压幅值和频率都是不断衰减的。其衰减速度与该段母线所带负荷密切相关，切除电源前负荷越大，则电压衰减越快，频率下降也越快。电压衰减呈非线性趋势；由于频率与机组转速成正比，衰减较慢，且近似呈线性变化。

（2）由于厂用母线残压的频率不断下降，使母线残压 U_{re} 与备用电源电压 U_s 之间的相角差和电压差 ΔU 不断变化。当相角差第一次达到 180°（即反相）时，ΔU 达到最大值。第一次反相时间一般于切断电源后经 0.35~0.45s 达到。若此时合上备用电源，将产生最大的合闸冲击电流，对电动机的冲击也最严重。因此，必须避开 U_{re} 与 U_s 接近反相时进行切换。一般厂用电源的快速切换，要求工作电源切除后，在 U_{re} 与 U_s 之间的相角差远未达到第一次反相之前合上备用电源，这时电动机的转速下降尚少，而冲击电流亦小。

（3）当母线残压下降到额定电压的 20%~40% 时，已历时数秒，在此期间，部分电动机已被低电压保护切除，以满足部分重要电动机的自启动。另外，即使最严重的反相（180°）情况也不会对备用变压器及电动机造成危害。所以，也可采用慢速切换作后备。

二、厂用电源的切换方式

厂用电源的切换方式，除按操作控制分手动与自动外，还可按运行状态、断路器的动作顺序、切换的速度等进行区分。

1. 正常切换

正常切换是指在正常运行时，由于运行的需要（如开机、停机等），厂用母线从一个电源切换到另一个电源，对切换速度没有特殊要求。

正常切换一般采用并联切换。在切换时，先投入一个电源，然后切除另一个电源，即工作电源和备用电源有短时并联运行过程（一般在几秒内），它的优点是保证厂用电连续供给，缺点是并联期间短路容量增大，增加了断路器的断流要求。但由于并联时间很短，发生事故的概率低。

2. 事故切换

事故切换是指由于发生事故（包括单元接线中的厂总变、发电机、主变压器、汽轮机和锅炉等事故），厂用母线的工作电源被切除时，要求备用电源自动投入，以实现尽快安全切换。

（1）按断路器的动作顺序区分。

1）断电切换（串联切换）。其切换过程是一个电源切除后，才允许投入另一个电源，一般是利用被切除电源断路器的辅助触点去接通备用电源断路器的合闸回路。因此，厂用母线上出现一个断电时间，断电时间的长短与断路器的合闸速度有关。其优缺点与并联切换相反。

2）同时切换。在切换时，切除一个电源和投入另一个电源的脉冲信号同时发出。由于断路器分闸时间和合闸时间的长短不同以及本身动作时间的分散性，在切换期间，一般有几个周波的断电时间，但也有可能出现1～2周波两个电源并联的情况。所以在厂用母线故障及在母线供电的馈线回路故障时应闭锁切换装置，否则投入故障供电网会因短路容量增大而有可能造成断路器爆炸的危险。

（2）按切换速度区分。

1）快速切换。一般是指在厂用母线上的电动机反馈电压（即母线残压）与待投入电源电压的相角差还没有达到电动机允许承受的合闸冲击电流前合上备用电源。快速切换的断路器动作顺序可以是先断后合或同时进行，前者称为快速断电切换，后者称为快速同时切换。

2）慢速切换。主要是指残压切换，即工作电源切除后，当母线残压下降到额定电压的20%～40%后合上备用电源。残压切换虽然能保证电动机所受的合闸冲击电流不致过大，但由于停电时间较长，对电动机自启动和机炉运行工况产生不利影响。慢速切换通常作为快速切换的后备切换。

国内在大容量机组厂用电源的事故切换，一般采用快速断电切换，切换过程有进行或不进行同期检定的情况。但实现安全快速切换的一个条件是：厂用母线上电源回路断路器必须具备快速合闸的性能，断路器的固有合闸时间一般不要超过5个周波（0.1s）。在有的电厂中，事故切换也有采用快速同时切换方式。厂用电源的切换回路可参考本书第十章第八、九节。

3. 几个单机容量600MW的电厂厂用电源切换方式

（1）A电厂。正常切换：当厂用电源需由启动/备用变转为工作变供电时，只需将工作变断路器合上（经同期检定），其断路器辅助触点自动跳开启动/备用变断路器。从工作变切换到备用变时，操作类似（经同期检定）。事故切换：由于工作电源（或厂用母线的残压）与启动/备用电源之间可能出现非同期情况，故采用带有同期检定厂用母线的快速自动切换装置，并带有"慢速断电切换"作后备。

（2）B电厂。正常切换：采用手动准同期方式。当厂用电源需从启/备变切换到由工作变供电时，在工作变断路器的操作开关手柄复位后，自动跳开对应的备用电源断路器。从工作变正常切换到备用变时，操作类似。事故切换：采用快速同时切换。在保护动作跳工作变断路器的同时，也向备用变断路器发出合闸指令，并经快速同期检定后，发出合闸脉冲，合上备用变断路器。

（3）C电厂。正常切换：采用经同步检定的手动短时并联切换法。与A、B电厂不同，切换回路中未设备用变断路器合上后联动跳工作变断路器的回路。因此，要求手动合闸备用变断路器后，应立即手动跳开工作变断路器。事故切换：设有快速切换并有慢速切换作后备。快速切换直接用厂用工作变6kV断路器的动断辅助触点来启动备用电源断路器的合闸，不经同期闭锁。

思考题和习题

1. 什么是厂用电？什么是厂用电率？
2. 厂用负荷按其重要性分为几类？各类厂用负荷对供电电源有何要求？
3. 厂用负荷有哪几种运行方式？各有何特点？
4. 对厂用电接线的基本要求是什么？
5. 厂用电供电电压有哪几级？高压厂用电压级是怎样确定的？
6. 什么是厂用工作电源、备用电源、启动电源、保安电源和不停电电源？

7. 厂用工作电源和备用电源的引接方式各有哪几种？

8. 厂用保安电源和不停电电源如何取得？

9. 厂用高、低压母线及厂用负荷连接采用什么形式？这种接线形式在火电厂中与锅炉容量有何关系？

10. 对变电站的站用电源有何要求？站用电的接线形式怎样？

11. 何谓厂用电动机的自启动？为什么要进行自启动校验？

12. 某电厂 6kV 高压厂用工作变压器选用分裂绕组变压器，其中 1 号工作变压器所接的 I_A、I_B 段负荷如表 5-11 所示，试选择变压器的容量。

表 5-11 I_A、I_B 段负荷

设 备	I_A 段容量	I_B 段容量	重复容量
高压电动给水泵、循环水泵、凝结水泵：ΣP_1、P_{hr}（kW）	7065	2815	315
其他高压电动机：ΣP_2、P_{hr}（kW）	8390	7850	630
低压设备：S_1、S_{1r}（kVA）	4122.5	7888	2422.5

13. 某电厂的 6kV 高压厂用变压器为双绕组无励磁调压变压器，容量 $S_t = 16000$kVA，阻抗电压 $U_K\% = 7.5$。6kV 给水泵电动机额定容量 $P_1 = 5500$kW，启动电流倍数 $K_1 = 6$，$\cos\varphi = 0.9$，$\eta = 0.96$。给水泵启动前，高压厂用母线上已带有负荷 $S_0 = 8500$kVA。校验给水泵能否正常启动。

14. 某电厂的高压厂用备用变压器为双绕组有载调压变压器，容量 $S_t = 10000$kVA，阻抗电压 $U_K\% = 8$，正常情况下带有公用段负荷 $S_0 = 2500$kVA，厂用高压母线段参加自启动的电动机容量 $P_1 = 8000$kW，$K_1 = 5$，$\cos\varphi = 0.8$，$\eta = 0.9$，校验能否满足自启动。

15. 某厂用系统为 6kV 和 0.38kV 两级电压。高压厂用备用变压器为分裂绕组变压器（有载调压），其高压绕组容量 $S_{1ts} = 50000$kVA，低压绕组容量 $S_{2ts} = 25000$kVA，半穿越阻抗电压 $U_K\% = 19$，已带有负荷 $S_0 = 7750$kVA。某高压厂用母线段上自启动电动机容量 $P_1 = 13363$kW；所接的低压厂用变压器容量 $S_{t2} = 1000$kVA，阻抗电压 $U_K\% = 10$，低压母线上自启动电动机容量 $P_2 = 500$kW；高、低压电动机启动电流倍数均为 5，$\eta\cos\varphi = 0.8$。试计算高压厂用备用变压器自投该高压厂用母线段时，高、低压电动机能否实现自启动。

16. 大容量机组厂用电源的切换有哪几种情况？正常切换和事故切换有何不同？

第六章　电气设备的选择

本章先概括介绍电气设备选择的一般条件，然后介绍导体和主要电器的具体选择条件和校验方法。应在掌握电气设备选择的共性的基础上，掌握其个性部分。

第一节　电气设备选择的一般条件

由于各种电气设备的具体工作条件并不完全相同，所以，它们的具体选择方法也不完全相同，但基本要求是相同的。即，要保证电气设备可靠地工作，必须按正常工作条件选择，并按短路情况校验其热稳定和动稳定。

一、按正常工作条件选择

1. 按额定电压选择

如第三章所述，电气设备的额定电压 U_N 是其铭牌上标出的线电压，另外还规定有允许最高工作电压 U_{alm}。由于电力系统负荷的变化、调压及接线方式的改变而引起功率分布和网络阻抗变化等原因，往往使得电网某些部分的实际运行电压高于电网的额定电压 U_{Ns}，因此，所选电气设备的允许最高工作电压 U_{alm} 不得低于所在电网的最高运行电压 U_{sm}，即

$$U_{alm} \geqslant U_{sm} \tag{6-1}$$

对于电缆和一般电器，U_{alm} 较 U_N 高 10%～20%，即

$$U_{alm} = (1.1\sim1.2)U_N$$

而对于电网，由于电力系统采取各种调压措施，电网的最高运行电压 U_{sm} 通常不超过电网额定电压 U_{Ns} 的 10%，即

$$U_{sm} \leqslant 1.1\,U_{Ns}$$

可见，只要 U_N 不低于 U_{Ns}，就能满足式（6-1），所以，一般可按式（6-2）选择

$$U_N \geqslant U_{Ns} \tag{6-2}$$

裸导体承受电压的能力由绝缘子及安全净距保证（见第七章），无额定电压选择问题。

电气设备安装地点的海拔对绝缘介质强度有影响。随着海拔的增加，空气密度和湿度相对地减少，使空气间隙和外绝缘的放电特性下降，设备外绝缘强度将随海拔的升高而降低，导致设备允许的最高工作电压 U_{alm} 下降。当海拔在 1000～4000m 时，一般按海拔每增加 100m，U_{alm} 下降 1% 予以修正。当 U_{alm} 不能满足要求时，应选用高原型产品或外绝缘提高一级的产品。对现有 110kV 及以下的设备，由于其外绝缘有较大裕度，可在海拔 2000m 以下使用。

2. 按额定电流选择

电气设备的额定电流 I_N 是指在额定环境条件（环境温度、日照、海拔、安装条件等）下，电气设备的长期允许电流。

我国规定电气设备的一般额定环境条件为：额定环境温度（又称计算温度或基准温度）θ_N，裸导体和电缆的 θ_N 为 25℃，断路器、隔离开关、穿墙套管、电流互感器、电抗器等电器的 θ_N 为

40℃；无日照；海拔不超过 1000m。

当实际环境条件不同于额定环境条件时，电气设备的长期允许电流 I_{al} 应做修正。一般情况下，各类电气设备的 I_{al} 均需按实际环境温度 θ 修正。另外，计及日照的屋外管形导体、软导线的 I_{al} 尚需按海拔修正；电力电缆的 I_{al} 尚需按有关敷设条件修正。

经综合修正后的长期允许电流 I_{al} 不得低于所在回路在各种可能运行方式下的最大持续工作电流 I_{max}，即

$$I_{al} = KI_N \geqslant I_{max} \quad (A)$$
$$(6-3)$$

式中：K 为综合修正系数，为有关修正系数的乘积；I_{max} 为电气设备所在回路的最大持续工作电流，可按表 6-1 的原则计算，A。

表 6-1　　　　　　　　　　　回路最大持续工作电流

回 路 名 称	I_{max}	说　　明
发电机、调相机回路	1.05 倍发电机、调相机额定电流	当发电机冷却气体温度低于额定值时，允许每低 1℃电流增加 0.5%
变压器回路	(1) 1.05 倍变压器额定电流 (2) (1.3～2.0) 倍变压器额定电流	变压器通常允许正常或事故过负荷，必要时按 1.3～2.0 倍计算
母线联络回路、主母线	母线上最大一台发电机或变压器的 I_{max}	
母线分段回路	(1) 发电厂为最大一台发电机额定电流的 50%～80% (2) 变电站应满足用户的一级负荷和大部分二级负荷	考虑电源元件事故跳闸后仍能保证该段母线负荷
旁路回路	需旁路的回路的最大额定电流	
出线	单回路：线路最大负荷电流	包括线损和事故时转移过来的负荷
	双回路：(1.2～2) 倍一回线的正常最大负荷电流	包括线损和事故时转移过来的负荷
	环形与一台半断路器接线：两个相邻回路正常负荷电流	考虑断路器事故或检修时，一个回路加另一最大回路负荷电流的可能
	桥形接线：最大元件负荷电流	桥回路尚需考虑系统穿越功率
电动机回路	电动机的额定电流	

当仅计及环境温度修正时，K 值的计算如下。

对于裸导体和电缆

$$K = \sqrt{\frac{\theta_{al} - \theta}{\theta_{al} - 25}}$$
$$(6-4)$$

对于电器

$40℃ < \theta \leqslant 60℃$ 时　　　　　　　$K = 1 - (\theta - 40) \times 0.018$

$0℃ \leqslant \theta \leqslant 40℃$ 时　　　　　　　$K = 1 + (40 - \theta) \times 0.005$ 　　　　$(6-5)$

$\theta < 0℃$ 时　　　　　　　　　　　　$K = 1.2$

式中：θ 为实际环境温度，按表 6-2 取值，℃；θ_{al} 为裸导体或电缆芯正常最高允许温度，℃。裸导体的 θ_{al} 一般为 70℃；电缆芯的 θ_{al} 与电缆结构有关，其值在 50～90℃间，见附表 2-6。

表 6 - 2   选择导体和电器时的实际环境温度 θ

类 别	实 际 环 境 温 度 取 值		
	屋 外	屋 内	其 他
裸导体	最热月平均最高温度	屋内通风设计温度，当无资料时，可取最热月平均最高温度加 5℃	
电缆	屋外电缆沟：最热月平均最高温度	屋内电缆沟：屋内通风设计温度。当无资料时，可取最热月平均最高温度加 5℃	电缆隧道：该处通风设计温度。当无资料时，可取最热月平均最高温度加 5℃ 土中直埋：最热月的平均地温
电器	年最高温度	该处通风设计温度。当无资料时，可取最热月平均最高温度加 5℃	电抗器室：该处通风设计最高排风温度

注　1. 最热月平均最高温度为最热月每日最高温度的月平均值，取多年平均值。我国一些城市最热月平均最高温度见附表 2 - 29。

　　2. 年最高温度为一年中所测得的最高温度的多年平均值。

3. 选择设备的种类和型式

（1）应按电器的装置地点、使用条件、检修和运行等要求，对设备进行种类（如户内或户外型电器）和型式的选择。

（2）除上述考虑海拔、当地实际环境温度的影响外，尚需考虑日照、风速、覆冰厚度、湿度、污秽等级、地震烈度等环境条件的影响。当超过一般电气设备的使用条件时（如台风经常侵袭或最大风速超过 35m/s 的地区、重冰区、湿热带、污秽严重地区等），应向制造部门提出特殊订货要求，并采取相应措施。

二、按短路情况校验

1. 短路电流的计算条件

为使所选电器具有足够的可靠性、经济性和合理性，并在一定时期内能适应系统发展的需要，作为校验用的短路电流应按下述条件确定。

（1）容量和接线。容量应按本工程设计的最终容量计算，并考虑电力系统的远景发展（一般为本工程建成后 5～10 年）；其接线应采用可能发生最大短路电流的正常接线方式，但不考虑在切换过程中可能并列运行的方式（如切换厂用变压器时，两台厂变的短时并列）。

（2）短路种类。导体和电器的动、热稳定及电器的开断电流，一般按三相短路校验；若发电机出口的两相短路，或中性点直接接地系统及自耦变压器等回路中的单相、两相接地短路较三相短路严重，则热稳定按严重情况校验。

（3）短路计算点。应选择通过校验对象（电气设备）的短路电流为最大的那些点作为短路计算点。对两侧都有电源的电器，通常是将电器两侧的短路点进行比较，选出其中流过电器的短路电流较大的一点（注意流过电气设备的短路电流与流入短路点的短路电流不一定相同）。现以图 6 - 1 为例说明短路计算点的选择方法。

1）发电机回路的 QF1（QF2 类似）。当 k4 短路时，流过 QF1 的电流为 G1 供给的短路电流；当 k1 短路时，流过 QF1 的电流为 G2 供给的短路电流及系统经 T1、T2 供给的短路电流之和。若两台发电机的容量相等，则后者大于前者，故应选 k1 为 QF1 的短路计算点。

2）母联断路器 QF3。当用 QF3 向备用母线充电时，如遇到备用母线故障，即 k3 点短路，这时流过 QF3 的电流为 G1、G2 及系统供给的全部短路电流，情况最严重。故选 k3 为 QF3 的短路计算点。同样，在校验发电机电压母线的动、热稳定时也应选 k3 为短路计算点。

3）分段断路器 QF4。应选 k4 为短路计算点，并假设 T1 切除，这时流过 QF4 的电流为 G2 供给的短路电流及系统经 T2 供给的短路电流之和。如果不切除 T1，则系统供给的短路电流有部分经 T1 分流，而不流经 QF4，情况没有前一种严重。

4）变压器回路断路器 QF5 和 QF6。考虑原则与 QF4 相似。对低压侧 QF5，应选 k5，并假设 QF6 断开，流过 QF5 的电流为 G1、G2 供给的短路电流及系统经 T2 供给的短路电流之和；对高压侧断路器 QF6，应选 k6，并假设 QF5 断开，流过 QF6 的电流为 G1、G2 经 T2 供给的短路电流及系统直接供给的短路电流之和。

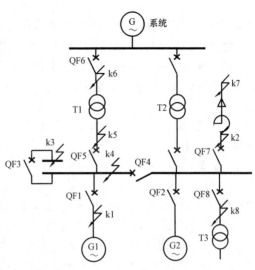

图 6-1　短路计算点选择示意图

5）带电抗器的出线回路断路器 QF7。显然，k2 短路时比 k7 短路时流过 QF7 的电流大。但运行经验证明，干式电抗器的工作可靠性高，且断路器和电抗器之间的连线很短，k2 发生短路的可能性很小，因此选择 k7 为 QF7 的短路计算点，这样出线可选用轻型断路器。

6）厂用变压器回路断路器 QF8，一般 QF8 至厂用变压器之间的连线多为较长电缆，存在短路的可能性，因此，选 k8 为 QF8 的短路计算点。

2. 短路计算时间

校验电气设备的热稳定和开断能力时，必须合理地确定短路计算时间。

（1）校验热稳定的短路计算时间 t_k。即计算短路电流热效应 Q_k 的时间，由式（6-6）确定

$$t_k = t_{pr} + t_{ab} = t_{pr} + (t_{in} + t_a) \quad (s) \tag{6-6}$$

式中：t_{pr} 为后备继电保护动作时间，s；t_{ab} 为断路器全开断时间，s，查附录二，真空断路器为 0.08～0.125s，SF₆ 断路器为 0.04～0.08s；t_{in} 为断路器固有分闸时间，s，查附录二，真空断路器为 0.05～0.085s，SF₆ 断路器为 0.02～0.065s；t_a 为断路器开断时电弧持续时间（燃弧时间），s，真空断路器为 0.01～0.02s，SF₆ 断路器为 0.02～0.04s。

（2）校验开断电器开断能力的短路计算时间 t_{br}。开断电器应能在最严重的情况下开断短路电流，故 t_{br} 由式（6-7）确定

$$t_{br} = t_{pr1} + t_{in} \quad (s) \tag{6-7}$$

式中：t_{pr1} 为主继电保护动作时间，s，对于无延时保护，t_{pr1} 为保护启动和执行机构动作时间之和。

3. 热稳定和动稳定校验

（1）热稳定校验。热稳定是要求所选的电气设备能承受短路电流所产生的热效应，在短路电流通过时，电气设备各部分的温度（或发热效应）应不超过允许值。

1）导体和电缆满足热稳定的条件为

$$S \geqslant S_{min} \quad (mm^2) \tag{6-8}$$

式中：S 为按正常工作条件选择的导体或电缆的截面积，mm^2；S_{min} 为按热稳定确定的导体或电缆的最小截面积，mm^2，具体计算见本章第二节。

2）电器满足热稳定的条件为

$$I_t^2 t \geq Q_k \quad [(kA)^2 \cdot s] \tag{6-9}$$

式中：I_t 为制造厂规定的允许通过电器的热稳定电流，查附录二，kA；t 为制造厂规定的允许通过电器的热稳定时间，查附录二，s；Q_k 为短路电流通过电器时所产生的热效应，$(kA)^2 \cdot s$。

（2）动稳定校验。动稳定就是要求电气设备能承受短路冲击电流所产生的电动力效应。

1）硬导体满足动稳定的条件为

$$\sigma_{al} \geq \sigma_{max} \quad (Pa) \tag{6-10}$$

式中：σ_{al} 为导体材料最大允许应力，见本章第二节，Pa；σ_{max} 为导体最大计算应力，具体计算见本章第二节，Pa。

2）电器满足动稳定的条件为

$$i_{es} \geq i_{sh} \quad (kA) \tag{6-11}$$

式中：i_{es} 为电器允许通过的动稳定电流（或称极限通过电流）幅值，查附录二，kA；i_{sh} 为短路冲击电流幅值，kA。一般高压电路短路时，$i_{sh}=2.55I''$；发电机端或发电机电压母线短路时，$i_{sh}=2.69I''$；I'' 为短路电流周期分量的起始值，kA。

（3）下列几种情况可不校验热稳定或动稳定。

1）用熔断器保护的电器，其热稳定由熔断时间保证，故可不校验热稳定；支柱绝缘子不流过电流，不用校验热稳定。

2）用限流熔断器保护的设备，可不校验动稳定；电缆因有足够的强度，可不校验动稳定。

3）电压互感器及装设在其回路中的裸导体和电器，可不校验动、热稳定。

第二节　敞露母线及电缆的选择

一、敞露母线的选择

（一）母线材料、截面形状和布置方式选择

1. 材料

如第三章所述，一般情况下采用铝母线；在持续工作电流较大、且位置特别狭窄的发电机、变压器出口处，以及污秽对铝有严重腐蚀而对铜腐蚀较轻的场所，采用铜母线。

2. 截面形状

在 35kV 及以下、持续工作电流在 4000A 及以下的屋内配电装置中，一般采用矩形母线，当电路的工作电流超过最大截面的单条母线的允许载流量时，每相可用 2~4 条并列使用；在 35kV 及以下、持续工作电流为 4000~8000A 的屋内配电装置中，一般采用槽形母线；矩形、槽形母线也常用于是 10kV 及以下的屋外母线桥；35kV 及以上的屋外配电装置，可采用钢芯铝绞线；110kV 及以上、持续工作电流在 8000A 以上的屋内、外配电装置，可采用管形母线。

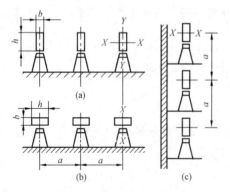

图 6-2　矩形母线的布置方式

(a) 水平布置，母线竖放；

(b) 水平布置，母线平放；

(c) 垂直布置，母线竖放

3. 布置方式

钢芯铝绞线母线、管形母线一般采用三相水平布置。矩形、双槽形母线常见布置方式有三相水平布置和三相垂直布置。矩形母线布置如图 6-2 所示。槽形母线布置如图 6-6 所示。

（1）三相水平布置。三相水平布置如图 6-2（a）、（b）所示，其建筑部分简单，可降低建筑物高度；安装较容易。但相间距离受间隔深度限制，不便观察。矩形水平布置多用于中、小容量配电装置，又分母线竖放和母线平放两种。母线竖放较平放散热条件好，允许载流量较平放大，但机械强度较平放小。

（2）三相垂直布置。三相垂直布置如图 6-2（c）所示，其相间距离可取得较大，无需增加间隔深度；便于观察；对矩形母线，兼有水平布置的两种方式的优点。但结构较复杂，并增加建筑高度。矩形垂直布置用于 20kV 以下、短路电流很大的配电装置中。

（二）母线截面选择

1. 按最大持续工作电流选择

各种配电装置中的主母线及长度在 20m 以下的母线，一般均按所在回路的最大持续工作电流选择，即按式（6-3）选择。

其中 K 为与母线长期发热允许最高温度 θ_{al}、实际环境温度 θ、海拔等因素有关的综合修正系数（见附录二）。如果仅计及环境温度修正，当 $\theta_{al}=+70℃$ 并且不计日照时，据式（6-4）有

$$K = 0.149\sqrt{70-\theta} \qquad (6\text{-}12)$$

母线所在回路的最大持续工作电流 I_{max}，需计及可能的过负荷及检修或故障时由别的回路转移过来的负荷。

2. 按经济电流密度选择

导体的电能损耗费 $\alpha\Delta A$ 与负荷电流及导体截面 S 有关。当负荷电流一定时，截面 S 增大，则导体电阻 R_w 减小，$\alpha\Delta A$ 减少，如图 6-3 中曲线 1 所示；截面 S 增大，则综合投资 O 增加，小修、维护费及折旧费（U_1+U_2）增加，如图 6-3 中曲线 2 所示。将曲线 1、2 相加得曲线 3，它表明年运行费（$\alpha\Delta A+U_1+U_2$）与截面 S 的关系。可见，当导体取某一截面 S_j 时，年运行费最低，相应地，年计算费用也最低，此截面 S_j 称经济截面。与 S_j 对应的电流密度 j，称为经济电流密度。

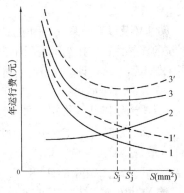

图 6-3 年运行费与导体截面的关系曲线

另外，当导体的年平均负荷 P_{av} 增大时，则年最大负荷（P_{max}）利用小时数 T_{max} 增加（$T_{max}=8760\times P_{av}/P_{max}$），$\alpha\Delta A$ 增加，如曲线 1' 所示。此时，经济截面为另一较大的截面 S_j'，相应的 j 有较小的数值。即 j 随着 T_{max} 的增加而减小。

对应于不同类型的导体和不同的年最大负荷利用小时数 T_{max} 的经济电流密度 j 如图 6-4 所示。图中未给出铜母线及铜裸导线的 j，当需要选用时，可按下述取值：T_{max} 为 3000h 以下，$j=3.0A/mm^2$；T_{max} 为 3000～5000h，$j=2.25A/mm^2$；T_{max} 为 5000h 以上，$j=1.75A/mm^2$。

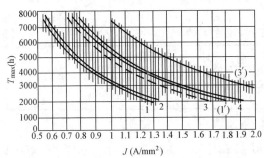

图 6-4 载流导体的经济电流密度曲线

1、（1'）—变电站站用及工矿用的铝（铜）纸绝缘铅包、铝包、塑料护套及各种铠装电缆；2—铝矩形、槽形及组合导线；3、（3'）—火电厂厂用的铝（铜）纸绝缘铅包、铝包、塑料护套及各种铠装电缆；4—35～220kV 线路的 LGJ、LGJQ 型钢芯铝绞线

除主母线和较短的导体外，对于 T_{max} 大、传输容量大、长度在 20m 以上的母线（如发电机至主变压器、配电装置的母线），其截面一般按经济电流密度选择，并按式（6-13）计算

$$S_j = \frac{I'_{max}}{j} \quad (mm^2) \tag{6-13}$$

式中：I'_{max} 为正常运行时的最大持续工作电流，不考虑运行中电路可能的过负荷及故障或检修时由别的回路转移过来的负荷。

应选择最接近 S_j 的标准截面。即，当 S_j 稍大于某标准截面时，可偏小选择；当 S_j 稍小于某标准截面时，可偏大选择。另外，按式（6-13）选择的标准截面还必须满足式（6-3）的要求，一般均能满足。

（三）电晕电压校验

导体的电晕会产生如下不利的影响：①使周围空气强烈游离，降低空气的绝缘强度，使绝缘子容易发生闪络，过电压时相间容易被击穿；②在电晕的范围内进行着化学反应，形成臭氧（O_3）和氮的氧化物。臭氧会使配电装置中的金属结构氧化，氮的氧化物与水合成硝酸，对有机绝缘材料和金属有侵蚀作用；③电晕引起电能损失（消耗在使带电空气质点的运动上和发光上）；④电晕有特殊的噪声和破裂声，使运行人员难以用听觉检查设备的工作情况；⑤电晕会产生无线电干扰。

63kV 及以下的系统，因电压较低一般不会出现全面电晕，所以不必校验。对 110kV 及以上系统的裸导体，应按当地晴天不发生全面电晕的条件校验，使裸导体的临界电晕电压 U_{cr} 大于最高工作电压 U_{max}，即

$$U_{cr} > U_{max} \tag{6-14}$$

当所选导体型号及外径大于、等于下列数值时，可不进行电晕校验：软导线型号，110kV，LGJ-70，220kV、LGJ-300；管形导体外径，110kV、ϕ20mm，220kV、ϕ30mm。

（四）热稳定校验

对式（2-26）中的 A_f 和 A_i，当分别取与短路时母线最高允许发热温度及正常运行时母线最高工作温度 θ_w 相对应的值时，可得到按热稳定决定的母线最小截面 S_{min} 为

$$S_{min} = \sqrt{Q_k K_s/(A_f - A_i)} = \sqrt{Q_k K_s}/C \quad (mm^2) \tag{6-15}$$

式中：C 为热稳定系数，$C = \sqrt{A_f - A_i}$，与母线材料及其正常运行最高工作温度 θ_w 有关，见表 6-3。式中其他参数含义同式（2-26）。

表 6-3   **不同工作温度下裸导体的 C 值**

工作温度（℃）	40	45	50	55	60	65	70	75	80	85	90
硬铝及铝锰合金	99	97	95	93	91	89	87	85	83	81	79
硬铜	186	183	181	179	176	174	171	169	166	164	161

据式（2-13）可推导得

$$\theta_w = \theta + (\theta_{al} - \theta)(I_{max}/I_{al})^2 \quad (℃) \tag{6-16}$$

式中：θ_w 为母线通过持续工作电流 I_{max} 时的温度，℃；θ 为实际环境温度，℃；θ_{al} 为母线正常最高允许温度 θ_{al}，一般为 70℃；I_{al} 为母线对应于 θ 的允许电流，A，$I_{al} = KI_N$，其中 K 按式（6-12）计算，I_N 为环境温度为 25℃时母线的长期允许电流，见附录二。

当 θ_w 不是表 6-3 中的数字时，可用插值法求相应的 C。设 $\theta_1 < \theta_w < \theta_2$，$\theta_1$、$\theta_2$ 分别对应于 C_1、C_2，则

$$C = C_2 + (\theta_2 - \theta_w)(C_1 - C_2)/(\theta_2 - \theta_1) \tag{6-17}$$

C 值用式（6-18）直接计算更方便（可适应任意 θ_w）

$$C = K' \sqrt{\ln \frac{\tau + \theta_f}{\tau + \theta_w}} \qquad (6-18)$$

式中：K' 为常数，铝为 149，铜为 248；τ 为常数，铝为 245℃，铜为 235℃；θ_f 为短路时导体最高允许温度，铝及铝锰合金取 200℃，铜取 300℃。

当所选的 $S \geqslant S_{min}$ 时，满足热稳定；当 $S < S_{min}$ 时，则不满足热稳定。

（五）硬母线的共振校验

在对硬母线进行动稳定校验前，应进行共振校验，以便确定动稳定校验所需要的动态应力系数 β。共振校验有两种方法。

（1）当已知绝缘子跨距 L 时，按式（2-61）计算导体的一阶固有频率 f_1。当 f_1 在共振频率范围内时，由图 2-21 查出相应的 β 值；当 f_1 在共振频率范围外时，$\beta \approx 1$。

（2）当未知绝缘子跨距 L 时，令 $f_1 = 160Hz$（这时 $\beta \approx 1$，即不必考虑共振的影响），按式（2-61）计算导体不发生共振所允许的最大绝缘子跨距 L_{max}，即

$$L_{max} = \sqrt{\frac{N_f}{f_1} \sqrt{\frac{EJ}{m}}} \qquad (m) \qquad (6-19)$$

有关设计手册（参考文献 [7]）已列出 L_{max} 值供设计时参考。当选择绝缘子实际跨距 $L \leqslant L_{max}$ 时，必有 $f_1 \geqslant 160Hz$，即 $\beta \approx 1$，满足不共振的要求。

（六）硬母线的动稳定校验

如果每相为两条及以上导体，当短路冲击电流通过母线时，导体的横截面同时受到相间弯矩 M_{ph} 和条间弯矩 M_b 的作用，即同时存在相间应力 σ_{ph} 和条间应力 σ_b。设 σ_{ph} 和 σ_b 方向相同（这种情况最严重），则最大应力 σ_{max} 为

$$\sigma_{max} = \frac{M_{ph}}{W_{ph}} + \frac{M_b}{W_b} = \sigma_{ph} + \sigma_b \qquad (Pa) \qquad (6-20)$$

式中：M_{ph}、M_b 为导体所受到的相间和条间的最大弯矩，N·m；W_{ph}、W_b 为导体相间和条间抗弯截面系数，由导体截面的形状、尺寸、每相条数及布置方式决定，矩形导体 W_{ph} 见表 6-4，m³。

表 6-4 矩形导体截面系数（W_{ph}）

每 相 条 数	1	2	3	备 注
按图 6-2（a）布置	$b^2h/6$	$1.44b^2h$	$3.3b^2h$	力作用在 h 面
按图 6-2（b）及图 6-2（c）布置	$bh^2/6$	$bh^2/3$	$bh^2/2$	力作用在 b 面

注 圆管形导体 $W_{ph} \approx 0.1(D^4 - d^4)/D$，其中 D、d 分别为圆管的外直径和内直径。

对于矩形母线，不论每相条数多少，不论平放或竖放，也不论条间距离多少，条间作用力总是作用在 h 边这个面上，所以，W_b 与三相水平布置、单条竖放的 W_{ph} 相同，即

表 6-5 导体最大允许应力

导体材料	最大允许应力 σ_{al}（Pa）
硬铝	70×10^6
硬铜	140×10^6
LF21 型铝锰合金管	90×10^6

$$W_b = \frac{b^2h}{6} \qquad (m^3) \qquad (6-21)$$

求出的 σ_{max} 应满足式（6-10），即

$$\sigma_{al} \geqslant \sigma_{max} \qquad (Pa)$$

若满足式（6-10），称母线满足动稳定，导体最大允许应力 σ_{al} 见表 6-5。

1. 矩形母线的应力计算

（1）每相为单条导体。这种情况下，导体只受相间电动力的作用。导体自由支承于支持绝缘

子上，相当于一多跨梁，承受均匀分布的电动力作用。

由材料力学知道，当跨数大于 2 时，导体所受的最大弯矩为

$$M_{ph} = \frac{f_{ph}L^2}{10} \quad (\text{N} \cdot \text{m}) \tag{6-22}$$

而

$$f_{ph} = 1.73 \times 10^{-7} \frac{1}{a} i_{sh}^2 \beta \quad (\text{N/m}) \tag{6-23}$$

式中：f_{ph} 为单位长度导体上所受到的相间电动力，N/m；L 为支持绝缘子间的跨距，m。

导体最大相间计算应力为

$$\sigma_{max} = \sigma_{ph} = \frac{M_{ph}}{W_{ph}} = \frac{f_{ph}L^2}{10W_{ph}} \quad (\text{Pa}) \tag{6-24}$$

可见，σ_{ph} 与 L 有关，L 愈大，σ_{ph} 愈大。当已知 L 时，可直接用式（6-24）计算 σ_{ph}；设计时，一般 L 为未知，为满足动稳定，常根据材料的允许应力 σ_{al} 来确定绝缘子间的最大允许跨距 L_{max}，即令 $\sigma_{ph} = \sigma_{al}$。则由式（6-24）可得

$$L_{max} = \sqrt{\frac{10\sigma_{al}W_{ph}}{f_{ph}}} \quad (\text{m}) \tag{6-25}$$

只要选择 $L \leqslant L_{max}$，必满足动稳定。计算出的 L_{max} 可能较大，为避免矩形导体平放时因本身自重而过分弯曲，所选的实际跨距 L 一般不得超过 2m。考虑到绝缘子支座及引下线安装的方便，常选取 L 等于配电装置间隔的宽度。

（2）每相为多条导体。这种情况下，导体除受到相间作用力外，还受到同相条间的作用力。

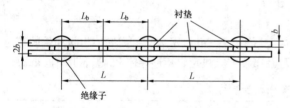

图 6-5　一相有两条导体时衬垫的装设

1）相间应力 σ_{ph} 的计算。相间应力 σ_{ph} 仍按式（6-24）计算，但式中的 W_{ph} 为相应条数和布置方式的截面系数。

2）同相条间应力 σ_b 的计算。由于同相的条间距离很近，σ_b 通常很大。为了减小 σ_b，在同相各条导体间每隔 30～50cm 设一衬垫，如图 6-5 所示。

同相中，边条导体所受的条间作用力最大。边条导体所受的最大弯矩为

$$M_b = \frac{f_b L_b^2}{12} \quad (\text{N} \cdot \text{m}) \tag{6-26}$$

式中：f_b 为单位长度导体上所受到的条间电动力，N/m；L_b 为衬垫跨距（相邻两衬垫间的距离），m。

f_b 按式（2-42）计算，其中的 a 取条间距离。由于条间距离很小，计算 f_b 时应考虑电流在条间的分配及形状系数 K_f。

当每相为两条时，$a = 2b$，并认为相电流在两条间平均分配。即

$$f_b = 2 \times 10^{-7} \frac{(0.5 i_{sh})^2}{2b} K_{12} = 0.25 \times 10^{-7} \frac{i_{sh}^2}{b} K_{12} \quad (\text{N/m}) \tag{6-27}$$

当每相为三条时，1、2 条间距离为 $a = 2b$，1、3 条间距离为 $a = 4b$，并认为两边条各通过相电流的 40%，中间条通过相电流的 20%。即

$$f_b = 2 \times 10^{-7} \frac{(0.4 i_{sh})(0.2 i_{sh})}{2b} K_{12} + 2 \times 10^{-7} \frac{(0.4 i_{sh})^2}{4b} K_{13}$$

$$=0.08\times10^{-7}\frac{i_{\text{sh}}^2}{b}(K_{12}+K_{13}) \quad (\text{N/m}) \tag{6-28}$$

上两式中，K_{12}、K_{13}分别为第 1、2 条和第 3、4 条导体的截面形状系数。先计算 $\frac{b}{h}$ 及 $\frac{a-b}{h+b}$，然后查图 2-15 的下部曲线，可求得

$$\sigma_{\text{b}}=\frac{M_{\text{b}}}{W_{\text{b}}}=\frac{f_{\text{b}}L_{\text{b}}^2}{2b^2h} \quad (\text{Pa}) \tag{6-29}$$

同样，L_{b} 愈大，σ_{b} 愈大。在计算 σ_{ph} 的基础上，可计算满足动稳定要求的最大允许衬垫跨距 L_{bmax}。令 $\sigma_{\text{max}}=\sigma_{\text{ph}}+\sigma_{\text{b}}=\sigma_{\text{al}}$，即 $\sigma_{\text{b}}=\sigma_{\text{al}}-\sigma_{\text{ph}}$，代入式（6-29）得

$$L_{\text{bmax}}=b\sqrt{2h(\sigma_{\text{al}}-\sigma_{\text{ph}})/f_{\text{b}}} \quad (\text{m}) \tag{6-30}$$

设 $L/L_{\text{bmax}}=C_1$，C_1 一般为小数，设其整数部分为 n，则不管小数点后面是多少，$n+1$ 即为每跨内满足动稳定所必须用的最少衬垫数（例如 $C_1=2.8$，取 $n=2$）。因为，实际上 $L_{\text{b}}=L/(n+1)$，$n+1>C_1$，所以 $L_{\text{b}}<L_{\text{bmax}}$ 从而满足动稳定要求。

另外，当 L_{b} 较大时，在条间作用力 f_{b} 作用下，同相的各条导体可能因弯曲而互相接触。为防止这种现象发生，要求 L_{b} 必须小于另一个允许的最大跨距——临界跨距 L_{cr}。L_{cr} 可由式（6-31）计算

$$L_{\text{cr}}=\lambda b\sqrt[4]{h/f_{\text{b}}} \quad (\text{m}) \tag{6-31}$$

式中：λ 为系数，每相为两条导体时铜的系数为 1144，铝为 1003；每相为三条导体时铜的系数为 1355，铝为 1197。

2. 槽形母线的应力计算

槽形母线的布置如图 6-6 所示，其应力计算方法与矩形母线相同。

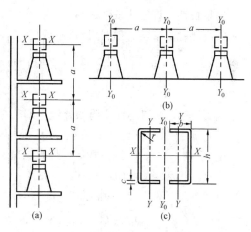

（1）相间应力 σ_{ph} 的计算。相间应力 σ_{ph} 仍按式（6-24）计算。当导体按图 6-6（a）布置时，作用力沿 Y_0 轴方向，导体绕 X 轴弯曲，$W_{\text{ph}}=2W_x$（W_x 为单条槽形对 X 轴的截面系数）；当导体按图 6-6（b）布置时，作用力沿 X 轴方向，如两槽未焊成一整体，则各槽导体绕 Y 轴弯曲，$W_{\text{ph}}=2W_y$（W_y 为单条槽形对 Y 轴的截面系数），如两槽焊成一整体，则整体绕 Y_0 轴弯曲，$W_{\text{ph}}=W_{y0}$（W_{y0} 为双槽整体对 Y_0 轴的截面系数）。W_x、W_y、W_{y0} 可查附表 2-2。

图 6-6 双槽形母线的布置方式
（a）垂直布置；（b）水平布置；（c）导体截面

（2）同相条间应力 σ_{b} 的计算。同相条间应力 σ_{b} 的计算与双条矩形导体的计算相同。当条间距离为 h（槽形导体高）时，$K_{12}\approx1$，于是有

$$f_{\text{b}}=2\times10^{-7}\frac{(0.5i_{\text{sh}})^2}{h}=0.5\times10^{-7}\frac{i_{\text{sh}}^2}{h} \quad (\text{N/m}) \tag{6-32}$$

不管采用图 6-6（a）还是图 6-6（b）所示的布置方式，作用力 f_{b} 均沿 X 轴方向，则各槽导体均绕 Y 轴弯曲，$W_{\text{b}}=W_y$，于是得

$$\sigma_{\text{b}}=\frac{M_{\text{b}}}{W_{\text{b}}}=\frac{f_{\text{b}}L_{\text{b}}^2}{12W_y} \quad (\text{Pa}) \tag{6-33}$$

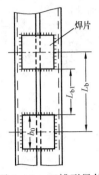

图 6 - 7　双槽形导体
焊片示意图

当双槽导体焊成整体（如图 6 - 7 所示）时，条间衬垫将由焊片替代，式（6 - 33）中的 L_b 应改为 L_{b1}，$L_{b1}=L_b-b_0$。

3. 管形导体的应力计算

由于篇幅有限，有关管形导体的应力计算内容本书从略。需要时，参见参考文献［7］。

【例 6 - 1】 已知某发电机 $P_N=25\mathrm{MW}$、$U_N=10.5\mathrm{kV}$、$\cos\varphi=0.8$，最大负荷利用小时 $T_{max}=6000\mathrm{h}$，其引出母线三相水平布置、导体平放，相间距离 $a=0.35\mathrm{m}$，环境温度 $\theta=40℃$，引出母线上短路计算时间 $t_k=4.2\mathrm{s}$，短路电流 $I''=27.2\mathrm{kA}$，$I_{2.1}=21.9\mathrm{kA}$，$I_{4.2}=19.2\mathrm{kA}$。试选择该发电机的引出母线。

解　（1）按经济电流密度选择母线截面。母线最大持续电流为

$$I_{max}=\frac{1.05P_N}{\sqrt{3}U_N\cos\varphi}=\frac{1.05\times25000}{\sqrt{3}\times10.5\times0.8}=1804\quad(A)$$

采用铝母线，由图 6 - 4 查得 $T_{max}=6000\mathrm{h}$ 时，$j=0.68\mathrm{A/mm^2}$。根据式（6 - 13），有

$$S_j=\frac{I_{max}}{j}=\frac{1804}{0.68}=2653(\mathrm{mm^2})$$

查附表 2 - 1，选用每相 2 条 125mm×10mm（＝2500mm²）矩形铝导体，平放时 $I_N=3152\mathrm{A}$，$K_s=1.45$。根据式（6 - 3）及式（6 - 12）可得，当 $\theta=40℃$ 时允许电流为

$$I_{al}=KI_N=0.149\sqrt{70-\theta}I_N=0.149\sqrt{70-40}\times3152=2553\mathrm{A}>1804\mathrm{A}$$

满足长期允许发热条件。

（2）热稳定校验。根据式（2 - 29），计算短路电流周期分量热效应为

$$Q_p=\frac{t_k}{12}(I''^2+10I_{\frac{t_k}{2}}^2+I_{t_k}^2)=\frac{4.2}{12}(27.2^2+10\times21.9^2+19.2^2)$$
$$=2066.61[(\mathrm{kA})^2\cdot\mathrm{s}]$$

因 $t_k>1\mathrm{s}$，所以不计非周期分量，即

$$Q_k=Q_p=2066.61\quad[(\mathrm{kA})^2\cdot\mathrm{s}]$$

据式（6 - 16），母线正常运行最高温度为

$$\theta_w=\theta+(\theta_{al}-\theta)(I_{max}/I_{al})^2=40+(70-40)(1804/2553)^2=55(℃)$$

查表 6 - 3 得 $C=93$。根据式（6 - 15）可得

$$S_{min}=\sqrt{Q_kK_s}/C=\sqrt{2066.61\times10^6\times1.45}/93=588.61\,(\mathrm{mm^2})<2500\mathrm{mm^2}$$

满足热稳定。

（3）共振校验。根据式（6 - 19）计算不发生共振的最大绝缘子跨距，得

$$m=2hb\rho_w=2\times0.125\times0.01\times2700=6.75\quad(\mathrm{kg/m})$$

$$J=bh^3/6=0.01\times0.125^3/6=3.255\times10^{-6}\quad(\mathrm{m^4})$$

取 $N_f=3.56$，$f_1=160\mathrm{Hz}$，代入式（6 - 19）中，得

$$L_{max}=\sqrt{\frac{N_f}{f_1}}\sqrt{\frac{EJ}{m}}=\sqrt{\frac{3.56}{160}}\sqrt{\frac{7\times10^{10}\times3.255\times10^{-6}}{6.75}}=2.02(\mathrm{m})$$

选取 $L=1.5m<L_{max}$，则 $\beta=1$。

（4）动稳定校验。短路冲击电流

$$i_{sh} = 2.69 I'' = 2.69 \times 27.2 = 73.17 (kA)$$

相间应力

$$f_{ph} = 1.73 \times 10^{-7} \times \frac{1}{a} i_{sh}^2 \beta = 1.73 \times 10^{-7} \times \frac{1}{0.35}(73.17 \times 10^3)^2 \times 1 = 2646.33 (N/m)$$

$$W_{ph} = bh^2/3 = 0.01 \times 0.125^2/3 = 52.08 \times 10^{-6} (m^3)$$

$$\sigma_{ph} = \frac{f_{ph}L^2}{10 W_{ph}} = \frac{2646.33 \times 1.5^2}{10 \times 52.08 \times 10^{-6}} = 11.43 \times 10^6 \quad (Pa)$$

由 $\frac{b}{h} = \frac{10}{125} = 0.08$，$\frac{2b-b}{b+h} = \frac{10}{10+125} = 0.074$，查图 2 - 15，得 $K_{12} = 0.37$。

同相条间应力

$$f_b = 0.25 \times 10^{-7} \times \frac{i_{sh}^2}{b} K_{12} = 0.25 \times 10^{-7} \times \frac{73170^2}{0.01} \times 0.37 = 4952.31 \quad (N/m)$$

$$L_{bmax} = b\sqrt{2h\ (\sigma_{al} - \sigma_{ph})\ /f_b} = 0.01\sqrt{\frac{2 \times 0.125 \times (70 - 11.43) \times 10^6}{4952.31}} = 0.38 \quad (m)$$

$L/L_{bmax} = 1.5/0.38 = 3.95$，即每跨内满足动稳定所必需的最少衬垫数为 4 个。实际衬垫跨距为

$$L_b = \frac{L}{4} = \frac{1.5}{4} = 0.375 (m) < L_{bmax}$$

临界跨距

$$L_{cr} = \lambda b \sqrt[4]{h/f_b} = 1003 \times 0.01 \sqrt[4]{0.125/4952.31} = 0.71 (m)$$

满足 $L_b < L_{bmax} < L_{cr}$，满足动稳定。

二、电力电缆的选择

电力电缆用于发电机、电力变压器、配电装置之间的连接，电动机与自用电源的连接，以及输电线路的引出。

（一）结构类型的选择

根据电缆的用途、敷设方法和场所，选择电缆的芯数、芯线材料、绝缘种类、保护层以及电缆的其他特征，最后确定电缆型号。

（1）电缆芯线有铜芯和铝芯，国内工程一般选用铝芯，但需移动或振动剧烈的场所应采用铜芯。

（2）在 110kV 及以上的交流装置中一般为单芯充油或充气电缆；在 35kV 及以下三相三线制的交流装置中，用三芯电缆；在 380/220V 三相四线制的交流装置中，用四芯或五芯（有一芯用于保护接地）电缆；在直流装置中，用单芯或双芯电缆。

（3）直埋电缆一般采用带护层的铠装电缆。周围潮湿或有腐蚀性介质的地区应选用塑料护套电缆。

（4）移动机械选用重型橡套电缆，高温场所宜用耐热电缆，重要直流回路或保安电源回路宜用阻燃电缆。

（5）垂直或高差较大处选用不滴流电缆或塑料护套电缆。

（6）敷设在管道（或没有可能使电缆受伤的场所）中的电缆，可用没有钢铠装的铅包电缆或黄麻护套电缆。

（二）额定电压选择

额定电压应满足式（6 - 2）要求，即

$$U_N \geqslant U_{Ns}$$

式中：U_N、U_{Ns}为电缆及其所在电网的额定电压，kV。

(三) 截面选择

(1) 电力电缆截面 S 的选择原则和方法与裸母线基本相同。即，对长度不超过 20m 的电缆，按回路最大持续工作电流 I_{max} 选择，即按式（6-3）选择，这时先由 I_{max} 查附表 2-4 及附表 2-5 得在基准环境温度下相应的 I_N 和 S；对最大负荷利用小时 $T_{max}>5000h$，且长度超过 20m 的电缆，可根据式（6-13）计算 S，并应满足式（6-3）。

(2) 确定电缆根数。满足上述要求的电缆，可以是一根截面大的或多根截面小的，一般按如下原则确定根数：当 $S<150mm^2$ 时，用一根；当 $S>150mm^2$ 时，用（$S/150mm^2$）根。

(3) 式（6-3）在用于电缆选择时，其综合修正系数 K 与环境温度、敷设方式等因素有关。

1) 空气中敷设 $K=K_t K_1$

2) 空气中穿管敷设 $K=K_t K_2$

3) 直接埋地敷设 $K=K_t K_3 K_4$

式中：K_t 为环境温度修正系数，由式（6-4）计算，其中的缆芯正常允许最高工作温度 θ_{al} 与电压等级、绝缘材料和结构有关，可查附表 2-6；K_1 为空气中多根电缆并列敷设的修正系数，可查附表 2-8；K_2 为空气中穿管敷设的修正系数，在 $U_N \leqslant 10kV$ 的情况下，$S \leqslant 95mm^2$ 时，$K_2=0.9$；$S=120 \sim 185mm^2$ 时，$K_2=0.85$；K_3 为直埋电缆因土壤热阻不同的修正系数，可查附表 2-9；K_4 为土壤中多根电缆并列敷设的修正系数，可查附表 2-10。

(四) 允许电压损失校验

对供电距离较远、容量较大的电缆线路，应校验其电压损失 $\Delta U \%$。对于三相交流电路，一般应满足

$$\Delta U \% \leqslant 5\%$$

而

$$\Delta U \% = 173 I_{max} L (r\cos\varphi + x\sin\varphi)/U_{Ns} \tag{6-34}$$

式中：I_{max} 为电缆线路最大持续工作电流，A；L 为线路长度，km；r、x 为电缆单位长度的电阻和电抗，可查附表 2-11，Ω/km；$\cos\varphi$ 为功率因数；U_{Ns} 为电缆线路额定线电压，V。

(五) 热稳定校验

电缆的热稳定校验与裸母线相同，仍用式（6-15）但其中的 $K_s=1$（实际上是将其计入 C），即

$$S_{min} = \sqrt{Q_k}/C \quad (mm^2) \tag{6-35}$$

热稳定系数 C 用式（6-36）计算

$$C = \frac{1}{\eta} \sqrt{\frac{4.2Q}{K_s \rho_{20} \alpha} \ln \frac{1+\alpha(\theta_k-20)}{1+\alpha(\theta_w-20)} \times 10^{-2}} \tag{6-36}$$

式中：η 为计及电缆芯线充填物热容量随温度变化以及绝缘物散热影响的校正系数，对3~10kV回路，η 取 0.93，35kV 及以上回路，η 取 1.0；Q 为电缆芯单位体积的热容量，铝芯取 0.59，铜芯取 0.81，$J/(cm^3 \cdot ℃)$；α 为电缆芯在 20℃时电阻温度系数，铝芯为 4.03×10^{-3}，铜芯为 3.93×10^{-3}，（1/℃）；K_s 为电缆芯在 20℃时的集肤效应系数，$S \leqslant 100mm^2$ 的三芯电缆，$K_s=1$，$S=120 \sim 240mm^2$ 的三芯电缆，$K_s=1.005 \sim 1.035$；ρ_{20} 为电缆芯在 20℃时的电阻率，铝芯取 3.10×10^{-6}，铜芯取 1.84×10^{-6}，$\Omega \cdot cm$；θ_w 为短路前电缆的工作温度，℃；θ_k 为短路时电缆的最高允许温度，℃。

【例 6 - 2】 某变电站以双回 10kV 电缆线路向某重要用户供电，供电距离 $L=1.5$km。用户 $P_{max}=3000$kW，$T_{max}=4000$h，$\cos\varphi=0.85$。电缆末端短路电流为 $I''=I_{\frac{t}{2}}=I_{t_k}=7.5$kA，短路时间 $t_k=1.12$s。电缆采用直埋地下，净距 200mm，土壤温度 $\theta=20℃$，热阻系数 $g=80℃\cdot cm/W$。试选择该电缆。

解 （1）电缆额定电压和结构类型选择。据题意，选择 $U_N=10$kV 的 YJLV22 型电缆（交联聚乙烯绝缘、聚氯乙烯护套、钢带铠装、铝芯电缆）。

（2）截面选择。因 $T_{max}<5000$h，所以按最大持续工作电流选择。由于是双回供电的重要用户，当一回线路故障时，另一回应能供全部负荷，即

$$I_{max}=\frac{P_{max}}{\sqrt{3}U_N\cos\varphi}=\frac{3000}{\sqrt{3}\times10\times0.85}=203.8\quad(A)$$

查附表 2-4、附表 2-6，选择 $S=95$mm² 电缆，$\theta_N=25℃$时，$I_N=215$A，$\theta_{al}=90℃$。温度修正系数

$$K_t=\sqrt{\frac{\theta_{al}-\theta}{\theta_{al}-25}}=\sqrt{\frac{90-20}{90-25}}=1.08$$

查附表 2-9 及附表 2-10 得土壤热阻修正系数 $K_3=1.0$，直埋两根并列敷设系数 $K_4=0.92$。允许载流量

$$I_{al}=K_tK_3K_4I_N=1.08\times1.0\times0.92\times215=213.6(A)>203.8\text{ A}$$

满足长期发热要求。

（3）允许电压损失校验。查附表 2-11，得 $r=0.34$（Ω/km），$x=0.076$（Ω/km）。

$$\Delta U\%=173I_{max}L(r\cos\varphi+x\sin\varphi)/U_{Ns}$$
$$=173\times203.8\times1.5(0.34\times0.85+0.076\times0.527)/10000$$
$$=1.74(\%)<5\%$$

满足要求。

（4）热稳定校验。正常最高运行温度为

$$\theta_w=\theta+(\theta_{al}-\theta)\cdot(I_{max}/I_{al})^2=20+(90-20)(203.8/213.6)^2=83.7(℃)$$

热稳定系数 C

$$C=\frac{1}{\eta}\sqrt{\frac{4.2Q}{K_s\rho_{20}\alpha}\ln\frac{1+\alpha(\theta_k-20)}{1+\alpha(\theta_w-20)}\times10^{-2}}$$
$$=\frac{1}{0.93}\sqrt{\frac{4.2\times0.59}{1\times3.1\times10^{-6}\times4.03\times10^{-3}}\ln\frac{1+4.03\times10^{-3}(200-20)}{1+4.03\times10^{-3}(83.7-20)}\times10^{-2}}=85.2$$

短路电流热效应

$$Q_k=Q_p=\frac{t_k}{12}(I''^2+10I_{\frac{t}{2}}^2+I_{t_k}^2)=t_kI''^2=1.12\times7.5^2=63[(kA)^2\cdot s]$$

$$S_{min}=\sqrt{Q_k}/C=\sqrt{63\times10^6}/85.2=93(mm^2)<95mm^2$$

满足热稳定。

第三节 支柱绝缘子和穿墙套管的选择

支柱绝缘子按额定电压和类型选择，并按短路校验动稳定；穿墙套管按额定电压、额定电流和类型选择，并按短路校验热、动稳定。

一、按额定电压选择支柱绝缘子和穿墙套管

支柱绝缘子和穿墙套管的额定电压应满足式（6-2）要求，即

$$U_N \geqslant U_{Ns}$$

式中：U_N、U_{Ns}为支柱绝缘子（或穿墙套管）及其所在电网的额定电压，kV。

发电厂和变电站的3～20kV屋外支柱绝缘子和套管，当有冰雪或污秽时，宜选用高一级额定电压的产品。

二、选择支柱绝缘子和穿墙套管的种类和型式

选择支柱绝缘子和穿墙套管时应按装置种类（屋内、屋外）、环境条件选择满足使用要求的产品。

如第三章所述，户内联合胶装多棱式支柱绝缘子兼有外胶装式、内胶装式的优点，并适用于潮湿和湿热带地区；户外棒式支柱绝缘子性能较针式优越。所以规程规定：屋内配电装置宜采用联合胶装多棱式支柱绝缘子；屋外配电装置宜采用棒式支柱绝缘子。在有严重的灰尘或对绝缘有害的气体存在的环境中，应选用防污型绝缘子。

穿墙套管一般采用铝导体穿墙套管。

三、按最大持续工作电流选择穿墙套管

穿墙套管的最大持续工作电流应满足式（6-3），即

$$I_{al} = KI_N \geqslant I_{max} \quad (A)$$

式中：K为温度修正系数，当环境温度40℃＜θ≤60℃时，用式（6-4）计算，导体的θ_{al}取85℃，即$K=0.149\sqrt{85-\theta}$；在环境温度θ＜40℃及符合套管长期最高允许发热温度的情况下，允许其长期过负荷，但不应大于$1.2I_N$；I_N、I_{max}为穿墙套管的额定电流及其所在回路的最大持续工作电流，A。

母线型穿墙套管本身不带导体，不必按持续工作电流选择和校验热稳定，只需保证套管型式与母线条的形状和尺寸配合及校验动稳定。

四、校验穿墙套管的热稳定

穿墙套管的热稳定应满足式（6-9），即

$$I_t^2 t \geqslant Q_k \quad [(kA)^2 \cdot s]$$

式中：I_t为允许通过穿墙套管的热稳定电流，可查附表2-13，A；t为允许通过穿墙套管的热稳定时间，可查附表2-13，s。

五、校验支柱绝缘子和穿墙套管的动稳定

支柱绝缘子和穿墙套管的动稳定应满足

$$F_c \leqslant 0.6F_d \quad (N) \tag{6-37}$$

式中：F_c为三相短路时，作用于绝缘子帽或穿墙套管端部的计算作用力，N；F_d为绝缘子或穿墙套管的抗弯破坏负荷，查附表2-12及附表2-13，N；0.6为绝缘子或穿墙套管的潜在强度系数。

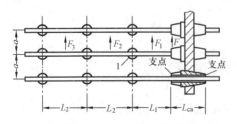

图6-8 绝缘子和穿墙套管所受的电动力

1.三相短路时绝缘子（或套管）所受的电动力 F_{max}

布置在同一平面内的三相导体（如图6-8所示）发生三相短路时，任一支柱绝缘子（或套管）所受的电动力，为该绝缘子（或套管）相邻跨导体上电动力的平均值（即左右两跨各有一半力作用在绝缘子或套管上）。例如绝缘子1所受的力 F_{max}为

$$F_{max} = \frac{F_1 + F_2}{2} = 1.73 \times 10^{-7} \frac{L_1 + L_2}{2a} i_{sh}^2 = 1.73 \times 10^{-7} \frac{L_c}{a} i_{sh}^2 \quad (N) \tag{6-38}$$

式中：L_c 为绝缘子计算跨距，$L_c = (L_1 + L_2)/2$，L_1、L_2 为与绝缘子相邻的跨距，m。

2. 支柱绝缘子的 F_c 计算

当三相导体水平布置时，F_{max} 作用在导体截面的水平中心线上，与绝缘子轴线垂直，绝缘子可能被弯曲而破坏，如图 6-9 所示。由于支柱绝缘子的抗弯破坏负荷 F_d 是按作用在绝缘子帽上给定的，因此必须求出短路时作用在绝缘子帽上的计算作用力 F_c，根据力矩平衡得

$$F_c = F_{max} H_1 / H \quad (N) \tag{6-39}$$

而 $\qquad\qquad H_1 = H + b' + h/2$

式中：H_1 为绝缘子底部到导体水平中心线的高度，mm；H 为绝缘子的高度，mm；b' 为导体支持器下片厚度，mm，一般竖放矩形导体 $b' = 18$mm，平放矩形导体及槽形导体 $b' = 12$mm；h 为母线总高度，mm。

当三相导体垂直布置时，F_{max} 与绝缘子轴线重合，绝缘子受压，有

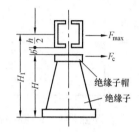

图 6-9 绝缘子受力示意图

$$F_c = F_{max} \quad (N)$$

对于屋内 35kV 及以上水平布置的支柱绝缘子，在进行上述机械力计算时，应考虑导体和绝缘子的自重及短路电动力的复合作用，屋外支柱绝缘子尚应计及风力和冰雪的附加作用；对于悬式绝缘子，不需校验动稳定。

3. 穿墙套管的 F_c 计算（三相导体水平或垂直布置相同）

按式 (6-38) 计算穿墙套管的 F_c，即

$$F_c = F_{max} = 1.73 \times 10^{-7} \frac{L_c}{a} i_{sh}^2 \quad (N) \tag{6-40}$$

式中：L_c 为穿墙套管的计算跨距，$L_c = (L_1 + L_{ca})/2$，L_{ca} 为穿墙套管的长度，m。

【例 6-3】 选择 [例 6-1] 中的发电机引出母线的支柱绝缘子。

解 根据母线额定电压（10.5kV）和装置地点，屋内部分选择 ZL-10/8 型支柱绝缘子，其抗弯破坏负荷 $F_d = 8000$N，高度 $H = 170$mm；两条矩形母线平放总高度 $h = 3b = 30$mm。则

$$H_1 = H + b' + h/2 = 170 + 12 + 15 = 197 \quad (mm)$$

$$F_{max} = F_{ph} = f_{ph} L = 2646.33 \times 1.5 = 3969.5 \quad (N)$$

$$F_c = F_{max} H_1 / H = 3696.5 \times 197/170 = 4600(N) < 0.6F_d (= 4800N)$$

屋外部分选用 ZS-20/8 型支柱绝缘子，其 $F_d = 8000$N，$H = 350$mm，校验方法相同。

第四节 高压断路器和隔离开关的选择

一、高压断路器选择

1. 种类和型式的选择

种类和型式的选择，即根据环境条件、使用技术条件及各种断路器的不同特点进行选择。一般断路器在实用中的选型参考见表 6-6。

表 6 - 6 断路器的选型参考

安装使用场所		可选择的主要型式	参考型号规范
发电机回路	中小型机组	真空 SF₆ 断路器	ZN - 10、LN - 10 系列，ZN - 12、LN - 12 系列，VAH、HVX 系列
	大型机组	专用 SF₆ 断路器	
配电装置	6～10kV	真空、SF₆ 断路器	ZN - 10、LN - 10 系列，ZN - 12、LN - 12、ZW - 12 系列
	35kV	真空、SF₆ 断路器	ZN - 35、ZW - 35、LN - 35、LW - 35 系列，ZN - 40.5、ZW - 40.5、LN - 40.5、LW - 40.5 系列
	110、220kV	SF₆ 断路器	LW - 110、LW - 220 系列，LW - 126、LW - 252（245）系列
	330、500、750kV	SF₆ 断路器	LW - 330、LW - 500 系列，LW - 363、LW - 550、LW - 800 系列

真空断路器、SF₆ 断路器在技术性能和运行维护方面有明显优势，深受用户欢迎，是发展方向。

高压断路器的操动机构，大多数是由制造厂配套供应，仅部分断路器有电磁式（CD 型）、弹簧式（CT 型）或液压式（CY 型）等几种型式的操动机构可供选择。

2. 按额定电压选择

额定电压应满足式（6-2）要求，即

$$U_N \geqslant U_{Ns}$$

3. 额定电流选择

额定电流应满足式（6-3）要求，即

$$I_{al} = KI_N \geqslant I_{max} \quad (A) \tag{6-41}$$

式中：K 为温度修正系数，用式（6-5）计算。

至此，可初选断路器的型号，并查附录二有关附表得其有关参数，如固有分闸时间 t_{in}、额定开断电流 I_{Nbr}、动稳定电流峰值 i_{es}、t 秒内通过的热稳定电流 I_t 等。

4. 额定开断电流选择

为保证断路器能可靠地开断短路电流，一般情况下，原则上额定开断电流 I_{Nbr} 不应小于实际开断瞬间的短路全电流有效值 I_k，即

$$I_{Nbr} \geqslant I_k \quad (kA) \tag{6-42}$$

而

$$I_k = \sqrt{I_{pt}^2 + (\sqrt{2}I'' e^{-\frac{t_{br}}{T_a}})^2} \approx I'' \sqrt{1 + 2e^{-\frac{2t_{br}}{T_a}}} \quad (kA) \tag{6-43}$$

$$T_a = \frac{X_\Sigma}{\omega R_\Sigma}$$

式中：I'' 为短路电流周期分量的起始值，kA；I_{pt} 为开断瞬间短路电流周期分量的有效值，可近似取 $I_{pt} = I''$，kA；t_{br} 为开断计算时间，s，可按式（6-7）计算，对快速动作的断路器，其固有分闸时间 $t_{in} \leqslant 0.04$s；T_a 为短路电流非周期分量的衰减时间常数，愈靠近电源 T_a 愈大，反之愈小，s；X_Σ、R_Σ 为电源至短路点的等效总电抗和等效总电阻。

最严重的短路类型一般是三相短路。但在中性点直接接地系统中，单相短路电流可能超过三相短路电流。由于断路器开断单相短路的能力比开断三相短路大 15％，所以，只有在单相短路电流比三相短路电流大 15％时，才用单相短路作为选择条件。

注意到非周期分量与 t_{br}、T_a 有关，所以，在运用式（6-43）时，对不同情况采用不同的处

理方式。

（1）对于采用快速保护和快速断路器的地点（其 $t_{br}<0.1s$）和靠近电源处（如12MW及以上发电机回路、发电机电压配电装置、高压厂用配电装置、发电厂及枢纽变电站的高压配电装置等）的短路点，短路电流非周期分量往往超过周期分量幅值的20%，即超过断路器型式试验条件（仅计入20%的非周期分量），因此，其开断短路电流应计及非周期分量的影响，即按式（6-43）计算 I_k。

（2）对于采用中、慢速断路器的地点（其 $t_{br}\geqslant0.1s$）和在远离发电厂的变电站二次电压主母线、配电网中变电站主母线、12MW以下发电机回路和 $T_a<0.1s$ 等处的短路点，其开断短路电流可不计及非周期分量的影响，即

$$I_k \approx I'' \quad (kA) \tag{6-44}$$

5. 额定关合电流的选择

为了保证断路器在关合短路电流时的安全，不会引起触头熔接和遭受电动力的损坏，应满足

$$i_{Ncl} \geqslant i_{sh} \quad (kA) \tag{6-45}$$

6. 热稳定校验

热稳定应满足式（6-9），即

$$I_t^2 t \geqslant Q_k \quad [(kA)^2 \cdot s]$$

7. 动稳定校验

动稳定应满足式（6-11），即

$$i_{es} \geqslant i_{sh} \quad (kA)$$

如第三章所述，在断路器产品目录中，部分产品未给出 i_{Ncl}，而凡给出的均有 $i_{Ncl}=i_{es}$，故动稳定校验包含了对 i_{Ncl} 的选择，即 i_{Ncl} 的选择可省略。

二、隔离开关的选择

隔离开关的选择方法与断路器相同，但隔离开关没有灭弧装置，不承担接通和断开负荷电流和短路电流的任务，因此，不需校验额定开断电流和关合电流。

1. 种类和型式的选择

隔离开关对配电装置的布置和占地面积有很大影响，应根据配电装置特点、使用要求及技术经济条件选择其种类和型式。一般，隔离开关在实用中的选型参考见表6-7。

表 6-7　　　　　　　　　　　　隔离开关的选型参考

安装使用场所		特　点	参考型号
屋内配电装置、成套 高压开关柜		三极，10kV及以下，手动	GN2，GN6，GN8，GN19
屋内	发电机回路，大电流回路	单极，10kV，20kV，大电流3000～9100A，手动、电动	GN10，GN23
		单极，插入式结构，带封闭罩，20kV，大电流10 000～12 500A，电动	GN21
		三极，10kV，大电流2000～4000A，手动	GN2，GN3
		三极，15kV，200～600A，手动	GN11

安装使用场所		特　点	参考型号
屋外	220kV及以下各型配电装置	双柱式，220kV及以下，手动、电动	GW4
	高型、硬母线布置	V型，35～110kV，属双柱式，手动、电动	GW5
	硬母线布置	单柱式，110～500kV，可分相布置，电动	GW6、GW10、GW16
	220kV及以上中型配电装置	三柱式、双柱式，220～500kV，电动	GW7、GW11、GW12、GW17
	变压器中性点	单极，35～110kV	GW8、GW13

2. 按额定电压选择

额定电压应满足式（6-2）要求，即

$$U_N \geqslant U_{Ns}$$

3. 额定电流选择

额定电流应满足式（6-3），即

$$I_{al} = KI_N \geqslant I_{max} \quad (A)$$

式中：K 为温度修正系数，可用式（6-5）计算。

至此，可初选隔离开关的型号，并查附表2-19，得其有关参数，如动稳定电流峰值 i_{es}、t 秒内通过的热稳定电流 I_t 等。

4. 热稳定校验

热稳定应满足式（6-9），即

$$I_t^2 t \geqslant Q_k \quad [(kA)^2 \cdot s]$$

5. 动稳定校验

动稳定应满足式（6-11），即

$$i_{es} \geqslant i_{sh} \quad (kA)$$

【例6-4】 选择［例6-1］中发电机回路的断路器和隔离开关。已知发电机主保护动作时间 $t_{prl} = 0.05s$，短路电流非周期分量衰减时间常数 $T_a = 0.25s$。

解 根据发电机断路器所在电网的 U_{Ns}、回路的 I_{max} 及安装在屋内的要求，查附表2-15及附表2-19，可选择 LN-10/2000 型断路器（其固有分闸时间 $t_{in} = 0.06s$）及 GN2-10 型隔离开关。对断路器

$$t_{br} = t_{prl} + t_{in} = 0.05 + 0.06 = 0.11 \quad (s)$$

$$I_k = I'' \sqrt{1 + 2e^{-\frac{2t_{br}}{T_a}}} = 27.2 \sqrt{1 + 2e^{-\frac{2 \times 0.11}{0.25}}} = 36.79 \quad (kA)$$

断路器及隔离开关有关参数与计算数据比较见表6-8。

表6-8　　　　　　　　**断路器和隔离开关有关参数与计算数据比较**

设备参数	LN-10	GN2-10	计算数据	
U_N（kV）	10	10	U_N（kV）	10
I_N（A）	2000	2000	I_{max}（A）	1804
I_{Nbr}（kA）	40		I_k（kA）	36.79

设备参数	LN-10	GN2-10	计 算 数 据	
$I_t^2 t[(kA)^2 \cdot s]$	$43.5^2 \times 3 = 5676.75$	$51^2 \times 5 = 13005$	$Q_k[(kA)^2 \cdot s]$	2066.61
i_{Ncl} (kA)	110		i_{sh} (kA)	73.17
i_{es} (kA)	110	85	I_{sh} (kA)	73.17

由选择结果表可见，所选断路器和隔离开关各项条件均满足。

第五节 高压负荷开关和高压熔断器的选择

一、高压负荷开关选择

负荷开关的选择与高压断路器类似，但由于其主要是用来接通和断开正常工作电流，而不能开断短路电流，所以不校验短路开断能力。

1. 种类和型式的选择

应根据环境条件、使用技术条件及各种负荷开关的不同特点进行选择。

2. 按额定电压选择

额定电压应满足式（6-2）要求，即

$$U_N \geqslant U_{Ns}$$

3. 额定电流选择

额定电流应满足式（6-3），即

$$I_{al} = KI_N \geqslant I_{max} \quad (A)$$

式中：K 为温度修正系数，可用式（6-5）计算。

至此，可初选负荷开关的型号，并查附表2-20，得其有关参数，如额定短路关合电流 i_{Ncl}、动稳定电流峰值 i_{es}、t 秒内通过的热稳定电流 I_t 等。

4. 额定短路关合电流的选择

与断路器的式（6-45）类似，即额定短路关合电流应满足

$$i_{Ncl} \geqslant i_{sh} \quad (kA)$$

5. 热稳定校验

热稳定应满足式（6-9），即

$$I_t^2 t \geqslant Q_k \quad [(kA)^2 \cdot s]$$

6. 动稳定校验

动稳定应满足式（6-11），即

$$i_{es} \geqslant i_{sh} \quad (kA)$$

二、高压熔断器选择

1. 型号和种类选择

熔断器的型式可根据安装地点、使用要求选用。作为电力线路、电力变压器的短路或过载保护，可选用 RN1、RN3、RN5、RN6、RW3～RW7、RW9～RW11 等系列；作为电压互感器（3～110kV）的短路保护（不能作过载保护），可选用 RN2、RN4、RW10、RXW0 等系列；作为电力电容器回路短路或过载保护，可选用 BRN1、BRN2、BRW 等系列。

2. 额定电压选择

对一般高压熔断器，额定电压应满足式（6-2）要求，即

$$U_N \geqslant U_{Ns}$$

但对于充填石英砂有限流作用的熔断器，只能用于其额定电压的电网中，即要求 $U_N = U_{Ns}$。因为这种熔断器的熔体熔断时，去游离作用很强，电弧电阻很大，在电流未达到 i_{sh} 之前就迅速减小到零，而电路中总有电感存在，所以出现过电压。过电压倍数与电路参数及熔体长度有关，而 U_N 愈高其熔体愈长，过电压倍数愈大。当用在低于 U_N 的电网中时（即 $U_N > U_{Ns}$），因熔体相对较长，过电压可达 $3.5 \sim 4$ 倍电网相电压，可能使电网产生电晕及损害电网中的电气设备；当用在等于 U_N 的电网中时（即 $U_N = U_{Ns}$），过电压仅为 $2 \sim 2.5$ 倍电网相电压，无上述危险。

3. 额定电流选择

额定电流选择包括熔断器熔管额定电流 I_{Nt} 和熔体额定电流 I_{Ns} 的选择。

(1) 熔断器熔管额定电流。为了保证熔断器壳不致损坏，熔断器熔管额定电流应满足

$$I_{Nt} \geqslant I_{Ns} \tag{6-46}$$

(2) 熔体额定电流 I_{Ns} 选择。熔体额定电流 I_{Ns} 的选择应满足保护的可靠性、选择性和灵敏度要求。一般熔体都具有反时限的电流—时间特性（安秒特性）。I_{Ns} 选得过大，将延长熔断时间，降低灵敏度；选得过小，则不能保证可靠性和选择性。

1) 保护 35kV 及以下电力变压器的熔断器，当通过变压器回路的最大工作电流 I_{max}、变压器的励磁涌流、保护范围外的短路电流及电动机自启动等冲击电流时，其熔体不应误熔断，I_{Ns} 可按式（6-47）选择

$$I_{Ns} = K I_{max} \tag{6-47}$$

式中：K 为可靠系数，不计电动机自启动时 $K = 1.1 \sim 1.3$；考虑电动机自启动时 $K = 1.5 \sim 2.0$。

2) 保护电力电容器的熔断器，当系统电压升高或波形畸变引起回路电流增大，或运行过程中产生涌流时，其熔体不应误熔断。I_{Ns} 可按式（6-48）选择

$$I_{Ns} = K I_{Nc} \tag{6-48}$$

式中：K 为可靠系数，对跌落式熔断器 $K = 1.2 \sim 1.3$；对限流式熔断器，当一台电力电容器时 $K = 1.5 \sim 2.0$，当一组电力电容器时 $K = 1.3 \sim 1.8$；I_{Nc} 为电力电容器回路的额定电流。

4. 额定开断电流校验

部分熔断器产品目录中，给出的是开断容量 S_{Nbr}，而不是开断电流 I_{Nbr}，两者关系是

$$I_{Nbr} = \frac{S_{Nbr}}{\sqrt{3} U_N} \tag{6-49}$$

(1) 对于没有限流作用的熔断器，一般在短路电流达 i_{sh} 之后，其熔体才熔断，所以，选择时用冲击电流的有效值 I_{sh}（$\approx 0.6 i_{sh}$）校验，即

$$I_{Nbr} \geqslant I_{sh} \tag{6-50}$$

(2) 对于有限流作用的熔断器，在短路电流未达 i_{sh} 之前，其熔体已熔断，故可不计及短路电流非周期分量的影响，选择时可用 I'' 校验，即

$$I_{Nbr} \geqslant I'' \tag{6-51}$$

5. 选择性校验

为保证前后两级熔断器之间、熔断器与电源或负荷侧的保护装置之间动作的配合，应进行熔断器熔体选择性校验。即，当电网中任一元件发生短路时，保护该元件的熔断器必须熔断。如图 6-10 (a) 所示，熔断器 2 的熔断时间应较负荷侧的保护装置动作时间长，较 1 的熔断时间短；1 的熔断时间应较电源侧的保护装置动作时间短。要使熔断器 1、2 之间动作配合，只要选择 1 的安秒特性高于 2 的安秒特性即可，如图 6-10 (b) 所示，这种情况下，有 $I_{Ns1} > I_{Ns2}$，$t_1 > t_2$。

当短路电流很大时，其熔断时间 t_1' 、t_2' 相差很小。为保证选择性，应使上下级熔断器在最大短路电流的情况下，动作时间差 $\Delta t \geqslant 0.5s$。

另外，保护电压互感器的熔断器，只需按额定电压选择和按断流容量校验。

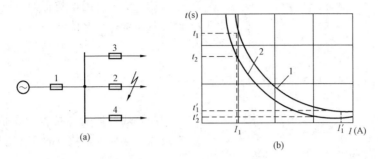

图 6 - 10　熔断器选择性示意图

(a) 接线示意图；(b) 安秒特性

1、2—分别为熔断器 1、2 的熔体的安秒特性曲线

第六节　限流电抗器的选择

电抗器应根据额定电压、额定电流和百分电抗进行选择，并按短路电流校验动、热稳定。

一、额定电压和额定电流的选择

应满足式（6 - 2）及式（6 - 3）的要求，即

$$U_N \geqslant U_{Ns}$$
$$I_{al} = K I_N \geqslant I_{max}$$

式中：K 为温度修正系数。当环境温度 $\theta > 40℃$ 时，用式（6 - 4）计算，电抗器的 θ_{al} 取 $100℃$，即 $K = 0.129 \sqrt{100 - \theta}$；$I_N$ 为普通电抗器的额定电流或分裂电抗器一个臂的额定电流；I_{max} 为通过普通电抗器或分裂电抗器一个臂的最大持续工作电流。对出线电抗器（普通或分裂），I_{max} 为线路最大持续工作电流；对普通母线分段电抗器，I_{max} 一般取相邻两段母线上最大一台发电机额定电流的 $50\% \sim 80\%$；当分裂电抗器用于发电机或主变回路时，I_{max} 一般取发电机或主变额定电流的 70%。

二、电抗百分数的选择

如前所述，装设电抗器的目的是限制短路电流，以便能合理地选择轻型电器。选择电抗器的电抗百分数时，通常是从限制电抗器后面的次暂态短路电流 I'' 不超过轻型断路器的额定开断电流 I_{Nbr} 出发。为简化起见，令

$$I'' = I_{Nbr}$$

1. 电抗百分数的计算

（1）选择基准容量 S_d、基准电压 U_d（取平均额定电压），计算基准电流 I_d 和各元件电抗的标幺值，并绘出等值电路图。其中基准电流为

$$I_d = \frac{S_d}{\sqrt{3} U_d}$$

电抗器电抗的标幺值为

$$x_L^* = \frac{x_L \%}{100} \frac{I_d U_N}{I_N U_d}$$

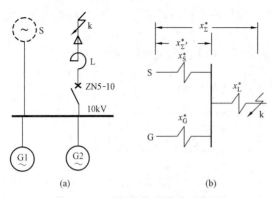

图 6-11　选择电抗器接线示意图

(a) 接线示意图；(b) 等值电路

（2）简化等值电路，计算电源至电抗器前 [图 6-11 (a) 中电抗器的下侧] 的其他所有元件对短路点的总电抗标幺值 $x_{\Sigma}^{*}{}'$ 。

（3）估算（因电抗器尚未选出）电源至短路点的总电抗标幺值 x_{Σ}^{*}

$$x_{\Sigma}^{*} = \frac{x_{\Sigma}}{\dfrac{U_{d}}{\sqrt{3}I_{d}}} = \frac{I_{d}}{\dfrac{U_{d}}{\sqrt{3}x_{\Sigma}}} = \frac{I_{d}}{I''} = \frac{I_{d}}{I_{Nbr}}$$

(6-52)

（4）估算所需电抗器的电抗标幺值 x_{L}^{*} 及电抗器在其额定参数下的百分电抗 $x_{L}\%$

$$x_{L}^{*} = x_{\Sigma}^{*} - x_{\Sigma}^{*}{}' = \frac{I_{d}}{I_{Nbr}} - x_{\Sigma}^{*}{}' \quad (6-53)$$

$$x_{L}\% = x_{L}^{*} \frac{I_{N}U_{d}}{I_{d}U_{N}} \times 100 = \left(\frac{I_{d}}{I_{Nbr}} - x_{\Sigma}^{*}{}'\right)\frac{I_{N}U_{d}}{I_{d}U_{N}} \times 100(\%) \quad (6-54)$$

2. 普通电抗器电抗百分数的选择

从产品目录中选择接近而稍大于式 (6-54) 计算结果 $x_{L}\%$ 的标准电抗百分数，例如，若求得 $x_{L}\%$ 为 2.04%，则选 3%。出线电抗器电抗百分数不宜超过 6%，母线分段电抗器电抗百分数不宜超过 12%。

3. 分裂电抗器电抗百分数的选择

分裂电抗器电抗百分数 $x_{L1}\%$ 是以每臂的额定电流为基准的，所以，需对式 (6-54) 的计算结果 $x_{L}\%$ 进行换算。$x_{L1}\%$ 与 $x_{L}\%$ 的关系与电源连接方式及短路点的选择有关。分裂电抗器的接线如图 6-12 所示。

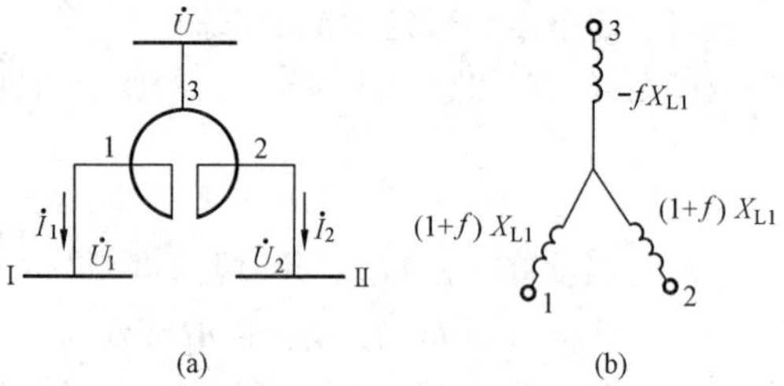

（1）当 3 侧有电源，1、2 侧无电源，在 1（或 2）短路时

$$x_{L}\% = -fx_{L1}\% + (1+f)x_{L1}\% = x_{L1}\%$$

即
$$x_{L1}\% = x_{L}\% \quad (6-55)$$

图 6-12　分裂电抗器的接线

(a) 接线图；(b) 等值电路

（2）当 3 侧无电源，1（或 2）侧有电源，在 2（或 1）短路时

$$x_{L1}\% = \frac{x_{L}\%}{2(1+f)} \quad (6-56)$$

（3）当 1、2 侧有电源，在 3 侧短路时

$$x_{L1}\% = \frac{2x_{L}\%}{1-f} \quad (6-57)$$

同样，由产品目录中查得接近而稍大于 $x_{L1}\%$ 的标准电抗百分数。

至此，可初选出电抗器的具体型号，查出其 t 秒钟的热稳定电流 I_{t} 及动稳定电流 i_{es}。

三、电压校验

1. 普通电抗器的电压损失校验

（1）正常运行时的电压损失 $\Delta U\%$ 校验。此时应满足 $\Delta U\% \leqslant 5\%$。作电抗器的电流、电压相量图，可知当忽略电抗器电阻时，经电抗器的线电压损失 ΔU 为

$$\Delta U \approx \sqrt{3} x_{\mathrm{L}} I_{\max} \sin\varphi = \sqrt{3} \frac{x_{\mathrm{L}}\%}{100} \frac{U_{\mathrm{N}}}{\sqrt{3} I_{\mathrm{N}}} I_{\max} \sin\varphi = \frac{x_{\mathrm{L}}\%}{100} \frac{U_{\mathrm{N}}}{I_{\mathrm{N}}} I_{\max} \sin\varphi$$

$$\Delta U\% = \frac{\Delta U}{U_{\mathrm{N}}} \times 100 \approx x_{\mathrm{L}}\% \frac{I_{\max}}{I_{\mathrm{N}}} \sin\varphi \qquad (6\text{-}58)$$

式中：φ 为负荷的功率因数角，一般 $\cos\varphi = 0.8$，即 $\sin\varphi = 0.6$。

（2）电抗器后面短路时母线残压 $\Delta U_{\mathrm{re}}\%$ 校验。若出线电抗器回路未装设无时限保护，应进行校验，并应满足 $\Delta U_{\mathrm{re}}\% \geqslant 60\% \sim 70\%$（电抗器接在 6kV 发电机主母线上时，取上限值），以减轻短路对其他用户的影响。令式（6-58）中 $I_{\max} = I''$，$\sin\varphi = 1$（忽略电阻），$\Delta U\%$ 用 $\Delta U_{\mathrm{re}}\%$ 表示，得母线残压的百分数

$$\Delta U_{\mathrm{re}}\% = x_{\mathrm{L}}\% \frac{I''}{I_{\mathrm{N}}} \qquad (6\text{-}59)$$

若不满足要求，可在该出线电抗器回路加装快速保护以加速故障切除，或在正常电压损失允许范围内加大电抗。对母线分段电抗器、带几回出线的电抗器及装有无时限保护的出线电抗器，不必做本项校验。

2. 分裂电抗器的电压波动计算

（1）正常运行时的电压波动计算。如前所述，正常运行时分裂电抗器的电压损失很小，但两臂负荷不等时，将引起两母线电压偏差，而负荷波动则会引起两母线电压波动。

Ⅰ 段母线的电压为（注意到两臂负荷电流反向）

$$U_1 = U - \sqrt{3}(x_{\mathrm{L1}} I_1 \sin\varphi_1 - f x_{\mathrm{L1}} I_2 \sin\varphi_2) \qquad (6\text{-}60)$$

而

$$x_{\mathrm{L1}} = \frac{x_{\mathrm{L1}}\%}{100} \frac{U_{\mathrm{N}}}{\sqrt{3} I_{\mathrm{N}}} \qquad (6\text{-}61)$$

将式（6-61）代入式（6-60），两边除以 U_{N}，并取百分数

$$U_1\% = U\% - x_{\mathrm{L1}}\% \left(\frac{I_1}{I_{\mathrm{N}}} \sin\varphi_1 - f \frac{I_2}{I_{\mathrm{N}}} \sin\varphi_2 \right) \qquad (6\text{-}62)$$

同理，Ⅱ 段母线的电压为

$$U_2\% = U\% - x_{\mathrm{L1}}\% \left(\frac{I_2}{I_{\mathrm{N}}} \sin\varphi_2 - f \frac{I_1}{I_{\mathrm{N}}} \sin\varphi_1 \right) \qquad (6\text{-}63)$$

式中：U 为电源侧线电压；I_1、I_2 为 Ⅰ、Ⅱ 段母线上负荷电流，如无负荷资料，可取 $I_1 = 0.3 I_{\mathrm{N}}$，$I_2 = 0.7 I_{\mathrm{N}}$；φ_1、φ_2 为 Ⅰ、Ⅱ 段母线上负荷功率因数角，一般可取 $\cos\varphi = 0.8$，即 $\sin\varphi = 0.6$。

电压波动应不大于 5%。即，应满足 $95\% \leqslant U_1\% \leqslant 105\%$ 及 $95\% \leqslant U_2\% \leqslant 105\%$。

（2）某一段母线上的馈线短路时另一段母线电压升高计算。设 Ⅱ 段母线上的馈线短路，则 $U_2 \approx 0$，$I_2 = I''$，$\sin\varphi_2 \approx 1$，由式（6-62）及式（6-63）可推导得

$$U_1\% = x_{\mathrm{L1}}\%(1+f)\left(\frac{I''}{I_{\mathrm{N}}} - \frac{I_1}{I_{\mathrm{N}}} \sin\varphi_1 \right) \approx x_{\mathrm{L1}}\%(1+f)\frac{I''}{I_{\mathrm{N}}} \qquad (6\text{-}64)$$

同理，Ⅰ 段母线上的馈线短路时，有

$$U_2\% \approx x_{\mathrm{L1}}\%(1+f)\frac{I''}{I_{\mathrm{N}}} \qquad (6\text{-}65)$$

可见，在短路发生瞬间，正常母线段上的电压比额定电压高得多。

四、热稳定和动稳定校验

据实际选定的电抗百分数计算短路电流 I''、$I_{t_{\mathrm{k}}}/2$、$I_{t_{\mathrm{k}}}$，然后进行热、动稳定校验。应分别满足式（6-9）及式（6-11），即

$$I_{\mathrm{t}}^2 t \geqslant Q_{\mathrm{k}} \quad [(\mathrm{kA})^2 \cdot \mathrm{s}]$$

$$i_{es} \geqslant i_{sh} \quad (kA)$$

对分裂电抗器，其动稳定电流保证值有两个，分别为单臂流过短路电流时及两臂同时流过反向短路电流时之值，后者比前者小得多，应分别选定对应的短路方式进行动稳定校验。

【例 6 - 5】 已知：某 10kV 出线 $I_{max}=380A$，$\cos\varphi=0.8$。根据计算，选用 XKSCKL - 10 - 400 - 4 型电抗器，其 $x_L\%=4\%$，$I_t^2 t=10^2\times2[(kA)^2\cdot s]$，$i_{es}=25.5kA$。电抗器后短路时，$t_k=1.1s$，$I''=8.8kA$、$I_{\frac{1}{2}}=8.4kA$、$I_{t_k}=8kA$。对电抗器进行电压及热、动稳定校验。

解 （1）电压损失校验。

正常运行时的电压损失

$$\Delta U\% \approx x_L\% \frac{I_{mx}}{I_N}\sin\varphi = 4\times\frac{380}{400}\times0.6 = 2.28\% < 5\%$$

母线残压校验

$$\Delta U_{re}\% \approx x_L\% \frac{I''}{I_N} = 4\times\frac{8.8}{0.4} = 88\% > 70\%$$

满足要求。

（2）热、动稳定校验。

因 $t_k>1s$，故不计 Q_{np}

$$Q_k = Q_p = \frac{I''^2 + 10I_{t_k/2}^2 + I_{t_k}^2}{12}t_k = \frac{8.8^2 + 10\times8.4^2 + 8^2}{12}\times1.1$$

$$= 77.6 < 10^2\times2 \quad [(kA)^2\cdot s]$$

$$i_{sh} = 2.55I'' = 2.55\times8.8 = 22.4 < 25.5 \quad (kA)$$

满足热、动稳定要求。

第七节 互 感 器 的 选 择

一、电流互感器的选择

1. 一次回路额定电压和电流的选择

应满足式（6-2）、式（6-3），即

$$U_N \geqslant U_{Ns}$$
$$I_{al} = KI_{N1} \geqslant I_{max} \quad (A)$$

式中：K 为温度修正系数，用式（6-5）计算；I_{N1} 为电流互感器一次额定电流，A。

2. 额定二次电流的选择

额定二次电流 I_{N2} 有 5A 和 1A 两种，一般弱电系统用 1A，强电系统用 5A。当配电装置距离控制室较远时，为能使电流互感器能多带二次负荷或减小电缆截面，提高准确度，应尽量采用 1A。

3. 种类和型式选择

应根据安装地点（如屋内、屋外）、安装方式（如穿墙式、支持式、装入式等）及产品情况来选择电流互感器的种类和型式。

6～20kV 屋内配电装置和高压开关柜，一般用 LA、LDZ、LFZ 型；发电机回路和 2000A 以上回路一般用 LMZ、LAJ、LBJ 型等；35kV 及以上配电装置一般用油浸瓷箱式结构的独立式电流互感器，常用 LCW 系列，在有条件时，如回路中有变压器套管、穿墙套管，应优先采用套管电流互感器，以节约投资和占地。选择母线式电流互感器时，应校核其窗口允许穿过的母线尺寸。当继电保护有特殊要求时，应采用专用的电流互感器。

4. 准确级选择

准确级是根据所供仪表和继电器的用途考虑。互感器的准确级不得低于所供仪表的准确级；当所供仪表要求不同准确级时，应按其中要求准确级最高的仪表来确定电流互感器的准确级。

(1) 用于测量精度要求较高的大容量发电机、变压器、系统干线和 500kV 电压级的电流互感器，宜用 0.2 级。

(2) 供重要回路（如发电机、调相机、变压器、厂用馈线、出线等）中的电能表和所有计费用的电能表的电流互感器，不应低于 0.5 级。

(3) 供运行监视的电流表、功率表、电能表的电流互感器，用 0.5~1 级。

(4) 供估计被测数值的仪表的电流互感器，可用 3 级。

(5) 供继电保护用的电流互感器，应用 D 级或 B 级（或新型号 P 级、TPY 级）。

至此，可初选出电流互感器的型号，由产品目录或手册查得其在相应准确级下的二次负荷额定阻抗 Z_{N2}，热稳定倍数 K_t 和动稳定倍数 K_{es}。

5. 按二次侧负荷选择

作出电流互感器回路的接线图，列表统计其二次侧每相仪表和继电器负荷，确定最大相负荷。设最大相总负荷为 S_2（包括仪表、继电器、连接导线和接触电阻），S_2 应不大于互感器在该准确级所规定的额定容量 S_{N2}，即

$$S_2 \leqslant S_{N2} \quad (V \cdot A) \tag{6-66}$$

而 $S_2 = I_{N2}^2 Z_{21}$，$S_{N2} = I_{N2}^2 Z_{N2}$，即应满足

$$Z_{21} \leqslant Z_{N2} \quad (\Omega) \tag{6-67}$$

由于仪表和继电器的电流线圈及连接导线的电抗很小，可以忽略，只需计及电阻，即

$$Z_{21} = r_{ar} + r_1 + r_c \quad (\Omega) \tag{6-68}$$

式中：r_{ar} 为二次侧负荷最大相的仪表和继电器电流线圈的电阻 Ω，可由其功率 P_{max} 求得，即 $r_{ar} = P_{max}/I_{N2}^2$，$\Omega$；$r_1$ 为仪表和继电器至互感器连接导线的电阻，Ω；r_c 为接触电阻，由于不能准确测量，一般取 0.1Ω。

将式 (6-68) 代入式 (6-67)，得

$$r_1 \leqslant Z_{N2} - (r_{ar} + r_c) \quad (\Omega) \tag{6-69}$$

而

$$r_1 = \rho L_c / S \quad (\Omega) \tag{6-70}$$

故

$$S \geqslant \frac{\rho L_c}{Z_{N2} - r_{ar} - r_c} \quad (mm^2) \tag{6-71}$$

式中：ρ 为连接导线的电阻率，铜为 1.75×10^{-2}，铝为 2.83×10^{-2}，$\Omega \cdot mm^2/m$；L_c 为连接导线的计算长度，与仪表到互感器的实际距离（路径长度）l 及互感器的接线方式有关，单相接线方式 $L_c = 2l$，星形接线方式 $L_c = l$，不完全星形接线方式 $L_c = \sqrt{3}l$，m；S 为在满足式 (6-66) 的条件下，二次连接导线的允许截面积，mm^2。

选择稍大于计算结果的标准截面。为满足机械强度要求，当求出的铜导线截面小于 $1.5mm^2$ 时，应选 $1.5mm^2$；铝导线截面小于 $2.5mm^2$ 时，应选 $2.5mm^2$。

6. 热稳定校验

热稳定校验只需对本身带有一次回路导体的电流互感器进行。电流互感器的热稳定能力，常以 1s 允许通过的热稳定电流 I_t 或 I_t 对一次额定电流 I_{N1} 的倍数 K_t（$K_t = I_t/I_{N1}$）表示，故按式 (6-72) 校验

$$I_t^2 \geqslant Q_k \text{ 或} (K_t I_{N1})^2 \geqslant Q_k \quad [(kA)^2 \cdot s] \tag{6-72}$$

7. 动稳定校验

短路电流流过电流互感器内部绕组时，在其内部产生电动力；同时，由于邻相之间短路电流的相互作用，使电流互感器的绝缘瓷帽上受到外部作用力。因此，对各型电流互感器均应校验内部动稳定，对瓷绝缘型电流互感器增加校验外部动稳定。

（1）内部动稳定校验。电流互感器的内部动稳定能力，常以允许通过的动稳定电流 i_{es} 或 i_{es} 对一次额定电流最大值的倍数 K_{es} [$K_{es}=i_{es}/(\sqrt{2}I_{N1})$] 表示，故按式（6-73）校验

$$i_{es} \geqslant i_{sh} \text{ 或 } \sqrt{2}I_{N1}K_{es} \geqslant i_{sh} \quad \text{(kA)} \qquad (6-73)$$

（2）外部动稳定校验。瓷绝缘型电流互感器的外部动稳定有两种校验方法。

1）当产品目录给出其瓷帽端部的允许力 F_{al} 时，其校验方法与穿墙套管类似式（6-40），即

$$F_{al} \geqslant 1.73 \times 10^{-7} \frac{L_c}{a} i_{sh}^2 \quad \text{(N)} \qquad (6-74)$$

$$L_c = (L_1+L_2)/2$$

式中：L_c 为电流互感器的计算跨距，m；L_1 为电流互感器出线端至最近一个母线支柱绝缘子之间的跨距，m；L_2 为电流互感器两端瓷帽的距离，对非母线型电流互感器 $L_2=0$；对母线型电流互感器 L_2 为其长度，如图6-13所示，m。

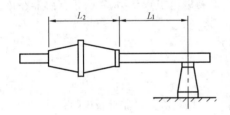

图6-13 瓷绝缘母线式电流互感器的接线方式

2）有的产品目录未标明 F_{al}，而只给出 K_{es}。K_{es} 一般是在相间距离 $a=0.4$m，计算跨距 $L_c=0.5$m 的条件下取得。所以，当未标明 F_{al} 时，可按式（6-75）校验

$$\sqrt{2}I_{N1}K_{es}\sqrt{\frac{0.5a}{0.4L_c}} \geqslant i_{sh} \quad \text{(kA)} \qquad (6-75)$$

【例6-6】 选择［例6-5］中10kV出线的测量用电流互感器。已知该馈线装有电流表、有功功率表、有功电能表各一只，相间距离 $a=0.4$m，电流互感器至最近一个绝缘子的距离 $L_1=1$m，至测量仪表的路径长度为 $l=30$m，当地最热月平均最高温度为30℃。

解 （1）根据电流互感器安装处电网的额定电压 $U_{Ns}=10$kV，线路 $I_{max}=380$A，用途及安装地点，查附表2-25，选择 LFZ1-10 屋内型电流互感器，变比为400/5，准确级0.5，额定阻抗 $Z_{N2}=0.4\Omega$，热稳定倍数 $K_t=80$，动稳定倍数 $K_{es}=140$。

（2）作电流互感器与仪表的接线图，列表统计二次负荷，如图6-14及表6-9所示。

表6-9 电流互感器负荷

仪表名称型号	二次负荷（VA）	
	U 相	W 相
电流表（46L1-A）	0.35	
有功功率表（46D1-W）	0.6	0.6
有功电能表（DS3）	0.5	0.5
总　计	1.45	1.1

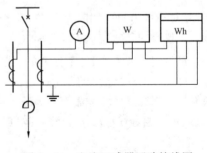

图6-14 电流互感器回路接线图

（3）选择连接导线截面。可按式（6-71）选择，其最大相负荷阻抗 $r_{ar}=P_{max}/I_{N2}^2=1.45/25=0.058$（$\Omega$）。

由于电流互感器为不完全星形接线，所以连接导线计算长度 $L_c = \sqrt{3}l$，导线截面为

$$S \geqslant \frac{\rho L_c}{Z_{N2} - r_{ar} - r_c} = \frac{1.75 \times 10^{-2} \times \sqrt{3} \times 30}{0.4 - 0.058 - 0.1} = 3.76 (\text{mm}^2)$$

选择截面为 4mm^2 的铜导线。

（4）热稳定校验。由式（6-72）得

$$(K_t I_{N1})^2 = (80 \times 0.4)^2 = 1024 > 77.6 \quad [(\text{kA})^2 \cdot \text{s}]$$

（5）动稳定校验。由于 LFZ1-10 型互感器为浇注式绝缘，故只需校验内部动稳定。由式（6-73）得

$$\sqrt{2} I_{N1} K_{es} = \sqrt{2} \times 0.4 \times 140 = 79.2 > 22.4 \quad (\text{kA})$$

二、电压互感器的选择

1. 额定电压的选择

如第三章第九节所述，电压互感器的一次绕组的额定电压必须与实际承受的电压相符，由于电压互感器接入电网方式的不同，在同一电压等级中，电压互感器一次绕组的额定电压也不尽相同；电压互感器二次绕组的额定电压应能使所接表计承受 100V 电压，根据测量目的的不同，其二次侧额定电压也不相同。

三相式电压互感器（用于 3～15kV 系统），其一、二次绕组均接成星形，一次绕组三个引出端跨接于电网线电压上，额定电压均以线电压表示，分别为 U_{Ns} 和 100V。

单相式电压互感器，其一、二次绕组的额定电压的表示有两种情况：①单台使用或两台接成不完全星形，一次绕组两个引出端跨接于电网线电压上（用于 3～35kV 系统），一、二次绕组额定电压均以线电压表示，分别为 U_{Ns} 和 100V；②三台单相互感器的一、二次绕组分别接成星形（用于 3kV 及以上系统），每台一次绕组接于电网相电压上，单台的一、二次绕组的额定电压均以相电压表示，分别为 $U_{Ns}/\sqrt{3}$ 和 $100/\sqrt{3}$V。第三绕组（又称辅助绕组或剩余电压绕组）的额定电压，对中性点非直接接地系统为 $100/3$V，对中性点直接接地系统为 100V。

电网电压 U_s 对电压互感器的误差有影响，但 U_s 的波动一般不超过 $\pm 10\%$，故实际一次电压选择时，只要互感器的 U_{N1} 与上述情况相符即可。据上述，互感器各侧额定电压的选择可按表 6-10 进行。

表 6-10　　　　　　　　　　　　电压互感器额定电压选择

互感器型式	接入系统方式	系统额定电压 U_{Ns}（kV）	互感器额定电压		
			初级绕组（kV）	次级绕组（V）	第三绕组（V）
三相五柱三绕组	接于线电压	3～10	U_{Ns}	100	100/3
三相三柱双绕组	接于线电压	3～10	U_{Ns}	100	无此绕组
单相双绕组	接于线电压	3～35	U_{Ns}	100	无此绕组
单相三绕组	接于相电压	3～63	$U_{Ns}/\sqrt{3}$	$100/\sqrt{3}$	100/3
单相三绕组	接于相电压	110J～500J*	$U_{Ns}/\sqrt{3}$	$100/\sqrt{3}$	100

* J 指中性点直接接地系统。

2. 种类和型式选择

电压互感器的种类和型式应根据安装地点（如屋内、屋外）和使用技术条件来选择。

（1）3～20kV 屋内配电装置，宜采用油浸绝缘结构，也可采用树脂浇注绝缘结构的电磁式电压互感器。

（2）35kV 配电装置，宜采用油浸绝缘结构的电磁式电压互感器。

（3）110～220kV 配电装置，用电容式或串级电磁式电压互感器。为避免铁磁谐振，当容量和准确度级满足要求时，宜优先采用电容式电压互感器。

（4）330kV 及以上配电装置，宜采用电容式电压互感器。

（5）SF_6 全封闭组合电器应采用电磁式电压互感器。

3. 准确级选择

电压互感器准确级的选择原则，可参照电流互感器准确级选择。用于继电保护的电压互感器不应低于 3 级。

至此，可初选出电压互感器的型号，由产品目录或手册查得其在相应准确级下的额定二次容量。

4. 按二次侧负荷选择

（1）作出测量仪表（或继电器）与电压互感器的三相接线图，并尽可能将负荷均匀分配在各相上。

（2）列表统计其二次侧"各相间（或相）负荷分配"。据各仪表（或继电器）的技术数据（S_0、$\cos\varphi_0$）及接线情况，算出其在各相间（或相）的有功功率 $S_0\cos\varphi_0$ 和无功功率 $S_0\sin\varphi_0$，并求出各相间（或相）的总有功功率 $\Sigma S_0\cos\varphi_0$ 和总无功功率 $\Sigma S_0\sin\varphi_0$，填于分配表中。

（3）求出各相间（或相）的总视在功率 S 和功率因数角 φ

$$\left.\begin{array}{c} S = \sqrt{(\Sigma S_0\cos\varphi_0)^2+(\Sigma S_0\sin\varphi_0)^2} = \sqrt{(\Sigma P_0)^2+(\Sigma Q_0)^2} \\ \varphi = \arccos\dfrac{\Sigma P_0}{S} \end{array}\right\} \tag{6-76}$$

（4）将三相接线图与表 6-11 对照（S、φ 相当于求表中的 S、φ 或 S_{UV}、φ_{UV} 等），然后用相应公式计算出互感器每相绕组的有功、无功及视在功率。

表 6-11 电压互感器二次绕组负荷计算公式

接线		接线	
U	$P_U=[S_{uv}\cos(\varphi_{uv}-30°)]/\sqrt{3}$ $Q_U=[S_{uv}\sin(\varphi_{uv}-30°)]/\sqrt{3}$	UV	$P_{UV}=\sqrt{3}S\cos(\varphi+30°)$ $Q_{UV}=\sqrt{3}S\sin(\varphi+30°)$
V	$P_V=[S_{uv}\cos(\varphi_{uv}+30°)+S_{vw}\cos(\varphi_{vw}-30°)]/\sqrt{3}$ $Q_V=[S_{uv}\sin(\varphi_{uv}+30°)+S_{vw}\sin(\varphi_{vw}-30°)]/\sqrt{3}$	VW	$P_{VW}=\sqrt{3}S\cos(\varphi-30°)$ $Q_{VW}=\sqrt{3}S\sin(\varphi-30°)$
W	$P_W=[S_{vw}\cos(\varphi_{vw}+30°)]/\sqrt{3}$ $Q_W=[S_{vw}\sin(\varphi_{vw}+30°)]/\sqrt{3}$		

（5）将最大相的视在功率 S_2 与互感器一相的额定容量 S_{N2} 比较，若满足

$$S_2 \leqslant S_{N2} \quad (VA) \tag{6-77}$$

则所选择的互感器满足要求。

当发电厂、变电站的同一电压级有多段母线时，应考虑到各段电压互感器互为备用，即，当某台互感器因故退出时，运行中的互感器应能承担（通过二次侧并列）全部二次负荷。

【例 6 - 7】　选择变电站 10kV 母线电压互感器，该变电站要求电气设备尽量无油化。已知：10kV 母线有两个分段，每分段上有 4 回出线和一台主变压器，接有有功功率表 5 只、无功功率表 1 只、有功电能表和无功电能表各 5 只；两段公用的母线电压表 1 只，绝缘监察电压表 3 只。

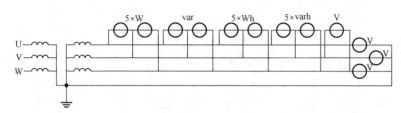

图 6 - 15　测量仪表与电压互感器的连接图

解　（1）互感器种类和型式选择。据该电压互感器的用途、装设地点、母线电压及无油化要求，查附表 2 - 25，选用 JSZW3 - 10 型三相五柱浇注绝缘 TV，其额定电压 $10/0.1/\dfrac{0.1}{3}$kV。由于接有计费电能表，故选用 0.5 准确级，与之对应的三相额定容量 $S_{N2}=150$VA。

（2）按二次负荷选择。三只互感器的一次、二次、辅助绕组应分别接成星—星—开口三角形。仪表（附表 2 - 27）与互感器的连接图，如图 6 - 15 所示。各负荷分配如表 6 - 12 所示。

本例的接线属表 6 - 11 第一种情况，由表中公式求出不完全星形部分的负荷。先由式(6 - 76)得

表 6 - 12　　　　　　　　**电压互感器各相负荷分配**（不完全星形部分）

仪表名称及型号	仪表电压线圈			仪表数目	UV 相		VW 相	
	每线圈消耗功率（VA）	$\cos\varphi_0$	$\sin\varphi_0$		P_{uv}	Q_{uv}	P_{vw}	Q_{vw}
有功功率表 46D1 - W	0.6	1		5	3.0		3.0	
无功功率表 46D1 - VAR	0.5	1		1	0.5		0.5	
有功电能表 DS1	1.5	0.38	0.925	5	2.85	6.94	2.85	6.94
无功电能表 DX1	1.5	0.38	0.925	5	2.85	6.94	2.85	6.94
电压表 46L1 - V	0.3	1		1			0.3	
总　　计					9.2	13.88	9.5	13.88

$$S_{uv}=\sqrt{(\Sigma P_{uv})^2+(\Sigma Q_{uv})^2}=\sqrt{9.2^2+13.88^2}=16.65(\text{VA})$$

$$\varphi_{uv}=\arccos\frac{\Sigma P_{uv}}{S_{uv}}=\arccos\frac{9.2}{16.65}=56.5°$$

$$S_{vw}=\sqrt{(\Sigma P_{vw})^2+(\Sigma Q_{vw})^2}=\sqrt{9.5^2+13.88^2}=16.82(\text{VA})$$

$$\varphi_{vw} = \arccos\frac{\Sigma P_{vw}}{S_{vw}} = \arccos\frac{9.5}{16.82} = 55.6°$$

由于 S_{uv}、S_{vw} 相当，φ_{uv}、φ_{vw} 相当，由表 6-11 公式可以判定 $P_V > P_U > P_W$，$Q_V > Q_W > Q_U$，即 V 相绕组负荷最大，只需求出该相负荷进行校验。在计算时，计及绝缘监察电压表（$P_v' = 0.3W$，$Q_v' = 0$），得

$$P_V = [S_{uv}\cos(\varphi_{uv}+30°) + S_{vw}\cos(\varphi_{vw}-30°)]/\sqrt{3} + P_v'$$
$$= [16.65\cos(56.5°+30°) + 16.82\cos(55.6°-30°)]/\sqrt{3} + 0.3$$
$$= 11.26(W)$$

$$Q_V = [S_{uv}\sin(\varphi_{uv}+30°) + S_{vw}\sin(\varphi_{vw}-30°)]/\sqrt{3}$$
$$= [16.65\sin(56.5°+30°) + 16.82\sin(55.6°-30°)]/\sqrt{3} = 13.20(W)$$

$$S_V = \sqrt{P_V^2 + Q_V^2} = \sqrt{11.26^2 + 13.20^2} = 17.35 < 150/3(VA)$$

可见，即使有一台互感器退出，另一台运行中的互感器仍能承担全部负荷（几乎加倍），故所选电压互感器满足要求。

思考题和习题

1. 电气设备选择的一般条件是什么？

2. 校验热稳定与校验开断电器开断能力的短路计算时间有何不同？

3. 导体的热稳定、动稳定校验在形式上与电器有何不同？

4. 哪些导体和电器可以不校验热稳定或动稳定？

5. 高压断路器的特殊校验项目是什么？怎样校验？

6. 限流电抗器的特殊选择项目是什么？怎样选择？

7. 电流、电压互感器的特殊选择项目是什么？怎样选择？

8. 已知某 10kV 屋内配电装置汇流母线 $I_{max} = 2200A$，三相垂直布置、导体竖放，绝缘子跨距 $L = 1.0m$，相间距离 $a = 0.7m$，环境温度 $\theta = 35℃$，母线保护动作时间 $t_{pr} = 0.05s$，断路器全开断时间 $t_{ab} = 0.2s$，母线短路电流 $I'' = 40kA$，$I_{t_k/2} = 32kA$，$I_{t_k} = 24kA$。试选择该汇流母线及其支柱绝缘子。

9. 某小型变电站有四条 10kV 线路，分别向四个用户供电，从出线断路器到架空线路之间用电力电缆连接，并列敷设于电缆沟内，长度 $L = 18m$，电缆中心距离为电缆外径的 2 倍。各线路 P_{max} 均为 1600kW，$T_{max} = 4200h$，$\cos\varphi = 0.85$，当地最热月平均最高温度为 30℃。电缆始端短路电流为 $I'' = 4kA$，$I_{t_k/2} = 3kA$，$I_{t_k} = 2kA$。线路保护动作时间 $t_{pr} = 1s$，断路器全开断时间 $t_{ab} = 0.3s$。试选择线路电缆。

10. 已知某变电站主变压器 $S_N = 16000kVA$、$U_{N1} = 110kV$，最大过负荷倍数 1.5 倍，后备保护动作时间 $t_{pr} = 2s$，高压侧短路电流 $I'' = 6.21kA$、$I_{t_k/2} = 5.45kA$、$I_{t_k} = 5.55kA$，当地年最高温度为 40℃。试选择主变压器高压侧的断路器和隔离开关。

11. 已知某变电站的两台站用变压器容量均为 $S_N = 50kVA$、$U_{N1} = 10kV$，最大过负荷倍数 1.5 倍，高压侧短路电流 $I'' = 10.5kA$，不考虑站用电动机自启动。试选择站用变压器高压侧的熔断器。

12. 已知：某 10kV 出线 $I_{max} = 350A$，$\cos\varphi = 0.8$。根据计算，选用 NKL-10-400-4 型电抗器，其 $I_t^2 t = 22.2^2[(kA)^2 \cdot s]$，$i_{es} = 25.5kA$。电抗器后短路时，$t_k = 1.12s$，$I'' = 8.7kA$、$I_{t_k/2} =$

8.4kA、I_{t_k}＝8.2kA。对电抗器进行电压及热、动稳定校验。

13. 选择110kV线路的测量用电流互感器。已知：该线路 I_{max}＝260A，装有电流表三只，有功功率表、无功功率表、有功电能表、无功电能表各一只；相间距离 a＝2.2m，电流互感器至最近一个绝缘子的距离 L_1＝1.8m，至测量仪表的路径长度为 l＝70m；其断路器后短路时，i_{sh}＝25.5kA，Q_k＝150〔(kA)^2·s〕；当地年最高温度为40℃。

第七章 配 电 装 置

本章讲授确定配电装置最小安全净距的依据，配电装置的类型和基本要求，配电装置的设计原则，以及各型配电装置的实例、特点和选型。

第一节 配电装置的一般问题

一、配电装置的安全净距

配电装置的整个结构尺寸，是综合考虑设备的外形尺寸、运行维护、巡视、操作、检修、运输的安全距离及运行中可能发生的过电压等因素而决定的。

配电装置各部分之间，为确保人身和设备的安全所必需的最小电气距离，称为安全净距。DL/T 5352—2018《高压配电装置设计技术规范》中，规定了敞露在空气中的屋内、外配电装置各有关部分之间的最小安全净距，这些距离分 A、B、C、D、E 五类，其含义和具体尺寸如表 7-1、表 7-2 及图 7-1、图 7-2 所示。其中，最基本的是带电部分至接地部分之间及不同相的带电部分之间的最小安全净距，即 A 值。A 值通过计算和试验确定，在这一距离下，无论是正常最高工作电压或出现内、外过电压时，都不致使空气间隙击穿。空气间隙在耐受不同形式的电压时，具有不同的电气强度，即 A 值不同。一般地说，220kV 及以下的配电装置，大气过电压（雷击或雷电感应引起的过电压）起主要作用；330kV 及以上的配电装置，内部过电压（开关操作、故障、谐振等引起的过电压）起主要作用。另外，空气的绝缘强度随海拔的升高而下降，当海拔超过 1000m 时，A 值需做相应修正（增加）。

表 7-1　　　　　　　　　　　　屋内配电装置的安全净距

符号	适 用 范 围	额 定 电 压 （kV）									
		3	6	10	15	20	35	63	110J	110	220J
A_1 (mm)	(1) 带电部分至接地部分之间 (2) 网状和板状遮栏向上延伸线距地 2.3m 处，与遮栏上方带电部分之间	75	100	125	150	180	300	550	850	950	1800
A_2 (mm)	(1) 不同相的带电部分之间 (2) 断路器和隔离开关的断口两侧带电部分之间	75	100	125	150	180	300	550	900	1000	2000
B_1 (mm)	(1) 栅状遮栏至带电部分之间 (2) 交叉的不同时停电检修的无遮栏带电部分之间	825	850	875	900	930	1050	1300	1600	1700	2550

符号	适 用 范 围	额 定 电 压 (kV)									
		3	6	10	15	20	35	63	110J	110	220J
B_2 (mm)	网状遮栏至带电部分之间	175	200	225	250	280	400	650	950	1050	1900
C (mm)	无遮栏裸导体至地（楼）面之间	2375	2400	2425	2450	2480	2600	2850	3150	3250	4100
D (mm)	平行的不同时停电检修的无遮栏裸导体之间	1875	1900	1925	1950	1980	2100	2350	2650	2750	3600
E (mm)	通向屋外的出线套管至屋外通道的路面	4000	4000	4000	4000	4000	4000	4500	5000	5000	5500

注 J 系指中性点直接接地系统。

表 7-2　　　　　　**屋外配电装置的安全净距**

符号	适 用 范 围	额 定 电 压 (kV)								
		3~10	15~20	35	63	110J	110	220J	330J	550J
A_1 (mm)	（1）带电部分至接地部分之间 （2）网状和板状遮栏向上延伸线距地 2.5m 处，与遮栏上方带电部分之间	200	300	400	650	900	1000	1800	2500	3800
A_2 (mm)	（1）不同相的带电部分之间 （2）断路器和隔离开关的断口两侧引线带电部分之间	200	300	400	650	1000	1100	2000	2800	4300
B_1 (mm)	（1）设备运输时，其外廓至无遮栏带电部分之间 （2）交叉的不同时停电检修的无遮栏带电部分之间 （3）栅状遮栏至绝缘体和带电部分之间 （4）带电作业时的带电部分至接地部分之间	950	1050	1150	1400	1650	1750	2550	3250	4550
B_2 (mm)	网状遮栏至带电部分之间	300	400	500	750	1000	1100	1900	2600	3900
C (mm)	（1）无遮栏裸导体至地面之间 （2）无遮栏裸导体至建筑物、构筑物顶部之间	2700	2800	2900	3100	3400	3500	4300	5000	7500
D (mm)	（1）平行的不同时停电检修的无遮栏带电部分之间 （2）带电部分与建筑物、构筑物的边缘部分之间	2200	2300	2400	2600	2900	3000	3800	4500	5800

注 J 系指中性点直接接地系统。

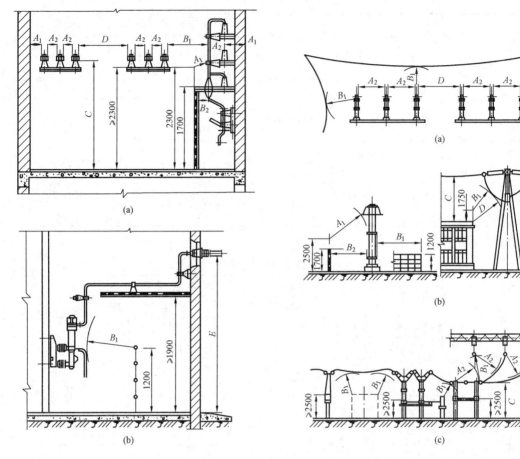

图 7-1 屋内配电装置安全净距校验图
(a) A_1、A_2、B_1、B_2、C、D；(b) B_1、E

图 7-2 屋外配电装置安全净距校验图
(a) A_1、A_2、B_1、D；(b) A_1、B_1、B_2、
C、D；(c) A_2、B_1、C

其他几类安全净距，是在 A_1（带电部分至接地部分之间的安全净距）的基础上再考虑一些其他实际因素而决定。

1. B 值

(1) $B_1 = A_1 + 750$，750mm 是考虑人员手臂误入栅栏时的臂长、检修人员在导线上下的活动范围及设备运输时摆动等情况；对 110kV 及以上屋外配电装置，不同相或交叉的不同回路带电部分之间，B_1 值可取 $A_2 + 750$。

(2) $B_2 = A_1 + 70 + 30$，70mm 是考虑人员的手指误入网栏时的指长，30mm 是考虑施工误差；对屋内配电装置，当为板状遮栏时，B_2 值可取 $A_1 + 30$。

2. C 值

$C = A_1 + 2300 + 200$，2300mm 是考虑人举手后的总高度，200mm 是考虑施工误差（屋内不考虑）；对 500kV 配电装置，C 值按静电感应的场强水平确定，取 7500mm。

3. D 值

$D = A_1 + 1800 + 200$，1800mm 是考虑检修人员和工具的活动范围，200mm 是考虑施工误差（屋内不考虑）。

4. E 值

35kV 及以下 E 为 4000mm，63kV 及以上 E 为 4500～5500mm。这是考虑到屋外通道可能有载重汽车通过，人站在汽车上并举手，这时手尖离带电部分不小于 A_1；当出线套管外侧为屋外配电装置时，按屋外配电装置的 C 值考虑。

另外，当相邻带电部分的额定电压不相同时，应按较高的额定电压确定其安全净距；屋内配电装置带电部分的上面，不应有明敷的照明或动力线路跨越；屋外配电装置带电部分的上面或下面，不应有照明、通信和信号线路架空跨越或穿过。

设计配电装置、确定带电导体与接地构架之间及带电导体之间的距离时，还应考虑其他因素。例如，应考虑到软绞线在短路电动力、风力、温度、积雪、覆冰等因素作用下，使相间或相对地距离减小；应考虑减少大电流导体附近的铁磁物质的发热等。所以，工程上采用的距离通常较表 7-1 及表 7-2 所列数值稍大。

二、配电装置的特点

（1）屋内配电装置。屋内配电装置的特点是：①安全净距小并可分层布置，占地面积小；②维护、巡视和操作在室内进行，不受外界气象条件影响，比较方便；③设备受气象及外界有害气体影响较小，可减少维护工作量；④建筑投资大。

（2）屋外配电装置。屋外配电装置的特点基本上与屋内配电装置相反，其特点是：①安全净距大，占地面积大，但便于带电作业；②维护、巡视和操作在室外进行，受外界气象条件影响；③设备受气象及外界有害气体影响较大，运行条件较差，须加强绝缘，设备价格较高；④土建工程量和费用较少，建设周期短，扩建较方便。

（3）成套配电装置。成套配电装置的特点是：①结构紧凑，占地面积小；②运行可靠性高，维护方便；③安装工作量小，建设周期短，而且便于扩建和搬迁；④消耗钢材较多，造价较高。

发电厂和变电站中，35kV 及以下（特别是 3～10kV）多采用屋内配电装置，而且广泛采用成套配电装置；110kV 及以上多采用屋外配电装置，但 110kV 及 220kV 当有特殊要求时，如深入城市中心或处于严重污秽地区，经技术经济比较，也可采用屋内配电装置。另外，SF_6 全封闭组合电器也在 110kV 及 220kV 配电装置推广应用。

三、配电装置的基本要求和设计的基本步骤

1. 基本要求

配电装置的设计必须认真贯彻国家的技术经济政策，遵循上级颁发的有关规程、规范及技术规定。

（1）节约用地。配电装置少占地、不占良田和避免大量开挖土石方，是一条必须认真贯彻的重要政策。

（2）保证运行可靠。应根据电力系统条件和自然环境特点，合理选择设备，合理制定布置方案，并积极慎重地采用新设备、新材料和新布置；保证各种电气的安全净距，布置整齐、清晰，各间隔之间有明显的界限。间隔是指配电装置中的一个电路（进、出线，分段、母联断路器等）的连接导线及电器所占据的范围。在装配式屋内配电装置中，是用砖、混凝土或石棉水泥板做成的分间；在成套式配电装置中，一个开关柜就是一个间隔。间隔内可根据需要分为若干个小室。屋外配电装置的间隔没有实体界线，但各间隔的区分也很明显。

（3）保证人身安全和防火要求。例如有必要的保护接地、防误操作的闭锁装置、必要的标志、遮栏；有防火、防爆和蓄油、排油措施等。

（4）安装、运输、维护、巡视、操作和检修方便。例如要有必要的出口、通道，合理的操作位置，高处作业的措施，良好的照明条件等。

（5）在保证安全前提下，布置紧凑，力求节省材料和降低造价。

（6）便于分期建设和扩建。

2. 设计基本步骤

（1）选择配电装置的型式。据电压等级、电器型式、出线多少和方式、有无电抗器、地形及环境条件等因素，选择配电装置的型式。

（2）拟定配置图。即将进线、出线、母联断路器、分段断路器、厂用变压器、互感器、避雷器等合理分配于各间隔，并表示出导体和电器在各间隔或小室中的轮廓，但不要求按比例尺寸绘制。配置图主要用来分析配电装置的布置方案和统计所用的主要设备（参见本章第二节图 7 - 3）。

（3）设计配电装置的平面图和断面图。平面图是表示配电装置的各间隔、电器、通道、出口等的平面布置轮廓。断面图是沿配电装置纵向（进出线方向）的断面侧视图，它表示配电装置电路中各设备的相互连接及具体布置。平、断面图均要求按比例绘制，并标明尺寸。

第二节 屋 内 配 电 装 置

一、屋内配电装置布置型式及配置图

1. 布置型式

屋内配电装置布置型式可分为下列 3 类。

（1）三层式。三层式是把所有的电气设备分别布置在三层（三层、二层、底层）中。它适用于 6～10kV 出线带电抗器的情况，其中断路器、电抗器分别布置在二层和底层。其优点是安全、可靠性高，占地面积小；缺点是结构复杂，施工时间长，造价高，运行、检修不大方便。

（2）二层式。二层式是把所有的电气设备分别布置在两层（二层、底层）中。它适用于 6～10kV 出线带电抗器及 35～220kV 的情况，其中前者是将断路器和电抗器都布置在底层。与三层式比较，二层式的优点是造价较低，运行、检修较方便；缺点是占地面积有所增加。

（3）单层式。单层式是把所有的电气设备都布置在底层。它适用于 6～10kV 出线无电抗器及 35～220kV 的情况。单层式的优点是结构简单，施工时间短，造价低，运行、检修方便，如容量不太大，通常可采用成套开关柜；缺点是占地面积大。

由上可知，6～10kV 屋内配电装置有三层、二层和单层式，35～220kV 屋内配电装置只有二层和单层式。

2. 配置图

配置图的概念如前所述。6～10kV 工作母线分段的双母线、出线带电抗器、断路器双列布置的二层式屋内配电装置配置图如图 7 - 3 所示。断路器双列布置，即断路器排成两列（与母线平行），分别布置在主母线的两侧。

设计配置图时应注意以下几点：①同一回路的设备应布置在同一间隔内，以保证检修安全和限制故障范围；②较重的设备（如电抗器）布置在下层，以减轻楼板负重和便于安装；③尽量将电源布置在相应段的中部，使母线截面通过的电流较小；④充分利用间隔的位置，以节省投资；⑤布置对称，便于操作；⑥方便扩建。

二、有关布置的若干问题

1. 母线及隔离开关

（1）母线通常布置在配电装置的上部，其布置形式、特点及适用场合，见第六章第二节。

（2）母线相间距离 a 决定于相间电压，并考虑短路时母线和绝缘子的机械强度及安装条件。在 6～10kV 小容量装置中，母线水平布置时，母线相间距离约为 250～350mm；垂直布置时，母

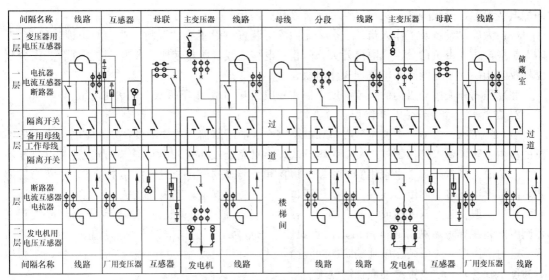

图 7-3　6～10kV 工作母线分段的双母线、出线带电抗器、断路
器双列布置的二层式屋内配电装置配置图

线相间距离约为 700～800mm。35 kV 装置，母线水平布置时，约为 500mm。

（3）在温度变化时，硬母线会伸缩，所以，在装配时应允许母线在支柱绝缘子上蠕动。对较长的长母线，应按表 7-3 规定加装母线补偿器，以免在母线、绝缘子和套管中可能产生危险的应力。补偿器常用厚 0.2～0.5mm 的铜片或铝片制成（分别用于铜、铝母线的连接），其总截面应不小于连接母线截面的 1.25 倍，如图 7-4 所示。其中螺栓 8 的螺孔为长方形，且螺栓不完全紧固，以便母线能蠕动。

（4）当母线和导线所用材料不同，而又需要互相连接时，应采取措施防止电化腐蚀。例如对铜、铝连接，采用铜铝过渡接头。

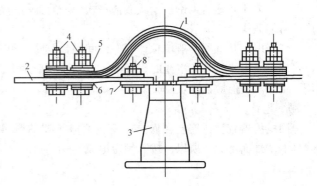

图 7-4　母线补偿器
1—伸缩接头；2—母线；3—支柱绝缘子；
4、8—螺栓；5—垫圈；6—衬垫；7—盖板

表 7-3　　　　　　　　　　母线长度与补偿器数

母线材料	一个补偿器	两个补偿器	三个补偿器	母线材料	一个补偿器	两个补偿器	三个补偿器
	母线长度（m）				母线长度（m）		
铝	20～30	30～50	50～75	铜	30～50	50～80	80～100

（5）双母线的两组母线应以垂直隔墙（或隔板）分开，以免在一组母线故障或检修时影响另一组母线。母线分段布置时，相邻两段母线之间也应以隔墙（或隔板）隔开。

（6）母线隔离开关通常装在母线的下方。在两层及以上的配电装置中，母线隔离开关宜单独布置在一个小室内；6～10kV 双母线平行布置的屋内配电装置中，两组母线隔离开关之间装设耐火隔板；为防止带负荷误拉隔离开关引起的飞弧造成母线短路，在 3～35kV 双母线布置的屋

内配电装置中，母线隔离开关与母线之间装设耐火隔板。

（7）为确保设备及工作人员的安全，屋内配电装置应设置有"五防"功能的闭锁装置。"五防"是指：防止带负荷分、合隔离开关，防止带电挂地线，防止带地线合闸，防止误合、误分断路器及防止误入带电间隔等电气误操作事故。

（8）隔离开关操动机构的安装高度，摇式一般为 0.9m，上下扳式一般为 1.05m。

2. 断路器、含油设备及断路器操动机构

（1）断路器、含油设备通常装在单独的小室内。油断路器（或含油设备）小室的形式，按油量的多少及防爆要求分为下述三种：①敞开式，小室完全或部分采用非实体隔板或遮栏（高度不低于 1.7m）；②封闭式，小室用实体墙壁、顶盖和无网眼的门完全封闭；③防爆式，小室为封闭式，而且出口直接通向屋外或专设的防爆通道。为了防火安全，屋内 35 kV 以下的断路器和油浸式互感器一般安装在开关柜或两侧有隔墙（板）的间隔内；35kV 及以上的断路器和油浸式互感器则应安装在有防爆隔墙（240mm 厚的水泥砂浆承重砖墙）的间隔内；总油量超过 100kg 的油浸式电力变压器，应安装在单独的防爆间隔内，并应有灭火设施。当间隔内的单台电气设备总油量超过 100kg 时，应设置贮油或挡油设施。

（2）断路器的操动机构设在操作通道内。手动和轻型远距离操动机构均装在间隔的壁上；重型远距离操动机构则落地装设。

3. 互感器和避雷器

（1）电流互感器无论是干式或油浸式，一般都与断路器装在同一小室内；穿墙式电流互感器应尽可能兼作穿墙套管用。

（2）电压互感器一般单独占用专门间隔，但同一间隔内可装设几台不同用途的电压互感器。

（3）当母线接有架空线时，母线上应装设阀型避雷器，由于其体积不大，可和电压互感器共用一个间隔，但应以隔层隔开。

4. 电抗器

因电抗器较重，安装在底层小室内。电抗器的重量及尺寸随着其额定电流 I_N 和百分电抗 $x_L\%$ 的增加而增大，所以，按其额定电流 I_N 不同有三种不同的布置方式，如图 7-5 所示。

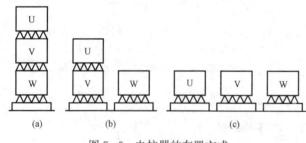

图 7-5　电抗器的布置方式

（a）垂直布置；（b）品字形布置；（c）水平布置

（1）三相垂直布置。三相垂直布置适用于 $I_N \leqslant 1000A$ 的电抗器。

（2）品字形布置。品字形布置适用于 $I_N > 1000A$ 的电抗器。

（3）三相水平布置。三相水平布置适用于 $I_N > 1500A$ 的母线分段电抗器或变压器低压侧电抗器（或分裂电抗器）。

通常线路电抗器采用垂直或品字形布置。由于电抗器 V 相线圈与 U、W 相线圈的缠绕方向相反，在垂直布置时，应将 V 相放在 U、W 相之间；在品字形布置时，不应将 U、W 相重叠在一起。这样，当外部发生三相短路时电抗器相间的最大作用力为吸力而不是斥力，不至于损坏瓷绝缘子（其抗压强度比抗拉强度大得多）。水平布置时，瓷绝缘子皆受到弯曲作用力，故各相布置没有次序要求。

5. 通道和出口

（1）通道。为便于设备的维护、操作、检修和搬运，配电装置需设置必要的通道。

1）维护通道。维护通道指用来维护和搬运各种电气设备的通道。

2）操作通道。操作通道即用来进行操作的通道。装有断路器和隔离开关的操动机构、就地控制屏等设备。

3）防爆通道。仅与防爆小室相连的通道称作防爆通道。

各种通道的最小宽度见表 7 - 4。

表 7 - 4　　　　　　　　　　配电装置室内各种通道最小宽度

布置方式	维护通道（m）	操作通道（m）		防爆通道（m）
		固 定 式	移 开 式	
一面有开关设备	0.8	1.5	单车长＋1.2	1.2
二面有开关设备	1.0	2.0	双车长＋0.9	1.2

（2）出口。为保证工作人员的安全和工作便利，不同长度的屋内配电装置应设一定数目的出口。配电装置的长度<7m 时，可设一个出口；长度>7m 时，应设两个出口（最好设在两端）；长度>60m 时，应设三个出口（中间增加一个）。配电装置室的门应为向外开的防火门，并装有弹簧锁，以便可从室内不用钥匙开门。如相邻配电装置之间有门，应能向两个方向开启。

6．电缆隧道及电缆沟

（1）电缆隧道。电缆隧道为封闭狭长的构筑物，高 1.8m 以上，两侧设有数层敷设电缆的支架，可敷设较多的电缆，人在隧道内能方便地敷设和维护电缆。但其造价较高，一般用于大型电厂。

（2）电缆沟。电缆沟为有盖板的沟道，沟宽、深均不足 1m，敷设和维护电缆时必须揭开盖板，不大方便，而且沟内容易积灰、积水。但其土建施工简单，造价低，在中、小型电厂和变电站广泛采用。

为确保电缆运行安全，电缆隧道及电缆沟应设 0.5％～1.5％的排水坡度和独立的排水系统；在电缆隧道及电缆沟进入建筑物（包括控制室和开关室）处，应设带门的耐火隔墙（电缆沟只设隔墙），以防电缆发生火灾时烟火向室内蔓延扩大事故，同时也防止小动物进入。

7．采光和通风

配电装置可以开窗采光和通风，但应采取防止雨、雪、风沙、污秽和小动物进入室内的措施；另外，应装设足够的事故通风装置，以排除事故时室内的烟气。

三、屋内配电装置实例

1．6～10kV 两层式配电装置

6～10kV 双母线接线、出线带电抗器、二层、二通道的配电装置进出线断面图如图 7-6 所示，即图 7-3 中的主变压器和线路间隔的断面图。

第二层布置母线Ⅰ、Ⅱ和母线隔离开关 1、2，均呈单列布置。母线三相垂直排列，相间距离为 750mm，两组母线用隔板隔开；母线隔离开关装在母线下方的敞开小间中，两者之间用隔板隔开，以防事故蔓延；在母线隔离开关下方的楼板上开有较大的孔洞，其引下导体可免设穿墙套管，而且便于操作时对隔离开关观察；第二层中有两个维护通道，在母线隔离开关靠通道的一侧，设有网状遮栏，以便巡视。

第一层布置断路器 3、6 和电抗器 7 等笨重设备。断路器为双列布置，中间为操作通道，断路器及隔离开关均在操作通道内操作，比较方便；电流互感器 4、5、8 采用穿墙式，兼作穿墙套管；出线电抗器布置在电抗器小间，小间与出线断路器沿纵向前后布置，电抗器垂直布置，下部有通风道，能引入冷空气（经底座上的孔进入小间），而热空气则从靠外墙上部的百叶窗排出；出线采用电缆经电缆沟引出，变压器（或发电机）回路采用架空引入。

该配电装置的主要缺点是：①上、下层发生的故障会通过楼板的孔洞相互影响；②母线呈单

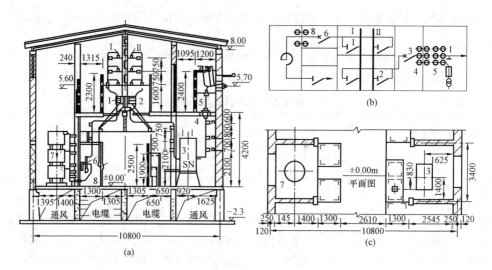

图 7 - 6　6～10kV 双母线、出线带电抗器、二层、二通道屋内配电装置进出线断面图

(a) 断面图；(b) 配置图；(c) 底层平面图

1、2—隔离开关；3、6—断路器；4、5、8—电流互感器；7—电抗器

列布置增加了配电装置长度，可能给后期扩建机组与配电装置的连接造成困难；③配电装置通风较差，需采用机械通风装置。

这种形式的配电装置适用于短路冲击电流值在 20kA 以下的大、中型变电站或机组容量在 50MW 以下的发电厂。

2. 35kV 单层式屋内配电装置

35 kV 单母线分段接线、单层、二通道布置的配电装置出线断面图如图 7 - 7 所示。

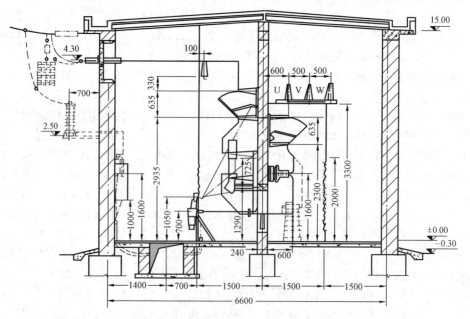

图 7 - 7　35kV 单母线分段接线、单层、二通道屋内配电装置出线断面图

该配电装置中，断路器、线路隔离开关与母线、母线隔离开关分别设在前后间隔中，中间以

隔墙隔开,可减小事故影响范围;所有电器均布置在较低的位置,施工、维护、检修都较方便;母线采用三相水平布置方式;断路器为单列布置,采用 SN10 - 35 型少油断路器,具有体积小、质量小、占地面积小和投资省的优点;间隔前后设有操作和维护通道,隔离开关和断路器均在操作通道内操作;通道外墙上开窗,采光、通风都较好。缺点是单列布置的通道较长,巡视不如双列布置方便;对母线隔离开关监视不便;架空进线回路的引入线(由图中右侧引入)要跨越母线,母线上方需设网状遮栏。

3. 6~10kV 三层式配电装置

6~10kV 双母线接线、出线带电抗器、三层、三通道的配电装置进出线断面图如图 7 - 8 所示。

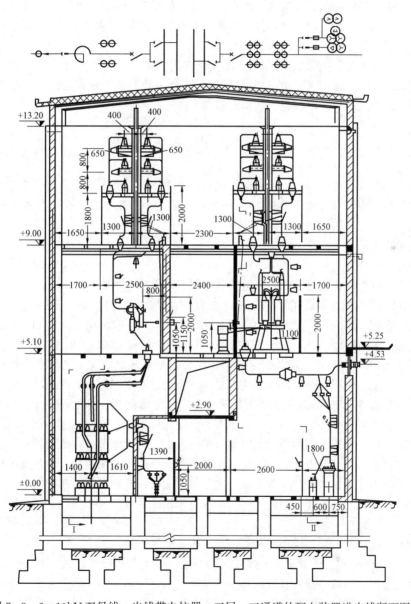

图 7 - 8 6~10kV 双母线、出线带电抗器、三层、三通道的配电装置进出线断面图

第三层布置母线和母线隔离开关，由于间隔较多，均采用双列布置。中间及两侧通道均为维护通道。中间通道内侧的母线属同一组母线，通过通道上面的母线桥（在另一间隔）连成"H"形；中间通道外侧的母线属另一组母线，通过配电装置固定端的母线桥连成"Π"形；平时两组母线同时运行。

第二层布置断路器，也呈双列布置。中间为操作通道，两侧为维护通道；断路器及母线隔离开关均在操作通道内操作。

第一层布置出线电抗器、线路隔离开关、发电机的电压互感器及其引入线。电抗器垂直布置；线路隔离开关装在电抗器前面的小间内，并在该层的操作通道内操作；控制电缆敷设在操作通道上面（第二层楼板下）的电缆通道内。

三层式配电装置占地少、长度短，但存在土建结构复杂，留孔及埋件多，建筑、安装的施工工作量大，造价高，运行监视费时，操作不便，不利于事故处理等缺点。我国很少应用，本例仅仅是为了让读者了解三层式配电装置的布置方式。

采用成套开关柜与装配式混合的两层式布置方式，在一定程度上可克服上述缺点，同时也较完全装配式（如图 7-6 所示）的两层式优越。混合式基本布置方式是：第二层布置成套开关柜，第一层（装配式）布置电抗器、大型断路器等。

第三节　屋 外 配 电 装 置

根据电器和母线布置的高度，屋外配电装置可分为中型、高型和半高型三类。其中，中型配电装置又分为普通中型和分相中型两类。为了便于理解，各类型的布置特点和优缺点结合后述实例分析。

一、有关布置的若干问题

1. 母线及构架

（1）母线。屋外配电装置采用的母线有软母线和硬母线两种。

1）软母线。常用的软母线有钢芯铝绞线、扩径软管母线和分裂导线，三相呈水平布置，用悬式绝缘子悬挂在母线构架上。软母线的优点是可选用较大档距（一般不超过三个间隔）；缺点是弧垂导致导线相间及对地距离增加，相应地母线构架及跨越线构架的宽度和高度均需加大。

2）硬母线。常用的硬母线有矩形、管形和组合管形，多数情况也是呈水平布置，一般安装在支柱式绝缘子上，管形母线应加装母线补偿器；当地震基本烈度为 8 度及以上时，管形母线宜用悬挂式。矩形母线用于 35kV 及以下的配电装置；管形母线用于 63kV 及以上的配电装置。硬母线的优点是：①弧垂极小，没有拉力，不需另设高大构架；②不会摇摆，相间距离可缩小，节省占地面积，特别是管形母线与剪刀式隔离开关配合时，可大大节省占地面积；③管形母线直径大，表面光滑，可提高起晕电压。缺点是：①管形母线易产生微风共振，对基础不均匀下沉较敏感；②管形母线档距不能太大，一般不能上人检修；③支柱式绝缘子防污、抗振能力较差。对屋外的母线桥，当外物有可能落到母线上时，应据具体情况采取防护措施，例如在母线上部设钢板护罩。

（2）构架。屋外配电装置采用的构架型式主要有以下几种。

1）钢构架。钢构架的优点是机械强度大，可按任何负荷和尺寸制造，便于固定设备，抗振能力强，经久耐用，运输方便；其缺点是金属消耗量大，为防锈需要经常维护（镀锌）。

2）钢筋混凝土构架。钢筋混凝土的优点是可节约大量钢材，可满足各种强度和尺寸要求，经久耐用，维护简单，且钢筋混凝土环形杆可成批生产，分段制造，运输安装尚方便；其主要缺点是不便于固定设备。钢筋混凝土构架是我国配电装置构架的主要型式。

3) 钢筋混凝土环形杆与镀锌钢梁（热镀锌防腐）组成的构架。它兼有前二者的优点，在我国 220kV 及以下的各种配电装置中广泛采用。

4) 钢管混凝土柱和钢板焊成的板箱组成的构架。这是一种用材少、强度高的结构形式，适用于大跨距的 500kV 配电装置。

（3）配电装置的有关尺寸。以 35～500kV 中型配电装置为例，其通常采用的有关尺寸见表 7 - 5。

2. 电力变压器

（1）采用落地布置，安装于钢筋混凝土基础上。其基础一般为双梁形并铺以铁轨，铁轨中心距等于变压器滚轮中心距。

（2）为防止变压器发生事故时燃油流散、扩大事故，对单个油箱的油量超过 1000kg 的变压器，应在其下面设贮油池，池的尺寸应比变压器的外廓大 1m，池内铺设厚度不小于 0.25m 卵石层；容量为 125MVA 及以上的主变压器，应设置充氮灭火或水喷雾灭火装置。

表 7 - 5　　　　　　　　35～500kV 中型配电装置的有关尺寸　　　　　　　　(m)

名　称		电　压　等　级　(kV)					
		35	63	110	220	330	500
弧垂	母　线	1.0	1.1	0.9～1.1	2.0	2.0	3.0～3.5
	进出线	0.7	0.8	0.9～1.1	2.0	2.0	3.0～4.2
线间距离	π 型母线架	1.6	2.6	3.0	5.5	—	—
	门型母线架	—	1.6	2.2	4.0	5.0	6.5～8.0
	进出线架	1.3	1.6	2.2	4.0	5.0	7.5～8.0
构架高度	母　线　架	5.5	7.0	7.3	10.0～10.5	13.0	16.5～18.0
	进出线架	7.3	9.0	10.0	14.0～14.5	18.0	25.0～27.0
	双层架	—	12.5	13.0	21.0～21.5	—	—
构架宽度	π 型母线架	3.2	5.2	6.0	11.0	—	—
	门型母线架	—	6.0	8.0	14.0～14.5	20.0	24.0～28.0
	进出线架	5.0	6.0	8.0	14.0～14.5	20.0	28.0～30.0

（3）主变压器与建筑物的距离不应小于 1.25m。

（4）当变压器油量超过 2500kg 时，两台变压器之间的防火净距离不应小于下列规定：35kV 为 5m，110kV 为 6m，220kV 及以上为 10m。如布置有困难，应设防火墙，其高度不低于油枕的顶端，长度应大于贮油池两侧各 1m。

3. 电器

电器按布置高度可分为低式布置和高式布置 2 种。低式布置是指电器安装在 0.5～1m 高的混凝土基础上，其优点是检修比较方便，抗振性能好；缺点是须设置围栏，影响通道畅通。高式布置是指电器安装在约 2～2.5m 高的混凝土基础上，不须设置围栏。

（1）少油、空气、SF_6 断路器有低式和高式布置。按所占据的位置，有单列、双列和三列（例如在 3/2 接线形式中）布置。

（2）隔离开关和电流、电压互感器均采用高式布置。

（3）隔离开关的操动机构宜布置在边相，当三相联动时宜布置在中相。

（4）布置在高型或半高型配电装置上层的 220kV 隔离开关和布置在高型配电装置上层的

110kV 隔离开关，宜采用就地电动操动机构。

（5）避雷器有低式和高式布置。110kV 及以上的阀形避雷器，由于器身细长，采用低式布置，安装在 0.4m 高的基础上，并加围栏；磁吹避雷器及 35kV 的阀形避雷器，由于形体矮小，稳定性好，采用高式布置。

4. 电缆沟

电缆沟的布置应使电缆所走的路径最短。按布置方向可分为以下几种。

（1）纵向（与母线垂直）电缆沟。纵向电缆沟为主干电缆沟，一般分两路。

（2）横向（与母线平行）电缆沟。横向电缆沟一般布置在断路器和隔离开关之间。

（3）辐射形电缆沟。当采用弱电控制和晶体管、微机继电保护时，为加强抗干扰可采用辐射形电缆沟。

5. 通道、围栏

（1）为运输设备和消防的需要，在主设备近旁应铺设行车道。大、中型变电站内，一般均铺设宽 3m 的环形道或具备回车条件的通道。500kV 屋外配电装置宜设相间运输通道。

（2）为方便运行人员巡视设备，应设置宽 0.8～1m 的巡视小道，电缆沟盖板可作为部分巡视小道。

（3）高型布置的屋外配电装置，应设高层通道和必要的围栏。110kV 可采用 2m 宽的通道，220kV 可采用 3～3.6m 宽的通道。

（4）发电厂及大型变电站的屋外配电装置周围宜设高度不低于 1.5m 的围栏，以防止外人任意进入。

二、330～500kV 超高压配电装置的特殊问题

1. 静电感应

在高压输电线路或配电装置的母线下和电气设备附近有对地绝缘的人或导电物体时，由于电容耦合而产生感应电压。当人站在地上与地绝缘不好时，就会有感应电流流过，人就会有麻电感觉。静电感应与空间场强有密切关系，故实用中常以某处的空间场强来衡量该处的静电感应水平。空间场强是指离地面 1.5m 处的空间电场强度，又称地面场强。

我国规定的空间场强水平为：配电装置内不宜超过 10kV/m，围墙外不宜超过 5kV/m。为此，在配电装置的设计上要采取降低场强的措施，例如：尽量避免在电器上方设置带电导体，以防检修设备时受静电感应影响；导线的布置要避免或减少电场直接叠加，例如两邻跨的边相（其场强较高）采用异相布置（即采用 UVW—UVW，而不是 UVW—WVU）；控制箱等操作设备尽量布置在场强较低区；在场强超过 10kV/m 且人员经常活动的地方，增设屏蔽线或设备屏蔽环；适当增加导线对地的安全净距 C 值等。

2. 无线电干扰

在超高压配电装置中，电器、母线和连接导线所产生的电晕中高次谐波分量形成高频电磁波，对无线电通信、广播和电视会产生干扰。根据实测，频率为 1MHz 时的干扰值最大。

我国目前超高压配电装置中无线电干扰水平的允许标准暂定如下：在晴天，配电装置围墙外 20m 处（距出线边相导线投影的横向距离 20m 外）对 1MHz 时的无线电干扰值不大于 50dB。同时规定在 1.1 倍最高工作相电压下，屋外晴天夜晚电气设备上应无可见电晕，1MHz 时的无线电干扰电压不大于 $2500\mu V$。为了增加载流量及限制电晕无线电干扰，超高压配电装置的导线采用扩径软管导线、多分裂导线、大直径铝管或组合铝管。

3. 噪声

配电装置中的噪声源主要是主变压器、电抗器及电晕放电，其中以主变压器为最严重。

我国规定：有人值班的生产建筑允许连续噪声的最大值为90dB，控制室、计算机房、通信室为65dB。控制噪声的措施主要为优先选用低噪声的标准电气设备以及注意主（网）控制楼（室）、通信楼（室）及办公室等与主变压器的相对位置和距离，尽量避免平行相对布置。

三、屋外配电装置特点、实例及选型

1. 中型配电装置

（1）普通中型配电装置。220kV双母线进出线带旁路接线、合并母线架、断路器单列布置的普通中型配电装置平、断面图如图7-9所示，其中断面图为出线间隔。图7-9所示的配电装置中，母线1、2、9采用钢芯铝绞线，用悬式绝缘子串悬挂在Ⅱ型母线架17上；构架由钢筋混凝土环形杆组成，两个主母线架与中央门型架13合并，旁路母线架与出线门型架14合并，使结构简化；采用少油断路器和GW4型双柱式隔离开关，除避雷器12为低式布置外，所有电器均布置在2~2.5m高的基础上；母线隔离开关3、4和旁路隔离开关8布置在母线的侧面，母线的一个边相离隔离开关较远，故其引下线设有支柱绝缘子15；断路器5与主母线架之间设有环形道，检修、搬运设备和消防均方便。该配电装置的主要缺点是由于断路器采用单列布置，使进线（虚线表示）出现双层构架，跨越多，降低了可靠性，并增加投资。

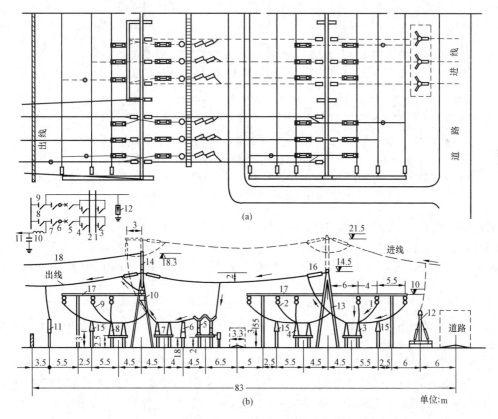

(a)

(b)

单位：m

图7-9 220kV双母线进出线带旁路接线、合并母线架、断路器单列布置的
普通中型配电装置平、断面图
（a）平面图；（b）断面图

1、2、9—主母线和旁路母线；3、4、7、8—隔离开关；5—断路器；6—电流互感器；10—阻波器；
11—耦合电容；12—避雷器；13—中央门型架；14—出线门型架；15—支持绝缘子；
16—悬式绝缘子；17—母线构架；18—架空地线

由本例可见，普通中型配电装置布置的特点是：①所有电器都安装在同一水平面上，并装在一定高度的基础上；②母线稍高于电器所在的水平面。普通中型配电装置的母线和电器完全不重叠。

普通中型配电装置布置的优点是：①布置较清晰，不易误操作，运行可靠；②构架高度较低，抗震性能较好；③检修、施工、运行方便，且已有丰富经验；④所用钢材少，造价较低。缺点主要是占地面积较大。

普通中型配电装置布置也可采用管形母线和钢筋混凝土环形杆与镀锌钢梁组成的构架。

（2）分相中型配电装置。500kV、3/2接线、断路器三列布置的分相中型配电装置进出线断面图如图7-10所示。所谓分相布置，是指母线隔离开关分相直接布置在母线的正下方。图7-10所示的配电装置中采用硬圆管母线1，用支柱绝缘子安装在母线架上；采用GW6型单柱式隔离开关2，其静触头垂直悬挂在母线或构架上；并联电抗器9布置在线路侧，可减少跨越。

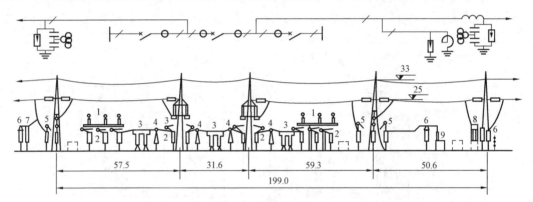

图 7-10　500kV、3/2 接线、断路器三列布置的分相中型配电装置
进出线断面图（尺寸单位：m）
1—硬圆管母线；2—单柱式隔离开关；3—断路器；4—电流互感器；5—双柱伸缩式隔离开关；
6—避雷器；7—电容式电压互感器；8—阻波器；9—并联电抗器

断路器3采用三列布置，且所有出线都从第一、二列断路器间引出，所有进线都从第二、三列断路器间引出，但当只有两台主变压器时，宜将其中一台主变压器与出线交叉布置，以提高可靠性。为了使交叉引线不多占间隔，可与母线电压互感器及避雷器共占两个间隔，以提高场地利用率。

在每一间隔中设有两条相间纵向通道，在管形母线外侧各设一条横向通道，构成环形道路。为了满足检修机械与带电设备的安全净距及降低静电感应场强，所有带电设备的支架都抬高到使最低瓷裙对地距离在4m以上。

分相中型配电装置的优点是：①布置清晰、美观，可省去中央门型架，并避免使用双层构架，减少绝缘子串和母线的数量；②采用硬母线（管形）时，可降低构架高度，缩小母线相间距离，进一步缩小纵向尺寸；③占地少，较普通中型节约用地1/3左右。其缺点主要是：①管形母线施工较复杂，且因强度关系不能上人检修；②使用的柱式绝缘子防污、抗震能力差。

分相中型配电装置的布置也可采用软母线方式。

在我国，中型配电装置普遍应用于110～500kV电压级。普通中型配电装置一般在土地贫瘠地区或地震烈度为8度及以上的地区采用；中型分相软母线方式可代替普通中型配电装置；中型分相硬母线方式只宜用在污秽不严重、地震烈度不高的地区。

应该指出的是，从20世纪70年代以来，普通中型配电装置已逐渐被其他占地较少的配电装置型式所取代。

2. 高型配电装置

220kV 双母线进出线带旁路接线、三框架、断路器双列布置的高型配电装置进出线断面图如图 7-11 所示。该配电装置中，中间框架用于两组主母线 1、2 和母线隔离开关 3、4 的上、下重叠布置；两侧两个框架的上层布置旁路母线 9 和旁路隔离开关 8，下层布置进出线的断路器 5、电流互感器 6 和线路隔离开关 7，进出线不交叉跨越；为保证上层隔离开关 3、8 的引下线对其底座的安全距离，用支柱绝缘子斜装支持引线，绝缘子顶部有槽钢托架；设有上层操作巡视通道（3～3.6m 宽）和围栏，当通道与控制楼距离较近（15～20m）时，有露天天桥连接，而且上层隔离开关采用就地电动操动机构，以改善运行及检修条件；在主母线下及避雷器 12 的外侧设置有道路。

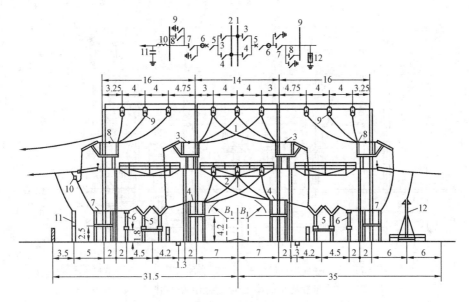

图 7-11   220kV 双母线进出线带旁路接线、三框架、断路器双列布置的
高型配电装置进出线断面图

1、2、9—主母线和旁路母线；3、4、7、8—隔离开关；5—断路器；
6—电流互感器；10—阻波器；11—耦合电容；12—避雷器

双母线带旁路母线的高型配电装置还有单框架、双框架类型。

由本例可见，高型配电装置的特点是：①各母线和电器分别安装在几个不同高度的水平面上，旁路母线与断路器、电流互感器等电器重叠布置，隔离开关之间重叠布置；②一组主母线与另一组主母线重叠布置，主母线下没有电气设备。

高型配电装置的优点是：①充分利用空间位置，布置最紧凑，纵向（与母线垂直方向）尺寸最小；②占地只有普通中型配电装置的 40%～50%，母线绝缘子串及控制电缆用量也较普通中型配电装置少。其缺点主要是：①耗用钢材较中型配电装置多 15%～60%；②操作条件比中型配电装置差；③检修上层设备不方便；④抗震能力比中型配电装置差。

高型配电装置主要应用于 220kV 电压级的下述情况：①高产农田或地少人多地区；②场地狭窄或需大量开挖、回填土石方的地方；③原有配电装置需扩建，而场地受到限制。不宜用在地震烈度为 8 度及以上地区。

高型配电装置在 110kV 电压级中采用较少，在 330kV 及以上电压级中不采用。

3. 半高型配电装置

110kV 双母线进出线带旁路接线、断路器单列布置的半高型配电装置出线断面图如图 7 - 12 所示。该布置将两组主母线及母线隔离开关均分别抬高至同一高度，电气设备布置在一组主母线的下面，另一组主母线下面设置搬运道路；母线隔离开关的安装横梁上设有 1m 宽的圆钢格栅检修平台，并利用纵梁作行走通道；两组母线隔离开关之间采用铝排连接，以便对引下线加以固定；主变压器进线悬挂于构架 15.5m 高的横梁上，跨越两组主母线后引入（图 7 - 12 中未表示）。

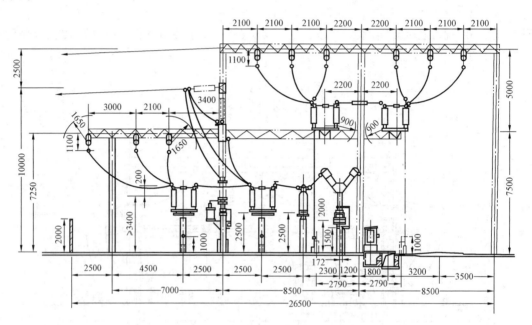

图 7 - 12　110kV 双母线进出线带旁路接线、断路器单列
布置的半高型配电装置出线断面图

可见，半高型配电装置布置的特点是：①与高型配电装置类似，各母线和电器分别安装在几个不同高度的水平面上，被抬高的母线（可以是主母线或旁路母线）与断路器、电流互感器等部分电器重叠布置；②与高型配电装置不同，一组母线与另一组母线不重叠布置。

半高型配电装置的优点是：①布置较中型紧凑，纵向尺寸较中型小；②占地约为普通中型的 50%～70%，耗用钢材与中型接近；③施工、运行、检修条件比高型好；④母线不等高布置，实现进、出线均带旁路较方便。缺点与高型配电装置类似，但程度较轻。

半高型配电装置应用于 110～220kV 电压级，主要应用于 110kV 电压级，而且除污秽地区、市区和地震烈度为 8 度及以上地区外，110kV 配电装置宜优先选用屋外半高型。

第四节　成套配电装置

成套配电装置分为低压配电屏(柜)、高压开关柜、成套变电站、SF_6 全封闭组合电器 4 类。

一、低压配电屏（柜）

低压配电屏（柜）用于发电厂、变电站和工矿企业 380V/220V 低压配电系统，作为动力、照明配电之用。有数十种一次电路方案，可以满足不同主接线的组合要求。低压配电屏只做成户内型。低压配电屏（柜）的型号含义如下：

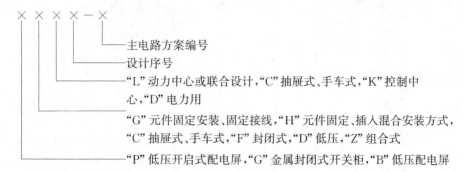

主电路方案编号
设计序号
"L"动力中心或联合设计，"C"抽屉式、手车式，"K"控制中心，"D"电力用
"G"元件固定安装、固定接线，"H"元件固定、插入混合安装方式，"C"抽屉式、手车式，"F"封闭式，"D"低压，"Z"组合式
"P"低压开启式配电屏，"G"金属封闭式开关柜，"B"低压配电屏

国外公司在我国进行独资或合资生产的开关柜，其型号不按照上述规则命名。

1.（元件）固定式

固定式有 PGL、GGL、GGD、GHL 等系列，可取代旧型号 BSL 系列。PGL 系列低压配电屏结构示意图如图 7-13 所示，其框架用角钢和薄钢板焊成。每屏可以是一条回路或多条回路。

（1）屏前。上部面板（可开启）装有测量仪表，中部面板装有闸刀的操作手柄、控制按钮等，下部屏门内装有继电器、电能表和二次端子排。

（2）屏后。屏顶为主母线，并设有防护罩；上部为刀开关；中部为低压断路器、接触器、熔断器；下部为电流互感器、电缆头、中性母线（N）。

多屏并列时，一般屏与屏之间加装隔板，以限制故障范围；始端屏和终端屏的外侧加装有防护板。

PGL 系列低压配电屏结构简单、消耗钢材少、价格低廉，可从双面维护，检修方便，广泛应用在发电厂、变电站和工矿企业低压配电系统中。

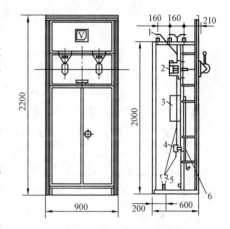

图 7-13　PGL-1 型低压配电屏
结构示意图
1—母线及绝缘框；2—刀开关；
3—低压断路器；4—电流互感器；
5—电缆头；6—继电器

GGL、GGD 和 GHL 系列为封闭型，其柜体还设计有保护导体排（PE），柜内所有接地端全部与该导体排接通，所以在使用中不会发生外壳带电现象，运行和维护比较安全可靠。

GGD 型低压配电柜外形图如图 7-14 所示。其柜体设计充分考虑到运行中散热问题，在柜体上、下部均有散热槽孔；顶盖在需要时可拆下，便于主母线的安装和调整；能满足各类工程对不同进线方式的需要；一次元器件选用近年技术性能指标较先进的国产设备；柜内为用户预留有加装二次设备的位置。

2. 抽出式

抽出式包括抽屉式和手车式，国产产品有 BFC、BCL、GCL、GCK、GCS 等系列；另外还有多种引进国外技术或国外公司在我国进行独资、合资生产的产品系列，如 EEC-M35（CHD-15B）系列为引进英国 EEC 公司技术生产，多米诺（DOMINO）、科必可（CUBIC）系列为引进丹麦技术生产，MNS 系列为引进瑞士 ABB 公司技术生产，SIKUS 系列、SIVACON 系列为德国西门子（中国）有限公司生产，MD190（HONOR）系列为 ABB（中国）有限公司生产，PRIS-MAP 系列为法国施耐德电气公司产品等。其中部分系列产品的接线方式除抽出式外，还有固定式和插入式。

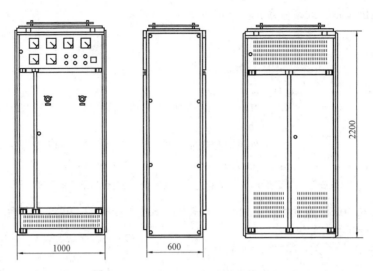

图 7 - 14　GGD 型低压配电柜外形图

抽出式配电柜的共同特点是：采用模块化、组合式结构，即配电柜由满足需要的、标准化的、成系列的模块组成，更改、添加部件方便，保证产品的完美和灵活性；框架由镀锌及喷塑处理的钢板弯制，用螺钉连接组装，有很高的强度，框架为模数化设计（模数 M 是框架槽钢的长度单位，例如 $M=35mm$），按模数的倍数组装不同体积的框架；由完成同一功能的电气设备和机械部件组成功能单元（抽屉），并采用间隔式布置，即用金属或绝缘隔板将配电柜划分为若干个隔离室，使母线与功能单元及功能单元之间隔开；各功能单元都有三个明显位置，即工作（一、二次电路均接通）、试验（一次电路断开、二次电路接通）和分离（一、二次电路均断开）位置，各位置有机械定位，保证操作的安全性；相同规格的功能单元有良好的互换性；设置有机械联锁机构，只有主电路处于分断位置时功能单元的门才能打开，只有主电路处于分断位置且门闭合时功能单元才能抽出和插入；具有可靠的安全保护接地系统及较高的防护等级。部分产品配有智能模块或采用智能电器元件，使装置具有数据采集、故障判断和保护，数据交换、储存和处理，以及控制和管理等功能。

EEC - M35（CHD - 15B）系列配电柜的内部空间分隔图如图 7 - 15 所示，由图可清楚地看出其结构情况。框架用模数倍数长度的 C 型和 U 型槽钢，水平和垂直部分通过铝合金铸成的角位器用螺栓连接；断路器隔室位于柜前部，可安装空气断路器或塑壳断路器，以进口欧美名厂元器件为主，也可据用户要求选用其他厂家的元器

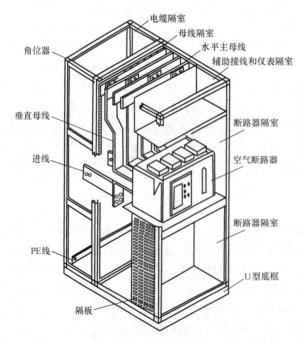

图 7 - 15　EEC - M35 系列配电柜内部空间分隔

件，受电柜一般为1台空气断路器，馈电柜一般为2台空气断路器或多台（可达8台）塑壳断路器，可在整套设备不断电的情况下修改断路器的整定值和更换断路器；母线隔室位于柜中部，安装有水平主母线和垂直母线，其绝缘支架为玻璃纤维强化聚酯压铸而成；电缆隔室位于柜后部；二次接线和仪表隔室位于断路器隔室上部，安装有监视仪表、断路器外接保护单元和电气联锁装置、二次接线端子排；面板及内部隔板都是由镀锌钢板制成，柜体前侧有带铰链的门或抽屉面板，后侧下部有进气窗口，顶部有散热装置。

EEC - M35（CHD - 15B）系列配电柜排列组合图（单母线分段接线的一段）如图7 - 16所示。从左到右分别为：馈电柜（塑壳断路器）、馈电柜（空气断路器）、受电柜（空气断路器）、电容补偿柜（接触器）。塑壳断路器面板上有仪表、信号灯、断路器的操作手柄、推进机构等，空气断路器面板（双线框部分）上有分断和闭合按钮、分断位置锁定、主触头位置指示器、机构储能手柄、操作计数器、储能状态指示器、故障跳闸指示器/断路器复位按钮、单元位置状态锁定及指示、摇把及推进装置等。MCCB、ACB为断路器型号，3P表示3极。

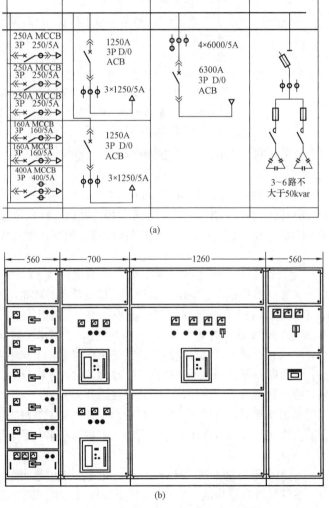

(a)

(b)

图 7 - 16　EEC - M35 系列配电柜排列组合图
(a) 配置图；(b) 布置图

抽出式低压柜的优点是：①标准化、系列化生产；②密封性能好，可靠性、安全性高，其间隔结构可限制故障范围；③主要设备均装在抽屉内或手车上，当回路故障时，可拉出检修并换上备用抽屉或手车，便于迅速恢复供电；④体积小、布置紧凑、占地少。其缺点是结构较复杂，工艺要求较高，钢材消耗较多，价格较高。

二、高压开关柜

高压开关柜用于 3～35kV 电力系统，作接受、分配电能及控制之用。

高压开关柜有户内和户外型，由于户外型有防水、锈蚀问题，故目前大量使用的是户内型。我国生产的 3～35kV 高压开关柜，也分为固定式和移开式（手车）两类。也有数十种一次电路方案，可以满足不同主接线的组合要求。高压开关柜的型号含义如下：

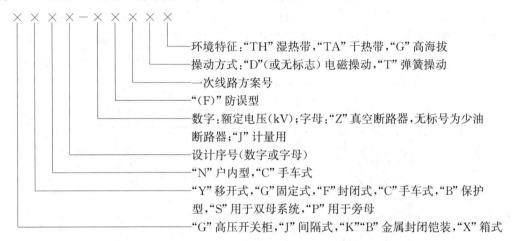

型号前加有"H"的为环网开关柜，可用于环网供电、双电源供电或终端供电。

1. 移开（手车）式

移开式有 JYN、KYN 等系列，可取代 GBC、GFC、GC 系列。

JYN2-10 型为金属封闭间隔型移开式户内高压开关柜，其内部结构示意图如图 7-17 所示。这种系列的开关柜为单母线结构，柜体用钢板弯制焊接而成，内部用钢板或绝缘板分隔成以下几个部分。

（1）主母线室 13。主母线室 13 位于柜后上部，室内装有主母线 14、支持绝缘子 15 和母线侧隔离静触头。柜后上封板装有视察窗、电压显示灯，当母线带电时灯亮，不能拆卸上封板。

（2）手车室 26。手车室 26 位于柜前下部，门上有视察窗 3、模拟接线。少油断路器 24、电压互感器 9 装于手车 25 上。手车底部有 4 只滚轮、导向装置，能沿水平方向移动，还装有接地触头、脚踏锁定机构等。设置有联锁，只有断路器处于分闸位置时，手车才能拉出或插入，防止带负荷分合隔离触头；只有断路器分闸、手车拉出后，接地开关 8 才能合上，防止带电合接地开关；接地开关合上后，手车推不到工作位置，可防止带接地开关合闸。当手车在工作位置时，断路器经隔离插头与母线和出线接通；检修时，将手车拉出柜外，动、静触头分离，一次触头隔离罩自动关闭，起安全隔离作用。当急需恢复供电时立即换上备用小车。手车与柜相连的二次线采用插头 23 连接。

（3）出线电缆室 11。出线电缆室 11 位于柜后下部，室内装有出线侧隔离静触头 12、电流互感器 10、引出电缆 7（或硬母线）及接地开关 8。柜后下封板与接地开关有联锁，接地开关合上后才能打开。

（4）继电器仪表室 18。继电器仪表室 18 经减振器 22 固定于柜前上部，小室门上装有测量仪

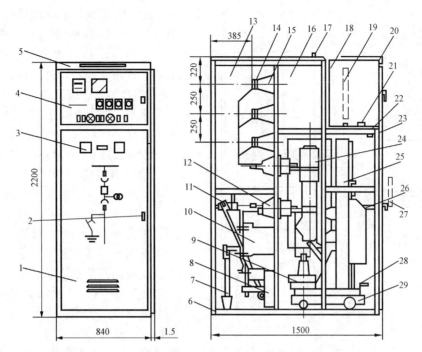

图 7-17 JYN2-10/01～05型高压开关柜内部结构示意图

1—手车室门；2—门锁；3—视察窗；4—仪表板；5—用途标牌；6—接地母线；7——次电缆；8—接地开关；
9—电压互感器；10—电流互感器；11—电缆室；12——次触头隔离罩；13—母线室；14——次母线；
15—母线绝缘子；16—排气通道；17—吊环；18—继电器仪表室；19—继电器屏；20—小母线室；21—端子排；
22—减振器；23—二次插头座；24—少油断路器；25—断路器手车；26—手车室；27—接地开关操作棒；
28—脚踏锁定跳闸机构；29—手车推进机构扣攀

表、按钮、信号灯和继电保护用的连接片（俗称压板）等，小室内有继电器屏19、端子排21。

（5）小母线室20。小母线室20位于柜顶前部，室内装有各种小母线（合闸、控制、各种信号等直流小母线和电压互感器二次侧的三相交流电压小母线）。在主母线室和继电器仪表室之间设有断路器的排气通道16。

JYNC-10(J、R)型配装高压限流式熔断器与高压真空接触器串联；JYN1-35型配装少油断路器。

KYN系列内部分隔情况与JYN大体相似。KYN-10型配装少油断路器；KYN800-10(KYN18A)型、KYN9000-12(KYN28A)型、KYN□-12Z(GZS1)型、KYN□-12(VUA)型、KYN10-40.5型均配装真空断路器；KYN-35型可配装SF$_6$或真空断路器，也可配装少油断路器。

KYN800-10(KYN18A)型、KYN□-12Z(GZS1)型、KYN9000-12(KYN28A)型的断路器均为中置式。图7-18为KYN800-10(KYN18A)型内部布置示意图。各小室设有独立的通向柜顶的排气通道；小车的轨道设在小车室中部(所以称中置式)，小车悬挂于轨道上。KYN□-12Z(GZS1)型及KYN9000-12(KYN28A)型小车的轨道也是设在小车室中部，但小车是置于轨道上，而不是悬挂。DF5151型由KYN28A-12开关柜和智能保护装置构成，可实现开关柜配电回路的控制、保护和检测。KYN□-12(VUA)型开关柜为上、下两层结构，可设置两台真空断路器或其他设备，一台柜具有两台柜的功能，节省占地。

如同低压配电柜一样，移开（手车）式高压开关柜也有引进国外技术或国外公司在我国进行合资生产的产品系列，如BA/BB系列（配SF$_6$断路器）为引进瑞士ABB公司技术生产，

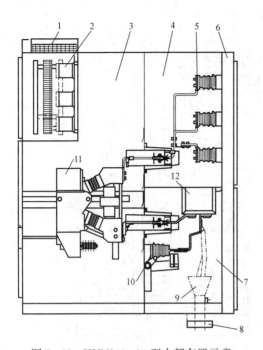

图 7-18　KYN800-10 型内部布置示意

1—小母线室；2—继电器室；3—手车室；
4—主母线室；5—主母线；6—电缆室出气道；
7—电缆室；8—零序电流互感器；9—电缆；
10—接地开关；11—断路器小车；12—电流互感器

HGKC-10 系列（配熔断器和产气式负荷开关）为引进德国 F&G 公司技术生产等。

金属封闭移开式开关柜，结构紧凑，能防尘和防止小动物进入造成短路，具有"五防"功能，运行可靠，操作方便，维护工作量小，在电力系统中广泛应用。

2. 固定式

固定式有 GG、KGN、XGN 等系列。

GG 系列为开启型固定式，有单母线和双母线结构。其基本骨架结构用角钢焊接而成，用薄钢板制成前面板，柜后无保护板；柜顶部为主母线、母线隔离开关，柜内用薄钢板隔开，上部为断路器室，下部为出线隔离开关室，电流互感器装于隔板上兼作穿墙套管。其优点是制造工艺简单，钢材消耗少、价廉；缺点是体积大，封闭性能差，检修不够方便。主要用于中、小型变电站的屋内配电装置。

KGN、XGN 系列为金属封闭铠装型固定式，其内部分隔情况与上述移开式相似。KGN 系列有单母线、单母线带旁路和双母线结构，母线呈三角形布置，配装 SN10-10 型少油断路器，操动机构不外露。XGN 系列配装 ZN□-10 型真空断路器，也可配装 SN10-10 型少油断路器，操动机构外露。均具备"五防闭锁"功能。

三、成套变电站

成套变电站是组合式、箱式和可移动式变电站的统称，又称预装式变电站。它用来从高压系统向低压系统输送电能，可作为城市建筑、生活小区、中小型工厂、市政设施、矿山、油田及施工临时用电等部门、场所的变配电设备。目前中压变电站中，成套变电站在工业发达国家已占 70%，而美国已占到 90%。

成套变电站是由高压开关设备、电力变压器和低压开关设备三部分组合构成的配电装置。有关元件在工厂内被预先组装在一个或几个箱壳内，具有成套性强、结构紧凑、体积小、占地少、造价低、施工周期短、可靠性高、操作维护简便、美观、适用等优点，近年来在我国迅速发展。

我国规定成套变电站的交流额定电压，高压侧为 7.2～40.5kV，低压侧不超过 1kV；变压器最大容量为 1600kVA。

成套变电站的箱壳大都采用普通或热镀锌钢板、铝合金板，骨架用成型钢焊接或螺栓连接，它保护变电站免受外部影响及防止触及危险部件；其三部分分隔为三室，布置方式为目字形或品字形；高压室元件选用国产、引进或进口的环网柜、负荷开关加限流熔断器、真空断路器；变压器为干式或油浸式；低压室由动力、照明、电能计量（也可能在高压室）及无功补偿柜（补偿容量一般为变压器额定容量的 15%～30%）构成；通风散热方面，设有风扇、温度自动控制器、防凝露控制器。成套变电站的型号含义如下：

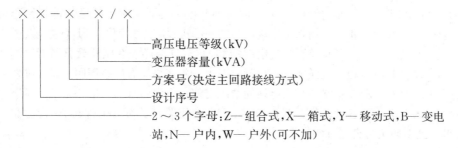

- 高压电压等级(kV)
- 变压器容量(kVA)
- 方案号(决定主回路接线方式)
- 设计序号
- 2～3个字母:Z—组合式,X—箱式,Y—移动式,B—变电站,N—户内,W—户外(可不加)

ZBW 系列组合式变电站的一次电路示例如图 7-19 所示,其内部布置如图 7-20所示。

该系列高压设备采用 HJGN-10、HJYN-10 固定式或移开式环网开关柜,配装负荷开关及高压熔断器,并有高压带电显示器;变压器采用干式 SC、SCL 型或油浸式 S_9、BS_7 型,容量 50～1250kVA;低压设备采用空气断路器、塑壳断路器、熔断器、接触器等,并可据用户要求选用型号。图 7-19 所示一次电路高压侧为两路 10kV 电缆(也可架空)进线;低压侧有 7 回电缆出线、1 回无功补偿、站用电及计量仪表等。

该系列为联体下吊式结构,高均为2.3m,长、宽尺寸与变压器容量有关,最大尺寸为 3.65m×2.4m,图 7-20 所示组合式变电站中,三室为目字形布置;箱体顶盖有

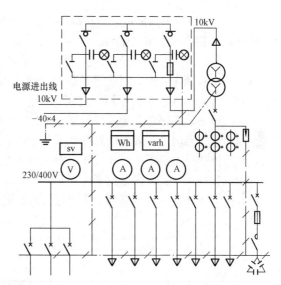

图 7-19 ZBW 系列组合式变电站的一次电路示例

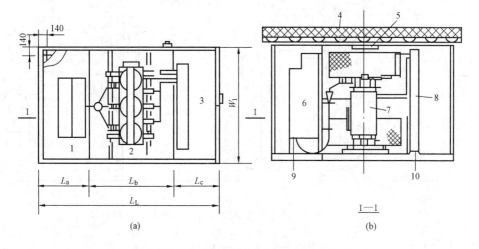

(a)　　　　　　　　　　(b)

图 7-20 ZBW 系列组合式变电站内部布置
(a) 平面布置图;(b) 断面图
1—高压室;2—变压器室;3—低压室;4—隔热层;5—排气扇;6—高压设备;
7—变压器;8—低压设备;9—高压电缆;10—低压电缆

隔热层 4，四面有门，高、低压室 1、3 的门可为侧开或上翻式，室底部为可拆卸钻孔板，变压器室 2 的前后门有百叶窗和不锈钢网，变压器 7 的底部也设有不锈钢网，便于通风及防止小动物进入；变压器室装有手动、自动控制排气扇 5，以强化空气循环；变压器设有温度监测、超温报警与跳闸；产品设有机械和电气联锁，满足五防要求；各室均装有应急照明，操作维修方便。

其他系列组合式、箱式、移动式变电站的情况类似，但设备选择、电路方案、布置等有所不同。一般移动式变电站的容量较小，例如 GYB1 型的变压器容量为 100～630kVA。

四、SF₆ 全封闭组合电器（GIS)

1. 总体结构

SF₆ 全封闭组合电器配电装置俗称 GIS（英文缩写），它是以 SF₆ 气体作为绝缘和灭弧介质，以优质环氧树脂绝缘子作支撑的一种新型成套高压电器。其所用的电气元件，如母线、断路器、负荷开关、隔离开关、接地开关、快速或慢速接地开关、电流互感器、电压互感器、避雷器和电缆终端（或出线套管）等，制成不同型式的标准独立结构，再辅以一些过渡元件（如弯头、三通、伸缩节等），便可适应不同形式主接线的要求，组成成套配电装置。

一般情况下，断路器和母线筒的结构型式对装置的整体布置影响最大。对屋内式 GIS，当选用水平断口断路器时，一般将断路器水平布置在最上面，母线布置在下面；当选用垂直断口断路器时，则断路器一般落地垂直布置在侧面。对屋外式 GIS，断路器一般布置在下部，母线布置在上部，用支架托起。目前多采用屋内式。

220kV 双母线接线、断路器水平布置的 GIS 断面图如图 7-21 所示。

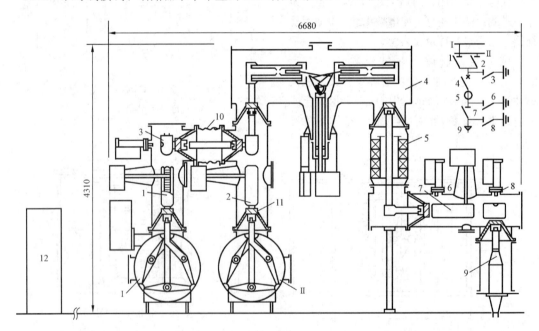

图 7-21　220kV 双母线接线、断路器水平布置的 GIS 断面图
Ⅰ、Ⅱ—主母线；1、2、7—隔离开关；3、6、8—接地开关；4—断路器；5—电流互感器；
9—电缆头；10—伸缩节；11—盆式绝缘子；12—控制箱

（1）断路器 4 为水平断口（双断口），为便于支撑和检修，在总体布置上，主母线Ⅰ、Ⅱ布置在下部，断路器水平布置在上部，出线为电缆，整个装置按照电路顺序成Ⅱ型布置，使装置结构紧凑。断路器的出线孔支持在其他元件上，检修时，灭弧室沿水平方向抽出。

（2）封闭组合电器的外壳用钢板或铝板制成，其作用是容纳 SF_6 气体及保护内部部件不受外界物质侵蚀，同时作为接地体。外壳内有多个环氧树脂盆式绝缘子，用于支撑带电导体和将装置分隔成若干个不漏气的隔离室（称气隔），以便于监视、易于发现故障点、限制故障范围以及检修或扩建时减少停电范围等。气隔内的 SF_6 气体压力一般为 $0.2\sim0.5MPa$，各气隔一般均装有压力表和监视继电器。

（3）母线以外的其他元件均采用三相分箱式结构。母线有三相分箱（或称分相）式和三相共箱（或称共相）式两种结构。图 7-21 中主母线 Ⅰ、Ⅱ 采用三相共箱式。断路器为单压式，其操动机构一般为液压或弹簧机构。隔离开关有两种可供选择的基本型式，即直角型（进出线导体垂直）及直线型（进出线导体在同一轴线上），其动作均为插入式，图中为直线型。接地开关与隔离开关制成一体时，两者的同相部件封闭在同一气隔内。

（4）为减少因温度变化和安装误差、振动及基础不同沉降引起的附加应力，在两组母线汇合处装有伸缩节 10（沿母线的外壳上也装有伸缩节），它包括母线软导体和外壳两部分。另外，为监视、检查装置的工作状态和保证装置的安全，装置的外壳上还设有检查孔、窥视孔和防爆盘等设备。

220kV 单母线接线、断路器垂直布置的 GIS 布置图如图 7-22 所示。断路器 1 垂直布置在一侧，操动机构 2 作为断路器的支座，配电装置的纵向尺寸较小。断路器出线孔在断口的上、下侧，检修时灭弧室需垂直向上吊出，配电装置室的高度尺寸较大。

2. 特点和应用范围

（1）优点。与常规配电装置相比，SF_6 全封闭组合电器有以下优点。

1）可大量节省配电装置所占的面积和空间。其所占用面积与常规式的比率约为 $25/(U_N+25)$，所占空间的比率约为 $10/U_N$（U_N 为额定电压，kV），U_N 越高，效果越显著。

2）运行可靠性高。暴露的外绝缘少，因而外绝缘事故少，不会因污秽、潮湿、各种恶劣气候和小动物而造成接地及短路事故；内部结构简单，机械故障少；外壳接地，无触电危险；SF_6 为不可燃气体，不会发生火灾，一般也不会发生爆炸事故。

3）维护工作量小，检修周期长。

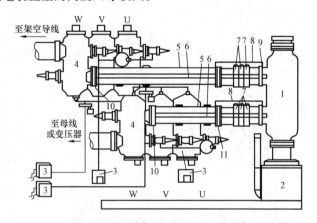

图 7-22 220kV 单母线接线、断路器垂直布置的 GIS 布置图
1—断路器；2—断路器操动机构；3—隔离开关与接地开关操作机构；4—隔离开关与接地开关；5—金属外壳；6—导电杆；7—电流互感器；8—外壳短路线；9—外壳连接法兰；10—气隔分隔处，盆式绝缘子；11—绝缘垫

平时不需要冲洗绝缘子；触头很少氧化，触头开断时烧损也甚微，断路器累计正常分合 3000～4000 次或累计开断电流 4MA 以上时，才需检修一次触头，实际上在使用寿命内几乎不需解体检修；年漏气率不大于 1%，且用吸附器保持干燥，补气和换过滤器的工作量也很小。

4）环境保护好。由于金属外壳的屏蔽作用，消除了无线电干扰、静电感应和噪声。

5）适应性强。重心低、脆性元件少，抗震性能好；可用于污秽地区和高海拔地区。

6）土建和安装调试工作量小，建设速度快。

（2）缺点。

1）对材料性能、加工精度和装配工艺要求极高，工件上的任何毛刺、油污、铁屑和纤维都会造成电场不均，可能导致局部放电，甚至个别部位击穿的危险。

2）需要有专门的 SF_6 气体系统和压力监视装置，且对 SF_6 的纯度和水分都有严格要求。

3）金属消耗量大。

4）造价较高。

（3）应用。SF_6 全封闭组合电器应用于 110～500kV 配电装置，可在下列情况下采用。

1）位于用地狭窄地区（如工业区、市中心、险峻山区、地下、洞内等）的电厂和变电站。

2）位于气象、环境恶劣或高海拔地区的变电站。

*第五节　发电机与配电装置的连接

发电机与发电机电压配电装置或升压变压器的连接，有电缆连接、敞露母线连接和封闭母线连接 3 种方式。前两种方式也用于发电机电压配电装置与升压变压器的连接。

1. 电缆连接

由于电缆价格昂贵，且电缆头运行可靠性不高，因此，这种连接方式只在机组容量不大（一般在 25MW 以下），且厂房和设备的布置无法采用敞露母线时才予以采用。

2. 敞露母线连接

敞露母线连接包括母线桥连接和组合导线连接两类。前者适用于屋内、外，后者只适用于屋外，均用于中小容量发电机。

（1）母线桥。由于连接导体需架空跨越设备、过道或马路，因此导体需安装在由钢筋混凝土支柱和型钢构成的支架上，并由绝缘子支持，故称母线桥。母线桥除有屋内、外之分外，还有单、双层之分。

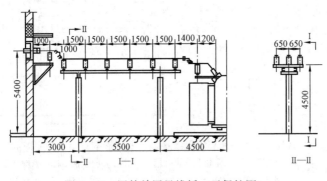

1）发电机与升压站主变压器之间的屋外单层母线桥如图 7-23 所示。因受屋外恶劣气候的影响，为了提高运行的安全可靠性，一般选取比发电机额定电压高 1～2 级的屋外支柱绝缘子；母线相间距离一般采用 650～1200mm；为避免因温度变化等原因引起的附加应力，在桥两端装有母线补

图 7-23　屋外单层母线桥（无保护网）

偿器；对重要回路的母线桥，为防止外物落入造成母线短路，在其上部加无孔盖板，同时为了运行维护观察方便和冷却的需要，两侧封以金属护网，部分护网可开启或可拆卸，以便于检修。

2）屋内母线桥的布置和结构应尽量利用周围的构筑物，如墙、柱、梁、楼板等。由于不受屋外恶劣气候的影响，一般选取等于或稍高于发电机额定电压的屋内支柱绝缘子；其防护措施与屋外重要回路的母线桥相同；对于电流较大或长度较长的母线桥，一般在桥侧面设置维护通道。

（2）组合导线。发电机与屋内配电装置之间用组合导线连接如图 7-24 所示。组合导线是由多根软绞线固定在套环上组合而成。套环的作用是使各根绞线之间保持均匀的距离，相邻套环之间的距离为 0.5～1m，环的左右两侧用两根钢芯铝绞线作为悬挂线，承受拉力，其余绞线用铝绞线或铜绞线，用于载流；组合导线用悬式绝缘子悬挂在厂房、配电装置室的墙上或独立的门型

构架上，为了使悬挂线和墙或构架受力不致过大，一般跨距不宜大于 40m，当超过 40m 时，宜在中间增设一个门型构架。与母线桥相比，组合导线具有以下优点：①散热性能较好，集肤效应较小，在相同的负荷电流下总截面较小；②有色金属消耗少，节省大量绝缘子和支架，投资较少；③由于没有许多中间接头和支持绝缘子，运行可靠性较高，维护工作量小；④跨距大，便于跨越厂区道路。

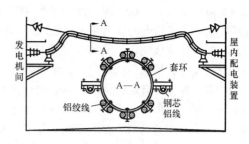

图 7 - 24　组合导线

3. 封闭母线连接

如前所述，容量在 200MW 及以上机组，其发电机与主变压器的连接母线、厂用分支母线及电压互感器分支母线均采用全连式分相封闭母线，以消除或大大削弱敞露线母线存在的缺点。

目前，国内 200～300MW 机组的封闭母线一般均采用自然冷却方式，即母线及外壳在运行中产生的热量完全靠辐射和自然对流散到周围介质中去。更大容量机组的封闭母线需考虑采用强制风冷方式，即用母线及其封闭外壳作风道，利用风机和热交换器进行强迫通风（闭式循环），将母线及外壳在运行中产生的热量带走；这种冷却方式可使母线的载流量增加 0.5～1 倍，母线和外壳的外径大为减小，节约大量有色金属和便于施工。但增加了强制风冷装置，使运行费和维护工作量增加。具体工程中，根据母线长度、回路工作电流等条件，进行综合技术经济论证后决定是否采用。国内一些 600MW 机组（如哈尔滨第三电厂、北仑港电厂等的 600MW 机组）的封闭母线仍采用自冷方式。

强制风冷式分相封闭母线总布置示意图如图 7 - 25 所示。

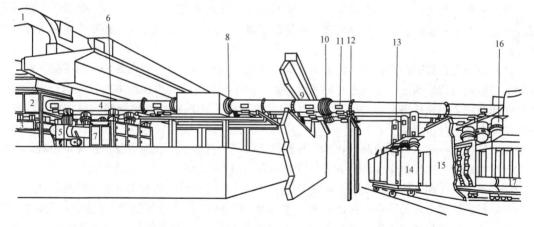

图 7 - 25　强制风冷式分相封闭母线总布置示意图

1—发电机；2—发电机出线箱；3—发电机出线套管处的强制风冷装置；4—分相封闭母线主回路；
5—分相封闭母线上的强制风冷装置；6—电压互感器柜分支回路；7—高压开关柜；
8—与断路器、负荷开关或隔离开关外壳相连的伸缩装置；9—穿墙段；10—外壳伸缩接头；
11—支持绝缘子观察（检修）窗；12—封闭母线外壳支撑装置；13—厂用变压器分支回路；
14—厂用变压器；15—防火隔墙；16—主变压器连接装置；17—主变压器

（1）封闭母线的外壳为铝板卷制焊接而成，每段外壳长度受运输、包装等条件限制，一般在 6m 以内；考虑到外壳的热胀冷缩、基础的不均匀下沉等因素，在与隔离开关外壳连接处及不同的基础交接处采用软连接，即加伸缩装置（铝波纹管）8、10；支撑装置12，国内多采用"抱箍加支座"式；为使外壳内轴向环流形成回路，在发电机出口、主变压器及厂用变压器进线等处均装设短路板，并应接地，一般采用截面不小于240mm²铜绞线与接地网连接，形成多点接地。也有些工程母线外壳采用一点接地，如北仑港电厂。

　　（2）主母线为圆管形铝母线，一般用三只互成120°的支持绝缘子支撑固定于外壳内，与外壳成同心圆布置；在母线上适当地方（每隔6～10m，一般不超过20m）装设伸缩节，目前大部分采用0.5～1mm厚的薄铝片叠制而成；母线与发电机、变压器等设备的连接用可拆的挠性伸缩接头（如铜编织线），防止所连设备通过母线形成振动传递。

　　（3）发电机出口的电压互感器柜6中，互感器均为单相式，分装在分相间隔中。为减少占地和方便检修，互感器分层叠放，并采用抽屉式结构。柜外设有窥视孔，便于检查。发电机的中性点设备装在单独的封闭金属柜内（在图7-25中未示出）。

　　（4）主变压器和厂用变压器，两者之间设有防火隔墙15，厂用变压器直接布置在主回路的封闭母线下面。厂用分支也有采用共相式。

　　（5）在封闭母线外壳上适当地方装设观察（检修）窗11等，以便对壳内的支持绝缘子、伸缩节、电流互感器等设备进行观察、清扫、检修、更换。此外，在封闭母线系统中还设有吸潮装置；为防止封闭母线停用时，屋外部分受冷凝而积水，设有恒温控制装置，以维持封闭母线内部的温度在露点以上。

*第六节　发电厂和变电站的电气设施总平面布置

一、电气设施总平面布置的基本原则

　　（1）满足电气生产工艺流程要求。首先满足电气主接线的要求，力求导线、电缆和交通运输线路短捷、通顺，避免迂回，减少交叉。特别注意解决好高压配电装置及主控制楼或网络控制楼的方位。

　　（2）力求布置紧凑合理，节约用地。在满足运行、检修和防火、防污等要求的前提下，尽量压缩电工建构筑物的间距；按照工程的不同特点，采用相应的占地少的配电装置型式；架空出线采用双回路或多回路杆塔；对功能相近或互有联系的电工建筑物（如控制楼、通信楼、试验室等）采用多层联合布置。

　　（3）结合地形地质，因地制宜布置。根据场地的不同自然地形、地段及各建构筑物对工程和水文地质的要求，选择相应的布置方式，避开不利的地形、地段。

　　（4）满足防火和环境保护要求。应满足电工建构筑物防火间距的有关规定，道路设计要考虑消防车通行；根据当地的风向朝向和建构筑物布置的不同要求及相互间的不利影响考虑布置位置，例如屋外配电装置宜布置在烟囱常年主导风向及冷却塔冬季主导风向的上风侧；应重视控制噪声，使主要工作和生活场所避开噪声源。

　　（5）与外部条件相适应。电工建构筑物布置在城镇或工业区时，要符合城镇或工业区规划的要求；位于工业污染及沿海盐雾区时，应有防污染措施；高压配电装置的位置要与高压出线走廊方位适应，避免出线交叉；高压线路不应跨越已建或规划的居民区、工厂及其他永久性建筑，并避免对通信的干扰。

二、发电厂的电气设施总平面布置

　　发电厂的电气设施包括高压配电装置、主变压器、高压厂用变压器、厂用配电装置、主控制室（或网络控制室）等。

1. 火电厂

某火电厂电气设施总平面布置形式如图 7-26 所示。

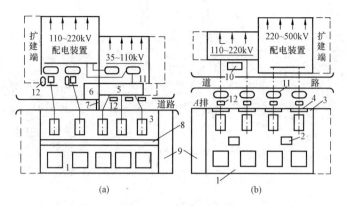

图 7-26　某火电厂电气设施总平面布置形式

(a) 地区性火电厂；(b) 大型火电厂

1—锅炉间；2—炉、机、电单元控制室；3—汽机间；4—高压厂用配电装置；5—发电机电压配电装置；
6—主控制室；7—天桥；8—除氧间；9—生产办公楼；10—网络控制室；11—主变压器；12—高压厂用变压器

(1) 为了便于与发电机连接，通常高压配电装置平行布置于主厂房前，这是我国大多数电厂采用的方式。

1) 地区性火电厂中，发电机电压配电装置 5 应靠近发电机布置，以减少与发电机连接的导体的长度，它与主厂房的距离决定于全厂管线和道路的布置，一般为 20～30m；主变压器 11 应尽可能靠近发电机电压配电装置，并布置在升高电压配电装置场地内，避开汽机房前的管线走廊，以缩短循环水管长度；发电机与发电机电压配电装置或主变压器（单元接线部分）连接采用组合导线。

2) 在大型发电厂中，主变压器 11 应尽量靠近汽机间 3，以缩短封闭母线的长度。

3) 两种类型发电厂的升高电压配电装置的布置，均应保证高压架空线引出的方便，并使电气设备的绝缘尽量少受烟囱的灰尘、有害气体及冷却塔水雾的侵蚀。

(2) 厂用电配电装置应布置在靠近厂用负荷中心的位置。

1) 地区性火电厂中，高压厂用变压器 12 布置在发电机电压配电装置或主变压器（单元接线部分）附近；厂用配电装置一般布置在除氧间 8 的下面。

2) 大型火电厂中，高压厂用变压器 12 布置在主厂房 A 排墙边；高压厂用配电装置 4 布置在汽机间下层 A 排墙内侧。

(3) 控制室的位置应保证值班人员有良好的工作环境，便于运行管理和尽可能缩短控制电缆的长度。

1) 在地区性火电厂中，主控制室 6 通常设在发电机电压配电装置 5 的固定端，与主厂房分开并有天桥 7 连接，使控制电缆较短和有利于对高压配电装置的运行管理，不受主厂房振动和噪声影响，而且通风、采光条件好。

2) 在大型火电厂中，单元控制室 2 一般按两机一控制室设计，布置在主厂房内；主接线较复杂，出线较多时，另设网络控制室 10，布置在高压配电装置旁边，专职控制高压配电装置的出线。

某地区性火电厂主要建筑物布置全貌如图 7-27 所示。

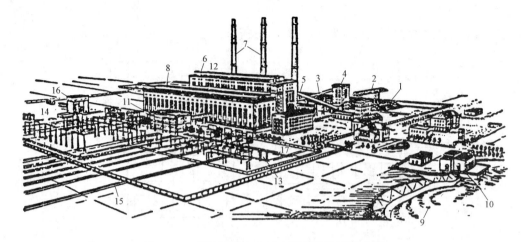

图 7-27　某地区性火电厂主要建筑物布置全貌

1—煤场；2—桥式抓煤机；3—从煤场到碎煤机的输煤栈桥；4—碎煤机；5—从碎煤机到锅炉间原煤仓输煤栈桥；
6—锅炉间；7—烟囱；8—汽机间；9—水库；10—岸边水泵房；11—主控制室及发电机电压配电装置；12—天桥；
13—110kV 配电装置；14—220kV 配电装置；15—110kV 架空出线；16—变压器检修间；17—生产办公楼

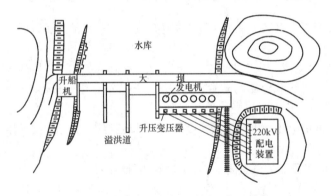

图 7-28　某坝后式水电站平面布置形式

2. 水电站

某坝后式水电站平面布置形式如图 7-28 所示。其升压变压器布置在主厂房的下游（尾水）侧的墙边与主机房同高程的位置，可使变压器与发电机的连接导线最短，并便于与高压配电装置联系；高压配电装置较复杂、占地较大时，通常布置在下游岸边，用架空线与升压变压器连接，装置的场地内还设有网络继电保护室和值班室。

由于水电站地形、地质复杂，其电气设施布置是多样的，如黄河上游的刘家峡水电站，其 1、2 号主变压器布置在主厂房下游窑洞内，3、4、5 号主变压器布置主厂房与大坝之间，330kV 和 220kV 配电装置分别布置在下游侧左右岸地下；葛洲坝水电站的大江电厂，其 500kV 配电装置布置在厂房右岸上游 1km 处；澜沧江中游的漫湾水电站，其 220kV 和 500kV 配电装置（均为 GIS）分别布置在下游侧左右岸的非溢流坝后等。

三、变电站的电气设施总平面布置

变电站主要由屋内、外配电装置、主变压器、主控制室及辅助设施等组成。在 220kV 变电站中，常设有调相机室；330kV 及以上超高压变电站中，还设有并联电抗器和补偿装置。

1. 屋外配电装置布置

各级电压屋外配电装置的相对位置（以长轴为准）一般有以下 4 种组合方式，如图 7-29 所示。

（1）双列式布置。当两种电压配电装置的出线方向相反，或一种电压配电装置为双侧出线（一台半断路器接线）而另一种电压配电装置出线与其垂直时采用。

（2）L 型布置。当两种电压配电装置的出线方向垂直，或一种电压配电装置为双侧出线（一

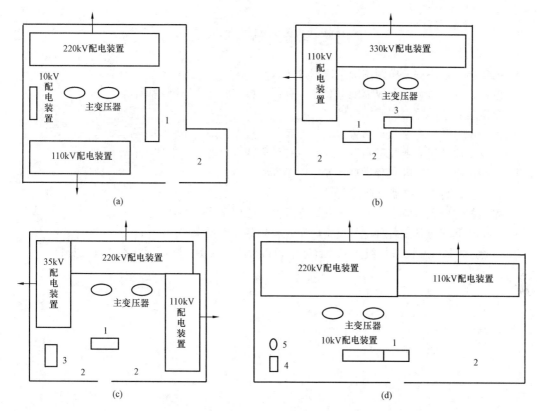

图 7-29 变电站电气设施总平面布置示意图
(a) 双列式布置；(b) L 型布置；(c) Ⅱ型布置；(d) 一列式布置
1—主控制及通信楼；2—所前区；3—35kV 电容器；4—油处理室；5—油罐

台半断路器接线）而另一种电压配电装置出线与其平行时采用。

（3）Ⅱ型布置。当有三种电压配电装置（如 220/110/35kV 或 500/220/110kV）架空出线时采用。

（4）一列式布置。当两种电压配电装置的出线方向相同或基本相同时采用。

2. 主变压器布置

一般布置在各级电压配电装置和调相机或静止补偿装置间的较为中间的位置，以便于高、中、低压侧引线的就近连接。

3. 调相机或静止补偿装置的布置

其布置应邻近主变压器低压侧和控制楼，调相机还应邻近其冷却设施。

4. 高压并联电抗器及串联补偿装置的布置

一般布置在出线侧，位于高压配电装置场地内。但高压并联电抗器也可与主变压器并列布置，以利于运输及检修。

5. 控制楼布置

控制楼应邻近各组电压配电装置布置，并宜与所前区（包括传达室、行政管理室、材料库、宿舍等）相结合。当高压配电装置为双列布置时，控制楼宜布置在两列中间；为 L 布置时，宜布置在缺角处；为Ⅱ型布置时，宜布置在缺口处；为一列式布置时，宜平行于配电装置，布置在中间位置。

思考题和习题

1. 配电装置最小安全净距的决定依据是什么？

2. 屋内、外配电装置和成套配电装置各有什么特点？适用于哪些场合？

3. 配电装置应满足哪些基本要求？

4. 屋内配电装置有哪几种布置型式？各有什么特点？适用于哪些场合？

5. 屋外配电装置有哪几种布置型式？各有什么特点？适用于哪些场合？

6. 成套配电装置有哪几种类型？各应用于哪些场合？

7. SF_6 全封闭组合电器有何特点？

8. 发电机与配电装置的连接有哪几种方式？各应用于哪些场合？

9. 发电厂和变电站中各种电气设施的布置有哪些基本要求？

10. 试绘制 110kV 内桥接线、屋外普通中型布置的平面图和断面图（参考有关资料）。

第八章　电力系统中性点接地方式

本章分析电力系统中性点常用接地方式的特点及适用范围。

第一节　中性点接地方式分类

电力系统三相交流发电机、变压器接成星形绕组的公共点，称为电力系统中性点。电力系统中性点与大地间的电气连接方式，称为电力系统中性点接地方式。电力系统的中性点接地方式有不接地（中性点绝缘）、经消弧线圈接地、经电抗接地、经电阻接地及直接接地等。我国电力系统广泛采用的中性点接地方式主要有不接地，经消弧线圈接地及直接接地3种。

根据主要运行特征，可将电力系统按中性点接地方式归纳为两大类。

（1）非有效接地系统或小接地电流系统。包括中性点不接地，经消弧线圈接地，以及经高阻抗接地的系统。通常这类系统的零序电抗 X_0 与正序电抗 X_1 的比值大于3，零序电阻 R_0 与正序电抗 X_1 的比值大于1，即 $X_0/X_1>3$，$R_0/X_1>1$。当发生一相接地故障时，接地电流被限制到较小数值，非故障相的对地稳态电压可能达到线电压。

（2）有效接地系统或大接地电流系统。包括中性点直接接地及经低阻抗接地的系统。通常这类系统有 $X_0/X_1\leqslant3$，$R_0/X_1\leqslant1$。当发生一相接地故障时，接地电流有较大数值，非故障相的对地稳态电压不超过线电压的80%。

电力系统的中性点接地方式是一个涉及短路电流大小、供电可靠性、过电压大小及绝缘配合、继电保护和自动装置的配置及动作状态、系统稳定、通信干扰等多方面的综合性技术问题。

第二节　中性点非有效接地系统

中性点非有效接地主要有不接地和经消弧线圈接地两种方式。

一、中性点不接地系统

中性点不接地又叫做中性点绝缘。在中性点不接地的电力系统中，中性点对地的电位是不固定的，在不同的情况下，它可能具有不同的数值。中性点对地的电位偏移称为中性点位移。中性点位移的程度，对系统绝缘的运行条件来说是至为重要的。

1. 中性点不接地系统的正常运行

图8-1（a）为一中性点不接地系统正常运行的示意图。设三相电源电压 $\dot{U}_U$、$\dot{U}_V$、$\dot{U}_W$ 对称。由于在各相导线间和相对地之间沿导线全长都有分布电容，各相绝缘有对地泄漏电导，因而，在电源电压作用下，这些电容、电导上将流过附加的电流。在一般的近似分析计算中，由于正常负荷电流（在图8-1中未表示）和附加电流在导线上所引起的电压降很小，可忽略不计，因而分布电容、泄漏电导可用集中电容、电导来代替，其中相间电容对系统的接地特性影响很小，一般也可以不予考虑，仅计及相对地电容 C_U、C_V、C_W 和各相的对地泄漏电导 g_U、g_V、g_W。

中性点不接地系统正常运行时，中性点所具有的对地电位，称为不对称电压，用 $\dot{U}_{no}$ 表示。各相对地电压 $\dot{U}_U'$、$\dot{U}_V'$、$\dot{U}_W'$ 应分别等于该相对中性点电压与 $\dot{U}_{no}$ 的相量和，即

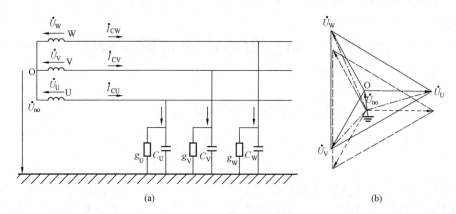

图 8-1　中性点不接地系统的正常运行状态
（a）原理接线图；（b）电压相量图

$$\dot{U}'_U = \dot{U}_U + \dot{U}_{no}$$

$$\dot{U}'_V = \dot{U}_V + \dot{U}_{no}$$

$$\dot{U}'_W = \dot{U}_W + \dot{U}_{no}$$

而各相对地电流的相量和应为零，即

$$\dot{I}_{CU} + \dot{I}_{CV} + \dot{I}_{CW} = (\dot{U}_U + \dot{U}_{no})Y_U + (\dot{U}_V + \dot{U}_{no})Y_V + (\dot{U}_W + \dot{U}_{no})Y_W = 0 \qquad (8-1)$$

式中：Y_U、Y_V、Y_W 为各相导线对地的总导纳。

在工频电压下，导纳 Y 由两部分所组成，其中主要部分为容性电纳 $j\omega C$，次要部分为泄漏电导（它比前者小得多），其中 $Y_U = g_U + j\omega C_U$，Y_V、Y_W 类似，ω 为电源的角频率。实际电力系统中，三相泄漏电导 g_U、g_V、g_W 大致相同，以下分析中均用 g 表示。

由式（8-1）可得

$$\dot{U}_{no} = -\frac{\dot{U}_U Y_U + \dot{U}_V Y_V + \dot{U}_W Y_W}{Y_U + Y_V + Y_W} \qquad (8-2)$$

取 $\dot{U}_U$ 为参考量，即

$$\dot{U}_U = U_U = U_{ph},\ \dot{U}_V = a^2 U_{ph},\ \dot{U}_W = a U_{ph} \qquad (8-3)$$

式中：U_{ph} 为电源相电压；a 为复数算子，其中 $a = e^{j120°} = -\frac{1}{2} + j\frac{\sqrt{3}}{2}$，$a^2 = e^{-j120°} = -\frac{1}{2} - j\frac{\sqrt{3}}{2}$。

将式（8-3）及各导纳的表达式代入式（8-2），并注意到 $1 + a + a^2 = 0$，得

$$\dot{U}_{no} = -U_{ph}\frac{j\omega(C_U + a^2 C_V + aC_W)}{j\omega(C_U + C_V + C_W) + 3g}$$

$$= -U_{ph}\frac{C_U + a^2 C_V + aC_W}{C_U + C_V + C_W} \times \frac{1}{1 - j\dfrac{3g}{\omega(C_U + C_V + C_W)}}$$

$$= -U_{ph}\dot{\rho}\frac{1}{1 - jd} \qquad (8-4)$$

$$\dot{\rho} = \frac{C_U + a^2 C_V + aC_W}{C_U + C_V + C_W} \qquad (8-5)$$

$$d = \frac{3g}{\omega(C_U + C_V + C_W)} \tag{8-6}$$

$\dot{\rho}$ 近似地代表中性点不接地系统正常运行时不对称电压 $\dot{U}_{no}$ 与相电压 U_{ph} 的比值（因 $d \ll 1$），称为系统的不对称度。将 a 和 a^2 的复数值代入式（8-5）可求得

$$|\dot{\rho}| = \frac{\sqrt{C_U(C_U - C_V) + C_V(C_V - C_W) + C_W(C_W - C_U)}}{C_U + C_V + C_W} \approx \frac{U_{no}}{U_{ph}} \tag{8-7}$$

d 代表系统的泄漏电导与电容电纳的比值，称为系统的阻尼率。具有正常绝缘的架空电网的阻尼率一般为 $3\% \sim 5\%$，当绝缘积污并受潮时可能达 10%；电缆电网的阻尼率一般为 $2\% \sim 4\%$，当有老化了的绝缘存在时也可能达 10%。

由式（8-4）、式（8-5）可见，不对称电压 $\dot{U}_{no}$ 的产生，主要是由于导线的不对称排列而使各相对地电容不相等的缘故。

（1）当架空线路经过完全换位时，各相导线的对地电容是相等的，即 $C_U = C_V = C_W = C$，这时有 $\dot{\rho} = 0$，$\dot{U}_{no} = 0$，$\dot{U}'_U = \dot{U}_U$，$\dot{U}'_V = \dot{U}_V$，$\dot{U}'_W = \dot{U}_W$。即中性点 O 对地没有电位偏移，或说中性点与地电位相同，各相对地电压等于该相电源电压，电压相量图如图 8-1（b）中的虚线所示。这种情况下，从正常传输电能的观点来看，中性点接地与否并无任何影响。

电缆线路与上述情况相同，即其不对称度为零。因为无论是三芯电缆或单芯电缆，各相芯线对接地外皮来说都处于对称位置。

（2）当架空线路不换位或换位不完全时，各相导线的对地电容不等，即 $C_U \neq C_V \neq C_W$，这时有 $\dot{\rho} \neq 0$，$\dot{U}_{no} \neq 0$，$\dot{U}'_U = \dot{U}_U + \dot{U}_{no}$，$\dot{U}'_V = \dot{U}_V + \dot{U}_{no}$，$\dot{U}'_W = \dot{U}_W + \dot{U}_{no}$。即中性点 O 对地存在电位偏移，或说中性点与地电位不同，电源电压三角形由图 8-1（b）中的虚线位置移到了实线位置，各相对地电压（点划线）不再对称。实际上，一般架空电网的不对称度为 $0.5\% \sim 1.5\%$，个别可达 2.5%，即不对称电压 $\dot{U}_{no}$ 较小，可以忽略不计，而认为中性点的电位为零。对于采用水平布置的三相导线，即使不进行换位，其不对称度也只有 3.5% 左右，在近似计算中仍可以忽略不计。

2. 中性点不接地系统的单相接地故障

当中性点不接地系统由于绝缘损坏而发生单相接地故障时，情况将发生明显变化。

（1）金属性接地（接地电阻为零）。图 8-2（a）表示中性点不接地系统在 U 相 k 点发生金属性接地时的情况，并忽略泄漏电导。接地后故障点 U 相的对地电压变为零，即 $\dot{U}'_U = 0$。设中性点的位移电压为 $\dot{U}_O$，这时，按故障相条件，可写出电压方程式

$$\dot{U}'_U = \dot{U}_U + \dot{U}_O = 0 \tag{8-8}$$

故有

$$\dot{U}_O = -\dot{U}_U \tag{8-9}$$

式（8-9）表明，当发生 U 相金属性接地时，中性点的对地电位 $\dot{U}_O$ 不再是零，而变成了 $-\dot{U}_U$，于是 V、W 相的对地电压相应为

$$\left. \begin{array}{l} \dot{U}'_V = \dot{U}_V + \dot{U}_O = \dot{U}_U a^2 - \dot{U}_U = \sqrt{3}\dot{U}_U \left(-\frac{\sqrt{3}}{2} - j\frac{1}{2}\right) = \sqrt{3}\dot{U}_U e^{-j150°} \\[3mm] \dot{U}'_W = \dot{U}_W + \dot{U}_O = \dot{U}_U a - \dot{U}_U = \sqrt{3}\dot{U}_U \left(-\frac{\sqrt{3}}{2} + j\frac{1}{2}\right) = \sqrt{3}\dot{U}_U e^{j150°} \end{array} \right\} \tag{8-10}$$

故障点的零序电压 $\dot{U}^{(0)}$ 为

$$\dot{U}^{(0)} = \frac{1}{3}(\dot{U}'_U + \dot{U}'_V + \dot{U}'_W) = \frac{1}{3}(0 + \sqrt{3}\dot{U}_U e^{-j150°} + \sqrt{3}\dot{U}_U e^{j150°})$$

$$= -\dot{U}_U = \dot{U}_O \tag{8-11}$$

由于 U 相接地，其对地电容 C_U 被短接，所以 U 相的对地电容电流变为零。而 V、W 相的电容电流分别为

$$\dot{I}_{CV} = \frac{\dot{U}'_V}{-jX_V} = j\sqrt{3}\omega C_V \dot{U}_U e^{-j150°} = \sqrt{3}\omega C_V \dot{U}_U e^{-j60°} \tag{8-12}$$

$$\dot{I}_{CW} = \frac{\dot{U}'_W}{-jX_W} = j\sqrt{3}\omega C_W \dot{U}_U e^{j150°} = \sqrt{3}\omega C_W \dot{U}_U e^{-j120°} \tag{8-13}$$

$\dot{I}_{CV}$、$\dot{I}_{CW}$ 流进地中后，经过 U 相接地点流回电网，该电容电流（即接地电流）为

$$\dot{I}_C = \dot{I}_{CV} + \dot{I}_{CW} = \sqrt{3}\omega\dot{U}_U(C_V e^{-j60°} + C_W e^{-j120°})$$

$$= \sqrt{3}\omega\dot{U}_U\left[C_V\left(\frac{1}{2} - j\frac{\sqrt{3}}{2}\right) + C_W\left(-\frac{1}{2} - j\frac{\sqrt{3}}{2}\right)\right] \approx -j3\omega\dot{U}_U\left[\frac{1}{2}(C_V + C_W)\right]$$

$$= -j3\omega\dot{U}_U\left[\frac{2(C_V + C_W + C_U) + (C_V + C_W - 2C_U)}{6}\right]$$

$$\approx -j3\omega\dot{U}_U\frac{C_V + C_W + C_U}{3} = -j3\omega C\dot{U}_U = j3\omega C\dot{U}_O \tag{8-14}$$

其绝对值为

$$I_C = 3\omega C U_{ph} \tag{8-15}$$

式中：C 为三相对地电容的平均值，$C = (C_U + C_V + C_W)/3$。

电压、电流相量关系如图 8 - 2（b）所示，原有的电压三角形（虚线）平移到了新的位置（实线和点划线）。

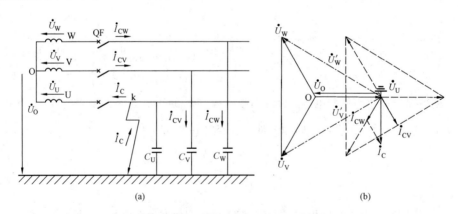

图 8 - 2　中性点不接地系统 U 相金属性接地
(a) 原理接线图；(b) 相量图

由以上分析可知，当中性点不接地系统发生单相金属性接地时，有以下情况。

1) 中性点对地电压 $\dot{U}_O$ 与接地相的相电压大小相等、方向相反，并等于电网中出现的零序电压［见式（8-9）、式（8-11）］。

2）故障相的对地电压降为零；两健全相的对地电压升高为相电压的$\sqrt{3}$倍，即升高到线电压，其相位差不再是120°，而是60°。三个线电压仍保持对称和大小不变，故对电力用户的继续工作没有影响，这是这种系统的主要优点。但各种设备的绝缘水平应按线电压来设计［见式（8-10）及图8-2（b）］。

3）两健全相的电容电流相应地增大为正常时相对地电容电流的$\sqrt{3}$倍，分别超前相应的相对地电压90°；而流过接地点的单相接地电流I_C为正常时相对地电容电流的3倍，$\dot{I}_C$超前$\dot{U}_0$90°。

（2）经过渡电阻R_k接地。仍忽略绝缘泄漏电导，并设$C_U = C_V = C_W = C$。当U相接地时，线路各相对地导纳为

$$Y_U = \frac{1}{R_k} + j\omega C$$
$$Y_V = Y_W = j\omega C$$

这时中性点对地电压为

$$\dot{U}_0 = -\frac{\dot{U}_U Y_U + \dot{U}_V Y_V + \dot{U}_W Y_W}{Y_U + Y_V + Y_W} = -\frac{1}{1 + j3\omega C R_k}\dot{U}_U = \dot{\beta}\dot{U}_U \tag{8-16}$$

$$\dot{\beta} = -\frac{1}{1 + j3\omega C R_k} \tag{8-17}$$

$\dot{\beta}$表示系统单相接地时中性点位移电压$\dot{U}_0$与相电压U_{ph}的比值，称为接地系数。当$R_k = 0$时，$|\dot{\beta}| = 1$，即上述金属性接地情况；当R_k为有限数值时，$|\dot{\beta}| < 1$。

类似前面推导，经过U相接地点的接地电流为

$$\dot{I}_C = -\frac{j3\omega C}{1 + j3\omega C R_k}\dot{U}_U = \dot{\beta}(j3\omega C \dot{U}_U) \tag{8-18}$$

可见，当发生经过一定的过渡电阻R_k单相接地时，中性点对地电压$\dot{U}_0$较故障相的相电压小，两者相位差小于180°，所以，故障相的对地电压将大于零而小于相电压，而健全相的对地电压则大于相电压而小于线电压，这时接地电流将较金属性接地时要小。

单相接地时，接地电流$\dot{I}_C$的大小与网络的电压、频率和相对地电容C的大小有关［见式（8-12）～式（8-15）及式（8-18）］，而电容C的大小则与电网的结构（电缆线或架空线、有无避雷线）、布置方式、相间距离、导线对地高度、杆塔型式、导线长度等因素有关。在图8-2中仅作出了一回线路，$\dot{I}_C$实际上是该电压级送、受电端有直接电联系的所有线路对地电容电流的相量和。通常，这种接地电流可从几安培到几十安（以架空线为主的电网）或几百安（以电缆线为主的电网）的范围内变化。但总的来说，接地电流较之负荷电流要小得多，不会引起线路继电保护动作跳闸。

电网单相接地的电容电流可用式（8-19）近似估算

$$I_C = \frac{(l_1 + 35l_2)U_N}{350} \quad (A) \tag{8-19}$$

式中：l_1、l_2为架空线路和电缆线路长度，km；U_N为电网的额定线电压，kV。

变电站中的电气设备所引起的电容电流增值见表8-1。

表 8 - 1 变电站引起的电容电流增值

额定电压（kV）	6	10	35	63	110
电容电流增值（%）	18	16	13	12	10

应该指出的是，单相接地时所产生的接地电流将在故障处形成电弧。电弧的大小与接地电流成正比。当接地电流不大时，则电流过零值时电弧将自行熄灭，接地故障随之消失，电网即可恢复正常运行，这是最理想的情况；当接地电流较大（30A 以上）时，将形成稳定的电弧，造成持续性的电弧接地，强烈的电弧将会烧坏电弧附近的设备，并可能导致两相甚至三相短路（如三芯电缆中）；当接地电流大于 5～10A 而小于 30A 时，有可能形成一种不稳定的间歇性电弧，呈现熄弧与重燃交替出现的状态，这往往是由于电网中的电感和电容形成振荡回路所致。间歇性电弧将会引起较严重的过电压，造成相对地电压升高，其幅值可达（2.5～3）U_{ph}，这个数值对正常电气绝缘来说应能承受，但当存在绝缘薄弱点时，可能发生击穿而造成短路。

由于中性点不接地系统的前述特点及上述原因，在发生单相地时，一般只动作于信号（利用中性点位移电压）而不动作于跳闸，系统可继续运行 2h，在此期间必须迅速查明故障点，并通知一些大用户采取措施。

3. 适用范围

电网中的故障以单相接地为最多，而 63kV 及以下的电网，由于单相接地电流不大，一般接地电弧均能自行熄灭，所以，这种电网采用中性点不接地方式最为适宜。而电压等级较高的电网，如采用这种方式势必使绝缘方面的投资大为增加；同时，随着电压等级的提高，接地电流也相应增大，这也是不适宜的；此外，由于单相接地电流相对较小，要实现灵敏而有选择性的接地继电保护也有困难。

根据上述情况，在我国，中性点不接地方式的适用范围如下。

（1）电压小于 500V 的装置（380/220V 的照明装置除外）。

（2）3～10kV 电网，当单相接地电流小于 30A 时；如要求发电机能带单相接地故障运行，则当与发电机有电气连接的 3～10kV 电网的单相接地电流小于 5A 时。

（3）20～63kV 电网，当单相接地电流小于 10A 时。

如不满足上述条件，通常将中性点经消弧线圈接地、经低电阻接地或直接接地。

另外，由于中性点不接地系统的单相接地电流较小，故对邻近的通信线路、信号系统的干扰也较小，这是这种系统的又一个优点。因此，在干扰情况较严重的地区，即使对整个电网而言，不采用中性点不接地方式，但对局部地区也常按中性点不接地方式运行，以达到减少干扰程度的目的。

二、中性点经消弧线圈接地系统

在 3～63kV 的电网中，当发生单相接地电流超过上述规定数值时，为防止单相接地时产生稳定或间歇性电弧，应采取减小接地电流的措施，通常是在中性点与地之间接入消弧线圈。消弧线圈是一个具有铁芯的可调电感线圈，它的导线电阻很小，电抗很大。当发生单相接地故障时，可产生一个与接地电容电流 $\dot{I}_C$ 的大小相近、方向相反的电感电流 $\dot{I}_L$，从而对电容电流进行补偿。通常把 $K = I_L/I_C$ 称为补偿度或调谐度。中性点经消弧线圈接地的电网又称为补偿电网。

1. 消弧线圈结构简介

消弧线圈有多种类型，包括离线分级调匝式、在线分级调匝式、气隙可调铁芯式、气隙可调柱塞式、直流偏磁式、直流磁阀式、调容式、五柱式等。

在此，仅介绍离线分级调匝式消弧线圈，其内部结构示意图如图8-3所示。其外形和小容量单相变压器相似，有油箱、油枕、玻璃管油表及信号温度计，而内部实际上是一只具有分段（即带气隙）铁芯的电感线圈。气隙沿整个铁芯柱均匀设置，以减少漏磁。采用带气隙铁芯的目的是为了避免磁饱和，使补偿电流和电压呈线性关系，减少高次谐波，并得到一个较稳定的电抗值，从而保证已整定好的调谐值恒定。另外，带气隙可减小电感、增大消弧线圈的容量。

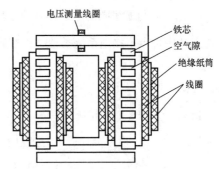

图8-3 离线分级调匝式消弧线圈
内部结构示意图

在铁芯柱上设有主线圈，一般采用层式结构，以利于线圈绝缘。XDJ型消弧线圈均按相电压设计。在铁轭上设有电压测量线圈（即信号线圈），其标称电压为110V（实际电压随不同分接头而变化），额定电流为10A。为了测量主线圈中通过的电流，在主线圈的接地端装有次级额定电流为5A的电流互感器。

消弧线圈均装有改变线圈的串联连接匝数（从而调节补偿电流）的分接头，通常为5～9个，最大和最小补偿电流之比为2或2.5。电压测量线圈也有分接头，以便得到合适的变比。分接头被引到装于油箱内壁的切换器上，切换器的传动机构则伸到顶盖外面。当补偿网络的线路长度增减或某一台消弧线圈退出运行时，都应考虑对消弧线圈切换分接头，使其补偿值适应改变后的情况。这种消弧线圈不允许带负荷调整补偿电流，切换分接头时需先将消弧线圈断开，所以称为"离线分级调匝式"。

在线分级调匝式是由电动传动机构驱动油箱上部的有载分接开关，以改变线圈的串联连接匝数，从而改变线圈电感、电流大小。

气隙可调铁芯式、气隙可调柱塞式是由电动机经蜗杆驱动可移动铁芯，通过改变主气隙的大小来调节导磁率，从而改变线圈的电感、电流。

直流偏磁式带气隙的铁芯上有交流绕组和直流控制绕组，通过调节直流控制绕组的励磁电流，来实现平滑调节消弧线圈的电感、电流。

其他型式消弧线圈的结构和工作原理，参见有关参考文献。

2. 中性点经消弧线圈接地系统的正常运行

中性点经消弧线圈接地系统正常运行时的原理接线图如图8-4所示，L、r_0分别为消弧线圈的电感及有功损耗（或称铁内损失）等值电阻，r_0很大。其导纳为

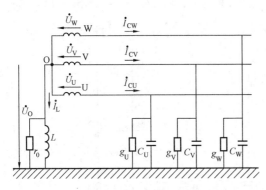

图8-4 中性点经消弧线圈接地系统正常
运行时的原理接线图

$$Y_L = g_0 - \mathrm{j}b_L = \frac{1}{r_0} - \mathrm{j}\frac{1}{\omega L} \tag{8-20}$$

式中：b_L、g_0 为消弧线圈的电纳和有功损耗电导，$g_0 = \dfrac{1}{r_0}$，$b_L = \dfrac{1}{\omega L}$。

与前述中性点不接地系统类似，正常运行时

$$\dot{U}_O = -\frac{\dot{U}_U Y_U + \dot{U}_V Y_V + \dot{U}_W Y_W}{Y_U + Y_V + Y_W + Y_L}$$

仍取 $\dot{U}_U$ 为参考量，并认为 $g_U = g_V = g_W = g$，则

$$\dot{U}_O = -U_{ph} \frac{j\omega(C_U + a^2 C_V + a C_W)}{j\left[\omega(C_U + C_V + C_W) - \dfrac{1}{\omega L}\right] + G}$$

$$= -U_{ph} \frac{(C_U + a^2 C_V + a C_W)/(C_U + C_V + C_W)}{\dfrac{\omega(C_U + C_V + C_W) - \dfrac{1}{\omega L}}{\omega(C_U + C_V + C_W)} - j\dfrac{G}{\omega(C_U + C_V + C_W)}}$$

$$= -U_{ph} \frac{\dot{\rho}}{\upsilon - jd} \tag{8-21}$$

$$\upsilon = \frac{\omega(C_U + C_V + C_W) - \dfrac{1}{\omega L}}{\omega(C_U + C_V + C_W)} \tag{8-22}$$

$$d = \frac{G}{\omega(C_U + C_V + C_W)} \tag{8-23}$$

其中 $G = 3g + g_0$，为对地全电导；$\dot{\rho}$ 的表达式同式（8-5）；d 为电网的阻尼率，一般约为 5%；υ 称为电网的脱谐度，增大 υ 可降低正常运行时中性点位移电压 U_O，但 υ 也不能选得过大，否则将影响单相接地时的消弧效果。υ 一般选在 10% 左右。

3. 中性点经消弧线圈接地系统的单相接地

中性点经消弧线圈接地系统发生单相金属性接地时的原理接线图如图 8-5（a）所示。与前述中性点不接地系统一样，忽略对地泄漏电导及消弧线圈损耗电导，并认为三相对地电容均为 C，当 U 相发生单相金属性接地时有式（8-8）～式（8-14）关系，即：$\dot{U}'_U = 0$，$\dot{U}_O = -\dot{U}_U$，$\dot{U}'_V = \sqrt{3}\dot{U}_U e^{-j150°}$，$\dot{U}'_W = \sqrt{3}\dot{U}_U e^{j150°}$；$\dot{I}_{CV} = \sqrt{3}\omega C_V \dot{U}_U e^{-j60°}$，$\dot{I}_{CW} = \sqrt{3}\omega C_W \dot{U}_U e^{-j120°}$，$\dot{I}_C = j3\omega C \dot{U}_O$。

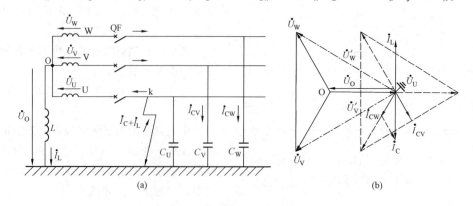

图 8-5 中性点经消弧线圈接地系统 U 相金属性接地
(a) 原理接线图；(b) 相量图

这时消弧线圈处于中性点电压 $\dot{U}_0$ 下，则有一感性电流 $\dot{I}_L$ 流过线圈

$$\dot{I}_L = \frac{\dot{U}_0}{jX_L} = -j\frac{\dot{U}_0}{\omega L} \tag{8-24}$$

其绝对值为

$$I_L = \frac{U_{ph}}{\omega L}$$

式中：X_L 为消弧线圈的电抗。

即 $\dot{I}_L$ 滞后 $\dot{U}_0$ 90°，正好与 $\dot{I}_C$ 相位相反，而且 $\dot{I}_L$ 也必然流经故障点，两者之和的绝对值等于它们绝对值之差。总的接地电流为

$$(\dot{I}_{CV} + \dot{I}_{CW}) + \dot{I}_L = \dot{I}_C + \dot{I}_L = j3\omega C\dot{U}_0 - j\frac{\dot{U}_0}{\omega L}$$

其绝对值为

$$|\dot{I}_C + \dot{I}_L| = I_C - I_L = 3\omega CU_{ph} - \frac{U_{ph}}{\omega L} \tag{8-25}$$

中性点经消弧线圈接地系统 U 相金属性接地时的电压、电流相量图如图 8-5（b）所示。
补偿度和脱谐度可表达为

$$K = \frac{I_L}{I_C} = \frac{\dfrac{1}{\omega L}}{3\omega C} \tag{8-26}$$

$$\upsilon = \frac{3\omega C - \dfrac{1}{\omega L}}{3\omega C} = \frac{I_C - I_L}{I_C} = 1 - K \tag{8-27}$$

如前所述，脱谐度 υ 选大些可降低正常运行时中性点位移电压 U_0，但 υ 选得过大，意味着单相接地时接地处的残余电流 $(I_C - I_L)$ 太大，使得接地处的电弧不能熄灭。所以要根据运行经验合理地选择脱谐度，使得既能防止危险的中性点位移过电压，又能熄灭接地处的电弧。

适当选择消弧线圈的电抗值，亦即适当选择脱谐度 υ，可使得 I_L 与 I_C 的数值相近或相等。I_L 对 I_C 补偿的结果，使接地处的电流变得很小或等于零，电弧将自行熄灭，故障随之消失，从而消除接地处的电弧及其产生的一切危害，消弧线圈因此而得名。此外，当电流经过零值而电弧熄灭之后，消弧线圈的存在还可以显著减小故障相电压的恢复速度，从而减小电弧重燃的可能性。于是，单相接地故障将自动彻底消除。

4. 中性点经消弧线圈接地系统的运行方式

根据消弧线圈的电感电流 I_L 对电网电容电流 I_C 的补偿程度，补偿电网有全补偿、欠补偿及过补偿 3 种不同的运行方式。

（1）全补偿方式。全补偿就是使得 $I_L = I_C$，即 $K=1$、$\upsilon=0$，亦即 $\dfrac{1}{\omega L} = 3\omega C$（或 $\omega L = \dfrac{1}{3\omega C}$）。
接地电容电流将全部被补偿，接地处的电流为零。这时有

$$L = \frac{1}{3\omega^2 C} \tag{8-28}$$

这就是全补偿时，消弧线圈的电感值应满足的条件。采用全补偿使接地电流为零似乎是一件理想的事，但这种情况下，电网处于串联谐振的状态，使正常运行时的中性点位移电压大为升高。简要说明如下：当消弧线圈退出运行时，电网成为中性点不接地系统，由式（8-7）知，其正常运行时的中性点不对称电压为 $U_{no} = |\dot{\rho}|U_{ph}$。当消弧线圈投入并在全补偿状态下，若取 $d \approx$

5%，由式（8-21）知，其正常运行时的中性点位移电压数值为

$$U_O = \frac{|\dot{\rho}| U_{ph}}{d} \approx 20 U_{no}$$

可见，与中性点不接地时相比，在全补偿状态下，将把中性点不对称电压放大约 20 倍。如有 $|\dot{\rho}| = 2.5\%$，则 $U_O \approx 20 |\dot{\rho}| U_{ph} = 0.5 U_{ph}$。此 U_O 电压值不算高，但它将造成三相对地长期严重偏移，对设备绝缘不利，因而是不允许的。经消弧线圈接地系统，在正常运行情况下，中性点的长时间位移电压不应超过额定相电压的 15%。所以，电力系统一般都不采用全补偿方式（安装自动跟踪消弧装置除外）。

（2）欠补偿方式。欠补偿就是使得 $I_L < I_C$，即 $K < 1$、$\upsilon > 0$，亦即 $\frac{1}{\omega L} < 3\omega C$（或 $\omega L > \frac{1}{3\omega C}$）。接地处有电容性欠补偿电流（$I_C - I_L$）。这时有

$$L > \frac{1}{3\omega^2 C} \tag{8-29}$$

（3）过补偿方式。过补偿就是使得 $I_L > I_C$，即 $K > 1$、$\upsilon < 0$，亦即 $\frac{1}{\omega L} > 3\omega C$（或 $\omega L < \frac{1}{3\omega C}$）。接地处有电感性过补偿电流（$I_L - I_C$）。这时有

$$L < \frac{1}{3\omega^2 C} \tag{8-30}$$

不论欠补偿或过补偿，原则上都不满足谐振条件，从而都能达到减小正常运行时中性点位移过电压的目的。但是，实际上常规消弧装置往往是采用过补偿的方式，其原因如下。

1）如果采用欠补偿方式，当运行中电网的部分线路因故障或其他原因被断开时，对地电容减小，而容抗增大，即可能接近或变成全补偿方式，从而使中性点出现不允许的过电压；同时，欠补偿电流（$I_C - I_L$）可能接近或等于零，当小于接地保护的启动电流时，不能使接地保护可靠地动作。另外，电网非全相断线或分相操作时，电网的综合对地电容值会有所减小，欠补偿电网也有可能出现很大的中性点位移。

2）欠补偿电网在正常运行时，如果三相的不对称度较大，还有可能出现数值很大的铁磁谐振过电压。这种过电压是因欠补偿的消弧线圈 L 和线路电容 $3C$ 发生铁磁谐振而引起，它将威胁电网的绝缘。过补偿方式则可以完全避免发生铁磁谐振现象。

3）在电网发展，对地电容增大时，容抗减小。采用欠补偿方式，当然仍满足欠补偿条件，但必须立即增加补偿容量；而采用过补偿方式，消弧线圈仍可应付一段时期，至多由过补偿转变为欠补偿运行而已。

4）系统频率 ω 变动对两种补偿方式的影响不同。当 ω 降低时，欠补偿方式脱谐度的绝对值 $|\upsilon|$ 减小，中性点位移电压增大；而过补偿方式脱谐度的绝对值 $|\upsilon|$ 增大，中性点位移电压减小。当 ω 升高时，情况相反。但系统中频率降低比升高的机会多得多。

所以，一般系统采用过补偿为主的运行方式，只有当消弧线圈容量暂时跟不上系统的发展，或部分消弧线圈需进行检修等特定情况下，才允许短时间以欠补偿方式运行。

5. 消弧线圈容量选择及台数、安装地点的确定

（1）整个补偿电网消弧线圈的总容量，是根据该电网的接地电容电流值选择的。选择时应考虑电网 5 年左右的发展远景及过补偿运行的需要，并按式（8-31）进行计算

$$S = 1.35 I_C \frac{U_N}{\sqrt{3}} \quad (\text{kVA}) \tag{8-31}$$

式中：S 为消弧线圈的总容量，kVA；I_C 为接地电容电流，A；U_N 为电网的额定电压，kV。

（2）台数和配置地点，原则上应使得在各种运行方式下（如解列时）电网每个独立部分都具有足够的补偿容量。在此前提下，台数应选得少些，以减少投资、运行费用及操作。

（3）当采用两台及以上时，应尽量选用额定容量不同的消弧线圈，以扩大其所能调节的补偿范围。

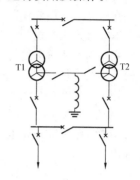

（4）消弧线圈应尽可能装在电力系统或它们负责补偿的那部分电网的送电端，以减小消弧线圈被切除的可能性。通常应装在有不少于两回线路供电的变电站内，有时也装在某些发电厂内。当有两台及以上的变压器可接消弧线圈时，通常是将消弧线圈经两台隔离开关分别接到两台变压器的中性点上（如图 8-6 所示），但运行中只有一台隔离开关合上；当任一台变压器退出时，应保证消弧线圈不退出。

图 8-6　消弧线圈与两台变压器
连接示意图

6. 适用范围

凡不符合中性点不接地要求的 3～63kV 电网，均可采用中性点经消弧线圈接地方式。必要时，110kV 电网也可采用。

电压等级更高的电网不宜采用。因为经消弧线圈接地时，电网的最大长期工作电压和过电压水平都较高，将显著地增加绝缘方面的费用；另外，这种电网的接地电流中，除了无功分量（电容电流）外，还有有功分量（有功损耗电流），即使消弧线圈能对无功分量电流完全补偿，接地点仍有残存的有功分量电流流过，电压等级愈高、线路总长愈长，其值愈大，以致电弧不能熄灭。

7. 关于自动跟踪补偿

长期以来，消弧线圈补偿电流都是用手动调节方式（分接头切换），不能做到准确、及时，不能得到令人满意的补偿效果，因而有待改进为自动跟踪补偿方式。采用自动跟踪补偿装置，能跟踪电网电容电流变化而进行自动调谐，平均无故障时间最少，其补偿效果是离线调匝式消弧线圈无法比拟的。有关资料表明，据不完全统计，至今，我国电网已有数千台各种不同规格的自动跟踪补偿消弧装置在运行。

如前所述，电网运行方式改变时，其对地电容 C 随之改变，对地电容电流 I_C 会有相应变化。为保证在任何运行方式下的残流或脱谐度在规程允许范围内，必须使消弧线圈的电感电流 I_L 对 I_C 做跟踪调整，即实现自动跟踪补偿。所以，消弧线圈自动调谐的核心问题是怎样实现在线准确监测 I_C。国内外通常采用的原理方法有多种。

调节铁芯线圈的电感 L，即能调节电感电流 I_L。铁芯线圈的电感 L 为

$$L = \frac{NF}{IR_m} = \frac{N^2 I}{IR_m} = \frac{N^2}{R_m} = \frac{N^2}{\dfrac{l_m}{\mu_0 \mu_r S_m} + \dfrac{\delta}{\mu_0 S_0}} = \frac{4\pi N^2 S_0 \times 10^{-9}}{\delta + \dfrac{l_m S_0}{\mu_r S_m}} \quad (\text{H}) \qquad (8\text{-}32)$$

式中：N 为线圈匝数；I 为通过线圈的电流；R_m 为磁阻；l_m、δ 为铁芯磁路长度和气隙长度；S_m、S_0 为铁芯截面积和气隙等效磁路面积；μ_0、μ_r 为空气导磁率和硅钢片相对导磁率。

可见，要平滑调节 L 值，有两种方法。

（1）改变铁芯气隙长度 δ。将铁芯制成可移动式，用机械方法平滑调节 δ，即可平滑调节 L 值。前述气隙可调铁芯式、气隙可调柱塞式消弧线圈就是基于这一原理制造。

（2）改变铁芯导磁率 μ_r。采用电气方法，运用现代电子技术来改变铁芯的导磁率，也可平滑调节 L 值。前述直流偏磁式、直流磁阀式消弧线圈就是基于这一原理制造。

8. 接地变压器简介

目前，我国低压侧为 6kV 或 10kV 的变电站的主变压器，多采用 "YNyn0" 或 "Yd11" 连接组。对前者，消弧线圈可接在星形绕组的中性点上；对后者，三角形接线侧的 6kV 或 10kV 系统中不存在中性点，需要在适当地点设置接地变压器，其功能是为无中性点的电压级重构一个中性点，以便接入消弧线圈（或下节所述的电阻器），如图 8-7(a) 所示。

接地变压器实质是上述特殊用途的三相变压器，其结构与一般三相芯式变压器相似。图 8-7(a) 中的 T0 为接地变压器，它的铁芯为三相三柱式，每一铁芯柱上有两个匝数相等、绕向相同的绕组，每相的上面一个绕组与后续相的下面一个绕组反极性串联，并将每相下面一个绕组的首端 U2、V2 及 W2 连在一起作为中性点，组成曲折形的星形接线。其二次绕组视具体工程需要决定是否设置。如需兼作发电厂或变电站的自用电源变压器，应设置二次绕组，如图 8-7(a) 中的虚框内所示。

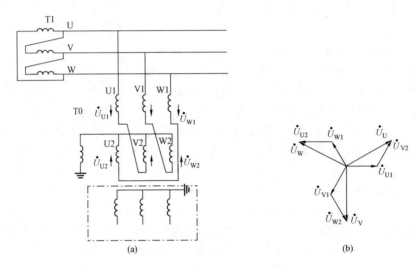

图 8-7 曲折连接式接地变压器
(a) 原理接线图；(b) 电压相量图

正常运行时，电网对地相电压 $\dot{U}_U$、$\dot{U}_V$、$\dot{U}_W$ 与绕组电压 $\dot{U}_{U1}$、$\dot{U}_{V1}$、$\dot{U}_{W1}$、$\dot{U}_{U2}$、$\dot{U}_{V2}$、$\dot{U}_{W2}$ 关系如下

$$\left.\begin{array}{l} \dot{U}_U = \dot{U}_{U1} + \dot{U}_{V2} = \dot{U}_{U1} - \dot{U}_{V1} = \dot{U}_{U1} - \dot{U}_{U1}a^2 = \sqrt{3}\dot{U}_{U1}e^{j30°} \\[2mm] \dot{U}_V = \dot{U}_{V1} + \dot{U}_{W2} = \dot{U}_{V1} - \dot{U}_{W1} = \dot{U}_{U1}a^2 - \dot{U}_{U1}a = \sqrt{3}\dot{U}_{U1}e^{-j90°} \\[2mm] \dot{U}_W = \dot{U}_{W1} + \dot{U}_{U2} = \dot{U}_{W1} - \dot{U}_{U1} = \dot{U}_{U1}a - \dot{U}_{U1} = \sqrt{3}\dot{U}_{U1}e^{j150°} \end{array}\right\} \tag{8-33}$$

即每个绕组电压（大小相同），在数值上为相电压的 $1/\sqrt{3}$，其电压相量关系如图 8-7(b) 所示。

无二次绕组的接地变压器的额定容量 S_N 为

$$S_N = 1.15 I_0 U_{ph} \quad (\text{kVA}) \tag{8-34}$$

式中：I_0 为零序电流，A；U_{ph} 为电网相电压，kV。

如将接地变压器与消弧线圈合为一体，装入同一油箱内，则其总容量为 $2.15 I_0 U_{ph}$。

曲折形接法的接地变压器的特点如下。

（1）对三相平衡负荷（即电网正常运行时）呈高阻抗状态，对不平衡负荷（如单相接地故障时）呈低阻抗状态。

（2）在单相接地故障时，接地变压器的中性点电位升高到系统相电压。中性点与大地连接的阻抗上会产生一个接地电流。接地电流在三相绕组中的分配大致上均匀，每柱上两个绕组的磁势相反，所以不存在阻尼作用，接地电流可以畅通地从中性点流向线路。

（3）绕组相电压中无三次谐波分量。

第三节　中性点有效接地系统

一、中性点直接接地系统

防止中性点电位变化及其电压升高的根本办法是，把中性点直接接地。中性点直接接地系统示意图如图 8-8（a）所示。仍设 U 相在 k 点发生单相金属性接地，这时线路上将流过较大的单相接地电流 $\dot{I}_\mathrm{k}^{(1)}$。在"电机学"课程中，我们已经知道，这类三相系统的单相接地电流 $\dot{I}_\mathrm{k}^{(1)}$ 和接地点两健全相的对地电压 $\dot{U}'_\mathrm{V}$、$\dot{U}'_\mathrm{w}$，可以用对称分量法求得

$$\left.\begin{aligned}
\dot{I}_\mathrm{k}^{(1)} &= \frac{3\dot{U}_\mathrm{U}}{\mathrm{j}(Z_1 + Z_2 + Z_0)} \\
\dot{U}'_\mathrm{V} &= \dot{U}_\mathrm{U}\left[\frac{(a^2 - a)Z_2 + (a^2 - 1)Z_0}{Z_1 + Z_2 + Z_0}\right] \\
\dot{U}'_\mathrm{w} &= \dot{U}_\mathrm{U}\left[\frac{(a - a^2)Z_2 + (a - 1)Z_0}{Z_1 + Z_2 + Z_0}\right]
\end{aligned}\right\} \tag{8-35}$$

式中：$\dot{U}_\mathrm{U}$ 为正常时的 U 相电压；Z_1、Z_2、Z_0 为正序、负序、零序阻抗。$Z_1 = R_1 + \mathrm{j}X_1$，$Z_2 = R_2 + \mathrm{j}X_2$，$Z_0 = R_0 + \mathrm{j}X_0$。

一般情况下，有 $Z_2 = Z_1$，忽略电阻，可求得

$$\left.\begin{aligned}
\dot{I}_\mathrm{k}^{(1)} &= \frac{3\dot{U}_\mathrm{U}}{\mathrm{j}(2X_1 + X_0)} \\
\dot{U}'_\mathrm{V} &= \dot{U}_\mathrm{U}\left(a^2 + \frac{X_1 - X_0}{2X_1 + X_0}\right) = \dot{U}_\mathrm{U}a^2 + \dot{U}_\mathrm{U}\frac{1 - X_0/X_1}{2 + X_0/X_1} = \dot{U}_\mathrm{V} + \Delta\dot{U} \\
\dot{U}'_\mathrm{w} &= \dot{U}_\mathrm{U}\left(a + \frac{X_1 - X_0}{2X_1 + X_0}\right) = \dot{U}_\mathrm{U}a + \dot{U}_\mathrm{U}\frac{1 - X_0/X_1}{2 + X_0/X_1} = \dot{U}_\mathrm{w} + \Delta\dot{U} \\
\Delta\dot{U} &= \dot{U}_\mathrm{U}\frac{1 - X_0/X_1}{2 + X_0/X_1}
\end{aligned}\right\} \tag{8-36}$$

式中：$\dot{U}_\mathrm{V}$、$\dot{U}_\mathrm{w}$ 为正常时的 V、W 相电压。

可见，这种系统发生单相接地故障时，电压、电流有如下特点。

一般说来，两个健全相的对地电压并非正常时的相电压，而是正常时的相电压再加上一个分量 $\Delta\dot{U}$（相当于前述中性点位移电压）；单相接地短路电流较大。如前所述，对有效接地系统 $X_0/X_1 \leqslant 3$，健全相上电压升高或降低的数值及单相接地短路电流，与 X_0/X_1 的值有密切关系。由式（8-36）可得出以下结论。

（1）当 $X_0/X_1 > 1$，即 $X_0 > X_1$ 时，$\Delta\dot{U}$ 相位与 $\dot{U}_\mathrm{U}$ 相反，它与 V、W 相电压的相量和，使

V、W 相的对地电压 $\dot{U}'_V$、$\dot{U}'_W$ 高于正常时的相电压，如图 8-8（b）所示。当 $X_0/X_1=3$，即 $X_0=3X_1$ 时，则 $\Delta U=0.4U_{ph}$，对图 8-8（b）用余弦定理得

$$U'_V = U'_W = \sqrt{U_{ph}^2 + \Delta U^2 - 2U_{ph}\Delta U\cos120°} = \sqrt{1.56}U_{ph} \approx 1.25U_{ph}$$

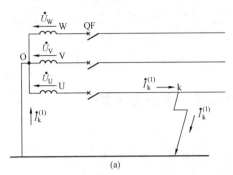 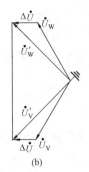

图 8-8 中性点直接接地系统 U 相金属性接地
(a) 原理接线图；(b) 电压相量图

即，这时健全相的对地电压有最大值，可达到正常相电压的 1.25 倍；而 $\dot{I}_k^{(1)} = \dfrac{3\dot{U}_U}{j5X_1} = 0.6\dot{I}_k^{(3)}$，即 $\dot{I}_k^{(1)}$ 只有三相短路电流 $\dot{I}_k^{(3)}$ 的 60%。

(2) 当 $X_0/X_1=1$，即 $X_0=X_1$ 时，$\Delta U=0$，$\dot{U}'_V=\dot{U}_V$，$\dot{U}'_W=\dot{U}_W$，健全相电压保持不变。而 $\dot{I}_k^{(1)} = \dfrac{\dot{U}_U}{jX_1} = \dot{I}_k^{(3)}$，即 $\dot{I}_k^{(1)}$ 等于三相短路电流 $\dot{I}_k^{(3)}$。

(3) 当 $X_0/X_1<1$，即 $X_0<X_1$ 时，$\Delta\dot{U}$ 相位与 $\dot{U}_U$ 相同[在图 8-8(b)中向右]，它与 V、W 相电压的相量和使 V、W 相的对地电压 $\dot{U}'_V$、$\dot{U}'_W$ 低于正常时的相电压。当 X_0 相对 X_1 很小，可以忽略不计时，$\Delta U=0.5U_{ph}$，这时健全相的对地电压有最小值，$U'_V=U'_W\approx0.866U_{ph}$；而 $\dot{I}_k^{(1)} = \dfrac{3\dot{U}_U}{j2X_1} = 1.5\dot{I}_k^{(3)}$，即 $\dot{I}_k^{(1)}$ 达 $\dot{I}_k^{(3)}$ 的 1.5 倍。不过，这种情况出现的概率较少。

单相接地短路电流 $\dot{I}_k^{(1)}$ 将引起继电保护装置动作，迅速将故障部分切除，大大缩短延续时间，有效地防止单相接地时产生间歇电弧过电压及发展为多相短路的可能性。因而，这种系统的最大长期工作电压为运行相电压。即，采用中性点直接接地方式可以克服中性点非有效接地方式所存在的某些缺点。

但是，由于发生单相接地时要切断供电，这将影响供电的可靠性，为了弥补这个缺点，在线路上广泛地采用自动重合闸装置。

此外，较大的单相接地电流将加重断路器的工作条件，并可能使设备遭到严重损坏；同时，单相接地电流将产生单相磁场，从而对附近的通信线路和信号装置产生电磁干扰。为了避免这种干扰，应使输电线路远离通信线路，或在弱电线路上采用特殊的屏蔽装置。这些措施将在一定程度上使线路的造价增加。

为了限制单相接地电流（但应保证继电保护装置能可靠动作），减少接地装置的投资，通常只将电网中一部分变压器的中性点直接接地。

总的来说，中性点直接接地系统的主要优点是在单相接地时非故障相的对地电压接近于相

电压，从而使电网的绝缘水平和造价降低。目前，我国 110kV 及以上的电网、国外 220kV 及以上的电网，基本上都采用中性点直接接地。

严格说来，"中性点直接接地系统"这种称呼不太确切。因为，对中性点直接接地的变压器而言，实际上是经过其零序阻抗接地；另一方面，为了减少单相接地电流，电网中往往不是所有变压器的中性点都直接接地。为此，称这种系统为"有效接地系统"更恰当。

二、中性点经低值电阻接地

由于城市建设的需要，城市电网和工业企业配电网中，电缆线路所占的比例愈来愈大，而它的电容电流是同样长度架空线路的 25～50 倍，使某些电网出现消弧线圈容量不足的情况，所以，中性点经低值电阻接地在这些电网中得到应用。

1. 单相接地的简要分析

设中性点经低值电阻 R_N 接地，电网每相对地电容为 C。发生单相（仍设 U 相）金属性接地时，其故障点的零序网络为 $3R_N$ 与 X_C（一相对地容抗）的并联电路，则

$$Z_0 = \frac{3R_N \cdot (-jX_C)}{3R_N - jX_C} = \frac{3R_N}{1 + \left(\frac{3R_N}{X_C}\right)^2} - j\frac{X_C}{1 + \left(\frac{X_C}{3R_N}\right)^2} = R_0 - jX_0 \qquad (8\text{-}37)$$

设故障时通过 $3R_N$ 的零序电流为 I_{R0}，通过 X_C 的零序电流为 I_{C0}，$I_{R0}/I_{C0} = m$，则 m 也即是故障时通过 R_N 的电流 I_R 与三相对地电容电流 I_C 之比。由于 $3R_N$ 与 X_C 并联，有 $3R_N I_{R0} = X_C I_{C0}$，即 $I_R/I_C = I_{R0}/I_{C0} = \frac{X_C}{3R_N} = m$，于是由式（8-37）可得

$$R_0 = \left(\frac{m}{1+m^2}\right)X_C, X_0 = \left(\frac{1}{1+m^2}\right)X_C, R_0/X_0 = m \qquad (8\text{-}38)$$

设 $Z_1 = Z_2 = jX_1$，当 $jX_1 + jX_2 + jX_0 = 0$ 时，将产生串联谐振。此时，$X_1 = -\frac{1}{2}X_0 = -\frac{X_C}{2(1+m^2)}$，将 X_1 代入式（8-36），即可得到两个健全相对地电压 $\dot{U}'_V$、$\dot{U}'_W$ 与 m 的关系式。取不同的 m 值（如 1.0、1.5、2.0、3.0）可求得相应的 U'_V、U'_W 值。并可看出，这种电网一相（本例为 U 相）接地时，超前于故障相的那一相（本例为 W 相）的对地电压，总是大于滞后相（V 相）的对地电压，且超前相的对地电压随 m 增大而减小。

2. 接地电阻的选择

（1）中性点经低电阻接地系统应设置有选择性的、立即切除接地故障的保护装置，其电阻值选取应为该保护装置提供足够大的电流，使保护装置可靠动作；限制暂态过电压在 $2.5U_{ph}$ 以下是第二项指标。系统供电可靠性问题，可按负荷的重要性采取相应的措施，如双电源供电、自动重合闸、备用电源自动投入等。对城网的中压系统，多采用网孔或环形供电方式来解决。

（2）由于这种系统发生单相接地时要求接地故障立即断开，所以 m 值允许大些，例如 2 以上。但当 $m \geq 3$ 时，从限制过电压效果来看，已变化不大。为此，m 取 2～3，即 R_N 由式（8-39）计算

$$R_N = \frac{U_{ph}}{(2 \sim 3)I_C} \qquad (8\text{-}39)$$

（3）以电缆为主的配电网，其 I_C 较大，采用较大的 I_R 值；以架空线为主的配电网，其 I_C 较小，采用较小的 I_R 值。

（4）选择 R_N 时，可按照配电网远景规划可能达到的 I_C 值来考虑。例如，某 20kV 电缆配电网，其 $I_C = 300A$，考虑 $m = 2.5$，则 $R_N = \frac{20000V}{\sqrt{3} \times 2.5 \times 300A} \approx 15$（Ω）。

（5）中性点经低电阻接地系统中，单相接地短路电流较大，从数百安至数千安不等，其对电信系统的影响与中性点直接接地系统相似，需慎重考虑。

（6）单相接地故障电流通过接地装置的接地电阻时，将产生电位升高，此高电位将直接传递到低压侧的中性导体（N）和保护导体（PE）上，可能引起低压侧过电压，给低压用户带来威胁。

第四节　各种接地方式的比较与适用范围

一、各种接地方式的比较

由于中性点接地方式是一个涉及电力系统许多方面的综合性问题，因而在选择中性点接地方式时，应对各种接地方式的特性与优缺点有较全面的了解。为此，就以下几方面进行综合比较。

1. 电气设备和线路的绝缘水平

中性点接地方式不同的系统，其电气设备和线路的绝缘的工作条件有很大差别。主要表现在：① 系统的最大长期工作电压不同；②作用在绝缘上的各种内部过电压（电弧接地、开断空载线路、开断空载变压器、谐振等造成的过电压）不同；③作用在绝缘上的大气过电压不同。电气设备和线路的绝缘水平，实际上取决于上述三种电压中要求最高的一种，一般是由后两种过电压决定。

在电力系统中，运行线电压可能比额定电压高 10％。由前面论述已知，中性点有效接地系统的最大长期工作电压为运行相电压，而中性点非有效接地系统的最大长期工作电压为运行线电压（因可带单相接地运行 2h）；中性点有效接地系统的内部过电压是在相电压的基础上产生和发展，而中性点非有效接地系统的内部过电压则可能在线电压的基础上产生和发展，因而其数值也必然较大；有关研究表明，对后两种过电压，中性点有效接地系统也较非有效接地系统低 20％左右，所以其绝缘水平可比后者降低 20％左右。总之，从过电压和绝缘水平的观点来看，采用接地程度愈高的中性点接地方式就愈有利。

降低绝缘水平的经济意义随额定电压的不同而异。在 110kV 及以上的高压系统中，变压器等电气设备的造价几乎与其绝缘水平成比例地增加，因此，在采用中性点有效接地时，设备造价将大约可降低 20％左右；在 3～35kV 的系统中，绝缘费用占总成本费用的比例较小，采用中性点有效接地方式来降低绝缘水平，意义不大。

2. 继电保护工作的可靠性

同中性点接地方式关系最密切的继电保护是接地保护。在中性点不接地或经消弧线圈接地的系统中，单相接地电流往往比正常负荷电流小得多，因而要实现有选择性的接地保护就比较困难，特别是经消弧线圈接地的系统困难还更大一些。小接地电流系统的接地保护装置，通常是同一电压级有直接电联系的电网所公用，一般仅作用于信号（无选择性）。而在大接地电流系统中，由于接地电流较大，继电保护一般都能够迅速而准确地切除故障线路，实现有选择性、高灵敏度的接地保护比较容易，且保护装置结构简单，工作可靠。因此，从继电保护的观点出发，显然以采用大接地电流的中性点接地方式较为有利。

3. 供电的可靠性与故障范围

众所周知，单相接地是电力系统中最常见的故障。如上所述，大接地电流系统的单相接地电流很大，个别情况下甚至比三相短路电流还大。因此，它在供电可靠性和故障范围方面相对小接地电流系统而言，存在着如下缺点：

（1）任何部分发生单相接地时都必须将其切除，在发生永久性故障时，自动重合闸装置动作不会成功，供电将较长时间中断。要使重要用户供电不中断，必须有其他供电途径，例如采用双回路、环网等。

（2）巨大的接地短路电流，将产生很大的电动力和热效应，可能导致设备损坏和故障范围扩大。例如，当很大的单相接地电流通过电缆时，可能引起电缆护层和填料的膨胀、变形，使电缆的电气强度降低，严重时甚至可能使电缆爆裂；又如，当故障点是在发电机内部时，可能严重烧坏发电机的绝缘和铁芯。

（3）由于断路器的跳、合闸机会增多，从而增加了断路器的维修工作量。

（4）巨大的接地短路电流将引起电压急剧降低，可能导致系统动态稳定的破坏。

相反，小接地电流系统不仅可避免上述缺点，而且发生单相接地故障后，还容许继续运行一段时间，运行人员有较充裕的时间来处理故障。

因此，从供电可靠性和故障范围的观点来看，小接地电流系统，特别是经消弧线圈接地的系统，具有明显的优点。

4．对通信和信号系统的干扰

运行中的交流线路，其周围都存在交变电磁场。当电网正常运行时，如果三相对称，则不论中性点接地方式如何，中性点的位移电压都等于零，各相电流及对地电压数值相等，相位相差120°，因而它们在线路周围空间各点所形成的电场和磁场均彼此抵消，不会对邻近通信和信号系统产生干扰。如果三相有些不对称，干扰也并不严重。

但是，当电网发生单相接地故障时，出现三相零序电压、电流，它们所建立的电磁场不能彼此抵消，从而在邻近通信线路或信号系统感应出电压来，形成强大的干扰源，电流愈大，干扰越严重。因而，从干扰的角度来看，中性点直接接地的方式最为不利，但其延续时间最短；而小接地电流电网，特别是经消弧线圈接地的电网，一般不会产生严重的干扰问题，但其延续时间较长。

当干扰严重时，虽然可以依靠增大通信线路与电力线路之间的距离来减低干扰的程度或采取其他防护措施，但有时受环境、地理位置等条件的限制，将难以实现或使投资大量增加。特别是随着国民经济的发展和现代化程度的提高，这种干扰问题将日益突出。因此，在有的地区或有的国家，对通信干扰的考虑，甚至成为选择中性点接地方式的决定因素。

二、中性点接地方式的选择

以上分析了影响中性点接地方式的各种因素，下面根据电压等级的不同，对电网中性点接地方式的选择问题进一步总结归纳。

1．220kV 及以上电网

在这类电网中，降低过电压与绝缘水平的考虑占首要地位，因为它对设备价格和整个系统建设投资的影响甚大，而且这类电网的单相接地电流具有很大的有功分量，恶化了消弧线圈的消弧效果。所以，目前世界各国在这类电网中都无例外地采用中性点直接接地或经低阻抗接地方式。

2．110～154kV 电网

对这类电网的电压等级而言，上述几个因素都对选择中性点接地方式有影响。各国、各地区因具体条件和对上述几个因素考虑的侧重点不同，所采用的接地方式也不同。有些国家采用直接接地方式（如美国、英国、俄罗斯等），而有些国家则采用消弧线圈接地的方式（如德国、日本、瑞典等）。在我国，110kV 电网大部分采用直接接地方式；必要时，也有经电阻、电抗或消弧线圈接地。例如，在雷电活动强烈的地区或没有装设避雷线的地区，采用经消弧线圈接地的方式，可以大大减少雷击跳闸率，提高供电的可靠性。

3. 3～63kV 电网

这种电网一般来说线路不太长，网络结构不太复杂，电压也不算很高，绝缘水平对电网建设费用和设备投资的影响不如 110kV 及以上电网显著。另外，这种电网一般不装设或不是沿全线装设避雷线，所以，通常总是从供电可靠性与故障后果出发选择中性点接地方式。当单相接地电流不大于规定数值时，宜采用不接地方式，否则可采用经消弧线圈接地的方式。但也有例外。

城市或企业内部以电缆为主的 6～35kV 系统（不包括发电厂厂用电及煤炭企业用电系统），单相接地电流较大时，可采用经低值电阻接地方式（单相接地故障瞬时跳闸）。

以架空线路为主的 6～10kV 系统，单相接地电流较小时，为防止谐振、间歇性电弧接地过电压等对设备的损害，可采用经高值电阻接地方式。

4. 1000V 以下电网

这种电网绝缘水平低，通常也没有继电保护装置，而仅仅用熔断器保护，故障所带来的影响也不大。因此，中性点接地方式对各方面的影响都不显著，可以选择中性点接地或不接地的方式。但对 380/220V 的三相四线制电网，它的中性点是直接接地的，这完全是从安全方面考虑，防止一相接地时中性线出现超过 250V 的危险电压。

第五节　发电机中性点接地方式

发电机中性点采用非直接接地方式，包括不接地、经消弧线圈接地和经高电阻接地。

发电机绕组发生单相接地故障时，接地点流过的电流是发电机本身及其引出回路连接元件（主母线、厂用分支、主变压器低压绕组等）的对地电容电流。当该电流超过允许值时，将烧伤定子铁芯，进而损坏定子绕组绝缘，引起匝间或相间短路。发电机接地电流允许值见表 8-2。

表 8-2　　　　　　　　　　　　发电机接地电流允许值

发电机额定电压（kV）	6.3	10.5	13.8～15.7	18～20
发电机额定容量（MW）	≤50	50～100	125～200	300
接地电流允许值（A）	4	3	2*	1

* 对氢冷发电机为 2.5A。

1. 采用中性点不接地方式

中性点不接地方式适用于单相接地电流不超过允许值的 125MW 及以下中小机组。

发电机中性点应装设电压为额定相电压的避雷器，防止三相进波在中性点反射引起过电压；当有发电机电压架空直配线时，在发电机出线端应装设电容器和避雷器，以削弱进入发电机的冲击波陡度和幅值。

2. 采用经消弧线圈接地方式

经消弧线圈接地方式适用于单相接地电流超过允许值的中小机组或要求能带单相接地故障运行的 200MW 及以上大机组。

（1）对具有直配线的发电机，消弧线圈可接在发电机的中性点，也可接在厂用变压器的中性点，并宜采用过补偿方式。

（2）对单元接线的发电机，消弧线圈应接在发电机的中性点，并宜采用欠补偿方式。

（3）可以做到经补偿后的单相接地电流小于 1A，因此，可不跳闸停机，仅作用于信号，大大提高供电的可靠性。

3. 采用经高电阻接地方式

经高电阻接地方式适用于 200MW 及以上大机组。

(1) 具体装置是将电阻 R 经单相接地变压器 T0（或配电变压器，或电压互感器）接入中性点，电阻在接地变压器的二次侧，其原理接线图如图 8-9 所示。通过二次侧接有电阻的接地变压器接地，实际上就是经高电阻接地。变压器的作用是使低压小电阻起高压大电阻的作用，从而可简化电阻器的结构，降低其价格，使安装空间更易解决。

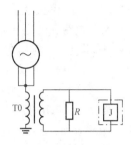

图 8-9 发电机中性点经高电阻
接地的原理接线图

1）接地电阻的一次值 $R' = K^2 R$。其中 K 为接地变压器的变比。R 选择的原则是使得 R' 等于或小于发电机三相对地容抗，从而使得单相接地故障有功电流等于或大于电容电流。即

$$R \leqslant \frac{1}{K^2 \times 3\omega C} \times 10^6 \tag{8-40}$$

式中：C 为发电机本身、发电机回路中其他设备（封闭母线、主变压器、厂用变压器等）的每相对地电容及为防止过电压而附加的电容器容量之和，μF。

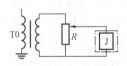

图 8-10 电阻需要中间
抽头的接线图

2）接地变压器的一次电压取发电机的额定相电压，二次电压 U_2 可取 100V 或 220V。当二次电压取 220V，而接地保护需要 100V 时，可在电阻中增加分压抽头，如图 8-10 所示。

接地变压器的容量 S 按式（8-41）选择

$$S \geqslant \frac{U_2^2}{3R} \tag{8-41}$$

接地变压器的型式以选用干式单相配电变压器为宜。

3）部分引进机组也有不经接地变压器而直接接入数百欧姆的高电阻。

(2) 发电机中性点经高电阻接地后，可以达到：①发电机单相接地故障时，限制健全相的过电压不超过 2.6 倍额定相电压；② 限制接地故障电流不超过 10～15A；③为定子接地保护提供电源，便于检测。

(3) 发生单相接地时，总的故障电流不宜小于 3A，以保证接地保护不带时限立即跳闸停机。

第六节 厂用电系统中性点接地方式

一、高压厂用电系统的中性点接地方式

高压（3、6、10kV）厂用电系统中性点接地方式的选择，与单相接地电容电流 I_C 的大小有关：当 $I_C < 10A$ 时，可采用高电阻接地方式，也可采用不接地方式；当 $I_C > 10A$ 时，可采用中电阻接地方式，也可采用电感补偿（消弧线圈）或电感补偿并联高电阻的接地方式。目前电厂的高压厂用电系统多采用中性点经电阻接地的方式。

1. 中性点不接地方式

(1) 主要特点。

1）单相接地故障时，流过故障点的电流为电容性电流，三相线电压仍基本平衡。

2）当高压厂用电系统的 $I_C < 10A$ 时，允许继续运行 2h，为处理这种故障争取了时间。

3）当高压厂用电系统的 $I_C > 10A$ 时，接地处的电弧不易自动消除，将产生较高的电弧接地

过电压（可达额定相电压的 3.5～5 倍），并易发展为多相短路。故接地保护应动作于跳闸，中断对厂用设备的供电。

4）实现有选择性的接地保护比较困难，需要采用灵敏的零序方向保护。以往采用反应零序电压的母线绝缘监视装置，在发现接地故障时，需对馈线逐条拉闸才能判断出故障回路。

5）无需中性点接地装置。

（2）适用范围。应用在 $I_C<10A$ 的高压厂用电系统。

2. 中性点经高电阻或中电阻接地方式

（1）主要特点。

1）选择适当的电阻，可以抑制单相接地故障时非故障相的过电压倍数不超过额定相电压的 2.6 倍，避免故障扩大。

2）单相接地故障时，故障点流过一固定的电阻性电流 I_R，有利于确保馈线的零序保护动作。

3）接地总电流小于 15A 时（高电阻接地方式，一般按 $I_R \geqslant I_C$ 原则选择接地电阻），保护动作于信号；接地总电流大于 15A 时，改为中电阻接地方式（增大 I_R），保护动作于跳闸。

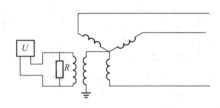

图 8-11 厂用变压器二次侧为 Y 接线，中性点经高电阻接地的原理接线

二、低压厂用电系统中性点接地方式

低压厂用电系统中性点接地方式主要有两种：中性点经高电阻接地方式和中性点直接接地方式。600MW 机组单元厂用 380V 系统，多采用中性点经高电阻接地的方式，但也有采用中性点直接接地方式的。

1. 中性点经高电阻接地方式主要特点

（1）单相接地故障时，可以避免开关立即跳闸和电动机停运，也不会使一相的熔断器熔断造成电动机两相运行，提高了低压厂用电系统的运行可靠性。

（2）单相接地故障时，单相电流值在小范围内变化，可以采用简单的接地保护装置，实现有选择性的动作。

4）需增加中性点接地装置。常采用二次侧接电阻器的配电变压器接地方式，无需设置大电阻器就可达到预期的要求；当厂用变压器二次侧为△接线时，需设置 Y-□ 接线的专用接地变压器。其原理接线如图 8-11 和图 8-12 所示。

（2）适用范围。应用在 $I_C<10A$ 的高压厂用电系统中，为了降低间隙性电弧接地过电压水平和便于寻找接地故障点的情况。

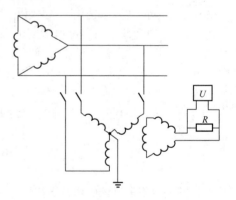

图 8-12 厂用变压器二次侧为△接线，中性点经高电阻接地的原理接线

（3）必须另外设置照明、检修网络，需要增加照明和其他单相负荷的供电变压器，但也消除了动力网络和照明、检修网络相互间的影响。

（4）不需要为了满足短路保护的灵敏度而放大馈线电缆的截面。

（5）接地电阻值的大小以满足所选用的接地指示装置动作为原则，但不应超过电动机带单相接地运行的允许电流值（一般按 10A 考虑）。

2. 中性点经高电阻接地方式适用范围

火力发电厂的低压厂用电系统一般均可采用。

3. 中性点经高电阻接地方式接地电阻的选择接线示例

(1) 当采用发光二极管作高阻接地指示灯时，可取中性点接地电阻为 44Ω。

(2) 在变压器出口发生单相金属性接地时，出现最大的单相接地故障电流，取最大电容性电流为 1A，最大电阻性电流为 230V/44Ω≈5.2A，则总的接地电流最大值约为 5.3A（为电容性电流与电阻性电流的相量和）。

(3) 单相接地电流的最小值，可从最长的供电电缆末端发生接地故障时求得。若按长 300m、截面 3×4mm² 铝芯电缆电阻为 2.32Ω，并计及接地装置的接地电阻（取 10Ω），则求得接地故障电流最小值为 220V/(44+2.32+10)Ω=3.9A。

(4) 由于接地电流保持在 3.9～5.3A 范围内，满足接地指示灯发亮的要求（接地电流 1A 时，指示灯亮；接地电流 1.5A 时，指示灯全亮）。

采用中性点经高电阻接地的一种接线如图 8-13 所示。在变压器 380V 侧中性点连接 44Ω 接地电阻 1，并可在变压器的进线屏上控制（操作 TA、HA），改变接地方式（不接地或经电阻接地两种）。中性点还经常接一只电压继电器 3，用来发出网络单相接地故障信号。信号发送到运行人员值班处，运行人员获悉信号后，首先到中央配电装置室投入接地电阻（当原来是不接地方式运行时），屏上高电阻接地指示灯 5 发亮的回路，即为发生接地的馈线。如故障发生在去车间的干线上，运行人员应到车间盘检查。当某一支路的高电阻指示灯发亮时，即表明该支路发生接地。若所有支路都未发现接地故障，即说明接地发生在车间盘母线上。此外，为了防止变压器高、低压绕组间击穿或 380V 网络中产生感应过电压，在 380V 侧中性点上，与接地电阻并列装设一只击穿保安器 4。

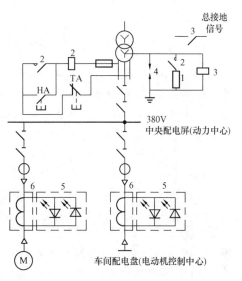

图 8-13　低压厂用电系统中性点
经电阻接地的接线示例
1—接地电阻；2—接触器；3—电压继电器；
4—击穿保安器；5—高阻接地指示灯；
6—高阻接地电流变压器

三、几个 600MW 机组电厂的厂用电系统接地方式实例

1. A 电厂（两级高压厂用电）

10kV 系统，中性点经中电阻接地，单相接地电流控制在 600A 左右，保护动作于跳闸。

3kV 系统，中性点经高电阻接地，单相接地电流控制在 5～10A，保护动作于信号。

380V 系统，中性点经高电阻接地，采用中性点经变比为 400/100 的单相变压器接地，二次侧接电阻 5.4Ω，保护动作于信号。

2. B 电厂（两级高压厂用电）

10kV 系统，中性点经 10.1Ω 中电阻接地，单相接地电流限制在 400～1500A，保护动作于跳闸。

3kV 系统，中性点经变比为 $\frac{31500}{\sqrt{3}}$/230V 变压器高电阻接地，二次侧接电阻，总故障电流限制在 15A 以下，保护动作于信号。

380V 系统，分两类：汽轮机、锅炉、出灰的低压厂用变压器，中性点经 20Ω 高电阻接地，总故障电流限制在 15A 以下，保护动作于信号；升压变电站的低压厂用变压器，中性点为直接接地。

3. C 电厂（一级高压厂用电）

6kV 系统，中性点经 9.1Ω 中电阻接地，单相接地电流限制在 400A，保护动作于跳闸。

380V 系统，中性点经高电阻接地，保护动作于信号。

4. D 电厂（一级高压厂用电）

6kV 系统，中性点不接地，保护动作于信号。

380V 系统，中性点直接接地，保护动作于跳闸。

各厂的照明和检修用 380/220V 电源系统为中性点直接接地、保护动作于跳闸。

思考题和习题

1. 目前我国电力系统中性点采用的接地方式有哪几种？分别应用在什么情况？

2. 中性点采用不同接地方式的电力系统，发生单相金属性接地时，各相对地电压有何变化？

3. 当中性点不接地系统发生单相接地时，故障线路与非故障线路的三相电流之和的大小及其方向有何不同？这一特点有何启发？

4. 某 35kV 中性点不接地的架空电网，线路的导线为水平排列，当不进行换位时，其 V 相的对地电容约为 U、W 相的 90%，试计算该电网的不对称度及中性点位移电压。

5. 消弧线圈有何作用？简述其工作原理。

6. 电力系统采用经消弧线圈接地方式运行时，有哪几种补偿方式？一般应选择何种方式运行？为什么？

7. 10kV 系统的电缆线路总长度大于多少时应装设消弧线圈？35kV 系统的电缆线路总长度大于多少时应装设消弧线圈？

8. 某 10kV 系统的电缆线路总长度 35km，如果只装一台消弧线圈，试选择其容量及型号。如果脱谐度 v 取 10%，单相金属性接地时，消弧线圈的电流是多少？

9. 接地变压器有何功用？其结构和运行特点怎样？

10. 比较各种中性点接地方式的优缺点。

11. 大容量机组及其高、低厂用电系统各采用何种中性点接地方式？

第九章　接　地　装　置

本章介绍接地、保护接地和保护接零、接地装置的基本概念，接地电阻的允许值及接地电阻的计算，接地装置导体的选择及接地装置的布置，最后并给出算例。

第一节　接地与接地装置基本概念

将电力系统或建筑物中电气装置、设施应该接地的部分，经接地装置与大地做良好的电气连接，称为接地。接地按用途可分为4种。

（1）工作（或系统）接地。在电力系统电气装置中，为运行需要所设的接地，称为工作（或系统）接地，如第八章所述的中性点直接接地或经其他装置接地。

（2）保护接地。为保护人身和设备的安全，将电气装置正常不带电而由于绝缘损坏有可能带电的金属部分（电气装置的金属外壳、配电装置的金属构架、线路杆塔等）接地，称为保护接地。

（3）防雷接地。为雷电保护装置（避雷针、避雷线、避雷器等）向大地泄放雷电流而设的接地，称为防雷接地。

（4）防静电接地。为防止静电对易燃油、天然气储罐和管道等的危险作用而设的接地。

无论是哪种接地，都是通过接地装置实现的。接地装置由接地体和接地线两部分组成。埋入地中并直接与大地接触的金属导体，称为接地体。接地体有自然接地体和人工接地体两类。兼作接地体用的直接与大地接触的各种金属构件、非可燃液体及气体的金属管道、建筑物或构筑物基础中的钢筋、电缆外皮、电杆的基础及其上的架空避雷线或中性线等，称为自然接地体。为满足接地装置接地电阻的要求而专门埋设的接地体，包括垂直埋入地中的钢管、角钢、槽钢，水平敷设的圆钢、扁钢、铜带等，称为人工接地体。将电气装置、设施应该接地的部分与接地体连接的金属导体，称为接地线。由垂直和水平接地体组成的供发电厂、变电站使用的兼有泄放电流和均压作用的较大型的水平网状接地装置，称为接地网。

电流经接地装置的接地体流入大地时，大地表面将形成分布电位，接地装置与大地零电位点之间的电位差，称为接地装置的对地电压（或电位）。接地线电阻与接地体的对地电阻（接地电流自接地体向地中散流时所遇到的电阻，又称散流电阻或扩散电阻）之和，称为接地装置的接地电阻。因前者甚小，所以，可认为接地电阻等于散流电阻。接地电阻的数值等于接地装置的对地电压与通过接地体流入地中电流的比值。其中，按通过接地体流入地中工频交流电流求得的电阻，称为工频接地电阻；按通过接地体流入地中冲击电流求得的电阻，称为冲击接地电阻。

第二节　保　护　接　地

一、人体触电

人体触电一般是指人体触及或靠近带电体时，造成电流对人体的伤害。

1. 触电对人体的伤害形式

（1）电伤。电伤是指电流的热效应等对人体外部造成的伤害，例如电弧灼伤、电弧光的辐射及烧伤、电烙印等。

（2）电击。电击是指电流通过人体，对人体内部器官造成的伤害。当电流作用于人体的神经中枢、心脏和肺部等器官时，将破坏它们的正常功能，可能使人发生抽搐、痉挛、失去知觉，乃至危及人的生命。

严重的电伤或电击都有致命的危险，其中电击的危险性更大，一般触电死亡事故大多是由电击造成。

2. 影响触电伤害程度的因素

人体触电时所受的伤害程度，与通过人体电流的大小、电流通过的持续时间、电流通过的路径、电流的频率及人体的状况（人体电阻、身心健康状态）等多种因素有关。其中电流的大小和通过的持续时间是主要因素。

通过人体的电流越大、持续时间越长，则致命的危险越大。对于工频交流电流，我国规定人身安全电流极限值为 30mA，但其触电时间不得超过 1s，即采用 30mA·s 作为人体所允许的安全电流时间积。电流通过人体的路径不同，伤害程度往往也不同，当电流路径为从手到脚、从一手到另一手或流经心脏时，触电的伤害最为严重。从频率上看，工频（50～60Hz）电流触电的伤害程度最为严重，低于或高于工频时伤害程度都会减轻。实际分析指出，50mA 以上的工频交流较长时间通过人体时，会呼吸麻痹，形成假死，如不及时进行抢救，即有生命危险。

流过人体的电流与人体电阻及作用于人体的电压等因素有关。人体正常电阻可高达 $(4\sim10)\times10^4\Omega$；当皮肤潮湿、受损伤或带有导电性粉尘时，则会降低到 1000Ω 左右，因此，在最恶劣的情况下，人接触的电压只要达 $0.05\times1000=50V$ 左右，即有致命危险。患有心脏病、结核病、精神病、内分泌器官疾病等的人，触电引起的危害程度更为严重。根据环境条件的不同，我国规定的安全电压分别为 36、24V 及 12V。

3. 触电的几种形式

（1）人体直接接触或过分靠近电气设备的带电部分。为防止这种触电事故发生，应使人体与带电设备之间的距离符合安全距离要求；教育人们切实遵守电气安全工作规程的有关规定。

（2）人体接触到平时不处在电压下，但由于绝缘损坏而呈现电压的设备的金属外壳或构架。为防止这种触电事故发生，应将这些设备的金属外壳或构架实施保护接地；在中性点接地的三相四线制 380/220V 电网中，采用保护接零。

（3）靠近电气设备带电部分的接地短路处，遭到较高电位所引起的伤害。

二、保护接地

1. 保护接地的作用

说明保护接地作用的示意图如图 9-1 所示，图中电机的中性点不接地，正常运行时外壳不带电。当一相对外壳的绝缘损坏时，外壳即处在一定的电压下，若有人触及该外壳，就有接地电流通过人体。如果绝缘损坏处是在绕组首端，则触及外壳相当于触及导体的一相。

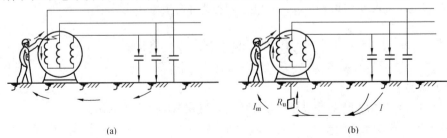

(a)　　　　　　　　　　　　(b)

图 9-1　说明保护接地作用的示意图

(a) 无保护接地；(b) 有保护接地

(1) 无保护接地的情况如图 9-1 (a) 所示。当人触及绝缘损坏的外壳时，流过人体的电流为单相接地电流 I，会造成人身触电事故。

(2) 有保护接地的情况如图 9-1 (b) 所示。当人触及绝缘损坏的外壳时，人体电阻 R_m（Ω）及人与地面接触电阻 R_c（Ω）与接地装置的接地电阻 R_u（Ω）并联，此时流过人体的电流 I_m 为

$$I_m = \frac{R_u}{R_m + R_c + R_u} I \quad \text{(A)} \tag{9-1}$$

式中：I 为单相接地电流（A）。

由上式可见，通过人体的电流 I_m 与 R_m、R_c、R_u、I 等有关。增加 R_c，可在一定程度上减少 I_m；R_u 愈小，I_m 愈小。通常 $R_u \ll R_m$，所以 $I_m \ll I$。因此适当选择 R_u，使其在允许值范围内，则 I_m 会足够小，从而可以免除人体触电的危险，保护人身安全。

2. 接触电压和跨步电压

电气设备的金属外壳经接地线与埋在地中的接地体连接，构成保护接地，接地电流的散流场和地面电位分布如图 9-2 所示。当电气设备绝缘损坏发生接地时，接地电流通过接地体向大地四周散流。如果土壤的电阻率在各个方向相同，则电流在各个方向的分布是均匀的，如图 9-2 中箭头所示，可近似认为电流做半球形散流，形成电流场。因半球体的表面积与半径的平方成正比，所以表面积随着半径的增大而迅速增大，与之相对应的土壤电阻迅速减小，电流通过大地时所产生的电压降迅速减小。因此，接地体的电位 U_u 最高，随着与接地体的距离增加，电位迅速下降，可以认为在离接地体 $15 \sim 20 \mathrm{m}$ 处的电位为零，这才是电工上通常所说的"地"。接地体周围的电位分布如图中曲线（实为曲面）所示，这时大地表面将形成以接地体为圆心的同心圆等电位分布区。

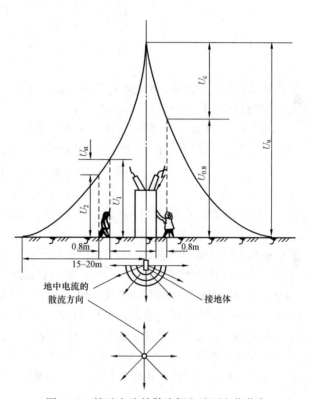

图 9-2 接地电流的散流场和地面电位分布

图 9-2 中还示出，处于分布电位区域内的人，可能有两种方式触及不同电位点而受到电压的作用。

(1) 接触电压。人站在地面上离设备水平距离为 0.8m 处，手触到设备外壳、构架离地面垂直距离为 1.8m 处时，加于人手与脚之间的电压，称为接触电压。设地面上离设备水平距离为 0.8m 处的电位为 $U_{0.8}$，设备外壳的电位（或接地体的对地电位）为 U_u，则接触电压 U_c 为

$$U_c = U_u - U_{0.8} \tag{9-2}$$

因为设备外壳的电位总是与接地体的对地电位相当，而设备愈远离接地体时 $U_{0.8}$ 愈小，所以 U_c 愈大。若设备置于离接地体 20m 以外处，则 $U_{0.8} = 0$，这时 U_c 最大，达 U_u。

(2) 跨步电压。人在分布电位区域内沿地中电流的散流方向行走，步距为 0.8m 时，两脚之

间所受到的电压，称为跨步电压。设地面上水平距离为 0.8m 的两点的电位分别为 U_1 和 U_2，则跨步电压 U_{st} 为

$$U_{st} = U_1 - U_2 \qquad (9-3)$$

由图中电位分布曲线可看出，在同一接地装置附近，人体愈靠近接地体，U_{st} 愈大；反之，U_{st} 愈小，人体距接地地体 20m 以外处，则 $U_{st}=0$。

（3）接触电压和跨步电压的允许值。人体所能耐受的接触电压和跨步电压的允许值，与通过人体的电流值、持续时间的长短、地面土壤电阻率及电流流经人体的途径有关。

1）在 110kV 及以上有效接地系统和 6～35kV 低电阻接地系统，发生单相接地或同点两相接地时，发电厂、变电站接地装置的接触电压和跨步电压的允许值按式（9-4）计算

$$\left. \begin{aligned} U_c &= \frac{174 + 0.17\rho_f}{\sqrt{t}} \quad \text{(V)} \\ U_{st} &= \frac{174 + 0.7\rho_f}{\sqrt{t}} \quad \text{(V)} \end{aligned} \right\} \qquad (9-4)$$

式中：ρ_f 为人脚站立处地表面的土壤电阻率，$\Omega \cdot \text{m}$；t 为接地短路电流的持续时间，一般采用主保护动作时间加相应的断路器全分闸时间，s。

2）3～63kV 不接地、经消弧线圈接地和高电阻接地系统，发生单相接地且不迅速切除故障时，发电厂、变电站接地装置的接触电压和跨步电压的允许值按式（9-5）计算

$$\left. \begin{aligned} U_c &= 50 + 0.05\rho_f \quad \text{(V)} \\ U_{st} &= 50 + 0.2\rho_f \quad \text{(V)} \end{aligned} \right\} \qquad (9-5)$$

3）在条件特别恶劣的场所，例如矿山井下和水田中，接触电压和跨步电压的允许值宜降低。

三、低压系统的保护措施

在中性点直接接地的 380/220V 三相四线制低压系统中，与低压系统电源中性点（接地点）连接用来传输电能的导线，称为中性线，用 N 表示；为防止触电，用来与电源接地点、设备的金属外壳等部分作电气连接的导线，称为保护线，用 PE 表示。这种将系统的一点（中性点）直接接地，而将电气设备的外露可导电部分用保护线与该接地点连接的系统，称为 TN 系统。以往将这种保护措施称为保护接零。

如用电设备较少、分散，采用保护接零确有困难，且土壤电阻率较低时，可采用低压保护接地。

1. 低压系统接地的几种型式

低压系统接地有如图 9-3 所示的几种型式。

（1）TN 系统有三种型式。

1）TN-C 系统。TN-C 系统中，整个系统的中性线 N 与保护线 PE 是合一的，用 PEN 表示，如图 9-3（a）所示。电气设备的外露导电部分经 PEN 线与系统电源接地点连接。

2）TN-S 系统。TN-S 系统中，整个系统的中性线 N 与保护线 PE 是分开的，如图 9-3（b）所示。电气设备的外露导电部分经 PE 线与系统电源接地点连接。

3）TN-C-S 系统。TN-C-S 系统中有一部分中性线 N 与保护线 PE 是合一的，而另一部分是分开的，如图 9-3（c）所示。电气设备的外露导电部分经 PEN 或 PE 与系统电源接地点连接。

TN 系统要求在供电线路上装设熔断器或断路器（空气自动开关）。在图 9-3（a）中表示出，当某电气设备的一相绝缘损坏而碰到外壳时，将形成单相短路，故障相中有单相短路电流 I 流

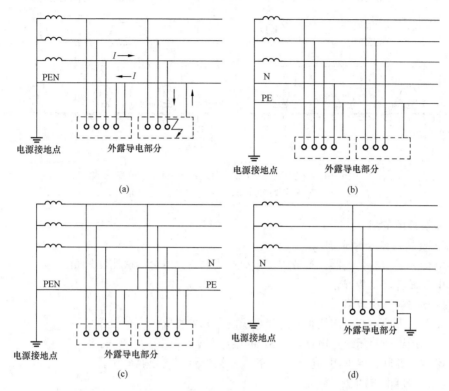

图 9-3 低压系统接地的几种型式

(a) TN-C 系统；(b) TN-S 系统；(c) TN-C-S 系统；(d) TT 系统

过，致使熔断器熔断或断路器跳闸，自动迅速切断电源，避免人身触电；即使切断电源前有人触及电气设备的外壳，由于接零回路的电阻远小于人体电阻，所以短路电流 I 几乎全部从接零回路流过，流过人体的电流极小，从而保障人身安全。

（2）TT 系统。TT 系统电源有一个直接接地点，电气设备的外露导电部分接至电气上与系统电源接地点无关的接地装置，如图 9-3（d）所示。

2. 重复接地

在中性点直接接地的三相四线制低压供电系统中，当采用保护接零时，在某些情况下（例如安装有电气设备的建筑物距系统电源接地点超过 50m），要求将保护中性线 PEN 或保护线 PE 进行重复接地，即将这些保护线在不同地点分别接地。

PEN 线无重复接地的情况如图 9-4（a）所示，当 PEN 线断线时，如果断线处之后的某台电动机的一相绝缘损坏碰到外壳，则这时并不形成单相短路，事故不能自动切除，断线处之后的电气设备的外壳上将长期存在着近于相电压的电压，容易引起触电事故。PEN 线有重复接地的情况如图 9-4（b）所示，这时将形成经后段 PEN 线、接地装置、电源中性点接地装置的单相短路，设备外壳上的电压比前一种情况低得多；如果故障电动机的容量较小，则其熔断器或断路器的动作电流也较小，事故可能自动切除。因此，重复接地提高了安全性。

由同一台发电机、同一台变压器或同一段母线供电的低压线路，不宜同时采用保护接地和保护接零两种方式。

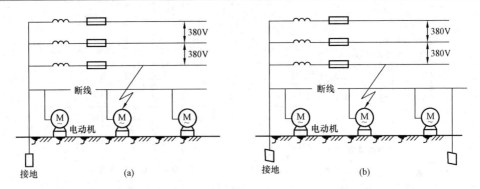

图 9-4　保护中性线 PEN（或保护线 PE）重复接地
(a) 无重复接地情况；(b) 有重复接地情况

四、保护接地范围

1. 应当接地或接零的部分

(1) 电机、变压器、电器、携带式及移动式用电器具的金属底座和外壳。

(2) 电气设备传动装置。

(3) 互感器的二次绕组。

(4) 发电机中性点柜、出线柜及封闭母线的金属外壳等。

(5) 气体绝缘全封闭组合电器（GIS）的接地端子。

(6) 配电、控制、保护用的屏（柜、箱）及操作台等的金属框架。

(7) 铠装控制电缆的金属外皮。

(8) 屋内外配电装置的金属和钢筋混凝土构架以及靠近带电部分的金属围栏和金属门。

(9) 电力电缆接线盒、终端盒的金属外壳，电缆的金属外皮、穿线的钢管和电缆桥架等。

(10) 装有避雷线的架空线路杆塔。

(11) 无沥青地面的居民区内，不接地、经消弧线圈接地和高电阻接地系统中无避雷线的架空线路的金属和钢筋混凝土杆塔。

(12) 装在配电线路杆塔上的开关设备、电容器等电气设备。

(13) 箱式变电站的金属箱体。

2. 不需接地或接零的部分

(1) 在木质、沥青等不良导电地面的干燥房间内，交流额定电压 380V 及以下、直流额定电压 220V 及以下的电气设备外壳不需接地，但当维护人员有可能同时触及电气设备外壳和接地物件时，则仍应接地。

(2) 安装在配电屏、控制屏及配电装置上的电测量仪表、继电器和其他低压电器等的外壳，以及当发生绝缘损坏时在支持物上不会引起危险电压的绝缘子金属底座等。

(3) 安装在已接地的金属架构上的设备（应保证电气接触良好），如套管等。

(4) 电压为 220V 及以下蓄电池室内的金属支架。

(5) 除另有规定者外，由发电厂、变电站区域内引出的铁路轨道不需接地。

第三节　接　地　电　阻

一、工频接地电阻允许值

保护接地的接地电阻 R_u 的数值可由式（9-6）确定

$$R_\mathrm{u} = \frac{U_\mathrm{u}}{I} \quad (\Omega) \tag{9-6}$$

式中：U_u 为接地装置的对地电压，V；I 为流经接地装置的入地短路电流，A。

从前述保护接地的作用可知，在一定的入地短路电流下，接地装置的接地电阻 R_u 愈小，接地装置的对地电压 U_u 也愈小。保护接地的基本原理是将绝缘损坏后电气设备外壳的对地电压（与 U_u 相当）限制在规定值内，相应地将 R_u 限制在允许值内，以尽可能减轻对人身安全的威胁。R_u 是随季节变化的，其允许值是指考虑到季节变化的最大电阻的允许值。

1. 有效接地（直接接地或经低电阻接地）系统的接地电阻允许值

在有效接地系统中，当发生单相接地短路时，相应的继电保护装置将迅速切除故障部分，因此，在接地装置上只是短时间存在电压，人员恰在此时间内接触电气设备外壳的可能性很小，所以 U_u 的规定值高些（不超过 2000V），但由于 I 较大，其 R_u 允许值仍较小。

（1）一般情况下，接地装置的接地电阻应符合式（9-7）

$$R_\mathrm{u} \leqslant \frac{2000}{I} \quad (\Omega) \tag{9-7}$$

式中：I 为计算用流经接地装置的入地短路电流，A。

式（9-7）中，计算用流经接地装置的入地短路电流 I，采用在接地装置内、外短路时，经接地装置流入地中的最大短路电流周期分量的起始有效值，该电流应按 5～10 年发展后的系统最大运行方式确定，并应考虑系统中各接地中性点间的短路电流分配，以及避雷线中分走的接地短路电流。

（2）当 $I>4000\mathrm{A}$ 时，要求 $R_\mathrm{u} \leqslant 0.5\Omega$。

（3）在高土壤电阻率地区（土壤电阻率大于 $500\Omega \cdot \mathrm{m}$），$R_\mathrm{u}$ 如按式（9-7）要求，在技术经济上极不合理时，可通过技术经济比较后增大接地电阻，但不得大于 5Ω，并应采取相应的技术措施使接地网电位分布合理，接触电压和跨步电压在允许值内。

2. 非有效接地（不接地、经消弧线圈或高电阻接地）系统的接地电阻允许值

在非有效接地系统中，当发生单相接地短路时，并不立即切除故障部分，而允许继续运行一段时间（一般为 2h）。因此，在接地装置上将较长时间存在电压，人员在此时间内接触电气设备外壳的可能性较大，所以 U_u 的规定值较低，但由于 I 较小，其 R_u 允许值较大。

（1）对高、低压电气设备共用的接地装置，接地电阻应符合式（9-8）

$$R_\mathrm{u} \leqslant \frac{120}{I} \quad (\Omega) \tag{9-8}$$

但不应大于 4Ω。

（2）对高压电气设备单独用的接地装置，接地电阻应符合式（9-9）

$$R_\mathrm{u} \leqslant \frac{250}{I} \quad (\Omega) \tag{9-9}$$

但不宜大于 10Ω。

（3）在高土壤电阻率地区，R_u 不得大于 30Ω，且接触电压和跨步电压在允许值内。

（4）计算用接地故障电流 I 的取值。

1）在中性点不接地系统中，计算电流采用全系统单相接地电容电流，并按式（8-19）计算。

2）在经消弧线圈接地系统中：①对装有消弧线圈的发电厂、变电站电气设备的接地装置，计算电流等于接在同一接地装置中同一系统各消弧线圈额定电流总和的 1.25 倍；②对不装消弧线圈的发电厂、变电站电气设备的接地装置，计算电流等于断开系统中最大一台消弧线圈或最

长线路时的最大可能残余电流值。

3）在经高电阻接地系统中，计算电流采用单相接地时全系统接地电流。

3. 低压电气设备的接地电阻允许值

（1）对低压电气设备，要求 $R_u \leqslant 4\Omega$；对于使用同一接地装置的并列运行的发电机、变压器等电气设备，当其总容量不超过 100kVA 时，要求 $R_u \leqslant 10\Omega$。在采用保护接零的低压系统中，上述 R_u 是指变压器的接地电阻。

（2）采用保护接零并进行重复接地时，要求重复接地装置的接地电阻 $R_u \leqslant 10\Omega$；在电气设备接地装置的接地电阻允许达到 10Ω 的电网中，要求每一重复接地装置的接地电阻 $R_u \leqslant 30\Omega$，但重复接地点不应少于 3 处。

二、工频接地电阻的计算

1. 土壤电阻率 ρ

土壤电阻率 ρ 是表征土壤导电性能的一个物理量，单位为欧·米（$\Omega \cdot m$）。土壤电阻率与土壤性质、含水量、化学成分等有关。例如，砂质黏土的电阻率一般为 $100\Omega \cdot m$，在多雨地区其变动范围为 $30\sim300\Omega \cdot m$，而在少雨地区则为 $80\sim1000\Omega \cdot m$；砂砾土的电阻率一般为 $1000\Omega \cdot m$。同一地区的土壤电阻率在一年中也是变化不定的。工程设计中以实测的土壤电阻率为依据，设计中采用的计算值为

$$\rho = \psi\rho_0 \tag{9-10}$$

式中：ρ_0 为实测的土壤电阻率，$\Omega \cdot m$；ψ 为季节系数，见表 9-1。

表 9-1　　　　　　　　　根据土壤性质决定的季节系数

土壤性质	深度（m）	ψ_1	ψ_2	ψ_3	备　注
黏土	0.5~0.8	3.0	2.0	1.5	
黏土	0.8~3	2.0	1.5	1.4	
陶土	0~2	2.4	1.36	1.2	
砂砾磁盖于陶土	0~2	1.8	1.2	1.1	ψ_1—测量前数天下过较长时间的雨时用； ψ_2—测量时土壤具有中等含水量时用； ψ_3—测量时土壤干燥或测量前降雨不大时用
园地	0~3	—	1.32	1.2	
黄砂	0~2	2.4	1.56	1.2	
杂以黄砂的砂砾	0~2	1.5	1.3	1.2	
泥炭	0~2	1.4	1.1	1.0	
石灰石	0~2	2.5	1.51	1.2	

2. 自然接地体接地电阻（扩散电阻）R_1 的计算

（1）架空避雷线的接地电阻。架空避雷线的接地电阻可按式（9-11）及式（9-12）计算

$n < 20$ 时
$$R_1 = \sqrt{r_1 r_t}\, \mathrm{cth}\left(\sqrt{\frac{r_1}{r_t}}\, n\right) \tag{9-11}$$

$n \geqslant 20$ 时
$$R_1 = \sqrt{r_1 r_t} \tag{9-12}$$

式中：n 为带避雷线的杆塔数；r_1 为一档避雷线的电阻，Ω，$r_1 = \rho_1 l/S$，其中 ρ_1 为避雷线电阻率（$\Omega \cdot m$），钢线的 $\rho_1 = 0.15 \times 10^{-6}\Omega \cdot m$，$l$ 为档距长度，m，S 为避雷线截面积，mm^2；r_t 为有避

雷线的每基杆塔工频接地电阻，Ω。

cth(x) 为双曲线余切函数，即 cth(x) = $\dfrac{e^x + e^{-x}}{e^x - e^{-x}}$，当 $x \geqslant 3$ 时，有 cth(x)≈1。

（2）埋地管道（管道系统长度＜2km 时）的接地电阻。埋地管道的接地电阻可按式（9-13）计算

$$R_1 = \frac{\rho}{2\pi L} \ln \frac{L^2}{2rh} \tag{9-13}$$

式中：ρ 为土壤电阻率，Ω·m；L 为接地体长度，m；r 为管道的外半径，m；h 为接地体几何中心埋深，m。

（3）电缆外皮（及长度＞2km 的管道系统）的接地电阻。电缆外皮的接地电阻可按式（9-14）计算

$$R_1 = \sqrt{r_1 r} \, \mathrm{cth}\left(\sqrt{\frac{r_1}{r}} L\right) K \tag{9-14}$$

式中：r_1 为电缆外皮的交流电阻，Ω/m，三芯电力电缆的 r_1 值见表 9-2；r 为沿接地体直线方向每纵长 1m 的土壤扩散电阻，Ω·m，一般 $r = 1.69\rho$（ρ 为埋设电缆线路的土壤电阻率）；L 为埋于土中电缆的有效长度，m；K 为考虑麻护层的影响而增大接地（扩散）电阻的系数，见表 9-3，对水管 $K = 1$。

当有多根同样截面的电缆并列敷设在一处时，其总接地（扩散）电阻 R_1' 按式（9-15）计算

$$R_1' = R_1 / \sqrt{n} \tag{9-15}$$

式中：R_1 为每根电缆外皮的接地（扩散）电阻，Ω；n 为敷设在一处的电缆根数。

（4）建筑物（构筑物）的基础。当整个建筑物基础的钢筋连续焊接或绑扎成网时，其接地电阻按式（9-16）计算

$$R_1 = \frac{K\rho}{\sqrt{ab}} \tag{9-16}$$

式中：ρ 为顶层土壤电阻率，Ω·m；a、b 为建筑物的长和宽，m；K 为由 a/b 决定的系数，见表 9-4。

表 9-2　　　　　　　　三芯铠装电力电缆外皮的电阻 r_1

（埋深 0.7m）

电缆规格	1m 长铠装电缆皮的电阻（Ω/m×10^{-4}）				
	电压（kV）				
	3	6	10	20	35
3×70	14.7	11.3	10.1	4.4	2.6
3×95	12.8	10.9	9.4	4.1	2.4
3×120	11.7	9.7	8.5	3.8	2.3
3×150	9.8	8.5	7.1	3.5	2.2
3×185	9.4	7.7	6.6	3.0	2.1

注　对于中性点接地的电网的 r_1，按本表增大 10%～20% 计算。

表 9 - 3　　　　　　　　考虑麻护层的影响而增大接地（扩散）电阻的系数 K 值

土壤电阻率（Ω·m）	50	100	200	500	1000	2000
K	6.0	2.6	2.0	1.4	1.2	1.05

表 9 - 4　　　　　　　　　　　由 a/b 决定的系数 K 值

a/b	1	2	4	6	8	10	12	14	16	18	20
K	0.48	0.458	0.418	0.386	0.36	0.34	0.325	0.312	0.30	0.291	0.285

　　注　K 值适用于装配式整体基础。对于桩基式基础，则查得的数值应乘以 1.1。

　　对于一个厂区（或一个建筑群），如其所有基础在地下相互连接，则其总的接地电阻按式（9 - 17）计算

$$R_1' = \beta R_1 \qquad (9 - 17)$$

式中：R_1 为据式（9 - 16）按厂区总平面求得的接地电阻，Ω，其中 a、b 分别为厂区总平面的长和宽，m；β 为由建筑密度系数 λ 决定的系数，见表 9 - 5。

表 9 - 5　　　　　　　　由建筑密度系数 λ 决定的系数 β 值

λ	0.1	0.2	0.3	0.4	0.5	0.6
β	2.55	2.0	1.5	1.25	1.1	1.0

　　λ 可由式（9 - 18）求得

$$\lambda = \frac{\sum_{i}^{n} S_i}{S} \qquad (9 - 18)$$

式中：$\sum_{i}^{n} S_i$ 为厂区内具有钢筋混凝土基础并采用焊接或绑扎成网的建筑物占地面积的总和，m^2；S 为厂区总平面的面积，m^2。

图 9 - 5　垂直接地体
示意图

　　3. 人工接地体工频接地电阻 R_2 的计算

　　当采用自然接地体且其电阻值不能满足允许值要求时，必须设置人工接地体。除此而外，对于某些必须设置人工接地体的场合，如大接地电流系统、部分直流设备或依据规程规定必须设置时，都应设置人工接地体。

　　（1）单根垂直接地体的接地电阻（$l \gg d$，如图 9 - 5 所示）可按式（9 - 19）计算

$$R_2 = \frac{\rho}{2\pi l}\left(\ln\frac{8l}{d} - 1\right) \quad (\Omega) \qquad (9 - 19)$$

式中：ρ 为土壤电阻率，Ω·m；l 为垂直接地体长度，m；d 为圆钢接地体的直径或钢管接地体的外径，m。

　　对于扁钢 $d = \dfrac{b}{2}$，b 为扁钢横截面宽度；对于角钢 $d = 0.71 \times \sqrt[4]{b_1 b_2 (b_1^2 + b_2^2)}$，$b_1$，$b_2$ 为角钢横截面边长；对于等边角钢 $d = 0.84 b_1$。

　　（2）不同形状水平接地体的接地电阻。可按式（9 - 20）计算

$$R_2 = \frac{\rho}{2\pi L}\left(\ln\frac{L^2}{hd} + A\right) \quad (\Omega) \qquad (9 - 20)$$

式中：L 为水平接地体的总长度，m；h 为水平接地体的埋设深度，m；d 为水平接地体的直径或等效直径，m；A 为水平接地体的形状系数，见表 9 - 6。

表 9 - 6 　　　　　　　　　　　**水平接地体的形状系数 A**

水平接地体形状	—	∟	⅄	○	＋	□	✳	✳	✳	✳
A	−0.6	−0.18	0	0.48	0.89	1	2.19	3.03	4.71	5.65

（3）以水平接地体为主，且边缘闭合的复合接地体（接地网）的接地电阻。该接地电阻可按式（9 - 21）计算

$$R_2 = \frac{\sqrt{\pi}}{4} \times \frac{\rho}{\sqrt{S}} + \frac{\rho}{2\pi L} \ln \frac{L^2}{1.6hd \times 10^4} \quad (\Omega) \tag{9 - 21}$$

式中：S 为接地网的总面积，m²；L 为接地体的总长度，包括垂直接地体在内，m；d 为水平接地体的直径或等效直径，m；h 为水平接地体的埋设深度，m。

（4）人工接地体工频接地电阻的简易计算，可采用表 9 - 7 所列公式。

表 9 - 7 　　　　　　　　　**人工接地体工频接地电阻（Ω）的简易计算式**

接地体型式	简易计算式	备　　注
垂直式	$R_2 \approx 0.3\rho$	长度 3m 左右的接地体
单根水平式	$R_2 \approx 0.03\rho$	长度 60m 左右的接地体
复合式（接地网）	$R_2 \approx 0.5\dfrac{\rho}{\sqrt{S}} = 0.28\dfrac{\rho}{r}$ 或 $R_2 \approx \dfrac{\sqrt{\pi}}{4} \times \dfrac{\rho}{\sqrt{S}} + \dfrac{\rho}{L} = \dfrac{\rho}{4r} + \dfrac{\rho}{L}$	S 为大于 100m² 的闭合接地网的总面积； r 为与 S 等值的圆的半径，即等效半径（m）； L 为接地体的总长度（m）

第四节　接地装置的布置

一、接地装置布置的一般原则

（1）为了将各种不同用途和各种不同电压的电气设备接地，一般应使用一个总的接地装置（其他规定中有不同要求时除外）。

（2）发电厂、变电站的接地装置，除充分利用直接埋入地中或水中的自然接地体外，还应敷设人工接地体。对于 3～10kV 变、配电站，当采用建筑物的基础作接地体且接地电阻满足规定值时，可不另设人工接地。

（3）在高土壤电阻率地区可采用下列降低接地电阻的措施：①当在发电厂、变电站 2000m 以内有较低电阻率的土壤时，可敷设引外接地体；②当地下较深处的土壤电阻率较低时，可采用井式或深钻式接地体；③填充电阻率较低的物质或降阻剂；④敷设水下接地网。

（4）一般情况下，发电厂、变电站接地网中的垂直接地体对工频电流散流作用不大，降低接地电阻主要靠大面积水平接地体，它既有均压、减小接触电压和跨步电压的作用，又有散流作用。所以，对发电厂和变电站，不论采用何种形式的人工接地体，都应敷设以水平接地体为主的人工接地网。

（5）人工接地网应围绕设备区域连成闭合形状，并在其中敷设若干水平均压带，如图 9 - 6（a）所示。因接地网边角外部电位梯度较高，边角处应做成圆弧形，且圆弧半径不宜小于均压带

间距的一半；在35kV及以上变电站接地网边缘上经常有人出入的走道处，应在该走道下不同深度敷设两条与接地网相连的"帽檐式"均压带。图9-6（b）为环形接地网Ⅰ-Ⅰ断面的地面电位分布情况。其中，实线为未加均压带时的电位分布，可见其分布较单接地体均匀得多，但如果配电装置的面积较大，则电位分布仍很不均匀；虚线为加均压带后的电位分布，可见配电装置区域内的电位分布已变得很均匀，入口处的电位分布也大大改善。接地网的埋深不宜小于0.6m，在冻土地区应敷设在冻土层以下，以免受到机械损伤，并可减少夏季水分蒸发和冬季土壤表层冻结对接地电阻的影响。

（6）屋内接地网由敷设在房屋每一层内的接地干线组成，并尽量利用固定电缆支、吊架用的预埋扁铁作为接地干线，各层的接地干线用几条上下联系的导线相互连接，而后将屋内接地网在几个地点与主接地网连接。

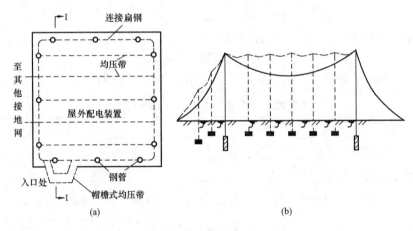

图9-6 环形接地网及地面电位分布
（a）环形接地网；（b）Ⅰ-Ⅰ断面电位分布

二、人工接地体的选择

1. 规格

如前所述，垂直接地体可采用钢管、角钢，单根长度一般为2.5m；水平接地体可采用扁钢、圆钢。按机械强度要求的接地装置导体（接地体和接地线）的最小尺寸应符合表9-8所列规格。接地装置的导体尚应满足热稳定与均压要求，还应考虑腐蚀的影响，实际采用的接地体的一般规格为：钢管管径40～50mm，角钢40×40×4～50×50×5mm，扁钢40×4mm，圆钢直径16mm。

表9-8　　　　　　　　　　　接地装置导体的最小尺寸

种类	规格（单位）	地上		地下	备注
		屋内	屋外		
圆钢	直径（mm）	6	8	8/10	（1）地下部分圆钢的直径，其分子、分母数据分别用于架空线路和发电厂、变电站的接地装置。
扁钢	截面（mm²）	24	48	48	
	厚度（mm）	3	4	4	（2）地下部分钢管的壁厚，其分子、分母数据分别用于埋于土壤和埋于室内素混凝土地坪中。
角钢	厚度（mm）	2	2.5	4	（3）架空线路杆塔的接地体引出线，其截面不应小于50mm²，并应热镀锌
钢管	管壁厚度（mm）	2.5	2.5	3.5/2.5	

敷设在大气和土壤中有腐蚀性场所的接地体和接地线，应根据腐蚀的性质经技术经济比较采取热镀锡、热镀锌等防腐措施。

2. 热稳定校验

发电厂、变电站中电气设备接地线的截面，应按接地短路电流进行热稳定校验。未考虑腐蚀时，接地线的最小截面 S_{min} 应符合式（9-22）要求

$$S_{min} \geqslant \frac{I_g}{C} \sqrt{t_e} \quad (mm^2)$$ (9-22)

式中：I_g 为流过接地线的短路电流稳定值，A，据系统5～10年发展规划，按系统最大运行方式确定；t_e 为短路的等效持续时间，s；C 为接地线材料的热稳定系数。

校验时，I_g、t_e、C 应采用表9-9所列数值。

表9-9　　　　　　　　　　校验接地线热稳定用的 I_g、t_e、C 值

系统接地方式	I_g	t_e	C		
			钢	铝	铜
有效接地	单（两）相接地短路电流	见式（9-23）、式（9-24）			
低电阻接地	单（两）相接地短路电流	2s	70	120	210
不接地、消弧线圈接地和高电阻接地	异点两相接地短路电流	2s			

有效接地系统 t_e 的取值如下。

（1）发电厂、变电站的继电保护配置有2套速动主保护、近接地后备保护、断路器失灵保护和自动重合闸时，t_e 可按式（9-23）取值

$$t_e \geqslant t_{pr1} + t_f + t_{ab}$$ (9-23)

式中：t_{pr1} 为主保护动作时间，s；t_f 为断路器失灵保护动作时间，s；t_{ab} 为断路器全分闸时间，s。

（2）配置有1套速动主保护、近或远（或远近结合的）后备保护和自动重合闸、有或无断路器失灵保护时，t_e 可按式（9-24）取值

$$t_e \geqslant t_{pr} + t_{ab}$$ (9-24)

式中：t_{pr} 为第一级后备保护动作时间，s。

根据热稳定条件，未考虑腐蚀时，接地装置接地体的截面不宜小于连接至该接地装置的接地线截面的75%。

三、接地装置的敷设

（1）为减少相邻接地体的屏蔽作用，垂直接地体的间距不宜小于其长度的2倍，水平接地体的间距不宜小于5m。

（2）接地体与建筑物的距离不宜小于1.5m。

（3）围绕屋外配电装置、屋内配电装置、主控制楼、主厂房及其他需要装设接地网的建筑物，敷设环形接地网。各分接地网之间应用不少于2根的接地干线在不同地点连接。自然接地体至少应在两点与接地干线连接。

（4）发电厂、变电站电气装置中的下列部位应采用专门敷设的接地线接地：①发电机座或外壳，中性点柜、出线柜的金属底座和外壳，封闭母线的外壳；② 110kV及以上钢筋混凝土构件支座上电气设备的金属外壳；③直接接地的变压器中性点；④ 中性点所接消弧线圈、接地电抗

器、电阻器或变压器等的接地端子；⑤GIS 的接地端子；⑥避雷器、避雷针、避雷线等的接地端子；⑦箱式变电站的金属箱体。

当不要求采用专门敷设的接地线接地时，电气设备的接地线宜利用金属结构、普通钢筋混凝土构件的钢筋、穿线的钢管和电缆的铅、铝外皮等，并应保证其全长为完好的电气通路。

（5）接地线的连接应符合下列要求：①接地线间的连接、接地线与接地体连接，宜用焊接；②接地线与电气设备的连接，可用焊接或螺栓连接；③电气设备每个接地部分应以单独的接地线与接地干线连接，严禁在一条接地线中串接几个需要接地的部分。

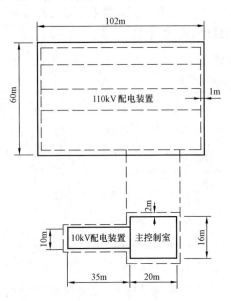

图 9-7 接地网布置计算例图

（6）接地线沿建筑物墙壁水平敷设时，离地面不应小于 250mm，离墙壁不应小于 10mm。在接地线引进建筑物的入口处，应设标志，明敷的接地线表面应涂 15～100mm 宽度相等的绿、黄色相间的条纹。

四、计算举例

设计某 110/10kV 变电站的保护接地装置。配电装置的布置方式及尺寸如图 9-7 实线所示。已知：

1）110kV 系统为中性点直接接地，10kV 系统为中性点不接地。站用电系统电压为 380/220V，中性点直接接地。

2）110kV 侧单相短路电流起始值 I＝5kA，稳定值 I_g＝3kA，主保护动作时间 0.2s，后备保护动作时间 1s，断路器全分闸时间 0.1s。

3）土质为砂质黏土，在土壤有中等含水量季节测得的土壤电阻率为 ρ_0＝80Ω·m。

4）10kV 系统架空线路全长 l_1＝24km，铠装直埋电缆 4 根，每根长约 1.5km，全长 l_2＝6km，规格均为 3×150。

5）变电站各级电压配电装置考虑共用一个接地装置。

根据上述条件，设计接地网如下。

1. 确定接地装置接地电阻的允许值

（1）110kV 中性点直接接地系统，因 I＞4000A，所以，其接地电阻允许值 R_u≤0.5Ω。

（2）10kV 中性点不接地系统，根据式（8-19）其计算接地短路电流为

$$I = I_c = \frac{(l_1 + 35l_2)U_N}{350} = \frac{(24 + 35 \times 6) \times 10}{350} = 6.69(A)$$

根据式（9-8）可得，其接地电阻 $R_u \leqslant \dfrac{120}{I} = \dfrac{120}{6.69} = 17.94$（Ω）。

按规定，取 R_u≤10Ω。

（3）站用电系统 380/220V 系统，接地电阻允许值 R_u≤4Ω。

因此，共用接地装置的接地电阻允许值应取 R_u≤0.5Ω。

2. 接地装置计算

（1）计算土壤电阻率。据表 9-1 查得季节系数 ψ＝1.5，代入式（9-10）中，得

$$\rho = \psi\rho_0 = 1.5 \times 80 = 120(\Omega \cdot m)$$

（2）计算自然接地体的扩散电阻。10kV 电缆金属外皮的扩散电阻按式（9-14）计算。

由表 9 - 2 查得

$$r_1 = 7.1 \times 10^{-4} (\Omega/m)$$

$$r = 1.69\rho = 1.69 \times 120 = 202.8 (\Omega \cdot m)$$

由表 9 - 3 用插值法求得　　　　　　$K = 2.48$

代入式（9 - 14），得

$$R_1 = \sqrt{r_1 r} \, cth\left(\sqrt{\frac{r_1}{r}} L\right) K = \sqrt{7.1 \times 10^{-4} \times 202.8} \, cth\left(\sqrt{\frac{7.1 \times 10^{-4}}{202.8}} \times 1500\right) \times 2.48$$

$$= 0.38 cth(2.8) \times 2.48 = 1.012 (\Omega)$$

由式（9 - 15）可得　　　　　$R_1' = R_1/\sqrt{n} = 1.012/\sqrt{4} = 0.506$（$\Omega$）

（3）人工接地装置的布置及其接地电阻计算。由上述计算可见，自然接地体的接地电阻 R_1' 已经很接近接地装置接地电阻的允许值。但按规定，仍需敷设人工接地装置。

围绕 110kV 屋外配电装置、10kV 屋内配电装置和主控制楼，分别敷设环形接地网。两接地网之间用 2 根接地干线连接。垂直接地体采用 $\phi 40$ 的钢管，每根长 2.5m，管距取 7.5m，上端埋深 0.8m；其间以 $40 \times 4mm$ 的扁钢连成环形，并以扁钢作均压带。如图 9 - 7 中虚线所示。

据图 9 - 7 中尺寸，计算如下。

接地网总面积　　　　$S = 100 \times 58 + 35 \times 14 + 24 \times 20 = 6770 (m^2)$

接地网环边总长　　　$L_{h1} = (100 + 58) \times 2 + (14 + 35 \times 2) + (20 + 24 \times 2 + 6) = 474 (m)$

所需钢管根数　　　　$n_V = 474/7.5 \approx 63$（根）

垂直接地体总长　　　$L_V = 63 \times 2.5 = 157.5 (m)$

110kV 环内均压带根数　$n_h = 58/7.5 - 1 \approx 7$（根）

110kV 环内均压带总长　$L_{h2} = 7 \times 100 = 700 (m)$

接地网接地体总长　$L = L_V + L_{h1} + L_{h2} = 157.5 + 474 + 700 = 1331.5 (m)$

代入表 9 - 7 中人工接地网接地电阻的简易算式，得

$$R_2 = \frac{\sqrt{\pi}}{4} \times \frac{\rho}{\sqrt{S}} + \frac{\rho}{L} = \frac{\sqrt{\pi}}{4} \times \frac{120}{\sqrt{6770}} + \frac{120}{1331.5}$$

$$= 0.646 + 0.09 = 0.736 (\Omega)$$

或　　　　　　　$$R_2 = 0.5 \frac{\rho}{\sqrt{S}} = 0.5 \times \frac{120}{\sqrt{6770}} = 0.729 (\Omega)$$

整个接地装置的接地电阻为人工接地装置与自然接地体的接地电阻的并联值，即

$$R_u = \frac{R_1' R_2}{R_1' + R_2} = \frac{0.506 \times 0.736}{0.506 + 0.736} = 0.3 (\Omega) < 0.5 (\Omega)$$

（4）热稳定校验。根据式（9 - 24），得

$$t_e = t_{pr} + t_{ab} = 1 + 0.1 = 1.1 (s)$$

$$S_{min} \geqslant \frac{I_g}{C} \sqrt{t_e} = \frac{3000}{70} \times \sqrt{1.1} = 44.95 (mm^2)$$

可见，接地线可采用 $20mm \times 4mm = 80mm^2$ 的扁钢。接地装置接地体的截面：垂直接地体（钢管壁厚按最小厚度 3.5mm 计）为 $\pi(20^2 - 16.5^2) = 401mm^2$，水平接地体截面为 $40mm \times 4mm = 160mm^2$，均大大超过接地线截面的 75%。故满足要求。

思考题和习题

1. 什么叫接地？按用途，接地分哪几种类型？

2. 何谓电伤、电击？人体触电有哪几种形式？影响触电伤害程度的因素有哪些？

3. 保护接地和保护接零是怎样起到保护作用的？

4. 什么叫接触电压？什么叫跨步电压？

5. 何谓接地装置？何谓接地网？何谓接地电阻？对接地电阻有什么要求？

6. 发电厂、变电站中的接地网一般是如何敷设的？均压带有何作用？

7. 简述设计接地装置的步骤。

第十章 发电厂和变电站电气二次回路

在发电厂和变电站中，二次接线是很重要的部分，本章着重分析二次接线原理图和安装图构成的基本原理，讲述直流电源系统、绝缘监察、断路器和隔离开关的控制及中央信号等回路的典型接线，并简介变电站和发电厂网络部分微机监控系统的组成和功能。

第一节 发电厂和变电站的控制方式

一、发电厂的控制方式

发电厂电气设备的控制，按控制地点可分为就地控制和集中控制两种。①就地控制，即在设备安装地点进行控制。如6～10kV用户馈线、供辅助车间用的厂用变压器、交流事故保安电源、交流不停电电源和直流设备等；②集中控制，即将主要设备的控制集中在主控制室或单元控制室及网络控制室进行。

1. 主控制室控制方式

单机容量为100MW及以下的中、小型火电机组，一般采用主控制室的控制方式。这些机组的主要电气设备都在这里进行控制，锅炉、汽机设备则分别在锅炉控制室和汽机控制屏控制。所以，这种控制方式实际上是炉、机、电分开控制的方式。炉、机的值班条件较差。

主控制室为全厂中、小型机组的控制中心，要求监视方便，操作灵活，并能与全厂进行联系。

火电厂主控制室的典型平面布置图如图10-1所示。一般采用宽800mm、深600mm、高2200mm的屏。屏上安装有设备的测量、控制、信号元件。其中，需要经常监视和操作的设备的控制屏或屏台布置在主环，主环一般采用Ⅱ形布置。主环正中1为发电机、主变压器、母联断路器、分段断路器、中央信号等的控制屏；当屏数多于7块时，为便于运行监视，采用弧形布置，半径为8m或12m；当屏数少于或等于7块时，采用直列式布置；当屏数多于或等于6块时，两侧各装一块同期小屏6。主环两侧2～4分别为35kV及以上线路、专用旁路断路器、厂用变压器、直流系统、远动系统的控制屏。主环

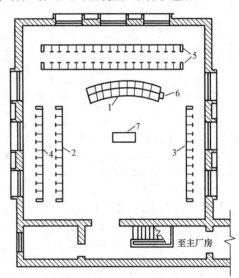

图10-1 主控制室平面布置图

1—发电机、主变压器、中央信号控制屏台；
2—线路控制屏；3—厂用变压器控制屏；4—直流屏、远动屏；
5—继电保护及自动装置屏；6—同期小屏；7—值班台

后面5为不需要经常监视的继电保护及自动装置屏、电能表屏等。

主控制室的位置应使控制电缆最短，并使运行人员的联系方便。对于小型发电厂，一般设在主厂房的固定端；对于中型发电厂，一般与主厂房分开，而与6～10 kV主配电装置相连，与主

厂房之间有天桥连通。

2. 单元控制室的控制方式

现代大型火电厂中，单机容量为200MW及以上的大型火电机组，其热力系统及电气主接线都是单元制，即蒸汽管道的连接为一台锅炉和一台汽机构成独立的单元系统，而电气的连接为发电机和主变压器构成单元接线，同一单元的炉、机、电之间联系十分紧密，而不同单元系统之间的横向联系较少，因此，广泛采用单元控制室的控制方式。单机容量为125MW的火电机组也宜采用单元控制室的控制方式。

这种控制方式是将同一单元的炉、机、电的主要设备集中在一个控制室控制。其优点是有利于运行人员协作配合，有利于炉、机、电的统一指挥、安全经济运行及事故处理，改善炉、机的值班条件。

通常每个单元控制室控制1～2台机组。当主接线较简单、110kV及以上的线路较少或机组最终台数只有2台时，电网的控制可设在第一单元控制室内；否则，应另设网络控制室。单元控制室控制的设备为：主厂房内的锅炉、汽轮机、发电机双绕组变压器单元、发电机励磁系统、高压厂用工作及备用变压器、主厂房内采用明备用的低压厂用变压器及与它们有密切联系的制粉、除氧、给水系统等；另外，全厂公用设备集中在第一单元控制室控制。单元控制室的网控屏或网络控制室控制的设备为：三绕组变压器或自耦变压器（联络变压器）、高压母线设备、110kV及以上线路、并联电抗器等。

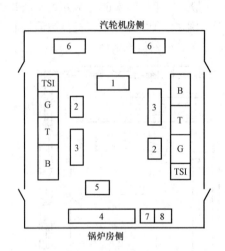

图 10-2　单元控制室平面布置图

B、T、G—炉、机、电控制屏；

TSI—发电机本体监控盘；

1—值长台；2—汽轮机电液控制操作员站；

3—操作员站（5台CRT）；4—网络控制屏；

5—远动通信台；6—打印机；7—消防控制盘；

8—暖通报警盘

600MW机组两机一控带网控屏的单元控制室平面布置图如图10-2所示。两侧的B、T、G分别为两台机组的炉、机、电控制屏台，均按炉、机、电顺序布置，发电机本体监控盘TSI紧靠G屏布置；300MW及以上大型机组通常采用分布式微机控制系统（亦称集散系统，缩写代号DCS），其CRT显示器是人机联系的主要手段，因而布置在B、T、G屏前面的操作员站3上，以便实现对机组的监视和控制；汽轮机电液控制（DEH）是将电信号转换为液压信号，实现机组的功率、频率调节，其操作员站2亦布置在B、T、G屏前；网络控制屏4布置在两台机组控制屏的中间。从值长台1看去，两机组的B、T、G屏与网控屏共同构成II型布置。

由于单元控制室受面积的限制，发电机组的调节器、保护设备、自动装置及计算机等电子设备均布置在主厂房的电子设备室内；而网络部分的继电保护及自动装置屏、电能表屏等，布置在靠近高压配电装置的继电器室内。

单元控制室一般设在主厂房炉机间的适中位置，以方便运行操作和处理事故。

单独网控室的布置与下述变电站控制室的布置相同。

二、变电站的控制方式

变电站的控制方式分为有人值班和无人值班两种方式。220kV枢纽变电站、330～500kV变电站宜为有人值班方式，设主控制室；220kV终端变电站、110kV及以下的变电站宜为无人值班方式,不设主控制室,可设二次设备间。

变电站控制室一般采用 II 型、Γ型或直列式布置。主环的正面一般采用直列式布置;当屏(屏台)超过 9 块时,也可采用弧形布置。主变压器、联络变压器、母线设备、调相机及中央信号装置的控制屏布置在主环正面;35kV 及以上的线路控制屏、并联静补装置控制屏等可根据规划确定布置在主环正面或侧面;继电保护和自动装置屏一般布置在主环后面。

变电站 II 型控制室平面布置图与图 10 - 1 相似。

第二节 二 次 接 线 图

一、二次接线图的内容

二次接线图是用二次设备特定的图形、文字符号表示二次设备相互连接的电气接线图。二次接线图的内容包括交流回路与直流回路。

(1) 交流回路。交流回路包括:①由电流互感器的二次绕组与测量仪表和继电器的电流线圈串联组成的交流电流回路;②由电压互感器的二次侧引出的小母线与测量仪表和继电器的电压线圈并联组成的交流电压回路。

(2) 直流回路。由直流小母线、熔断器、控制开关、按钮、继电器及其触点、断路器辅助开关的触点、声光信号元件、连接片(俗称压板)等设备组成。

二、二次接线图的表示方法及图形、文字符号

二次接线图的表示方法有原理接线图和安装接线图。

(1) 原理接线图。原理接线图包括:①归总式原理接线图;②展开式原理接线图。

(2) 安装接线图(即施工图)。安装接线图包括:①屏面布置图;②屏后接线图。

为了能看懂二次回路原理图,必须了解其各组成元件的图形和文字符号。由于在国家颁发新的图形和文字符号的同时,旧的图形和文字符号还在工程中大量使用,故将常用二次设备的新旧图形和文字符号对照分别列于表 10 - 1 和表 10 - 2 中。

表 10 - 1 二次设备常用新旧图形符号对照

序号	名　称	图形符号		序号	名　称	图形符号	
		新	旧			新	旧
1	一般继电器及接触器线圈	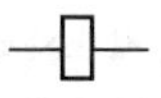	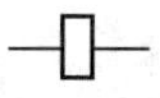	3	指示灯	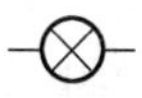	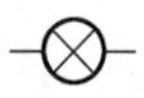
2	热继电器驱动器件			4	机械型位置指示器		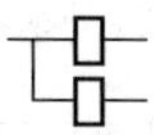

序号	名　称	图形符号		序号	名　称	图形符号	
		新	旧			新	旧
5	电容			15	动断（常闭）触点		
6	电流互感器			16	延时闭合的动合（常开）触点		
7	仪表电流线圈			17	延时断开的动合（常开）触点		
8	仪表电压线圈			18	延时闭合的动断（常闭）触点		
9	电阻			19	延时断开的动断（常闭）触点		
10	电铃			20	限位开关的动合（常开）触点		
11	蜂鸣器			21	限位开关的动断（常闭）触点		
12	切换片			22	机械保持的动合（常开）触点		
13	连接片			23	机械保持的动断（常闭）触点		
14	动合（常开）触点			24	热继电器的动断（常闭）触点		

序号	名称	图形符号		序号	名称	图形符号	
		新	旧			新	旧
25	动合按钮	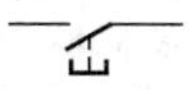	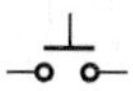	28	接触器的动断（常闭）触点		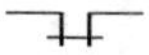
26	动断按钮	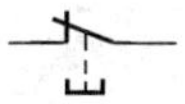		29	非电量继电器的动合（常开）触点	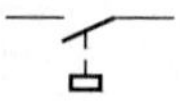	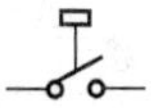
27	接触器的动合（常开）触点			30	非电量继电器的动断（常闭）触点	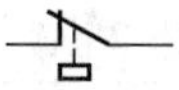	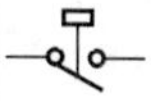

注　在二次接线图中，元件的触点及开关电器的辅助接点都是按"常态"表示的。所谓"常态"是指元件未通电（或开关电器断开）时的状态。例如，表 10 - 1 中"动合（常开）触点"是指"常态"下断开，元件一旦通电（或开关电器合闸）立即闭合的触点；"动断（常闭）触点"是指"常态"下闭合，元件一旦通电（或开关电器合闸）立即断开的触点。其余概念可类推。

表 10 - 2　　　　　　　　　　常用二次设备新旧文字符号对照

序号	名称	新符号		旧符号	序号	名称	新符号		旧符号
		单字母	多字母				单字母	多字母	
1	装置	A			19	绿灯		HG	LD
2	自动重合闸装置		APR	ZCH	20	红灯		HR	HD
3	电源自动投入装置		AAT	BZT	21	白灯		HW	BD
4	中央信号装置		ACS		22	光字牌		HP	GP
5	自动准同步装置		ASA	ZZQ	23	继电器	K		J
6	手动准同步装置		ASM		24	电流继电器		KA	LJ
7	硅整流装置		AUF		25	电压继电器		KV	YJ
8	电容器（组）	C			26	时间继电器		KT	SJ
9	发热器件；热元件；发光器件	E			27	信号继电器		KS	XJ
10	熔断器		FU	RD	28	控制（中间）继电器		KC	ZJ
11	蓄电池		GB		29	防跳继电器		KCF	TBJ
12	声、光指示器	H			30	出口继电器		KCO	BCJ
13	声响指示器		HA		31	跳闸位置继电器		KCT	TWJ
14	警铃		HAB	DL	32	合闸位置继电器		KCC	HWJ
15	蜂鸣器、电喇叭		HAU	FM	33	事故信号继电器		KCA	SXJ
16	光指示器		HL		34	预告信号继电器		KCR	YXJ
17	跳闸信号灯		HLT		35	同步监察继电器		KY	TJJ
18	合闸信号灯		HLC		36	重合闸继电器		KRC	ZCH

续表

序号	名　　称	新符号		旧符号	序号	名　　称	新符号		旧符号
		单字母	多字母				单字母	多字母	
37	重合闸后加速继电器		KCP	JSJ	62	测量转换开关		SM	CK
38	闪光继电器		KH		63	手动准同步开关		SSM1	1STK
39	脉冲继电器		KP	XMJ	64	解除手动准同步开关		SSM1	1STK
40	绝缘监察继电器		KVI		65	自动准同步开关		SSA1	DTK
41	电源监视继电器		KVS	JJ	66	电流互感器		TA	LH
42	压力监视继电器		KVP		67	电压互感器		TV	YH
43	闭锁继电器		KCB	BSJ	68	连接片；切换片		XB	LP
44	气体继电器		KG	WSJ	69	端子排		XT	
45	温度继电器		KT	WJ	70	合闸线圈		YC	HQ
46	热继电器		KR	RJ	71	跳闸线圈		YT	TQ
47	接触器		KM	C	72	交流系统电源相序			
48	电流表		PA			第一相		L1	A
49	电压表		PV			第二相		L2	B
50	有功功率表		PPA			第三相		L3	C
51	无功功率表		PPR		73	交流系统设备端相序			
52	有功电能表		PJ			第一相		U	A
53	无功电能表		PRJ			第二相		V	B
54	频率表		PF			第三相		W	C
55	电力电路开关器件	Q				中性线		N	
56	刀开关		QK	DK	74	保护线		PE	
57	自动开关		QA	ZK	75	接地线		E	
58	电阻器；变阻器	R		R	76	直流系统电源			
59	控制回路开关	S				正		＋	
60	控制开关		SA	KK		负		－	
61	按钮开关		SB	AN		中间线		M	

三、原理接线图

表示二次回路工作原理的接线图称原理接线图，简称原理图。

1. 归总式

6～10kV 线路过电流保护归总式原理图如图 10 - 3 所示。由图可看出归总式原理图的特点是将二次接线与一次接线的有关部分绘在一起，图中各元件用整体形式表示；其相互联系的交流电流回路、交流电压回路（本例未绘出）及直流回路都综合在一起，并按实际连接顺序绘出。其优点是清楚地表明各元件的形式、数量、相互联系和作用，使读图者对装置的构成有一个明确的整体概念，有利于理解装置的工作原理。

例如，由图 10 - 3 可清楚地解释该装置的构成和动作过程：整套保护由 4 只继电器构成，即电流继电器 1KA、2KA，时间继电器 KT，信号继电器 KS。两只电流继电器分别串接于 A、C

两相电流互感器的二次绕组回路中。

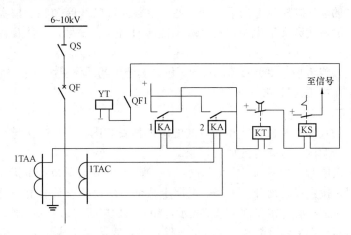

图 10 - 3　6～10kV 线路过电流保护归总式原理图

QS—隔离开关；QF—断路器；1TAA、1TAC—电流互感器；YT—跳闸线圈；QF1—断路器辅助触点；

1KA、2KA—电流继电器；KT—时间继电器；KS—信号继电器

设线路原在运行状态，断路器辅助触点 QF1 闭合。当线路发生过电流时，通过电流互感器立刻反映到二次侧，引起二次设备动作。例如，线路用户端发生 AC 相间短路故障时，动作过程如下（注意图中标有直流电源的＋、－极）：1TAA、1TAC 一次侧流过短路电流→1TAA、1TAC 二次侧电流增大→电流继电器 1KA、2KA 动作，其动合触点闭合→启动时间继电器 KT，经整定时限后其延时触点闭合→信号继电器 KS 和断路器操动机构的跳闸线圈 YT 同时动作，使断路器 QF 跳闸，并由 KS 的触点发出信号（点亮"掉牌未复归"光字牌）。断路器 QF 跳闸后，由其辅助触点 QF1 切断跳闸线圈 YT 中的电流。当 AB 或 BC 相间短路时，只有 1KA 或 2KA 动作，动作过程与上述相同。

归总式原理图的缺点是：当元件较多时，接线相互交叉，显得零乱；没有给出元件内部接线，没有元件端子及回路编号，使用不方便；直流部分仅标出电源极性，没有具体表示从哪组熔断器引来；信号部分只标出"至信号"，未绘出具体接线。

归总式原理图主要用于表示继电保护和自动装置的工作原理及构成该装置所需设备，是二次接线设计的原始依据。

2. 展开式

6～10kV 线路过电流保护归总式原理图（图 10 - 3）的展开图如图 10 - 4 所

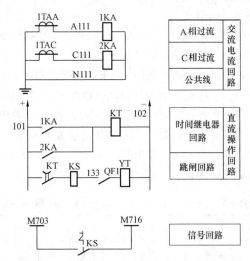

图 10 - 4　6～10kV 线路过电流保护展开图

1TAA、1TAC—电流互感器；1KA、2KA—电流继电器；

KT—时间继电器；KS—信号继电器；QF1—断路器辅助触点；

YT—跳闸线圈；M703、M716—掉牌未复归光字牌小母线

示。由图可看出展开图的特点是：①交流电流回路、交流电压回路（本例未绘出）、直流回路分开表示；②属于同一仪表或继电器的电流线圈、电压线圈和触点分开画，采用相同的文字符号，

有多副触点时加下标；③交、直流回路各分为若干行，交流回路按 A、B、C 相顺序画，直流回路则基本上按元件的动作顺序从上到下排列。每行中各元件的线圈和触点按实际连接顺序由左至右排列。每回路的右侧有文字说明，引至端子排的回路加有编号，元件及触点通常也有端子编号。

展开式原理图接线清晰，便于阅读，易于了解整套装置的动作程序和工作原理，便于查找和分析故障，实际工作中用得最多。

四、安装图

表示二次设备的具体安装位置和布线方式的图纸称安装图。它是二次设备制造、安装的实用图纸，也是运行、调试、检修的主要参考图纸。

设计或阅读安装图时，常遇到"安装单位"这一概念。"安装单位"是指二次设备安装时所划分的单元，一般是按主设备划分。一块屏上属于某个一次设备或某套公用设备的全部二次设备称为一个安装单位。安装单位名称用汉字表示，如××发电机、××变压器、××线路、××母联（分段）断路器、中央信号装置、××母线保护等；安装单位编号用罗马数字表示，如Ⅰ、Ⅱ、Ⅲ、Ⅳ等。

1. 屏面布置图

屏面布置图是表示二次设备的尺寸、在屏面上的安装位置及相互距离的图纸。屏面布置图应按比例绘制（一般为 1∶10）。

（1）屏面布置图应满足的要求。

1）凡需监视的仪表和继电器都不要布置得太高。

2）对于检查和试验较多的设备，应位于屏中部，同一类设备应布置在一起，以方便检查和试验。

3）操作元件（如控制开关、按钮、调节手柄等）的高度要适中，相互间留有一定的距离，以方便操作和调节。

4）力求布置紧凑、美观。相同安装单位的屏面布置应尽可能一致；同一屏上若有两个及以上安装单位，其设备一般按纵向划分。

（2）控制屏屏面布置图。35kV 线路控制屏的屏面布置图如图 10 - 5 所示。控制屏的屏面布置一般为：①屏上部为测量仪表（电流表、电压表、功率表、功率因数表、频率表等），并按最高一排仪表取齐；②屏中部为光字牌、转换开关和同期开关及其标签框，光字牌按最低一排取齐；③屏下部为模拟接线、隔离开关位置指示器、断路器位置信号灯、断路器控制开关等。发电机的控制屏台下部还有调节手轮。

模拟母线按表 10 - 3 涂色。

表 10 - 3　　　　　　　　　　　模 拟 母 线 涂 色

电压（kV）	0.4	3	6	10	13.8	15.75	18	20	35	63	110	220	330	500	1100
颜色	黄褐	深绿	深蓝	绛红	浅绿	绿	粉红	梨黄	鲜黄	橙黄	朱红	紫	白	淡黄	中蓝

（3）继电器屏屏面布置图。继电保护屏屏面布置图如图 10 - 6 所示。屏面上设备一般有各种继电器、连接片、试验部件及标签框。保护屏屏面布置一般为：①调整、检查较少、体积较小的继电器，如电流、电压、中间继电器等位于屏上部；②调整、检查较多、体积较大的继电器，如重合闸（KRC）、功率方向（KW）、差动（KD）及阻抗继电器（KI）等位于屏中部；③信号继电器、连接片及试验部件位于屏下部，以方便保护的投切、复归。屏下部离地 250mm 处开有

φ50mm 的圆孔，供试验时穿线用。

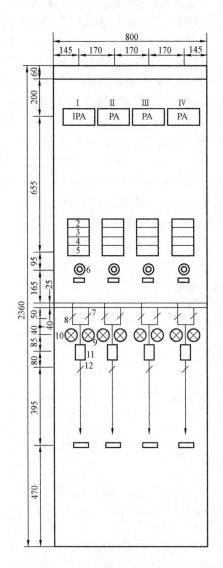

图 10-5　35kV 线路控制屏屏面布置图

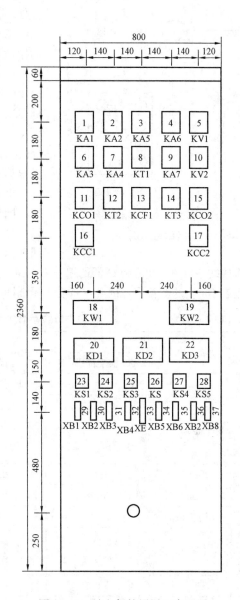

图 10-6　继电保护屏屏面布置图

2. 屏后接线图

屏后接线图是表明屏后布线方式的图纸。它是根据屏面布置图中设备的实际安装位置绘制，但为背视图，即其左右方向正好与屏面布置图相反；屏后两侧有端子排，屏顶有小母线，屏后上方的特制钢架上有小刀闸、熔断器和个别继电器等；每个设备都有"设备编号"，设备的接线柱上都加有标号和注明去向。屏后接线图不要求按比例绘制。

（1）设备编号。继电器屏电流继电器的设备编号示例如图 10-7 所示。通常在屏后接线图各设备图形的左上方都贴有一个圆圈，表明设备的编号。其中：①安装单位编号及同一安装单位设备顺序号，标在圆圈上半部，如 I_1、I_2、I_3 等。罗马数字表示安装单位编号，阿拉伯数字表示同一安装单位设备顺序号，按屏后顺序从右到左、从上到下依次编号；②设备的文字符号及同类设备顺序号，标在圆圈下半部，如 1KA、2KA、3KA（或 KA1、KA2、KA3）等，与展开图一致。

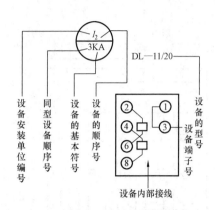

图 10-7　屏后接线图设
备编号示例

另外，在设备图形的上方还标有设备型号。

（2）回路标号。回路加标号的目的是：了解该回路的用途及进行正确的连接。表 10-4 为我国采用的常用小母线新旧文字符号及其回路标号对照表，表 10-5 和表 10-6 分别为直流、交流回路新旧标号对照表。回路标号由 1～4 个数字组成，对于交流回路，数字前加相别文字符号；不同用途的回路规定不同标号数字范围，反之，由标号数字范围可知道属哪类回路。回路标号是根据等电位原则进行，即任何时候电位都相等的那部分电路用同一标号，所以，元件或触点的两侧应该用不同标号。具体工程中，只对引至端子排的回路加以标号，同一安装单位的屏内设备之间的连接一般不加回路标号。表 10-6 中电流、电压互感器的回路标号是按一次接线中电流、电压互感器的编号来分组的。另外，表 10-6 中新回路标号组的相别符号并未采用表 10-2 的新符号，因此本章有少量插图及说明保留旧相别符号。

表 10-4　　　　　　　常用小母线新旧文字符号及其回路标号

序号	小母线名称		新　编　号		旧　编　号	
			文字符号	回路标号	文字符号	回路标号
(一)直流控制、信号和辅助小母线						
1	控制回路电源		+、-		+KM、-KM	1、2；101、102；201、202；301、302；401、402
2	信号回路电源		+700、-700	7001、7002	+XM、-XM	701、702
3	事故章响信号	不发遥信时	M708	708	SYM	708
4		用于直流屏	M728	728	1SYM	728
5		用于配电装置	M7271、M7272、M7273	7271、7272、7273	2SYMⅠ、2SYMⅡ、2SYMⅢ	727Ⅰ、727Ⅱ、727Ⅲ
6		发遥信时	M808	808	3SYM	808
7	预告章响信号	瞬时	M709、M710	709、710	1YBM、2YBM	709、710
8		延时	DL711、M712	711、712	3YBM、4YBM	711、712
9		用于配电装置	M7291、M7292、M7293	7291、7292、7293	YBMⅠ、YBMⅡ、YBMⅢ	729Ⅰ、729Ⅱ、729Ⅲ
10	控制回路断线预告信号		M7131、M7132、M7133、M713		KDMⅠ、KDMⅡ、KDMⅢ、KDM	713Ⅰ、713Ⅱ、713Ⅲ
11	灯光信号		M726(-)	726	(-)DM	726
12	配电装置信号		M701	701	XPM	701
13	闪光信号		M100(+)	100	(+)SM	100

续表

序号	小母线名称	新 编 号		旧 编 号	
		文字符号	回路标号	文字符号	回路标号
14	合闸电源	+、−		+HM、−HM	
15	"掉牌未复归"光字牌	M703、M716	703、716	FM、PM	703、716
16	指挥装置音响	M715	715	ZYM	715
17	同步合闸	M721、M722、M723	721、722、723	1THM、2THM、3THM	721、722、723
18	隔离开关操作闭锁	M880	880	GBM	880
19	厂用电源辅助信号	+701、−701	7011、7012	+CFM、−CFM	701、702
20	母线设备辅助信号	+702、−702	7021、7022	+MFM、−MFM	701、702

(二)交流电压、同步小母线

序号	小母线名称		新 编 号		旧 编 号	
			文字符号	回路标号	文字符号	回路标号
21	同步电压	待并系统	L1 - 610、L3 - 610	U610、W610	TQMₐ、TQM_c	A610、C610
22		运行系统	L1′- 620、L3′- 620	U620、W620	TQM_a′、TQM_c′	A620、C620
23	母线段电压	第一(或奇数)组母线段	L1 - 630、L2 - 630(600)、L3 - 630、L - 630、L3 - 630(试)、N - 600(630)	U630、V630(V600)、W630、L630、(试)W630、N600(630)	1YMₐ、1YM_b(YM_b)、1YM_c、1YM_L、1S_c YM、YM_N	A630、B630(B600)、C630、L630、S_c630、N600
24		第二(或偶数)组线段	L1 - 640、L2 - 640(600)、L3 - 640、L - 640、L3 - 640(试)、N - 600(640)	U640、V640(V600)、W640、L640、(试)W640、N600(640)	2YMₐ、2YM_b(1YM_b)、2YM_c、2YM_L、2S_c YM、YM_N	A640、B640(B600)、C640、L640、S_c640、N600

注 表中交流电压小母线的符号和标号,适用于电压互感器(TV)二次侧中性点接地,括号中的符号和标号适用于电压互感器(TV)二次侧 V 相接地。

表 10 - 5 直流回路新旧标号对照表

序号	回路名称	新 编 号				旧 编 号			
		Ⅰ	Ⅱ	Ⅲ	Ⅳ	Ⅰ	Ⅱ	Ⅲ	Ⅳ
1	正电源回路	101	201	301	401	1	101	201	301
2	负电源回路	102	202	302	402	2	102	202	302
3	合闸回路	103	203	303	403	3～31	103～131	203～231	303～331
4	合闸监视回路	105	205	305	405	5	105	205	305

续表

序号	回路名称	新编号				旧编号			
		Ⅰ	Ⅱ	Ⅲ	Ⅳ	Ⅰ	Ⅱ	Ⅲ	Ⅳ
5	跳闸回路	133、1133 1233	233、2133 2233	333、3133 3233	433、4133 4233	33～49	133～149	233～249	333～349
6	跳闸监视回路	135、1135 1235	235、2135 2235	335、3135 3235	435、4135 4235	35	135	235	335
7	备用电源自动合闸回路	150～169	250～269	350～369	450～469	50～69	150～169	250～269	350～369
8	开关设备的位置信号回路	170～189	270～289	370～389	470～489	70～89	170～189	270～289	370～389
9	事故跳闸音响信号回路	190～199	290～299	390～399	490～499	90～99	190～199	290～299	390～399
10	保护回路	01～099 或 0101～0999				01～099 或 J1～J99			
11	发电机励磁回路	601～699 或 6011～6999				601～699			
12	信号及其他回路	701～799 或 7011～7999				701～799（标号不足时可递增）			
13	断路器位置遥信回路	801～899 或 8011～8999				801～899			
14	断路器合闸母线圈或操动机构电动机回路	871～879 或 8711～8799				871～879			
15	隔离开关操作闭锁回路	881～889 或 8810～8899				881～889			
16	发电机调速电动机回路	991～999 或 9910～9999				J991～T999			
17	变压器零序保护共用电源回路	001、002、003				J01、J02、J03			

注　1. 无备用电源自动投入的安装单位，序号 7 的标号可用于其他回路。

2. 断路器或隔离开关采用分相操动机构时，序号 3、5、14、15 等回路应以 A、B、C 标志相别。

3. 表中的 Ⅰ、Ⅱ、Ⅲ、Ⅳ 表示四个不同的标号组，每个标号组应用于一对熔断器引下的控制回路。

表 10 - 6　　　　　　　　　**交 流 回 路 新 旧 标 号 对 照 表**

序号	回路名称	新回路标号组		旧回路标号组	
		用途	A相(B、C相,N中性线,L零序)	用途	A相(B、C相,N中性线,L零序)
1	保护装置及测量仪表电流回路	T1	A(B,C,N,L)11~19	LH	A(B,C,N,L)4001~4009
2		T1 - 1	A(B,C,N,L)111~119	1LH	A(B,C,N,L)4011~4019
3		T1 - 2	A(B,C,N,L)121~129	2LH	A(B,C,N,L)4021~4029
4		T1 - 9	A(B,C,N,L)191~199	9LH	A(B,C,N,L)4091~4099
5		T2 - 1	A(B,C,N,L)211~219	10LH	A(B,C,N,L)4101~4109
6		T2 - 9	A(B,C,N,L)291~299	29LH	A(B,C,N,L)4291~4299
7		T11 - 1	A(B,C,N,L)1111~1119	1LLH	LL411~419
8		T11 - 2	A(B,C,N,L)1121~1129	2LLH	LL421~429
9	保护装置及测量仪表电压回路	T1	A(B,C,N,L)611~619	YH	A(B,C,N,L)601~609
10		T2	A(B,C,N,L)621~629	1YH	A(B,C,N,L)611~619
11		T3	A(B,C,N,L)631~639	2YH	A(B,C,N,L)621~629
12	经隔离开关辅助触点或继电器切换后的电压回路	6~10kV	同原编号	6~10kV	A(C,N)760~769,B600
13		35kV		35kV	A(C,N)730~739,B600
14		110kV		110kV	A(B,C,L,S$_c$)710~719,N600
15		220kV		220kV	A(B,C,L,S$_c$)720~729,N600
16		330kV		330kV	A(B,C,L,S$_c$)730~739,N600
17		500kV		500kV	A(B,C,L,S$_c$)750~759,N600
18	绝缘监察电压表的公用回路	同原编号			A(B,C,N)700
19	母线差动保护公用电流回路	6~10kV	同原编号	6~10kV	A(B,C,N)36
20		350kV		350kV	A(B,C,N)330
21		110kV		110kV	A(B,C,N)310
22		220kV		220kV	A(B,C,N)320
23		330kV		330kV	A(B,C,N)330
24		500kV		500kV	A(B,C,N)350

注　当序号 13、16 和序号 20、23 的标号需要加以区分时,330kV 系统的序号 16 和 23 的标号分别改用序号 17 和 24 的标号。

（3）端子排编号。屏内设备与屏外设备之间的连接,屏内设备与屏后上方直接接至小母线的设备（如附加电阻、熔断器或小刀闸等）的连接,各安装单位主要保护的正电源的引接,同一屏上各安装单位之间的连接及经本屏转接的回路等,都要通过一些专门的接线端子,这些接线端子的组合称为端子排。

为了便于接线,端子排多数采用垂直布置方式,安装在屏后两侧;少数成套保护屏采用水平布置方式,安装在屏后下部。图 10 - 8 为屏后右侧端子排示意图。

1）最上面一个端子,标出安装单位编号（罗马数字表示,同时也代表该端子排的设备编号）

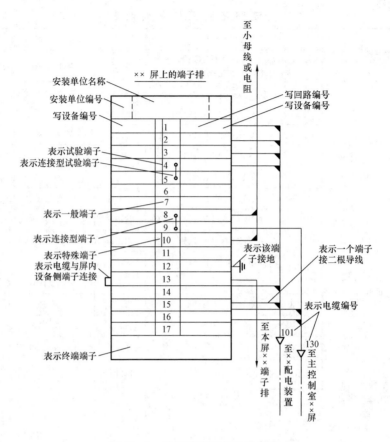

图 10 - 8   端子排表示方法示意图

及名称（汉字）。

2）下面的端子在图上皆画成三格，从左（屏内侧）至右（屏外侧）各格的含义如下：第一格表示屏内设备的文字符号及设备的接线柱号；第二格表示端子的顺序号和型号；第三格表示安装单位的回路编号和屏外或屏顶引入设备的文字符号及接线柱号。其中回路编号也可在第一格表示（如图 10 - 9 所示）。

3）端子按用途分成以下几类：①一般端子［B1 - 1 或 D1 - ×型（×为额定电流）］用于连接屏内、外导线（电缆）；②试验端子（B1 - 2 或 D1 - ×S 型）用于需接入试验仪表的电流回路，专供电流互感器二次回路用；③连接型试验端子（B1 - 3 或 D1 - ×SL 型）用于在端子上需彼此连接的电流试验回路；④连接端子（B1 - 4 或 D1 - ×L1 和 D1 - ×L2 型）用于上下端子间连接构成通路；⑤标准端子（B1 - 6 型）用于屏内、外导线直接连接；⑥特殊端子（B1 - 7 型）用于需要很方便地断开的回路，如事故、预告回路，至闪光小母线的回路等；⑦终端端子（B1 - 5 或 D1 - B 型）用于固定端子或分隔不同安装单位的端子排；⑧隔板（D1 - ×G 型）在不需要标记的情况下作绝缘隔板，并作增加绝缘强度用。

（4）设备接线编号。由于屏内各设备之间及屏内设备至端子排之间的连接线很多，如果把每条连线都用线条表示，不但制图很费事，而且配线时也很难分辩清楚。因此，普遍采用"相对编号法"，即在需要连接的两个接线柱上分别标出对方接线柱的编号。

10kV 线路过电流保护的安装接线图如图 10 - 9 所示。屏后接线的依据是展开图，所以，读屏后接线图应结合展开图进行。从图中可看出相对编号法的应用。例如，与展开图中的交流电流

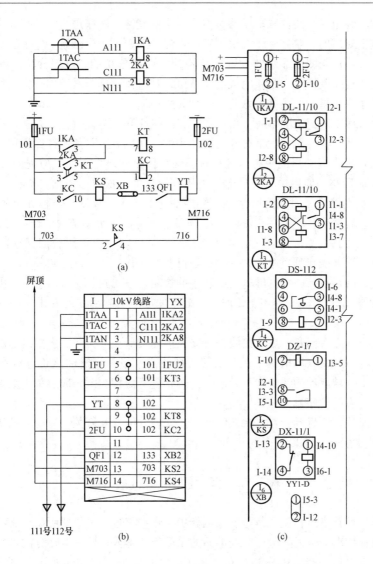

图 10-9　10kV 线路过电流保护的安装接线图

(a) 展开图；(b) 端子排图；(c) 屏后接线图

1TAA、1TAC—电流互感器；1KA、2KA—电流继电器；1FU、2FU—熔断器；

KT—时间继电器；KC—中间继电器；KS—信号继电器；XB—连接片；

QF1—断路器辅助触点；YT—跳闸线圈

回路相对应的是：图 10-9 (b) 中，从电流互感器 1TAA、1TAC 处来的 112 号电缆，通过端子排的 1~3 号试验端子分别与屏内 1KA 的接线柱②及 2KA 的接线柱②、⑧连接，故端子右侧标明对方编号 1KA2、2KA2、2KA8（也可标成Ⅰ1-2、Ⅰ2-2、Ⅰ2-8）；图 10-9 (c) 中，在 1KA 的接线柱②及 2KA 的接线柱②、⑧上，相应地分别标出所连接端子排的端子顺序号Ⅰ-1、Ⅰ-2、Ⅰ-3；同时 1KA 和 2KA 的接线柱⑧相互连接以构成通路，这两个接线柱上分别标出了Ⅰ2-8、Ⅰ1-8。直流回路部分读者可自行分析。

五、阅读二次回路的基本方法

二次接线的最大特点是其设备、元件的动作严格按照设计的先后顺序进行，二次接线虽然比较复杂，但逻辑性很强，阅读二次回路时按照一定的规律、顺序进行，掌握起来就比较容易。

图纸是与装置对应的，拿到一张二次图纸，首先要明白这张图纸是对应于哪个装置的，这个装置的作用是什么，这张图纸显示的是这个装置的哪一部分功能，这部分功能的动作逻辑是什么，这些逻辑是通过哪些回路一步步完成的，就可以从整体到细节看明白一张二次图纸。

看图的基本顺序可以归纳为如下六句话"六先六后"。

（1）先一次，后二次。当图中有一次接线和二次接线同时存在时，应先看一次部分，弄清是什么设备和工作性质，再看对一次部分起监控作用的二次部分，具体起什么作用。

（2）先交流，后直流。当图中有交流和直流两种回路同时存在时，应先看交流回路，再看直流回路。因交流回路一般由电流互感器和电压互感器的二次绕组引出，直接反映一次接线的运行状况；而直流回路则是对交流回路各参数的变化所产生的反映（监控和保护用）。

（3）先电源，后接线。不论在交流回路还是直流回路，二次设备的动作都是由电源驱动的，所以看图时，应先找到电源，再由此顺着回路接线往后看；交流沿闭合回路依次分析设备的动作；直流从正电源沿接线找到负电源，并分析各设备的动作。

（4）先线圈，后触点。先找到继电器或装置的线圈，再找到其相应的触点。因为只有线圈通电（并达到启动值），其相应触点才会动作；由触点的通断引起回路的变化，进一步分析整个回路的动作过程。

（5）先上而下，先左而右。一次接线的母线在上而负荷在下；在二次接线的展开图中，交流回路的互感器二次侧线圈（即电源）在上，其负荷线圈在下；直流回路正电源在上，负电源在下，驱动触点在上，被启动的线圈在下；端子排图、屏背面接线图一般也是由上到下；单元设备编号，一般由左至右的顺序排列。

另外，如前所述，注意到：在二次接线图中，元件的触点及开关电器的辅助接点都是按"常态"（元件未通电或开关电器断开时的状态）表示的。

第三节　直流电源系统

直流电源的作用是供给控制、信号、继电保护、自动装置、事故照明、直流油泵及交流不停电电源等直流负荷用电。它是发电厂、变电站的重要组成部分，要求有充分的可靠性和独立性。

如前所述，发电厂、220kV 及以上变电站、重要的 35～110kV 变电站及无人值班变电站，采用蓄电池组作为直流电源；一般的 35～110kV 变电站，采用小容量镉镍电池装置或电容储能装置作为直流电源。本书仅简述蓄电池直流系统。

一、铅酸蓄电池的构造和工作原理

发电厂和变电站中多选用固定型铅酸蓄电池，如 GGF 型、GGM 型等。蓄电池组是由许多互相串联的蓄电池组成，其数目决定于直流系统的工作电压（一般为 110V 或 220V）。

1. 构造

蓄电池的主要组成部分是：正极板、负极板、隔板、电解液和容器。正极板的活性物质为二氧化铅（PbO_2），极板表面有棱角形凸起或采用玻璃丝管式极板（内充多孔性 PbO_2），以增大极板与电解液的接触面积；负极板的活性物质为海绵状铅绒（Pb），极板两边用有孔的薄铅板封盖，以防止多孔性物质脱落；正、负极板间加有隔板（木质材料、耐酸塑料或玻璃纤维制成），其作用是使极板间保持一定距离并防止极板短路，同时防止极板弯曲变形；电解液为稀硫酸（H_2SO_4），由纯硫酸与蒸馏水按一定比例配制而成，在温度为 25℃ 时其密度一般为 1.20±0.005；容器（或称电池槽）为玻璃或透明塑料制成。

2. 工作原理

蓄电池是一种化学电源，放电时将原来储存的化学能转化为电能送出，充电时又将电能转化为化学能储存起来。

(1) 电动势。蓄电池的电动势 E 是电解液密度 d 的函数，其关系可用式（10-1）表示

$$E=0.85+d \quad (V) \tag{10-1}$$

式中：0.85 为铅酸蓄电池电动势常数。

(2) 放电特性。当蓄电池与直流负荷接通时，在电动势的作用下将产生放电电流 I（A），在电池内部 I 由负极流向正极，这时蓄电池的端电压 U 由式（10-2）决定

$$U=E-Ir \quad (V) \tag{10-2}$$

式中：r 为蓄电池的内阻，Ω。

放电特性是指保持放电电流 I 一定时，端电压 U 随时间变化的规律。在 I 的作用下，电池发生化学反应，其总的化学反应式为

$$Pb+PbO_2+2H_2SO_4 \longrightarrow 2PbSO_4+2H_2O \tag{10-3}$$

在正极板表面及负极板微孔内都生成硫酸铅 $PbSO_4$，消耗了电解液中的硫酸，同时增加了新析出的水，使电解液稀释，密度 d 减小，电动势 E 随之下降；同时，由于硫酸铅晶块的电阻比有效物质大得多，所以放电过程中蓄电池的内阻 r 逐渐增大，端电压 U 逐渐降低。

放电过程中，当端电压 U 降低到某一最小允许电压时就不宜再继续放电，否则，U 将急剧下降，同时形成许多硫酸铅大晶块，使极板发生不可恢复的翘曲和臃肿，蓄电池被损坏。这一最小允许电压称为终止放电电压，对发电厂为 1.75～1.8V，对变电站为 1.95V。

(3) 充电特性。蓄电池放电到一定程度后，必须及时充电。蓄电池一般用专门的直流电源（充电整流器）充电。当加于蓄电池的端电压 U 大于其电动势 E 时，在蓄电池中将有充电电流 I' 流过，在电池内部 I' 由正极流向负极，这时蓄电池的端电压 U 由式（10-4）决定

$$U=E+I'r \quad (V) \tag{10-4}$$

充电特性是指保持充电电流 I' 一定时，端电压 U 随时间变化的规律。在 I' 的作用下，电池发生化学反应，其总的化学反应式为

$$2PbSO_4+2H_2O \longrightarrow Pb+PbO_2+2H_2SO_4 \tag{10-5}$$

即充电和放电过程是一个可逆的化学变化过程。充电过程中，在正、负极板上的硫酸铅 $PbSO_4$ 分别还原为 PbO_2（正极板）和海绵铅 Pb（负极板），消耗了电解液中的水，同时增加了新析出的硫酸，使电解液密度 d 增加，电动势 E 随之升高，故必须相应提高端电压 U 才能保持 I' 恒定。即随着充电的进行，U 逐渐上升。

当极板上的有效物质已全部还原时，如再继续充电，则能量将全部用于电解水，析出大量的氢气和氧气，电解液呈沸腾现象，而端电压稳定在 2.5～2.8V（称充电末期电压），这时应停止充电。

(4) 蓄电池的容量 Q。蓄电池以恒定的放电电流 I 放电到终止电压的过程中，放电电流 I 的安培数与放电时间 t 的小时数的乘积称为蓄电池的容量。即

$$Q=It \quad (Ah) \tag{10-6}$$

蓄电池的容量 Q 与极板的表面积、电解液的密度、放电电流、终止放电电压及电解液温度等因素有关。其中，容量与放电电流关系甚大：以大电流放电时，到达终止电压的时间短，放电反应不充分，放出容量达不到甚至远小于额定容量；以小电流放电时，到达终止电压的时间长，放电反应充分，放出容量可以达到或超过额定容量。

放电至终止电压的快慢称放电率。放电率通常用放电时间表示，多以 10 小时率为正常放

电率。

二、蓄电池直流系统接线及运行方式

直流系统接线方式随使用条件条件不同而略有差异。本书仅介绍有代表性的常用接线方式。

1. 接线构成

有端电池的蓄电池直流系统接线如图 10-10 所示。它的主要组成部分为蓄电池、端电池调整器、核对性充放电整流器、浮充电整流器、监测仪表、母线、馈线、绝缘监察装置、电压监察装置（图中未表示）及闪光装置。

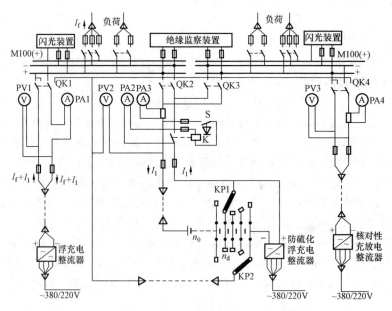

图 10-10　有端电池的蓄电池直流系统接线

QK1～QK4—刀开关；PV1～PV3—电压表；PA1～PA4—电流表；S—按钮；

K—接触器；n_0—基本电池；n_d—端电池；KP1—放电手柄；KP2—充电手柄

（1）采用单母线分段接线［其中"（＋）"为闪光小母线］，以提高供电的可靠性和灵活性；蓄电池回路设有两组刀开关（QK2、QK3），可接至任一段母线；核对性充放电整流器和浮充电整流器分别接在两段母线上。

（2）为了维持直流母线电压的稳定，保证直流用电设备工作的可靠和安全，在蓄电池组中设有部分可供调节的电池（称端电池），并装设端电池调整器。端电池调整器有手动和电动型式。端电池调整器是一个圆盘式结构，放电手柄 KP1 是在蓄电池电压变化时调整直流母线电压用；充电手柄 KP2 是在充电时将已充好电的端电池退出充电用。

（3）通常要求直流母线的工作电压 U_M 比直流电网的额定电压 U_N 高 5%。即当 $U_N＝220V$ 时，$U_M＝230V$；当 $U_N＝110V$ 时，$U_M＝115V$。根据 U_M、蓄电池的放电终止电压、充电末期电压（取 2.6V），可分别求得所需的电池总个数 n、基本电池数 n_0 及端电池数目 n_d（$＝n－n_0$）。对 $U_N＝220V$ 的蓄电池组：在发电厂为 $n≈130$ 个，$n_0≈88$ 个，$n_d≈42$ 个；在变电站为 $n≈118$ 个，$n_0≈88$ 个，$n_d＝30$ 个。对 $U_N＝110V$ 的蓄电池组，其数目减半。

（4）充电和浮充电装置一般均选用可控或不可控的硅整流装置。在整流器回路中装有双投刀开关 QK1、QK4，以便使整流器既可接到蓄电池上对其进行充电，也可直接接到母线上作为直流电源。

（5）在蓄电池回路及所有负荷馈线均装设有熔断器作为短路保护。仅连接＋、－母线的馈线为控制或动力馈线，连接＋、－、（＋）的馈线为信号馈线，馈线数目可根据需要决定。

（6）为了能及时发现直流系统的接地故障，母线上装设有绝缘监察装置（其表计部分为两段母线共用，信号部分各自一套）；为了能及时发现母线电压高于或低于规定值，每段母线上各装设一套电压监察装置；为了反映断路器的位置信号，每段母线上各装设一套闪光装置。

（7）浮充电和充电整流器出口回路装有电压表和电流表（PV1、PA1 和 PV3、PA4），以测量端电压和浮充或充电总电流；蓄电池回路装有电压表 PV2 及电流表 PA2、PA3，电压表 PV2 测量蓄电池组的电压，电流表 PA2 测量浮充电流（平时被短接），电流表 PA3 测量充电和放电电流（有双向刻度）。

直流系统接线由数块直流屏组合构成，置于控制室或邻近的二次设备室内。

2. 蓄电池组的运行方式

蓄电池组通常采用的运行方式有充电—放电运行方式和浮充电运行方式两种。

（1）充电—放电运行方式。充电—放电运行方式就是由已充好电的蓄电池组供给直流负荷（放电），在蓄电池放电到一定程度后，再行充电；除充电时间外，充电装置均断开。这种运行方式的主要缺点是：充电频繁（通常每隔 1～2 昼夜充电一次），蓄电池老化较快，使用寿命缩短，运行维护较复杂。因此，蓄电池组经常采用的是后一种运行方式—浮充电运行方式。

（2）浮充电运行方式。浮充电运行方式就是除充电用硅整流器之外，再装设一台容量较小的浮充电用硅整流器。当浮充电用硅整流器与充电用硅整流器容量相差不大时，也可两者合用一台硅整流器。

1）浮充电整流器经常与充好电的蓄电池组并联工作（QK1 左投，QK2、QK3 合上），它供给直流母线上的经常负荷 I_f，同时以不大的电流 I_1［约为 $0.03Q/36$（A），Q 为蓄电池的容量］向蓄电池浮充电，其电流路径如图中所示。运行中的蓄电池有自放电现象，主要原因是由于电解液及极板中含有杂质，在极板上形成局部的小电池，小电池的两极又形成短路回路，因而形成局部放电。浮充电就是补偿蓄电池由于自放电所消耗的能量，使蓄电池经常处于充满电状态。这时每个蓄电池电压约 2.15V。需要测量浮充电流时，按下按钮 S 使接触器 K 通电，其触头断开即可由表 PA2 测读。

2）为了维持母线电压不变，就不可能使整个蓄电池组都得到浮充电，只能通过端电池调整的放电手柄 KP1 将一部分端电池切除，使其不参加浮充电运行。参加浮充电的是正极母线至 KP1 之间的蓄电池，其数目如下：对 $U_N = 220V$ 的蓄电池组为 $230/2.15 \approx 108$ 个；对 $U_N = 110V$ 的蓄电池组，其数目减半。

3）浮充电运行方式下，蓄电池的作用主要是担负短时间的冲击负荷（如断路器合、跳闸）。在出现冲击电流的情况下，母线电压会略有下降，虽然浮充电整流器与蓄电池组并列运行，但由于蓄电池自身的内电阻很小，外特性 $U = f(I_f)$ 比整流器的外特性平坦得多，所以绝大部分电流由蓄电池组供给。

4）当交流系统或浮充电整流器发生事故，浮充电整流器断开情况下，蓄电池组将转入放电状态运行，承担全部直流系统的负荷；当交流电压恢复时，先用充电装置给蓄电池组充电（QK4 右投）并兼供直流负荷，蓄电池组充好电后，再将充电装置退出、浮充整流器投入，转入正常的浮充电运行。可见蓄电池组按浮充电方式运行，充电机会大为减少。

5）按浮充电方式运行时，为了避免由于平时控制浮充电流不准确，造成硫酸铅沉淀在极板上，影响蓄电池的输出容量和降低使用寿命，规定每三个月必须进行一次核对性放电，放出蓄电池容量的 50%～60%，终止电压达到 1.9V 为止；放电完后应即进行一次均衡充电。为了便于蓄电池放电，充电整流器宜采用能实现逆变的整流装置。

6）KP1 和 KP2 之间的蓄电池平时不参加浮充电运行，为补偿这部分电池自放电所消耗的能量及防止极板硫化，除定期充电外，可另设一台小容量整流器（图中"防硫化浮充电整流器"）经常单独对其进行浮充电。

采用浮充电方式，不仅可以减少运行维护的工作量，而且可提高直流系统的工作可靠性，因为蓄电池组是经常处于满充电状态。由于蓄电池不需要频繁地进行充电，使用寿命也大为延长。

另外，需要说明以下几点：

（1）对于采用主控制室控制方式的发电厂，当机组为 3 台及以上且总容量为 100MW 及以上，宜设 2 组蓄电池组，其他情况下可设 1 组蓄电池组。

（2）对于采用单元控制室控制方式的发电厂，单机容量为 100～125MW 的机组，每台机组可设 1 组蓄电池组；单机容量为 200～300MW 的机组，每台机组可设 2 组蓄电池组，分别对控制、动力负荷供电；单机容量为 600MW 的机组，每台机组可设 3 组蓄电池组，其中 2 组对控制负荷供电，1 组对动力及事故照明负荷供电；当网络控制室控制的元件包括 500kV 设备时，设 2 组蓄电池组，否则可设 1 组蓄电池组。

（3）500kV 及以上变电站，宜设 2 组 110V 或 220V 蓄电池组，当采用弱电信号时，还宜设 2 组 48V 蓄电池组；其他变电站设 1 组 110V 或 220V 蓄电池组。

（4）有 2 组及以上蓄电池组时，每组设一台充电设备（兼作浮充电用），2 组电压相同、容量相近的蓄电池组（可以是不同单元控制室）可加设一台公用充电设备；只有 1 组蓄电池组时，可设 2 台充电设备。

（5）经计算采用无端电池的直流系统能满足用电设备要求时，可不设端电池。近年来从国外引进大机组的发电厂和超高压变电站的直流系统，多数为不设端电池。

三、绝缘监察、电压监察及闪光装置

1. 由电磁继电器构成的绝缘监察装置

发电厂和变电站的直流系统较复杂，分布范围较广，发生接地的机会较多。直流系统发生一点接地时未构成电流通路，影响不大，仍可继续运行。但是一点接地故障必须及早发现，否则当发生另一点接地时，有可能引起信号、控制、保护或自动装置回路的误动作。因此，在直流系统中应装设绝缘监察装置。

（1）工作原理。直流系统绝缘监察装置原理图如图 10 - 11（a）所示。这种装置分信号和测量两部分，都是按直流电桥原理构成。其中，电阻 R_1、R_2 及转换开关 ST2 为信号与测量公用；信号部分由公用部分和信号继电器 KS 组成；测量部分由公用部分和电位器 R_3、电压表 PV1、PV2 及转换开关 ST3 组成。通常选用 $R_1=R_2=R_3=R=1\mathrm{k\Omega}$，KS 的内阻 $R_S=30\mathrm{k\Omega}$，PV1、PV2 的内阻 $R_V=100\mathrm{k\Omega}$。图中 R_+、R_- 分别为直流系统正、负极对地绝缘电阻。装置能在任一极绝缘电阻低于规定值时自动发出灯光和音响信号，可利用它判断接地极和正、负极的绝缘电阻值。

1）信号部分。平时 ST2 置于"0"位置，信号部分处于经常监视状态，R_3 被短接，R_1、R_2 与 R_+、R_- 组成电桥的 4 个臂，KS 接于电桥的对角线上，相当于直流电桥中检流计的位置。正常状态下，$R_+\approx R_-$，KS 中只有微小的不平衡电流流过，KS 不动作；当某一极的绝缘电阻下降时，电桥失去平衡，当流过 KS 的电流达到其动作电流时，KS 动作，其动合触点闭合，发出预告信号（灯光和音响）。对 220V 系统，当 R_+、R_- 之一下降到 20kΩ 以下时发出信号。

2）测量部分。信号部分发出预告信号后，先用电压表 PV2 判别哪一极绝缘电阻降低，而后用 PV1 测量直流系统对地的总绝缘电阻 R_Σ，并计算出 R_+、R_-。

将 ST3 置于"1"位置，测量正母线对地电压 U_+，可判别 R_- 情况。如果 $U_+=0$，说明 R_-

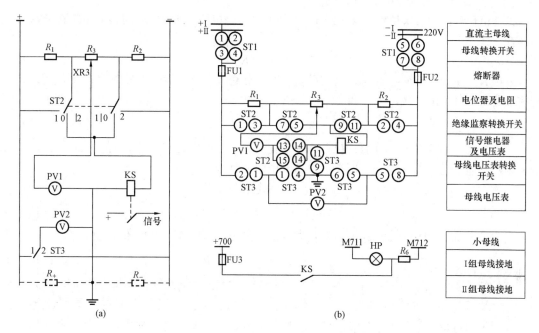

ST2（LW2 - 2.1.1.7/F4 - 8X）触点表

	1—3	2—4	5—7	9—11	13—14	14—15
"信号"	—	—	×	×	—	—
"测量Ⅰ"	×	—	—	—	×	—
"测量Ⅱ"	—	×	—	—	—	×

ST3（LW2 - W6a.6.1/F6 - 8X）触点表

	1—2	1—4	5—6	5—8	9—11
"母线"	×	—	—	×	×
"+对地"	×	—	×	—	—
"-对地"	—	×	—	×	—

图 10 - 11　直流系统绝缘监察装置电路图

(a) 原理图；(b) 实际接线图

FU1、FU2、FU3—熔断器；R_1、R_2、R_6—电阻；R_3—电位器；ST1、ST2、ST3—转换开关；

KS—信号继电器；PV1、PV2—电压表；HP—光字牌；M711、M712—预告信号小母线

极大（因此，母线正极不能经 PV2、R_- 与负极构成通路，PV2 中无电流）；$0 < U_+ < U_M$，说明 R_- 降低；$U_+ = U_M$，说明 $R_- = 0$，即，母线负极为金属性接地。总之，U_+ 愈大，说明 R_- 愈低，即负极绝缘降低愈严重；反之，U_+ 愈小，说明 R_- 愈高，即负极绝缘愈好。类似地，将 ST3 置于 "2" 位置，测量负母线对地电压 U_-，可判别 R_+ 情况。

假设 R_- 降低，则在测量之前应先将 ST2 置于 "2" 位置，使与负极连接的 R_2 短接，然后调节电位计滑动触头至某刻度 x，使 PV1 指示为零。这时，由 $R_1 + xR_3$、$(1-x)R_3$、R_+、R_- 组成的电桥达到平衡，即

$$(R + xR)/R_+ = (1-x)R/R_-$$

亦即

$$R_+ = (1+x)R_-/(1-x) \tag{10 - 7}$$

式中：x 为电位计上电阻刻度的百分值。

保持电位计滑动触头位置，将 ST2 置于"1"位置，电桥失去平衡，可推导得加在 PV1 上的电压为

$$U_V = 0.5 U_M R_V / (R_\Sigma + R_V) \tag{10-8}$$

其中 $R_\Sigma = R_+ R_- / (R_+ + R_-)$，直流系统对地的总绝缘电阻。推导中考虑到 R 比 R_Σ 及 R_V 小得多而略去不计。由式（10-8）得

$$R_\Sigma = 0.5 R_V (U_M - 2U_V) / U_V \tag{10-9}$$

由式（10-8）可见，U_V 的数值与 R_Σ 成反比关系，在电压表 PV1 上可直接按式（10-8）刻成欧姆数。通常电压表 PV1 上同时刻有电压和电阻两种刻度。

由式（10-7）及 $R_\Sigma = R_+ R_- / (R_+ + R_-)$，可解得

$$R_+ = 2R_\Sigma / (1-x) ; \quad R_- = 2R_\Sigma / (1+x) \tag{10-10}$$

当 R_+ 降低时，先将 ST2 置于"1"位置调电桥平衡，而后置于"2"位置读 R_Σ，有

$$R_+ = 2R_\Sigma / (2-x) ; \quad R_- = 2R_\Sigma / x \tag{10-11}$$

（2）实际接线。图 10-11（b）为工程中实际应用的直流系统绝缘监察装置接线图，与图 10-11（a）无原则区别。ST1 为母线切换开关，有两个位置：置于"Ⅰ"位置时，单号触点接通，装置接于Ⅰ段母线；置于"Ⅱ"位置时，双号触点接通，装置接于Ⅱ段母线。当图 10-10 中的 QK2、QK3 均合上，即两段母线并联运行时，装置接于Ⅰ或Ⅱ效果相同；当两段母线有可能分列运行时，则不与装置连接的母线段的绝缘情况将得不到经常监视，所以需另加装一套信号部分，它经 ST1 另外的双号触点接于Ⅰ段母线，经单号触点接于Ⅱ段母线，即所连接的母线段总是与图 10-11（b）装置错开，另外，其信号继电器经 QK2、QK3 的动断辅助触点（并联）接地，在两段母线并联运行时自动退出。ST2、ST3 各有三个位置，其触点通断情况参见图 10-11 下的触点表，表中的"×"表示开关手柄在该位置时该触点接通。

1）信号部分。平时，ST2 置于"信号"位置，其触点 5-7、9-11 接通；ST3 置于"母线"位置，其触点 1-2、5-8、9-11 接通。信号继电器 KS 投入工作，监视直流母线的绝缘；电压表 PV2 反映当前直流母线电压 U。

2）测量部分。信号部分发出预告信号后，分别将 ST3 置于"+对地"和"-对地"位置，用电压表 PV2 测量 U_+ 和 U_-，判别哪一极绝缘电阻降低；而后将 ST3 置于"母线"位置，当正极绝缘降低时，应将 ST2 置于"测量Ⅰ"位置；当负极绝缘降低时，将 ST2 置于"测量Ⅱ"位置，调节 R_3，使 PV1 指示为零，再将 ST2 投到操作前相反的位置上，从 PV1 读取 R_Σ 数值。

另外，经推导可得

$$R_+ = [U - (U_+ + U_-)] R_V / U_- \tag{10-12}$$

$$R_- = [U - (U_+ + U_-)] R_V / U_+ \tag{10-13}$$

式（10-12）、式（10-13）为常用计算公式，它只用到电压表 PV2 的测量数据 U_+、U_- 及内阻值 R_V，简单易行，所以在简化的绝缘监察装置中把 R_3、ST2、PV1 省去。

图 10-11 或其简化装置接线的主要缺点是：不能在两极绝缘电阻均等下降情况下发出预告信号（因电桥处于平衡状态）。

2. 新型的直流系统绝缘监察装置

近年，有关制造厂已试制出各种较为新型的直流系统绝缘监察装置，有的已在工程中应用。它们的基本功能与上述电磁型是一致的。

被广泛采用的 WZJ 微机型直流系统绝缘监察装置原理方框图如图 10 - 12 所示。

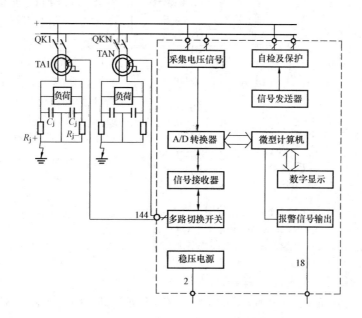

图 10 - 12　WZJ 微机型绝缘监察装置原理方框图

（1）常规监测。通过两个分压器取出"＋对地"和"－对地"电压，送入 A/D 转换器，经微机作数据处理后，数字显示正负母线对地电压值和绝缘电阻值，其监视无死区；当电压过高或过低、绝缘电阻过低时发出报警信号，报警整定值可自行选定。

（2）对各分支回路绝缘的扫查。各分支回路的正、负出线上都套有一小型电流互感器，并用一低频信号源作为发送器，通过两隔直耦合电容向直流系统正、负母线发送交流信号。由于通过互感器的直流分量大小相等、方向相反，它们产生的磁场相互抵消，而通过发送器发送至正、负母线的交流信号电压幅值相等、相位相同。这样，在互感器二次侧就可反应出正、负极对地绝缘电阻（R_{j+}、R_{j-}）和分布电容（C_j）的泄漏电流向量和，然后取出阻性（有功）分量，送入 A/D 转换器，经微机做数据处理后，数字显示阻值和支路序号。整个绝缘监测是在不切断分支回路的情况下进行的，因而提高了直流系统的供电可靠性，且无死区。在直流电源消失的情况下，仍可实现扫查功能。

（3）其他。该装置并备有打印功能，在常规监测过程中，如发现被测直流系统参数低于整定值，除发出报警信号外，还可自动将参数和时间记录下来以备运行和检修人员参考。如果直流系统存在多点非金属性接地，启动信号源，该装置可将所有的接地支路找出。如果这些接地点中存在一个或一个以上的金属性接地，该装置只能寻找距离该装置最近的一条金属性接地支路。这是因为信号源发射的信号波已被这条支路短接，其他的金属性接地点和离该装置较远的金属接地点不再有信号波通过，故其他接地点是查不出来的。只有先将最近的一条金属性接地支路故障排除后，才能依次寻找第二条最近的金属性接地点，依次类推，直至找出所有的接地回路。

3. 电压监察装置

直流用电设备对工作电压都有严格的要求，因此直流系统必须装设电压监察装置。其作用是当直流系统电压发生异常（过低或过高）时，发出预告信号，通知值班人员处理。

工程中应用的电压监察装置接线图如图 10 - 13 所示。它主要由一只低电压继电器 KVU 和一

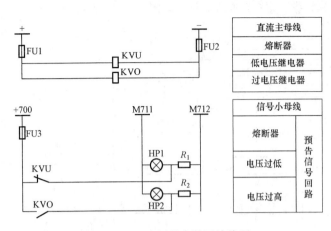

图 10 - 13　电压监察装置接线图

FU1、FU2、FU3—熔断器；KVU—低电压继电器；KVO—过电
压继电器；R_1、R_2—电阻；HP1、HP2—光字牌

只过电压继电器 KVO 组成。通常
KVU 的返回电压整定为 $0.75U_M$，
KVO 的动作电压整定为 $1.25U_M$，其
中 U_M 为直流母线的额定电压。母线
电压正常时，图 10 - 13 中 KVU 的动
断触点及 KUO 的动合触点均断开。
当母线电压降低到 $0.75U_M$ 时，KVU
返回，其触点闭合；当母线电压升高
到 $1.25U_M$ 时，KVO 动作，其触点
闭合。两种情况分别亮相应的光字
牌，并发预告音响信号。

4. 闪光装置

闪光装置的主要作用是：当断路
器控制回路出现"不对应"情况（断
路器与控制开关操作手柄位置不对
应）时，使其位置信号灯闪光，以提醒值班人员。

用闪光继电器构成的闪光装置接线图如图 10 - 14 所示。其中闪光继电器 KH 由中间继电器
K、电容 C 及电阻 R 组成。装置的工作原理如下。

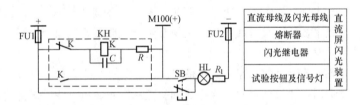

图 10 - 14　用闪光继电器构成的闪光装置接线图

FU1、FU2—熔断器；KH—闪光继电器；SB—试验按钮；HL—信号灯；M100（＋）—闪光电源小母线

（1）未按下 SB 时，下述回路接通：

$$+\rightarrow FU1\rightarrow SB\ 动断触点\rightarrow HL\rightarrow R_1\rightarrow FU2\rightarrow -$$

信号灯 HL 发平光，监视闪光装置的电源的完好性。为简便起见，后述所有二次回路的说明
均省去熔断器。

（2）当按下 SB 时（按着不放），其动断触点断开，动合触点闭合，KH 的下述回路接通：

$$+\rightarrow K\ 动断触点\rightarrow C\rightarrow R\rightarrow M100（＋）\rightarrow SB\ 动合触点\rightarrow HL\rightarrow R_1\rightarrow -$$

电容器 C 充电，其两端电压逐渐升高，M100（＋）小母线的电压随之降低，信号灯 HL 变
暗；当 C 的电压升高到继电器 K 的动作电压时，K 动作，其动断触点断开，切断 K 的线圈回路，
同时其动合触点闭合，将正电源直接加到 M100（＋）上，使 HL 发出明亮的光，此时 C 经继电
器 K 放电，保持 K 在动作状态；当 C 两端电压下降至继电器 K 的返回电压时，K 返回，其动断
触点重新闭合，又接通 C 的充电回路，同时其动合触点断开，HL 熄灭，此后重复上述过程。于
是，信号灯 HL 一灭一亮形成闪光。

凡跨接于 M100（＋）小母线和负极之间的信号灯回路，当该回路接通时，其效果与上述按
下按钮 SB 一样，会使得相应的信号灯闪光。

四、直流供电网络

发电厂和变电站具有一个庞大的多分支直流供电网络。通常按照负荷的种类和路径分成各自独立的供电网，以免某一网络出现故障时影响其他部分的供电，同时便于检修和排除故障。直流供电网络有环形供电和辐射形供电两种方式。

1. 环形供电网络

中小容量的发电厂和变电站，重要负荷多采用环形供电网络。

主控制室内控制、信号小母线供电网络如图 10 - 15 所示，它采用控制（＋、－）、信号 ［＋700、－700、M100（＋）］ 小母线分开供电方式。图中小母线分为三段，段间经刀开关联络，两个供电网的电源分别从两组直流母线上用两根电缆引接，经刀开关接到两侧的小母线段上，形成各自的环网。正常为开环运行，可根据需要将环中某台刀开关断开。各小母线均布置于控制室的屏顶上，有关控制、信号、保护及自动装置回路由此取得直流电源。

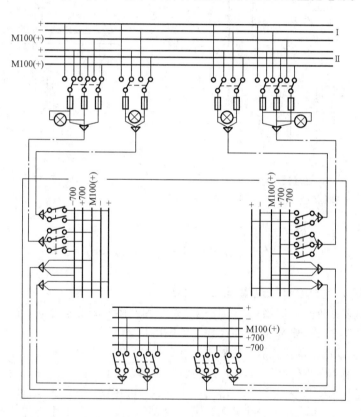

图 10 - 15　主控制室内控制、信号小母线供电网络

各级电压配电装置的断路器合闸线圈的供电网络，也是采用类似的环网供电方式。某级电压配电装置断路器合闸线圈的供电网络如图 10 - 16 所示，一个方框代表一个间隔，整个网络分为两段（也可以是多段），一般也采用开环运行方式。

2. 辐射形供电网络

（1）中小容量发电厂和变电站中，不十分重要或平时处于备用状态的负荷，例如事故照明电源、电气试验室的直流试验电源、通信备用电源等，一般采用辐射式单回路供电。

（2）大容量机组发电厂和超高压变电站，因供电网络较大，供电距离较长，如果用环形供电，电缆的压降较大，往往需选择较大截面的电缆。对大机组的发电厂，根据设备或系统的重要性，一个设备或系统由 1~2 回馈线直配供电；对 500kV 系统或 220kV 的重要输电线和主变压器的进线断路器，据双重化原则，线路及主变压器均设有两套主保护，断路器一般也有两个跳闸线圈和两个合闸线圈，要求直流电源由两组蓄电池供电或双回路供电。

直流分屏辐射形供电网络如图 10-17 所示。为简化供电网络，减少馈线电缆数量，在靠近配电装置处设直流分屏，每一分屏由两组蓄电池各用一回馈线供电（图 10-17 中只画出一回），而断路器等的电源由分屏引接。

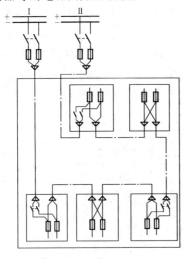

图 10-16　断路器合闸
线圈的供电网络

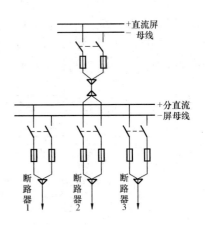

图 10-17　直流分屏辐射
供电网络

第四节　电压互感器回路

一、二次侧 V 相接地的电压互感器二次回路

互感器二次侧接地是保护接地，其作用是防止因互感器绝缘损坏时，高压串入低压而对设备和人员造成危险。二次侧采用 V 相接地，是发电厂较普遍采用的一种方式，其主要原因是：① 对 "V，v" 接线的电压互感器，通常选两个绕组的公共点作为接地点。为了接线方便和对称，习惯上把两只互感器一次侧绕组的首端分别接在 U、W 相上，而把公共端接于 V 相，则二次侧对应的公共端是 V 相，于是成了 V 相接地；② 采用 V 相接地，可以简化同步系统接线。因为若一组互感器采用 "V，v" 形 V 相接地，而另一组采用 "Y，y0" 形中性点接地，则同步系统设计中必须采用隔离变压器，否则会造成短路。当两组互感器均采用 V 相接地时，可省去隔离变压器，用线电压来检测同步。

二次侧 V 相接地的电压互感器二次回路接线图（以 10kV 第Ⅰ段母线电压互感器为例）如图 10-18 所示。简要说明如下：

（1）在互感器主二次绕组回路设熔断器保护。在二次绕组引出端附近的端子箱内装设了熔断器 FU2~FU4，用以保护二次绕组的安全。

（2）V 相接地点设在熔断器之后。若 V 相接地点设在熔断器 FU3 之前，则当中性线发生接地故障时将使 V 相绕组短路而无熔断器保护。

（3）在中性点设置放电间隙 F2（俗称击穿保险器）。V 相接地点设在熔断器之后的缺点是：

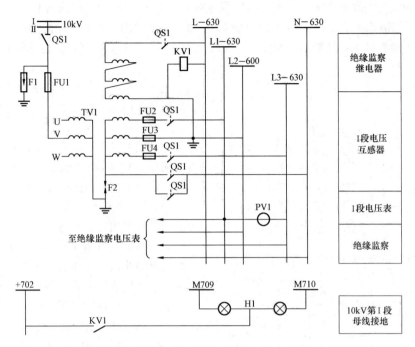

图 10 - 18　V 相接地的电压互感器回路接线图

QS1—隔离开关；FU1、FU2、FU3、FU4—熔断器；F1—避雷器；F2—放电间隙；

KV1—电压继电器；PV1—电压表；H1—光字牌

一旦熔断器 FU3 熔断，则电压互感器整个二次侧将失去保护接地点。为此，在中性点增加了放电间隙 F2，它在正常情况下不放电，当中性点电压超过一定数值后，间隙被击穿而导通，起保护接地作用。

（4）在开口三角形辅助二次绕组回路中不装熔断器保护。正常情况下三相电压对称，三角形开口处电压为零。只有在一次系统发生接地故障时才有三倍零序电压出现。如果在开口三角形引出端子上装设熔断器保护，则在正常情况下不起任何作用，即使在其后面的导线间发生短路，也不会使熔断器熔断。若熔断器熔丝由于某种原因断掉而未被发现，则在一次系统发生接地故障时反而影响绝缘监察继电器 KV1 的正确动作。所以此处一般不装熔断器保护。

（5）TV1 二次侧出线除 V 相接地外，其他各引出端都经 TV1 本身的隔离开关辅助触点 QS1引出。其目的是：当电压互感器停用或检修时，在断开隔离开关的同时，二次接线亦自动断开，防止由二次侧向一次侧反馈电压，造成人身和设备事故。由于隔离开关的辅助触点在现场常出现接触不良的情况，而中性线如果接触不良又难以发现，因此在中性线采用两对辅助触点 QS1并联，以增强其可靠性。

（6）二次侧设电压小母线。母线电压互感器是供接在该母线上的所有元件（发电机、变压器、线路等）公用的，为了减少电缆联系，采用电压小母线 L1—630、L2—600、L3—630、L—630和 N—630，布置于配电装置内（对屋内配电装置）或控制、保护屏的顶部（对屋外配电装置）。电压互感器二次侧引出后直接接于电压小母线上。各电气设备的测量表计、继电保护和自动装置所需要的二次电压均由小母线上取得。图 10 - 18 中的电压表 PV1 用于监视母线电压。

（7）绝缘监察装置的工作原理。如第八章所述，在小接地电流电网中，当一次系统发生单接地故障时，故障相对地电压降低，其他两相对地电压升高，但线电压不变，接于相间的设备仍可正常工作。因此有关规程规定，这类电网中发生单相接地故障后允许继续运行一段时间（2h）。但是，如果一相接地不能及时发现和加以处理，则由于两非故障相对地电压的升高，可能在绝缘薄弱处引起击穿而导致相间短路。所以，必须装设绝缘监察装置，以便在发生一相接地时及时发出信号。

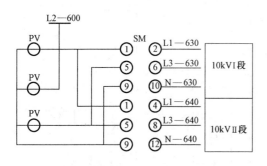

图 10 - 19　母线绝缘监察电压表接线图
PV—电压表；SM—转换开关

SM（LW2 - H - 4.4.4/F7 - 8X）触点表

	1—2	1—4	5—6	5—8	9—10	9—12
"断开"	—	—	—	—	—	—
"第Ⅰ段"	×	—	×	—	×	—
"第Ⅱ段"	—	×	—	×	—	×

绝缘监察装置是基于发生单相接地时系统中出现零序电压而构成的无选择性接地保护装置。它利用接于 TV1 二次侧开口三角形处的过电压继电器 KV1 来反映零序电压。当零序电压超过 KV1 的动作电压时，KV1 动作，其动合（常开）触点闭合，接通光字牌 H1，显示"10kV Ⅰ 段母线接地"字样，同时启动预告信号装置发出音响信号。

为了判断是哪相接地，一般利用接于相电压的三只绝缘监察电压表，图 10 - 18 中的"至绝缘监察电压表"即表示各有关小母线引接到电压表上，具体接线如图 10 - 19 所示，其中接地的 V 相小母线 L2—600 可以不经转换开关 SM 接入。其中三只电压表可以是全厂（站）各电压级（如 10kV、35kV）小接地电流电网的各段母线共用，该图表示两段 10kV 母线共用。在发出单相接地信号后，通过转换开关 SM 切换选测，即可判断是哪相接地（电压表指示最低的相）。SM 触点通断情况参见图 10 - 19 下的触点表。

判断出接地相后，需进一步寻找故障线路。传统的方法是采取轮流拉闸的办法来确定具体的故障线路，会给安全运行及用户生产造成一定的影响。随着微机技术的发展，出现了微机型的小电流接地选线装置，可以在不拉闸停电的情况下找到故障线路。

目前电力系统投运的小电流接地选线装置采用的方法主要有：①基于基波的选线方法，有零序电流比幅法、零序功率方向法、群体比幅比相法、零序导纳法、有功电流法、零序电容电流补偿法、相间工频电流变化量法和有功分量法。②基于谐波的选线方法——五次谐波电流法。③其他方法，如最大投影差值、残流增量法等。

迄今为止，接地选线的课题并未完全解决。随着小电流接地自动选线的不断研究和改进，微机技术和数字技术的应用，其性能在逐步提高，准确动作率较过去有了较大的提高，在不接地及消弧线圈接地系统已广泛应用。

二、二次侧中性点 N 接地的电压互感器二次回路

中性点 N 接地的电压互感器回路接线图如图 10 - 20 所示。该图适用于 110kV 及以上电压系统。

（1）110kV 及以上的电力线路一般都装有距离保护装置，如果在电压互感器二次回路的末端发生短路故障，则由于短路电流较小，熔断器不能快速熔断，但在短路点附近的电压较低或接近于零，可能引起距离保护误动作。所以，在主二次绕组引出端装设快速自动开关 QA1 代替熔断器，它在发生上述故障时能迅速将故障相断开，使断线闭锁装置快速而可靠地闭锁距离保护。但辅助二次绕组引出端不装设快速自动开关，因为正常运行时其电压为零或接近于零，而其二次回路的末端发生短路时，短路电流极小，自动开关难于实现自动断开。

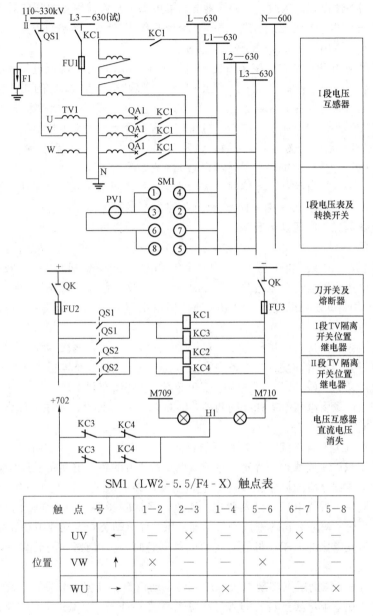

图 10-20　中性点 N 接地的电压互感器回路接线图

QS1、QS2—隔离开关；FU1、FU2、FU3—熔断器；F1—避雷器；QA1—自动开关；

KC1～KC4—中间继电器；PV1—电压表；SM1—转换开关；QK—刀开关；H1—光字牌

SM1（LW2-5.5/F4-X）触点表

触点号		1—2	2—3	1—4	5—6	6—7	5—8
位置	UV　←	—	×	—	—	×	—
	VW　↑	×	—	—	×	—	—
	WU　→	—	—	×	—	—	×

主、辅二次绕组均经互感器隔离开关 QS1 的位置继电器 KC1 的动合触点引出。

（2）为了确保距离保护中的电压回路断线闭锁装置能可靠动作，互感器二次侧接地中性点 N 的引出线不经任何隔离开关辅助触点或继电器引出。

（3）由于 110kV 及以上电压系统中性点直接接地，线路上通常装有零序方向保护，其功率方向元件需要三倍零序电压 $3U_0$，因而设有 $3U_0$ 电压小母线 L—630；为了检验零序功率方向元件接线的正确性，开口三角形 W 相绕组的末端引出试验小母线 L3—630（试），并经继电器 KC1 的动合（常开）触点引出，同时设熔断器 FU1 保护。

(4) 由于电网中性点直接接地，一相接地时由继电保护装置动作将故障切除，因而不需装设绝缘监察装置。母线电压表 PV1 经转换开关 SM1 切换，可测量 U_{UV}、U_{VW}、U_{WU} 三个线电压。SM1 触点的通断情况如图 11-20 下的触点表所示。

(5) 当直流回路的刀开关 QK 接触不良、FU2 或 FU3 熔断时，直流电压消失，KC1～KC4 均失电。其中 KC3、KC4 的动断（常闭）触点闭合，点亮"电压互感器直流电压消失"光字牌，并启动预告音响信号；这同时意味着两段（组）母线电压互感器的二次侧已分别被 KC1、KC2 的触点断开，各交流小母线电压也已消失，电压表、有功及无功功率表指示零。

"电压互感器直流电压消失"光字牌回路为 KC3、KC4 的动断（常闭）触点并联，当仅仅是隔离开关 QS1、QS2 之一的辅助触点接触不良时，不发此信号。

现场图纸中，为保证可靠性，互感器二次侧的每相均经两对继电器并联触点引出，需要很多触点，所以实际上继电器 KC1～KC4 回路都是两个 115V 的继电器串联。

三、电压互感器二次电压切换回路

电压互感器的二次电压在进入二次设备之前必须经过重动装置。重动是使用一定的控制电路：①使电压互感器二次绕组的电压状态（有/无）和电压互感器的运行状态（投入/退出）保持对应关系，避免电压互感器退出运行时，其二次绕组向一次绕组反馈电压，导致造成人身或设备事故。图 10-18 中的 QS1 辅助接点，图 10-20 中的继电器 KC1、KC2 就是起电压重动的作用。②使二次设备的电压回路随同一次设备切换。

当一次主接线为桥形接线、单母分段、双母线等接线方式时，两段（组）母线的电压互感器二次电压还应经过并列装置，使二次设备在本段（组）母线电压互感器退出运行而联络断路器投入的情况下，可以从另一段（组）母线的电压互感器二次绕组获得电压。

目前，大多数厂家将电压重动和并列两种功能整合为一台装置，习惯上称为电压并列装置，如 ZYQ-824、RCS-9663D 等。

1. 双母线系统上电气主设备的二次电压切换回路

主接线中采用双母线接线十分普遍。对于双母线系统上的各引出回路，其测量表计、继电保护和自动装置的电压回路应随同主接线一起进行切换，即一次设备连接在哪组母线上，其相应的二次设备也由同一组母线电压互感器供电。否则，当母联断路器断开而使两组母线分开运行时，一次和二次系统不对应，可能造成测量不准、保护和自动装置误动或拒动等故障。切换操作时，两组母线电压互感器的电压小母线有短暂的并列时间，所以必须是两组母线在一次侧并列的情况下进行切换。

(1) 利用隔离开关辅助触点实现二次电压回路自动切换。其自动切换接线图如图 10-21 所示。设引出回路原在 Ⅰ 组母线运行，即其母线隔离开关 QS1 合上，QS2 断开，则其二次电压回路经 QS1 的辅助触点由 Ⅰ 组母线电压互感器 TV1 的小母线供电；当引出回路倒闸至 Ⅱ 组母线运行，即 QS2 合上、QS1 断开时，其二次电压回路自动切换经 QS2 的辅助触点由 TV2 的小母线供电。

(2) 利用继电器实现电压回路切换。对于屋外配电装置，考虑到隔离开关的辅助触点可靠性较差，一般利用继电器实现电压回路切换，其切换回路接线图如图 10-22 所示。其中，二次电压是利用中间继电器 K1、K2（称重动继电器）的触点进行切换的。当引出回路在 Ⅰ 组母线运行时，隔离开关 QS1 合上，其辅助动合触点启动中间继电器 K1，K1 的 4 对动合触点闭合，该回路的保护及仪表由 Ⅰ 组母线电压互感器 TV1 的小母线供电；当引出回路倒闸至 Ⅱ 组母线运行时，QS2 合上，其辅助动合触点启动继电器 K2，K2 的 4 对动合触点闭合，该回路的保护及仪表自动

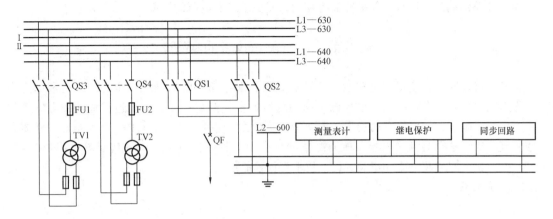

图 10-21　利用隔离开关辅助触点实现电压回路自动切换的接线图

切换为由 TV2 的小母线供电。

2. 两段（组）电压互感器互为备用的切换回路

对桥形、双母线或单母线分段的主接线，两组（段）母线的电压互感器一般互为备用，以便当其中一组（段）母线的电压互感器因故停用时，保证其电压小母线上的电压不间断。切换回路如图 10-23 所示。切换操作是利用转换开关 SA 和中间继电器 KCW 实现，图 10-23 中的大方框为母联（或分段）回路的断路器和隔离开关的动合辅助触点的串联电路，即切换操作必须在母联（或分段）断路器回路接通的条件下才能实现。在上述条件具备时，合上 SA，其 1-3 触点接通，启动继电器 KCW，其动合触点闭合，点亮"电压互感器切换"光字牌 H2，并将两组电压小母线并列在一起，此时即可退出需停用的电压互感器。

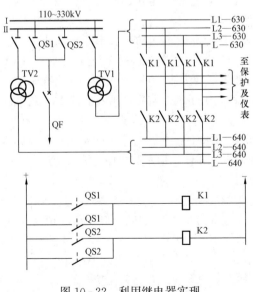

图 10-22　利用继电器实现
电压回路切换接线图

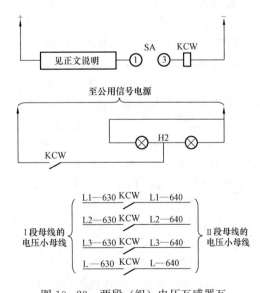

图 10-23　两段（组）电压互感器互
为备用的切换回路

SA—转换开关；KCW—中间继电器；H2—光字牌

目前很多地区双母线接线和 500kV 线路一样，在线路侧三相配置电压互感器，提供二次电压供给本线路的测量、计量、保护等装置使用，避免了二次电压的切换。

*第五节　电气测量仪表的配置

为了正确反映电力装置的电气运行参数和绝缘状况，满足电力系统安全经济运行和电力商业化运营的需要，在发电厂和变电站的电路中应装设电气测量仪表。需要进行监测的电气参数主要有电流、电压、频率、有功功率、无功功率、有功电能及无功电能。由于各个电路的性质和特点不同，需要进行监测的内容及所需配置的仪表种类和数量也不相同，其配置应符合 DL/T 5137—2001《电测量及电能计量装置设计技术规程》的规定。

一、发电机

1. 定子回路

(1) 火电厂中单机容量为 50MW 及以上的发电机应装设的测量仪表。在控制室应装设定子电流表 3 只（分别测三相电流），定子电压表 1 只，定子绝缘监测电压表 1 只，有功和无功功率表各 1 只，有功和无功电能表各 1 只；对承受负序电流过负荷能力较小（$I_2 < 0.1I_N$）的大容量汽轮发电机及向显著不平衡负荷（如电气机车、冶炼电炉等，负荷不平衡率超 $0.1I_N$ 者）供电的汽轮发电机，宜装设定子负序电流表 1 只；对担任调频调峰的发电机、100MW 及以上的汽轮发电机，应装设记录式有功功率表 1 只。采用主控制室控制方式时，在热控屏上应装设：有功功率表和频率表各 1 只。

电流表用来监视发电机三相负荷的平衡情况，防止出现危险的不正常工作状态；定子电压表用来监视发电机已被励磁、但尚未并入系统时启动过程中的电压；定子绝缘监测电压表用来检查发电机未并入系统时定子绕组绝缘情况；有功和无功功率表，用来监视并联运行的发电机之间有功和无功功率的分配，有功功率表也监视原动机的负荷；有功和无功电能表，用来积算发电机发出的有功和无功电能；记录式有功功率表用来自动记录发电机的有功负荷曲线，以便检查机组的工作状态。

汽轮发电机定子回路主要测量仪表接线示意图（热控屏的有功功率表未作出）如图 10-24 所示，其中，电流表串接于电流互感器 TA1 的二次侧；电压、频率表并接于电压互感器 TV1 的二次侧小母线；有功和无功功率表及有功和无功电能表（均为二元件三相表），电流线圈串接于 TA1 的二次侧；电压线圈并接于 TV1 的二次侧小母线；定子绝缘监测电压表接于 TV1 的二次侧开口三角形绕组。

(2) 水电站中单机容量为 10MW 及以上的发电机。水轮发电机允许在较大的不平衡负荷下运行，所以只装 1 只电流表，其他仪表数量与汽轮发电机相同（但不装负序电流表和记录式有功功率表）。另外，其定子绝缘监测电压表装于机旁屏。

2. 转子回路

一般在控制室装设直流电流表、电压表各 1 只，分别监视转子的负荷和电压。励磁系统的其他测量仪表配置，随所采用的励磁方式不同而有所差别。

二、变压器

(1) 双绕组变压器，高压侧装设电流表、有功和无功功率表、有功和无功电能表各 1 只，如有困难或需要时也可装在低压侧。当双绕组变压器与发电机组成单元接线时，低压侧不必另装仪表，运行中的电气量可用发电机定子回路的仪表读取；当单元的高压侧作为系统计量点时，高压侧应装设有功和无功电能表各 1 只。

(2) 三绕组（自耦）变压器，高、中、低压侧分别装设电流表、有功和无功功率表、有功和

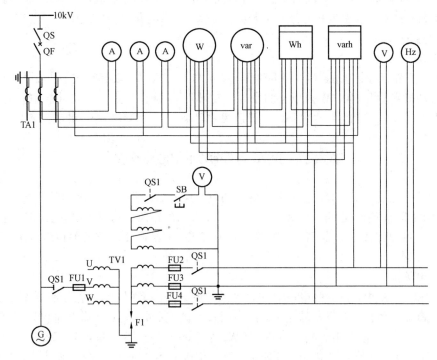

图 10-24　汽轮发电机定子回路主要测量仪表接线示意图

无功电能表各 1 只，对自耦变压器增设公共绕组电流表 1 只。

（3）变压器高、中、低压侧如有送、受电运行时，应测量正反向有功功率和计量送、受的有功电能；如有进相、滞相运行时，应测量正反向无功功率和计量进相、滞相的无功电能。即应装设有双向刻度的功率表和具有逆止装置的单向电能表。当变压器高、中压侧为 110kV 及以上时，应装设 3 只电流表，分别测量三相电流。

三、线路

（1）对于 10～63kV 线路，应装设电流表、有功功率表、有功和无功电能表各 1 只。

（2）对于 110kV 及以上线路，应装设电流表 3 只，有功和无功功率表、有功和无功电能表各 1 只。对 330～500kV 双侧电源线路、系统间联络线路，应在线路侧装设电压表 1 只，并能测量各相间电压（例如经切换开关切换）；系统间联络线路尚应装设 1 只记录式有功功率表。

（3）所有双侧电源线路、系统间联络线路，应装设有双向刻度的功率表和具有逆止装置的单向电能表。

四、母线及母线设备

（1）各电压级的每段主母线，均应装设母线电压表。其中，10～63kV 母线宜测量母线的一个线电压，装设 1 只电压表；110～500kV 母线应测量母线的三个线电压，可用 1 只电压表和切换开关进行选测。10～63kV 母线应装设 3 只绝缘监测电压表，通过切换开关可切换到各电压级的任一段母线。

（2）接有发电机或发电机—变压器单元的各段母线、有可能解列运行的各段母线，各装设 1 只数字式频率表。

（3）旁路断路器的仪表配置与所带线路的配置相同。10～63kV 的母联断路器、分段断路器、内桥断路器、消弧线圈各装设 1 只电流表，外桥断路器装设 1 只电流表和 1 只双向有功功率表；

110～500kV 的母联断路器、分段断路器、内桥断路器各装设 3 只电流表，外桥断路器装设 3 只电流表、1 只双向有功功率表和 1 只双向无功功率表，一台半断路器接线中各串的三个断路器各装设 1 只电流表。

五、其他

（1）发电厂和枢纽变电站，当采用手动准同步方式时，宜装设单相组合式手动准同步装置。

（2）总装机容量为 200MW 及以上的发电厂或调频、调峰发电厂，宜在主控制室、网络控制室（火电厂）或中央控制室（水电站）装设监视和记录全厂总和有功功率的功率表。

第六节　断路器控制回路的基本接线

发电机、变压器、线路等的投入和切除是通过相应的断路器进行合闸和跳闸操作来实现的。被控制的断路器与控制室之间一般都有几十米到几百米的距离，运行人员在控制室用控制开关（或按钮）通过控制回路对断路器进行操作，并由灯光信号反映出断路器的位置状态，这种控制称为远方控制。

一、控制开关

发电厂和变电站中，用于强电一对一控制的控制开关多采用 LW2 系列万能密闭转换开关。该系列开关除了在各种开关设备的控制回路中用做控制开关外，还在各种测量仪表、信号、自动装置及监察装置等回路中用做转换开关。LW2 系列不同用途的开关，外形和基本结构相同。LW2-Z 型控制开关的外形如图 10-25 所示。其结构包括操作手柄、面板、触点盒、主轴、定位器、限位机构及自复机构等。

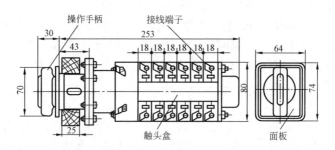

图 10-25　LW2-Z 型控制开关外形图

在控制室中，控制开关安装在控制屏上，操作手柄及面板装于屏前，其余装于屏内。触点盒一般有数节，装于转轴上；每节触点盒都有 4 个定触点和一副动触片；4 个定触点分布在触点盒的 4 角，并引出接线端子，端子上有触点号；手柄通过主轴与触点盒连接。手柄操作为旋转式，定位器用来使手柄固定位置，可以每隔 90°或者 45°设一个定位；限位机构用来限制手柄的转动；自复机构使手柄能自动从某个操作位置回复到原来的固定位置。

由于动触片的凸轮与簧片的形状及安装位置不同，可构成不同型式的触点盒，分别用代号 1、1a、2、4、5、6、6a、7、8、10、20、30、40、50 表示。其中 1、1a、2、4、5、6、6a、7、8 型的动触片紧固在轴上，随轴一起转动；10、40、50 型的动触片有 45°的自由行程，20 型的动触片有 90°的自由行程，30 型的动触片有 135°的自由行程，当手柄转动在其自由行程内时，动触片可以保持在其原来位置上不动。每个控制、转换开关上所装触点盒的型式及节数可根据需要进行组合，所以称"万能转换开关"。

LW2 系列开关的型号含义如下：

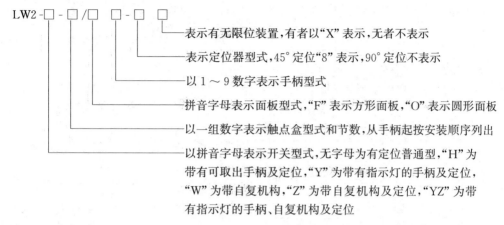

例如常用的 LW2 - Z - 1a、4、6a、40、20、20/F8 型控制开关，表示带自复机构及定位、6节触点盒、方形面板和 8 型手柄。该型控制开关的手柄有两个固定位置（垂直和水平）及两个自动复归位置（由垂直位置顺时针转 45°和由水平位置逆时针转 45°），其操作程序见后述。

二、对控制回路的基本要求及分类

1. 基本要求

断路器的控制回路随着断路器的型式、操动机构的类型及运行上的不同要求而有所差别，但基本接线相类似。对控制回路的基本要求如下。

（1）应能用控制开关进行手动合、跳闸，且能由自动装置和继电保护实现自动合、跳闸。

（2）应能在合、跳闸动作完成后迅速自动断开合、跳闸回路。

（3）应有反映断路器位置状态（手动及自动合、跳闸）的明显信号。

（4）应有防止断路器多次合、跳闸的"防跳"装置。

（5）应能监视控制回路的电源及其合、跳闸回路是否完好。

2. 分类

（1）按监视方式分类。控制回路按监视方式可分为：①灯光监视的控制回路，多用于中、小型发电厂和变电站；②音响监视的控制回路，常用于大型发电厂和变电站。

（2）按电源电压分类。控制回路按电源电压可分为：①强电控制，直流电压为 220V 或 110V；②弱电控制，直流电压一般为 48V。

DL/T 5136—2012《火力发电厂、变电站二次接线设计技术规程》规定：发电厂主控制室电气元件的控制宜采用强电接线，信号系统可采用强电或弱电接线；单元控制室电气元件的控制应采用强电控制或分散控制系统控制，信号系统可采用强电、弱电接线或进入分散控制系统；电网络部分的电气元件的控制宜采用计算机监控或强电控制接线，信号系统宜采用计算机监控系统或强电、弱电接线。220kV 枢纽变电站、330～500kV 变电站宜采用计算机监控，也可采用强电控制。因此，本章以讲述强电控制为主。

三、灯光监视的断路器控制和信号回路

1. 带电磁操动机构的断路器控制和信号回路

带电磁操动机构的断路器控制回路如图 10 - 26 所示。电磁操动机构的合闸电流甚大，可达几十到几百安，而控制开关触点的允许电流只有几安，不能用来直接接通合闸电流，所以该回路中设有合闸接触器 KM，合闸时由 KM 去接通合闸电流。工作原理如下。

（1）手动合闸。合闸操作前，控制开关 SA 的手柄在"跳闸后"位置（水平），断路器 QF 在

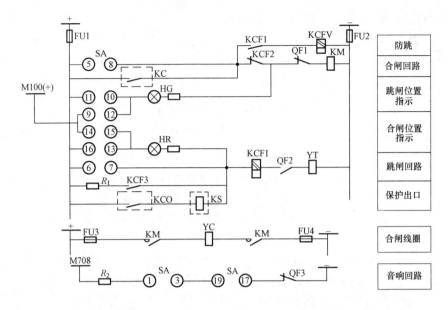

图 10 - 26　带电磁操动机构的断路器控制回路

FU1～FU4—熔断器；KCFV、KCFI—防跳继电器电压、电流线圈；QF1、QF2、QF3—断路器 QF 的辅助触点；
SA—控制开关；KC—自动装置的中间继电器触点；HG—带电阻的绿色信号灯（简称绿灯）；
HR—带电阻的红色信号灯（简称红灯）；R_1、R_2—电阻；KCO、KS—保护出口继电器触点及信号继电器；
KM—合闸接触器；YC—合闸线圈；YT—跳闸线圈

跳闸状态。此时，触点 SA（11 - 10）、QF1 闭合，下述回路接通：

$$+ \rightarrow FU1 \rightarrow SA（11\text{-}10）\rightarrow HG \rightarrow QF1 \rightarrow KM \rightarrow FU2 \rightarrow -$$

绿灯 HG 亮平光。表明：① QF 在跳闸位置；② 熔断器 FU1、FU2 及合闸回路完好，起到监视熔断器及合闸回路作用。此时，合闸接触线圈 KM 中虽有电流流过，但由于 KM 的电阻比 HG 电阻及其附加电阻小得多，使得加于 KM 上的电压不足以使其启动，故断路器不会合闸。手动合闸操作分 3 步进行。

1）将 SA 的手柄顺时针转 90°至"预备合闸"位置。此时触点 SA（9 - 10）闭合，将绿灯 HG 回路改接到闪光小母线 M100（＋）上，下述回路接通：

$$M100（＋）\rightarrow SA（9\text{-}10）\rightarrow HG \rightarrow QF1 \rightarrow KM \rightarrow FU2 \rightarrow -$$

闪光装置启动，绿灯 HG 发出闪光。表明：① 预备合闸，提醒操作人员核对所操作的 QF 是否有误（这时 QF 仍在跳闸位置）；② 合闸回路仍完好。

2）将 SA 的手柄再顺时针转 45°至"合闸"位置。此时触点 SA（5-8）、SA（13-16）闭合，且防跳继电器 KCF 未启动，其触点 KCF2 闭合。下述回路接通：

$$+\to FU1\to SA（5-8）\to KCF2\to QF1\to KM\to FU2\to -$$

控制回路电压几乎全部加到 KM 上，KM 启动，它的两副动合触点接通合闸线圈 YC 回路，YC 启动，操动机构使 QF 合闸。当 QF 完成合闸动作后，QF1 断开，自动切断 KM 和 YC 的电流。同时 QF2 闭合，使下述红灯 HR 回路接通：

$$+\to FU1\to SA（13-16）\to HR\to KCFI\to QF2\to YT\to FU2\to -$$

此时 HG 因 QF1 断开而熄灭（不是由于被短接，因为在"预合"和"合闸"时 HG 回路均与正极脱离），HR 发平光，表明 QF 已合上。

3）将 SA 手柄松开，手柄自动返回到"合闸后"位置（垂直）。这时触点 SA（5-8）断开，防止因 QF1 失灵而使控制电流长期流过 KM 及 YC。SA（13-16）仍接通，HR 保持平光。表明：① QF 在合闸位置；② 熔断器 FU1、FU2 及跳闸回路完好，起到监视熔断器及跳闸回路作用。回路同上述"QF 完成合闸动作后"。此时，加在防跳继电器电流线圈 KCFI 及跳闸线圈 YT 上的电压也不足以使它们动作。

（2）手动跳闸。跳闸操作前，控制开关 SA 的手柄在"合闸后"位置（垂直），断路器 QF 在合闸状态。此时，触点 SA（13-16）、QF2 闭合，HR 发平光，跳闸回路完好。

手动跳闸操作与手动合闸操作完全相似，亦分 3 步进行。

1）将 SA 的手柄逆时针转 90°至"预备跳闸"位置。此时触点 SA（13-14）闭合，将红灯 HR 回路改接到闪光小母线 M100（＋）上，下述回路接通：

$$M100（＋）\to SA（13-14）\to HR\to KCFI\to QF2\to YT\to FU2\to -$$

闪光装置启动，红灯 HR 发出闪光。表明：① 预备跳闸，提醒操作人员核对所操作的 QF 是否有误（这时 QF 仍在合闸位置）；② 跳闸回路仍完好。

2）将 SA 的手柄再逆时针转 45°至"跳闸"位置。此时触点 SA（6-7）、SA（10-11）闭合。下述回路接通：

$$+\to FU1\to SA（6-7）\to KCFI\to QF2\to YT\to FU2\to -$$

控制回路电压几乎全部加到 KCFI 和 YT 上，KCFI 和 YT 均启动，操动机构使 QF 跳闸。当 QF 完成跳闸动作后，QF2 断开，自动切断 KCFI 和 YT 的电流。同时 QF1 闭合，使下述绿灯 HG 回路接通：

$$+\to FU1\to SA（11-10）\to HG\to QF1\to KM\to FU2\to -$$

此时 HR 熄灭，HG 发平光，表明 QF 已跳闸。

3）将 SA 手柄松开，手柄自动返回到"跳闸后"位置（水平）。这时触点 SA（6-7）断开，防止因 QF2 失灵而使控制电流长期流过 KCFI 及 YT。SA（10-11）仍接通，HG 保持平光。

（3）自动合闸。为了实现自动合闸，将自动装置（备用电源自动投入装置、自动重合闸装置等）回路中的中间继电器触点 KC 与 SA（5-8）触点并联。

设断路器原在跳闸位置，SA 的手柄在"跳闸后"位置，SA（10-11）、SA（14-15）接通。当自动装置动作后，触点 KC 闭合。下述回路接通：

$$+\to FU1\to KC\to KCF2\to QF1\to KM\to FU2\to -$$

　　这时，HG 因被短接而熄灭，KM 动作，使 QF 自动合闸。当 QF 完成合闸动作后，QF1 断开，QF2 闭合，使下述 HR 回路与 M100（＋）接通：

$$M100（＋）→SA（14-15）→HR→KCFI→QF2→YT→FU2→—$$

　　HR 闪光，表明 QF 已完成自动合闸。这种信号回路是按"不对应"方式构成的，所谓"不对应"是指 SA 手柄位置与 QF 位置不一致。在上述情形中，QF 已合闸，而 SA 手柄仍在"跳闸后"位置。这时，操作人员应将 SA 操作到"合闸后"位置，使 SA（14-15）断开、SA（13-16）接通，HR 变平光，回路与手动"合闸后"相同。由自动重合闸装置实现的自动合闸见后述。

　　（4）自动跳闸。为了实现自动跳闸，将继电保护出口继电器的触点 KCO 经信号继电器 KS 与 SA（6-7）并联。QF 原在合闸位置，SA 手柄在"合闸后"位置，触点 QF2、SA（1-3）、SA（9-10）、SA（13-16）、SA（19-17）接通。当设备出现故障时，继电保护动作，其出口继电器的触点 KCO 闭合，下述回路接通：

$$＋→FU1→KCO→KS→KCFI→QF2→YT→FU2→—$$

　　HR 熄灭，KS、KCFI、YT 均动作，QF 自动跳闸。当 QF 完成跳闸动作后，QF2 断开，QF1、QF3 闭合。QF1 使 HG 回路与 M100（＋）接通，其回路同"预备合闸"，HG 闪光，表明 QF 已完成自动跳闸；QF3 使下述事故音响回路接通：

$$M708→R2→SA（1-3）→SA（19-17）→QF3→—$$

　　事故信号装置启动（后述），发出事故音响（蜂鸣器）。此时值班人员应将 SA 操作至"跳闸后"位置，使之与 QF 对应，则 HG 变平光，回路同"跳闸后"。在手动合闸时，若由于某种原因（如 SA 手柄在"合闸"位置停留时间过短、合闸熔断器 FU3 或 FU4 熔断等）使手动合闸不成功，即 SA 手柄返回到"合闸后"位置，而实际上 QF 仍在跳闸位置，则两者不对应，也会出现与事故跳闸相同的现象，即 HG 闪光并发事故音响。通常输电线路都装有自动重合闸装置，当事故跳闸时，HG 只是闪一下（蜂鸣器仍响），重合闸装置动作后 QF 迅速自动重新合闸，由于这时 SA 仍在"合闸后"位置，HR 会立即恢复平光，其回路同手动"合闸后"。

　　（5）"防跳"装置。为了防止断路器出现连续多次跳、合事故，必须装设"防跳"装置。

　　1）断路器的"跳跃"现象。假定图 10-26 中没有 KCF 继电器，当 QF 经 SA（5-8）或 KC 触点合闸到有永久性故障的电网上时，继电保护将会动作，触点 KCO 闭合而使 QF 自动跳闸。如果由于某种原因造成 SA（5-8）或 KC 未复归（例如 SA 手柄未返回或触点焊住），则 QF 重新合闸。而由于是永久性故障，继电保护将再次动作，使 QF 再次跳闸。然后又再次合闸，直到接触器 KM 回路被断开为止。这种断路器 QF 多次"跳—合"的现象，称为断路器"跳跃"。"跳跃"会使断路器损坏，造成事故扩大，所以需采取"防跳"措施。

　　2）"电气防跳"装置的动作原理。"防跳"装置有两种类型：① 机械型，对于 $6\sim10$ kV 的断路器，当采用 CD_2 操动机构时，机构本身在机械上有"防跳"性能，但调整较费时，已很少采用；② 电气型，对于其他没有"防跳"性能的机构，均应在控制回路中设"电气防跳"装置。

　　在图 10-26 中，KCF 即为专设的"防跳"继电器。这种继电器有两个线圈：KCFI 为电流线圈，供启动用，接于跳闸回路；KCFV 为电压线圈，供自保持用，经自身触点 KCF1 与 KM 并接。其"防跳"原理如下。

　　当手动或自动合闸到有永久性故障的电网上时，继电保护动作使触点 KCO 闭合，接通跳闸回路，使 QF 跳闸。同时，跳闸电流流过 KCFI，使 KCF 启动，触点 KCF2 断开合闸回路，KCF1 接通 KCFV，若此时触点 SA（5-8）或 KC 未复归，则 KCFV 经 SA（5-8）或 KC 实现自保持，使 KCF2 保持断开状态，QF 不能再次合闸，直到 SA（5 - 8）或 KC 复归（断开）为止。

另外，触点 KCF3 与 R_1 串联，然后与触点 KCO 并联，其作用是保护 KCO 触点。因为，当继电保护动作于 QF 跳闸时，触点 KCO 可能较 QF2 先断开，以致 KCO 因切断跳闸电流而被电弧烧坏。由于 KCF3、R_1 回路与 KCO 并联，在 QF 跳闸时，KCFI 启动并经 KCF3 及 QF2（QF2 断开前）自保持，即使 KCO 在 QF2 之前断开，也不会发生由 KCO 切断跳闸电流的情况，即起到保护 KCO 触点的作用。

R_1 的阻值只有 1Ω，对跳闸回路自保持无多大影响。在 KCO 触点串联有电流型信号继电器 KS（电阻不超过 1Ω）情况下，R_1 可保证其线圈不致被 KCF3 短接而能可靠动作。

现场回路中在保护操作箱及断路器机构箱中都设置有防跳回路，用户可根据自己的需要进行选择。本书介绍的防跳回路属"串联"防跳方式，保护操作箱大多采用这种方式。断路器机构箱大多采用"并联"防跳方式。并联防跳由单线圈继电器构成，并联在合闸回路，断路器合闸后，如合闸接点粘连不返回，防跳回路由一组断路器的常开接点启动并自保持，闭锁合闸回路。原理图读者可自行绘制。

2. 带弹簧操动机构的断路器控制回路

带弹簧操动机构的断路器控制回路如图 10 - 27 所示，其接线及工作原理与带电磁操动机构的断路器控制回路的不同是：

（1）弹簧操动机构是预先利用电动机使合闸弹簧拉紧储能，合闸线圈的作用是在合闸时使锁扣转动，释放合闸弹簧，最终实现断路器合闸。因此，其合闸电流较电磁操动机构的合闸电流小得多，可以由控制开关 SA 的触点直接控制合闸线圈 YC，而不需要合闸接触器。

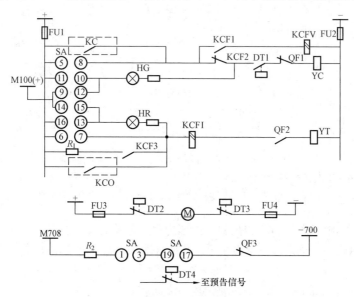

图 10 - 27　带弹簧操作机构的断路器控制回路

DT1～DT4—储能弹簧触点；M—储能电动机；其他符号含义与图 10 - 26 中相同

（2）图 10 - 27 中，储能弹簧触点 DT1～DT4 为弹簧未拉紧时的状态，当弹簧拉紧时，状态相反。

（3）在合闸回路中，串入了储能弹簧动合触点 DT1，在弹簧未拉紧时，触点 DT1 断开，合闸回路被闭锁而不能合闸；只有弹簧拉紧、触点 DT1 闭合后，才能进行合闸。

（4）在电动机 M 的回路中，串入了储能弹簧动断触点 DT2、DT3，在断路器合闸时弹簧释放能量后闭合，启动 M 重新给弹簧储能，大约几秒钟后弹簧拉紧，储能结束，DT2、DT3 断开，电动机停运，DT1 闭合，为下一次合闸做准备。

（5）利用动断触点 DT4 构成弹簧未储能信号回路。当弹簧未拉紧（包括储能过程）时，DT4 闭合，发出"弹簧未拉紧"预告信号。

3. 带液压操动机构的断路器控制回路

带液压操动机构的断路器控制回路如图 10 - 28 所示。液压操作机构是利用液压储能作为断路器合闸、跳闸的动力，合、跳闸线圈只是分别作用于机构中的合、跳闸电磁阀，所需电流小，均可直接由 SA 控制。但由于是液压储能，在控制回路中增加了相应的压力闭锁和监视。

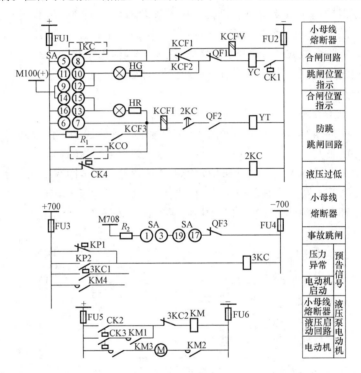

图 10 - 28　带液压操动机构的断路器控制回路

CK1～CK4—液压机构微动开关触点；2KC、3KC—中间继电器；KP1、KP2—液压机构压力继电器触点；
KM—接触器；M—储能电动机；其他符号含义与图 10 - 26 相同

其中微动开关和压力继电器触点所对应的压力整定值及其关系如下：

压力过高（KP2）＞油泵停止（CK3）＞油泵启动（CK2）＞合闸闭锁（CK1）＞跳闸闭锁（CK4）＞压力过低（KP1）。

机构的正常油压应维持在启、停泵整定压力之间。

带液压操动机构的断路器控制回路的接线及工作原理与带电磁操动机构的断路器控制回路的不同点是：

（1）在合闸回路中串入微动开关动断触点 CK1，当压力高于"合闸闭锁"值时，CK1 闭合，允许合闸；当压力低至"合闸闭锁"值及以下时，CK1 断开，切断合闸回路，实现合闸闭锁。

（2）在跳闸回路中串入继电器 2KC 的动合触点，而 2KC 由微动开关动断触点 CK4 启动。当压力高于"跳闸闭锁"值时，CK4 闭合，2KC 启动，其动合触点闭合，允许跳闸；当压力低至"跳闸闭锁"值及以下时，CK4 断开，2KC 失磁，其动合触点切断跳闸回路，实现跳闸闭锁。有些控制回路将触点 2KC 与 SA（6-7）并联，使断路器跳闸。

（3）当"压力过低"时，压力继电器动断触点 KP1 闭合；"压力过高"时，动合触点 KP2 闭合。两种情况均启动继电器 3KC，由触点 3KC1 发出"压力异常"信号，同时，触点 3KC2 断开了油泵电动机启动回路。3KC 的启动包括了压力突然降至"零"的情况，从而起到了防止断路器慢分闸（可能引起断路器爆炸或烧坏）的作用。当压力在"过低""过高"之间时，KP1、KP2 均断开，3KC 失磁。

（4）当压力低至"油泵启动"值时，在油泵电动机回路中的触点 CK2 闭合（据上述，这时触点 3KC2 是闭合的回路），接触器 KM 启动，并经触点 CK3（压力未达"油泵停止"值时是闭合的）及 KM1 自保持，其主触点 KM2、KM3 启动油泵电动机 M 进行升压，同时辅助触点 KM4 发"油泵电动机启动"信号。当压力高于"油泵启动"值时，CK2 断开；当压力升高到"油泵停止"值时，CK3 打开，油泵停止升压。这样压力值自动保持在一定范围。

四、音响监视的控制回路

音响监视的断路器（带电磁操动机构）控制回路如图 10-29 所示，其接线及工作原理与图 10-26 所示的带电磁操动机构控制回路有所不同。

1. 接线方面的主要区别

（1）在合闸回路中，用跳闸位置继电器 KCT 代替绿灯 HG；在跳闸回路中，用合闸位置继电器 KCC 代替红灯 HR。

（2）断路器的位置信号灯回路与控制回路是分开的，而且只用一个信号灯。该信号灯装在控制开关的手柄内。控制开关为 LW2-YZ 型，其第一触点盒是专为信号灯而设。采用这种控制开关可使控制屏的屏面布置简化、清楚。

（3）在位置信号灯回路及事故音响信号启动回路，分别用 KCT 和 KCC 的动合触点代替断路器的辅助触点，从而可节省控制电缆。另外，因信号灯只有一个，所以，KCT1 和 KCC1 移至信号灯前。

2. 工作原理

（1）手动合闸。操作前，断路器 QF 在跳闸位置，控制开关 SA 的手柄在"跳闸后"（水平）位置。下述回路接通：

$$+\to FU1\to KCT\to QF1\to KM\to FU2\to-$$
$$+700\to FU3\to SA（15-14）\to KCT1\to SA（1-3）及灯\to R\to-700$$

前一回路使 KCT 启动，触点 KCT1 闭合；后一回路使信号灯发平光，再借助 SA 的手柄位置可判断 QF 处在跳闸位置。

1）将 SA 手柄顺时针转 90°至"预备合闸"位置。下述回路接通：

$$M100（+）\to SA（13-14）\to KCT1\to SA（2-4）及灯\to R\to-$$

信号灯闪光。

2）将 SA 手柄再顺时针转 45°至"合闸"位置。下述回路接通：

$$+\to FU1\to SA（9-12）\to KCF2\to QF1\to KM\to FU2\to-$$

KCT 被短接，KCT1 断开，信号灯短时熄灭，同时 KM、YC 相继动作，操动机构使 QF 合闸。当 QF 完成合闸动作后，下述回路接通：

$$+\to FU1\to KCC\to KCFI\to QF2\to YT\to FU2\to-$$
$$+700\to FU3\to SA（17-20）\to KCC1\to SA（2-4）及灯\to R\to-700$$

前一回路使 KCC 启动，触点 KCC1 闭合；后一回路使信号灯发平光，表明 QF 已合上。

3）将 SA 的手柄松开，手柄自动返回到"合闸后"位置（垂直）。这时 SA（17-20）仍接

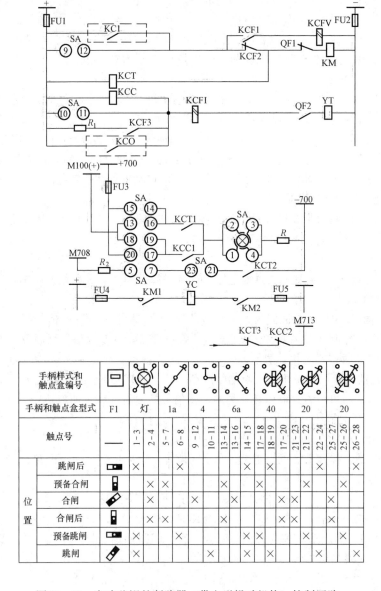

图 10 - 29　音响监视的断路器（带电磁操动机构）控制回路

KCT—跳闸位置继电器（中间继电器）；KCC—合闸位置继电器（中间继电器）；
其他符号含义与图 10 - 26 相同

手柄样式和触点盒编号																			
手柄和触点盒型式	F1	灯		1a		4	6a				40			20			20		
触点号	—	1-3	2-4	5-7	6-8	9-12	10-11	13-14	13-16	14-15	17-18	18-19	17-20	21-23	21-22	22-24	25-27	25-26	26-28
位　置　跳闸后		×			×						×	×		×					×
预备合闸			×	×					×		×			×			×		
合闸			×			×			×				×	×			×		
合闸后			×										×	×					
预备跳闸		×						×			×					×			
跳闸		×								×	×	×			×				×

通，信号灯保持平光（回路不变），再借助 SA 的手柄位置可判断 QF 处在合闸位置。

（2）手动跳闸。其操作过程及原理与手动合闸完全相似，读者自行分析。

（3）自动合闸。设 QF 原在跳闸位置，SA 手柄在"跳闸后"位置。当自动装置动作后，KC1 闭合，下述回路接通：

$$+\to FU1\to KC1\to KCF2\to QF1\to KM\to FU2\to -$$

KCT 被短接，KCT1 断开，信号灯短时熄灭，同时 KM、YC 相继动作，使 QF 合闸。当 QF 完成合闸动作后，下述回路接通：

M100（＋）→SA（18‐19）→KCC1→SA（1‐3）及灯→R→－700

信号灯闪光，表明 QF 已完成自动合闸。这时，值班人员应将 SA 操作到"合闸后"位置，使信号灯变平光，回路与手动"合闸后"相同。

（4）自动跳闸。设 QF 原在合闸位置，SA 的手柄在"合闸后"位置。当设备出现故障时，继电保护动作，KCO 闭合，下述回路接通：

＋→FU1→KC1→KCFI→QF2→YT→FU2→－

KCC 被短接，KCC1 断开，信号灯短时熄灭，同时 YT 动作，使 QF 自动跳闸。当 QF 完成跳闸动作后，QF2 断开，QF1 闭合，使 KCT 动作，KCT1 闭合，信号灯闪光，表明 QF 已完成自动跳闸，其回路同"预备合闸"；同时，KCT2 闭合，接通事故音响信号回路：

M708→R2→SA（5‐7）→SA（21‐23）→KCT2→－700

事故信号装置启动，发出事故音响。若值班人员将 SA 手柄转至"跳闸后"位置，则信号灯变平光，回路同手动"跳闸后"。

由上述可见，在音响监视的控制回路中 QF 的实际位置，要同时借助信号灯及 SA 手柄位置来判断。即：手柄在"合闸后"位置，灯平光为手动合闸，灯闪光为自动跳闸；手柄在"跳闸后"位置，灯平光为手动跳闸，灯闪光为自动合闸。

（5）音响监视。该接线用 KCT、KCC 的触点来监视电源、控制回路熔断器及合、跳闸回路的完好性。

1）KCT 能监视合闸回路是否完好。当 QF 在跳闸状态时，QF1 闭合，QF2 断开；KCT 通电，KCT3 断开；KCC 失电，KCC2 闭合。当 QF 的合闸回路（QF1、KM）中任何地方断线或控制回路熔断器（FU1、FU2）熔断时，KCT 将失电，使 KCT3 闭合，接通断线预告信号小母线 M713，启动预告信号装置，发出音响（警铃），并且"控制回路断线"光字牌亮；另外，KCT1 断开会使该回路的信号灯熄灭，值班人员可据此确定是哪台 QF 的控制回路发生了断线。当仅仅是信号灯熄灭时，说明只有信号灯回路故障，而控制回路仍完好。

2）KCC 能监视跳闸回路（KCFI、QF2、YT）是否完好。原理与上述相同。

五、断路器控制信号传输过程

实际二次回路中，断路器的操作控制是经过测控柜（控制屏）、保护柜、断路器端子箱、断路器机构箱等多个装置，通过二次电缆连接而成，以上介绍的断路器基本控制回路分布在不同装置中，断路器分、合闸控制信号传输过程如下所示。

1. 常规站断路器控制信号传输回路

图 10‐30 所示为常规站断路器控制信号传输回路，可以看出断路器的控制操作有下列几种情况：

（1）主控制室手动操作：通过控制屏操作把手将操作命令传递到保护屏操作箱插件，由保护屏操作插件传递到断路器端子箱，再传递到机构箱，驱动分、合闸线圈。

（2）远方遥控操作：调度中心发送远方遥控命令，通过通信设备、远动设备将操作信号传递至变电站远动屏，远动屏将空接点信号传递到操作箱插件，实现断路器的遥控操作。

（3）就地操作：在断路器机构箱上通过切换开关选择"就地操作"方式，通过操作按钮进行就地分、合闸操作。

（4）重合闸、备自投等自动装置发合闸命令至保护屏操作箱插件，实现断路器的自动合闸操作。

（5）由线路保护、主变保护、母差保护、低频减载等保护设备及自动装置动作，发分闸命令至保护屏操作箱插件，实现断路器的自动分闸操作。

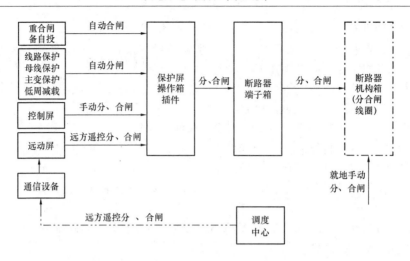

图 10-30 常规站断路器控制信号传输回路

前三项为人为操作，后两项为自动操作。

2. 综自站断路器控制信号传输回路

图 10-31 所示为综自站断路器控制信号的传输回路，断路器的操作方式与常规变电站相比，仅在（1）和（2）操作有所不同。

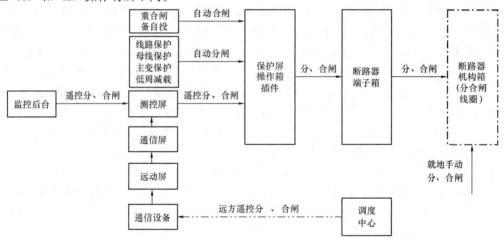

图 10-31 综自站断路器控制信号传输回路

在主控室内进行分合闸操作，一般是通过监控后台进行，操作命令传达到测控装置，启动测控装置跳、合闸继电器，分、合闸命令传递到保护屏操作箱插件，启动操作箱插件手跳、手合继电器，手跳、手合继电器触点接通分、合闸回路，经断路器端子箱、断路器机构箱，驱动分、合闸线圈进行分、合闸操作。当监控后台死机或其他原因不能操作时，可以在测控屏上进行分合闸操作。

远方遥控操作由调度中心（或集控站端）发送操作命令，经通信设备至站内远动通信屏，远动通信屏将命令转发至站内保护通信屏，然后保护通信屏将命令传输至测控屏，启动测控装置跳、合闸继电器，逐级向下传递，完成分合闸操作。

需要指出，有部分老站遥控命令是通过监控后台机进行传输的（图中通信屏接在监控后台），考虑后台机死机时，将不能进行遥控操作，现在新上厂站，远方遥控通道不再经过后台机，提高了远方遥控操作的可靠性。

*第七节　分相操作的断路器控制回路

上一节介绍的都是三相操作（三相断路器共用一台操动机构）的断路器控制回路。在 220kV 及以上的系统中，为了实现单相或综合重合闸，断路器多采用分相操动机构。

330～500kV 带气动机构分相操作的 SF_6 断路器控制回路如图 10-32 所示。为简明起见，未作出与同期、综合重合闸有关的部分。该回路特点如下。

(1) 兼有灯光监视、音响监视方式的一些功能。

(2) 设有就地、远方操作转换开关，可实现就地、远方操作。

(3) 正常就地、远方手动操作均采用三相操作方式。

(4) 每相一个合、跳闸回路。

(5) 每相设一套"防跳"装置。

(6) 配以综合重合闸后，可实现单跳单重或三跳三重。

(7) 设有操作气压自动控制装置及低气压闭锁合、跳闸（并发信号）。

(8) 设有 SF_6 低气压报警和闭锁合、跳闸。

(9) 设有直流电源监视的音响信号。

图 10-32 中，SA1 开关仍采用 LW2 系列；SA2、SA3 采用 LW12-16 系列，其触点通断情况如图下的触点表所示。下面就前面未涉及的一些问题加以讨论。

一、操作

1. 就地手动操作

设操作气压、SF_6 气体密度正常，1QK 投入。此时图 10-32（b）中的 3KC、4KC 均失电。

(1) 置 SA3 于"就地"位置，其有关触点接通，准备好就地操作的合、跳闸回路。

(2) 执行合、跳闸操作。执行操作是通过 SA2 开关实现。

1）合闸操作。设断路器 QF 在跳闸位置，转动 SA2 开关至"合闸"位置，由图 10-32（a）可见，此时三相的合闸回路分别接通。其中，A 相合闸回路通过触点 SA2（1-2）接通＋→ FU1→ 1QK（1-2）→SA2（1-2）→SA3（4-3）→KCFA1→KCFA2→QFA2→QFA3→R_{3A}→YCA→ 3KC1→4KC1→1QK（4-3）→FU2→－。

同样 B、C 相合闸回路也分别通过触点 SA2（3-4）、SA2（5-6）接通。YCA、YCB、YCC 三相合闸线圈同时带电，实现三相合闸。

2）跳闸操作。设断路器 QF 在合闸位置，转动 SA2 开关至"跳闸"位置，由图 10-32（b）可见，三相跳闸回路分别通过触点 SA2（7-8）、SA2（9-10）、SA2（11-12）接通，可实现三相跳闸。

由于 SA2 开关联锁，就地不能实现分相操作。在断路器调试需就地分相操作时，可通过短接 SA2 开关在相应相的触点来实现。

2. 远方手动和自动操作

设操作气压、SF_6 气体密度正常，1QK、2QK 均投入。置 SA3 于"远方"位置，其有关触点接通，准备好远方操作的合、跳闸回路。

(1) 手动操作。用 SA1 开关进行手动操作过程和信号灯的反映与前述灯光监视的控制回路相同。

1）手动合闸时，由触点 SA1（5 - 8）启动合闸继电器 1KC，其动合触点 1KC1、1KC2、1KC3 分别启动 A、B、C 三相合闸回路，实现三相合闸。1KC 有自保持电流线圈，以保证合闸可靠完成。由图 10 - 32（c）可见，只有三相均合上时，红灯 HR 才亮。

2）手动跳闸时，由触点 SA1（6 - 7）启动跳闸继电器 2KC，其动合触点 2KC1、2KC2、2KC3 分别启动 A、B、C 三相跳闸回路，实现三相跳闸。由图 10 - 32（c）可见，只要有一相完成跳闸，绿灯 HG 就会亮。

（2）保护作用于三相跳闸时，由保护出口继电器触点启动跳闸继电器 2KC 实现。

（3）若配以综合重合闸装置，可实现单跳、单重或三跳、三重。因事故引起的单跳或三跳，均能使绿灯 HG 闪光并发事故音响信号。

远方手动操作同样不能实现分相跳、合闸，调试时若需分相操作，可分别短接跳、合闸继电器在相应相的触点来实现。

二、防跳装置

该接线防跳装置与上节讲述的三相操作控制回路比较，除每相设防跳装置及保留由跳闸回路启动防跳的接线外，最大的特点是：增设了在断路器合闸动作完成时随即启动防跳装置的接线。以 A 相为例，它由增设的 QFA1、KCFA4 组成，QFA1 是长触点，合闸时，QFA1 先于其他辅助触点闭合，KCFAV 通过 QFA1、KCFA4 启动，而经 KCFA3 保持。从而切断合闸回路，实现防跳。

三、操作气压的自动控制及低气压闭锁

1. 操作气压自动控制

气动机构是用压缩空气储能进行合闸操作的，该操作系统空气的压力应维持在 $1.45 \sim 1.55$MPa 之间。在图 10 - 32（c）中通过对空压机电动机的运行控制来实现。

当气压低于 1.45MPa 时，空气压力开关触点 63AG 闭合，启动接触器 KM，从而启动电动机升压；当压力增至 1.55MPa 以上时，触点 63AG 打开，KM 失磁，电动机电源断开，停止升压。

2. 操作气压低时的闭锁

当由于某种原因使操作气压降到一定值时，合闸能量不足，故此时应进行合、跳闸闭锁。该闭锁回路由图 10 - 32（b）中空气压力开关触点 63AL 和中间继电器 3KC 组成。

当操作气压低于 1.2MPa 时，触点 63AL 闭合，启动 3KC，并通过 R7 实现自保持；由触点 3KC1、3KC2 分别切断合、跳闸回路，实现合、跳闸回路闭锁；由触点 3KC4 发出"操作气压低闭锁"信号（光字牌 H3 和音响）。

当操作气压恢复到 1.2MPa 以上时，触点 63AL 断开，闭锁解除。

四、SF₆ 密度监控

图 10 - 32 所示接线中，对断路器的 SF₆ 气体实行两级监控，每相装设一只密度继电器。

（1）在图 10 - 32（c）中，由每相密度继电器的触点 63GAA、63GAB、63GAC 并联组成预告信号回路。当任一相 SF₆ 气体密度低至 0.45MPa 及以下时，该相密度继电器的触点闭合，发出"SF₆ 气压低"信号（光字牌 H1 和音响）。

（2）在图 10 - 32（b）中，由每相密度继电器的触点 63GLA、63GLB、63GLC 并联后与中间继电器 4KC 组成闭锁回路。如果上述预告信号发出后未及时处理，当任一相 SF₆ 气体密度低至 0.4MPa 及以下时，该相密度继电器的触点闭合，启动 4KC，并通过 R8 实现自保持；由触点 4KC1、4KC2 分别切断合、跳闸回路，实现合、跳闸闭锁。

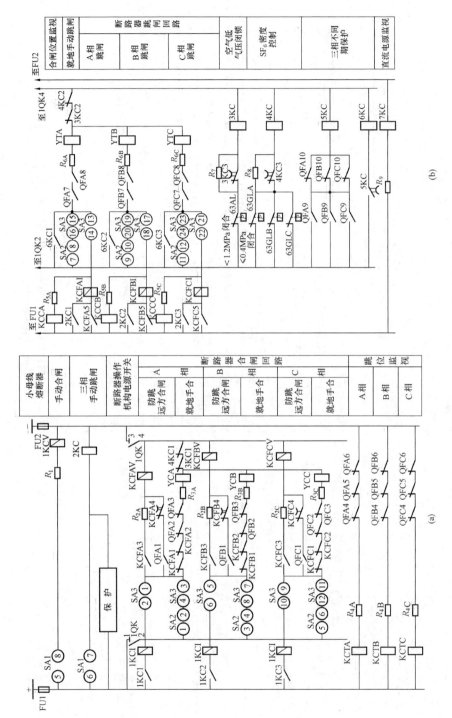

图 10-32　带气动机构分相操作的 SF₆ 断路器控制回路（一）

(a)合闸回路；(b)跳闸回路

SA2 触点表

	1-2	3-4	5-6	7-8	9-10	11-12
合闸	×	×	—	—	—	—
断开	—	—	—	—	—	—
跳闸	—	—	×	×	×	×

SA3 触点表

	1-2	3-4	5-6	7-8	9-10	11-12	13-14	15-16	17-18	19-20	21-22	23-24
就地	—	—	×	—	—	—	×	—	—	×	—	×
断开	—	—	—	—	—	×	—	—	×	—	—	—
远方	×	—	—	×	—	—	—	×	—	—	×	—

FU1、FU2—熔断器；SA1—控制开关；SA2—就地手动操作开关（LW2—Z）；SA2—就地手动操作开关（LW12—16）；SA3—就地、远方转换开关（LW12—16）；1KCV、1KC1—中间继电器 1KC 的电阻，电流线圈；$R_1 \sim R_{10}$—电阻；2KC～7KC—中间继电器；1QK～3QK—刀开关；QFA1～QFA10、QFB1～QFB10、QFC1～QFC10—断路器辅助触点；KCFA、KCFB、KCFC—防跳继电器（有电压，电流线圈）；YCA、YCB、YCC—合闸线圈；KCTA、KCTB、KCTC—跳闸线圈；KCCA、KCCB、KCCC—合闸位置继电器；YTA、YTB、YTC—跳闸线圈；63AL—空气压力开关触点；63GLA、63GLB、63GLC—SF$_6$ 密度继电器触点；HG—绿色信号灯；HR—红色信号灯；H1～H5—光字牌；63AG—空气压力开关触点；KR1、KR2—热继电器；KM—接触器；M—电动机

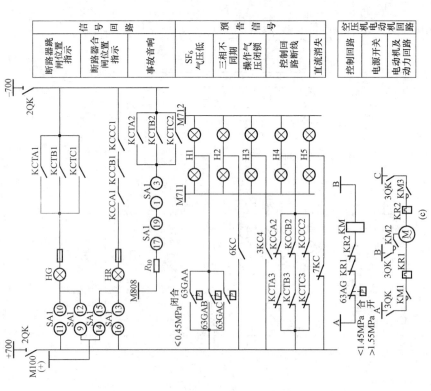

图 10-32　带气动机构分相操作的 SF$_6$ 断路器控制回路（二）

(c)信号、空压机电动机回路

五、三相不同期保护

在图 10-32（b）中，由每相断路器的一副辅助动合和动断触点分别并联后再与中间继电器 5KC 串联，组成三相不同期（或称不同步）保护。当任两相或三相不同期合闸时，回路将接通，例如在合闸过程中，A 相已合上，QFA9 闭合，但 B 相还未合上，QFB10 未曾打开，此时回路接通，启动 5KC，其触点延时启动 6KC，触点 6KC1、6KC2、6KC3 分别启动 A、B、C 三相跳闸回路，使合上相的断路器跳闸。同时发出"三相不同期"预告信号（光字牌 H2 和音响）。中间继电器 5KC 一般带有 1~2s 的延时。

六、控制电源监视及其他功能

（1）控制电源监视。由于红、绿灯是接于辅助小母线上，故不能用它的灯光来监视控制电源。因此，在图 10-32（b）控制回路中增设 7KC 中间继电器，当控制电源消失或熔断器熔断时，它的动断触点发出"直流消失"预告信号（光字牌 H5 和音响）。

（2）合、跳闸回路的完好性监视。同样，红、绿灯也不能监视合、跳闸回路的完好性。在图 10-32（c）中，监视回路是由同相的跳、合闸位置继电器 KCT 和 KCC 的动断触点串联后再三相并联组成。断路器在任何位置时，不是 KCT 启动就是 KCC 启动，当被启动继电器的回路（跳闸或合闸回路）故障时，该继电器失常，动断触点闭合，发出"控制回路断线"预告信号（光字牌 H4 和音响）。

*第八节　同步回路及同步点断路器控制回路

两系统之间（包括发电机与发电机、发电机与系统或系统与系统之间）并列运行所需完成的操作，称为同步并列。

一、同步方式

电力系统中应用的同步方式有准同步和自同步两种。按同步过程的自动化程度，又各分为手动、半自动和自动同步方式。

1. 准同步

准同步是指两系统之间进行并列时，并列断路器两侧的电压必须满足大小相等、频率相等、相位相同的条件。对发电厂来说，是使已励磁的发电机在满足上述条件时并入系统。

要完全满足这些条件是困难的，因而实际并列操作中允许有一定误差。一般规定：电压有效值差不超过 5%~10%，频率差不超过 0.05~0.25Hz，相位差不超过 10°。

准同步方式的优点是合闸时没有冲击电流，对系统没有什么影响；缺点是并列操作时间较长，操作复杂，且如果由于某种原因造成非同步并列，冲击电流会很大。因此，在电网电压和频率大大下降的情况下不能应用准同步方式。

手动准同步是由人为进行准同步条件的判断、调节和并列断路器的合闸操作；自动准同步是由自动准同步装置进行准同步条件的判断、调节和向并列断路器发出合闸命令。

手动或自动准同步都经过同步闭锁装置闭锁，以防止人员误操作或自动装置误动作而造成非同步并列。

发电厂的主控制室或单元控制室应装设手动和自动准同步装置；发电厂网络控制室及变电站（如果有需要经常并列或解列的断路器及调相机），应装设手动准同步装置，需要时也可装设半自动导前时间准同步装置或捕捉同步装置，必要时还可装设自动准同步装置。

2. 自同步

自同步是将未励磁的发电机在接近同步转速时并入系统，并立刻加上励磁拖入同步。它要求的条件较宽，一般正常并列时允许转差率为±（1～2）％，事故情况下并列时允许转差率为±5％，甚至更大些。

自同步方式的优点是并列迅速，操作简单，容易实现操作自动化，在电网电压和频率大大下降的情况仍有应用的可能性；缺点是合闸时冲击电流较大，振动较大，可能对机组有一定影响或使电网电压下降。因此，火电厂大容量机组一般不采用自同步方式，水轮发电机及小容量汽轮发电机作系统事故紧急备用时才采用。

本课程仅介绍手动准同步装置，其他同步装置在"电力系统自动装置"课程讲授。

二、同步点和同步电压取得方式

1. 同步点

在发电厂和变电站中担任同步并列任务的断路器，称为同步点。由同步并列含义可知，两侧均有电源的断路器才可能设置为同步点。例如，母线发电机出口断路器、变压器有电源的各侧断路器、母线分段断路器、母联断路器、旁路断路器、35kV 及以上联络线的断路器等。

2. 同步电压取得方式

由于电力系统广泛采用单相同步接线，准同步并列时，只需将同步点断路器两侧的单相同名电压引入同步装置比较。同步点电压取得方式如下：

（1）110kV 及以上中性点直接接地系统。同步电压取电压互感器辅助二次绕组相电压（100V），一般取 W 相电压（也有取 U 相的），待并和运行系统电压分别为 U_{wN} 和 $U_{w'N}$，分别由该侧电压小母线 L3—630（试）[或 L3—640（试）] 及 N—600 取得（参见图 10-20）。

（2）中性点不接地或经高阻抗接地系统。同步电压取电压互感器主二次绕组线电压（100V），因 V 相接地，只需取 W 相电压（也有取 U 相的），待并和运行系统电压分别为 U_{wv} 和 $U_{w'v}$，分别由该侧电压小母线 L3—630（或 L3—640）及 L2—600 取得（参见图 10-18）。

（3）主变压器高、低压侧。高压侧同步电压取该侧电压互感器辅助二次绕组相电压（100V），低压侧同步电压取该侧电压互感器主二次绕组线电压（100V），待并（低压侧）和运行（高压侧）系统电压分别为 U_{wv} 和 $U_{w'N}$，分别由该侧相应的电压小母线取得，低压侧的 L2—600 及高压侧的 N—600 均接地。

三、手动准同步接线

电力系统广泛采用的手动准同步装置接线图如图 10-33 所示。

1. 同步交流电压回路

图 10-33 左侧是以母线发电机的断路器为例，表明其两侧同步电压的取得方式（同步交流电压回路）及合闸回路（直流回路，后述）。

（1）每个同步点都有一个同步开关 SM。常采用 LW2-H-1.1.1.1.1/F7-X 型转换开关，其手柄在"断开"（水平）位置时，双号触点接通；在"投入"（垂直）位置时，单号触点接通。

（2）待并系统电压取自发电机出口电压互感器 TV1 主二次绕组 W 相，由 W 相的电压小母线 L3—630 经 SM（13-15）引到同步电压小母线 L3—610 上；运行系统电压取自母线电压互感器主二次绕组 W 相，由 W 相的电压小母线 L3—630、L3—640 经电压切换回路（图 10-21或图 10-22）切换后，其中之一经 SM（9-11）引到同步电压小母线 L3—620 上。两系统电压互感器二次侧均采用 V 相接地，并直接接到小母线 L2—600 上，作为两侧同步电压的公共端。

（3）同步电压小母线 L3—610、L3—620 为控制室各同步点的公用小母线，任一同步点进行同步并列时，均如上述一样将两侧同步电压引到这些小母线上，以便共用一套同步装置。为了避免差错，同一控制室所有同步点的同步开关共用一个可抽出手柄，且手柄只在"断开"时才能抽

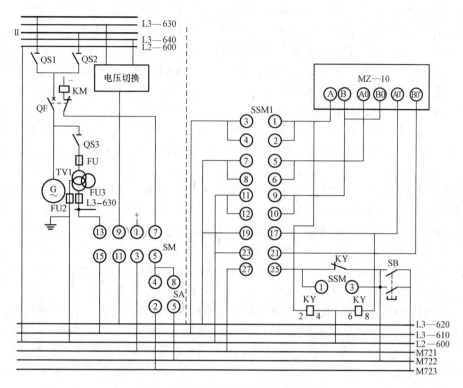

图 10-33　手动准同步装置接线图

QS1、QS2、QS3—隔离开关；QF—断路器；FU、FU2、FU3—熔断器；KM—合闸接触器；

SM—同步开关；SA—断路器控制开关；MZ—10—单相组合式同步表；SSM1—手动准同步开关；

SSM—同步闭锁开关；KY—同步检定继电器；SB—按钮；L3—620、L3—610、L2—600—同步电压小母线；

M721、M722、M723—同步合闸小母线

出，以限制在任何既定时间内只对一台断路器进行同步并列操作，保证在同步电压小母线上只存在由一台同步开关引入的同步电压。

2. 手动准同步装置

图 10-33 右侧为装置部分，装置主要设备包括：单相组合式同步表（多采用 MZ-10 型），手动准同步开关 SSM1，同步闭锁开关 SSM，同步检定继电器 KY。

（1）组合式同步表。组合同步表由电压差表、频率差表和同步表三部分组成。仪表的正面有该三部分的指针，右侧为电压差表，左侧为频率差表，中间为同步表。表背面有 6 个接线柱，其中 A、B 用于接入待并系统（如发电机）的电压，A0、B0、A0′、B0′用于接入运行系统的电压。在内部，A、B 与三只表都连接，而 A0、B0 只与电压差表和频率差表连接，A0′、B0′只与同步表连接。

为叙述简便，待并系统和运行系统的电压和频率分别用 U、U' 和 f、f' 表示，电压差用 ΔU 表示，电压相角差用 $\Delta\varphi$ 表示，频率差用 Δf 表示。

1）电压差表指示待并系统和运行系统的电压差（$\Delta U=U-U'$）。当 $U=U'$ 时，指针不偏转；当 $U>U'$ 时，指针正偏转；当 $U<U'$ 时，指针负偏转。

2）频率差表指示待并系统和运行系统的频率差（$\Delta f=f-f'$）。当 $f=f'$ 时，指针不偏转；当 $f>f'$ 时，指针正偏转；当 $f<f'$ 时，指针负偏转。

3）同步表指示待并系统和运行系统电压的相角差（$\Delta\varphi$）。当 $\Delta U=0$，$\Delta f=0$，$\Delta\varphi=0$ 时，即

两系统完全同步时，指针指示在 0 点钟位置，即同步点位置；当 $\Delta f \neq 0$ 时，指针自行按 Δf 旋转（转向和转速），可看作 U' 在同步点不动，而 U 以 Δf 旋转，指针与同步点的夹角就是不断变化的 $\Delta \varphi$。其中：当 $\Delta f > 0$，即 $f > f'$ 时，指针顺时针旋转；当 $\Delta f < 0$，即 $f < f'$ 时，指针逆时针旋转。一般情况下，$|\Delta f|$ 愈大，指针旋转愈快。但由于同步表可动部分的惯性，当 $|\Delta f|$ 大到一定程度时，指针做大幅度摆动；当 $|\Delta f|$ 很大时，指针将停在某个位置。所以一般规定，只有当 $|\Delta f| \leqslant 0.5\text{Hz}$ 时才允许将同步表接入，以免同步表损坏。

（2）手动准同步开关 SSM1。为了避免在同步点两侧频差很大时接入同步表而使之损坏，在同步电压小母线与组合式同步表之间加装了手动准同步开关 SSM1。常采用 LW2 - H - 2.2.2.2.2.2.2.2/F7 - 8X 型转换开关，其手柄有"断开"（垂直）、"粗同步"（逆时针转 45°）、"精同步"（顺时针转 45°）三个位置。在"断开"位置时，所有触点全部断开；在"粗同步"位置时，双号触点接通，将同步小母线上的同步电压经 A、B、A0、B0 接到电压差表和频率差表上，而此时同步表未接通；在"精同步"位置时，单号触点接通，此时三只表均接通。

（3）准同步闭锁回路。该回路由同步检定继电器 KY 的触点与同步闭锁开关的触点 SSM（1 - 3）并联后再与触点 SSM1（25 - 27）串联组成。它跨接在同步合闸小母线 M721 和 M722 之间，并串接在每个同步点断路器的合闸回路中。

1）同步检定继电器 KY。KY 的作用是避免在较大的相角差下合闸。KY 常采用 DT - 13/200 型电磁式继电器，它有两个参数相同的线圈，经 SSM1 开关分别接到两系统的同步小母线上。SSM1 在"断开"位置时，两线圈均不通电，触点 KY 在反作用弹簧的作用下处于闭合状态；在"粗同步"位置时，有一个线圈经 SSM1（2 - 4）通电；在"精同步"位置时，两线圈均通电。

通电时，合成磁通产生的作用力与两系统电压的相量差有关，即与相角差 $\Delta \varphi$ 有关，$\Delta \varphi$ 愈大，作用力愈大。$\Delta \varphi$ 大到一定程度时，作用力大于弹簧力，使触点断开，闭锁合闸回路；$\Delta \varphi$ 小到一定程度时，作用力小于弹簧力，使触点闭合，允许合闸。调整反作用弹簧，可使继电器触点在某个 $\Delta \varphi$ 时接通或断开，一般整定在 20°～40°。

2）同步闭锁开关 SSM。常采用 LW2 - H - 1.1/F7 - X 型转换开关，其手柄在"闭锁"位置（水平）时，SSM（1 - 3）断开，使触点 KY 能起闭锁作用；其手柄在"解除"位置（垂直）时，SSM（1 - 3）接通，使触点 KY 的闭锁作用解除，这在个别情况下是必要的，例如由于某种原因（如调度要求本侧先合闸，在对侧进行同步并列或待并发电机未发电时进行断路器操作试验）使断路器的一侧无电压时，则触点 KY 总是断开状态，这时只有解除闭锁才能合闸。

四、同步点断路器的合闸回路

同步点断路器的控制回路与一般断路器不同之处主要是合闸回路。其接线情况已反映在图 10 - 33 中，展开图如图 10 - 34 所示。虚框内为手动准同步闭锁回路及自动准同步出口回路的设备，属公用部分，如果装有自同步装置，则其出口回路跨接在 M721 和 M723 之间；虚框外为同步点断路器合闸回路设备。

由图可见，不论采用哪种同步方式，断路器的合闸回路都经同步开关 SM 的触点控制。当 SM 在"投入"位置时，触点 SM（1 - 3）、SM（5 - 7）才接通，才有可能合闸。

1. 手动准同步操作步骤

以图 10 - 33 中的母线发电机并列为例。假定有关准备工作已做好（控制回路熔断器、保护、各 TV 的隔离开关、发电机的母线隔离开关等已合上，发电机已励磁升压接近额定值）。

（1）用控制开关 SA 并列。

1）将准同步闭锁开关 SSM 置"闭锁"位置（平时应在此位置）。此时 SSM（1 - 3）断开。

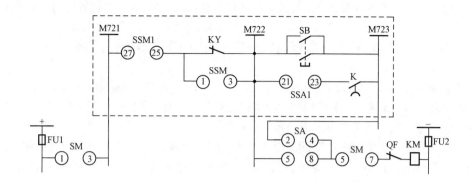

图 10 - 34　同步点断路器合闸回路

SSA1—自动准同步开关；K—自动准同步出口继电器触点；

FU1、FU2—控制回路熔断器；QF—断路器辅助触点；其他符号含义同图 10 - 33

2）插入同步开关 SM 的手柄，并置于"投入"位置。这时断路器两侧的同步电压被引到同步小母线上。

3）将手动准同步开关 SSM1 置"粗同步"位置（此前应在"断开"位置）。此时电压差表、频率差表接通。

4）观察电压差表、频率差表，调整发电机电压、频率与系统接近。

5）将手动准同步开关 SSM1 置"精同步"位置。此时电压差表、频率差表、同步表、同步检定继电器 KY 均接通。

6）调整发电机频率略高于系统频率，使同步表指针顺时针缓慢旋转（转动一周约 10s 较为合适）。

7）将控制开关 SA 置"预备合闸"位置，当同步表指针转至接近同步点（10°左右较为合适）时，触点 KY 已闭合，将 SA 转到"合闸"位置，下述合闸回路接通：

$$+\to FU1\to SM（1\text{-}3）\to SSM1（25\text{-}27）\to KY\to SA（5\text{-}8）\to SM（5\text{-}7）\to$$
$$QF\to KM\to FU2\to-$$

若红灯发平光，说明发电机已与系统并列，此时同步表指针准确停在同步点。让 SA 转到"合闸后"位置，并置 SM、SSM1 于"断开"位置。

（2）用按钮 SB 并列（SA 在"跳闸后"位置）。

1）步骤 1）～6）与上述相同。

2）当同步表指针转至接近同步点时，按下 SB，下述合闸回路接通：

$$+\to FU1\to SM（1\text{-}3）\to SSM1（25\text{-}27）\to KY\to SB\to SA（2\text{-}4）\to SM（5\text{-}7）\to$$
$$QF\to KM\to FU2\to-$$

若红灯闪光，说明发电机已与系统并列。将 SA 转到"合闸后"位置，红灯变平光。

2. 自动准同步操作步骤（SA 在"跳闸后"位置）

自动准同步也要经过同步闭锁，其操作步骤与上述类似，但电压、频率等调整自动进行。

（1）将 SSM 置"闭锁"位置、SM 置"投入"位置、自动准同步开关 SSA1 置"投入"位置、SSM1 置"精同步"位置。

（2）当符合准同步条件时，触点 K 闭合，下述合闸回路接通：

$$+\to FU1\to SM（1\text{-}3）\to SSM1（25\text{-}27）\to KY\to SSA1（21\text{-}23）\to$$
$$K\to SA（2\text{-}4）\to SM（5\text{-}7）\to QF\to KM\to FU2\to-$$

若红灯闪光，说明发电机已自动与系统并列。将 SA 转到"合闸后"位置，红灯变平光。

*第九节　带有 APR 及 AAT 的断路器控制回路

自动重合闸（APR）及备用电源自动投入装置（AAT）属"电力系统自动装置"课程的内容，但断路器控制回路中常遇到其具体接线，故本课程对其与控制有关内容做简要介绍。

一、带三相一次自动重合闸的断路器控制回路

在电力系统中，架空输电线路的故障大多数是瞬时性故障，如果把跳开的线路再重新合闸，就能恢复正常供电。自动重合闸装置按其功能可分为三相重合闸及综合重合闸。110kV 及以下线路采用三相重合闸，即不论线路发生单相接地（110kV 以下线路除外）或相间故障，都由继电保护动作把断路器的三相跳开，然后由重合闸装置动作把三相合闸；220kV 及以上线路采用综合重合闸，即综合考虑单相自动重合闸和三相自动重合闸。

在单侧电源的线路上，重合闸与继电保护的配合方式，有重合闸前加速保护和重合闸后加速保护两种。前加速是指：当线路发生故障时，首先由靠近电源侧的保护无选择性地快速动作于跳闸，而后再自动重合闸；后加速是指：当线路发生故障时，由保护有选择性地动作于跳闸，而后自动重合闸，若故障未消除则再由保护快速动作于跳闸。前加速方式主要用在发电厂和变电站 35kV 以下的直配线上；后加速方式广泛用于 35kV 以上电网。

双侧电源线路上采用 APR 时，一侧需检查无电压，另一侧需检查同步。

带三相一次重合闸后加速的断路器控制回路如图 10-35 所示。其中 APR 由时间继电器 KT、带电流保持线圈的中间继电器 KC、信号灯 HW、电容器 C 和电阻 R_4、R_5、R_6、R_{17} 等组成。电路的工作原理如下。

1. 正常运行

正常运行时，QF 处于合闸位置，其辅助 QF1、QF4 断开，QF2 闭合；APR 投切开关 S 在"投入"位置，S(1-3)接通；SA 在"合闸后"位置，触点 SA(9-10)、SA(13-16)、SA(21-23)、接通。APR 投入运行。

(1)电容 C 经 R_4 充电，经 15～20s 时间，充到所需电压。

(2)回路"+→FU1→SA(21-23)→R_4→R_6→KC4→R_{17}→HW→KC(V)→FU2→−"接通，HW 亮指示 APR 已处于准备工作状态。由于 R_4、R_6 和 R_{17} 的分压作用，KC(V)虽然带电，但不足以启动。

2. APR 动作过程

当 QF 因线路故障跳闸时，其辅助触点 QF1、QF4 闭合、QF2 断开，QF 与 SA 位置不对应，于是 APR 动作（即非对应启动）：

(1) 回路"+→FU1→SA(21-23)→KT→KT2→QF4→S(1-3)→FU2→−"接通，KT 启动。KT2 断开，KT 经 R_5 保持在动作状态。

(2) KT 的延时闭合的动合触点 KT1 经整定时限(0.5～1.5s)闭合，使电容 C 对 KC(V)放电，KC 启动，其触点 KC1、KC2、KC3 闭合，KC4 断开。此时：①HW 暂时熄灭；②回路"+→FU1→SA(21-23)→KC2、KC1→KC(I)→KS→XB→KCF2→DT1→QF1→YC→FU2→−"接通，使断路器重新合闸。KC 自保持，使 QF 可靠合闸。同时由 KS 的触点发"重合闸动作"光字牌信号。如果线路为瞬时性故障，则恢复正常运行。QF 合闸后，QF4、QF1 分别断开 APR 启动回路和合闸回路，KT、KC、KS 复归，HW 重新点亮，C 重新充电；③KC 动作时，触点 KC3 同时启动后加速继电器 KCP，其延时复归的动合触点闭合，解除过电流保护的时限（短接过电流保护

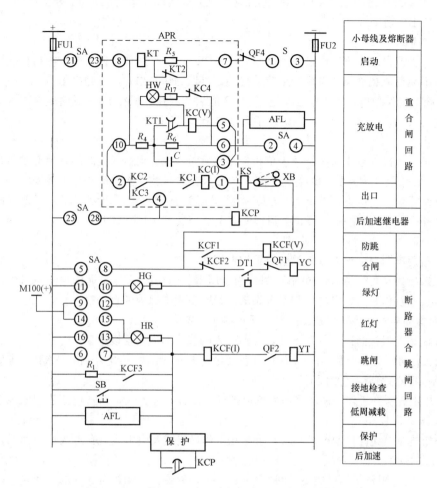

图 10-35 带三相一次重合闸后加速的断路器控制回路

S—转换开关；APR—重合闸装置；KS—信号继电器；XB—切换片；KCP—中间继电器；SB—按钮；

AFL—按频率减负荷装置；其他符号与灯光监视的断路器控制回路相同（图 10-26、图 10-27）

延时接通的出口回路）。如果线路为永久性故障，则重合闸后过电流保护将瞬时动作于断路器跳闸，从而实现后加速保护。

3. 保证只动作一次

若 QF 重合到永久故障上时，则 QF 在继电保护作用下再次跳闸。这时虽然 APR 的启动回路再次接通，但由于 QF 从重合到再次跳闸的时间很短，加上 KT1 的延时也远远小于 15~20s，不足以使 C 充电到所需电压，故 KC 不会再次动作，从而保证了 APR 只动作一次。

4. 正常用 SA 进行手动跳闸时 APR 不动作

当手动跳闸时，从"预备跳闸"到"跳闸后"SA(21-23)均断开，切断 APR 启动回路；另一方面在"预备跳闸"和"跳闸后"SA(2-4)闭合，使 C 对 R₆放电。所以，KC 不会动作，从而保证了手动跳闸时 APR 不会动作。

5. 用 SA 手动合闸于故障线路时加速跳闸且 APR 不动作

在用 SA 手动合闸前，SA 在"跳闸后"位置，SA(2-4)接通，使 C 向 R₆放电。当手动合闸操作时，SA(21-23)接通、SA(2-4)断开，C 才开始充电。由于线路有故障，当 SA 手柄转到"合闸"位置时，SA(25-28)接通 KCP，使 QF 加速跳闸，C 实际充电时间很短（即便不加速），其电压也不足以使 KC 动作。

6. 闭锁 APR

当某些保护或自动装置动作跳闸，又不允许 APR 动作时（例如母差保护、内桥接线中的主变保护、按频率减负荷装置等动作跳线路上的 QF），可以利用其出口触点短接触点 SA(2-4)，使 C 在 QF 跳闸瞬时开始放电，尽管这时接通了 APR 的启动回路，但在 KT1 延时闭合之前，C 已放电完毕或电压很低，KC 无法启动，APR 不会动作于 QF 合闸。

7. 接地检查

如前所述，小接地电流系统中发生单相接地故障时，允许运行一段时间，但必须尽快查明故障回路。图 10-35 中，SB 为接地检查按钮，与 APR 配合可快速查出单相接地故障线路。具体进行是：眼观绝缘监察电压表，按下 SB 使 QF 跳闸，若绝缘监察电压表恢复正常，则接地故障就在跳开的线路上。QF 跳闸后，APR 会随即使其重合，供电只是瞬时中断。

接地检查时，APR 也属于不对应启动。

二、带备用电源自动投入装置的断路器控制回路

备用电源投入装置（AAT）主要用于明备用变压器、内桥接线正常断开的桥断路器、分段或联络断路器、明备用线路、发电厂和变电站的厂（站）备用电源等的自动投入。

1. 对带备用电源自动投入装置的断路器控制接线要求

接线除满足一般控制回路的要求外，自动投入的接线尚应满足以下条件。

(1) 当工作母线失去电压（不论何因）且备用电源母线上有一定电压时，AAT 均应启动，但工作电源的电压互感器熔丝熔断时不应误动作。

(2) 备用电源应在工作电源的受电侧断路器确实断开后才投入，以防止把备用电源投到有内部故障的工作电源上。

(3) 备用电源只允许自动投入一次，以防止工作母线或其引出线上有永久性故障时，备用电源多次投到故障元件上。

(4) AAT 的时限整定尽可能短（通常为 1~1.5s），以保证电动机自启动的时间要求。

2. 接线实例及工作原理

带 ATT 的母线分段或联络断路器的控制回路如图 10-36 所示，其工作原理如下。

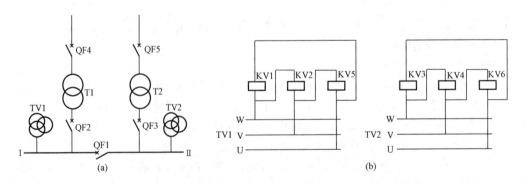

图 10-36　带 AAT 的母线分段或联络断路器的控制回路（一）

(a)一次接线；(b)交流电压回路

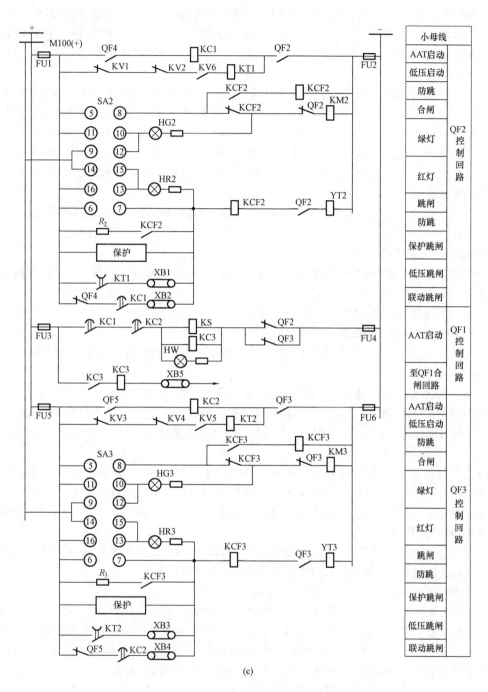

图 10 - 36　带 AAT 的母线分段或联络断路器的控制回路(二)
(c)直流回路

QF1～QF5—断路器；T1、T2—变压器；TV1、TV2—母线电压互感器；KV1～KV6—电压继电器；
KT1、KT2—时间继电器；KC1、KC2、KC3—中间继电器；XB1～XB5—连接片；KS—信号继电器；
QF1 的控制回路只绘出 AAT 有关部分，其余与常用控制回路相同

（1）正常工作。正常工作时，一、二次部分的状态如下。

1）变压器 T1、T2 同时运行，分别向两（组）段母线供电；QF2～QF5 在合闸状态，其控制开关在"合闸后"位置（图中只绘出了 QF2、QF3 的控制回路）；分段或联络断路器 QF1 在跳闸状态，其控制开关在"跳闸后"位置（图中未绘出）。这时，两段（组）母线有正常电压；T1、T2 互为备用。

2）AAT 装置包括低电压启动部分和自动投入部分。其中，低电压启动部分由低电压继电器 KV1～KV4、过电压继电器 KV5 和 KV6、时间继电器 KT1 和 KT2 组成；自动投入部分由中间继电器 KC1～KC3、信号继电器 KS 及信号灯 HW 组成。正常情况下，KV1～KV6 均在启动状态，在"低压启动"回路中的动断触点 KV1～KV4 断开，动合触点 KV6、KV5 闭合；KC1、KC2 均在启动状态，其各动合触点闭合，当其线圈失电时触点延时断开；KT1、KT2、KC3、KS、HW 均在失电状态。

（2）AAT 动作。AAT 动作原理是：以母线 I 失去电压而使 AAT 动作为例说明其原理（母线 II 失压类似）。

使母线 I 失去电压的原因有：

1）变压器 T1 故障；母线 I 上短路；母线 I 上的出线短路，而出线的保护或断路器拒动。这些情况下，T1 的保护均动作于 QF4、QF2 跳闸。

2）任何原因使 QF4 跳闸，均联动 QF2 跳闸。

3）QF2 误跳闸（如误碰跳闸机构或保护误动作）。

4）电力系统故障使 T1 高压侧电压消失，从而母线 I 失去电压（QF4、QF2 未跳闸）。

AAT 动作过程如下：

1）上述原因 1）～3）均使 QF2 跳闸；原因 4）使 TV1 失压，KV1、KV2 失压，其在"低压启动"回路中的动断触点闭合，而备用电源母线 II 有电，触点 KV6 闭合，低压启动回路接通，KT1 启动，其触点延时跳开 QF2。如果故障 1）、2）中 QF2 由于某种原因未跳闸，低压启动回路也会启动。

2）上述任何原因使 QF2 跳开后，在 QF1 的"AAT 启动回路"中的触点 QF2 闭合，而触点 KC1 延时断开，回路"＋→FU3→触点 KC1→触点 KC2→KS、KC3、HW→QF2→FU4→－"接通，产生短时脉冲。KC3 启动，其触点接通 QF1 的合闸回路使 QF1 合闸；KS 动作、HW 亮，发出 AAT 动作信号。

3）上述动作过程中，QF4、QF2 事故跳闸时，其绿灯闪光，并发事故音响信号；QF1 自动合闸时，其红灯闪光。应操作相应的控制开关使之与断路器位置对应。

（3）接线分析。对照 AAT 接线要求，有以下几点说明。

1）在电力系统故障时，有可能使工作、备用电源均失压。在"低压启动"回路中，触点 KV1、KV2、KV6 串联，可保证在工作母线失压，且备用电源有电时才投入备用电源。但上述引起母线失压的原因 1）～3）一般并不启动"低压启动"回路（因 QF2 已断开），即这些情况下 AAT 启动并未考虑备用电源是否有电，其理由主要是不考虑两电源同时发生故障。

2）图 10 - 36（b）中电压继电器的接线方式及在"低压启动"回路中，触点 KV1、KV2 串联，可保证在 TV 的一相熔断器熔断时 AAT 装置不误动作。

3）只要 QF4、QF2 之一跳闸，KC1 就失电，QF1 的"AAT 启动回路"中的触点 KC1 延时断开后不再闭合，保证 AAT 只动作一次。

4）在 QF1 的"AAT 启动回路"中串入动断触点 QF2，保证只有工作电源受电侧断路器断开后，备用电源才投入。

第十节　防　误　闭　锁

第七章曾提及配电装置需有"五防"功能，为此，需装设防误闭锁装置。防误闭锁装置按动作原理可分为机械、电气、微机三大类。

一、机械闭锁

机械防误闭锁是最基本的防误闭锁方式。它是利用设备的机械传动部位的互锁来实现，所以用于在结构上直接相连的设备之间的闭锁，如成套开关柜中的断路器与隔离开关（插头）之间、隔离开关与接地开关之间、主电路与柜门之间的闭锁，35kV 及以上屋外配电装置中装成一体的隔离开关与接地开关之间的闭锁等。

当设备之间有机械闭锁时，为简化接线，在它们之间不再设电气闭锁回路。

二、电气闭锁

隔离开关的操动机构常用的有手动、电动、气动和液压传动等型式。手动机构只能就地操作，其他几种均具备就地和远方控制条件。

电气闭锁是通过接通或断开操作（控制）电源而达到闭锁目的的一种装置。一般当需要相互闭锁的设备相距较远或不能采用机械闭锁时，采用电气闭锁。

隔离开关控制接线的构成原则是：

（1）防止带负荷拉、合隔离开关，故其控制接线必须和相应的断路器闭锁。

（2）防止带电合接地开关或接地器，防止带地线合闸及误入有电间隔。

（3）操作脉冲是短时的，应在完成操作后自动撤除。

（4）操作用的隔离开关应有位置指示信号。

电气闭锁方式与隔离开关的操作方式有关。

1. 在隔离开关的控制回路中设闭锁接线

对采用电动、气动及液压操动机构的隔离开关，在其控制回路中设闭锁接线。

CJ5 型电动操作隔离开关的控制回路图如图 10 - 37 所示。其中：①用 QF 和 QSE 的动断辅

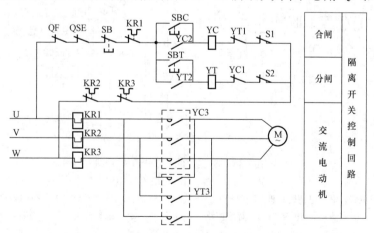

图 10 - 37　CJ5 型电动操作隔离开关的控制回路图

QF—断路器辅助触点；QSE—接地开关联锁触点；SB—紧急停止按钮；
KR—热继电器；SBC—合闸按钮；YC—合闸控制器线圈；SBT—分闸按钮；
YT—分闸控制器线圈；S1、S2—合、分闸行程开关触点；M—电动机

助触点闭锁电动机的控制回路，即断路器不在跳闸位置、接地开关不打开，隔离开关不能操作；②用行程开关 S1、S2 控制隔离开关的分、合位置；③设有紧急停止按钮 SB，其动断触点串入电动机的控制回路，供 S1 或 S2 失灵时紧急停机用；④控制器线圈 YC 和 YT 分别接于合、分闸回路，它们的主触点分别将电源按 U、V、W 和 W、V、U 的相序引入电动机，使电动机正转和反转，驱动隔离开关合闸和分闸；⑤控制回路中的触点 YT1、YC1 使合、分操作相互闭锁；⑥电动机动力回路内设热继电器作为过载保护，当电动机发生过载时，热继电器动作，其动断触点 KR1、KR2 或 KR3 切断控制回路，使电动机失电停机。

当断路器在跳闸位置、接地开关已拉开时，进行隔离开关合闸操作，应按下 SBC，此时回路"U→QF→QSE→SB→KR1→SBC→YC→YT1→S1→KR3→KR2→W"接通，YC 启动，并经 YC2 自保持（所以按下 SBC 后即可放手），隔离开关合闸；当合到位时，S1 断开，切断合闸回路。分闸操作类似。

当断路器为分相操作及隔离开关两侧均有接地开关时，三相断路器的辅助触点及两侧接地开关的辅助触点均应串接在控制回路中。

2. 设电磁锁闭锁回路

对采用手动操作的隔离开关、接地开关，设电磁锁闭锁回路。

(1) 电磁锁的构造及工作原理。电磁锁的构造及工作原理如图 10-38 所示。其构造包括电锁 I 和电钥匙 II 两部分。电锁固定在隔离开关的操动机构上，其插座 3 与作为闭锁条件的设备（如图中 QF）的辅助触点串联后接至电源；电钥匙上有插头 4、线圈 5、电磁铁 6。在电钥匙未带电时，电锁的锁芯 1 在弹簧 2 的压力下销入操作手柄 III 的小孔内，使手柄不能实施操作。

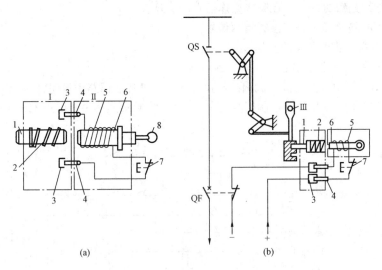

图 10-38　电磁锁的构造及工作原理

(a) 电磁锁的构造；(b) 电磁锁的工作原理

I—电锁；II—电钥匙；III—隔离开关操作手柄；1—锁芯；2—弹簧；3—插座；4—插头；
5—线圈；6—电磁铁；7—解除按钮；8—钥匙环；QS—隔离开关；QF—断路器

1) QF 在跳闸位置时，QS 可以操作。这时 QF 在插座电路中的动断辅助触点闭合，插座 3 上有电压，当将电钥匙的插头 4 插入插座中时，线圈 5 便有电流流过并产生磁场，在电磁力的作用下，锁芯被吸出，电锁被打开，操作手柄 III 可自由转动，QS 可以进行分、合闸操作。操作完成后，按下按钮 7 使之断开，线圈 5 失电，锁芯弹入将手柄锁住。

2) QF 在合闸位置时，QS 不能操作。这时 QF 的动断辅助触点断开，插座 3 上无电压，即使将电钥匙的插头 4 插入插座中，电锁也不能打开，因此 QS 不能进行分、合闸操作。

(2) 电磁锁闭锁回路实例。

1) 单母线系统的隔离开关闭锁接线。单母线系统的隔离开关闭锁接线如图 10 - 39 所示，其中 YA1、YA2 分别为对应于隔离开关 QS1、QS2 的电磁锁，所表示的实际为电磁锁的插座。只有断路器 QF 在跳闸位置时，插座 YA1、YA2 才有电压，电钥匙插入后方可开启电磁锁，QS1、QS2 才能操作。反之若断路器在合闸位置，QS1、QS2 不能操作而被闭锁。

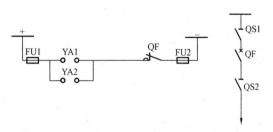

图 10 - 39 单母线系统的隔离开关闭锁接线
YA1、YA2—电磁锁；QF—断路器及其辅助触点；
QS1、QS2—隔离开关；FU1、FU2—熔断器

2) 单母线分段带旁路（分段兼断路器）的隔离开关闭锁接线。单母线分段带旁路（分段兼断路器）的隔离开关闭锁接线如图 10 - 40 所示，其中 YA1～YA5 分别为对应于隔离开关 QS1～QS5 的电磁锁。从图 10 - 40（b）中可看出每组隔离开关的可操作条件如下：①QS1 - QF 和 QS3 都断开；②QS2 - QF 和 QS4 都断开；③QS3 - QF 和 QS1 都断开；④QS4 - QF 和 QS2 都断开；⑤QS5 - QF 和 QS1、QS2 都闭合。以上每组隔离开关对应的可操作条件之一不满足，隔离开关将被闭锁。

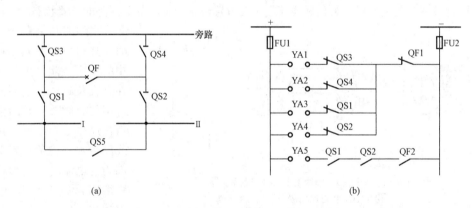

(a)   (b)

图 10 - 40 单母线分段带旁路（分段兼断路器）的隔离开关闭锁接线
(a) 一次接线示意图；(b) 闭锁接线图
YA1～YA5—电磁锁；QF、QF1、QF2—断路器及其辅助触点；
QS1～QS5—隔离开关及其辅助触点；FU1、FU2—熔断器

3) 双母线系统的隔离开关闭锁接线。双母线系统的隔离开关闭锁接线如图 10 - 41 所示。图中 YA1～YA3 为分别对应于隔离开关 QS1～QS3 的电磁锁，YAC1、YAC2 为分别对应于隔离开关 QSC1、QSC2 的电磁锁。从图 10 - 41（b）中可看出每组隔离开关可操作的条件如下：①QS1 - QF 和 QS2 断开，或 QS2、QSC1、QSC2 和 QFC 同时合上；②QS2 - QF 和 QS1 断开，或 QS1、QSC1、QSC2 和 QFC 同时合上；③QS3 - QF 断开；④QSC1、QSC2 - QFC 断开。上述每组隔离开关对应的可操作条件之一不满足，隔离开关将被闭锁。

3. 隔离开关的位置指示器

隔离开关的位置指示器装于控制屏（台）模拟接线的相应位置上。常用的位置指示器有 MK - 9

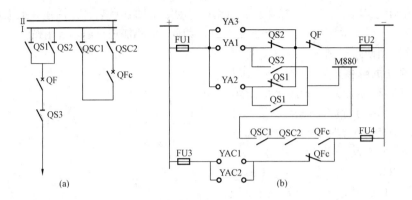

图 10 - 41　双母线系统的隔离开关闭锁接线

（a）一次接线示意图；（b）闭锁接线图

YA1～YA3、YAC1、YAC2—电磁锁；QS1～QS3、QSC1、QSC2—隔离开关及其辅助触点；

QF、QFc—断路器及其辅助触点；FU1～FU4—熔断器；M880—隔离开关操作闭锁小母线

型和 LM - 1 型两种，均由隔离开关的辅助触点控制。

（1）MK - 9T 型（热带型产品）位置指示器。MK - 9T 型位置指示器的外形、内部结构及二次接线图如图 10 - 42 所示。指示器内有两个线圈 2，分别由隔离开关的动合和动断辅助触点 QS 控制；衔铁 3 为永久磁铁做成的舌片，处于线圈磁场中；黑色标线与衔铁硬性连接。当线圈磁场方向改变时，衔铁改变位置，黑色标线随之改变位置，从而指示隔离开关的位置状态。

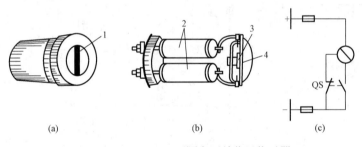

图 10 - 42　MK - 9T 型隔离开关位置指示器

（a）外形图；（b）内部结构图；（c）二次接线

1、4—黑色标线；2—电磁铁线圈；3—衔铁

当隔离开关在合闸位置时，其动合辅助触点接通其中的一个线圈，黑色标线停在垂直位置；当隔离开关在分闸位置时，其动断辅助触点接通另一个线圈，黑色标线停在水平位置；当两个线圈均无电流时（例如检修时将熔断器拔下），黑色标线停在 45°位置。

（2）LM - 1 型位置指示器。LM - 1 型位置指示器内装有两只信号灯，信号灯的亮灭由隔离开关的辅助触点控制，用信号灯的亮灭来表示隔离开关的位置状态。

三、微机防误闭锁装置

目前国产微机防误闭锁装置有 FY - 90WJFW 型、WYF - 51 型、DNBSⅡ型等。现以 DNBSⅡ型为例介绍微机防误闭锁装置的构成和基本原理。

1. DNBSⅡ型微机防误闭锁装置的构成

DNBSⅡ型微机防误闭锁装置结构和工作示意图如图 10 - 43 所示。装置由 3 部分构成。

（1）WJBS - 1 型微机模拟盘。模拟盘由盘面、专用微机等组成。盘面用马赛克拼装而成，盘上有主接线的模拟元件，所有模拟元件均有一对触点与主机相连；主机内有电脑专家系统；盘内通交、直流电源。模拟盘可挂于墙上或落地安装。

（2）DNBS - 1A 型电脑钥匙。它通过接口与模拟盘联系，主要功能是接收、记忆储存由模拟

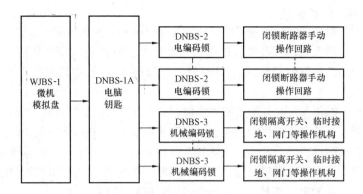

图 10 - 43　DNBSⅡ型微机防误闭锁装置结构和工作示意图

盘主机发送的操作票，然后按操作票内容依次打开
DNBS - 2 电编码锁和 DNBS - 3 机械编码锁，实现设
备的操作。电脑钥匙内配有 5V、300mAh 可充电池，
当电源关闭时，记忆不丢失，并有清除功能。DNBS -
1A 型电脑钥匙的外形如图 10 - 44 所示。其中电源开
关 1 用于控制电源的通断，开关在"Ⅰ"位置时电源
接通，在"O"位置时电源切断；传输定位销 2 用于
接收由模拟盘主机发出的操作信号，并兼做电编码
锁的导电极；探头 3 用于检测锁编码；解锁杆 4 用于
开机械编码锁，并兼作电编码锁的导电极；开锁按
钮 5 用于打开机械编码锁；显示屏 6 用于显示操作内
容及设备编号。电脑钥匙每厂、所配两只，其中一
只备用。

　　（3）编码锁。DNBS - 2 型电编码锁和 DNBS - 3
型机械编码锁的外形如图 10 - 45 所示。每台断路器
的控制回路配一把电编码锁，装于该断路器的控制

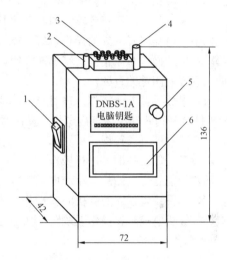

图 10 - 44　DNBS - 1A 型电脑钥匙外形图
1—电源开关；2—传输定位销；3—探头；
4—解锁杆；5—开锁按钮；6—显示屏

屏内；也可用来闭锁电动操作的隔离开关的控制回路。DNBS - 3 型机械编码锁的外形与日常用的
锁一样，每个闭锁对象（隔离开关、临时接地、网门等）配一把，且应有一定数量的备用，安装
时被闭锁设备需备有锁鼻。每把锁的编码是唯一的。DNBS - 2 型电编码锁的电气接线如图 10 - 46
所示，它接于控制回路正电源与控制开关 SA 的 5、6 端子之间，可闭锁断路器的手动操作回路。

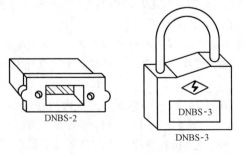

图 10 - 45　DNBS - 2 型电编码锁和
DNBS - 3 型机械编码锁的外形图

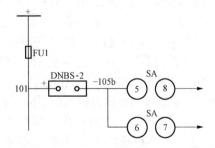

图 10 - 46　DNBS - 2 型电编码锁的电气接线

2. 装置的基本工作原理

（1）在主机中预先形成电脑专家系统。该装置是以微型计算机为核心设备，制造厂根据用户提供的主接线图及闭锁原则，在系统软件中预先编写了所有设备的操作规则，实际上是在微机中形成了一个倒闸操作的电脑专家系统，同时输入了所有带二次项目的操作票并由电脑专家系统整理、归纳、储存。

（2）预演操作。操作人员在开始倒闸操作前，先打开装置的电源，输入操作任务，然后在模拟盘上进行预演操作。此时，微机中的电脑专家系统自动对每一项操作进行判断；若操作正确，则发出一声表示正确的声音信号；若操作错误，则在显示屏上闪烁显示错误操作项的设备编号，并发出持续的报警声，直至错误项复位。预演结束后，通过模拟盘上的传输插座将正确的操作票内容输入到 DNBS-1A 型电脑钥匙中，并可通过打印机打印出操作票。

（3）现场操作。操作人员拿着电脑钥匙到现场进行实际操作。依据电脑钥匙显示屏上显示的设备编号，将钥匙插入相应的编码锁内，此时钥匙通过探头自动检测操作对象是否正确。若正确则显示"—"并发出两声音响，同时开放其闭锁回路或机构，这时便可进行断路器操作或打开机械编码锁进行隔离开关等的操作，每项操作结束时，电脑钥匙自动显示下一项操作内容；若走错间隔操作，即操作对象错误，则不能开锁，同时电脑钥匙发出持续的报警声，以提醒操作人员，从而达到强制闭锁的目的。

（4）事故情况下的操作。这时允许不经过模拟盘预演而直接使用 DJS-1 型电解钥匙和 JSS-1 型机械解锁钥匙到现场直接操作。操作时，将 DJS-1 型电解钥匙插入电编码锁中，闭锁回路被短接，断路器即可进行操作；将 JSS-1 型机械解锁钥匙插入机械编码锁中，旋转 90°，锁被打开，隔离开关等设备即可进行操作。

随着智能化变电站的应用和电网智能化程度的不断提高，计算机监控防误操作系统得到大力推广，不再设置独立的微机防误操作系统。计算机监控防误综合了监控系统和防误系统双重功能，计算机监控防误操作系统防误功能完善、实时性强、可靠性高、操作方便。

第十一节　中　央　信　号

中央信号由事故信号和预告信号组成，分别用来反映电气设备的事故及异常运行状态。中央信号装于控制室的中央信号屏上，是控制室控制的所有安装单位的公用装置。

一、事故信号

事故信号的作用是：当断路器发生事故跳闸时，启动蜂鸣器发出音响，通知运行人员处理事故。如前所述，这时跳闸的断路器的位置信号灯闪光，继电保护动作的光字牌亮。

事故信号装置有个别复归、不能重复动作和中央复归、能重复动作两类。前者用于小型变电站及小型发电厂的炉、机、给水等控制屏；后者用于大、中型厂、站。

能重复动作的事故信号装置的主要元件是冲击继电器（或称脉冲继电器）。在强电控制中，常用的冲击继电器有：由极化继电器作为执行元件的 JC 系列、由干簧继电器作为执行元件的 ZC 系列及由半导体构成的 BC 系列 3 类。

用 JC-2 型冲击继电器构成的中央事故信号回路如图 10-47 所示。虚框内为冲击继电器的内部电路，它包括：具有双线圈和双位置的极化继电器 KP、电容 C 及电阻 R_1、R_2。当线圈 KP1 流过 1、2 方向或线圈 KP2 流过 3、4 方向的冲击电流时，KP 动作（亦即冲击继电器 KM1 动作），并保持在动作状态；当 KP1、KP2 之一流过反向电流时，KP 返回。装置的动作原理如下。

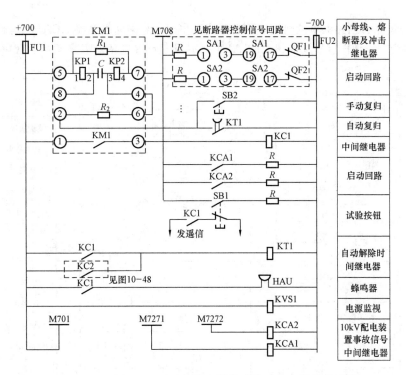

图 10 - 47　用 JC - 2 型冲击继电器构成的中央事故信号回路

1. 启动

由前述断路器控制、信号回路可知，所有由控制室远方操作的断路器，其事故音响回路都是接在小母线 M708（发遥信时为 M808）与−700 之间。当某台断路器事故跳闸时，其事故音响回路接通，启动事故信号装置。冲击电流自 KM1 的端子 5 流入，在电阻 R_1 上得到电压增量，该电压经线圈 KP1、KP2 给电容 C 充电。回路为：

　　＋700→FU1→KP1→C→KP2→M708→事故跳闸的 QF 的事故音响回路→FU2→−700

充电电流使 KP 动作，触点 KM1 闭合。当 C 充电完毕后，线圈中的电流消失，触点 KM1 仍保留在闭合位置。触点 KM1 闭合后，启动中间继电器 KC1，其两对动合触点闭合；其中一对触点启动时间继电器 KT1；另一对触点启动蜂鸣器 HAU，发出音响，表明 QF 事故跳闸；重要回路事故跳闸时，尚应向调度部门发遥信。

2. 音响解除

音响可自动解除，也可手动解除。

（1）自动解除。KT1 整定时间约为 5s，待延时到达后，其触点闭合，以下回路接通：

　　　　　　　＋700→FU1→R_1→KP2→R_2→KT1→FU2→−700

KP2 中电流方向与启动时相反，KM1 复归，其触点断开，继电器 KC1、KT1 相继断电，蜂鸣器回路被断开，音响停止。

（2）手动解除。欲使音响提前解除，可按复归按钮 SB2，其动作过程与上述相同。

3. 10kV 配电装置事故信号

10kV 配电装置内的断路器 QF 通常是就地操作，其控制开关 SA 和 QF 的辅助触点均在配电装置内。为节省控制电缆，简化接线，在配电装置内设置信号小母线 M701 及事故信号小母线 M7271、M7272，10kV 配电装置Ⅰ、Ⅱ段 QF 的事故音响回路分别接在 M701 与 M7271、M7272

之间。

　　假设 I 段的某台断路器事故跳闸，则首先启动事故信号中间继电器 KCA1，其触点闭合，启动 KM1 发出音响，动作过程同前述。KCA1 的另一副触点去点亮光字牌（见图 10 - 48）。

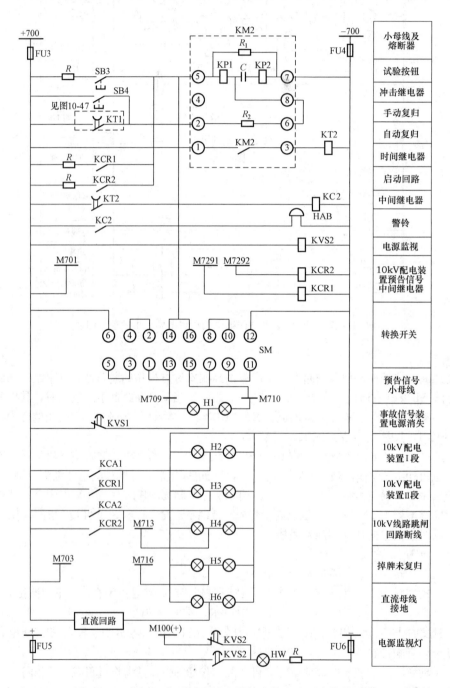

图 10 - 48　用 JC - 2 型冲击继电器构成的中央预告信号回路

4. 重复动作性能

　　冲击电流突然增加一次，KM1 就可动作一次，发出一次音响。所以，在每台 QF 的事故音响启动回路中都串接有一个适量的电阻 R，当某台 QF 事故跳闸发出音响并被解除后（SA 仍在"合闸后"位置），如果又有另一台 QF 事故跳闸，则小母线 M708 与 −700 之间再并入一条启动回路，总电阻减小，冲击电流突然增加，KM1 再次启动发出音响。只要回路电阻选择适当，可重复动作 8 次。

对 10kV 配电装置而言，仅在不同段的 QF 事故跳闸时能重复动作。

5. 试验

通常交接班时都要对装置进行试验。SB1 为事故信号装置的试验按钮。进行试验时，按下 SB1（按到位即可放手），其动合触点闭合，启动 KM1，发出音响（动作过程同前述），说明装置完好；其动断触点用于断开遥信回路，以免误发遥信。

6. 电源监视

事故信号装置电源的完好性由继电器 KVS1 监视。当熔断器 FU1 或 FU2 熔断或其他原因使电源消失时，KVS1 失电，其动断触点闭合，使"事故信号装置电源消失"光字牌亮，并启动预告信号回路（见图 10 - 48）。

二、预告信号

预告信号的作用是：当运行设备出现危及安全运行的异常情况（如发电机过负荷、变压器过负荷、变压器油温过高、电压互感器回路断线等）时，响警铃，同时标有异常情况的光字牌亮，通知运行人员采取措施，消除异常。

以前通常将预告信号分为瞬时预告和延时预告两种。经多年运行实践及分析证明，没有必要区分。因为延时预告信号很少，另外设置延时回路使接线复杂化。DL/T 5136—2012《火力发电厂、变电站二次接线设计技术规程》取消了"中央预告信号应有瞬时和延时两种"的内容，仅规定"计算机监控的报警信号应该能够避免发出可能瞬间误发的信号（如电压回路断线、断路器三相位置不一致等）。"这样，既能满足以往延时预告信号的要求，又不影响瞬时预告信号。

预告信号装置接线图如图 10 - 48 所示。其主要元件也是冲击继电器 KM2，动作原理与事故信号装置相似。不同的是：①预告信号的启动回路，由反映相应异常情况的继电器的触点和两个灯泡组成，并接于小母线 +700 和 M709、M710 之间；②KM2 接线与 KM1 稍有差别；③音响为警铃。

图 10 - 48 中 SM 为转换开关，其触点状态为：平时手柄在垂直位置时，触点 SM（1 - 2）～ SM（11 - 12）断开，SM（13 - 14）、SM（15 - 16）接通；手柄顺时针转 45°至"检查"位置时，SM（1 - 2）～SM（11 - 12）接通，SM（13 - 14）、SM（15 - 16）断开。

其动作原理如下。

1. 启动

当设备发生异常情况时，相应的继电器动作，其触点闭合，经光字牌灯泡启动 KM2，相应光字牌亮，同时发出铃声。例如，事故信号装置电源消失时，其电源监视继电器触点 KVS1 闭合，下述回路接通：

$$+700 \rightarrow FU3 \rightarrow 触点\ KVS1 \rightarrow 光字牌\ H1 \rightarrow M709、M710 \rightarrow SM（13 - 14）、$$
$$SM（15 - 16）\rightarrow KM2 \rightarrow FU4 \rightarrow -700$$

标有"事故信号装置电源消失"的光字牌 H1 立即亮（这时两只灯泡并联）；同时 KM2 启动，其触点闭合，启动时间继电器 KT2；触点 KT2 延时 0.3～0.5s 闭合，启动 KC2；KC2 的一副触点接通警铃 HAB，发出音响，另一副触点启动事故信号装置中的 KT1。

2. 音响解除

(1) 自动解除。图 10 - 48 中的触点 KT1 经一段延时后闭合，下述回路接通：

$$+700\to FU3\to 触点\ KT1\to R_2\to KP1\to R_1\to FU4\to -700$$

KM2 中的 KP1 流过反向电流，KM2、KT2、KC2、KT1 相继复归，音响停止。如果异常在 $0.3\sim0.5s$ 内消失，在 KM2 中的电阻 R_1 上的电压出现一个减量，使电容 C 经极化继电器线圈反向放电，从而使 KM2 返回，避免误发音响。

(2) 手动解除。按下解除按钮 SB4 即可。音响解除后，光字牌仍亮着，直到异常情况消除、启动它的继电器触点返回才熄灭。

3. 10kV 配电装置的预告信号

反映 10kV 配电装置Ⅰ、Ⅱ段异常情况的启动回路，分别接于 M701 与 M7291 或 M7292 之间，出现异常时，中间继电器 KCR1 或 KCR2 动作，其一副触点接通"10kV 配电装置Ⅰ段（或Ⅱ段）"光字牌（与事故信号共用），另一副触点去启动 KM2，发警铃。

4. 重复动作性能

预告信号如同事故信号一样，可实现重复动作。

5. 试验和检查光字牌

(1) 试验。按下试验按钮 SB3，可试验装置是否完好，其动作过程与上述启动过程类似。

(2) 检查光字牌。将 SM 手柄转到"检查"位置，下述回路接通：

$$+700\to FU3\to SM（5-6）、SM（3-4）、SM（1-2）\to M709\to 所有预告光字牌\to M710$$
$$\to SM（7-8）、SM（9-10）、SM（11-12）\to FU4\to -700$$

这时，每个光字牌的两个灯泡串联，灯光较暗。若光字牌亮，说明灯泡完好；否则，说明有一个或两个灯泡损坏。

6. 电源监视

由于 FU3 或 FU4 熔断时，整个装置都失去电源，所以，电源消失信号不能用预告信号形式发出，必须另设电源监视灯回路。KVS2 为电源监视继电器，电源完好时，KVS2 通电，其动合触点闭合，监视灯 HW 发平光，说明电源完好；当 FU3 或 FU4 熔断或其他原因造成电源消失时，KVS2 断电，其动合触点延时断开，动断触点延时闭合，启动闪光装置，HW 闪光。

7. 其他

在小母线 +700 与 M713 之间接有反映"10kV 线路跳闸回路断线"的继电器触点，其启动回路也是接于 +700 与 M7291 或 M7292 之间；在小母线 M703 与 M716 之间并联有继电保护信号继电器的触点，保护动作时发"掉牌未复归"光字牌，但不再发警铃，因为事故跳闸时已发有蜂鸣器音响。

三、新型中央信号装置

近年，有关厂家开发生产了多种新型中央信号装置，如由集成电路构成的 EXZ - 1 型组合式信号报警装置、CHB - 89 型集中控制报警器、XXS-10A、XXS-11A 及 XXS-12 型闪光信号报警器；由微机控制的 XXS - 31 型及 XXS - 2A 系列闪光报警器。

现以 XXS - 2A 系列微机闪光报警器为例简介如下：该系列装置由信号输入单元、中央处理单元、信号输出单元三部分组成，另外还有电源、光音显示、时钟等辅助部件。输入单元主要是将动合、动断等无源触点信息输入后转换成相应的电输入量，送入中央处理单元；中央处理单元对输入单元送来的信号进行判断、处理；输出单元根据中央处理单元判断结果发出相应的报警信号。此外，还有以下特殊功能：

（1）输入单元中，动合、动断可以按 8 的倍数进行设定。

（2）双色双音报警。光字牌有两种不同颜色（如红、黄色），分别对应两种不同的报警音响（如电笛、电铃），从视、听觉上明显区别事故和预告信号。光字牌采用固体发光平面管，光色清晰、寿命长（一般大于 5 万 h）。

（3）自锁功能。当信号为短脉冲时，报警装置有记忆功能，保留其闪光和音响信号，确认后保持平光。按复归键后，如信号已消失，则光字牌熄灭。

（4）自动确认功能。当发生事故时，如对发出的报警信号不按确认键确认，报警器可自动确认，光字牌由闪光转为平光，而音响停止时间可由用户通过控制器调节。

（5）追忆功能。可在任何时候查询此前 17min 内的报警信号，已报过警的信号按其先后顺序在光字牌上逐个闪亮（1 个/s）。追忆过程中，若有报警，则追忆自动停止，优先报警。

（6）清除功能。操作清除键可清除报警器内已记忆的信号。

（7）断电保护。若报警器在使用过程中发生断电，记忆信号仍可保存（可保存 60 天）。

（8）多台报警器并网使用。可根据需要将多台报警器并网使用，共用一套音响和试验、确认、恢复按钮。

*第十二节　大型变压器冷却装置控制与信号回路

大型变压器的冷却方式有强迫油循环风冷却、水冷却及导向冷却等几种。本节以强迫油循环风冷却装置的二次回路为例，说明其控制与信号的工作原理。

实际工程中大型电力变压器强迫油循环风冷却装置二次回路如图 10 - 49 所示。

一、功能

（1）整个冷却系统接入两个独立电源，可任选一个为工作，一个为备用。当工作电源发生故障时，备用电源自动投入；当工作电源恢复时，备用电源自动退出。工作或备用电源故障均有信号。

（2）每个冷却器都可用控制开关手柄位置来选择冷却器的工作状态，即工作、辅助、备用、停运。这样运行灵活，易于检修各个冷却器。

（3）冷却器的油泵和风扇电动机回路设有单独的接触器和热继电器，能对电动机过负荷及断相运行进行保护。另外每个冷却器回路都装设了自动开关，便于切换和对电动机进行短路保护。

（4）当运行中的工作、辅助冷却器发生故障时，能自动启用备用冷却器。

（5）变压器上层油温或绕组温度达到一定值时，自动启动尚未投入的辅助冷却器。

（6）变压器投入电网时，冷却系统可按负荷情况自动投入相应数量的冷却器；切除变压器及减负荷时，冷却系统能自动切除全部或相应数量的冷却器。

（7）所有运行中的冷却器发生故障时，均能发出故障信号。

（8）当两电源全部消失，冷却装置全部停止工作时，可根据变压器上层油温的高低，经一定时限作用于跳闸。

二、工作原理

图 10 - 49 中各转换开关的触点分合状况如图 10 - 49 强迫油循环风冷却二次回路（三）各触点表所示。装置的工作原理如下。

1. 电源的自动控制

（1）变压器投入电网前，应先将电源Ⅰ、Ⅱ同时送上，此时图 10-49（a）中的 KV1、KV2
带电，启动 KT1、KT2，从而启动图 10-49（b）中的 KC1、KC2，其动合触点闭合，准备好了
电源Ⅰ、Ⅱ的操作回路。将 SL 手柄置于"投入"位置，若灯 H1 和 H2 亮，表示两电源正常，
对电源起监视作用。

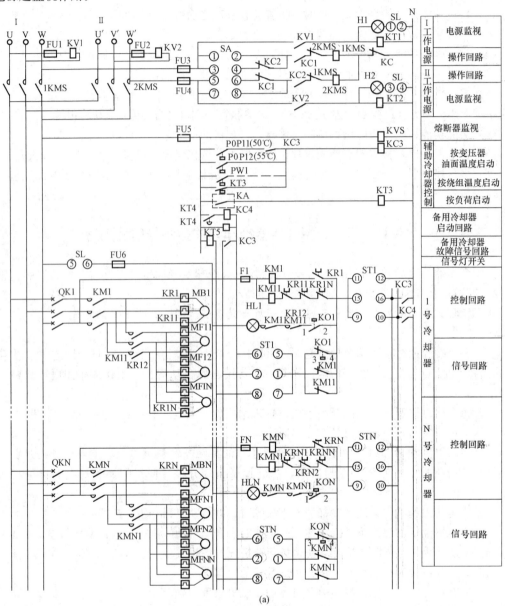

图 10-49　强迫油循环风冷却二次回路（一）

（a）控制回路

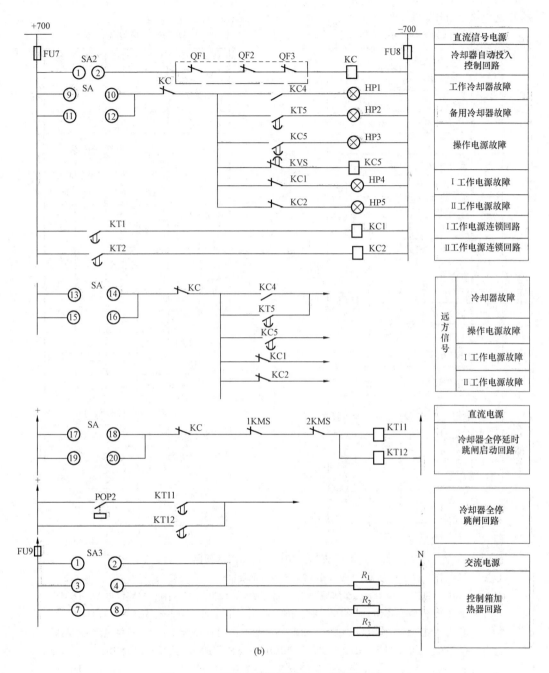

图 10-49　强迫油循环风冷却二次回路（二）

（b）信号回路

将 SA2 手柄置于"正常工作"位置，这时 KC 处于启动状态，其各动断触点断开。

（2）假定选电源 I 工作，则将 SA 手柄置于"I 工作、II 备用"位置。当变压器投入电网时，图 10-49（b）中变压器电源侧的断路器动断辅助触点断开，KC 失电，其动断触点闭合，此时图 10-49（a）中的回路"W→FU3→SA（1-2）→KC1→2KMS→1KMS→KC→N"接通，1KMS 启动，其主触头将电源 I 送入装置母线。2KMS 由于 KC1、1KMS 的触点断开而没有励磁，电源Ⅱ处于备用。

SA 转换开关分合表

工作状态		Ⅰ工作Ⅱ备用	停止	Ⅱ工作Ⅰ备用
级次	触点	↖	↑	↗
Ⅰ	1 - 2	×	—	—
	3 - 4	—	—	×
Ⅱ	5 - 6	×	—	—
	7 - 8	—	—	—
Ⅲ	9 - 10	×	—	—
	11 - 12	—	—	×
Ⅳ	13 - 14	×	—	—
	15 - 16	—	—	×
Ⅴ	17 - 18	×	—	—
	19 - 20	—	—	×
Ⅵ	21 - 22	×	—	—
	23 - 24	—	—	×

SA2 转换开关分合表

工作状态	正常工作	试　验
位置　　触点号	↑	→
1 - 2	×	—

ST1～STN 转换开关分合表

工作状态		"S"备用	"O"停止	"W"工作	"A"辅助
级次	触点	↖	↑	↗	→
Ⅰ	1 - 2	—	—	—	×
	3 - 4	—	×	×	—
Ⅱ	5 - 6	—	—	×	—
	7 - 8	×	—	—	—
Ⅲ	9 - 10	—	—	×	—
	11 - 12	—	—	×	—
Ⅳ	13 - 14	—	×	—	—
	15 - 16	—	—	—	×

SA3 转换开关分合表

工作状态		"分"投	停止	"全"投
级次	触点	↖	↑	→
Ⅰ	1 - 2	—	—	×
	3 - 4	—	—	—
Ⅱ	5 - 6	×	—	—
	7 - 8	—	—	—

SL 转换开关分合表

工作状态	投　入	切　除
位置　　触点号	↑	→
1 - 2	×	—
3 - 4	×	—
5 - 6	×	—

图 10 - 49　强迫油循环风冷却二次回路（三）

FU1～FU9、F1～FN—熔断器；KV1、KV2—电压继电器；SA、SL、SA1、SA2、ST1～STN—转换开关；KT1～KT5、KVS—交流时间继电器；KC、KC1、KC2、KC5—直流中间继电器；1KMS、2KMS、KM1～KMN、KM11～KMN1—交流接触器；H1、H2、HL1～HLN—信号灯；KC3、KC4—交流中间继电器；POP11、POP12、POP2—油温度指示控制器触点；PW1—绕组温度控制器触点；KA—电流继电器触点；QK1～QKN—自动开关；KR1～KRN—热继电器；MB1～MBN—变压器油泵；MF11～MF1N、MFN1～MFNN—变压器风扇；KO1～KON—油流继电器；HP1～HP5—光字牌；KT11、KT12—直流时间继电器；R_1～R_3—电阻

当电源Ⅰ的 U 或 V 相失电或 FU1 熔断时，KV1、KT1 相继失电，KT1 在图 10 - 49（b）中的触点断开 KC1 线圈，KC1 的动合触点切断 1KMS 回路；当电源Ⅰ的 W 相失电或 FU3 熔断时，KT1、1KMS 同时失电。这些情况均导致：①电源Ⅰ断开；②由于 KC1 动断触点、1KMS 动断辅助触点闭合，使回路"W→FU4→SA（5 - 6）→KC1→KC2→1KMS→2KMS→KC→N"接通，2KMS 启动，它的主触头将电源Ⅱ送入装置母线，实现了备用电源的自动投入；③图 10 - 49（b）中的"Ⅰ工作电源故障"信号发出（就地和远方）。

　　若电源Ⅰ恢复正常，KT1重新启动，使KC1励磁，它的触点切换，使2KMS线圈失电，1KMS重新启动恢复原来状态。

　　若选电源Ⅱ工作，则将SA手柄置于"Ⅱ工作、Ⅰ备用"位置，其工作情况类似。

　　由图10-49还可见，处于备用状态的电源故障时，也发"故障"信号，此时，若工作电源因故退出，它不会自投。

　　2. 工作冷却器控制

　　每组冷却器可处于工作、辅助、备用和停止四种状态之一，投运前可根据具体情况确定。例如确定1号冷却器处于"工作"状态，N号冷却器处于"备用"状态，应将ST1置于"工作"位置，STN置于"备用"位置；将自动开关QK1、QKN合上。

　　此时接触器KM1、KM11启动，油泵和风扇电动机运转。当油流速度达到一定值时，装于冷却器联管中的油流继电器KO1动作，其动合触点KO1（1-2）闭合，灯HL1亮，表示该冷却器已投入运行。

　　当油泵MB1故障时，热继电器KR1动作，其触点断开，使KM1掉闸，油泵、风扇均失电；当风扇MF11～MF1N中的任一台故障时，相应的热继电器动作，其触点断开，使KM11掉闸，风扇MF11～MF1N均失电；当油流速度不正常，低于规定值时，触点KO1（1-2）断开、KO1（3-4）闭合。上述故障之一均使HL1灯灭，同时经ST1（5-6）使KT4、KC4相继励磁，KC4触点接通"工作冷却器故障"和"冷却器故障"信号，并经STN（9-10）接通"备用冷却器控制回路"。

　　由于油泵启动到油流速度达到规定值需一段时间，为了避免刚启动油泵时，油流继电器动断触点尚未打开，而不必要地启动备用冷却器，故时间继电器KT4整定值一定要和油流继电器动断触点打开时间相配合，一般KT4的整定值在5s以上。

　　3. 辅助冷却器控制

　　仍以1号冷却器为例，将ST1置于"辅助"位置，ST1（1-2）、ST1（15-16）接通。辅助冷却器的投入有3种情况。

　　（1）按变压器的上层油温投入。为避免在规定温度值上下波动时辅助冷却器频繁投切，设置了两个温度差为5℃的触点。当上层油温达第一上限值时，POP11（50℃）闭合，此时冷却器尚不启动；当上层油温达第二上限值时，POP12（55℃）闭合，KC3动作，其三副动合触点闭合，其中一副使KM1、KM11经ST1（15-16）启动，辅助冷却器投入。当油流速度达到规定值时，油流继电器KO1动作，HL1灯亮，显示辅助冷却器运行。当上层油温低于第二上限值时，POP12（55℃）断开，但KC3经自身的一副触点及POP11（50℃）仍励磁，辅助冷却器继续运行；当上层油温低于第一上限值时，POP11（50℃）断开，KC3断开，辅助冷却器才退出。

　　（2）按变压器绕组温度PW1投入。

　　（3）按变压器负荷电流投入。当变压器负荷超过75%时，KA的触点闭合，KT3启动。考虑到负荷瞬时波动，KT3的触点经延时启动KC3。KC3的动合触点闭合，通过ST1（15-16）启动辅助冷却器。

　　当辅助冷却器发生前述工作冷却器的三类故障之一时，同样使KC4动作，并发出同样的信号及接通备用冷却器。

　　4. 备用冷却器控制

　　设第N号冷却器为备用，则主变压器投运前应将STN置于"备用"位置，STN（7-8）、STN（9-10）接通；将断路器QKN合上。当工作或辅助冷却器发生故障时，与STN（9-10）串接的触点KC4闭合，备用冷却器投入。

当备用冷却器发生前述工作冷却器的三类故障之一时，亦有 HLN 灯灭，同时 KT5，发"备用冷却器故障"及"冷却器故障"信号。

5. 冷却器全停时主变的保护回路

一旦两个工作电源均故障时，首先发"Ⅰ工作电源故障""Ⅱ工作电源故障"信号，同时图 10-49（b）的 KT11、KT12 启动，触点 KT11 经 20min 闭合，若上层油温达 75℃，则 POP2 闭合，接通主变三侧跳闸；若上层油温未达 75℃，则经 30min（最长不得超过 1h），由触点 KT12 接通主变三侧跳闸。

6. 其他

当装置的 W 相母线失电或 FU5 熔断时，KVS 失电，KC5 启动，发"操作电源故障"信号。另外，装置还设计有控制箱加热回路。

第十三节 发电厂和变电站的弱电控制

迄今为止，我国多数发电厂和变电站，在监控方面都是采用强电电源，即直流控制、信号电压为 220V 或 110V，电压互感器二次侧交流电压为 100V，电流互感器二次侧交流电流为 5A，而且每个安装单位都有自己单独的控制、信号和测量设备。强电监控的缺点是：①监控设备的绝缘要求较高，体积较大，电缆较粗；②操作和监视较分散；③消耗有色金属较多，控制屏和控制室较庞大。

采用弱电监控技术可以克服上述缺点，而且容易与计算机配合，提高自动化水平。

一、弱电监控及其分类

1. 弱电监控

弱电监控是在控制、信号和测量回路中采用较低的电压和较小的电流。其中，直流控制、信号电压为 48V 及以下；电压互感器二次侧交流电压仍为 100V；电流互感器二次侧交流电流为 1A 或 0.5A（需用 5/0.5A 辅助电流互感器）。对于采用计算机监控的发电厂和变电站，还需用有关变送器将电压和电流进一步变为 0~10V 和 0~20mA。

2. 分类

（1）弱电控制。弱电控制方式有两类。

1）弱电一对一控制。弱电一对一控制即每台断路器有独立的控制回路，用弱电小控制开关直接操作合闸或跳闸继电器，再由其触点接通强电控制回路的合闸线圈（或合闸接触器）或跳闸线圈。其接线方式与强电控制类似，主要用于重要的但操作概率低的设备。

2）弱电选线控制。弱电选线控制即通过选择操作对象（断路器）和分组进行操作的方法，用少数的操作设备去控制较多的断路器，简称选控。主要用于多馈线系统。根据所采用的设备，弱电选线控制回路又可分为：①有触点选控，采用电磁继电器等有触点元件，而且只有单独对位选控方式；②无触点选控，采用晶体管分立元件或集成电路，有单独对位选控和编码选控两种方式。最常用的是单独对位选控。其含义是：①每台断路器都有一个对象选择按钮。控制对象较少时，全厂只设置一个公用控制开关；控制对象较多时，按控制和运行特点分组，每组各设置一个公用控制开关；②选控操作时，先用对象选择按钮选择操作对象，而后用公用控制开关执行合闸或跳闸操作。

（2）弱电信号。信号回路涉及面广，特别是大容量发电厂或变电站，信号数量很多，采用弱电信号、选用弱电光字牌有明显优点，因此被广泛应用。

（3）弱电测量。对主设备的参数测量一般用弱电常测仪表；对所需仪表配置相同的多路馈线，采用选测方式，即通过选择测量对象（回路）的方法，用少数仪表去测量多条回路的参数。

3. 屏（台）结构

采用弱电选线技术使控制屏（台）结构和控制室的布置都发生了变化。一般有两种类型，如图10-50所示。

（1）屏台合一结构。台面上有对象选择按钮、控制开关、模拟接线等，立面上有测量仪表、光字牌等。适用于主接线较简单、被控对象较少的情况。

（2）屏台分开结构。包括控制台和返回屏。控制台的台面上有对象选择按钮、控制开关，控制台的立面上有公用仪表、光字牌等；返回屏上有模拟接线、对象灯、位置信号、常测仪表、同步装置等。适用于主接线较复杂、被控对象较多的情况。

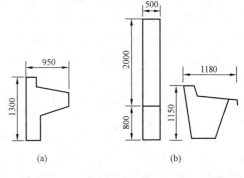

图 10-50　弱电选线的控制屏台结构及尺寸

（a）屏台合一；（b）屏台分开

二、弱电选线控制回路工作原理

弱电有触点选控回路如图10-51所示。

图10-51中，热线轴F1、F2，作为过电流保护元件，起熔断器的作用，用来保护选控回路。当回路电流超过其动作电流时动作，电源被切断；同时，其辅助触点闭合，将热线轴动作小母线接通，启动预告信号（图10-51中未表示）。

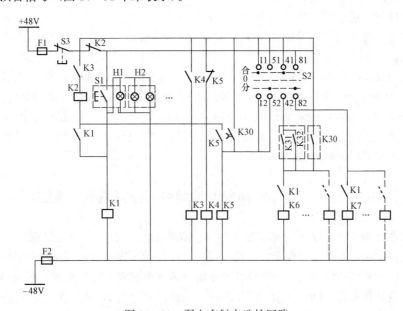

图 10-51　弱电有触点选控回路

F1、F2—热线轴；S3—复归按钮；K2—闭锁继电器；S2—公用控制开关；K3、K4、K5—复归继电器；

K31—准同步检查继电器触点；K32—同步闭锁继电器触点；K30—自动准同步装置继电器触点；

S1、H1、H2—第1台断路器的对象选择按钮、对象灯；K1—第1台断路器的对象继电器；

K6、K7—分别为第1台断路器的合闸、跳闸继电器

注：其他断路器控制设备的接线与第1台相同。

共用控制开关S2有合闸、断开、分闸三个位置，在图10-51中用三条虚线表示，线上有

"·"的，表示该触点在该位置接通。手柄在"断开"（垂直）位置时，各触点均断开；顺时针转45°至"合闸"位置时，11-12、41-42通，51-52、81-82断；逆时针转45°至"跳闸"位置时，11-12、41-42断，51-52、81-82通。

在操作前，复归继电器 K5 失电、K4 励磁、K3 励磁，K3 在闭锁继电器 K2 回路中的触点闭合。

现以第一台断路器选控为例说明其动作原理。

1. 对象选择操作

按下选控按钮 S1，钮内对象灯 H1 及返回屏上对象灯 H2 同时亮，提醒操作人员核对所选对象是否正确；同时，对象继电器 K1 启动，并通过其触点、K2 线圈、触点 K3 自保持；K1 的另两副触点分别使合闸继电器 K6、跳闸继电器 K7 与 S2 的触点回路接通。

该回路可实现"先选有效"，以防止两条线路同时投入。当 K1 动作后，K2 随之动作，其动断触点将选择按钮的正电源断开。即若先按某台断路器的选择按钮后，再按另一台断路器的选择按钮，则后者不能被选上。

误选可以更正。当核对发现误选时，可按一下复归按钮 S3，切断 K1 的自保持回路，使 K1、K2 复归，恢复选择按钮的正电源，然后再重新选择。

2. 执行操作

（1）合闸时，如果采用手动准同步方式，而且两侧都有电压，则观察同步表计，当符合同步条件时，K31 闭合，这时可将 S2 转到"合闸"位置，S2（41-42）接通 K6，即实现合闸；如果对侧无电压，则同步闭锁继电器触点 K32 闭合，也可进行合闸操作。如果采用自动准同步方式，当符合同步条件时，触点 K30 闭合，直接接通 K6 合闸。

（2）跳闸时，将 S2 转到"跳闸"位置，S2（81-82）接通 K7，即实现跳闸。

3. 装置自动复归

合闸或跳闸操作时，S2（11-12）或 S2（51-52）或 K30 使 K5 励磁，K5 经自身的动合触点自保持；K5 的动断触点断开，使 K4 失电；K4 的触点断开，使 K3 失电；K3 的触点断开使 K2、K1 及 K5 同时失电，选控回路复原。用 K4、K3 是为了增加延时，以保证断路器在操作过程中 K2 仍通电，起闭锁作用；被选控的对象继电器也不致过早复归，保证足够的合、跳闸时间。

当自动复归失灵时，可按 S3 手动复归。

第十四节 发电厂和变电站网络部分微机监控系统

随着电力系统的发展，发电厂和变电站的规模越来越大，需要监控的信息量日益增多和复杂，靠常规监控手段已不能适应要求。因此，自 20 世纪 80 年代初期起，我国在部分超高压变电站和大型发电厂的升压站中开始应用微机监控系统，并逐渐发展，近年来发展尤其迅速。

应用于变电站和发电厂网络部分的微机监控系统有多种型式，其基本原理和功能相近，但结构上有差异。大致有下述两种结构型式。

（1）集中式。集中式监控系统，在布置上是集中安装在控制室内，在结构上不完全按电气一次设备（主变、线路、母线等）——对应来分，而是多个或全部一次设备共用某一部分测控设备，不同的一次设备的保护也共用某些二次设备，彼此之间相互关联，相互影响。

（2）分层分布式。分层分布式监控系统，分为站控层（又称变电站层、主站层、上位机层、系统层等）和间隔层（又称下位机层、现地层、单元层等）。间隔层按站内一次设备分布式配置，并相对独立；站控层设备一般设在控制室，对间隔层有控制作用。

　　DL/T 5136—2012《火力发电厂、变电站二次接线设计技术规程》规定："220kV 及以上的变电站和发电厂网络部分的计算机监控系统，应采用开放式、分层分布式结构。"所以，本节简介这类系统。

　　分层分布式微机监控系统的原理框图如图 10 - 52 所示，它表明了监控系统的组成及与变电站或发电厂网络部分现场设备的联系。

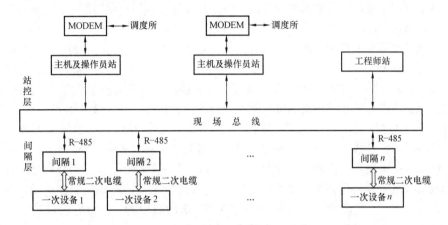

图 10 - 52　分层分布式微机监控系统的原理框图

一、分层分布式微机监控系统的组成

1. 间隔层

　　如前述，间隔层在横向上按一次设备分布式配置。每个间隔有独立的、面向一次设备的测控单元和保护单元装置，可以组屏或直接装在开关柜上（对 35kV 及以下设备，有条件时可装在开关柜上）。各间隔的设备经常规二次电缆与监控对象连接，经 R - 485 串行通信口与总线连接，通过站内通信网互联，并同站控层的设备通信。在功能分配上，采用"可以下放的尽量下放"的原则，凡是可以在本间隔就地完成的功能不依赖于通信网。

　　间隔层的测控单元为智能模块化积木式结构，它包含有电源变换、交流输入、微处理器、控制出口等模块，它将电量变送器、数据采集装置及相应的控制回路设计为一体，取消大量的常规变送器。测控单元负责该间隔一次设备参数的测量、监视及断路器、隔离开关的控制和联锁。保护装置负责该间隔一次设备的短路和异常状态的保护，并在动作后向站控层提供报告。其他一些重要控制设备，如备用电源自动投入装置、控制电容器投切和有载变压器分接头切换的电压控制装置等，均为专用装置，也不依赖于通信网。

2. 站控层

　　站控层由主机及操作员站、工程师站、远动接口设备及相应的外部设备（显示器、打印机、键盘、鼠标等）组成，主机可以是单机或双机，操作员站也可单独设置，必要时可增设其他站（如总工/首长站）。站控层是面向全变电站进行运行管理的中心控制层，负责与间隔层的通信和动态数据的汇总，并进行综合处理；负责与调度端通信。站控层的控制作用是通过通信网由间隔层的测控单元执行。操作员站是监控系统与运行人员联系的主要界面；工程师站是监控系统与专职维护人员联系的主要界面。

3. 现场总线

　　总线是数据总线、地址总线和控制总线的统称，是站控层各主机之间和站控层与间隔层之间的联系桥梁，是传送各种信息的通道。现场总线实际上分为多组，一般按一次设备的类型和数量进行分组，总线之间可以实现冷备用。

4. 软件

软件是指能完成各种功能的程序，包括系统软件、支撑软件和应用软件。系统软件指操作系统和必要的程序开发工具（如编译系统、诊断系统及各种编程语言、维护软件等）；支撑软件包括数据库软件、网络软件等；应用软件是在上述通用开发平台上，根据变电站特定功能要求所开发的软件系统，通常采用流行的面向对象的方法，并依照方便用户使用的原则进行设计，主要包括数据采集和显示程序，监视、控制和计算程序等。

二、微机监控系统的基本功能

1. 数据采集与处理

数据采集是将现场的各种运行参数及状态信号转换成计算机能识别的数字信号，并存入计算机系统；数据处理是对相关设备的各种数据进行系统化操作，用于支持系统完成监测、保护、控制和记录等功能。

现场设备的运行参数和状态，可分为模拟量、开关量、电能量三大类。

（1）模拟量是指连续变化的量，例如电压、电流、频率、功率、温度、压力等。模拟量采用交流采样方式（温度等信号可用直流采样），直接由相关的 TA、TV 输入测控单元，在其内部变换为交流 $2.5\sim5V$，并经模/数（A/D）转换，变成相应的数字量。对所有模拟量测点按一定的扫描周期（如 1s、2s）进行巡回检测，供微机进行处理。

（2）开关量是代表开关、触点的断开和闭合两种状态的量，分别用二进制数"0"和"1"表示，又称为数字量。开关量的采集分为动作顺序记录和仅作变位记录两种。开关量经开关量输入装置输入，并采取消除电磁干扰措施。微机输出的开关量信息是向控制系统提供一种通、断的动作信号。

（3）电能量包括有功和无功电能量数据。监控系统能实现电能量的分时累加、电能平衡等功能。

2. 数据库的建立与维护

数据库的建立包括：建立实时数据库，存储并不断更新全部实时数据；建立历史数据库，存储并定期更新需要保存的历史数据和运行报表数据。数据库可进行在线维护，增加、修改数据项（但采集的数据均不能）。

3. 控制操作及防误闭锁

（1）控制操作对象包括各电压级的断路器及隔离开关、电动操作的接地开关、主变压器及站用变压器分接头位置、站内其他重要设备的启动/停止。

（2）具有手动和自动控制两种方式。手动控制包括调度中心、站内主控制室及就地控制三个级别，有级间切换和相互闭锁功能。自动控制包括顺序控制和调节控制，前者指按设定步骤顺序自动进行倒闸操作，后者指按设定的控制目标值自动进行电压—无功的联合调节。

（3）具有同步功能，能满足断路器的同步合闸和重合闸同步闭锁要求。同步功能一般在间隔层完成。

（4）所有操作控制均经防误闭锁，并有出错报警和判断信息输出。面向全所设备的综合操作闭锁功能在站控层实现；各电气单元设备的操作闭锁功能在间隔层实现。

4. 画面生成及显示

（1）具有用户编辑、生成画面的功能。

（2）画面显示的信息包括日历时间、经编号的测点、表示该点的文字或图形、该点的实时数据或历史数据、经运算或组合后的各种参数等。画面显示的内容包括：全所运行需要的电气接线图、设备配置图、运行工况图、各种信息报告、操作票及各种运行报表等。

5. 报警处理

报警内容包括：设备状态异常、故障，测量值越限及监控系统的软/硬件、通信接口和网络故障等。报警处理分类、分层进行，方便向站控层和调度中心发送；其信息包括报警发生时间和报警条文；其输出直观、醒目，并伴以声、光、色效果。

6. 事件顺序记录及事故追忆

(1) 当电力系统或运行设备发生事故时，能将继电保护、自动装置的动作和断路器的跳合闸顺序记录下来（包括动作时间、性质、顺序及信号名称等），并显示和打印输出事件顺序记录报告。

(2) 对指定的重要模拟量（如母线电压、线路电流等），能追忆其事故前 1min 到事故后 2min 的检测值；追忆结果能在 CRT 上以表格或曲线形式显示，也可以打印。

7. 在线计算及制表

(1) 对所采集的各种电气量的原始数据进行工程计算，包括：对各种常规参数进行统计计算，如日、月、年中的最大、最小值及其出现时间、电压合格率、变压器负荷率、全站负荷及电能平衡等；对主要设备的运行状况统计计算，如断路器正常操作及事故跳闸次数、主变分接头调节档次及次数等；对自动控制操作的方案进行优化计算。

(2) 利用以上各种数据，生成不同格式的生产运行报表。

8. 远动功能

代替远动终端装置（RTU），并能与多个相关调度中心进行数据通信，向上传送遥测量、遥信量及事件顺序记录等。

9. 人—机联系

(1) 操作员站提供的人—机联系包括：调用、显示和拷贝各种图形、曲线、报表；发出操作控制命令；查看历史数据及各项定值；图形及报表的生成、修改；报警确认，报警点的退出/恢复；操作票的显示、在线编辑和打印；运行文件的编辑、制作。

(2) 工程师站提供的人—机联系包括：数据库定义和修改，各种应用程序的参数定义和修改，需要时的二次开发及操作员站的部分功能。

(3) 间隔层就地控制是应急情况下的备用界面，它提供少量重要参数的显示和操作按键。

10. 其他功能

(1) 监控系统具有在线诊断能力，对系统自身的软、硬件运行状况进行诊断，发现异常时予以报警和记录；发生一般性的软件异常时，自动恢复正常运行。

(2) 具有运行管理功能，如运行操作指导、事故记录检索、操作票开列、模拟操作运行记录、交接班记录等。

思考题和习题

1. 发电厂有哪几种控制方式？其控制的设备有哪些？

2. 什么是二次接线图？其内容是什么？

3. 二次接线图有哪几种形式？各有何特点？

4. 直流电源的作用是什么？蓄电池直流系统由哪几部分组成？其充电—放电运行方式与浮充电运行方式有何区别？

5. 分析图 10-10 的充电运行方式。

6. 直流系统电磁型绝缘监察装置由哪些元件组成？它根据什么原理工作？可实现哪些功能？

7. 电压监察装置和闪光装置的构成和动作原理怎样？

8. 电压互感器二次侧有哪两种接地方式？各适用于什么场合？

9. 电压互感器二次电压切换电路有哪几种？其作用和切换条件是什么？

10. 汽轮发电机的定子回路配置有哪些电气仪表？变压器回路配置有哪些电气仪表？试作出双绕组变压器测量仪表展开图。

11. 对断路器控制回路的基本要求是什么？在控制回路图中怎样实现这些要求？

12. 带弹簧、液压操动机构与带电磁操动机构的断路器控制回路有何不同？

13. 分析图 10-29 音响监视的断路器控制和信号回路手动跳闸操作过程。

14. 带气动机构分相操作的 SF_6 断路器控制和信号回路有何特点？

15. 何谓准同步？手动准同步装置由哪些设备构成？这些设备的作用是什么？

16. 何谓同步点？同步点同步电压的取得方式有哪几种？试作出发电机—双绕组变压器单元断路器的同步交流电压回路，并作简要说明。

17. 同步点的合闸回路与一般断路器的合闸回路有何不同？

18. 三相一次重合闸有何特点？

19. 带 AAT 装置的断路器控制回路中，对自动投入的接线有何要求？如何实现？

20. 防误闭锁方式和接线形式有哪几种？

21. 微机型防误闭锁装置由哪几部分构成？其基本工作原理怎样？

22. 中央信号装置的作用是什么？简述电磁式中央信号装置的动作原理。

23. 强迫油循环风冷却装置二次回路有哪些功能？发出"操作电源故障"信号的原因有哪些？有什么后果？

24. 采用弱电监控有何意义？弱电单独对位选控方式与强电控制方式有何区别？

25. 变电站微机监控系统由哪几部分构成？可以实现哪些功能？

第十一章　电力变压器的运行

　　本章着重介绍变压器的运行性能，阐明变压器在各种不同负荷情况下各部分温升、绝缘老化率的计算方法及正常过负荷、事故过负荷能力的计算方法；分析自耦变压器的运行特点；分析变压器在各种不同情况下并列运行时的负荷分配；简介变压器经济运行。

第一节　变压器的发热和冷却

一、发热和冷却过程及冷却方式标志

1. 发热和冷却过程

　　变压器在运行过程中，其绕组和铁芯的电能损耗（绕组的铜耗和铁芯的铁耗）都转变成热量，使各部分的温度升高。这些热量以传导、对流和辐射的方式向外扩散。目前，最普遍采用的是油浸式变压器，变压器油除作为绝缘介质外，还作为散热的媒介，油箱除作为油的容器外，还作为对周围空气的散热面。

　　变压器运行时，各部分温度分布极不均匀，油浸自冷式变压器各部分的温度分布如图 11 - 1 所示。

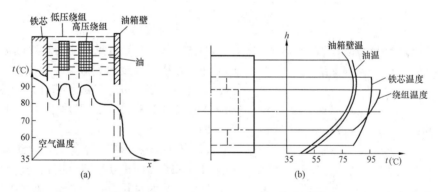

图 11 - 1　油浸自冷式变压器的温度分布
(a) 沿变压器横截面的温度分布；(b) 沿变压器高度的温度分布

　　图 11 - 1 (a) 表明，沿变压器横截面的温度分布很不均匀。绕组和铁芯内部与它们的表面之间有小的温差，一般只有几度；铁芯、低压绕组、高压绕组的发热只与其本身损耗有关，互不关联，所产生的热量都传给油，绕组和铁芯的表面与油有较大的温差，一般约占它们对空气温升的 20%～30%；油箱壁内、外表面间也有 2～3℃ 的温差；油箱壁对空气的温升（温差）最大，约占绕组和铁芯对空气温升的 60%～70%。其散热过程如下。

　　图 11 - 1 (b) 表明，变压器各部分沿高度方向的温度分布也是不均匀的。这是由于油受热后上升，在上升的过程中又不断吸收热量，所以上层油温最高，相应地，铁芯、绕组的上部温度较

高。由图可见，就整个变压器而言，绕组上端部的温度最高，最热点在高度方向的 70%～75% 处，而沿径向则在绕组厚度（自内径算起）的 1/3 处。

大容量变压器的电能损耗大，单靠箱壁和散热器已不能满足散热要求，所以，需采用强迫油循环风冷、强迫油循环水冷或强迫油循环导向冷却等冷却方式，改善散热效果。

2. 冷却方式标志

对于油浸式变压器，用 4 个字母顺序代号标志其冷却方式。

第一字母表示与绕组接触的内部冷却介质。O—矿物油或燃点不大于 300℃ 的合成绝缘液体，K—燃点大于 300℃ 的绝缘液体，L—燃点不可测出的绝缘液体。

第二字母表示内部冷却介质的循环方式。N—油流是自然的热对流循环；F—冷却设备中的油流是强迫循环，流经绕组内部的油流是热对流循环；D—冷却设备中的油流是强迫循环，（至少）在主要绕组内部的油流是强迫导向循环。

第三字母表示外部冷却介质。A—空气，W—水。

第四字母表示外部冷却介质的循环方式。N—自然对流，F—强迫循环（风扇、泵等）。

读者自行理解如下几种标志：① ONAN，ONAF；② OFAF，OFWF；③ODAF，ODWF。①、②、③中的两种标志有时分别合并成 ON、OF、OD。

二、稳态温升的计算

变压器长期稳定运行时，所产生的热量等于散出的热量，各部分温升达稳定值。由上述可知，变压器各部分的温度是不均匀的，所以，计算时通常用平均温升和最大温升表示。平均温升是指整个绕组或油温升的平均值；最大温升是指绕组热点或顶部油的温升，即温升的最大值。

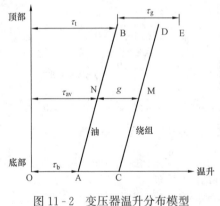

图 11 - 2 变压器温升分布模型

1. 温升分布模型

由图 11 - 1（b）可见，油和绕组的温度沿高度的分布，在绕组高度内近似呈线性变化，因此，可假设温升沿高度的分布呈线性变化，如图 11 - 2 所示，AB、CD 分别表示绕组内油的温升和绕组温升。即

（1）从底部到顶部，油温升和绕组温升都呈线性增加，AB、CD 相互平行。也就是说，在任一高度，绕组对油的温升是一个常数，在图上用 g 表示；在中部高度处，N 点的横坐标为油对环境的平均温升 τ_{av}，M 点的横坐标为绕组对环境的平均温升。有

绕组对环境平均温升＝油对环境平均温升＋绕组对油平均温升＝$\tau_{av}+g$

（2）靠近绕组的上端部，由于杂散损耗增加，并可能特殊加强绝缘，从而增加了隔热程度，使这部分导体对油的温升较高，即绕组热点（E 点）对顶部油温升（B 点）τ_g 比 g 大，这一特性用热点系数 H 来体现。有

绕组热点对环境温升＝顶部油对环境温升＋绕组热点对顶部油温升

＝顶部油对环境温升＋热点系数×绕组对油平均温升

＝$\tau_t+Hg=\tau_t+\tau_g$

据我国电力变压器标准 GB 1094—2013，H 取值为：对配电变压器（额定容量在 2500kVA 及以下）取 1.1；对中型变压器（额定容量不超过 100MVA）取 1.3；对大型变压器（额定容量在 100MVA 以上），依结构而异，无资料时也可取 1.3。

2. 额定温升

在额定使用条件和额定负荷 S_N 下的温升称为额定温升。

我国 GB 1094—2013 规定变压器的额定使用条件为：最高气温＋40℃，最高月平均气温＋30℃，最高年平均气温＋20℃，最低气温−25℃（对户外）或−5℃（对户内）。变压器各部分温升不得超过表 11 - 1 数值。

表 11 - 1　　　　　　　　　　　　　　变压器的额定温升

平均温升（℃）	自然油循环自冷、风冷变压器	强迫油循环风冷变压器	导向强迫油循环风冷变压器
绕组对环境的平均温升	65	65	70
绕组对油的平均温升	21	30	30
油对环境的平均温升	44	35	40
顶层油对环境的温升	55	45	45

变压器的允许温升决定于绝缘材料。油浸电力变压器的绕组一般用油浸电缆纸和油作绝缘，属 A 级绝缘。允许温升的国家标准是基于以下条件规定：变压器在环境温度为＋20℃下带额定负荷长期运行，绕组热点温度为 98℃，使用期限 20～30 年。

对于自然油循环和一般强迫油循环变压器，绕组热点温度（图 11 - 2 的 E 点）比绕组平均温度（图 11 - 2 的 M 点）约高 13℃；对于导向强迫油循环变压器，约高 8℃。因此，绕组对环境的平均温升限值，前者为（98−20−13）＝65（℃），同理可得后者为 70（℃）。

在额定负荷 S_N 下，温升符合前述关系。例如，对于自然油循环变压器，$\tau_{av}=\tau_{avN}=44℃$，$g=g_N=21℃$，$\tau_t=\tau_{tN}=55℃$，有

$$\tau_g=\tau_{gN}=1.1g=23℃$$

绕组对环境平均温升＝$\tau_{av}+g=44+21=65$（℃）

绕组热点对环境温升＝$\tau_t+\tau_g=55+23=78$（℃）

环境温度为 20℃时，绕组热点温度＝78+20=98（℃）。

3. 任意负荷 S 下的温升计算

油的温升与油中损耗成正比，绕组的温升与铜耗成正比，所以，当实际负荷与额定负荷不同时，温升需计算和修正。

（1）绕组顶部油对环境温升 τ_t。油箱内顶层油和底部油的温度，都是用一个或多个浸入油中的温度传感器测定的。顶层油的温度传感器置于从油箱到散热器（或冷却器）的油联管处；底部油的温度传感器置于从散热器（或冷却器）回到油箱的油联管处。但是，计算绕组热点温度时，所采用的顶部油温原则上应是流经顶部绕组内部的油温，它与油箱内的顶层油温（即顶层油的温度传感器测出的油温）不一定相等。

对 ON 冷却方式的变压器，流经绕组的油流量原则上等于流经散热器的油流量，故绕组顶部油温等于油箱内顶层油温。所以温升 τ_t 可用测出的顶层油的额定温升计算

$$\tau_t=\tau_{tN}\left(\frac{1+RK^2}{1+R}\right)^x \tag{11 - 1}$$

对 OF 冷却方式的变压器，流经绕组的油流量不等于流经散热器的油流量，顶层油的温度传感器测出的油温是绕组内、外油流混合后的油温，故绕组顶部油温不直接用油箱内顶层油温计算，而用底部油温和绕组内部的平均油温（用另外的间接测量方法求得）计算。其温升 τ_t 用相应的油的温升计算

$$\tau_t = \tau_{bN} \left(\frac{1+RK^2}{1+R} \right)^x + 2\ (\tau_{avN} - \tau_{bN})\ K^y \tag{11-2}$$

式中：τ_{tN} 为额定负荷 S_N 下，绕组顶部油对环境温升；R 为额定负荷 S_N 下，短路损耗 ΔP_K 与空载损耗 ΔP_0 之比（即 $R = \Delta P_K / \Delta P_0$）；$K$ 为负荷系数，即实际负荷 S 与额定负荷 S_N 之比（即 $K = S/S_N$）；x 为计算油温的指数，与冷却方式有关。对 ON 方式的配电变压器，$x = 0.8$；对 ON 方式的中型变压器，$x = 0.9$；对 OF、OD 方式的中、大型变压器，$x = 1.0$；y 为计算绕组热点温度的指数，与冷却方式有关。对 ON、OF 方式的变压器，$y = 1.6$；对 OD 方式的变压器，$y = 2.0$；τ_{bN} 为额定负荷 S_N 下，底部油对环境温升；τ_{avN} 为额定负荷 S_N 下，绕组内部油对环境平均温升。

（2）绕组热点对顶部油温升 τ_g 为

$$\tau_g = \tau_{gN} K^y \tag{11-3}$$

式中：τ_{gN} 为额定负荷 S_N 下，绕组热点对绕组顶部油温升；K、y 的含义和取值与上述相同。

三、绕组热点稳态温度的计算

根据变压器冷却方式的不同，任意负荷 S 下绕组热点稳态温度 θ_h 的计算如下。

1. 自然油循环冷却（ON）

$$\theta_h = \theta_0 + \tau_{tN} \left(\frac{1+RK^2}{1+R} \right)^x + \tau_{gN} K^y \tag{11-4}$$

式中：θ_0 为环境温度。

2. 强迫油循环冷却（OF）

$$\theta_h = \theta_0 + \tau_{bN} \left(\frac{1+RK^2}{1+R} \right)^x + 2\ (\tau_{avN} - \tau_{bN})\ K^y + \tau_{gN} K^y \tag{11-5}$$

3. 强迫油循环导向冷却（OD）

强迫油循环导向冷却（OD）绕组热点温度 θ_h' 的计算，基本上与 OF 冷却方式一样，但考虑到导线电阻随温度变化，所以，在式（11-5）的基础上加一个修正量。即

$$\theta_h' = \theta_h + 0.15\ (\theta_h - \theta_{hN}) \tag{11-6}$$

式中：θ_{hN} 为额定负荷下绕组热点温度 [即 $K = 1$ 时，式（11-5）的计算结果]；θ_h 为任意负荷 S 下，不考虑导线电阻影响的绕组热点温度 [即 $K \neq 1$ 时，式（11-5）的计算结果]。

第二节　变压器的绝缘老化

一、变压器的热老化定律

1. 绝缘老化现象

如前所述，电力变压器大多使用 A 级绝缘。绝缘材料有一定的机械强度和电气强度，机械强度是指绝缘承受机械荷载（张力、压力、弯曲等）的本领；电气强度（或称绝缘强度）是指绝缘抵抗电击穿的本领。变压器在长期运行中，由于受到大气条件和其他物理化学作用的影响，其绝缘材料的机械强度和电气强度逐渐衰退的现象，称为绝缘老化。

当绝缘完全失去弹性，即机械强度完全丧失时，只要没有机械损伤，仍有相当高的电气强度。但失去弹性的绝缘，已变得干燥、易脆裂，容易因振动和电动力的作用而损坏。因此，绝缘老化程度不能只按电气强度来判断，必须考虑机械强度的降低程度，而且主要由机械强度的降

低程度来确定。

变压器的绝缘老化，主要是由于温度、湿度、氧气和油中的某些分解物所引起的化学反应的影响，其中高温是促成老化的直接原因。运行中，绝缘的工作温度越高，化学反应（主要是氧化作用）进行得越快，绝缘老化越快。

2. 变压器的寿命

（1）预期寿命。一般认为，当变压器绝缘的机械强度降低到其初始值的 15%～20% 时，变压器的寿命即算终止。变压器的预期寿命是指其绝缘均匀老化到机械强度只有初始值的 15%～20% 所经过的时间。

有关研究表明，当变压器绕组热点温度 θ_h 在 80～140℃ 范围内时，变压器的预期寿命 Z 与 θ_h 的关系如下

$$Z = A\mathrm{e}^{-P\theta_h} \tag{11-7}$$

式中：A 为常数，与多种因素有关，如纤维的原始质量（原材料的组成和化学添加剂）及绝缘中的水分和游离氧等；P 为温度常数。

对于标准变压器，在额定负荷和额定环境温度下，绕组热点的正常基准温度为 98℃，此时变压器能获得正常预期寿命 20～30 年，即

$$Z_N = A\mathrm{e}^{-P \times 98} \tag{11-8}$$

（2）相对预期寿命和老化率。绕组热点维持在任意温度 θ_h 时的预期寿命 Z 与正常预期寿命 Z_N 之比，称为相对预期寿命，用 Z_* 表示，即

$$Z_* = Z/Z_N = \mathrm{e}^{-P(\theta_h - 98)} \tag{11-9}$$

在相同的时间间隔 T 内，绕组热点维持在任意温度 θ_h 时所损耗的寿命（T/Z）与维持在 98℃ 时的所损耗的寿命（T/Z_N）之比，称为相对老化率（以下简称老化率），用 υ 表示。显然，υ 是 Z_* 的倒数，即

$$\upsilon = Z_N/Z = \mathrm{e}^{P(\theta_h - 98)} \tag{11-10}$$

因 $\ln 2 = 0.693$，$\frac{1}{0.693}\ln 2 = 1 = \ln \mathrm{e}$ 即 $\mathrm{e} = 2^{\frac{1}{0.693}}$，所以式（11-10）可以写成

$$\upsilon = 2^{\frac{P(\theta_h - 98)}{0.693}} = 2^{\frac{(\theta_h - 98)}{\nabla}} \tag{11-11}$$

其中

$$\nabla = 0.693/P \approx 6℃ \tag{11-12}$$

设 $\theta_h = 98 + 6n$（n 可为正、负数），则

$$\upsilon = 2^{\frac{(98+6n-98)}{\nabla}} = 2^n \tag{11-13}$$

$$Z = Z_N/\upsilon = Z_N/2^n \tag{11-14}$$

这意味着绕组热点温度每增加 6℃（n 每增加 1），老化加倍，即预期寿命缩短一半，此即热老化定律（或称绝缘老化的 6℃ 规则）。据上式可计算各温度下的老化率，如表 11-2 所示。

表 11-2　　　　　　　　　　　各温度下的老化率

θ_h（℃）	80	86	92	98	104	110	116	122	128	134	140
n	-3	-2	-1	0	1	2	3	4	5	6	7
$\upsilon = 2^n$	0.125	0.25	0.5	1.0	2	4	8	16	32	64	128

二、等值老化原则

如前所述，变压器运行时，如果维持绕组热点温度为98℃，可以获得正常预期寿命。但是，据式（11-4）～式（11-6），实际上绕组热点温度受到气温 θ_0 和负荷 K 波动的影响，变动范围很大，即绕组热点温度是一个随时间变化的量 θ_{ht}。为此，在一定时间间隔 T（一年、一季或一昼夜等）内，如果部分时间内绕组热点温度低于98℃，则另一部分时间内允许绕组热点温度高于98℃，只要变压器在高于98℃时多损耗的寿命得到低于98℃时少损耗的寿命的完全补偿，则变压器的预期寿命可以和维持绕组热点温度为98℃时等值，此即等值老化原则。换言之，等值老化原则是：使变压器在一定时间间隔 T 内，绝缘老化或损耗的寿命与维持绕组热点温度为98℃时等值。

绕组热点温度为 θ_{ht} 时，经 dt 时间所损耗的寿命为 $\dfrac{dt}{Ae^{-P\theta_{ht}}}=\dfrac{1}{A}e^{P\theta_{ht}}dt$，经 T 时间损耗的寿命为 $\int_0^T \dfrac{1}{A}e^{P\theta_{ht}}dt$；绕组热点温度为98℃时，经 T 时间损耗的寿命为 $\dfrac{T}{Ae^{-P\times98}}=\dfrac{T}{A}e^{P\times98}$。于是，等值老化原则如式（11-15）所示

$$\int_0^T e^{P\theta_{ht}}dt = Te^{P\times98} \tag{11-15}$$

据老化率 υ 的概念［不是据式（11-15）］，当 θ_{ht} 随时间变化时，υ 可表达为

$$\upsilon = \frac{\int_0^T e^{P\theta_{ht}}dt}{Te^{P\times98}} = \frac{1}{T}\int_0^T e^{P(\theta_{ht}-98)}dt \tag{11-16}$$

显然，如果 $\upsilon>1$，变压器的老化大于正常老化，预期寿命缩短；如果 $\upsilon<1$，变压器的老化小于正常老化，变压器的负荷能力未得到充分利用。因此，在一定时间间隔内，维持变压器的老化率 υ 接近于1，是制定变压器负荷能力的主要依据。

第三节　变压器超过额定容量运行时温度和电流的限值

一、变压器的负荷能力及负荷状态分类

1. 变压器的负荷能力

变压器的额定容量 S_N，即铭牌容量，是指在规定的环境温度下，变压器在正常使用年限内（约20～30年）所能连续输送的最大容量。

实际上，变压器的负荷变化范围很大，不可能固定在额定值运行，在部分时间内可能是欠负荷（低于 S_N）运行，另一部分时间内可能是过负荷（高于 S_N）运行，因此，必须规定一个短时容许负荷。变压器的负荷能力是指，变压器在短时间（一般为几小时至十几小时）内所能输送的容量，在一定条件下，它可能超过额定容量。

负荷能力的大小和持续时间受下述条件限制：① 变压器的电流和温度不得超过规定的限值；② 在整个运行期间，变压器的绝缘老化不得超过正常值，以保证变压器能达到正常预期寿命。

2. 负荷状态分类

变压器运行中，绝大部分时间是承担周期性变化的负荷（通常以天为周期），事故情况下也可能承担短期急救负荷。

（1）正常周期性负荷。在周期性负荷中，某段时间环境温度较高，或超过额定电流，但可以由其他时间内环境温度较低，或低于额定电流所补偿。从热老化的观点出发，它与设计采用的环

境温度下施加额定负荷是等效的。换言之，正常周期性负荷是指遵循等值老化原则的负荷。

（2）长期急救负荷。这种负荷是由于系统中部分变压器长时间退出运行而引起，使运行的变压器长时间在环境温度较高，或超过额定电流下运行。这种运行方式可能持续几个星期或几个月，将导致变压器的老化加速，在不同程度上缩短变压器的寿命，但不直接危及绝缘的安全。

（3）短期急救负荷。这种负荷是由于系统中发生了事故，严重地干扰了系统正常负荷的分配，从而使变压器在短时间内大幅度地超额定电流运行，使绕组热点温度可能达到危险的程度，并可能导致绝缘强度暂时下降。因此，这种负荷的持续时间一般应小于 0.5h，其允许值由环境温度及急救前的负荷情况决定。

二、负荷超过额定值的效应

变压器的负荷超过额定值运行时，将产生下列不良效应。

（1）绕组、线夹、引线、绝缘部件及油的温度升高，且可能超过允许值；当热点温度超过临界温度（约在 140～160℃之间）时，绝缘纸中可能会出现气泡，使其绝缘强度下降。

（2）铁芯外的漏磁通密度增加，使耦合的金属部件由于涡流而发热，在其表面处的油中或固体绝缘内可能会出现气泡。

（3）随着温度升高，使固体绝缘物和油中的水分及气体含量发生变化。

（4）分接开关、套管、电缆终端连接及电流互感器等受到较高的热应力。

（5）导体绝缘的机械特性受高温影响，热老化过程加快。

对不同容量的变压器，上述效应不同，为了把其危险性控制到适当程度，考虑的侧重点也不同。

（1）配电变压器，主要考虑绕组热点温度和热老化。

（2）中型变压器，漏磁通影响不是关键，但必须考虑不同的冷却方式。

（3）大型变压器，漏磁通影响很大，故障后果严重。

三、负荷超过额定值运行时，电流和温度的限值

变压器的负荷超过额定值运行时，国际电工标准（IEC）建议有关部分的电流和温度不要超过表 11-3 规定的限值，我国 GB/T 1094.7—2008《电力变压器　第 7 部分：油浸式电力变压器负荷导则》及 DL/T 572—2010《电力变压器运行规程》也做了相同或类似的规定。

表 11-3　　　　　　　　　负荷超过铭牌额定值时的电流和温度限值

负荷类别	配电变压器	中型变压器	大型变压器
正常周期性负荷电流（标幺值）	1.5	1.5	1.3
绕组热点温度和与纤维绝缘材料接触的金属部件的温度（℃）	120	120	120
其他金属部件的热点温度（与油、芳族聚酰胺纸等接触,℃）	140	140	140
顶层油温（℃）	105	105	105
长期急救负荷电流（标幺值）	1.8	1.5	1.3
绕组热点温度和与纤维绝缘材料接触的金属部件的温度（℃）	140	140	140
其他金属部件的热点温度（与油、芳族聚酰胺纸等接触,℃）	160	160	160
顶层油温（℃）	115	115	115
短期急救负荷电流（标幺值）	2.0	1.8	1.5
绕组热点温度和与纤维绝缘材料接触的金属部件的温度（℃）	—	160	160
其他金属部件的热点温度（与油、芳族聚酰胺纸等接触,℃）	—	180	180
顶层油温（℃）	—	115	115

对表 11-3 的几点说明：

（1）负荷电流标幺值指变压器各侧绕组中（对自耦变压器包括公共绕组），负荷电流标幺值最大的绕组的标幺值。

（2）对于固体绝缘和油中有正常含水量的变压器，热点临界温度约在 140～160℃之间；当含水量增加时，此临界温度将降低。

（3）温度和电流限值不同时适用。电流可以比表中的限值低一些，以满足温度限值的要求。相反地，温度可以比表中的限值低一些，以满足电流限值的要求。

（4）对配电变压器未规定出短时急救负荷的顶层油温和热点温度限值，这是因为对配电变压器控制急救负荷的持续时间，通常是不现实的。

（5）考虑到故障后果，对大型变压器采用了比中、小型变压器保守、可靠的负荷方案。

第四节　变压器的正常过负荷能力

变压器的正常过负荷能力，是以不牺牲变压器的正常预期寿命为原则而制定的，而寿命决定于绕组的热点温度 θ_h。如前所述，变压器在运行时，θ_h 受到环境温度和负荷波动的影响。

在运行过程中，在时间间隔 T 内变压器所损耗的寿命或老化程度 $Te^{P\theta_h}/A$，与绕组热点温度 θ_h 呈指数上升关系，θ_h 愈高上升愈快。这意味着，高温时绝缘老化的加速远大于低温时绝缘老化的延缓。因此，就环境温度的影响而言，不能用一个平均温度来表示温度变化对绝缘老化的影响。

就负荷波动的影响而言，根据等值老化原则，如果一部分时间内变压器欠负荷运行，则可以在另一部分时间内使变压器过负荷运行，只要在过负荷期间多损耗的寿命能得到欠负荷期间少损耗的寿命的补偿，仍可获得正常预期寿命。

为简便起见，在考虑环境温度和负荷变化对绕组热点温度的影响，亦即对变压器的正常过负荷能力的影响时，通常用等值空气温度代替实际变化的空气温度，用等值负荷曲线代替实际负荷曲线。

一、等值空气温度

等值空气温度（GB/T 15164—2016 称加权环境温度）是指某一空气温度 θ_e，如果在一定时间间隔 T 内维持此温度不变，当变压器带恒定负荷时的绝缘老化，等于空气自然变化和同样恒定负荷下的绝缘老化。设带恒定负荷时，绕组热点对环境的温升为 τ，则上述概念用算式表示就是

$$Te^{P(\theta_e+\tau)} = \Delta t[e^{P(\theta_1+\tau)} + e^{P(\theta_2+\tau)} + \cdots + e^{P(\theta_t+\tau)} + \cdots + e^{P(\theta_n+\tau)}]$$

$$= \Delta t \sum_{t=1}^{n} e^{P(\theta_t+\tau)} = \int_0^T e^{P(\theta_t+\tau)} \, dt$$

即

$$e^{P\theta_e} = \frac{1}{T}\int_0^T e^{P\theta_t} \, dt$$

两边取对数得

$$\theta_e = \frac{1}{P}\ln\left(\frac{1}{T}\int_0^T e^{P\theta_t} \, dt\right) \tag{11-17}$$

式中：θ_t 为在第 t（$t=1、2、\cdots、n$）个时间段 Δt 内，空气的平均瞬时温度。

研究指出，可近似认为空气温度的日或年自然变化曲线是正弦曲线，如图 11-3 所示，用公式表示为

$$\theta_t = \theta_{av} + \frac{1}{2}\Delta\theta\sin\frac{2\pi t}{T} \tag{11-18}$$

式中：θ_{av} 为在时间间隔 T 内空气的平均温度；$\Delta\theta$ 为在时间间隔 T 内空气温度的变化范围，即最高、最低温度之差。

将式（11-18）代入式（11-17）得

$$\theta_e = \theta_{av} + \frac{1}{P}\ln\left(\frac{1}{T}\int_0^T e^{\frac{1}{2}P\Delta\theta\sin\frac{2\pi t}{T}}dt\right) = \theta_{av} + \Delta$$

$$(11-19)$$

式中：Δ 为温度差，$\Delta = f(\Delta\theta)$。

从式（11-19）也可见，由于高温时绝缘老化的加速远大于低温时绝缘老化的延缓，因此，等值空气温度 θ_e 不同于平均温度 θ_{av}，它比 θ_{av} 大一个数值 Δ；数值

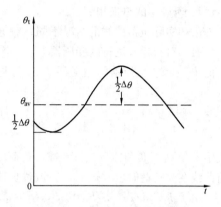

图 11-3　空气温度日变化曲线

Δ 与气温的变化规律和变化范围有关，气温变化范围 $\Delta\theta$ 越大，则 Δ 值越大，且 Δ 值总是正值。当气温变化为正弦曲线时，$\Delta = f(\Delta\theta)$ 曲线如图 11-4 所示。该曲线可由式（11-19）第二项用数值方法求得。据 GB/T 15164—2016，可直接用式（11-20）计算

$$\Delta = 0.01\,(\Delta\theta)^{1.85} \qquad\qquad (11-20)$$

据有关资料，我国主要大城市的年等值空气温度 θ_e 约比年平均温度 θ_{av} 高 3～8℃，即 $\Delta = 3\sim 8℃$。如前所述，在额定负荷时，变压器绕组对空气的平均温升定为 65℃，是根据绕组热点温度维持在 98℃、环境温度为 20℃、绕组热点温度较绕组平均温度高 13℃ 而确定，即（98−20−13）=65℃。20℃ 的环境温度相当于年等值空气温度，这个数值适合我国广大地区的气温情况，所以，我国变压器的额定容量不必根据气温情况加以修正，但在考虑过负荷能力时应考虑等值空气温度的影响。

二、等值负荷曲线的计算

在考虑变压器负荷变动对绕组热点温度的影响，亦即对负荷能力的影响时，一般是将实际负荷曲线归算成两阶段式等值负荷曲线，即包含欠负荷段和过负荷段的等值负荷曲线，如图 11-5 所示。

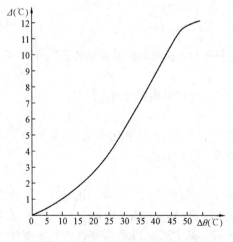

图 11-4　$\Delta = f(\Delta\theta)$ 关系曲线

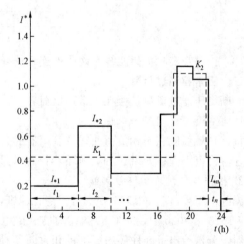

图 11-5　实际负荷曲线（实线）和
等值负荷曲线（虚线）

等值负荷 K 在实际负荷曲线的时间段 t_1、t_2、$\cdots$、t_n 内所产生的热量和实际负荷 I_{*1}、I_{*2}、

…、I_{*n} 所产生的热量相等。

已知实际负荷曲线的情况不同，对等值负荷曲线的计算也有所不同。

（1）对已投入运行的变压器，已知实际负荷曲线一般为以变压器的额定电流 I_N 为基准的标幺值 I_*，或以变压器的额定容量 S_N 为基准的标幺值 S_*。有

$$K_j^2 \ (t_1 + t_2 + \cdots + t_n) = I_{*1}^2 t_1 + I_{*2}^2 t_2 + \cdots + I_{*n}^2 t_n$$

即
$$K_j = \sqrt{\frac{I_{*1}^2 t_1 + I_{*2}^2 t_2 + \cdots + I_{*n}^2 t_n}{t_1 + t_2 + \cdots + t_n}} \tag{11-21}$$

式中：K_j 为欠负荷段（$j=1$）或过负荷段（$j=2$）的等值负荷系数；$t_1 \sim t_n$，$I_{*1} \sim I_{*n}$ 为实际负荷曲线上欠负荷时段（$j=1$ 时）或过负荷时段（$j=2$ 时）的时间（h）及相应的电流标幺值。

由于 $I_* = I/I_N = S/S_N = S_*$，所以，式（11-21）又可写成

$$K_j = \sqrt{\frac{S_{*1}^2 t_1 + S_{*2}^2 t_2 + \cdots + S_{*n}^2 t_n}{t_1 + t_2 + \cdots + t_n}} \tag{11-22}$$

（2）对待选择的变压器，已知实际负荷曲线一般为以变电站的最大有功负荷 P_{max} 为基准的标幺值，或以变电站的最大视在功率负荷 S_{max} 为基准的标幺值。

第四章曾介绍过，一般变电站中多装设 2 台主变压器，每台按 $S'_{max} = (0.6 \sim 0.7) S_{max}$ 选择容量 S_N。当一台变压器退出时，另一台变压器承担的 S'、P' 也相应保证达到总负荷 S、P 的 $(0.6 \sim 0.7)$ 倍。设一台运行时的负荷曲线（以 S'_{max} 为基准）与原变电站负荷曲线（以 S_{max} 为基准）一致，负荷功率因数为 $\cos\varphi$。对已知的负荷曲线，有

$$S'_* = S'/S'_{max} = \frac{P'/\cos\varphi}{P'_{max}/\cos\varphi} = P'/P'_{max} = P'_*$$

将已知负荷曲线归算为以 S_N 为基准的标幺值

$$S_* = S'/S_N = S'_* \cdot S'_{max}/S_N = P'_* \cdot S'_{max}/S_N \tag{11-23}$$

当 $S_* < 1$，即 $P'_* < S_N/S'_{max}$ 时，均为欠负荷段；当 $S_* > 1$，即 $P'_* > S_N/S'_{max}$ 时，均为过负荷段。将式（11-23）代入式（11-22）得

$$K_j = \sqrt{\frac{P_{*1}'^2 t_1 + P_{*2}'^2 t_2 + \cdots + P_{*n}'^2 t_n}{t_1 + t_2 + \cdots + t_n}} \frac{S'_{max}}{S_N} \tag{11-24}$$

（3）当已知实际负荷曲线有两段不连续的峰值负荷时，选择时间较长的峰值段计算 K_2。

三、正常容许过负荷

判断变压器过负荷是否在正常过负荷容许范围内，可以采用两种方法。

1. 根据绝缘老化率 υ 判断

根据环境温度、实际负荷曲线及变压器的数据，计算变压器的老化率 υ。如果 $\upsilon \leqslant 1$，说明过负荷在容许范围内；如果 $\upsilon > 1$，则不容许正常过负荷。这种方法较烦。

2. 根据容许过负荷倍数判断

国际电工委员会（IEC）根据等值老化原则，绘制了各种类型变压器的正常过负荷曲线。在 GB/T 15164—2016 中，对 ONAN 冷却方式配电变压器及 ON、OF、OD 冷却方式的中型和大型变压器，分别给出了 8 种环境温度的正常过负荷曲线。其中 ON、OF 冷却方式的中型和大型变压器在日等值气温为 20℃时的正常过负荷曲线，如图 11-6 所示。图 11-6 中 K_1 和 K_2 分别表示两阶段负荷曲线中的欠负荷和过负荷系数；T 为过负荷容许持续时间（h）；受表 11-3 限制，虚线部分不能采用。

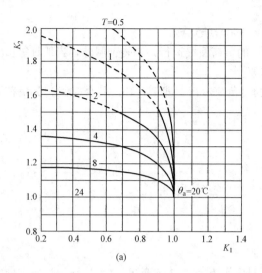
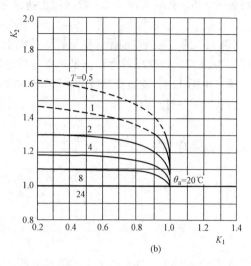

图 11-6　正常过负荷曲线图（日等值空气温度＋20℃）

(a) 自然油循环变压器；(b) 强迫油循环变压器

具体做法是：

1）据实际负荷曲线情况，按式（11-21）或式（11-24）将变压器的日负荷曲线归算成两阶段等值负荷曲线，即求出欠、过负荷期间的等值负荷系数 K_1 和 K_2。

2）根据 K_1 及过负荷时间 T，从图 11-6（a）或图 11-6（b）上查出容许的过负荷倍数 K_2，并注意到实际容许的 K_2 不得超过表 11-3 规定的限值，即自然油循环变压器不得超过 1.5，强迫油循环变压器不得超过 1.3。

3）将容许的 K_2 与实际计算出的 K_2（即实际需要的 K_2）比较，如果前者大于后者，则满足正常过负荷需要；也可由容许的 K_2 和 S_N 计算容许的过负荷值。

四、保证正常寿命损失的变压器最小容量的确定

对待建的变电站，如果已知 P_{max}、$\cos\varphi$ 及以 P_{max} 为基准的日负荷曲线。可通过以下步骤确定保证正常寿命损失的变压器最小容量 S_{Nmin}（按变电站中装设 2 台同容量主变压器考虑）：

1）计算当一台变压器退出时，另一台变压器必须承担的最大负荷 S'_{max}，并明确与最大负荷相应的时间 T（负荷曲线上标幺值为 1 的时间段）。

2）按式（11-24）计算 K_2 和 K_1 的比值（与 S_N 无关），并设为 n，即 $K_2/K_1=n$。

3）求出两点坐标值：令 $K_1=1$，则 $K_2=n$；令 $K_1=1/n$，则 $K_2=1$。

4）在图 11-6 相应的曲线图上，经上述两点作一直线，该直线与过负荷时间为 T 的曲线交点的 K_2 值，即为恰好保证正常寿命损失的过负荷系数。于是有

$$S_{Nmin}=S'_{max}/K_2 \tag{11-25}$$

只要选择等于或稍大于 S_{Nmin} 的标准容量，就能充分地利用变压器的正常过负荷能力，且不影响其寿命。

【例 11-1】 一台 10000kVA 的自然油循环风冷变压器，安装于屋外，当地年等值空气温度为 20℃，日负荷曲线中，起始负荷为 6000kVA，求变压器历时 2h 的容许过负荷值。

解 本题未给出具体负荷曲线，可认为除 2h 过负荷外，其余时间的负荷均为 6000kVA，故

$$K_1=6000/10000=0.6$$

查图 11-6（a）曲线，在 $T=2h$ 的曲线上，对应于 $K_1=0.6$ 查得 $K_2=1.53$。但过负荷系数

不得超过 1.5，故取 $K_2 = 1.5$。容许过负荷值为

$$S = 1.5 \times 10000 = 15000 \ (kVA)$$

【例 11-2】 某强迫油循环变压器，按图 11-5 的负荷曲线运行，安装于屋外，当地日等值空气温度为 20℃，该变压器能否满足正常过负荷需要？

解 由图 11-5 的负荷曲线知，在 18~22h 为过负荷运行，即 $T = 4h$，其余时间为欠负荷运行。由式（11-21）得

$$K_1 = \sqrt{\frac{I_{*1}^2 t_1 + I_{*2}^2 t_2 + \cdots + I_{*n}^2 t_n}{t_1 + t_2 + \cdots + t_n}}$$

$$= \sqrt{\frac{0.2^2 \times 6 + 0.7^2 \times 4 + 0.3^2 \times 6 + 0.8^2 \times 2 + 0.2^2 \times 2}{6 + 4 + 6 + 2 + 2}} = 0.453$$

$$K_2 = \sqrt{\frac{1.2^2 \times 2 + 1.1^2 \times 2}{2 + 2}} = 1.15$$

查图 11-6（b）曲线，在 $T = 4h$ 的曲线上，对应于 $K_1 = 0.453$ 查得 $K_2 = 1.18 > 1.15$。即容许的过负荷系数大于需要的过负荷系数，故该变压器能满足正常过负荷需要。

【例 11-3】 已知某待建 110kV 变电站负荷有关资料如下：$P_{max} = 20MW$，$\cos\varphi = 0.85$，重要负荷 55%，以 P_{max} 为基准的日负荷曲线如表 11-4 所示。计划装设两台主变压器，安装于屋外，当地日等值空气温度为 20℃，若选择容量为 12.5MVA 自然油循环变压器，能否满足正常过负荷需要？

表 11-4　　　　　　　　　　　　　　以 P_{max} 为基准的日负荷曲线

时　间	0~8	8~10	10~14	14~16	16~18	18~20	20~24
P/P_{max}	0.5	0.8	0.5	0.6	0.8	1.0	0.5

解 $S'_{max} = 0.6 S_{max} = 0.6 P_{max}/\cos\varphi = 0.6 \times 20/0.85 = 14.12 (MVA)$

可见选择 $S_N = 12.5MVA$，为偏小选择，在一台退出时出现过负荷，需作正常过负荷校验。因 $S_N/S'_{max} = 12.5/14.12 = 0.885$，故在负荷曲线高于此值者均为过负荷，即 18~20h 为过负荷，$T = 2$。由式（11-24）得

$$K_1 = \sqrt{\frac{P_{*1}'^2 t_1 + P_{*2}'^2 t_2 + \cdots + P_{*n}'^2 t_n}{t_1 + t_1 + \cdots + t_n}} \frac{S'_{max}}{S_N}$$

$$= \sqrt{\frac{0.5^2 \times 8 + 0.8^2 \times 2 + 0.5^2 \times 4 + 0.6^2 \times 2 + 0.8^2 \times 2 + 0.5^2 \times 4}{8 + 2 + 4 + 2 + 2 + 4}} \times \frac{14.12}{12.5}$$

$$= 0.65$$

$$K_2 = 1 \times \frac{14.12}{12.5} = 1.13$$

查图 11-6（a）曲线，在 $T = 2h$ 的曲线上，对应于 $K_1 = 0.65$ 查得 $K_2 = 1.5 > 1.13$。故所选变压器能满足正常过负荷需要，且在 2h 内容许负荷可达 $1.5 \times 12.5 = 18.75 (MVA)$。

第五节　变压器的事故过负荷

当系统发生事故时，变压器在较短时间内可能会出现比正常过负荷更大的过负荷，这种事

故情况下的过负荷称为事故过负荷，又称急救过负荷。事故过负荷运行时，变压器老化率大于1甚至远大于1，但首先应保证不间断供电，绝缘老化加速是次要的，所以，事故过负荷是以牺牲变压器寿命为代价。

为了保证可靠性和不至于严重影响变压器的寿命，事故过负荷时变压器的电流和各部分的温度不得超过表11-3规定的限值。事故过负荷所引起的绝缘老化的严重程度与过负荷值及延续时间有关，同时与环境温度及在此之前变压器的负荷情况有关。

国际电工委员会（IEC）没有严格规定事故过负荷的具体数值，而是列出了事故过负荷时变压器寿命所牺牲的天数，即事故过负荷时，变压器绝缘老化相当于正常老化的天数。在GB/T 15164—2016中，对ONAN冷却方式配电变压器及ON、OF、OD冷却方式的中型和大型变压器，分别给出了6种持续时间（0.5、1、2、4、8、24h）的急救负荷表。例如，OF冷却方式的中型和大型变压器带4h急救负荷及其相应的寿命损失和绕组热点温升如表11-5所示。

表 11-5　　　　急救负荷及其相应的日寿命损失（d）和绕组热点温升（℃）
OF中、大型电力变压器（$T=4h$）

K_2	K_1										
	0.25	0.5	0.7	0.8	0.9	1.0	1.1	1.2	1.3	1.4	1.5
1.1	0.278	0.320	0.403	0.499	0.734	1.50	4.70				
	89	89	90	90	91	91	91				
1.2	1.26	1.43	1.71	1.96	2.42	3.54	7.37	24.8			
	103	103	104	104	104	105	105	106			
1.3	6.40	7.18	8.40	9.37	10.8	13.3	19.3	40.7	147		
	118	118	119	119	119	120	120	121	121		
1.4	36.4	40.5	46.7	51.4	57.8	67.0	82.6	119	252	975	
	134	134	134	135	135	136	136	136	137	138	
1.5	231	256	292	319	353	400	467	576	823	1760	7230
	150	151	151	151	152	152	153	153	154	154	155
1.6	1640	1800	2040	2210	2430	2720	3100	3640	4500	6400	＋
	168	168	169	169	169	170	170	171	171	172	173

表11-5中，日寿命损失和绕组热点温升的计算是在周期性负荷运行的基础上进行，寿命损失以"正常日"数表示，一个"正常日"等效于变压器在等值空气温度为20℃及额定负荷条件下，运行一天。K_1表示事故过负荷前的等值负荷系数（K_1可能大于1），K_2表示事故过负荷倍数，表中数值为过负荷4h寿命损失的天数（d）和绕组热点温升值（℃）；表中"＋"符号表明，即使在最低气温条件下也不容许运行；表中所列牺牲天数是指等值空气温度为＋20℃时的数值，当等值空气温度不是＋20℃时应乘以表11-6所列的校正系数。

另外，DL/T 572—2010还给出了各种冷却方式的变压器在不同环境温度和不同K_1值情况下，0.5h短期急救负荷的K_2值，其中ON冷却方式的中型变压器及OF冷却方式的中型和大型变压器的

K_2 值，如表 11-7 所示（K_1 为急救负荷前的负荷系数）。

表 11-6　　　　　　　　　　等值空气温度不同于+20℃时的校正系数

等值空气温度（℃）	40	30	20	10	0	−10	−20	−25
校 正 系 数	10	3.2	1	0.32	0.1	0.032	0.01	0.0055

表 11-7　　　　　　　　　　0.5h 短期急救负荷的 K_2 值

变压器类型	K_1	等值空气温度（℃）							
		40	30	20	10	0	−10	−20	−25
中型变压器（ON 冷却方式）	0.7	1.80							
	0.8	1.76	1.80						
	0.9	1.72	1.80						
	1.0	1.64	1.75	1.80					
	1.1	1.54	1.66	1.78	1.80				
	1.2	1.42	1.56	1.70	1.80				
中型变压器（OF 冷却方式）	0.7	1.5	1.62	1.70	1.78	1.80			
	0.8	1.5	1.58	1.68	1.72	1.80			
	0.9	1.48	1.55	1.62	1.70	1.80			
	1.0	1.42	1.50	1.60	1.68	1.78	1.80		
	1.1	1.38	1.48	1.58	1.66	1.72	1.80		
	1.2	1.34	1.44	1.50	1.62	1.70	1.76	1.80	
大型变压器（OF 冷却方式）	0.7	1.50							
	0.8	1.50							
	0.9	1.48	1.50						
	1.0	1.42	1.50						
	1.1	1.38	1.48	1.50					
	1.2	1.34	1.44	1.50					

【例 11-4】 求一台 OF 冷却方式的中型电力变压器在下列条件下的日寿命损失和绕组热点温度。已知：$K_1=0.8$，$K_2=1.3$，$T=4h$，等值空气 30℃；在其他条件不变的情况下，用插值法估算 K_2 的容许值。

解 （1）据表 11-5、表 11-6，可得

日寿命损失为　　　　　　　　$9.37\times3.2=29.984$（d）

绕组热点温度为　　　　　　　$119+30=149$（℃）

因绕组热点温度已超过表 11-3 限值（140℃），故不容许按这种条件运行。

（2）由于绕组热点温度限值为 140℃，故等值空气为 30℃时，绕组热点温升限值为 110℃。由表 11-5 查得 K_2 为 1.2、1.3 时相应的绕组热点温升值：$K_{21}=1.2$，$\tau_1=104$；$K_{22}=1.3$，$\tau_2=119$。于是用插值法估算 K_2 的容许值为

$$K_2=K_{21}+\frac{110-\tau_1}{\tau_2-\tau_1}(K_{22}-K_{21})=1.2+\frac{110-104}{119-104}(1.3-1.2)=1.24$$

由表 11-5 看出，绕组热点温升比负荷上升快，所以，K_2 的实际容许值应比估算值略低。

由表 11-5 还可见，某些情况下，寿命损失十分惊人，所以，应尽量减少出现急救过负荷运行方式的机会；必须采取时，应尽量降低过负荷倍数，缩短运行时间，有条件时投入备用冷却器。当变压器有较严重缺陷（如冷却系统不正常，严重漏油，有局部过热现象等）或绝缘有弱点时，不宜超额定电流运行。

第六节　自耦变压器的特点和运行方式

一、自耦变压器的特点

电力系统所采用的自耦变压器是一种多绕组变压器，如图 11-7（a）所示，其特点是高、中压侧共用一部分绕组，高、中压绕组除了有电磁的联系外，在电路上也有直接联系。因此，通过自耦变压器的传输功率，一部分可以利用电磁联系，另一部分可以直接利用电的联系，其经济效益比普通变压器显著。

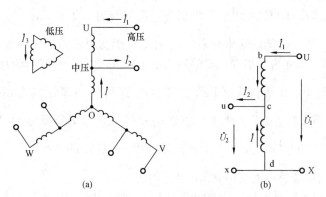

图 11-7　自耦变压器

（a）三相自耦变压器；（b）自耦变压器（单相）原理图

自耦变压器的缺点是：①高压侧的电压易于传递到中压电路，所以中压电路的绝缘必须按较高电压设计；②高、中压绕组之间的漏磁场较小，电抗较小，短路电流及其效应比普通双绕组变压器大；③高、中压侧的三相连接方式必须相同，即均为 Y 或 D 接（常用 Y 接）；④运行方式多样化，继电保护整定较困难；⑤在有分接头调压的情况下，很难取得绕组间的电磁平衡，有时造成轴向作用力的增加。

虽然如此，由于自耦变压器的结构简单、经济效益好，在高、中压侧均为 110kV 及以上的中性点直接接地电网中广泛应用。

1. 额定容量和标准容量

自耦变压器（单相）原理图如图 11-7（b）所示，其中，bd 为一次侧绕组，cd 为二次侧绕组；二次侧绕组 cd 为一次侧绕组 bd 的一部分，与绕组 bc 串联构成一次侧绕组 bd，所以，绕组 cd 称为公共绕组，绕组 bc 称为串联绕组。

（1）电压、电流关系。当二次侧 u‑x 端未接负荷时，如在一次侧 U‑X 端对绕组 bd 施加电压 U_1，则该电压产生的磁通与绕组 bd 的每个线匝相链。设 bd、cd、bc 绕组的匝数分别为 N_1、N_2、N，二次侧 u‑x 端绕组 cd 电压为 U_2。有（忽略漏抗电压降）

$$\frac{U_1}{U_2}=\frac{N_1}{N_2}=k_{12} \tag{11-26}$$

式中：k_{12} 为自耦变压器一、二次侧的变压比。

当二次侧 u‑x 端接入负荷时，二次侧回路中有负荷电流 $\dot{I}_2$，设此时串联绕组 bc 中的电流为 $\dot{I}_1$，公共绕组 cd 中的电流为 $\dot{I}$，则忽略磁化电流，由磁势平衡关系有

$$N\dot{I}_1=N_2\dot{I}$$

而

$$N=N_1-N_2,\quad \dot{I}=\dot{I}_2-\dot{I}_1$$

所以，$(N_1-N_2)\dot{I}_1=N_2(\dot{I}_2-\dot{I}_1)$，即 $N_1\dot{I}_1=N\dot{I}_2$。于是有

$$\frac{\dot{I}_2}{\dot{I}_1}=\frac{N_1}{N_2}=k_{12},\frac{\dot{I}}{\dot{I}_1}=\frac{N}{N_2}=\frac{N_1-N_2}{N_2}=k_{12}-1,\frac{\dot{I}}{\dot{I}_2}=1-\frac{1}{k_{12}} \tag{11-27}$$

（2）容量传输关系。根据式（11-26）、式（11-27），有

$$\dot{U}_1\dot{I}_1=\dot{U}_2\dot{I}_2=\dot{U}_2\dot{I}_1+\dot{U}_2\dot{I}=\frac{\dot{U}_2\dot{I}_2}{k_{12}}+\dot{U}_2\dot{I}_2\left(1-\frac{1}{k_{12}}\right) \tag{11-28}$$

即，如忽略变压器损耗和磁化电流，可认为一次侧的输入功率 $\dot{U}_1\dot{I}_1$ 和二次侧的输出功率 $\dot{U}_2\dot{I}_2$ 相等。自耦变压器二次侧的输出功率 $\dot{U}_2\dot{I}_2$ 称为自耦变压器的通过容量；自耦变压器二次侧的额定输出功率 $U_{2N}I_{2N}$ 称为自耦变压器的额定通过容量，即自耦变压器的额定容量。

由式（11-28）可见，由于自耦变压器的二次侧电流 $\dot{I}_2$ 的一部分 $\dot{I}_1$ 是由一次侧经串联绕组直接传输而来，另一部分 $\dot{I}$ 是由公共绕组的电磁感应作用而产生，所以，其传输功率由两部分组成：一部分 $\dot{U}_2\dot{I}_2/k_{12}$（即 $\dot{U}_2\dot{I}_1$）为经串联绕组由电路直接传输的功率；另一部分 $\dot{U}_2\dot{I}_2/(1-1/k_{12})$（即 $\dot{U}_2\dot{I}$）为经公共绕组由电磁感应作用传输的功率。

自耦变压器中，由电磁感应作用传输的最大功率，即公共绕组的容量，称为自耦变压器的标准容量，也称等值容量。

另外，在一次侧输入功率中，串联绕组部分的功率为

$$(\dot{U}_1-\dot{U}_2)\dot{I}_1=\dot{U}_2(k_{12}-1)\dot{I}_1=\dot{U}_2\dot{I} \tag{11-29}$$

即串联绕组的容量与公共绕组容量相等。

2. 自耦变压器的效益系数

图 11-8 表示两台铁芯相同、绕组相同，但接线不同的变压器。图 11-8（a）接成普通变压器，图 11-8（b）接成自耦变压器。比较图（a）、（b）可看出，若两者相同的绕组（N_1-N_2 或 N_2）上所加的电压及所通过的电流相同，则两者的电磁功率相同，即标准容量相同，均为 $\dot{U}_2(\dot{I}_2-\dot{I}_1)$，故铁芯和绕组的截面、尺寸、重量完全相同，即所用材

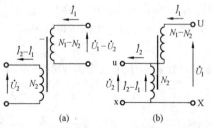

图 11-8　两台电磁功率相等的变压器接线图
（a）普通变压器；（b）自耦变压器

料相同，但通过容量不同，普通变压器的通过容量等于标准容量$\dot{U}_2(\dot{I}_2-\dot{I}_1)$，而自耦变压器的通过容量为$\dot{U}_2\dot{I}_2$。

用完全相同的材料制成的普通变压器和自耦变压器的通过容量之比，即自耦变压器标准容量与通过容量之比，称为自耦变压器的效益系数，用K_b表示，即

$$K_b=\frac{\dot{U}_2(\dot{I}_2-\dot{I}_1)}{\dot{U}_2\dot{I}_2}=1-\frac{1}{k_{12}} \tag{11-30}$$

K_b值小于1。K_b值越小，说明自耦变压器与用完全相同的材料制成的普通变压器相比，通过容量显得越大，其经济效益越显著。

由式（11-30）知，K_b随自耦变压器变比k_{12}的减小（最小等于1）而减小，因此，当U_{N1}与U_{N2}相差不大，即k_{12}较小时，K_b较小，采用自耦变压器经济效益较显著；反之，当U_{N1}与U_{N2}相差较大，即k_{12}较大时，K_b较大，采用自耦变压器经济效益就不大。所以，自耦变压器常用来联系高、中压侧电压相差不大的电力系统。目前，国内外实际应用的自耦变压器，其$k_{12}\leqslant3$，即$K_b\leqslant2/3\approx0.67$。例如，用于 220/110kV、330/110kV、330/220kV、500/220kV、500/330kV系统。

3. 自耦变压器的第三绕组

自耦变压器的第三绕组接成三角形，如图 11-7（a）所示。其作用是：①消除三次谐波电压分量；②减小自耦变压器的零序阻抗；③用来连接发电机或调相机；④用来对附近地区或厂（站）用电系统供电。

第三绕组的容量，根据其用途而有所不同。如果仅用来补偿三次谐波电流，其容量一般为自耦变压器标准容量的1/3左右；如果还用来连接发电机或调相机，其容量等于自耦变压器标准容量。

自耦变压器有了第三绕组后，其消耗材料、尺寸、质量和价格都有所增加，但仍较电压、变比和容量相同的普通三绕组变压器便宜，价格一般只有后者的65%～70%。

4. 自耦变压器的过电压问题

由于自耦变压器的高、中压绕组有电气连接，存在过电压从一个电压级电网向另一个电压级电网传递的可能性，因此，必须采取相应的技术措施。

（1）各侧装设避雷器，防止雷电过电压。当自耦变压器一侧断开后，如果另一侧有雷电入侵波，会在断开的一侧出现对绝缘有危害的过电压，因此，在高、中压侧的出口端都必须装设阀型避雷器。如果低压侧有开路运行的可能性，为防止静电感应过电压，也需装设阀型避雷器。如图 11-9（a）所示，避雷器应装于自耦变压器和最靠近的隔离开关之间，以便当变压器断开时，避雷器仍保持连接状态；避雷器回路不应装设隔离开关，因为不容许自耦变压器不带避雷器运行。

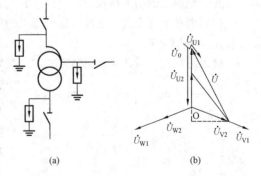

图 11-9　防止自耦变压器过电压
(a) 装设避雷器；(b) 高压侧单相接地时电压相量图

（2）自耦变压器的中性点接地。自耦变压器的中性点必须直接接地或经过小电抗接地，以避免当高压侧电网发生单相接地时，在中压绕组的其他两相出现过电压。

如图 11 - 9（b）所示，$\dot{U}_{U1}$、$\dot{U}_{V1}$、$\dot{U}_{W1}$ 和 $\dot{U}_{U2}$、$\dot{U}_{V2}$、$\dot{U}_{W2}$ 分别为自耦变压器高、中压侧额定相电压。在数值上有

$$U_{U1}=U_{V1}=U_{W1}=U_1$$

$$U_{U2}=U_{V2}=U_{W2}=U_2$$

如果中性点不接地，假定高压侧网络发生 U 相接地，则中性点电位发生偏移，中性点对地出现电压 $\dot{U}_O$，它与故障相的正常相电压 $\dot{U}_{U1}$ 相等而相位相反。

此时，高压侧非故障相的相电压升高到正常相电压的 $\sqrt{3}$ 倍。

中压侧非故障相的相电压为

$$
\begin{aligned}
U &= \sqrt{(U_1+U_2\sin30°)^2+\ (U_2\cos30°)^2} \\
&= \sqrt{\left(k_{12}U_2+\frac{1}{2}U_2\right)^2+\left(\frac{\sqrt{3}}{2}U_2\right)^2} \\
&= \sqrt{k_{12}^2+k_{12}+1}\ U_2
\end{aligned}
\tag{11 - 31}
$$

式中：k_{12} 为自耦变压器高、中压侧的额定变比。

从式（11 - 31）可以看出：高压侧电网单相接地时，中压绕组上的过电压倍数与变比 k_{12} 有关，k_{12} 越大，过电压倍数越高，例如 220/110kV 自耦变压器为 2.64 倍，330/110kV 自耦变压器则达 3.60 倍。如果自耦变压器的中性点直接接地，则没有上述过电压问题，所以，自耦变压器只能用在高、中压侧均为中性点直接接地的系统中。

二、自耦变压器的运行方式

自耦变压器的运行方式有联合运行方式、纯自耦运行方式及纯变压运行方式 3 种。

（1）联合运行方式是指在高—中、高—低及中—低压侧之间均有功率交换。

（2）纯自耦运行方式是指只在高—中压侧之间有功率交换。

（3）纯变压运行方式是指只在高—低或中—低压侧之间有功率交换。

在设计选择自耦变压器时，必须知道各个绕组上的负荷，尤其要知道绕组上的最大负荷；在运行时，也必须知道绕组间的负荷分布，以便确定该种运行方式是否容许，同时也可计算在各种运行方式下绕组上的功率损耗。

上述后两种运行方式只是联合运行方式的特例，所以，首先研究联合运行方式。

1. 联合运行方式

三绕组自耦变压器在联合运行方式时，绕组上电流分布示意图如图 11 - 10 所示。可以认为，串联绕组（S 绕组）和公共绕组（C 绕组）上的电流由两个分量组成：①一个分量为高—中压侧间通过自耦方式传送的电流 $\dot{I}_{as}$（S 绕组上）和 $\dot{I}_{ac}$（C 绕组上）；②另一个分量为第三绕组（t 绕组）通过变压方式传送的电流 $\dot{I}_t$。在串联绕组和公共绕组上的电流应分别为 $\dot{I}_{as}$ 和 $\dot{I}_t$、$\dot{I}_{ac}$ 和 $\dot{I}_t$ 的相量和。

最典型的联合运行方式有两种。

（1）方式一。高压侧同时向中、低压侧（或中、

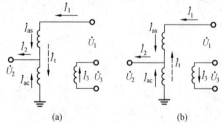

图 11 - 10　三绕组自耦变压器在联合运行
方式时绕组上电流分布示意图
（a）运行方式一；（b）运行方式二

低压侧同时向高压侧）送电，其电流分布如图 11 - 10 （a）所示。

在此方式下，串联绕组中的电流为

$$\dot{I}_s = \dot{I}_{as} + \dot{I}_t$$

$$\dot{I}_{as} = \frac{\overset{*}{S}_2}{U_2}\frac{1}{k_{12}} = \frac{1}{U_1}(P_2 - jQ_2)$$

$$\dot{I}_t = \frac{\overset{*}{S}_3}{U_3}\frac{1}{k_{13}} = \frac{1}{U_1}(P_3 - jQ_3)$$

$\dot{I}_{as}$ 为中压侧功率为 $\overset{*}{S}_2 = P_2 + jQ_2$ 时（$\overset{*}{S}_2$ 为其共轭），在串联绕组中引起的电流（取电压为参考量，在忽略漏抗压降后各侧电压相位相同）；$\dot{I}_t$ 为低压侧功率为 $\overset{*}{S}_3 = P_3 + jQ_3$ 时（$\overset{*}{S}_3$ 为其共轭），在串联、公共绕组中引起的电流。

于是

$$\dot{I}_s = \frac{1}{U_1}[(P_2 - jQ_2) + (P_3 - jQ_3)]$$

$\dot{I}_s$ 的共轭为

$$\overset{*}{I}_s = \frac{1}{U_1}(\overset{*}{S}_2 + \overset{*}{S}_3)$$

串联绕组中的负荷为

$$\dot{S}_s = (U_1 - U_2)\overset{*}{I}_s = \frac{U_1 - U_2}{U_1}(\overset{*}{S}_2 + \overset{*}{S}_3) = K_b(\overset{*}{S}_2 + \overset{*}{S}_3) \tag{11 - 32}$$

当中、低压侧功率因数相同时，有

$$S_s = K_b(S_2 + S_3) \tag{11 - 33}$$

公共绕组中的电流为

$$\dot{I}_c = \dot{I}_{ac} - \dot{I}_t$$

$$\dot{I}_{ac} = \frac{\overset{*}{S}_2}{U_2}\left(1 - \frac{1}{k_{12}}\right) = \frac{U_1 - U_2}{U_2 U_1}(P_2 - jQ_2)$$

于是

$$\dot{I}_c = \frac{1}{U_1}\left[\frac{U_1 - U_2}{U_2}(P_2 - jQ_2) - (P_3 - jQ_3)\right]$$

$\dot{I}_c$ 的共轭为

$$\overset{*}{I}_c = \frac{1}{U_1}\left(\frac{U_1 - U_2}{U_2}\overset{*}{S}_2 - \overset{*}{S}_3\right)$$

公共绕组中的负荷为

$$\dot{S}_c = U_2\overset{*}{I}_c = \frac{U_2}{U_1}\left(\frac{U_1 - U_2}{U_2}\overset{*}{S}_2 - \overset{*}{S}_3\right) = K_b(\overset{*}{S}_2 + \overset{*}{S}_3) - \overset{*}{S}_3 \tag{11 - 34}$$

当中、低压侧功率因数相同时，有

$$S_c = K_b(S_2 + S_3) - S_3 \tag{11 - 35}$$

可见 $S_s > S_c$，在此运行方式下，最大传输功率受到串联绕组容量的限制。

在上述推导中，注意到 $\dot{S}_s \neq \dot{S}_1 = U_1\dot{I}_1$，$\dot{S}_c \neq \dot{S}_2 = U_2\dot{I}_2$，但 $\dot{S}_t = \dot{S}_3 = U_3\dot{I}_3$。

（2）方式二。高、低压侧同时向中压侧（或中压侧同时向高、低压侧）送电，其电流分布如图 11 - 10 （b）所示。在此方式下，类似地，可得

串联绕组中的电流为

$$\dot{I}_s = \frac{1}{U_1}(P_1 - jQ_1)$$

串联绕组中的负荷为

$$\dot{S}_{\text{s}}=(U_1-U_2)\dot{I}_{\text{s}}^{*}=\frac{U_1-U_2}{U_1}\dot{S}_1=K_{\text{b}}\dot{S}_1 \qquad (11\text{-}36)$$

公共绕组中的电流为

$$\dot{I}_{\text{c}}=\dot{I}_{\text{ac}}+\dot{I}_{\text{t}}=\frac{1}{U_2}[K_{\text{b}}(P_1-\text{j}Q_1)+(P_3-\text{j}Q_3)]$$

公共绕组中的负荷为

$$\dot{S}_{\text{c}}=U_2\dot{I}_{\text{c}}=K_{\text{b}}\dot{S}_1+\dot{S}_3 \qquad (11\text{-}37)$$

当高、低压侧功率因数相同时，有

$$S_{\text{c}}=K_{\text{b}}S_1+S_3 \qquad (11\text{-}38)$$

可见 $S_{\text{c}}>S_{\text{s}}$，在此运行方式下，最大传输功率受到公共绕组容量的限制。

这种运行方式通常用于发电厂中，发电机接到第三绕组，由高、低压侧同时向中压侧送电；也可用于降压变电站中，调相机接到第三绕组。

如前所述，公共绕组的容量即自耦变压器的标准容量 $K_{\text{b}}S_{\text{N2}}$（或 $K_{\text{b}}S_{\text{N1}}$），即 S_{c} 容许的最大值。由式（11-38）可知，当高、低压侧功率因数相等时，高压侧能向中压侧传输的最大功率为

$$S_1=(K_{\text{b}}S_{\text{N2}}-S_3)/K_{\text{b}}$$

当 $S_3=K_{\text{b}}S_{\text{N2}}$ 时，有 $S_1=0$。即，当低压侧向中压侧传输的功率达到自耦变压器的标准容量时，高压侧不能再向中压侧传输任何功率，否则公共绕组将会过负荷。

2. 纯自耦运行方式

这种方式为高压侧向中压侧（或中压侧向高压侧）送电，属联合运行方式一、二的特例。这时，$S_2=S_1$，$S_3=0$。

若采用降压型结构，由于其绕组布置由外至里为"高、中、低"，即高、中压绕组靠近，其最大传输功率等于自耦变压器的额定容量；若采用升压型结构，由于其绕组布置由外至里为"高、低、中"，即高、中压绕组被低压绕组隔开，漏磁引起的附加损耗较大，其传输功率小于自耦变压器的额定容量，约为额定容量的 70%～80%。

由式（11-33）、式（11-35）或式（11-36）、式（11-38）得各绕组的负荷为

$$S_{\text{s}}=S_{\text{c}}=K_{\text{b}}S_2=K_{\text{b}}S_1,\ S_{\text{t}}=S_3=0 \qquad (11\text{-}39)$$

3. 纯变压运行方式

（1）高压侧向低压侧（或低压侧向高压侧）送电，属联合运行方式一的特例。这时，$S_3=S_1$，$S_2=0$。

这时相当于一台由高压绕组和第三绕组组成的普通双绕组变压器，最大传输功率不能超过第三绕组的额定容量。

由式（11-33）、式（11-35）得各绕组的负荷为

$$S_{\text{s}}=K_{\text{b}}S_3=K_{\text{b}}S_1,\ S_{\text{c}}=(1-K_{\text{b}})S_3=(1-K_{\text{b}})S_1,\ S_{\text{t}}=S_3=S_1 \qquad (11\text{-}40)$$

（2）中压侧向低压侧（或低压侧向中压侧）送电，属联合运行方式二的特例。这时，$S_1=0$，$S_3=S_2$。

这时相当于一台由公共绕组和第三绕组组成的普通双绕组变压器，最大传输功率也不能超过第三绕组的额定容量。

由式（11-36）、式（11-38）得各绕组的负荷为

$$S_{\text{s}}=0,\ S_{\text{c}}=S_3=S_2,\ S_{\text{t}}=S_3=S_2 \qquad (11\text{-}41)$$

三、自耦变压器的有功功率损耗

自耦变压器绕组的有功功率损耗可以用两种方法计算。

1. 用与普通三绕组变压器相同的功率损耗公式计算

（1）首先，根据高—中、高—低及中—低绕组间的短路损耗试验数据，求得归算到变压器额定容量为基准的短路损耗

$$
\left.
\begin{aligned}
\Delta P'_{1-2} &= \Delta P_{1-2}\left(\frac{S_N}{S_{N2}}\right)^2 \\
\Delta P'_{1-3} &= \Delta P_{1-3}\left(\frac{S_N}{S_{N3}}\right)^2 \\
\Delta P'_{2-3} &= \Delta P_{2-3}\left(\frac{S_N}{S_{N3}}\right)^2
\end{aligned}
\right\}
\tag{11-42}
$$

式中：ΔP_{1-2}、ΔP_{1-3}、ΔP_{2-3} 为高—中、高—低及中—低绕组间未归算的短路损耗试验数据（产品目录中给出）；$\Delta P'_{1-2}$、$\Delta P'_{1-3}$、$\Delta P'_{2-3}$ 为高—中、高—低及中—低绕组间已归算到变压器额定容量的短路损耗；S_N、S_{N2}、S_{N3} 为变压器额定容量及中、低压侧的额定容量，对自耦变压器有 $S_{N2}=S_N$。

（2）计算星形等值电路中高、中、低压绕组的额定短路损耗

$$
\left.
\begin{aligned}
\Delta P_{K1} &= 0.5(\Delta P'_{1-2}+\Delta P'_{1-3}+\Delta P'_{2-3}) \\
\Delta P_{K2} &= 0.5(\Delta P'_{2-3}+\Delta P'_{1-2}-\Delta P'_{1-3}) = \Delta P'_{1-2}-\Delta P_{K1} \\
\Delta P_{K3} &= 0.5(\Delta P'_{1-3}+\Delta P'_{2-3}-\Delta P'_{1-2}) = \Delta P'_{1-3}-\Delta P_{K1}
\end{aligned}
\right\}
\tag{11-43}
$$

式中：ΔP_{K1}、ΔP_{K2}、ΔP_{K3} 为高、中、低压支路的额定短路损耗。

（3）计算总的有功损耗

$$
\Delta P = \Delta P_0 + \left(\frac{S_1}{S_N}\right)^2 \Delta P_{K1} + \left(\frac{S_2}{S_N}\right)^2 \Delta P_{K2} + \left(\frac{S_3}{S_N}\right)^2 \Delta P_{K3}
\tag{11-44}
$$

式中：S_1、S_2、S_3 为高、中、低压侧的负荷。

2. 由公共绕组（c 绕组）、串联绕组（s 绕组）和第三绕组（t 绕组）的短路损耗求总损耗

（1）由图 11-11 的短路试验接线可见，串联—公共绕组与高—中压绕组短路试验一致，公共—第三绕组与中—低压绕组短路试验一致，但串联—第三绕组与高—低压绕组短路试验不同。c、s、t 各绕组间未归算的短路损耗为

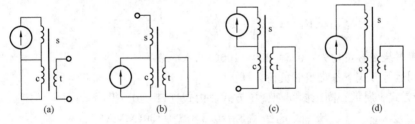

图 11-11 自耦变压器短路试验接线图

（a）串联绕组—公共绕组短路试验；（b）公共绕组—第三绕组短路试验；

（c）串联绕组—第三绕组短路试验；（d）高压绕组—低压绕组短路试验

s—串联绕组；c—公共绕组；t—第三绕组

$$
\left.
\begin{aligned}
\Delta P_{s-c} &= \Delta P_{1-2} \\
\Delta P_{c-t} &= \Delta P_{2-3} \\
\Delta P_{s-t} &= \frac{U_2}{U_1}a^2\Delta P_{1-2} + \frac{U_1}{U_1-U_2}\Delta P_{1-3} - \frac{U_2}{U_1-U_2}\Delta P_{2-3} \\
&= (1-K_b)a^2\Delta P_{1-2} + \frac{1}{K_b}\Delta P_{1-3} - \frac{1-K_b}{K_b}\Delta P_{2-3}
\end{aligned}
\right\}
\tag{11-45}
$$

式中：ΔP_{s-c}、ΔP_{c-t}、ΔP_{s-t} 为串联—公共、公共—第三及串联—第三绕组间未归算的短路损耗。a 为第三绕组的额定容量 S_{N3} 与自耦变压器标准容量 S_a 之比，即 $a=S_{N3}/S_a$。

（2）由各绕组间损耗求各绕组以标准容量 S_a 为基准的损耗

$$\left.\begin{aligned}\Delta P_c&=0.5\left(\Delta P_{s-c}+\frac{1}{a^2}\Delta P_{c-t}-\frac{1}{a^2}\Delta P_{s-t}\right)\\ \Delta P_s&=\Delta P_{s-c}-\Delta P_c\\ \Delta P_t&=\frac{1}{a^2}\Delta P_{c-t}-\Delta P_c\end{aligned}\right\} \tag{11-46}$$

式中：ΔP_c、ΔP_s、ΔP_t 为公共、串联、第三绕组的损耗。

（3）求总损耗

$$\Delta P=\Delta P_0+\left(\frac{S_c}{S_a}\right)^2\Delta P_c+\left(\frac{S_s}{S_a}\right)^2\Delta P_s+\left(\frac{S_t}{S_a}\right)^2\Delta P_t \tag{11-47}$$

式中：S_c、S_s、S_t 为公共、串联、第三绕组的负荷。

【例 11-5】 某发电厂中发电机—变压器单元接线的升压变压器为三相三绕组自耦变压器，其有关数据如下：额定容量 200/200/100MVA，额定电压 242/121/15.75kV，额定短路损耗 $\Delta P_{1-2}=430$kW，$\Delta P_{1-3}=360$kW，$\Delta P_{2-3}=320$kW，额定空载损耗 $\Delta P_0=125$kW。

（1）计算各绕组在以下 4 种运行方式中的负荷（设各侧负荷功率因数相等）

1）110kV 侧断开，发电机向 220kV 系统输送 100MVA 功率。

2）220kV 侧断开，发电机向 110kV 系统输送 100MVA 功率。

3）发电机和 110kV 系统各向 220kV 系统输送 100MVA 功率。

4）发电机和 220kV 系统各向 110kV 系统输送 100MVA 功率。

（2）用两种方法计算变压器在第 3 种运行方式的总损耗。

解 变压器的效益系数为

$$K_b=1-\frac{1}{k_{12}}=1-\frac{U_{N2}}{U_{N1}}=1-\frac{121}{242}=0.5$$

公共、串联绕组容量均为：$0.5\times200=100$（MVA）；$a=1$

（1）不同运行方式下各绕组的负荷计算。

1）运行方式 1 属低—高压侧间纯变压方式。由式（11-40）得

$$S_s=K_bS_3=K_bS_1=0.5\times100=50\text{（MVA）}$$
$$S_c=(1-K_b)S_3=(1-K_b)S_1=(1-0.5)\times100=50\text{（MVA）}$$
$$S_t=S_3=S_1=100\text{（MVA）}$$

此时，串联、公共绕组均只带 50% 负荷，低压绕组满负荷。

2）运行方式 2 属低—中压侧间纯变压方式。由式（11-41）得

$$S_s=0$$
$$S_c=S_3=S_2=100\text{（MVA）}$$
$$S_t=S_3=S_2=100\text{（MVA）}$$

此时，串联绕组无负荷，公共、低压绕组均满负荷。

3）运行方式 3 属联合运行方式一（低、中压侧向高压侧送电）。由式（11-33）及式（11-35）得

$$S_s = K_b(S_2 + S_3) = 0.5(100 + 100) = 100(\text{MVA})$$

$$S_c = K_b(S_2 + S_3) - S_3 = 0.5(100 + 100) - 100 = 0$$

$$S_t = S_3 = 100(\text{MVA})$$

此时，公共绕组无负荷，串联、低压绕组均满负荷。

4）运行方式 4 属联合运行方式二（低、高压侧向中压侧送电）。由式（11-36）及式（11-38）得

$$S_s = K_b S_1 = 0.5 \times 100 = 50(\text{MVA})$$

$$S_c = K_b S_1 + S_3 = 0.5 \times 100 + 100 = 150(\text{MVA})$$

$$S_t = S_3 = 100(\text{MVA})$$

此时，串联绕组只带 50% 负荷，公共绕组过负荷 50%，低压绕组满负荷。需降低发电机输出功率。

（2）运行方式 3 的损耗计算。

1）用普通三绕组损耗公式计算

$$\Delta P'_{1-2} = \Delta P_{1-2}\left(\frac{S_N}{S_{N2}}\right)^2 = 430(200/200)^2 = 430(\text{kW})$$

$$\Delta P'_{1-3} = \Delta P_{1-3}\left(\frac{S_N}{S_{N3}}\right)^2 = 360(200/100)^2 = 1440(\text{kW})$$

$$\Delta P'_{2-3} = \Delta P_{2-3}\left(\frac{S_N}{S_{N3}}\right)^2 = 320(200/100)^2 = 1280(\text{kW})$$

$$\Delta P_{K1} = 0.5(\Delta P'_{1-2} + \Delta P'_{1-3} - \Delta P'_{2-3}) = 0.5(430 + 1440 - 1280) = 295(\text{kW})$$

$$\Delta P_{K2} = 0.5(\Delta P'_{2-3} + \Delta P'_{1-2} - \Delta P'_{1-3}) = \Delta P'_{1-2} - \Delta P_{K1} = 430 - 295 = 135(\text{kW})$$

$$\Delta P_{K3} = 0.5(\Delta P'_{1-3} + \Delta P'_{2-3} - \Delta P'_{1-2}) = \Delta P'_{1-3} - \Delta P_{K1} = 1440 - 295 = 1145(\text{kW})$$

$$\Delta P = \Delta P_0 + \left(\frac{S_1}{S_N}\right)^2 \Delta P_{K1} + \left(\frac{S_2}{S_N}\right)^2 \Delta P_{K2} + \left(\frac{S_3}{S_N}\right)^2 \Delta P_{K3}$$

$$= 125 + (200/200)^2 295 + (100/200)^2 135 + (100/200)^2 1145$$

$$= 125 + 295 + 33.75 + 286.25 = 740(\text{kW})$$

2）通过求 c 绕组、s 绕组、t 绕组的短路损耗计算

$$\Delta P_{s-c} = \Delta P_{1-2} = 430(\text{kW})$$

$$\Delta P_{c-t} = \Delta P_{2-3} = 320(\text{kW})$$

$$\Delta P_{s-t} = (1 - K_b)a^2 \Delta P_{1-2} + \frac{1}{K_b}\Delta P_{1-3} - \frac{1 - K_b}{K_b}\Delta P_{2-3}$$

$$= (1 - 0.5) \times 1 \times 430 + 360/0.5 - (1 - 0.5)320/0.5 = 615(\text{kW})$$

$$\Delta P_c = 0.5\left(\Delta P_{s-c} + \frac{1}{a^2}\Delta P_{c-t} - \frac{1}{a^2}\Delta P_{s-t}\right)$$

$$= 0.5(430 + 320 - 615) = 67.5(\text{kW})$$

$$\Delta P_s = \Delta P_{s-c} - \Delta P_c = 430 - 67.5 = 362.5(\text{kW})$$

$$\Delta P_t = \frac{1}{a^2}\Delta P_{c-t} - \Delta P_c = 320 - 67.5 = 252.5(\text{kW})$$

$$\Delta P = \Delta P_0 + \left(\frac{S_c}{S_a}\right)^2 \Delta P_c + \left(\frac{S_s}{S_a}\right)^2 \Delta P_s + \left(\frac{S_t}{S_a}\right)^2 \Delta P_t$$

$$=125+(0/100)^2 67.5+(100/100)^2 362.5+(100/100)^2 252.5=740(\text{kW})$$

第七节　变压器的并列运行

在发电厂和变电站中，为了满足运行的可靠性和经济性，以及当单台变压器的容量满足不了要求时，一般均采用两台及以上的变压器并列运行。所谓并列运行，就是指将各台变压器需并列侧的绕组分别接到公共的母线上。

变压器并列运行必须满足以下条件。

（1）各侧绕组的额定电压分别相等，即变比相等。

（2）各对绕组的额定短路电压分别相等。

（3）接线组别相同。

第一、二个条件不可能绝对满足，一般规定变比相差不得超过±0.5%，短路电压相差不得超过±10%。

一、不满足变压器并列运行条件时的运行

不满足变压器并列运行条件时的运行，在"电机学"课程中已有详细分析，本书不再赘述，只给出有关结论。

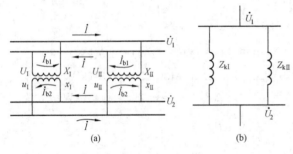

1. 变比不同的变压器并列运行

两台单相变压器并列运行接线图如图 11-12 所示，其分析结论可推广到三相变压器。设Ⅰ、Ⅱ号变压器的变比分别为 $k_Ⅰ$、$k_Ⅱ$，二次侧电势分别为 $E_{2Ⅰ}$、$E_{2Ⅱ}$。如果 $k_Ⅰ \neq k_Ⅱ$，则 $E_{2Ⅰ} \neq E_{2Ⅱ}$，当一次侧接上电源后，二次绕组回路中存在电势差。所以，在二次侧未接上负荷之前（即空载时），即存在平衡电流 I_{b2}（设 $E_{2Ⅰ} > E_{2Ⅱ}$，则其方向与 $\dot{E}_{2Ⅰ}$ 方向相同），一次绕组相应地出现平衡电流 I_{b1}。经推导得

图 11-12　两台变比不同的单相变压器并列运行
(a) 接线图；(b) 等值电路

$$I_{b1}^* = \frac{I_{b1}}{I_{N1Ⅰ}} = \frac{\Delta k^*}{u_{kⅠ}^* + a u_{kⅡ}^*} \tag{11-48}$$

$$\Delta k^* = \frac{|k_Ⅰ - k_Ⅱ|}{\sqrt{k_Ⅰ k_Ⅱ}}$$

$$a = \frac{I_{N1Ⅰ}}{I_{N1Ⅱ}} = \frac{S_{NⅠ}}{S_{NⅡ}}$$

式中：Δk^* 为两台变压器变比之差对几何平均变比的标幺值；$u_{kⅠ}^*$、$u_{kⅡ}^*$ 为Ⅰ、Ⅱ号变压器的短路电压标幺值；a 为Ⅰ、Ⅱ号变压器的一次侧额定电流或额定容量之比。

另外，$I_{b2}^* = \dfrac{I_{b2}}{I_{N2Ⅰ}} = \dfrac{I_{b1}}{I_{N1Ⅰ}} = I_{b1}^*$，即二次绕组与一次绕组平衡电流的标幺值相等。

由式（11-48）可知：平衡电流决定于 Δk^* 和变压器的短路阻抗 u_k^*，而 u_k^* 通常很小，即使 Δk^* 不大，即两台变压器的变比相差不大，也可能引起很大的平衡电流，它占据了变压器的一部分容量，所以，一般 Δk^* 不得超过 0.5%。

当二次侧接上负荷后，每台变压器都要负担一定的负荷电流，设Ⅰ号变压器的负荷电流为 $\dot{I}_\alpha$，Ⅱ号变压器的负荷电流为 $\dot{I}_\beta$，则两台变压器二次绕组中的总电流分别为

$$\dot{I}_{2\text{I}} = \dot{I}_\alpha + \dot{I}_{b2}$$

$$\dot{I}_{2\text{II}} = \dot{I}_\beta - \dot{I}_{b2}$$

即，由于平衡电流叠加在负荷电流上，使得一台变压器（二次侧电压较高的）负荷加重，另一台变压器（二次侧电压较低的）负荷减轻。如果增大的负荷超过前者的额定容量，则必须校验其是否在容许范围内。

2. 短路电压不同的变压器并列运行

设有 n 台短路电压不同（即短路阻抗不同）的变压器并列运行，其简化等值电路如图 11-13 所示。

经推导得，第 k 台变压器的负荷为

$$S_k = \frac{S_\Sigma}{\displaystyle\sum_\text{I}^n \frac{S_{Ni}}{u_{ki}^*}} \times \frac{S_{Nk}}{u_{kk}^*} \qquad (11-49)$$

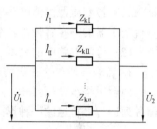

图 11-13　短路电压不同的变压器并列运行

式中：S_Σ 为 n 台变压器总负荷；S_{Ni}、u_{ki}^* 为第 i（$i=1,2,\cdots,n$）台变压器的额定容量及短路电压标幺值。

当只有两台变压器并列运行时，有

$$\frac{S_\text{I}}{S_\text{II}} = \frac{S_{N\text{I}} \, u_{k\text{II}}^*}{S_{N\text{II}} \, u_{k\text{I}}^*}$$

即

$$\frac{S_\text{I}/S_{N\text{I}}}{S_\text{II}/S_{N\text{II}}} = \frac{u_{k\text{II}}^*}{u_{k\text{I}}^*} \qquad (11-50)$$

可见，当数台变压器并列运行时，如果短路电压不同，其负荷不按额定容量成比例分配。负荷分配与短路电压成反比，即短路电压大的变压器负荷比重小，短路电压小的变压器负荷比重大，所以，后者可能过负荷。而长期过负荷是不容许的，因此将限制总输出功率。

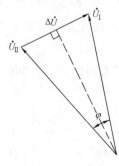

图 11-14　两台连接组别不同的变压器并列运行的电压相量图

因为，当变比不同时，平衡电流使并列变压器中二次侧电压较高的变压器负荷加重，而使二次侧电压较低的变压器负荷减轻，所以，如果对二次侧电压较高的变压器选用较大的短路电压，对二次侧电压较低的变压器选用较小的短路电压，则短路电压不同和变比不同所产生的效果可互相补偿，从而可减少过负荷。

3. 绕组连接组别不同的变压器并列运行

绕组连接组别不同的变压器并列运行时，同名相电压 $\dot{U}_\text{I}$、$\dot{U}_\text{II}$ 之间有相位差 φ，所以，在未接上负荷之前，在二次绕组回路中存在 $\Delta\dot{U}$，如图 11-14 所示，它将在二次绕组中引起平衡电流，相应地在一次绕组中引起平衡电流。

$$\varphi = (N_\text{I} - N_\text{II}) \times 30° \qquad (11-51)$$

式中：N_I、N_II 为两台变压器的连接组号。

$$I_{b1} = \frac{2\sin\dfrac{\varphi}{2}}{\dfrac{u_{k\text{I}}^*}{I_{N1\text{I}}} + \dfrac{u_{k\text{II}}^*}{I_{N1\text{II}}}} \qquad (11-52)$$

设变压器的容量相同、短路电压相同，即 $I_{N1\,I}=I_{N1\,II}=I_{N1}$，$u_{k\,I}^*=u_{k\,II}^*=u_k^*$，则

$$I_{b1}=\frac{\sin\dfrac{\varphi}{2}}{u_k^*}I_{N1} \qquad (11\text{-}53)$$

例如，当 $\varphi=30°$，$u_k^*=0.055$ 时，$I_{b1}=\dfrac{\sin 15°}{0.055}I_{N1}=4.7I_{N1}$。即使在事故情况下，也不允许长时间通过这样大的电流，继电保护将使变压器跳闸。

二、变压器并列运行的负荷分配

变压器并列运行计算是利用等值电路进行的。

（1）各变压器等值电路中的短路阻抗（或短路电压）应归算至同一基准容量（一般取其中某一台变压器的额定容量为基准）。

（2）等值电路中的电压、电流的实际值应归算至同一侧（通常归算至待求侧）。

1. 两台三绕组变压器的两个绕组并列运行，第三个绕组分别带负荷

两台三绕组变压器 T1、T2 的两个绕组并列运行接线图，如图 11-15 所示。这是三绕组变压器并列运行最普遍的一种形式。

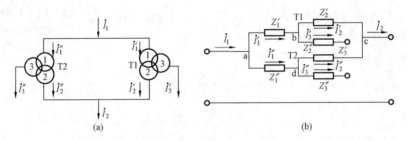

图 11-15　两台三绕组变压器的两个绕组并列运行，第三个绕组分别带负荷
(a) 接线图；(b) 等值电路图

设第二个绕组（不一定是中压绕组）的总负荷电流 $\dot I_2$、第三个绕组（不一定是低压绕组）的负荷电流 $\dot I_3'$ 和 $\dot I_3''$ 及阻抗参数归算值已知，则可利用等值电路图求出第二个绕组的负荷电流分配 $\dot I_2'$ 和 $\dot I_2''$。

用基尔霍夫第一定律对节点 b、c、d 列电流方程，用基尔霍夫第二定律对回路 abcda 列电压方程

$$\left.\begin{aligned}
\dot I_1' &= \dot I_2' + \dot I_3' \\
\dot I_2'' &= \dot I_2 - \dot I_2' \\
\dot I_1'' &= \dot I_2'' + \dot I_3'' = \dot I_2 - \dot I_2' + \dot I_3'' \\
\dot I_1'Z_1' + \dot I_2'Z_2' &= \dot I_1''Z_1' + \dot I_2''Z_2'
\end{aligned}\right\}$$

将第 1～3 式代入第 4 式并整理得

$$\dot I_2' = \frac{\dot I_2(Z_1'+Z_2') + \dot I_3''Z_1' - \dot I_3'Z_1'}{Z_1'+Z_2'+Z_1'+Z_2'} = \frac{\dot I_2 Z_{12}' + \dot I_3''Z_1' - \dot I_3'Z_1'}{Z_{12}'+Z_{12}'}$$

设各阻抗的阻抗角相等，则用短路电压表示为

$$\left.\begin{aligned} \dot{I}\,'_2 &= \frac{\dot{I}_2 u''_{k12} + \dot{I}\,''_3 u''_{k1} - \dot{I}\,'_3 u'_{k1}}{u'_{k12} + u''_{k12}} = \frac{\dot{I}_2 u''_{k12} + \dot{I}\,''_3 u''_{k1} + \dot{I}\,'_3 u'_{k1}}{\beta} \\ \dot{I}\,''_2 &= \dot{I}_2 - \dot{I}\,'_2 \end{aligned}\right\} \tag{11-54}$$

式中

$$\beta = u'_{k12} + u''_{k12} \tag{11-55}$$

$$\left.\begin{aligned} u'_{k1} &= 0.5\ (u'_{k12} + u'_{k13} - u'_{k23}) \\ u''_{k1} &= 0.5\ (u''_{k12} + u''_{k13} - u''_{k23}) \end{aligned}\right\} \tag{11-56}$$

式中：u'_{k12}、u'_{k13}、u'_{k23} 和 u''_{k12}、u''_{k13}、u''_{k23} 分别为变压器 T1、T2 各对绕组间归算到同一容量的短路电压（%）。

当各侧功率因数相同时，式（11-54）可直接用数值计算，而且由于第二个绕组总负荷电流 $I_2 = \dfrac{S_2}{\sqrt{3}U_{N2}}$，第三个绕组归算到第二个绕组侧的负荷电流分别为 $I'_3 = \dfrac{S'_3}{\sqrt{3}U_{N3}} \dfrac{U_{N3}}{U_{N2}} = \dfrac{S'_3}{\sqrt{3}U_{N2}}$、$I''_3 = \dfrac{S''_3}{\sqrt{3}U_{N2}}$。所以，式（11-54）也可以直接用功率表示，即

$$\left.\begin{aligned} S'_2 &= \frac{S_2 u''_{k12} + S''_3 u''_{k1} - S'_3 u'_{k1}}{u'_{k12} + u''_{k12}} \\ S''_2 &= S_2 - S'_2 \end{aligned}\right\} \tag{11-57}$$

实际中，通常是已知功率而不是归算电流，所以，式（11-57）更实用。

由式（11-54）或（11-57）可见，虽然第三个绕组不参加并列，但其负荷（I'_3、I''_3 或 S'_3、S''_3）影响到并列绕组间的负荷分配，在某些情况下，可能引起其中某台变压器的某侧过负荷（根据 $S'_1 = S'_2 + S'_3$ 和 $S''_1 = S''_2 + S''_3$ 可检验第一侧）。

两台三绕组自耦变压器的两个绕组并列运行、第三个绕组分别带负荷时的等值电路和计算公式与上述相同。

2. 两台三绕组变压器的三个绕组并列运行

两台三绕组变压器 T1、T2 的三个绕组并列运行接线图，如图 11-16 所示。

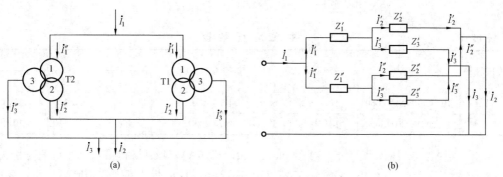

图 11-16　两台三绕组变压器的三个绕组并列运行
(a) 接线图；(b) 等值电路图

设第二个绕组（不一定是中压绕组）的总负荷电流 $\dot{I}_2$、第三个绕组（不一定是低压绕组）的总负荷电流 $\dot{I}_3$ 及阻抗参数归算值已知，则可利用等值电路图和类似方法求出各绕组的负荷电流分配 $\dot{I}'_3$、$\dot{I}''_3$、$\dot{I}'_2$、$\dot{I}''_2$、$\dot{I}'_1$、$\dot{I}''_1$

$$\left.\begin{array}{l} \dot{I}'_3=\dfrac{\dot{I}_2\,(\beta u''_{k1}-\alpha u''_{k12})+\dot{I}_3\,(\beta u''_{k13}-\alpha u''_{k1})}{\beta\gamma-\alpha^2} \\[4mm] \dot{I}''_3=\dot{I}_3-\dot{I}'_3 \\[3mm] \dot{I}'_2=\dfrac{\dot{I}_2 u''_{k12}+\dot{I}''_3 u''_{k1}-\dot{I}'_3 u'_{k1}}{\beta} \\[4mm] \dot{I}''_2=\dot{I}_2-\dot{I}'_2 \end{array}\right\} \tag{11-58}$$

注意到式（11-58）的第3、4式与式（11-54）相同，式中 u'_{k1}、u''_{k1} 仍用式（11-56）计算。而 α、β、γ 为

$$\left.\begin{array}{l} \alpha=u'_{k1}+u''_{k1} \\ \beta=u'_{k12}+u''_{k12} \\ \gamma=u'_{k13}+u''_{k13} \end{array}\right\} \tag{11-59}$$

式（11-58）同样可以直接用功率计算。

式（11-58）是两台三相变压器各种并列运行方式的一般公式，一些特殊运行方式都可以从该公式推导出。例如：

1）两台三绕组变压器的两个绕组并列运行、第三个绕组分别带负荷时，$\dot{I}'_3$、$\dot{I}''_3$ 已知，可由式（11-58）的第3、4式计算 $\dot{I}'_2$ 和 $\dot{I}''_2$。

2）一台双绕组变压器 T1 和一台三绕组变压器 T2 并列运行时，$\dot{I}_2$、$\dot{I}''_3$ 已知，$\dot{I}'_3=0$，可由式（11-58）的第3、4式计算 $\dot{I}'_2$、$\dot{I}''_2$。即

$$\left.\begin{array}{l} \dot{I}'_2=\dfrac{\dot{I}_2 u''_{k12}+\dot{I}''_3 u''_{k1}}{\beta} \\[4mm] \dot{I}''_2=\dot{I}_2-\dot{I}'_2 \end{array}\right\} \tag{11-60}$$

【例11-6】 两台三绕组升压变压器两侧并联运行，如图11-15（a）所示，已知数据如表11-8所示。

表 11-8   并 联 运 行 数 据

变压器	S_N (kVA)	U_N (kV)	I_N (A)	u_k（%）		
				u_{k12}	u_{k13}	u_{k23}
T1	10000/10000/10000	121/38.5/10.5	47.6/150/550	6.2	17.1	10.3
T2	15000/15000/15000	121/38.5/10.5	21.4/225/825	6.5	17.2	10.0

试求：当 38.5kV 侧负荷为 $S_2=18000\text{kVA}$（$I_2=270\text{A}$），121kV 侧 T1、T2 负荷分别为 $S'_3=3000\text{kVA}$（$I'_3=14.4\text{A}$），$S''_3=4000\text{kVA}$（$I''_3=19.2\text{A}$），且负荷功率因数相同时，两台变压器的负荷分配。

解 在推导式（11-54）时，注意其对应关系是：分别带负荷的一侧为第3侧，已知总负荷的一侧为第2侧，另一侧为第1侧。这一对应关系与产品目录给出的短路电压的对应关系（高、中、低压侧分别为1、2、3侧）不一定一致，因此计算时需明确其对应关系。就本题而言，运用式（11-54）时，高、中、低压侧分别3、2、1侧。所以

对 T1：$u_{k12}=10.3$（取原中—低压值），$u_{k13}=17.1$（取原高—低压值），$u_{k23}=6.2$（取原

高一中压值)。

对 T2 (类似): $u_{k12}=10.0$, $u_{k13}=17.2$, $u_{k23}=6.5$。

1) 将 T1 的 u_k (%) 归算到 T2 的额定容量为

$$u'_{k12}=10.3 \times \frac{15000}{10000}=15.5$$

$$u'_{k13}=17.1 \times \frac{15000}{10000}=25.6$$

$$u'_{k23}=6.2 \times \frac{15000}{10000}=9.3$$

T2 的 u_k (%) 值不需归算,为 $u''_{k12}=10.0$, $u''_{k13}=17.2$, $u''_{k23}=6.5$。

$$u'_{k1}=0.5 \ (u'_{k12}+u'_{k13}-u'_{k23})=0.5 \ (15.5+25.6-9.3)=15.9$$

$$u''_{k1}=0.5 \ (u''_{k12}+u''_{k13}-u''_{k23})=0.5 \ (10.0+17.2-6.5)=10.35$$

2) 直接用式 (11-57) 计算功率分配

$$S'_2=\frac{S_2 u''_{k12}+S''_3 u''_{k1}-S'_3 u'_{k1}}{u'_{k12}+u''_{k12}}=\frac{18000 \times 10.0+4000 \times 10.35-3000 \times 15.9}{15.5+10.0}$$

$$=6811.76 \ (kVA)$$

$$S''_2=S_2-S'_2=18000-6811.76=11188.24 \ (kVA)$$

3) 求 T1、T2 低压绕组负荷

$$S'_1=S'_2+S'_3=6811.76+3000=9811.76 \ (kVA) \qquad (欠负荷 1.88\%)$$

$$S''_1=S''_2+S''_3=11188.24+4000=15188.24 \ (kVA) \qquad (过负荷 1.25\%)$$

第八节　变压器的经济运行

变压器经济运行是寻求降低变压器运行中的有功功率损耗、提高其运行效率,以及降低变压器的无功功率损耗、提高变压器电源侧的功率因数。同时,变压器经济运行也是降低电力系统网损的重要措施。本节仅以双绕组变压器经济运行为例介绍有关基本概念。

一、双绕组变压器的经济负荷系数

1. 单台双绕组变压器

变压器的有功功率损耗 ΔP、无功功率损耗 ΔQ 为

$$\Delta P=\Delta P_0+\beta^2 \Delta P_K$$

$$\Delta Q=\Delta Q_0+\beta^2 \Delta Q_K \qquad (11-61)$$

$$\beta=S/S_N$$

式中:ΔP_0、ΔP_K 为变压器的空载、额定负荷有功损耗,kW;ΔQ_0、ΔQ_K 为变压器的空载、额定负荷无功损耗,kvar;β 为负荷系数;S、S_N 为变压器的负荷和额定容量,kVA。

变压器的有功功率损耗及其因消耗无功功率而使电网增加的有功功率损耗之和,称为变压器的综合功率损耗,用 ΔP_Z 表示。即

$$\Delta P_Z=\Delta P+K_Q \Delta Q=(\Delta P_0+K_Q \Delta Q_0)+\beta^2 (\Delta P_K+K_Q \Delta Q_K)$$

$$=\Delta P_{0Z}+\beta^2 \Delta P_{KZ} \qquad (11-62)$$

其中

$$\left.\begin{array}{l} \Delta P_{0Z}=\Delta P_0+K_Q \Delta Q_0 \\ \Delta P_{KZ}=\Delta P_K+K_Q \Delta Q_K \end{array}\right\} \qquad (11-63)$$

式中:K_Q 为无功经济当量 (kW/kvar),取值见第四章式 (4-17);ΔP_{0Z}、ΔP_{KZ} 为空载、额定负荷综合功率损耗,kW。

（1）综合功率损耗率为

$$\Delta P_Z(\%)=\frac{\Delta P_Z}{P_1}\times100=\frac{\Delta P_Z}{P_2+\Delta P_Z}\times100$$

$$=\frac{\Delta P_{0Z}+\beta^2\Delta P_{KZ}}{\beta S_N\cos\varphi_2+\Delta P_{0Z}+\beta^2\Delta P_{KZ}}\times100\quad(\%)\qquad(11\text{-}64)$$

式中：P_1、P_2为变压器的输入、输出有功功率，kW；$\cos\varphi_2$为负荷功率因数。

（2）综合功率经济负荷系数。$\Delta P_Z(\%)=f(\beta)$是一条 U 形曲线。将式（11-64）对 β 求导数，并令 $\dfrac{\mathrm{d}\Delta P_Z(\%)}{\mathrm{d}\beta}=0$，可得综合功率损耗率 $\Delta P_Z(\%)$ 最低（即效率最高）时所对应的 β 值，称为综合功率经济负荷系数，用 β_{JZ} 表示。有

$$\beta_{JZ}=\sqrt{\frac{\Delta P_{0Z}}{\Delta P_{KZ}}}\qquad(11\text{-}65)$$

即 $\beta_{JZ}^2\Delta P_{KZ}=\Delta P_{0Z}$（负荷综合功率损耗与空载综合功率损耗相等）时，综合功率损耗率 ΔP_Z（%）最低，效率最高。

（3）最低综合功率损耗率。将式（11-65）代入式（11-64），可得最低综合功率损耗率 $\Delta P_{Zb}(\%)$

$$\Delta P_{Zb}(\%)=\frac{2\Delta P_{0Z}}{\beta_{JZ}S_N\cos\varphi_2+2\Delta P_{0Z}}\times100\quad(\%)\qquad(11\text{-}66)$$

2. 短路电压相近的 N 台并列运行变压器的经济负荷系数

并列运行变压器短路电压相近的具体条件是：变压器间短路电压的差值 $\Delta u_k(\%)$ 不大于 5%。即

$$\Delta u_k(\%)=\frac{u_{km}(\%)-u_{kx}(\%)}{u_{kp}(\%)}\times100\leqslant5(\%)$$

式中：$u_{km}(\%)$、$u_{kx}(\%)$ 为并列运行变压器中最大、最小短路电压的百分数；$u_{kp}(\%)$ 为并列运行变压器短路电压百分数的算术平均值。

满足上述条件时，可以认为并列运行变压器的负荷按容量成比例分配，即负荷系数 β 相同。

设第 i 台变压器的有功功率损耗 ΔP_i、无功功率损耗 ΔQ_i 为

$$\left.\begin{array}{l}\Delta P_i=\Delta P_{0i}+\beta^2\Delta P_{Ki}\\[4pt]\Delta Q_i=\Delta Q_{0i}+\beta^2\Delta Q_{Ki}\end{array}\right\}\qquad(11\text{-}67)$$

式中：ΔP_{0i}、ΔP_{Ki} 为第 i 台变压器的空载、额定负荷有功损耗，kW；ΔQ_{0i}、ΔQ_{Ki} 为第 i 台变压器的空载、额定负荷无功损耗，kvar。

则 N 台变压器的综合功率损耗 ΔP_Z 为

$$\Delta P_Z=\sum_1^n(\Delta P_i+K_Q\Delta Q_i)=\sum_1^n(\Delta P_{0i}+K_Q\Delta Q_{0i})+\beta^2\sum_1^n(\Delta P_{Ki}+K_Q\Delta Q_{Ki})$$

$$=\Delta P_{0Z}+\beta^2\Delta P_{KZ}=\sum_1^n\Delta P_{0Zi}+\beta^2\sum_1^n\Delta P_{KZi}\qquad(11\text{-}68)$$

其中

$$\left.\begin{array}{l}\Delta P_{0Z}=\displaystyle\sum_1^n\Delta P_{0Zi}=\sum_1^n(\Delta P_{0i}+K_Q\Delta Q_{0i})\\[10pt]\Delta P_{KZ}=\displaystyle\sum_1^n\Delta P_{KZi}=\sum_1^n(\Delta P_{Ki}+K_Q\Delta Q_{Ki})\end{array}\right\}\qquad(11\text{-}69)$$

式中：ΔP_{0Zi}、ΔP_{KZi} 为第 i 台的空载、额定负荷综合功率损耗，kW。

类似地，得综合功率损耗率、综合功率经济负荷系数、最低综合功率损耗率为

$$
\left.
\begin{aligned}
\Delta P_Z\% &= \frac{\displaystyle\sum_1^n \Delta P_{0Zi} + \beta^2 \sum_1^n \Delta P_{KZi}}{\beta\cos\varphi_2 \displaystyle\sum_1^n S_{Ni} + \sum_1^n \Delta P_{0Zi} + \beta^2 \sum_1^n \Delta P_{KZi}} \times 100 \quad (\%) \\[2ex]
\beta_{JZ} &= \sqrt{\frac{\Delta P_{0Z}}{\Delta P_{KZ}}} = \sqrt{\frac{\displaystyle\sum_1^n \Delta P_{0Zi}}{\displaystyle\sum_1^n \Delta P_{KZi}}} \\[2ex]
\Delta P_{Zb}\% &= \frac{2\Delta P_{0Z}}{\beta_{JZ}\cos\varphi_2 \displaystyle\sum_1^n S_{Ni} + 2\Delta P_{0Z}} \times 100 \quad (\%)
\end{aligned}
\right\}
\quad (11\text{-}70)
$$

二、双绕组变压器的经济运行区

由于综合功率经济负荷系数 β_{JZ} 只是综合功率损耗率曲线 $\Delta P_Z\% = f(\beta)$ 上的一点，因此国家标准 GB/T 13462—2008《电力变压器经济运行》提出了变压器的经济运行区的概念，并给出了按综合功率确定经济运行区的方法。其确定原则是变压器在额定负荷下的运行应属于经济运行区。因此，经济运行区的上限值定为 $\beta_{L1Z}=1$；经济运行区的下限为 β_{L2Z}，其对应的损耗率与额定负荷损耗率 $\Delta P_{ZN}\%$ 相等。

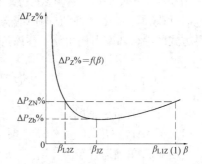

图 11-17　变压器综合功率的经济运行区间图

据式（11-64）绘制的变压器综合功率的经济运行区间图如图 11-17 所示。其中，经济负荷系数 β_{JZ} 由式（11-65）计算；最低损耗率 $\Delta P_{Zb}\%$ 由式（11-66）计算；额定负荷损耗率 $\Delta P_{ZN}\%$ 是将 $\beta_{L1Z}=1$ 代入式（11-64）求得。即

$$
\Delta P_{ZN}\% = \frac{\Delta P_{0Z} + \Delta P_{KZ}}{S_N\cos\varphi_2 + \Delta P_{0Z} + \Delta P_{KZ}} \times 100 \quad (\%)
$$

据上述原则，有

$$
\frac{\Delta P_{0Z} + \beta_{L2Z}^2 \Delta P_{KZ}}{\beta_{L2Z}S_N\cos\varphi_2 + \Delta P_{0Z} + \beta_{L2Z}^2 \Delta P_{KZ}} \times 100 = \frac{\Delta P_{0Z} + \Delta P_{KZ}}{S_N\cos\varphi_2 + \Delta P_{0Z} + \Delta P_{KZ}} \times 100
$$

分母中，$\Delta P_{0Z} + \beta_{L2Z}^2 \Delta P_{KZ} \ll \beta_{L2Z}S_N\cos\varphi_2$，$\Delta P_{0Z} + \Delta P_{KZ} \ll S_N\cos\varphi_2$，所以

$$
\frac{\Delta P_{0Z} + \beta_{L2Z}^2 \Delta P_{KZ}}{\beta_{L2Z}S_N\cos\varphi_2} = \frac{\Delta P_{0Z} + \Delta P_{KZ}}{S_N\cos\varphi_2}
$$

即

$$
\beta_{L2Z}^2 - \beta_{L2Z}\left(\frac{\Delta P_{0Z}}{\Delta P_{KZ}}+1\right) + \frac{\Delta P_{0Z}}{\Delta P_{KZ}} = 0
$$

$$
\beta_{L2Z} = \frac{\Delta P_{0Z}}{\Delta P_{KZ}} = \beta_{JZ}^2 \quad (11\text{-}71)
$$

变压器的经济运行区在 $\beta_{L2Z} \sim 1$ 之间。但 β_{L2Z} 过低，降低了变压器容量的利用率；在经济运行区的边缘（负荷系数接近 β_{L2Z} 和 1），其损耗率仍较高。所以，GB/T 13462—2008 规定最佳经济运行区的上限值 β_{J1Z} 和下限值 β_{J2Z}

$$
\left.
\begin{aligned}
\beta_{J1Z} &= 0.75 \\
\beta_{J2Z} &= 1.33\beta_{JZ}^2
\end{aligned}
\right\}
\quad (11\text{-}72)
$$

三、短路电压相近、容量相同的双绕组变压器并列运行的经济运行方式

1. 单台与两台并列运行之间技术特性优劣的判定

绝大部分变电站有 A、B 两台变压器。当 A 单独运行和 A、B 并列运行时，其综合功率损耗 ΔP_{ZA} 和 ΔP_{ZAB} 分别为

$$\Delta P_{ZA}=\Delta P_{0ZA}+\left(\frac{S}{S_N}\right)^2\Delta P_{KZA} \tag{11-73}$$

$$\Delta P_{ZAB}=(\Delta P_{0ZA}+\Delta P_{0ZB})+\left(\frac{S}{2S_N}\right)^2(\Delta P_{KZA}+\Delta P_{KZB})$$

$$=\Delta P_{0ZAB}+\left(\frac{S}{2S_N}\right)^2\Delta P_{KZAB} \tag{11-74}$$

式中：S、S_N 为总负荷和一台变压器的额定容量(kVA)。

$\Delta P_{ZA}=f(S)$、$\Delta P_{ZAB}=f(S)$ 为顶点分别在 ΔP_{0ZA}、ΔP_{0ZAB}，开口朝上的抛物线。令 $\Delta P_{ZA}=\Delta P_{ZAB}$，可求得一个总负荷值(两曲线交点的横坐标)，在该负荷下 A 单独运行和 A、B 并列运行两种方式的综合功率损耗相等，称该负荷为综合功率临界负荷功率，用 $S_{LZ}^{A\sim AB}$ 表示。有

$$S_{LZ}^{A\sim AB}=2\sqrt{\frac{\Delta P_{0ZB}}{3\Delta P_{KZA}-\Delta P_{KZB}}}S_N \tag{11-75}$$

$S_{LZ}^{A\sim AB}$ 有两种可能情况。

(1) 当 $4\Delta P_{0ZB}<3\Delta P_{KZA}-\Delta P_{KZB}$ 时，有 $S_{LZ}^{A\sim AB}<S_N$，如图 11-18（a）所示。则，当 $S<S_{LZ}^{A\sim AB}$ 时，变压器 A 单独运行经济；当 $S>S_{LZ}^{A\sim AB}$ 时，变压器 A、B 并列运行经济。

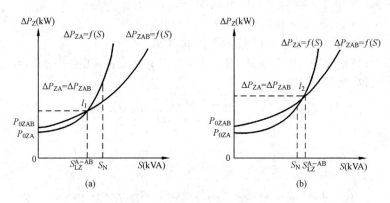

图 11-18　单台与两台并列运行间变压器临界负荷功率

(2) 当 $4\Delta P_{0ZB}>3\Delta P_{KZA}-\Delta P_{KZB}$ 时，有 $S_{LZ}^{A\sim AB}>S_N$，如图 11-18（b）所示。则，当 $S<S_N$ 时，变压器 A 单独运行经济；当 $S>S_N$ 时，应投入变压器 B 并列运行，在 $S_N<S<S_{LZ}^{A\sim AB}$ 段 ΔP_{ZAB} 略高于 A 单独运行，$S>S_{LZ}^{A\sim AB}$ 后较 A 单独运行经济。

类似地，可得 B 单独运行和 A、B 并列运行的临界负荷功率 $S_{LZ}^{B\sim AB}$ 为

$$S_{LZ}^{B\sim AB}=2\sqrt{\frac{\Delta P_{0ZA}}{3\Delta P_{KZB}-\Delta P_{KZA}}}S_N \tag{11-76}$$

即两台变压器可能有 3 种运行方式：A、B 单独运行和 A、B 并列运行。

如果两台变压器技术参数完全相同时，有 $\Delta P_{0ZA}=\Delta P_{0ZB}=\Delta P_{0Z}$，$\Delta P_{KZA}=\Delta P_{KZB}=\Delta P_{KZ}$，则 1

台单独运行和 2 台并列运行的临界负荷功率 $S_{LZ}^{1\sim2}$ 为

$$S_{LZ}^{1\sim2} = \sqrt{\frac{2\Delta P_{0Z}}{\Delta P_{KZ}}} S_N = \sqrt{2}\beta_{JZ} S_N \tag{11-77}$$

2. $(N-1)$ 台并列运行与 N 台并列运行之间技术特性优劣的判定

类似地，可得综合功率临界负荷功率 $S_{LZ}^{(N-1)\sim N}$ 为

$$S_{LZ}^{(N-1)\sim N} = N\sqrt{\frac{\Delta P_{0Zn}}{\frac{2N-1}{(N-1)^2}\sum_{1}^{n-1}\Delta P_{KZi} - \Delta P_{KZn}}} S_N \tag{11-78}$$

式中：ΔP_{0Zn}、ΔP_{KZn} 为第 n 台变压器的空载和额定负荷综合功率损耗，kW；ΔP_{KZi} 为第 i 台变压器的额定负荷综合功率损耗，kW。

计算中，总是把退出运行的一台当作第 n 台。这种退出一台及 N 台均运行，可能有 $N+1$ 种运行方式。

如果 N 台变压器技术参数完全相同时，有

$$S_{LZ}^{(N-1)\sim N} = \sqrt{\frac{N(N-1)\Delta P_{0Z}}{\Delta P_{KZ}}} S_N = \sqrt{N(N-1)}\beta_{JZ} S_N \tag{11-79}$$

【**例 11-7**】某变电站装有两台技术参数相同的 SF7-31500/110 双绕组变压器，其 $\Delta P_0 = 38.5kW$，$\Delta P_K = 148kW$，$I_0\% = 0.8$，$u_K\% = 10.5$。负荷功率因数 $\cos\varphi_2 = 0.9$，无功经济当量取 0.1。试计算：

(1) 单台运行时的综合功率经济负荷系数 β_{JZ}、最低综合功率损耗率 $\Delta P_{Zb}\%$、经济运行区及最佳经济运行区。

(2) 两台并列运行时的综合功率经济负荷系数 β_{JZ}、最低综合功率损耗率 $\Delta P_{Zb}\%$、经济运行区及最佳经济运行区。

(3) 单台运行和 2 台并列运行的临界负荷功率 $S_{LZ}^{1\sim2}$。

解　计算 ΔQ_0、ΔQ_K、ΔQ_{0Z}、ΔQ_{KZ}，有

$$\Delta Q_0 = \frac{I_0\%}{100} S_N = \frac{0.8\times31500}{100} = 252 \text{（kvar）}$$

$$\Delta Q_K = \frac{u_K\%}{100} S_N = \frac{10.5\times31500}{100} = 3307.5 \text{（kvar）}$$

$$\Delta P_{0Z} = \Delta P_0 + K_Q \Delta Q_0 = 38.5 + 0.1\times252 = 63.7 \text{（kW）}$$

$$\Delta P_{KZ} = \Delta P_K + K_Q \Delta Q_K = 148 + 0.1\times3307.5 = 478.75 \text{（kW）}$$

(1) 单台运行时的 β_{JZ}、$\Delta P_{Zb}\%$、经济运行区及其优选段计算

$$\beta_{JZ} = \sqrt{\frac{\Delta P_{0Z}}{\Delta P_{KZ}}} = \sqrt{\frac{63.7}{478.75}} \approx 0.365$$

$$\Delta P_{Zb}\% = \frac{2\Delta P_{0Z}}{\beta_{JZ} S_N \cos\varphi_2 + 2\Delta P_{0Z}} \times 100 = \frac{2\times63.7\times100}{0.365\times31500\times0.9 + 2\times63.5} \approx 1.2 \text{（\%）}$$

$$\beta_{L2Z} = \beta_{JZ}^2 = 0.365^2 \approx 0.133$$

即，经济运行区的负荷系数为 0.133~1（即 4189.5~31500kVA）。

经济运行区优选段的上限值 $\beta_{J1Z}=0.75$，下限值 β_{J2Z} 为

$$\beta_{J2Z}=1.33\beta_{JZ}^2=1.33\times0.365^2\approx0.177$$

即最佳经济运行负荷为 5575.5～23625kVA。

（2）两台运行时的 β_{JZ}、$\Delta P_{Zb}\%$、经济运行区及最佳经济运行区与单台运行时完全相同。

（3）单台运行和两台并列运行的临界负荷功率 $S_{LZ}^{1\sim2}$ 计算

$$S_{LZ}^{1\sim2}=\sqrt{\frac{2\Delta P_{0Z}}{\Delta P_{KZ}}}S_N=\sqrt{2}\beta_{JZ}S_N=\sqrt{2}\times0.365\times31500\approx16260 \ (kVA)$$

即 $S<16\,260$kVA 时，单台运行经济；$S>16260$kVA 时，两台并列运行经济。

思考题和习题

1. 变压器发热和冷却有何特点？

2. 何谓绝缘老化？何谓绝缘老化率？何谓变压器绝缘老化6℃规则？

3. 变压器绕组热点温度与哪些因素有关？其稳态温度如何计算？

4. 变压器的负荷状态有哪几种类型？超额定容量运行有哪些不良效应？

5. 变压器的正常过负荷能力根据什么原则制定？其含义是什么？

6. 何谓等值空气温度？为什么它比同样时间间隔内的平均气温高？如何计算？

7. 何谓等值负荷系数？怎样判断变压器是否满足正常过负荷需要？

8. 自耦变压器有何特点？

9. 三相自耦变压器第三绕组的作用是什么？

10. 三相自耦变压器的中性点为什么必须接地？在我国，三相自耦变压器应用在哪些电压级电网？

11. 三相自耦变压器有哪几种运行方式？在这些运行方式中，各绕组的负荷如何计算？

12. 变压器并列运行要满足哪些条件？不满足这些条件时会产生什么后果？

13. 一台强迫油循环变压器按表 11-9 日负荷曲线运行，当地日等值空气温度为20℃，判断该变压器的过负荷是否满足正常过负荷需要。

表 11-9　　　　　　　　　　运　行　数　据

时　间	0～6	6～12	12～16	16～18	18～20	20～22	22～24
S/S_N	0.2	0.6	0.2	0.8	1.2	1.1	0.2

14. 用计算说明：对【例 11-3】，如果选择 $S_N=10$MVA 变压器是否仍能满足正常过负荷需要？

15. 根据【例 11-3】数据，求出能保证正常寿命损失的变压器的最小容量。

16. 降压变电站装有电压比为 220/121/11kV、容量比为 120/120/60MVA 的自耦变压器一台，假定各绕组负荷的功率因数相等。计算：

1）效益系数 K_b、串联绕组容量、公共绕组容量及标准容量；

2）高压侧向低压侧送 60MVA 功率时，尚能向中压侧送多少功率？各绕组负荷是多少？

3）中压侧向低压侧送 60MVA 功率时，尚能向高压侧送多少功率？各绕组负荷是多少？

4）低压侧开关检修，高压侧向中压侧送 120MVA 功率时，各绕组负荷是多少？

5）中压侧开关检修，高压侧向低压侧送 60MVA 功率时，各绕组负荷是多少？

6）高压侧开关检修，中压侧向低压侧送 60MVA 功率时，各绕组负荷是多少？

17. 降压变电站装有电压比为 220/121/11kV、容量比为 120/120/60MVA 的自耦变压器一台，其低压侧接有 30MVA 的调相机一台，向 110kV 系统输送无功。试求：当调相机以额定容量运行时，220kV 系统能向 110kV 系统输送多少容量（设 $\cos\varphi_1 = 0.8$）？

18. 两台双绕组变压器并联运行，已知数据如下：

	T1	T2
S_N（kVA）	8000	8000
U_{N1}/U_{N2}（kV）	35/6.6	35/6.3
I_{N1}/I_{N2}（A）	132/700	132/733
u_k（%）	7.5	7.5

1）求它们并联运行时高低压侧的平衡电流。当副方接上负荷后，平衡电流对负荷分配有何影响？

2）如果 T1、T2 的变比均为 35/6.3，T1 的 u_k（%）为 7.5 T2 的 u_k（%）为 8，运行中两台变压器负荷的比值（S1/S2）为多少？

19. 两台三绕组变压器三侧并联运行，已知数据见表 11-10。

表 11-10　　　　　　　　　　运　行　数　据

变压器	S_N（kVA）	U_N（kV）	I_N（A）	u_k（%）		
				u_{k12}	u_{k13}	u_{k23}
T1	50000/50000/50000	121/38.5/10.5	238.5/750/2745	17.5	10.5	6.5
T2	31500/31500/31500	121/38.5/10.5	150.6/473/1730	18	10.5	6.5

试求：当 10.5kV 侧负荷为 50000kVA（$I_3 = 2750$A）和 38.5kV 侧负荷为 30000kVA（$I_2 = 450$A），且两侧功率因数相同时，两台变压器的负荷分配。

20. 某变电站装有两台技术参数相同的 SFZ7-25000/110 双绕组变压器，其 $\Delta P_0 = 35.5$kW，$\Delta P_K = 123$kW，$I_0\% = 1.1$，$u_k\% = 10.5$。负荷功率因数 $\cos\varphi_2 = 0.92$，无功经济当量取 0.1。试计算：

1）单台运行及两台并列运行时的综合功率经济负荷系数 β_{JZ}、最低综合功率损耗率 $\Delta P_{Zh}\%$、经济运行区及最佳经济运行区；

2）单台运行和两台并列运行的临界负荷功率 $S_{LZ}^{1\sim2}$。

附录一　电力变压器技术数据

附录二　导体及电器技术数据

附录三　课程设计任务书

参 考 文 献

[1]　本书编辑委员会. 中国电力发展的历程. 北京：中国电力出版社，2002.

[2]　范锡普. 发电厂电气部分. 2 版. 北京：中国电力出版社，1995.

[3]　尹克宁. 电力工程. 北京：中国电力出版社，2018.

[4]　水利电力部西北电力设计院. 电力工程电气设计手册（电气一次部分）. 北京：中国电力出版社，2018.

[5]　能源部西北电力设计院. 电力工程电气设计手册（电气二次部分）. 北京：中国电力出版社，1991.

[6]　钱亢木. 大型火力发电厂厂用电系统. 北京：中国电力出版社，2001.

[7]　华东六省一市电机工程（电力）学会. 电气设备及其系统. 北京：中国电力出版社，2000.

[8]　涂光瑜. 汽轮发电机及电气设备. 2 版. 北京：中国电力出版社，2014.

[9]　李润先. 中压电网系统接地实用技术. 北京：中国电力出版社，2002.

[10]　东北电力集团公司. 电力工程师手册：电气卷. 北京：中国电力出版社，2002.

[11]　牟思浦. 电气二次回路接线及施工. 北京：中国电力出版社，1999.

[12]　邹仉平. 实用电气二次回路 200 例. 北京：中国电力出版社，2000.

[13]　胡景生，等. 变压器经济运行. 北京：中国电力出版社，1999.

[14]　本手册编写组. 工厂常用电气设备手册（上册）. 2 版. 北京：中国电力出版社，1997.

[15]　本手册编写组. 工厂常用电气设备手册（上册补充本）. 北京：中国电力出版社，2003.

[16]　曾义. 低压电器成套装置技术手册（上册）. 北京：中国水利水电出版社，2002.